한국연안해역의
플랑크톤생태학

최 중 기 편저

The Plankton Ecology of Korean coastal waters

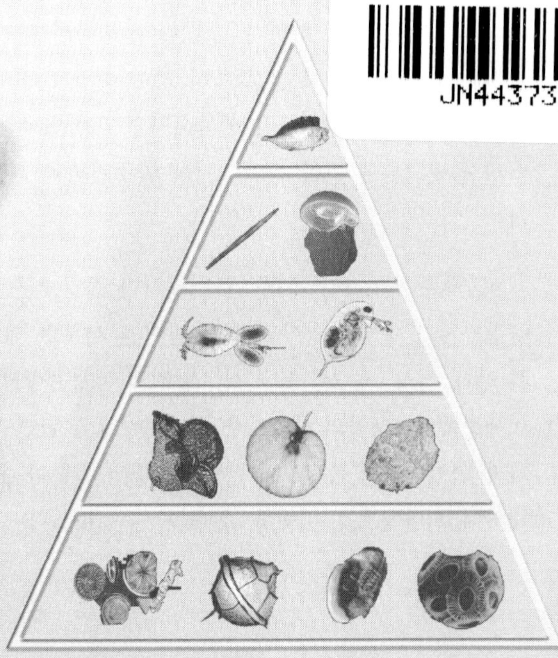

도서출판 동화기술

머리말 _ Preface

최근에 우리나라 남해와 동해, 서해 일부까지 포함한 넓은 해역에 유해적조가 발생하여 어민들에게 많은 피해를 주고 있다. 적조는 해양 현상의 하나로 적조가 발생하는 데는 해양에서의 물리적 작용, 생지화학적 작용, 생물학적 작용 등 많은 요인이 관련되어 있다. 생물해양학은 적조와 같은 바다에서 생물과 환경의 상호작용에 의해 일어나는 해양현상을 연구하는 해양학의 한 분야이다.

우리나라에서의 생물해양학 연구는 약 70년의 역사를 가지고 있으나 본격적인 연구가 시작된 것은 1970년대 이후 경제성장과 더불어 바다에 대한 관심이 증가되고 연안 개발에 따른 우리나라 주변 해양생태계에 대한 연구의 필요성이 크게 증가되면서부터이다.

그 결과 지난 40년간 우리나라 연안 수역의 표영생태계와 저서생태계에 관한 다양한 생물해양학적 연구가 이루어져 연안수역의 생태특성을 이해하는데 많은 도움을 주고 있다. 특히 최근에 갯벌 매립과 관련된 국민들의 많은 관심도 갯벌생태에 관련된 책자가 발간 될 수 있는 계기가 되기도 하였다. 그러나 우리나라 주변 해역 이해에 필수적인 표영생태계와 관련된 책자는 지금까지 발간된 바 없어 해양 관련 업무자와 해양학 전공자에게 어려움을 주고 있다. 이 책은 우리나라 연안해역의 표영생태계에 대한 이해를 돕고자 우리나라 연안 해역의 플랑크톤에 관한 현재까지의 연구결과와 최근의 연구결과를 정리하여 발간하게 되었다.

이 책은 우리나라 주변 연안 해역의 플랑크톤 생태와 관련된 29편의 글을 모아 제 1부 플랑크톤과 생물 해양학의 연구 방향을 서두로 제 2부 서해, 동해, 남해 연안의 식물플랑크톤 생태 특성, 제 3부 동 · 서 · 남해의 동물플랑크톤 생태 특성, 제 4부 박테리아를 포함한 미세종속영양생물의 생태, 제 5부 플랑크톤 관련 환경 및 자원 연구 등으로 구분하여 우리나라 연안해역의 플랑크톤 분포 및 생태 특성과 플랑크톤과 관련된 환경문제와 수산자원에 대하여 전반적으로 이해할 수 있게 구성하였다.

플랑크톤은 현미경으로나 볼 수 있는 미소한 크기의 생물그룹이지만 해양생태계의 하부 영양구조를 이루면서 생태계를 유지시키고 지구의 대기순환에까지 영향을 미치는 전지구적인 역할을 한다. 플랑크톤에는 바이러스에서부터 박테리아 같은 원핵생물과 단세포조류와 원생동물을 포함하는 무수한 종류의 단세포 진핵생물, 이들을 이용하는 현미경적인 무수한 다세포 생물그룹 등 다양한 생물그룹을 포함하고 있기 때문에 이들이 환경과 만나 발현되는 분포 특성과 생태 특성은 대단히 다양하다. 우리나라 연안 해역의 플랑크톤에 관한 29편의 글이 모아졌지만 이러한 플랑크톤의 다양한 특성을 이해하기에는 충분치 못하다. 더구나 시간적인 제한과 일부 플랑크톤 종류의 연구의 한계 때문에 일부 빠진 것이 있어 더욱 그러하다. 그럼에도 불구하고 이 책자가 우리나라 연안 플랑크톤 생태를 이해하는데 다소나마 도움이 되길 바라고, 플랑크톤을 연구하려는 학생들에게 하나의 길라잡이가 될 수 있기를 바란다.

원래 이 책은 제 1부 집필자인 심재형 교수님의 정년을 기념하여 한국의 생물 해양학이란 제목으로 편집되었으나 내용 전반이 우리나라 연안 해역의 플랑크톤 생태와 관련된 내용이어서 책 제목도 부제였던 한국 연안 해역의 플랑크톤 생태학을 주제목으로 바꾸었고 일부 내용을 추가하여 발간하게 되었다. 편저자의 사정으로 발간이 너무 지연되어 바쁘신 가운데도 기꺼이 원고를 투고해 주신 집필자 여러분께 죄송함을 금치 못하며, 기다려주신 집필자 여러분께 다시 한 번 감사드리고, 이 책자를 펴내는데 물심양면 지원을 아끼지 않으신 도서출판 동화기술 정우용 사장께 집필자를 대표하여 다시 한 번 감사의 말씀을 드린다.

편저자 최중기

집필자명단 (게재순)

이름	소속	연락처
심재형	서울대학교 명예교수	shimjaeh38@kornet.net
최중기	인하대학교 해양학과	jkchoi@inha.ac.kr
강연식	한국전력연구원	kangys@kepri.re.kr
노재훈	한국해양연구원	jhnoh@kordi.re.kr
윤양호	전남대학교 해양기술학부	yoonyh@chonnam.ac.kr
이준백	제주대학교 해양과학부	jblee@cheju.ac.kr
유신재	한국해양연구원	sjyoo@kordi.re.kr
김현철	한국해양연구원	kimhc@kopri.re.kr
박명길	전남대학교 지구환경과학부	mpark@chonnam.ac.kr
양성렬	광주대학교 토목환경공학부	sryang@gwangju.ac.kr
박재연	(재)차세대융합 기술연구원	bada0@snu.ac.kr
한명수	한양대학교 생명과학과	hanms@hanyang.ac.kr
김영옥	한국해양연구원 남해연구소	yokim@kordi.re.kr
박명환	한양대학교 생명과학과	mhpark@hanyang.ac.kr
조수연	한양대학교 생명과학과	planklove@hanyang.ac.kr
임동현	국립수산과학원	oithona@fira.or.kr
윤원득	국립수산과학원	wdyoon@nfrdi.go.kr
조성환	국립수산과학원	
이 윤	국립수산과학원	yoonlee@nfrdi.go.kr
이창래	충남대학교 해양학과	crlee7202@mltm.go.kr
박 철	충남대학교 해양학과	chulpark@cnu.ac.kr
김웅서	한국해양연구원	wskim@kordi.re.kr
강영실	국립수산과학원	yskang@nfrdi.go.kr
김세화	용인대학교 생명과학과	swkim@yongin.ac.kr
조수근	군산대학교 해양생물공학과	sgjo@kunsan.ac.kr
이혜은	국립수산과학원	helee@nfrdi.go.kr
한창훈	국립수산과학원	chhan@nfrdi.go.kr

신경순	한국해양연구원	ksshin@kordi.re.kr
장　만	한국해양연구원	mchang@kordi.re.kr
차성식	전남대학교 해양학과	sscha@chonnam.ac.kr
황청연	서울대학교 지구환경과학부	chung.y.hwang@gmail.com
조병철	서울대학교 지구환경과학부	bccho@snu.ac.kr
양은진	한국해양연구원 극지연구소	ejyang@kopri.re.kr
여환구	한서대학교 공학부 환경공학과	yeohg@hanseo.ac.kr
정해진	서울대학교 지구환경과학부	hjjeong@snu.ac.kr
유영두	서울대학교 지구환경학부	ydyoo@snu.ac.kr
김형섭	전라북도 수산연구소	mudskip@kunsan.ac.kr
명금옥	군산대학교 해양학과	gomyung@kunsan.ac.kr
이원호	군산대학교 해양학과	ywonho@kunsan.ac.kr
김학균	국립수산과학원	hgkim@nfrdi.go.kr
곽승국	한국해양연구원	bioskkwak@hanmail.net
이석찬	성균관대학교 생명공학부	cell4u@skku.edu
이상섭	경기대학교 자연과학대학	sslee@kyonggi.ac.kr
이택견	한국해양연구원	Tklee@kordi.re.kr
임운혁	한국해양연구원	uhyim@kordi.re.kr
홍상희	한국해양연구원	shhong@kordi.re.kr
오재룡	IAEA	joh@iaea.org
심원준	한국해양연구원	wjshim@kordi.re.kr
김수암	부경대학교 자원생물학과	suamkim@pknu.ac.kr

목차 _ Contents

제1부 플랑크톤과 생물해양학의 연구방향

제2부 한국연안해역의 식물플랑크톤

제3부 한국연안해역의 동물플랑크톤

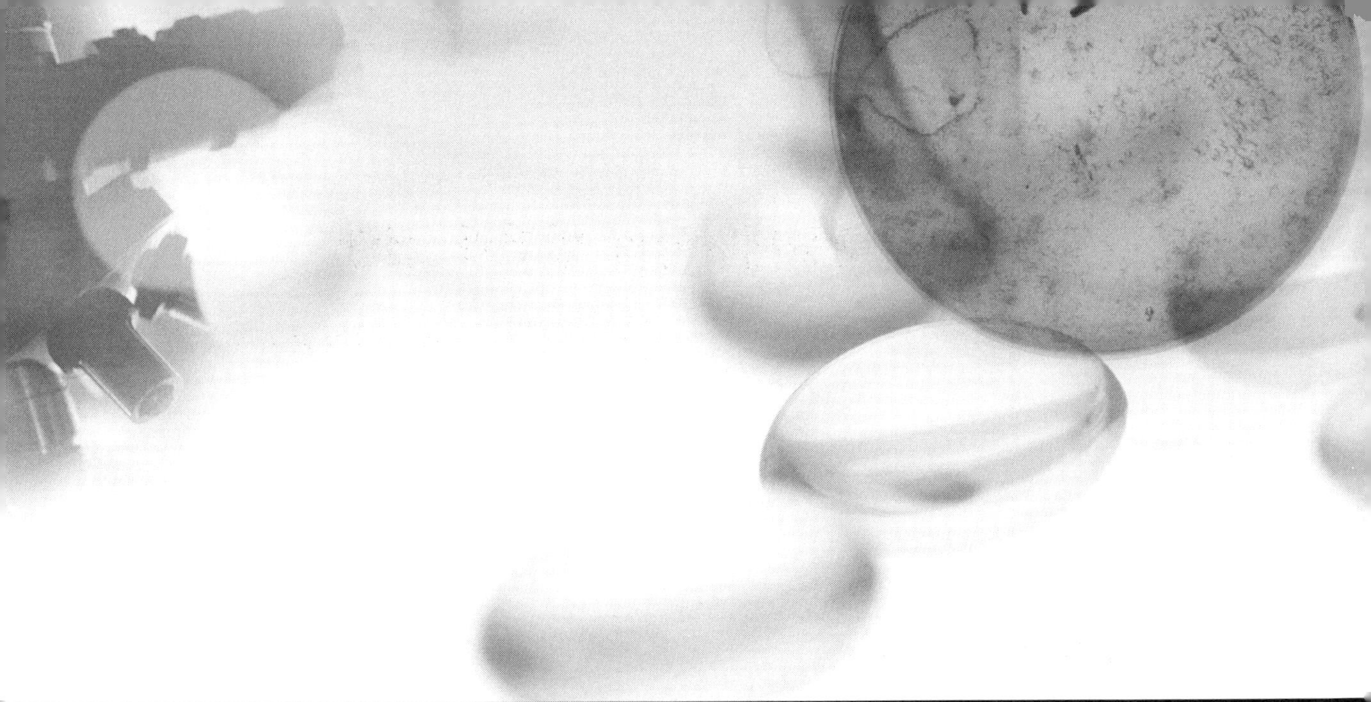

제1부

플랑크톤과 생물해양학의 연구방향

현대 생물해양학의 발전과 전망

심재형 / 서울대학교 명예교수

1. 서 론

생물해양학은 바다에서 어떠한 종류의 생물이 어느 곳에서 언제 얼마나 풍부하게 나타날 수 있는가를 예측하려는 해양과학의 한 분야이다. 그것을 이해하기 위한 길은 다양하지만 일반적인 연구방법은 시간적·공간적인 생물분포의 유형을 확인하는 것, 그러한 분포와 그에 따른 생물의 변화상을 설명할 수 있는 과정을 밝히는 것, 그리고 그 과정들을 정량화하는 것 등으로 요약할 수가 있다.

해양생물과 해양환경과의 관계에서 생물상(biota)은 표층 수역의 광을 흡수하고 가열되는 경로에 영향을 미친다. 일반적으로 생물은 광전달 및 음향전달과 강력하게 상호작용할 뿐만 아니라 미묘하고 시간 의존적인 해수 이동의 추적자 역할을 할 수 있다. 거시적 생물과 미시적 생물은 모두 퇴적물의 부식도를 변화시킨다. 또한 생물상은 전반적으로 해양 화학물질의 분포에 영향을 미친다. 그리고 생물학적 과정은 오염물질의 경로, 전달속도 등에 궁극적 영향을 미친다.

한편 해양학은 해양과학에 관한 학문으로서 그 자체가 물리학적, 화학적, 지질학적, 생물학적 –물리, 화학, 지질, 생물 해양학으로 분류될 수가 있으며 자연과학적 접근 방법으로 연구된다. 생물에 대한 무생물적 해양환경의 영향과 무생물적 해양환경에 대한 생물의 영향은 생물의 역사적, 진화적 유전 프로그램에 대한 유의를 필요로 한다. 따라서 생물해양학은 그 목표를 추구함에 있어서 무생물적 접근 방법과 생물적 접근 방법을 모두 사용하지 않으면 안된다.

전통적으로 생물해양학은 2개의 주요 주제를 갖고 있었다. 수산학에 대한 보조분야로서 첫째로 중요한 주제는 (1) 이용가능한 자원은 어디에 있는가? (2) 이러한 자원의 풍부함은 왜 변하는가? (3) 어떻게 더 많은 자원을 발견할 수 있는가? 등을 포함하는 주제이다. 이들 의문은 생물해양학에 요구하는 질문들이며, 특히 어획가능한 어류자원이 해마다 그리고 장소에 따라 왜 그렇게 크게 변화하는가라는 오랜 물음은 생물해양학이 오늘날까지도 여전히 고전하고 있는 매우 복잡한 문제이다. 두번째로 중요한 주제는 본질적으로 발견과 관련된다. 새롭고도 기묘한 식물과 동물은 일반 대중은 물론 과학자들에게도 관심을 일으키게 하였고 생물의 적응과 진화를 설명할 수 있게 해 주었다. 탐사활동은 그 자체로서 언제나 생물해양학자들을 자극하여 왔으나 그 분야가 성숙함에 따라 동기는 오히려 감소되었다. 비록 새롭고 기묘한 생물을 찾는 단순한 목적에는 연구비 지원이 이루어지지 않고 있으나 새로운 발견이 생물해양학을 매우 흥미로운 분야로 유지시켜주는 것도 사실이다.

1950년대에는 생물해양학 분야에 매우 흥미로운 의문들과 함께 무한한 기회가 주어졌는데 당시에 새롭게 발표된 개념들은 Odum 형제들(Odum and Odum, 1955)의 생태계 구조개념, Riley (1946)의 정량적·예측적 플랑크톤 연구, 그리고 Hutchinson(1961)의 세련된 생태 및 진화이론 등이 있으며 이와 같은 탁월한 개념들은 수많은 학생들과 연구자들을 고무시켰다. 응용연구와 기초연구의 상대적 장점이 자주 논란의 대상이 되었고 특히 북미주의 경우 1960대까지는 생물해양학과 수산학 간의 거리가 넓어져 두 분야간 정보교환이 거의 없었던 것으로 보인다. 다만 인습에 얽매이지 않는 소수의 수산과학자들만이 지식 그 자체로서 좋다는 생각으로 새로운 지식에 대한 적용이 기대될 수 있는지 여부에 관계없이 해양의 생물학을 연구하는데 대하여 찬성론을 폈다.

이상과 같은 학문적 목적 외에 1950년대에는 바다가 뜻하지 않게 파괴되는 것을 피하기 위하여 해양이 어떻게 기능하는지를 알아야하는 오염문제가 대두하였다. 해양으로부터 오는 식량, 여러 가지 새로운 발견, 해양자체를 위한 지식, 그리고 오염 관련으로 야기되는 관리의 문제 등, 이 모든 것들의 필요성과 목적은 생물해양학분야를 확대하고 새로운 방향으로 발전시키는 동기를 마련하였다. 그러나 지금까지 생물해양학이 확대되어 오는데 가장 중요한 추진력은 과학에 유용한 새로운 자원의 풍요로움이었다.

이러한 관점에서 본 고에서는 생물학의 발전과정을 역사적으로 고찰하기보다 최근 50년 동안 생물해양학 분야의 두드러진 업적들을 살펴보고 앞으로의 발전 방향을 전망하고자 한다.

2. 우연으로 달성된 2개의 획기적인 업적

생물해양학자에게 거의 우연으로 이루어진 획기적인 업적에는 아래 두 가지를 들 수가 있다.

2.1 화학합성 열수구 군집(Chemosynthethic Hydrothermal Vent Communities)

열수구 군집의 발견은 극적인 요소를 지닌 획기적인 사건이다. 1976년 지질학자들이 열수구를 발견하였을 때 지적고무와 함께 상상력을 자극하는 충격을 받았다(Corliss 등, 1979). 극적인 환경에서의 생화학적 적응을 나타내는 새로운 형태의 생태계 존재는 모든 사람들의 상상력을 자극하였다. 화학합성에 대한 선구적 연구와 관련된 학자들은 Cavenaugh, Childress, Grassle, Jannaso, Karl, Lutz 및 Somero 등의 생물해양학자들이었으며, 연구자들은 곧 수십 명으로 불어났다. 이들 연구로부터 우리들은 극단적인 온도상황과 무산소상태에서 생물이 어떻게 생화학적으로 적응할 수 있는가를 알게 되었고, 일련의 연구는 지구의 심해저에서 활성적인 미소생물의 발견으로 이어졌다. 이 연구는 또한 지구 이외의 다른 천체에서의 생명 탐색에 대한 합리적인 조직 페러다임을 마련해 주었다.

화학합성 생태계의 발견과 관련하여 흥미로운 것은 미소생물들이 해양의 도처에서, 예컨대 대륙붕과 대륙사면, 심해저, 판주변부 및 해저산맥 마루 등에서 출현한다는 사실이다(van Dover, 1990, 1999). 이들 생태계는 뜨거운 열수구이거나 차거운 냉수침출구인데 그들의 환원력(reducing power)은 황화수소나 메탄으로부터 온다. 화학합성 생태계는 심지어 고래의 잔해에도 존재한다(Smith 등, 1989).

이처럼 도처에 산재하는 특수한 해양생태계가 그렇게 오랫동안 간과되어 왔다는 사실은 일종의 미스테리라 할 수 있는데 바다에는 이외에도 많은 경이로움들이 존재할 것으로 생각된다. 열수구 생태계와 관련된 연구는 전적으로 미국정부의 재정자원을 받은 연구선 *Alvin*호에 의해 수행된 것으로서 이는 해양학자들의 의지와 미정부의 자원으로 이룩한 가장 훌륭한 과학적 업적으로 평가할 수 있을 것이다

2.2 해색(海色)연구 – 해양에 관한 최초의 종관적(縱觀的)관찰

1978년 발사된 연안해역색상주사기(Coastal Zone Color Scanner; CZCS)는 생물해양학자들에게 처음으로 해양생물학의 유형, 변화성, 복잡성 및 통일성 등을 보여 주었고, 그 결과 생물해양학은 단숨에 지구적인 분야가 되었다. 물론 이 새로운 인공위성탐사 능력을 "우연"이라 부르기는 어려운 면이 있다. Giff Ewing과 Chalie Yentsch 같은 선견지명이 있는 학자들은 있을 수 있는 일들에 대한 정확한 통찰력을 갖고 계속해서 미국항공우주국(NASA)을 올바른 방향으로 촉구하여 왔으며, 실제로 초기의 업적들은 NASA의 정신, 그곳 엔지니어들, 그리고 그들의 지칠 줄 모르는 추진력으로 이루어졌고, 특히 반사광에 의한 해양표층 클로로필 및 연관된 색소의 정량적 평가는 NASA의 끊임없는 열정에 대한 결과물이다. 역설적으로 생물해양학자들은 CZCS를 제작한 이들–창조적인 NASA엔지니어들의 이름조차 모르고 있으나 그들의 은혜는 그대로 남아있다.

1970년대 후반에는 반사광의 최초 CZCS자료를 처리하고 해석하기 위한 시스템들을 종합하려

는 경쟁이 유발되었다. Miami대학에서 생산된 key algorithm(Gorden and Clark, 1980; Gorden 등, 1983) 덕분으로 생물해양학자들은 최초로 해양을 종합적으로 볼 수 있게 되었다. CZCS 영상들을 인식하게 되자 이 새로운 기법을 이용할 수 있는 일단의 생물해양학자들을 훈련할 필요가 생겼고 이 어려운 과업은 수행되었다. 그 후 훨씬 개량된 새로운 해색인공위성인 SeaWiFS가 1997년 8월 띄워졌을 때 학계는 그것을 활용할 준비가 되어 있었다. 그 결과 생물해양학의 발걸음은 지구 전체로 가속화 되었다.

해색을 기초로 한 클로로필 농도의 공간분석은

① 해양학에서 불충분한 sampling의 고질적인 문제
② 식물플랑크톤의 공간분포를 결정함에 있어서 중규모(mesoscale) 물리적 과정이 우세하다는 점
③ 생물량에 대한 지형의 영향
④ 식물플랑크톤 대증식의 계절적 발달에 있어서의 복잡성
⑤ 연간 변화의 정도

등을 드러나게 하였다. 공간분석은 우리의 해양에 관한 인식뿐만 아니라 훌륭한 생물해양학을 구성하는 것이 무엇인가 하는 우리의 사고의 범위까지 변화시켰다. 여러 획기적인 업적 가운데에서도 이 점은 생물해양학자들에게 심대한 영향을 미친 것이라 하겠다. 해양을 전체로서 종관함으로써 인류가 별개의 또는 분리된 해양의 성분이라는 개념을 더 이상 유지할 수 없게 되었다.

2.3 지구 생산력과 생산력 유형 – 해색연구의 부산물

이미 오래전에 Steemann-Nielsen(1952)이 일차생산력 측정을 위한 방사성탄소법을 도입하였고 생물학자들은 상이한 해양생산력 유형이 존재함을 심도있게 검토하기 위해 생산력을 새롭게 관측하면서 지구 생산력을 추정하기 시작하였다(Ryther, 1969). 지구 생산력 추정에 있어서 2개의 괄목할 업적은 상이한 해역의 생산력을 방사성탄소법으로 측정하고 그 자료를 종합한 Ryther의 연구(1969)와 Koblentz-Mishke 등(1970)의 연구이다. 이 두 업적은 분명히 생물해양학을 발전시켰으나 불충분한 시료채집 때문에 그 노력의 결과가 손상되었다.

CZCS 클로로필의 지구적 적용범위는 Ryther와 Yentsch(1957)가 최초로 기술한 생산력–클로로필–광 관계 (productivity–chlorophyll–light relationship)를 이용함으로써 sampling의 한계를 벗어나는 방법을 제공하였다. 식물플랑크톤 생물량의 공간적, 시간적 분포유형에 관한 높은 해상도로 인해 전 지구적 일차생산력의 객관적 추정은 물론, 생산력의 다양한 크기와 계절적 변화성, 그리고 세계 해양의 생물지화학적 영역확장 등이 가능해졌다(Longhurst, 1998). 인공위성

을 이용한 해색연구 중 가장 중요한 업적은 전 지구적 생산력의 추정과 바다의 생태지리학 분야의 탄생을 촉진시켰다는 점일 것이다.

3. 4개의 독특하고 획기적인 업적들

3.1 심해 다양성

1960년대에 심해에서 다양한 생물을 발견하면서 심해생물학의 개념이 바뀌었으며, 심해와 같은 방대하고 단조로운 환경에서 어떻게 다양성이 유지되고 있는가라는 의문에 대해서는 아직도 활발한 논쟁이 계속되고 있다. 1960년대에 Hessler와 Sanders (1967)에 의해 시작된 심해다양성의 분석연구는 Dayton, Grassle, Rowe 및 Jumar 등에 의에 계승되었으며, 이러한 연구는 잠수정 *Alvin*호의 이용으로 더욱 발전하였는데 이들 연구결과는 1976년 열수구 발견 직후 바로 연구에 몰입할 수 있도록 크게 기여하였다.

*Alvin*호는 마치 CZCS가 표층해양에 대한 우리의 개념을 바꾼 것처럼 심해에 영상을 통해 심해환경이 생태학자들이 방문하였던 다른 환경들과 어떻게 다른 가를 밝혀냈다. 즉, 해저, 특히 단조롭고 연질인 심해 영역의 영상을 통해 심해 환경이 이미 알려졌던 다른 환경들과 어떻게 다른가가 밝혀진 것이다. 심해에서 높은 다양성의 발견은 비용이 많이 드는 이러한 종류의 연구에 대한 과학적 기대를 만족시켜 주었기 때문에 생물해양학의 발전과 성숙에 결정적으로 중요하였다. 그리고 다양성 논의는 중요하고 흥미로운 생태학 논쟁의 주류가 되었다. 심해다양성 연구에는 검증해야 할 가설이 많았고, 또 많은 것이 검증되었으며 현재도 계속적으로 연구가 활발히 진행되고 있다.

3.2 신생산력과 재생산력(New and Regenerated Productivity)

이 획기적인 업적은 Dugdale과 Goering(1967)이 단순한 개념을 발표한 것에 기원을 두고 있는데 그것은 해양에서 일차생산의 2개의 부분, 즉 국지적으로 재생된 영양소를 이용하는 부분(재생산)과 통상 혼합과 용승이라는 물리적 과정으로 유광대에 새롭게 전달된 영양소를 이용하는 부분(신생산)으로 나눌 수가 있다는 것이었다. 이들의 흥미롭고 강력한 개념은 매우 기초적인 개념으로 제시되었던 그 당시에는 중요시되지 않았으나 현재는 중요한 개념으로 이해되고 있다.

신생산 개념은 영양소 흡수동태에 대한 Dugdale의 연구(1967)와 함께 해양생산력과 생지화학적 유용에 관한 엄격하고 정량적인 모델링을 구축하는데 필요한 수학적 형식을 갖추게 하였고

(Eppley 등, 1969), 이러한 형식은 그 후 모델링이 폭발적으로 성장하는 계기가 되었다.

Eppley와 Peterson(1979)은 안정된 상태에서 신생산의 양은 유광대로부터 심해수층으로 입자성 유기물질의 유출량과 같다는 논의를 통해서 신생산 개념을 더욱 발전시켰다. 이들의 연구는 Dugdale과 Goering의 연구(1967)와 함께 현재 광범위하게 인용되고 있다. Eppley와 Peterson 연구의 또 다른 중요성은 지구의 연간 신생산량을 약 40억 톤(탄소량)으로 추정하였고 그 값이 유기탄소가 침강으로 유출되는 양과 거의 맞먹으며, 결과적으로 심해가 대기의 CO_2를 감소시키는 비율이라는 것을 처음으로 제시한 점이다. 이 수치는 매우 지속성이 있는 것으로 입증되었고, 지구의 생지화학적 수지계산에 여전히 사용되고 있다.

Dugdale과 Goering 그리고 Eppley와 Peterson의 연구결과로 물리해양학과 생물해양학의 연계가 급속히 발전하였다. 왜냐하면 새로운 개념은 혼합과 용승의 물리적 과정이 신생산이나 어류생산 또는 표층으로부터 유기물질의 유출을 다루는 생태계 모델의 통합부분이어야 함을 요구하기 때문이었다. 해양의 물리학과 생물학은 이 획기적인 업적에 의해 정식으로 결합되었다. 신생산에 관한 발전을 가능케 한 기술적 진보는 안정동위원소 추적자인 ^{15}N와 그것을 정확하게 측정하는 질량분석계의 이용으로 이루어진 것이다.

3.3 동물플랑크톤의 유영, 섭식 및 호흡

동물플랑크톤은 점성을 띤 구조화된 매질 속에서 생활한다(Koehl, 1993). 포획하는 과정은 특정한 먹이대상을 목적으로 섭취하기 때문에 수동적 여과를 필요로 하지 않는다. 식물플랑크톤과 기타 동물플랑크톤의 구미를 당기는 먹이들은 점성인 해수 중에서 화학적 냄새를 남기고 그 냄새를 따라 동물플랑크톤은 특정 먹이를 찾아 섭식하는데, 동일한 과정이 짝짓기에서도 작용한다(Howeltt, 1998). 동물플랑크톤 세계에 관한 이러한 견해는 여러 연구로 확대하기 쉽다. 그러나 동물플랑크톤, 특히 요각류와 더 작은 종류들이 유영하고 섭식하고 번식하는 Reynolds number가 낮은 유체의 세계는 쉽게 이해되지 않는다. 이러한 연구는 지구상에서 매우 일반적인 세계를 우리에게 보여주지만 우리의 이해의 범주를 넘어선다. 이와 같은 새로운 이해는 대부분 Strickler의 획기적인 연구(1982)로 이루어졌으며, 이 분야의 중심개념으로 자리잡았다. Frost, Miller, Roman, Smith 등 이 분야의 전문가들은 동물플랑크톤의 섭식이 선택적이고 의도적이라는 점을 수용함으로써 새로운 개념에 동화되었다. Miller는 특히 요각류가 점성 매체 속에서 섭식함을 오랫동안 강조해 왔다. 요각류의 생생한 섭식활동을 촬영한 Strickler의 고속영상은 선택성이 어떻게 이루어지는지를 명료하게 보여주는데 이는 현미경영화촬영법의 비약적인 발전으로 가능하였다.

3.4 철(Fe)에 관한 학설

철과 관련하여 끊임없이 제기되어 온 문제는 남극, 적도태평양, 동북태평양 등과 같은 해역의 표층에 왜 과잉 영양염이 계속 유지되는가 라는 것이었다. 50여년간 그 원인이 철의 부족 때문이라고 추정하였으나 측정결과는 해수 중에 철이 풍부히 존재한다는 것을 보여 주었다. 반면에 이 문제에 비상한 관심을 갖고 있던 Martin은 철의 분석화학을 향상시키는 노력을 기울인 결과 해수 중에 철농도가 이미 알고 있었던 것보다 훨씬 낮다는 것을 발견하였다. 1990년 *Paleoceanography*지에 발표한 "Iron Hypothesis"에서 그는 빙하기와 간빙기 사이에 있었던 대기중의 CO_2의 변화는 신생산의 변화를 일으키게 하는 건조, 먼지, 철 등의 변화에 기인한 것이었으며, 그 때문에 남극해역에 대기 중의 CO_2가 감소된 것이라는 이론을 제시하였다.

남빙양에 철을 첨가함으로써 대기중의 CO_2를 교묘하게 감소시킬 수 있다는 Martin의 급진적 개념은 언론매체와 일반 대중에게 상당한 관심을 일으켰으나 많은 생물해양 학자와 환경론자들의 부정적인 비판에 부딪쳤다. 비록 Martin이 1993년 6월에 작고하였으나 그의 철이론은 1993년 9월에 현장에서 일시적인 철강화 실험을 통해 성공적으로 검증되었으며(Martin 등, 1993), 1995년 5월에 다시 한번 검증되었다(Coale 등, 1996). 이러한 탁월한 연구결과 현재는 철이 일차생산자 뿐만 아니라 다양한 해양 및 담수 서식지에서 많은 종류의 생물을 제한하거나 조절하는 영양소임이 밝혀졌다. 최근의 미국육수해양학회 학술대회에서는 철 영향에 관련된 논문이 50여편 이상 발표된 바가 있다. 화학합성생태계의 경우와 같이 어떻게 철의 중요성을 그렇게 오랫동안 알지 못하였는가는 의문이 아닐 수 없다.

4. 광범위한 영향을 비친 업적-표영먹이망과 미소생물

지난 25년간을 거치면서 표영먹이망(pelagic food web)에 관한 우리의 개념은 극적으로 변화하였다. 현재 전통적인 "diatom-copepod-fish"의 먹이망은 표영생태계에서 비교적 사소한 성분으로 인식되고 있다. 모든 해양서식지에서 일관되게 존재하는 먹이망은 편모류와 섬모류에 효과적으로 섭식되는 극미소 및 미소독립영양생물과 종속영양생물을 토대로 하고 있으며, 표영먹이망은 미소생물 중심이다. 여기에서 미소생물은 미소형 및 소형독립영양생물, 종속영양생물 및 혼합영양생물 등으로서 원핵생물과 진핵생물 모두를 포함한다.

Malone(1971)은 그의 선구적 연구를 통해서 극미소플랑크톤 생산력과 미소섭식생물의 조절 등에 관련된 새로운 견해를 도입하였으나 그의 연구 업적이 전기를 맞게 된 것은 1970년대 후반이었다. 이러한 미생물혁명이 생물해양학에서 심대한 중요성을 갖는다는 사실에는 이견이 없으며 그 혁명은 아직 진행 중으로서 상이한 학자에게 상이한 일로 나타난다(Azam, 1998; Steele, 1998).

1974년 Pomeroy는 "The Ocean's Food Web: A Changing Paradigm" 이라는 논문에서 다음과 같은 의문들을 제기함으로써 미생물 혁명을 예고하였다.

- 소형 독립영양생물이 해양 일차생산의 대부분을 담당하는가?
- 해양먹이망에 있어서 용존 및 입자성 유기물질은 공히 중요한 연계가 있는가?
- 섬모충류와 편모충류같은 원생생물 섭식자들이 독립 및 종속 미생물섭식에 주 역할을 하고 있는가?
- 섭식하는 동안 누출된 물질이 종속영양 미생물에게 새로운 중요한 용존유기물질원이 되는가?
- 미세생물 먹이망에 의한 재순환은 새롭게 생산된 유기물질이 거쳐야 하는 중요한 운명인가?

제기될 당시의 이상의 문제들은 기술적인 한계 때문에 해답이 불가능하였으나 그 후 차례로 해결되어왔다. Hobbie 등(1977)은 박테리아, 원생동물, 식물플랑크톤 등을 빠르게 계수하고 식별할 수 있는 형광염색법을 발전시켰으며 그 결과 박테리아 수가 매우 많으나 상당히 일정하게 유지됨이 알려지게 되었다. Azam 등(1983)이 측정한 박테리아 생산량은 놀라울만치 높았다. Landry와 Hasset(1982)는 원생동물섭식자들이 박테리아와 극미소독립영양생물이 일정한 수를 유지할 수 있도록 섭식량을 조절할 수 있음을 발견하였다. 즉, 미소섭식자들의 급속성장률은 박테리아나 식물플랑크톤 성장률에 뒤지지 않으나 먹이밀도가 어떤 일정한 값 이하로 낮아질 때 미소섭식자들의 섭식이 이익이 없게 되는 한계 때문에 결코 먹이생물을 과도하게 먹어치우지 않는 것이다.

다음 단계는 종속영양생물에 대한 유기기질의 공급원과 크기를 확인하는 일이었다. 용존유기탄소(DOC)를 측정하는 일은 Pomeroy가 문제를 제기할 당시에는 어려웠으나 그 후 학계의 노력으로 해결되었다(Williams and Druffel, 1988; Peltzer and Brewer, 1993). 이로써 빠른 DOC 재순환의 존재가 입증되고 DOC와 박테리아 생산에 관련된 여타의 의문들이 급속히 풀렸다(Ducklow and Carlson, 1992; Hansell, 1993).

1980년대에 Flow cytometry라는 새로운 기법의 개발은 Chisholm 등(1988, 1992)으로 하여금 그때까지 보지도 못했던 극미소플랑크톤(*Prochlorococcus marinus*)을 발견하게 만들었는데 이 생물은 현재 전세계 해양에서 가장 풍부한 독립영양생물로 간주되고 있다.

미소생물섭식자의 섭식률에 관한 계속된 연구(Landry and Hassett, 1982; Landry 등, 1997)는 극미소 및 미소 식물플랑크톤은 섭식자에 의해 제어되고 외양역에서 이들에 의한 일차 생산의 대부분이 미세생물먹이망으로 들어감을 보여주었다. 근면한 연구와 획기적인 기술발전으로 Pomeroy가 제기한 문제들은 대부분 입증되었고 Steele(1998)은 그러한 개념들을 표영먹이망 모델에 동조시켰다.

획기적인 업적들을 논의함에 있어서 다음과 같은 학자들도 유념할 필요가 있다. Alfred Redfield는 과거 50여년간 생물해양학의 극적인 발전에 대단한 공헌을 하였는데, 그의 선구적 연구 Redfield ratio와 Redfield rule이다. 그 외에도 M. Vinogradav, D. Cushing, G. Hempel, R. Margalef, A. Hattari, A. Minas, A. Morel 등은 탐사를 이끌거나 연구소를 운영하거나 혹은 중요 실험실을 개설함으로써 동시대 생물학자들에게 많은 영향을 끼쳤다.

5. 이해를 위한 새로운 방법

위에 언급한 업적들은 주로 획기적 성과에 관한 것들이었으나 훌륭한 업적들 가운데에는 서서히 진화하여 순차적으로 지식과 이해를 증진시켜 온 연구들이 있다. 이러한 발전은 어느 특정인의 공로보다 많은 학자들의 기여가 모아져 이루어진 것이다.

5.1 모델링

생물해양학의 업적에는 난해하지만 널리 보급되어 있는 모델링이 많이 이용되었다. 다시 말하면 모델링은 연구분야에 너무 많이 스며들어 이를테면 연구 중에 있는 생물해양학 전공 대학원 학생들은 그것이 자기분야에 필수적인 것이라고 여길 정도가 되었다. 모델링은 한때는 재능이 있는 일부의 학자들의 전유물로 간주되었으나 오늘날 대학원 학생들은 현미경보다는 모델을 더 선호하는 것이 현실이다.

수동 계산기로 연산을 했던 Riley(1946)의 최초의 모델은 생물해양학의 지속적인 발전과 더불어 현재 널리 보급되고 있는 지구적 해양 – 대기 – 생물상 연계모델에 이르기까지 점진적으로 착실하게 발전해 왔다. Riley이후 모델은, 더욱 복잡해지고 훨씬 정교해지면서 Steele(1959, 1974)로 이어졌는데 Steele의 작은 저서 “The Structure of Marine Ecosystems” (1974)는 수학자, 물리학자, 물리해양학자들에게 연구의 새로운 기법을 제공하였고 오늘날에도 이 저서는 물리학분야로부터 생물학 모델링 분야에 이르기까지 연구자의 지침서가 되고 있을 정도이다.

모델링은 1970년대와 1980년대 크게 기세를 떨쳤는데(Walsh, 1975; Steele and Frost, 1977; Evans and Parslow, 1985; Hofmann, 1988), 생물해양학에서 극단적으로 구성하기가 어려운 모델링 성취의 계보는 수많은 분지와 융합으로 특징을 이룬다. 하나의 중요한 이정표인 Fasham Model (Fasham 등, 1990)은 개발자들에 의해 널리 보급된 표층해양생태계 모델로서 수십명의 연구자들이 적용함으로써 크게 활용되었고 그 결과 전세계 소형컴퓨터에 생물해양학 모델을 번성케 한 코드였다. 물리학적-생물학적 모델인 Fasham Model이 특히 많이 이용된 연구는 Samiento 등(1993)에 의해 수행된 계절적 북대서양생태계 연구이었다.

생물해양학 모델링은 수많은 분야의 모델링 가운데에서 최첨단에 서 있다. 즉, 자료 동화의 이용, 물리학-생물학 연계모델, 단종개체군모델, 생태계모델, 그리고 일반순환 모델에서 생지화학적 과정을 모의 실험하기 위한 대규모 병렬 슈퍼컴퓨터의 이용 등이 그것이다(Hofmann and Lascara, 1988). 생물해양학에서 2개 이상의 분야와 제휴하는 연안해역의 모델 등의 성장은 단일 개체의 동화능력을 넘어서고 있으며 이러한 성장에 대해서는 Brink와 Robison(1998)이 잘 설명하고 있다.

5.2 현장관찰과 실험

Jacque Cousteau가 처음 수쿠버다이버들을 바다 속으로 끌어들였을 때 해양생물 학자들은 열광적으로 참여하였고, 표영역에 모험을 감행함으로써 새로운 현장관찰이 이루어졌다. 이들은 넷트나 해수에 의한 시료에서는 도저히 볼 수 없었던 새로운 세계를 발견하였다. 투명하고 무지개빛 나는 크고 작은 생물들이 풍부하게 서식하고 있고(Hamner, 1975), 유기물질 집단이 도처에 존재하며 이들이 대형 거미줄처럼 해수 중에 떠있는 구조들에서 매우 높은 미생물 활성도를 갖고 있다는 것을 알게 되었다(Caron 등, 1982). 이 집단들은 생산자와 소비자가 함께 사는 자급자족의 생물권으로 나타난다. 또한 다이버, 잠수정, 원격조정잠수정(ROV)등의 현장 관찰은 대형플랑크톤 특히 자포류, 유즐류, 살피류 등의 다양성이 매우 큼을 보여주었으며(Robinson, 1995), 표영역이 결코 불모지가 아니며 아주 흥미로운 생활공간임을 알려주었다. 현장실험을 통해서 우리는 손상받지 않은 표영군집이 어떻게 환경변화에 반응하는지를 생생하게 보게 될 것이고 그 실험이 sensor 및 data assimilation과 연계될 때 생물해양학 분야는 전성기를 맞게 될 것이라 생각된다.

6. 생물해양학의 현황과 추세

6.1 생지화학적 역학에 있어서 생물 다양성의 기능적 중요성

공간 및 시간적인 생지화학적인 순환에 주요한 요소나 기능군의 분포에 있어서 환경과 생물적 요인들이 어떻게 역할을 하는가? 그리고 해양생물상, 지구 기후 및 생지화학 사이에 중요한 상호작용은 무엇인가? 등과 관련된 문제에서 종 다양성은 여러 가지 이유로 광범위한 관심을 받아왔다. 가까운 장래에 생태계 기능의 분석적, 예측적 모델은 어떤 생물집단을 기능군으로 삼을 것이다(예 : 박테리아식자 혹은 황산환원자 등). 유용한 집단의 수준은 현안문제와 식별능력에 따르지만 생지화학적으로 기능적인 집단에 생물을 할당하는 일에 많은 노력을 하지 않으면 안된다.

집합적으로 환류(gyre)들은 지구상에서 가장 크고 가장 오래된 서식지를 구성하며, 그 중에서도 중앙북태평양환류는 지구상에서 가장 큰 생태계이다. 중앙환류들은 개별적으로나 집합적으로나 신생산에 있어서 설명할 수 있는 것보다 더 많은 질소를 사용하는 것으로 보인다는 점에서 문제를 제기한다(McGuillicuddy and Robinson, 1997).

지화학자와 생물학자 사이에 오래동안 평행선을 그어 온 논쟁은 해양이 일차생산에 있어서 질소와 인에 의해 궁극적으로 제한되는지 여부에 관한 것이었다. 논점은 부분적으로는 "궁극적(시간규모)"과 "제한된다(즉 일부 혹은 대부분의 식물플랑크톤의 수도와 생산량)"는 것이 무엇을 의미하는가에 있지만 논란의 시점은 인이 실질적인 대기기원을 갖고 있지 않은 반면 질소는 대기의 가장 큰 성분이라는 점이다. 단순한 주장은 해양이 질소고정생물(*Oscillatoria* 같은 남조세균)의 존재 때문에 궁극적으로 질소제한이 일어날 수 없다는 것이다. 환류에서는 질산염 제한과 마찬가지로 인 제한의 증거가 있어 왔고, 더구나 질소고정생물은 철에 의해 제한받거나 공동제한을 받는 것으로 알려져 있어(Falkowski, 1997) 영양소 섭취에는 이들 생물의 수직이동이 결정적이다.

환류에 대한 고전적 견해는 환류가 초안정적이고 종은 매우 풍부하지만 표영역과 해저 모두 생물량이 빈곤한 생태계라는 것이다(Hessler and Jumars, 1974).

중앙 북태평양의 초기 탐사는 환류 생태계가 극상군집으로 이뤄졌음을 보여주었고 종다양성은 높고 수년 간격으로 채집한 동물플랑크톤 자료는 동일 항해에서 채집한 시료처럼 종조성이 유사하였다(MeGowan and Walker, 1985). 환류에 대한 개념상의 결점은 영양소의 빈곤에도 불구하고 일부 식물플랑크톤이 높은 속도로 성장한다는 증거에서 나타났다. 중앙북태평양에서는 연간 2번에 걸쳐 높은 신생산이 나타나는데, 하나는 동계에 증가된 물리적 혼합을 기초로 한 것이고 또 하나는 하계에 증가된 질소고정에 기초한 것으로서 이러한 진동은 상당한 연간 변화성을 보여주었다(Karl 등, 1996).

시계열은 분명히 시간적 변화와 교차 상관관계의 유형을 탐구하는데 힘을 갖고 있으며 안정적이고 고정된 극상군집으로부터 이동을 전망할 수 있는 열쇠를 쥐고 있다. 그리고 중앙 환류를 지구적 해양질소수지를 개선할 분명한 장소로 만들었다. 하지만 인과 미량금속에 의해 어느 정도로 질소고정이 제한되는지, 그리고 질소고정이 남조박테리아와 마찬가지로 종속영양 박테리아에서 어느 정도 나타나는지는 확실하지 않다(Falkowski, 1997). 초식자(grazers)는 질소고정률에 영향을 미치는데 미생물적으로 고정된 질소가 먹이망내에서 어떤 운명인가는 연구가 더 필요하다. 또한 일차생산자보다 상위영양단계들이 어느 정도로 그리고 어떤 이유로 더(또는 덜) 안정한가는 정량화가 요구되고 있다.

6.2 기능적 생태학(Functional Ecology)

기능적 생태학이란 보편적인 생태학 용어로서 정립된 것은 아니다. 이것은 계량생태학(Numerical Ecology)에 대조적으로 다른 생물을 포함하는 환경특징에 대응해서 개체가 수행하는 성능에 관련된다. 아마도 개체의 기능적 반응가운데 가장 잘 알려진 것은 먹이 농도의 함수로서 여과율(filtering rate)과 섭식률(ingestion rate)일 것이다. 섭식률을 예측하고자 할 때 독립변수인 먹이농도 대신에 섭식자의 지각범위내에 먹이물질의 도달률(arrival rate)을 이용하는 것이 보다 좋다는 것을 이제는 논의할 수 있게 되었다. 예컨대 주변 액체의 운동은 먹이 농도상의 어떠한 변화도 없이 조우율(encounter rate)을 변화시킬 수 있다.

Kiørboe와 Visser(1999)는 둥근 물체 둘레에 있는 흐름을 관찰하여 먹이생물과 포식자 모두의 운동을 이상적으로 그려냈다. 요각류의 안테나에 있는 기계적 감각 수용기로 해수의 국지적 속도 변화를 감지하여 먹이생물을 포착한다. 독립적으로 수행된 실험과 수치시뮬레이션(Bundy 등, 1998)은 유영중인 요각류에 의해 생성된 유체영역이 움직이지 않는 입자성 먹이의 포획에도 기여할 수 있음을 보여준다. 한편 요각류의 포식자들은 요각류보다 대형인데 요각류가 감시하는 전 공간에 영향을 미치는 대규모 유체영역이 변형을 일으킬 때 포착된다. 즉 자극을 받으면 요각류의 감각기관의 모든 배열이 영향을 받는데 공간적으로 유체가 변화하는 속도로 포식자가 가까이 있음을 알아차린다. 이에 반해 성공적인 어류 포식자는 시각적으로 떨어져 있는 요각류를 인지하고 접근함에 따라 감속함으로써 요각류가 느낄 수 있는 한계 이하로 파동을 떨어뜨린다.

Kiørboe와 Visser의 분석은 포착과 관련하여 보다 작은 물리적 자극을 주는 중간침강속도를 갖는 입자가 현탁식자의 포착구간을 벗어나는데 효과적임을 보여준다. 입자 유형 및 침강속도 의존성 분해율은 지구탄소 수지에 있어서 가장 불충분하게 알려진 변수이나, 이러한 기계적 감각능력의 분석은 예상밖의 방향으로부터 새로운 전망과 예측의 형태로 상당한 도움을 줄 것이다.

6.3 박테리아 전술의 다양성

탄소 순환의 또 다른 중요한 부분은 종속영양박테리아에 의한 용존 유기탄소의 흡수이다. 박테리아가 이용하는 용존유기물질은 길이가 짧고 그 때문에 급속히 확산되는 것들이다. 용존유기물을 누출 또는 배출하는 식물플랑크톤의 경우에는 그 물질원이 준안정적이지만 느슨한 섭식, 분변립 배출 또는 자가분해의 경우에는 그 물질원이 작을 뿐만 아니라 수명도 짧다. 여기서 중요한 의문은 해양 박테리아가 *E. coli*처럼 화학주성(chemotaxis) 운동을 보이느냐는 것인데 직경 0.6 μm 이하인 소형 박테리아는 주성을 갖고 있지 않다(Dusenberg, 1998a). 이는 소형박테리아의 진로가 브라운운동으로 너무 빨리 바뀌어 방향이동을 할 수 없기 때문이다. 반대로 일반적으로 관찰되는 길죽한 형태의 화학주성 박테리아는 브라운 운동에 저항하고 따라서 생물이 실제로 자극강도를 흡수할 수 있는 시간을 증가시키고 결과적으로 화학적 구배에 대한 감수성을 크게 증가시킨다(Dusenberg, 1998b).

최근에 대형 박테리아의 유영경로가 암시야조명법(dark-field illumination)의 장점을 이용하여 광학적으로 기록되었다(Blackburn 등, 1998). *E. coli*와는 달리 이들 박테리아는 움직임의 끝에서 무작위방향으로 회전하는 것이 아니라 브라운운동 때문에 다소 편차를 가지고 원래 진행방향으로부터 180° 가까이 갑자기 되돌아온다.

해양 박테리아 중에서 화학주성 전략과 유형에 있어서 분명한 다양성이 있다. 그리고 박테리아는 원칙적으로 자극구배를 포착하기 위하여 시간적 감지(시간 경과에 따른 농도상의 차이)보다는 오히려 공간적 감지(세포의 두 부위상의 농도차이)를 이용할 수 있다(Dusenberg, 1998c).

Kiørboe와 Visser(1999)에 의해 이루어진 개념적 단순화, 광학적, 음향학적으로 흐름과 생물을 형상화하는 능력의 꾸준한 증가, 그리고 전산능력의 증가 등이 생물과의, 그리고 생물간의 유체 역학적, 화학적 상호작용의 연구를 급속하게 발전시켜 줄 것이다. 이러한 발전들은 특히 원생생물과 식물플랑크톤의 방대하고 아름다운 형태적 다양성을 이해하는데 도움이 될 것이다.

7. 결 어

위에서 논의한 바와 같이 현대 생물학이 최근에 이르러 괄목할만한 발전을 이루었음에도 불구하고 다음과 같은 문제들은 여전히 해결을 기다리고 있다.

(1) 해양의 개체군은 초기생활단계의 분산에 의해 어떤 공간 규모로 연결되는가?

(2) 해양먹이망들의 동태는 무엇이고 그것들은 환경 동요에 어떻게 반응하는가?

(3) 현재 기상예보를 위해 모델과 종관자료(synoptic data)가 이용되는 것처럼 바다가 제공하는 어류생산, 먹이망 동태 및 생태계 작용 등에 영향을 미치는 물리적 – 화학적 – 생물학적 상호작용에서의 변화들을 예보할 수 있는가?

이러한 문제들은 개체군 및 군집의 생태학적 특성에 관련된다. 생물해양학계에서 지난 30여년에 걸쳐 이룩한 커다란 성공의 하나는 실험조작을 통해 강력한 간접영향들을 확인한 것이었고 예측이 미래에 가장 큰 도전의 하나가 되리라는 것이다. 따라서 생물해양학자들은 예측을 위한 새로운 방정식과 해양생태계과정의 정량적 기재를 위해 바다의 물리적, 화학적 과정을 보다 깊이 이해하지 않으면 안 될 것이다. Gorden Riley는 해양생태계의 작용을 분석하기 위하여 Lotka-Voltera 방정식을 갖고 해양 화학과 물리학의 이해를 결합시키고자 하였다. 그는 자연상의 변동에 대하여 불완전하게 정의된 개념으로부터 보다 분명하고 순차적인 분석방법으로 접근하기 위해 "생물해양학"이라는 용어 사용을 지지하였다. 생물해양학은 이제부터 우리가 지구의 생명을 보다 잘 이해하고 올바르게 보전할 수 있는 분야로 발전해 갈 것이다.

참고문헌

Azam, F. 1988. Microbial control of oceanic carbon flux: The plot thickens. *Science*. 280:694-696.

Azam, F., T. Fenchel, J.G. Field, J.S. Gray, L.A. Meyer-Reil, and T.F. Thingstad. 1983. The ecological role of water-column microbes in the sea. *Mar. Ecol. Prog. Ser*. 10:257-263.

Blackburn, N., T. Fenchel, and J. Mitchell. 1998. Microscale nutrient patches in planktonic habitats shown by chemostatic bacteria. *Science*. 282:2254-2256.

Brink, K.H. and A.R. Robinson, 1988. The Sea, Vol. 10, The Global Coastal Ocean Processes and Methods. *John Wiley and Sons, Inc., New York*. 604pp.

Bundy, M.H., T.F. Gross, H.A. Vanderploeg, and J.R. Strickler. 1998. Perception of inert particles by calanoid copepods: Behavioral observations and numerical model. *J. Plankton Res*. 20: 2129-2152.

Caron, D.A., P.G. Davis, L.P. Medin, and J.MeN. Sieburth. 1982. Heterotrophic bacteria and bacterivorous protozoa in oceanic aggregates. *Science*. 218:795-797.

Chisholm, S.W. *et al*., 1992. *Prorochlorococcus marinus* nov. gen. nov. sp.: An oxyphototrophic marine prokaryote containing divinyl chlorophyll *a* and *b*. *Arch. Microbiol*. 157:297-300.

Coale, K.H. *et al*., 1996. A massive phytoplankton bloom induced by an ecosystem-scale iron fertilization experiment in the equatorial eastern Pacific Ocean. Nature. 383:495-501.

Corliss, J.B., J. Dymond, L.I. Gordon, J.M. Edmond, R.P. von Herzer, R.D. Ballard, K. Green, D. Williams, A. Bailsidge, K. Crane, and T.H. van Andel, 1979, Submarine thermal springs on the Galapagos Rift, *Science* 203:1073-1083.

Ducklow, H.W. and C.A. carlson. 1992. Oceanic bacterial production. *Advanced in Microbial Ecology*. 12:113-181.

Dugdale, R.C. and J.J. Goering. 1967. Uptake of new and regenerated forms of nitrogen in primary production. *Limnol. Oceanogr.* 12: 655-695.

Dusenbery, D.B. 1998a. Minimum size limit for useful locomotion by free-swimming microbes. *Proc. Natl. Acad. Sci. USA*. 94:10949-10954.

Dusenbery, D.B. 1998b. Fitness landscapes for effects of shape on chemotaxis and other behaviors of bacteria. *J. Bacteriol.* 180:5978-5983.

Dusenbery, D.B. 1998c. Spatial sensing of stimulus gredients can be suprior ot temporal sensing for free-swimming bacteria. *Biophysical J.* 74:2272-2277.

Eppley, R.W. and B.J. Peterson. 1979. Particulate organic matter flux and planktonic new production in the deep ocean. *Nature*. 282: 677-680.

Eppley, R.W., J.N. Rogers and J.J. McCarthy. 1969. Half-saturation constants for uptake of nitrate and ammonium by marine phytoplankton. *Limnol. Oceanogr.* 14: 912-920.

Evans, G.T. and J.S. Parslow. 1985. A model of annual plankton cycles. *Biological Oceanography* 3:327-347.

Falkowski, P.G. 1997. Evolution of nitrogen cycle and its influence on the biological sequestration of CO_2 in the ocean. *Nature*. 387:272-275.

Fasham, M.J.R., H.W. Ducklow, and S.M. McKelvie. 1990. A nitrogen-based model of plankton dynamics in oceanic mixed layer. *J. Mar. Res.* 48:591-639.

Gorden, H.R. and D.K. Clark. 1980. Atmospheric effects in the remote sensing of phytoplankton pigments. *Boundary-Layer Meteorol.* 18: 299-313.

Gorden, H.R., D.K. Clark, J.W. Brown, O.B. Brown, R.H. Evans and W.H. Broenkow, 1983. Phytoplankton pigment concentrations in middle Atlantic Bight: Comparison of ship determinations and CZCS estimates. *Applied Optics*. 22: 3929-3931.

Hammer, W.M., 1975. Underwater observations of blue-water plankton. Logistics, techniques, and safety procedures for divers at sea, *Limnol. Oceanogr.* 20:1045-1051.

Hansell, D.A., P.M. Williams and B.B. Ward. 1993. Comparative analysis of DOC and DON in the southern California Bight using oxidation by high temperature combustion. *Deep-sea Res.* 40:219-234.

Hesslar, R.R. and H.L. Sanders, 1967. Faunal diversity in the deep-sea. *Deep-Sea Res.* 14: 65-78.

Hessler, P.R. and P.A. Jumar. 1974. Abyssal community analysis from replicate box cores in the central North Pacific. *Deep-Sea Res.* 21:185-209.

Hobbie, J.E., R.J. Daley and J. Jasper. 1977. Use of nucleopore filters for counting bacteria by florescence microscopy. *Appl. Env. Mircobiol.* 33: 1225-1228.

Hofmann, E.E. 1988. Plankton dynamics on the outer southeastern U.S. continental shelf. III. A coupled physical-biological model. *J. Mar. Res.* 46:919-946.

Hofmann, E.E. and C.M. Lascara, 1998. Overview of interdisciplinary of marine ecosystems. Chapter 19. pp. 507-540. in *K.H. Brink and A.R. Robinson (eds.), The Sea. Vol. 10. The Global Coastal Ocean Processes and methods. John Wiley and Sons, Inc., New York.*

Howeltt, R. 1998. Sex and single copepod. *Nature*. 394:423-425.

Hutchinson, G.E., 1961, The paradox of the plankton, *Amer. Nat.* 95:137-145.

Kaehl, M.A.R. 1993. Hairy little legs : Feeding, smelling and swimming at low Reynolds number. *Contemy. Math.* 141:33-64.

Karl, D.M., J.R. Christian, J.E. Dore, D.V. Hebel, R.M. Letelier, L.M. Tupas, and C.D. Winn. 1996.

Seasonal and interannual variability in primary production and partial flux at station ALOHA. *Deep-Sea Res.* 43:539-568.

Karl, D.M., R.W. Litelier, D.V. Hebel, L. Tupas, J.E. Dore, J.R. Christian, and C.D. Winn. 1995. Ecosystem changes in the North Pacific subtropical gyre attributed to the 1991-92 El Niño. *Nature.* 373:230-234.

Kiørboe, T., and A.W. Visser. 1999. Predator and prey perception in copepod due to hydromechanical signals. *Mar. Ecol. Prog. Ser.* 179:81-95.

Koblentz-Mishke, O.J., V.V. Volkovinsky and J.G. Kabanova. 1970. Plankton primary production of the world ocean. *pp. 183-193. in W.S. Wooster(ed), Scientific Exploration of the South Pacific. National Academy of Sciences. Washington, D.C.*

Landry, M.R. and R.P. Hassett. 1982. Estimating the grazing impact of marine micro-zooplankton. *Mar. Biol.* 67:283-288.

Landry, M.R., R.T. Barber, R.R. Bidigare, F. Chai, K.H. Coale, HG. Dam, M.R. Lewis, S.T. Lindley, J.J. McCarthy, M.R. Roman, D.K. Stoecker, P.G. Verity and R.T. White. 1997. Iron and grazing constrains on primary production in the central equatorial Pacific: An EqPac synthesis. *Limnol. Oceanogr.* 42:405-418.

Longhurst, A.R., 1998. Ecological Geography of the Sea. *Academic Press.* 398 pp.

Malone, T. 1971. The relative importance of nanoplankton and netplankton as primary producers in tropical oceanic and neritic phytoplakton communities. *Limnol. Oceanogr.* 16: 633-639.

Martin, J.H. 1990. Glacial-interglacial CO_2 change: The iron hypothesis. *Paleoceanography.* 5:1-13.

Martin, J.H. *et al.*, 1994. Testing the iron hypothesis in ecosystems of the equatorial Pacific Ocean. *Nature.* 371:123-129.

McGowan, J.A. and P.W. Walker. 1985. Dominance and diversity maintenance in an oceanic ecosystem. *Ecol. Monogr.* 55:103-118.

McGuillicuddy, D.J. and A.R. Robbins. 1997. Eddy-induced nutrient supply and new production in the Sargasso Sea. *Deep-Sea Res.* 44:1427-1450.

Odum, H.T., and E.P. Odum, 1955, Trophic structure and productivity at a windward oral reef community on Enivetok Atoll, *Ecol. Monogr.* 25:291-320.

Peltzer, E.T. and P.G. Brewer. 1993. Some pratical aspects of measuring DOC-sampling artifacts and analytical problems with marine samples. *Marine Chemistry* 41:243-252.

Pomery, L.R. 1974. The ocean's food web: a changing paradigm. *Bioscience.* 24:499-504.

Riley, G.A., 1946, Factors controlling phytoplankton population on Georges Bank, *J. Mar. Res.* 6:53-73.

Ryther, J.H. 1969. Photosynthesis and fish production in the sea. *Science.* 130: 602-608.

Ryther, J.H. and C.S. Yentsch. 1957. The estimation of phytoplankton production in the ocean from chlorophyll and light data. *Limnol. Oceanogr.* 2: 281-286.

Sarmiento, J.L., R.D. Slater, M.J.R. Fasham, H.W. Ducklow, J.R. Toggweiler, and G.T. Evans. 1993. A seasonal three-dimensional ecosystem model of nitrogen cycling in the North Atlantic eutphotic zone. Global Biogeochem. *Cycles.* 7:417-450.

Smith, C.R., H. Kukert, R.A. Wheatcraft, P.A. Jumars and J.W. Deming, 1989. Vent fauna on whale remains. *Nature* 341: 27-28.

Steele, J.H. 1959. The quantitative ecology of marine phytoplankton. *Biol. Rev.* 34:129-158.

Steele, J.H. 1974. The Structure of Marine Ecosystems. *Harvard University Press, Cambridge, Mass.* 128 pp.

Steele, J.H. and B.W. Frost. 1977. The structure of plankton communities. *Phil. Trans. Roy. Soc. Lond.* 280:485-534.

Steele, J.H. 1998. Incorporating the microbial loop in a simple plankton model. *Proc. Roy. Soc. Lond.* B 265:1771-1777.

Steemann-Nielsen, E., 1952. The use of radioactive carbon(^{14}C) for measuring organic production in the sea. *J. Cons. Int. Explor. Mer.* 144: 38-46.

Strickler, J.R. 1982. Calanoid copepods, feeding currents, and the role of gravity. *Science*. 218:158-160.

van Dover, C.L. 1990. Biogeography of hydrothermal vent communities along seafloor spreading centers. *Trends in Ecology and Evolution*. 5: 242-246.

van Dover, C.L. 1999. Deep-sea clams feel the heat. *Nature*. 397:205-220.

Walsh, J.J. 1975. A spatial simulation model of the Peru upwelling ecosystem. *Deep-Sea Res*. 22: 201-236.

Williams, P.M. and E.R.M. Druffel. 1988. Dissolved organic matter in the ocean: *Comments on a controversy. Oceanography*. 1: 14-17.

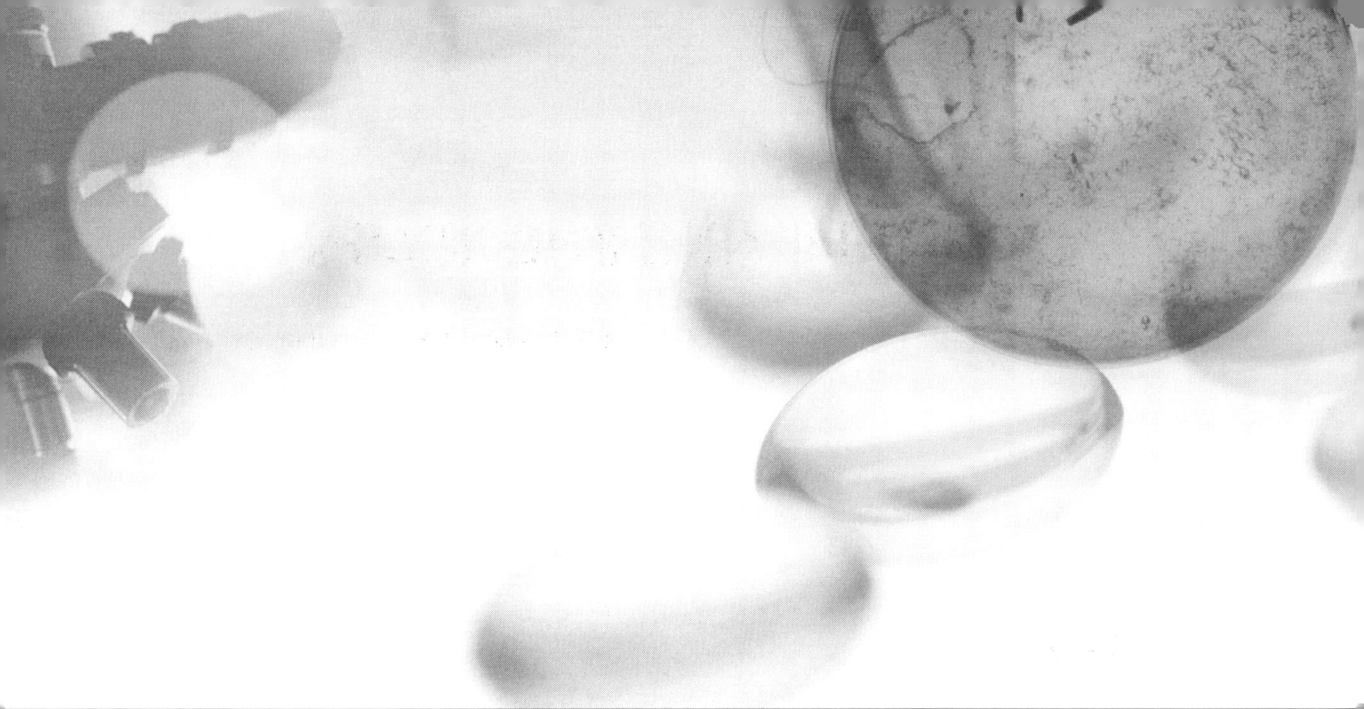

제2부

한국연안해역의 식물플랑크톤

서해연안의 식물플랑크톤 분포특성

최중기·노재훈·강연식 / 인하대학교 해양학과

요약문

서해에서의 식물플랑크톤의 분포 및 생태에 관한 연구는 1930년대 이래 경기만, 천수만 등 만입수역과 연안해역을 중심으로 비교적 많이 이루어졌다.

서해에 출현하는 식물플랑크톤 그룹은 돌말류와 와편모류가 주를 이루며 그 외에 규질편모류, 은편모류 및 남세균이 중요한 그룹으로 출현하고 있다. 현재까지 보고된 종수는 390종 이상이며 연안토착종, 임시부유 저서돌말류, 난수성 유입종의 세 그룹으로 구분되며, 이중 연안 토착종은 다시 연안종, 기수종, 담수성 기수종, 연안성 기수종, 외양성 연안종 등으로 구분된다. 서해에서 일시적으로 부유되어 임시 식물플랑크톤으로 출현하는 저서성돌말류는 200종 이상으로 겨울과 초봄의 식물플랑크톤 군집에서 중요한 부분을 차지한다. 서해에서 출현한 난수성 식물플랑크톤은 총 14종이며 주로 하계와 추계에 황해로 유입된 것으로 추정되고 있다.

서해의 식물플랑크톤 현존량은 10^4 cells/L ~ 10^7 cells/L 분포로 외해쪽은 10^5 cells/L 이하이나 연안쪽은 부영양화 등으로 10^6 cells/L 이상의 대증식현상을 자주 보인다. 연안쪽의 엽록소 *a* 농도는 1.32 μg/L ~ 19.35 μg/L 분포로 평균 5.4 μg/L 의 비교적 높은 엽록소 *a* 농도를 보이고 있어 서해연안이 전반적으로 부영양화되고 있음을 보이고 있다.

식물플랑크톤의 크기별 분포는 미소플랑크톤이 전체의 50% 이상을 차지하고 있으나 계절적으로 춘계 대증식시기에는 소형식물플랑크톤이 크게 우점하고, 지역적으로는 조석전선수역에서 소형플랑크톤이 많이 출현하고 있어, 계절과 공간에 따른 변화를 보이고 있다. 서해에서의 1차 생산력은 계절적으로 춘계와 하계에 높고, 공간적으로는 조석전선수역에서 높게 나타나고 있다. 서해의 식물플랑크톤 분포양상은 동계에는 공간적으로 거의 균일하게 분포하나 하계에는 외해 성층수역, 전선수역, 연안수역에 따라 뚜렷하게 지역적 차이를 보인다.

1. 서 론

서해에서의 식물플랑크톤 연구는 1930년 이래 한국, 중국, 일본의 학자들에 의해 한국의 다른 해역에 비해 비교적 많이 이루어졌다. Kokubo(1932)는 처음으로 서해에서 채집한 식물플랑크톤 목록을 작성하였으며, Aikawa(1934)는 서해의 45개 정점에서 채집한 식물플랑크톤 군집의 종조성을 분석하였다. Kurashige(1943)는 서해 대야도 부근에서 채집한 시료를 근거로 식물플랑크톤의 정량분석을 시도하여 우점종의 계절변화를 파악하고자 하였다. 이후 많은 연구들이 식물플랑크톤의 종조성과 현존량 분포 중심으로 연구가 이루어 졌고, 1980년대 들어 경기만(Choi and Shim, 1986a·b·c; 1988, Hyun and Choi, 1988) 천수만(Shim and Lee, 1979; Shim and Yeo, 1988; Shin, 1989), 군산연안 해역(Cho 등, 1983; Lee 등, 1989) 등에서 식물플랑크톤의 분포와 환경요인과의 관계, 군집구조 분석등 본격적으로 생태학적 연구가 이루어지기 시작하였다. 연안역에서의 연구가 식물플랑크톤 생태연구 중심으로 비교적 많이 이루어졌던데 비해 서해 외해역에서의 연구는 비교적 적은 편으로 Lee 등(1967)에 의한 하계 식물플랑크톤 분포 연구 이래 분포에 대한 연구(Shim and Yoo, 1985; Chang and Shim, 1986; Noh, 1995), 분포와 일차생산력에 관한 연구(Choi 등, 1988, 1995; Kang 등, 1992; Cho 등, 1999)가 부분적으로 또는 한 계절에 국한되어 연구가 이루어졌다.

하계에 외해 성층수역과 연안수역 사이에 형성되는 조석전선수역에서의 식물플랑크톤 분포특성(Cho 등, 1983; Choi, 1991; Han and Choi, 1991) 및 일차생산력에 관한 연구(Choi 등, 1995)가 이루어져 서해 표영생태계를 전반적으로 이해하는데 도움을 줬다.

최근 Yang 등(1994)은 서해 남부수역에서 신생산에 관한 연구를 시도하였고, Park 등(1997)은 서해에서의 식물플랑크톤의 질소이용에 관한 일주기 변화연구 등 새로운 시도를 하고 있다. 또한 연안오염과 관련하여 극심한 오염환경에서 식물플랑크톤의 동태 및 생산력연구가 시화호(Choi 등, 1997)에서도 시도되었고, 군산연안에서 *Cochlodinium* 적조 발생과 관련된 연구(유 등, 2002)가 수행된 바 있다.

위와 같이 서해의 식물플랑크톤 분포 및 생태특성이 다양하게 이루어지고 있으나, 현재까지 서해에서의 수괴의 물리적 특성에 따른 식물플랑크톤 분포양상이 명확하게 밝혀지지 않고 있으며, 서해의 화학적 환경특성에 따른 식물플랑크톤 물질수지 부분에 관한 연구나 계절별 성장 변화 등의 정밀한 연구가 이루어진 바 없다. 서해에서의 수괴 분포와 관련된 식물플랑크톤 연구는 Lee 등(1967)과 Choi and Shim(1988) Noh(1995)등에 의해 일부 연구되었으나 수괴의 계절변화에 따른 식물플랑크톤의 변동양상이 전반적으로 이루어지지 못하고 있다.

2. 황해의 물리 화학적 환경특성

2.1 수괴(Water mass) 특성

황해는 북서태평양의 연변에 위치하며 한반도와 중국대륙에 둘러싸인 평균 수심 44 m의 반폐쇄 연해(marginal sea)이다<그림 1>. 황해의 수괴는 염분 분포에 따라 크게 셋으로 구분한다. 즉 황해 중앙수괴나 동중국해를 포함하는 외해 수괴 시스템과 황해 혼합수괴와 계절적 냉수괴를 포함하는 황해 지역 수괴 시스템 및 대륙연안 희석수와 강으로부터의 유입수를 포함하는 연안 수괴 시스템 등이다(Su and Wang, 1994). 그러나 일부 해양학자는 황해 수괴를 다섯 수괴로 크게 구분한다 ; 1) 겨울에 제주도 서북서에 형성되는 강한 조석전선 경계면에서 기원된 고온 고염

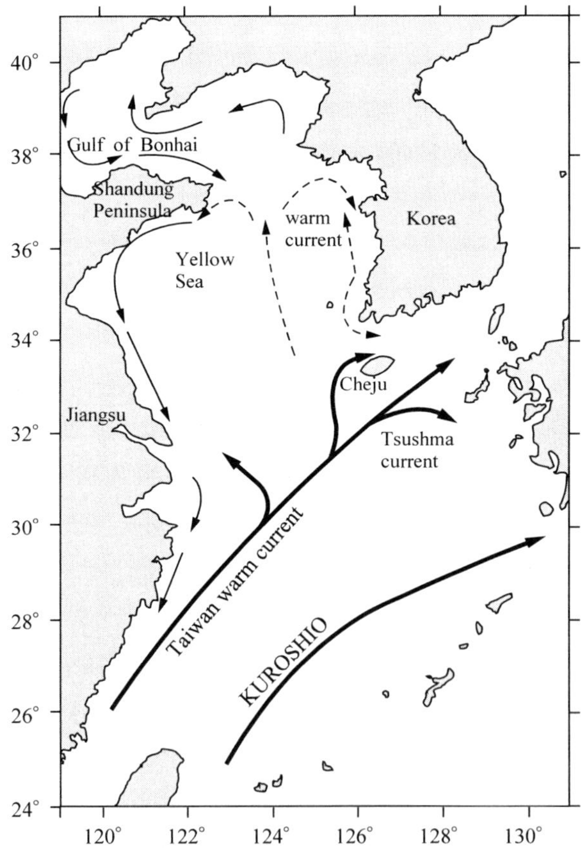

그림 1. 황해와 동중국해에서의 해류순환 모식도 (··· 은 겨울철흐름, — 은 여름철흐름) (승, 1990)

황해 난류수(YSWC) ; 2) 겨울철 대류혼합의 결과 여름철에 황해골 주변 저층에 형성되는 황해 저층냉수(YSBCW) ; 3) 조석에 의해 혼합되어 유래된 한반도 연안수 ; 4) 중국연안수 및 5) 양쯔강 희석수 등이다(Lee 등, 1999). 황해 중앙수역은 빈영양의 황해 난류수(YSWC)와 황해 저층냉수(YSBCW)의 영향을 계절에 따라 동계와 하계에 각각 받는다. 그러나 황해 난류수의 유입에 대하여는 그 규모와 유속에 의해 해류로 인정하지 않는 의견(Lie 등, 2001)과 이를 인정하는 의견(Pang and Hyun, 1998; Ma 등, 2006)으로 나뉘어져 있으며 현재까지 논란의 대상이 되고 있다. 황해저층 냉수는 동계에 찬 북서풍의 영향으로 황해 표층수가 냉각되어 침강한 후 봄에 표층수온 상승으로 표층과 저층사이에 강한 수온약층이 형성되어 혼합이 일어나지 않기 때문에 형성되는 계절적 저층 냉수괴를 가리킨다. 이와 같이 서해 외해역에는 저밀도 표층수와 고밀도의 저층냉수괴가 존재하여, 소위 외해 성층 수괴(offshore stratified water mass)가 계절적으로 형성된다. 한편 연안수역은 강한 조석작용으로 표층과 저층이 잘 혼합된 연안수괴가 연중 존재한다. 이와 같이 외해 성층수역과 연안 혼합수역 사이에는 하계에 조석전선수역(tidal fronts)이 형성되어 특별한 생태학적 특성을 보인다(Cho 등, 1983; Choi, 1991; Lie, 1989; Seung 등, 1990).

2.2 수온과 염분 분포

서해연안수의 수온은 연중 1.35~24.68℃ 분포로 2월에 최저를 보이고 8월에 최고를 보인다. 수온의 계절변화 양상은 기온의 월평균 변화 양상과 유사하다. 연안수의 표층수온의 수평 분포는 조석혼합으로 비교적 균일하다. 수온의 수직 분포는 4월부터 9월까지 연안에서 표층이 약간 높으나 거의 균일한 분포를 보이나 연안 바깥 수역에서는 황해 저층 냉수괴의 존재로 표저간에 수온약층이 형성된다. 그러나 10월부터 3월까지는 북서 계절풍과 온도 대류작용에 의한 수괴 혼합으로 수직적으로 균일한 수온 분포를 보인다.

서해의 염분은 평균 32.84±1.06 psu로 다른 해역에 비해 다소 낮은 편이다. 이는 황해로 유입되는 30개에 이르는 강으로부터 유입되는 1.2×10^{11} m^3/yr 의 담수와 강우, 증발에 의한 상호작용의 결과이다(Lee 등, 1999). 염분의 계절적인 분포는 2월에 높은 증발과 낮은 담수유입에 의하여 가장 높은 상태를 보이고, 8월에 많은 강우와 대량의 담수유입으로 가장 낮은 농도를 보인다.

황해남부 수역에서는 양쯔강 희석수의 영향으로 하계에 25 psu의 낮은 염분 상태를 보이고, 황해 중앙수역에서는 33.5 psu의 비교적 높은 염분 분포를 보인다(Liu 등, 1999). 서해 연안 하구역에서 조석 변화의 결과 염분은 저조시에 낮고 고조시에 높아 경기만의 경우 19.2‰~32.4‰의 큰 염분 변화를 보여 준다(Choi and Shim, 1986a).

2.3 탁도와 투명도

서해 연안은 육지로부터 큰 강을 통하여 토사가 많이 유입되고, 강한 조류에 의한 전단응력(Shear stress)으로 저층에 퇴적하였던 미세입자가 재 부유되어 수층에 높은 부유물질의 농도를 보인다. 그 결과 수층의 탁도는 높은 편이고, 투명도는 낮은 편이다. 황해에서 황하를 통하여 유입되는 토사는 연간 1.0×10^9 ton에 이르고(Yang 등, 1988), 대기를 통하여 강유입량의 4~38%에 이르는 많은 양이 유입된다(Hong 등, 1998). 서해의 부유물질의 농도는 홍수시에 강하구에서 높게 나타나나 탁도와 투명도는 계절에 따라 강수의 유입량과는 다른 분포 양상을 보인다.

탁도는 북서계절풍의 영향이 크고, 수괴의 대류작용이 크게 일어나는 동계에 높게 나타나고, 수괴의 혼합이 크지 않은 하계에 낮은 분포를 보인다. 이에 따라 투명도는 동계에 낮고 하계에 높게 나타난다(Choi and Shim, 1986b; Miliman 등, 1986; Hong 등, 1999).

겨울철에 차가운 북서계절풍이 서해에 불어오면 수괴 표층에서 열 손실이 일어나 대류작용이 일어나며, 강한 바람에 의한 높은 전단응력은 수층에 퇴적물을 재부유시켜 표층으로 이동시킨다. 그 결과 전 수층은 높은 탁도를 유지한다. 그러나 하계에는 북서 계절풍이 없어지고, 대류혼합이 일어나지 않으면서 표층과 저층사이에 강한 성층이 형성되어, 저층에서 표층으로 부유물질의 이동이 약해 표층에 낮은 탁도가 유지된다.

하계 표층의 부유물질 농도(SPM)는 0.1~3.7 mg/L이나 동계에는 0.4~30.6 mg/L를 보여 약 10배의 차이를 보인다(Hong 등, 1999). 탁도의 계절변동에 의해, 광도, 소광계수, 보상 깊이 등은 계절적인 변화를 보여 경기만의 표층 경우 광도는 1.84 mW/cm^2~ 12 mW/cm^2, 소광계수는 0.42~5.70, 보상깊이는 0.8m에서 7.9m로 변한다(Choi and Shim, 1986b). Choi and Shim (1986b)에 의해 서해연안에서 광조건이 동계에 식물플랑크톤 성장에 제한 요인이 되는 것으로 보고된 바 있다.

2.4 영양염

영양염은 식물성장에 필수적인 원소로 흔히 수중에서 N, P, Si가 부족할 시 식물플랑크톤 성장 제한요인이 된다.

황해의 북부와 연결된 발해에서, 1980년대 이래 연안을 따라 인구와 공업지대가 증가되고, 황하 유입수가 감소되면서, 영양염 조성이 급격하게 변하고 있다. 발해만에서 질소계 영양염의 증가와 인산염과 규산염의 감소는 N/P비의 급격한 증가와 Si/N 비의 급격한 감소를 유발해 Si를 필요로 하는 돌말류의 증가를 제한하고 대신 와편모류의 증가를 촉진하여 발해만에서 와편모류의 대형 적조가 일어나는 것으로 보고 있다(Yu 등, 1999). 황해에서 영양염의 주요 공급원은 대기중으로부터의 공급, 강으로부터의 배출, 외양경계로부터의 유입 등으로 보고 있다(Chung 등,

1999). 황해는 주위 육지로부터 연간 약 1.2×10^{11} m^3의 담수유입이 있고(Milliman and Meade, 1983), 년 평균 4.6×10^{11} m^3의 강우가 내리는 것으로 평가되고 있다(Lee and Kim, 1989). 이러한 강우와 강수의 유입은 많은 양의 영양염 유입을 동반한다(Zhang and Liu, 1994). 봄과 겨울철의 북서 계절풍도 중국대륙으로부터 대기를 통해 많은 양의 영양염을 황해로 유입시킨다(Chung 등, 1998).

서해연안에서 영양염은 육지와 강으로부터 많은 유입이 있기 때문에 제한 요인이 되지 못한다. 그러나 황해 중앙수역에서 표층수의 일차생산력은 여름동안 영양염의 고갈로 제한 받는다(Choi, 1991). 서해 바깥 해역에서 여름동안 형성되는 성층수괴는 영양염의 표층이동을 차단하기 때문에 식물플랑크톤의 영양염 이용은 표층에 영양염 결핍을 유발한다. 서해 바깥해역의 질산염 농도는 5월부터 11월 초까지 1 μM 이하를 보이나 동계에는 표층과 저층간의 활발한 수직혼합으로 2 μM 이상에 달한다(Chung 등, 1999). 서해 남부 해역에서는 여름동안 양쯔강 희석수의 영향으로 질산염농도가 최대 13 μM에 이르기도 한다(Chung 등, 1999).

3. 서해의 식물플랑크톤 종조성

3.1 식물플랑크톤 출현 종 수

서해의 식물플랑크톤 분포와 생태연구를 통해 많은 종이 표 1과 같이 보고되었다.

표 1. 서해에서 출현한 식물플랑크톤 종수

Species number	Area	Period	References
268	Han River estuary	1967~1968	Chung(1969)
101	Kum River estuary	1980~1981	Shim and Yang(1982)
131	KunSan Coastal area	1980~1981	Shim and Yoo(1985)
228	Gyeonggi Bay	1981~1982	Choi and Shim(1986c)
208	Inchon Coastal area	1983~1984	Shin and Choi(1988)
262	ChunSu Bay	1985~1986	Shin(1989)
118	Yellow Sea	1966. 6~8	Lee *et al.*(1967)
248	Yellow Sea	1983~1984	Chang(1990)
392	Mid-eastern Part of the Yellow Sea	1987	Han and Choi(1991)
148	Bohai Sea		Guo(1994)
176	Yellow Sea		Guo(1994)
294	East China Sea		Guo(1994)
275	Yellow Sea	1992. 9	Noh(1995)
364	Younggwang coastal area	1992~1996	Kang and Choi(2001)

Chung (1969)은 한강 하구역에서 월별 조사를 통하여 268종의 식물플랑크톤을 채집하여 분류하였다.

경기만에서는 월별 조사를 통하여 228종이 보고되었고(Choi and Shim, 1986c), 천수만에서는 262종이 보고되었다. 서해 바깥 해역에서는 계절별 조사를 통하여 248종이 보고된 바 있으나, Han and Choi(1991)는 국립수산진흥원 정기정선관측 지점에서 격월별로 조사하여 총 392종의 식물플랑크톤을 보고하였다. Noh(1995)는 서해의 37° 이남 전해역에서 추계 한 계절을 조사하여 275종을 보고한바 있어 월별로 조사할 시 400종이 넘는 식물플랑크톤이 출현할 것으로 예상된다. Kang and Choi(2001)는 서해 영광 연안에서 1992년부터 1996년까지 5년간 계절별 조사결과 364종을 동정하여 서해 연안에서 400종 내외의 식물플랑크톤이 출현하는 것으로 보인다.

서해 연안수역과 황해 중앙수역을 비교할 경우 연안수역이 식물플랑크톤의 출현종수가 다소 많은 것으로 추정되나 외해수역에 대한 자료가 부족한 상태이므로 단정지을 수 없다.

3.2 서해에서의 식물플랑크톤 종조성

연안수에서 식물플랑크톤의 종조성은 연안종, 연안성 기수종, 외양성 연안종, 외양종 등으로 구성되는 것이 일반적이다. 인천 연안수에서 Choi and Shim(1986c)은 식물플랑크톤 군집을 연안종, 기수종, 담수성 기수종, 담수종, 연안성 기수종, 외양성 연안종, 외양종 등 7개 그룹으로 구분하여 출현 상태를 비교하였다. 그 결과 이들 그룹중 외양성 연안종의 출현율이 가장 높게 나타난바 있다. 특히 서해연안에서는 추계에 외양성 및 외양종의 출현 종수가 많이 나타나고 있다.

서해 연안에서 가장 많이 출현하는 종류는 돌말류(75.2%~89.7%)이다. 총 출현 종수에서 와편모조류의 출현비율은 동계에 6.6%에서 하계에 19.1%(Choi and Shim, 1986c)까지 계절에 따른 출현종수가 크게 차이가 난다. 돌말류와 와편모조류 외에 서해에서 출현하는 종들은 규질편모조류, 은편모조류, 녹조류, 남세균 등이 있으나 소수종이 출현하고 있다.

서해 영광 연안수역에서 5년간 출현한 364종 중 돌말류는 283종(79.9%), 와편모조류 65종(17.8%), 나머지는 규질편모조류, 은편모조류, 남세균이었다.

서해 바깥해역에서 출현한 식물플랑크톤은 주로 외양종 및 외양성 연안종으로 구성되었고 그 대부분은 돌말류와 와편모 조류였다. 추계에 돌말류는 주종을 이루나 그 비율은 연안에 비해 감소되어 서해 바깥 해역에서 출현 종수의 73.1~76.7%의 범위를 보였고, 중국쪽에서는 56.8~72.3%를 보였으며, 황해 중앙수역에서는 43.5~56.5%의 비율을 보였다. 반면에 와편모조류는 서해 바깥수역에서 20.6~23.4%를 보이고, 중국 연안 바깥해역에서 19.1~40.9%를 보였으나 황해 중앙수역에서 30.8~47.8%로 큰 증가를 보였다(표 2).

표 2. 서해에서 출현한 식물플랑크톤의 조성백분율(%)

Groups / area	Bacillario-phyceae	Dino-phyceae	Chryso-phyceae	Cyano-phyceae	Crypto-phyceae	References
Gyeonggi Bay	75.2~89.7	6.6~19.1	2.6	1.3	0.4	Choi and Shim(1986c)
YoungKwang Coastal waters	79.9	17.8	1.6	0.2	0.2	Kang and Choi(2001)
Offshore waters near Korean coast	73.1~76.7	20.6~23.4	1.5~2.6	0.8~1.3	0.8~1.3	Noh(1995)
Near Chinese coast	56.8~72.3	19.1~40.9	0 ~0.6	2.2~2.3	2.2~2.3	Noh(1995)
Central area	43.5~56.5	30.8~47.8	4.3~7.7	2.7~5.5	2.7~5.5	Noh(1995)

서해에서의 출현종수는 계절에 따라 큰 변화를 보여 가을철에 많이 출현하고, 겨울철에 적은 출현 양상을 보이고, 종조성에 있어서도 계절적인 변화를 보였다. 돌말류의 출현율은 겨울에 높고, 여름과 가을에 낮게 나타났으나, 와편모조류, 녹조류, 규질편모조류는 여름철과 가을에 많은 종수가 출현하였다.

3.3 서해의 토착성 식물플랑크톤(autochtonous phytoplankton)

서해에 출현하는 식물플랑크톤은 토착성 식물플랑크톤 그룹, 저서돌말류그룹 그리고 외부에서 유입된 난수성 식물플랑크톤에서 유래된 그룹 등으로 구분된다. 영구적 또는 일시적으로 출현하는 토착성 부유돌말류는 하구역과 연안수의 식물플랑크톤 군집에서 중요한 역할을 한다. 서해연안에서 식물플랑크톤으로 출현하는 중요 그룹중의 하나는 갯벌위에 서식하는 저서돌말류이다. 이들은 개펄이나 모래갯벌로 이루어진 갯벌위에 부착 서식하나 강한 조류나 난류, 또는 파랑 등에 의해 수층으로 부유되어 일시적으로 임시플랑크톤(tychopelagic plankton)으로 나타난다.

경기만에서 임시식물플랑크톤으로 출현한 저서돌말류는 *Paralia sulcata*를 포함하여 92종으로 보고된 바 있으며(Choi and Shim, 1986c), 천수만에서는 임시부유 저서돌말류가 총 종수의 26%를 차지한 바 있다. Choi(1990)는 한국 연안수에서 출현하는 임시부유 저서돌말류와 저서돌말류로 236종의 저서돌말류를 보고한 바 있다.

임시부유 저서돌말류는 서해에서 늦가을부터 초봄까지 식물플랑크톤 군집의 주요 구성인자로 중요한 역할을 한다. 서해에서 주로 출현하는 임시부유 저서돌말류는 표 3과 같다.

표 3. 서해에 출현한 토착성부유종, 임시부유종, 난수성외양종

Type	Species name	References
토착성 식물플랑크톤	*Campylosira cymbelliformis, Chaetoceros lorenzianus, Chaetoceros compressus, Ch. curvisetus, Ch. danicus Ch. decipiens, Chaetoceros affinis, Cosinodiscus asteromphalus, C. Kutzinggi, C. radiatus, C. centralis, Ditylum brightwellii, Nitzschia longissima, Pseudonitzschia seriata, Rhizosolenia setigera, Skeletonema* spp, *Ceratium fusus, Prorocentrium triestinum, Dictyocha fibula, Guinardia flaccida, Leptocylindrus danicus, Eucampia zodiacus*	Choi and Shim(1986c) Kang and Choi(2001)
임시 부유종	*Actinocyclus ehrenbergii, Actinoptychus senarius, A. splendens, Amphora ovalis, Bacillaria paxillifer, Odontella aurita, O. sinensis, Cocconeis placentula, Cyclotella striata, Diploneis interrupta, Gyrosigma spencerii, Navicula salinarum, Paralia sulcata, Pleurosigma angulatum, Surirella ovata, Triceratium favus,*	Choi and Shim(1986c)
난수성 외양종	*Chaetoceros diversus, Ch. messanensis, Ch. peruvianus, Eucampia cornuta, Asterolampra marylandica, Haslea gigantea, Nitzschia marina, Hemidiscus cuneiformis, Pseudoeunotia doliolus, Thalassiothrix heteromorpha, Th. accuta, Th. gibberula, Thalassiosira punctifera, Stigmaphora rostrata*	Noh(1995)

3.4 서해의 난수성 외양종(allochtonous warm water oceanic species)

서해에서 출현하는 난수성 외양종은 쿠로시오해류에서 유래되어 대마 난류나 황해난류에 의해 황해 중앙수역이나 서해 연안수로 유입된 타지성 종류들이다. 황해 난류에 관하여는 그 존재 유무가 아직 논쟁중이나 소위 난수성 외양종으로 구분되는 식물플랑크톤의 출현이 서해에서 여러 차례 보고되었다. Lee 등(1967)은 서해에서 여름철에 채집된 시료에서 쿠로시오 지표종의 출현을 발표한 바 있고, Choi and Shim(1986c)은 경기만의 바깥 수역에 여름철에 쿠로시오 해류 지표종 10종이 유입되었다고 발표하였다. Noh(1995)는 9~10월에 황해에서 출현한 난수성 외양종 14종의 분포를 비교하고, 이 14종이 쿠로시오 해류로부터 황해로 유입되어 출현한 것으로 분석하였다(표 3). 이와 같이 서해에서 난수성 외양종의 출현종수가 많지는 않으나 여름부터 가을까지 지속적으로 출현하고 있어 이 시기에 쿠로시오 해류의 일부가 황해로 유입되는 것으로 추정할 수 있다.

4. 서해의 식물플랑크톤 현존량 분포

4.1 식물플랑크톤의 개체수(abundance)

서해에서 출현하는 식물플랑크톤 개체수의 분포는 1만 cells/L 미만에서부터 1000만 cells/L 이상까지 공간과 시간에 따라 다르게 나타난다(표 4). 연안수의 식물플랑크톤 개체수는 외양수의 개체수보다 10배 이상 많다. 특히 최근에 연안수의 부영양화로 대부분의 연안수에 100만 cells/L 이상의 식물플랑크톤 대증식이 일어나고 있다. 과거에는 식물플랑크톤 대증식이 춘계와 추계에 일어났었으나(Choi and Shim, 1986c), 최근에는 부영양화된 연안수에서 계절에 관계없이 불규칙한 대증식이 일어나거나 연중 지속적인 대증식이 일어나고 있다.

표 4. 서해에 출현한 식물플랑크톤의 개체수

Area	Standing crop(cells/L)	Period	References
Han River Estuary	31,034~3,489,051	1977~1978	Shim and Choi (1978)
Kunsan coastal waters	200,000~2,331,500	1980~1981	Shim and Yoo (1985)
Gyeonggi Bay	16,234~1,753,458	1981~1982	Choi and Shim (1986c)
Yellow Sea	1,100~241,660	1983. 8	Chang and Shim (1990)
	318,000~700,400	1984. 11	Chang and Shim (1994)
	61,000~331,000	winter 1984.	Chang and Shim (1993)
Chunsu Bay	48,000~3,720,000	1985~1986	Shim and Yeo (1988)
Yellow Sea	5,000~4,340,000	1987	Han and Choi (1989)
Kunsan coastal waters	15,000~5,451,000	1987~1988	Lee *et al.*, (1989)
Mangyong, Dongjin River estuary	2,148~22,291,000	1989~1990	Shim *et al.*(1991)
Inchon Dock	7,000,000~12,500,000	1989~1990	Lee and Byun (1991)
Younggwang coastal waters	428,667~2,292,822	1992~1996	Kang and Choi (2002)
Yellow Sea	5,570~432,480	1992. 9	Noh (1995)

인천 갑문 안이나 시화호, 인천연안수 등에서 봄, 여름, 겨울에 1000만 cells/L에 달하는 식물플랑크톤의 대증식이 대규모 적조현상을 보이기도 한다(Choi 등, 1997).

서해 바깥 해역에서 식물플랑크톤 개체수는 계절과 수역에 따라 변한다. 서해 남서부에 위치하는 양쯔강 희석수 유입지역은 초가을에 30만 cells/L 이상의 비교적 많은 식물플랑크톤 개체수가 출현하여 연안수와 같은 높은 현존량 분포를 보인다. 그러나 황해 중앙수역과 서부수역은 초가을에 5만 cells/L 이하의 낮은 개체수가 출현하였다. 식물플랑크톤 현존량의 계절적인 변동은 때로는 8월에 최대를 보인다. 이러한 최대 개체수는 높은 광도와 높은 수온 그리고 낮의 영양염 농도에 적응된 20 μm 미만의 미소편모류의 다량 출현에 의한다(Han and Choi, 1991). 봄에 식물플랑크톤 현존량은 주로 많은 개체수가 출현하는 대형 돌말류에 의해 이루어진다. 겨울철에는 낮은 광도와 낮은 성장률로 미소형 식물플랑크톤과 부유돌말류의 개체수가 크게 감소하여 최소의 현존량을 보인다.

식물플랑크톤 개체수의 수평적인 분포는 여름철에 물리적인 수괴의 특성에 따라 뚜렷한 차이를 보인다. 연안 혼합수역에서는 부유돌말류 *Skeletonema* spp.과 와편모조류가 현존량의 주요 구성인자로 비교적 많은 현존량이 유지된다. 조석전선수역에서는 좋은 광조건과 좋은 영양염 공급에 의해 미소편모류와 돌말류의 성장이 촉진되어 식물플랑크톤이 많은 현존량을 보인다(Choi, 1991; Han and Choi, 1991). 바깥 수역인 성층수역에서는 수직적으로 수온약층 위에서 영양염의 결핍으로 낮은 식물플랑크톤 현존량을 보이나 수온약층에서는 미소형 식물플랑크톤에 의해 엽록소 최대층(subchlorophyll maximum layer, SML)이 나타난다. 수온약층 아래에서 일시 부유돌말류가 낮은 수온과 낮은 빛 조건으로 느린 성장을 하여 낮은 현존량이 유지된다.

4.2 서해의 엽록소 *a* 분포

식물플랑크톤의 현존량을 간접적으로 보여주는 식물플랑크톤의 엽록소 *a*의 농도 분포는 서해에서 시간과 공간에 따라 다르게 나타난다(표 5). 연안수에서 엽록소 *a*의 높은 농도가 나타나는 반면에 바깥 수역에서는 낮은 농도를 보인다.

표 5. 서해에서 측정된 식물플랑크톤의 엽록소 *a* 농도

Area	Chlorophyll-*a* (μg/ℓ)	Period	References
Offshore waters	0.07~0.45	1983. 8	Chang and Shim (1991)
Chunsu Bay	0.81~4.78	1985~1986	Shin *et al.*, (1990)
Mid eastern part of the Yellow Sea	0.45~4.11	1987.	Han and Choi (1991)
Yellow Sea	1.03~2.09	1989~1990	Kang *et al.*, (1992)
Gyeonggi Bay	1.32~2.63	1989~1990	Kang *et al.*, (1992)
Offshore waters	0.45~1.24	1994.	Chang and Shim (1994)
Yellow Sea	0.16~3.20	1992. 9	Choi *et al.*, (1995)
Younggwang coastal waters	1.71~5.88	1994~1996	Kang and Choi (2002)
Inchon coastal waters	1.32~19.35	2001.	Present Study

부영양화된 연안수에서 엽록소 *a* 농도는 1.32 μg/L ~19.35 μg/L 범위로 평균 5.4 μg/L의 높은 농도 분포를 보인다. 비교적 부영양화가 되지 않은 영광 연안해역에서도 식물플랑크톤 엽록소 *a* 농도가 평균 4.25 μg/L를 보여 서해 연안이 전반적으로 높게 나타나고 있다. 그러나 서해의 바깥 수역에서는 엽록소 a 농도가 0.07 μg/L~4.11 μg/L 분포로 낮은 평균 농도를 보인다.

1992년 추계에 서해 전역에서 조사된 자료에 의하면(Choi 등, 1995) 식물플랑크톤의 엽록소 *a* 농도는 0.16 μg/L~3.20 μg/L 분포로 평균 0.69 μg/L의 낮은 농도를 보였다. 양쯔강 희석수의 영향을 받은 중국연안수와 한국연안수에서는 2.0 μg/L 이상의 높은 농도를 보였다. 연안수역과 바깥 성층수역 사이의 조석전선수역에서는 연안수로부터의 영양염 공급과 깊은 광투과로 1.5 μg/L 이상의 높은 엽록소 *a* 농도를 보였다. 황해 중앙수역에서는 성층의 형성에 의해 표층영양염의 고갈과 낮은 일차생산력으로 연안수역이나 조석전선수역에 비해 낮은 엽록소 *a* 농도를 보였다. 중앙수역의 20~30m 깊이에 형성된 강한 수온약층은 저층으로부터 표층에 영양염 공급을 제한시키고 표층과 저층사이의 식물플랑크톤 이동을 막고 있다. 이로 인해 표층에서의 식물플랑크톤 현존량은 낮게 유지되나 수온약층에서는 저층으로 부터의 영양염공급과 표층으로부터 침강한 식물플랑크톤의 축적으로 높은 엽록소 *a* 농도가 나타나 20~30 m 깊이에 엽록소 최대층(SML)이 나타났다. 엽록소 최대층에서의 엽록소 *a* 농도는 2.5 μg/L 이었다. 황해 중앙수역의 수심 50m층에서는 엽록소 *a* 농도가 최소로 나타났다.

연안수역에서 엽록소 *a*의 수직분포는 강한 조석 혼합에 의해 거의 균일한 분포를 보이고 대부분 1.0 μg/L 이상의 농도를 보인다.

4.3 식물플랑크톤의 크기별 엽록소 *a* 분포

식물플랑크톤 군집 생물들의 크기별 구성분포는 먹이 연쇄내에서 식물플랑크톤의 역할을 이해하는데 도움을 준다. 이러한 식물플랑크톤 군집의 크기별 구성분포를 알기 위하여 일반적으로 엽록소 *a*의 농도를 소형플랑크톤(20~200 μm), 미소플랑크톤(2~20 μm), 극미소플랑크톤(<2 μm)의 세 크기로 나누어 분석한다.

서해 바깥 수역의 소형식물플랑크톤은 전체 엽록소 *a* 농도의 35.6%~56.0%를 차지한다. 여름과 가을동안 소형식물플랑크톤은 총 엽록소양의 35.6%까지 감소하나 겨울과 봄에는 50% 이상 차지하게 된다. Choi 등(1995)은 초가을 서해 바깥 수역에서 미소식물플랑크톤과 극미소식물플랑크톤에 의한 평균 농도가 총 엽록소 *a* 농도의 64.36%를 차지함을 보여 주었다.

연안수에서 소형식물플랑크톤은 전체 엽록소 *a* 농도의 40.5%를 나타냈고, 조석전선수역에서는 47.61%를 나타내 연안수보다 다소 증가하였다.

표 6. 서해에서 측정된 식물플랑크톤 엽록소 *a*의 크기별 조성(%)

Area	Microplankton	Nanoplankton	Picoplankton	References
Yellow Sea	53.80	46.20*		Chang *et al*., (1987)
Yellow Sea	27.0~36.0	64.0~83.0*		Choi *et al*., (1988)
Gyeonggi Bay	8.0~66.0	34.0~92.0*		Chung and Park(1988)
Chunsu Bay	7.0~61.0	39.0~93.0*		Shin *et al*., (1990)
Yellow Sea	35.6	53.7	10.7	Choi *et al*., (1995)
Yellow Sea	42.0~56.0	44.0~57.0*		Cho *et al*., (1999)
Younggwang coastal area	23.2~56.6	35.0~92.4*		Kang and Choi(2002)

* : nanoplankton plus picoplankton

미소식물플랑크톤과 극미소식물플랑크톤은 연안과 조석전선수역에서 각각 전체 엽록소 a 농도의 59.5%와 52.39%를 차지하였다. 중앙수역에서는 미소형식물플랑크톤 및 극미소식물플랑크톤의 엽록소 *a* 농도가 전체의 69.7%를 차지하여 극미소식물플랑크톤과 미소식물플랑크톤의 비율이 크게 증가함을 보였다. 소형식물플랑크톤은 조석전선수역에서 증가하는 경향을 보였으며, 미소식물플랑크톤 이하크기의 식물플랑크톤은 연안수역과 중앙수역에서 생체량이 증가하는 경향을 나타냈다. 극미소식물플랑크톤은 수역에 따라 총 엽록소 *a* 양의 6.62%~13.44%를 나타냈으나, 이는 직경 3 μm의 원형 구멍을 갖는 polycarbonate membrane filter가 아닌 3 μm 구멍크기의 cellulose membrane filter를 통과한 해수의 엽록소 농도를 측정하여 실제보다 낮은 엽록소 농도를 보인 결과로 판단된다. 1997년 8월과 10월, 12월 황해의 수산진흥원 정기관측 정점들에서 3 μm로 분급된 극미소식물플랑크톤의 엽록소 *a* 양은 전체 엽록소 *a* 양의 각각 36.67%, 50.12%, 33.50%를 나타냈다(미발표자료). 이는 황해에서 극미소식물플랑크톤의 생체량이 높은 기여를 하고 있음을 나타내는 결과이다. Kang and Choi(2002)에 의한 영광 연안수역에서의 5년간 식물플랑크톤 엽록소 *a* 자료 분석은 소형식물플랑크톤이 평균 35.8%, 미소플랑크톤과 극미소플랑크톤이 64.2%를 차지하여 연안수역에서도 미소식물플랑크톤의 역할이 소형식물플랑크톤보다 크게 나타났다.

대체로 서해에서의 식물플랑크톤의 총 엽록소 *a* 농도는 소형식물플랑크톤보다는 미소식물플랑크톤에 의해 좌우되는 경향으로 미소식물플랑크톤은 서해 평균 46.2% (Chang 등, 1987), 64.0~83.0% (Choi 등, 1988), 경기만의 34.0~92.0% (Chung and Park, 1988), 천수만의 39.0~93.0% (Shin 등, 1990)의 넓은 분포를 보였다.

5. 서해의 식물플랑크톤 일차생산량

서해에서의 식물플랑크톤 일차 생산력에 관한 연구는 비교적 적은 편이다(Choi 등, 1988; Choi, 1991; Chung 등, 1991; Kang 등, 1992; Choi 등, 1995; Yoo and Shin, 1995). Guo(1994)에 의하면 중국의 황해 일차 생산력에 관한 연구도 극히 적은 편이다. 그녀의 황해와 발해의 일차 생산력에 관한 소개에 의하면 발해의 일차 생산력은 평균 308 mgC m^{-2} day^{-1}로 평가되었고, 황해로부터 영양염이 유입되는 발해 남서부는 이보다 다소 높은 408 mgC m^{-2} day^{-1}를 보였다. 중국연안인 교주만의 일차생산력은 1월에 25.78 mgC m^{-2} day^{-1}부터 6월에 1193 mgC m^{-2} day^{-1}까지 계절 변화가 크게 나타났고 연평균 일차 생산력은 422 mgC m^{-2} day^{-1}였다. 중국의 황해 주변에서의 가장 높은 일차 생산력은 양쯔강 희석수의 영향을 받는 동중국해의 연안수역과 절강성 연안의 용승해역에서 측정되었다. 동중국해의 일차생산력은 연안쪽의 1000 mgC m^{-2} day^{-1}부터 빈영양 난류수의 영향을 받는 외대륙붕에서의 139 mgC m^{-2} day^{-1}까지 수역에 따라 큰 변화를 보였다(Guo, 1994).

서해에서의 년간 일차 생산량은 육상으로부터의 영양염의 공급으로 250 gC m^{-2} yr^{-1}(Choi 등, 1988)부터 165 gC m^{-2} yr^{-1}(Hong 등, 1995)까지로 평가되고 있다. 일일 일차 생산력의 계절 변화는 바깥해역에서 6월에 가장 높은 평균 1348 mgC $m^{-2}$$day^{-1}$을 보였고 12월에 가장 낮은 평균 181 mgC $m^{-2}$$day^{-1}$의 생산력이 측정되었다(Choi 등, 1988). Son 등(2005)의 해색위성자료를 이용한 일차생산력 추정결과는 황해 중앙수역에서 5월에 947 mgC m^{-2} day^{-1}였고, 9월에 723 mgC m^{-2} day^{-1}였다.

추계에 황해 광역수괴에서 측정된 일일 일차 생산력은 147 mgC $m^{-2}$$day^{-1}$부터 2694 mgC m^{-2} day^{-1}의 범위로 평균 740 mgC $m^{-2}$$day^{-1}$의 분포를 보였다. 일차 생산력의 평균 분포는 황해 중앙수역보다 남황해수역에서 높았고, 가장 높은 일차 생산력은 조석전선수역에서 측정되었다. 조석전선수역의 높은 일차 생산력은 연안수와 저층으로부터의 풍부한 영양염 공급과 깊은 광투과에 의한 결과이다. 중국연안수역은 낮은 수심과 낮은 투명도에 의해 낮은 일차 생산력을 보였다. 서해 연안수역에서의 탁도 증가에 따른 광투과의 감소는 식물플랑크톤의 광합성에 필요한 에너지를 충분히 공급하지 못하는 것으로 보인다(Choi 등, 1995). 바깥수역의 일차생산력은 표층에서의 영양염의 고갈이 있지만, 최대 엽록소층(SML)에서의 많은 미소식물플랑크톤의 출현과 깊은 광투과에 의해 연안수역의 일차 생산력보다 높게 나타났다(Choi 등, 1995).

서해안 태안 반도 부근 연안수역에서의 일차 생산력은 겨울에 27.6~196.6 mgC m^{-2} day^{-1}의 낮은 범위를 보였으나 여름에는 1323 mgC m^{-2} day^{-1}의 높은 생산력을 보였다(Yoo and Shin, 1995). 동계에 일차 생산력을 제한하는 주요 요인은 서해에서의 높은 탁도 때문인 것으로 평가

되었다. 하계 황해 중앙수역 표층에서의 주요 영양염인 C : N : P : Si의 비는 108.3 : 58.5 : 1.0 : 55.0으로 표층의 식물플랑크톤 일차 생산력은 인산염에 의해 제한되는 것으로 나타났다(Li 등, 2002). 그러나 최대 엽록소 층에서의 C : N : P : Si의 비는 95.8 : 11.7 : 1.0 : 21.4로 영양염 공급이 고르게 이루어지는 것으로 나타나고, 낮은 광에 적응된 극미소플랑크톤이 최대 엽록소층의 높은 생산력과 높은 생물량을 유지시키는 것으로 분석되었다(Li 등, 2002).

Lin등(2005)은 1976년부터 2000년까지 황해중앙수역에서 중국연안까지 측정한 수온과 영양염 자료를 분석한 결과 수온은 1.7℃, 용존무기질소(DIN)는 2.95 μmol/L이 각각 증가한 반면, 인(P)과 규소(Si)는 각각 0.1 μmol/L, 3.93 μmol/L이 감소한 것으로 분석하였다. N : P 비율은 1984년 4 : 1에서 2000년에 16 : 1 이상으로 증가하였다. 이러한 환경변화의 결과 엽록소 *a*와 일차생산력이 감소되고 식물플랑크톤의 주요 구성이 규조류에서 편모류로 바뀐 것으로 분석하였다.

참고문헌

승영호, 1990. 황해의 물리적 특성 고찰. 황해연구 3:1-11.

신동휘, 최중기, 1988. 인천 연안 식물플랑크톤 군집의 조석에 따른 시간적 변화 연구. 황해연구 1: 11-31.

유영두, 정해진, 심재형, 박재연, 이경재, 이원호, 권효근, 배세진, 박종규, 2002. 전북 새만금 남쪽해역의 유해성 적조 발생연구 1. 1999년도 여름, 가을 식물 플랑크톤의 시공간적 변화. 바다 7(3): 129-139.

장만, 심재형, 이재학, 1990. 여름철 황해의 식물플랑크톤의 생태학적 연구. 해양연구 12(1) : 1-13.

장만, 심재형, 1993. 가을철 황해의 식물플랑크톤의 생태학적 연구. 해양연구 15(1) : 15-28.

장만, 심재형, 1994. 황해의 식물플랑크톤의 생태학적 연구. 해양연구 16(2) : 95-109.

Aikawa,H., 1936. The planktological properties of the principal sea areas surrounding Japan. *Bull. Japan. Soc. Sci. Fish.* 5:33-41

Chang,M., 1990. The ecological study of phytoplankton in the Yellow Sea. *SNU Ph.D thesis* 185pp

Chang,M., J.H. Shim and H.T.Huh, 1987. Nanoplankton of the Korean coastal waters. *Ocean Research.* 9:7-14

Chang,M., and J. Shim, 1986. A study on the phytoplankton of the Yellow Sea in spring 1984. *Ocean Res.*, 8(1):1-11

Cho,K.D., S.Y.Hong, H.J.Kim and Y.R.Yang, 1983. Structure of shelf front and distribution of planktons in the estuarine poort of the Yellow Sea. *Bull. Kor. Fish. Soc.* 16(4):316-329

Cho,S.H., W.D.Yoon, D.H.Lim, J.K.Choi, J.H.Noh, H.J.Jeon and T.Y.Song, 1999. Spatio-temporal distribution of Chlorophyll *a*, primary productivity and size fractionated standing stock of the phytoplankton community in the Yellow Sea. *Bull. Nat. Fish. Res. Dev. Inst. Korea* 57:163-173

Choi,J.K. and J.H.Shim, 1986a. The ecological study of phytoplankton in Kyeonggi Bay, Yellow Sea. Ⅰ. Environmental characteristics. *J. Oceanol. Soc. Korea*, 21(1):56-71

Choi,J.K. and J.H.Shim, 1986b. The ecological study of phytoplankton in Kyeonggi Bay, Yellow Sea. Ⅱ. Light intensity, transparency, suspended substrances. *J. Oceanol. Soc. Korea*, 21(2):101-109

Choi,J.K and J.H.Shim, 1986C. The ecological study of phytoplankton in Kyeonggi Bay, Yellow Sea. Ⅲ. Phytoplankton composition, standing crops, tychopelagic plankton. *J. Oceano. Soc. Kor.*, 21(3):156-170

Choi,J.K. and J.H.Shim, 1988. The ecological study of phytoplankton in Kyeonggi Bay, Yellow Sea. Ⅳ. Succession mechanism and the structure of the phytoplankton. *J. Oceanog. Soc. Kor.* 23:1-12

Choi,J.K., 1990. A checklist of marine tychopelagic and benthic diatoms in Korea. *Kor. J. Phycology*, 5(1):73-116

Choi,J.K., 1991. The influence of the tidal front on primary productivity and distribution of phytoplankton in the mid-eastern coast of Yellow Sea. *J. Oceanol. Soc. Kor.* 26(3):223-241

Choi,J.K., E.H.Lee, J.H.Noh and S.H.Huh, 1997. The study on the phytoplankton bloom and primary productivity in lake Shihwa and adjacent coastal waters. *The Sea* 2(2):78-86

Choi,J.K., J.H.Noh, K.S.Shin and K.H.Hong, 1995. The early autumn distribution of Chlorophyll *a* and primary production in the Yellow Sea, 1992. *The Yellow Sea*, 1:68-80

Choi,J.K., Y.C.Park, Y.C.Kim, Y.C.Lee, S.K.Son, H.J.Hwong, B.S.Han and C.S.Jung, 1988. The study on the biological productivity of the fishing ground in the western coastal area of Korea, Yellow Sea. *Bull. Nat. Fish. Res. Dev. Agency*, 42:143-168

Chu,S.P. and Y.C.Guo, 1959. A decade of marine phytoplankton research in China. *Oceanol. Lim. Sinica.* 2(4):223-232

Chung,C.S., G.H.Hong, S.H.Kim, J.H.Lim, J.K.Park and D.B.Yang, 1998. Shore based observation on wet deposition of inorganic nutrients in the Korean Yellow Sea coast. *The Yellow Sea*, 4:30-39

Chung,C.S., G.H.Hong, S.H.Kim, J.K.Park, Y.I.Kim, D.S.Moon, I.K.Bang, B.D.Wang, G.Y.Wang and D.B.Yang, 1999. The distributional characteristics and budget of dissolved inorganic nutrients in the Yellow Sea. In, *Biogeochemical processes in the Bohai and Yellow Sea, edited by G.H.Hong et al. Dongjin Publ. Asso. Seoul*, 41-68

Chung,C.S., S.H.Kim, D.J.Kang and G.H.Hong, 1991. Primary productivity and dynamics of nutrients and dissolved oxygen in summer in the centrol Yellow Sea. *Yellow Sea Res.*, 4:89-102

Chung,K.H. and Y.C.Park, 1988. Primary production and nitrogen regeneration by macrozooplankton in the Kyeonggi Bay, Yellow Sea. J. Oceanol. Soc. Korea, 23(4):194-206

Chung,Y.H., 1969. The environmental conditions and phytoplankton of Han River Estuary. *J. Nat. Acad. Sci. R.O.Korea.* 8:59-132

Guo,Y.J. 1994. Primary productivity and phytoplankton in China Seas. In *oceanography of China Seas*(eds.) *Zhou Di et al.* Kluw. *Acad. Publ. Neth. vol.*1, 227-242

Han,B.S and J. K. Choi, 1991. A study on the environmental conditions and phytoplankton ecology in the tidal front area of the Yellow Sea. Yellow Sea Res. 4:39-55

Hong,G.H., S.H.Kim, C.S.Chung and S.J.Bae, 1995. The role of the anthropogenic nutrient input in the carbon fixation of the coastal ocean Yellow Sea : A preliminary study. In, *Direct Ocean Disposal of Carbondioxide, edited by N.Handa and T.Ohsumi*:13-22

Hong,G.H., Y.H.Ahn, J.H.Lee, C.S.Chung, H.J.Lee, S.H.Kim, Y.I.Kim, J.K.Park, B.W.Ahn, 1999. Suspended particulate matter in the Yelow Sea. In, *Biogeochemical processes in the Bohai and Yellow Sea, edited by G.H.Hong et al. Dongjin Publ. Asso. Seoul*, 249-274

Hyun,J.H. and J.K.Choi, 1988. A study on the variation of phytoplankton community with the environmental condition and water pollution in the coastal areas of In chon, Yellow Sea. Yellow *Sea Res.* 1:33-53

Kang,Y.S., J.K.Choi, K.H.Chung and Y.C.Park, 1992. Primary productivity and assimilation number in the

Kyeonggi Bay and the mid eastern coast of Yellow Sea. *J. Oceanol. Soc. Korea*, 27(3):237-246

Kang.Y.S. and J.K.Choi, 2001. Ecological charateristics of phytoplankton communities in the coastal waters of Gori, Wulseong, Uljin and Younggwang. Ⅰ.Species composition and distribution(1992-1996) *Algae*, 16(1):85-111

Kang.Y.S. and J.K.Choi, 2002. Ecological characteristics of phytoplankton communities in the coastal waters of Gori, Wulseong, Uljin and Younkwang. Ⅱ. Distributions of standing crops and environmental parameters(1992-1996). *The Sea*, 7(3):108-128

Kim,Y.G. and J.B.Kim, 1987. An investigation on the composition quantity of diatoms and chemical contents in the leelow stream area of Gum River province in spring. *Fish. J. Coll. Kunsan*, 12(2):9-17

Kokubo,S., 1932. Plankton research report. Plankton Jibo, 4:33-43

Kurashige,H., 1943. Quantitative and qualitative characteristics of the marine diatoms in the water at the Yellow Sea and the southern coast of the Peninsula, Part1. *Rep. Fish. Exp. Stat. Korea*, 8:1-114

Lee, W.H., G.H.Lee, M.S.Choi and D.M.Lee, 1989. Phytoplankton and bacterioplankton in the intertidal and subtidal water in the vicinity of Kunsan. J. Oceanol. Soc. Kor., 24(3):157-164

Lee,G.T. and K.Kim, 1989. A study on the eddy diffusion of salinity in the lower layer of the Yellow Sea. *Yellow Sea Res.*, 2:21-29

Lee,J.H., B.W.An, I.K.Bang, H.J.Lie and Y.Jang, 1999. Water and salt budgets for the Yellow Sea. In, *Biogeochemical processes in the Bohai and Yellow Sea, edited by G.H.Hong et al. Dongjin Publ. Asso. Seoul.* 221-234

Lee,M.J., J.H.Shim and I.K.Kim, 1967. Studies on the plankton of the neighboring seas of Korea Part Ⅰ:on the marine conditions and phytoplanktons of the Yellow Sea in summer. *Rep. Inst. Mar. Biol. SNU.* 1-14

Li, D.J, J. Zhang, Y. Wu, Y.A. Lin and H.T. Chen, 2002. Vertical spatial response on nutrient and light limitation of pelagic photosynthesis in the Yellow Sea, China. In, *impact of interface exchange on the biogeochemical process of the Yellow and East China Sea, edited by G.H. Hong et al., Bum Shin Press, Seoul.* 99-116.

Lie,H.J., 1989. Tidal fronts in the southeastern Hwang hae(Yellow Sea). *Cont. Shelf Res.*, 527-546

Lie,H., C.Cho, J.Lee and S.Lee, 2001. Does the Yellow Sea warm current really exist as a persistent mean flow? *J. Geophy. Res.*, vol. 106(c10):22,199-22,210

Lin, C, X. Nng, J. Su, Y. Lin, B. Xu, 2005. Environmental changes and the responses of the ecosystem of the Yellow Sea during 1976-2000. *J. Marine. Systems*, 55,223-234

Liu.S.M., H.T.Chen, Q.M.Wu, S.Z.Chen, J.Zhang and G.H.Hong, 1999. N, P and Si compounds in the south Yellow Sea. In, *Biogeochemical processes in the Bohai and Yellow Sea. edited by G.H.Hong et al. Dongjin Publ. Ass. Seoul.* 21-40

Ma,J., F.Qiao, C.Xia and C.S.Kim, 2006. Effects of the Yellow Sea warm current on the winter temperature in a numerial model, *J. Geophy. Res.*, vol. 111(c11SO4) : 1-12.

Milliman,J.D. and R.H.Meade, 1983. World wide delivery of river sediment to the oceans. *J. Geol.*, 91:1-21

Milliman,J.D., L.Fan, Y.Zhao, Z.Tiemin and R. Limeburner, 1986. Suspended matter in the Yellow Sea. *Progress in Oceanography*. 17:215-227

Noh,J.H., 1995. A study on the phytoplankton distribution in the Yellow Sea and the East China Sea. *Inha univ. Mast. thesis*, 195pp.

Pang,I. and K.Hyum, 1988. Seasonal vaziation of water mass distribution in the Easter Yellow Sea and

Yellow Sea Warm Current. *J. Kor. Soc. Oceanography*, 33(3):41-52.

Park,M.G., J.H.Shim, S.R.Yang, S.H.Lee and B.C.Cho, 1997. Dial cycles of nitrogen uptake by marine phytoplankton in NO_3^--high and low envitonments. *J. Kor. Soc. Oceanogr.* 32(4) :191-201

Seung,Y.H., J.H.Chung and Y.C.Park, 1990. Oceanographic studies related to the tidal front in the mid-Yellow Sea off Korea. *J. Ocean. Soc. Korea*, 25:84-95

Shim,J.H. and H.G.Yeo, 1988. Spatial and temporal variations of phytoplankton in Chunsu Bay. *J. Oceanol. Soc. Kor.*, 23(3):130-145

Shim,J.H. and S.J.Yoo, 1985. Phytoplankton communty off the coast of Kunsan, Korea. *J. Oceanol. Soc. of Korea*, 20:31-42

Shim,J.H. and W.H.Lee, 1979. On phytoplankton of the Chunsu Bay, west coast. *J. Oceanol. Soc. Kor.* 14:6-14

Shin,Y.K., 1989. A study on the planktonic production structure and energy flux in the pelagic ecosystem of Chunsu Bay, Korea. *SNU Ph.D thesis*. 146pp

Shin,Y.K., J.H.Shim, J.S.Jo and Y.C.Park, 1990. Relative significance of nanoplankton in Chunsu Bay: species composition, abundance, chlorophyll and primary productivity. *J. Oceanol. Soc. Kor.* 25(4):217-228

Son,S., J.Campbell, M.Dowell, S.Yoo and J. Noh, 2005, Primary production in the Yellow Sea deterimined by ocean color remote sensing, *Mar Ecol. Prog.* ser, vol 303:91-103.

Su,Y.S., and X.C.Weng, 1994. Watermasses in the China Seas. In *Zhou, D. et al.*(eds.), *Oceanology of China Seas. Kluwer Acad. Pub. Neth.* vol.2:3-16

Yang,S.R., K.S.Shin and D.B.Yang, 1994. New and regenerated production based on nitrogen in the southern part of the Yellow Sea in late April, 1993. *J. Oceanol. Soc. Korea*, 29:258-268

Yang,Z., X.Sun, Z.Chen and C.Pang, 1998. Sediment discharge of the Yellow River to the sea : its past, future and human impact on it. In *Hong G.H. et al.(eds.). Health of the Yellow Sea. Earthlove Publ. Assoc., Seoul*. 109-128

Yoo,S. and K.Shin, 1995. Primary productivity properties in the nearshore region of Taean peninsula. *Ocean Res.* 17(2):91-99

Yu,Z.G., J.Zhang, Q.Z.Yao and T.Z.Mi, 1999. Nutrients in the Bohai Sea. In *Biogeochemical processes in the Bohai and Yellow Sea, edited by G.H.Hong et al. Dongjin Publ. Asso. Seoul*, 11-20

Zhang,J and M.G.Lin, 1994. Observations on nutrient elements and sulfate in atmospheric wet depositions over the northwest Pacific coastal oceans, Yellow Sea. *Mar. Chem.*, 47:173-189

동해연안의 식물플랑크톤 분포특성

최중기·강연식·노재훈·심재형* /인하대학교 해양학과, *서울대학교

요 약

동해에서의 식물플랑크톤 연구는 1930년대부터 시작되어 40여 편의 관련 논문이 발표되었다. 이들 논문의 대부분은 동해 남부해역과 동해남부 연안수역 연구에 국한되어 연구되었다. 현재까지 동해남부 연안수역에서 발표된 식물플랑크톤 출현종수는 400여종으로 돌말류가 300종이 넘고, 와편모조류도 88종이나 출현하여 비교적 다양한 출현종수를 보이고 있다. 동해는 서해와 달리 저서성 돌말류의 출현이 적어 돌말류중 깃돌말류의 출현이 특히 적은 것이 특징이다. 그러나 부유성인 중심돌말류와 와편모조류의 출현종수가 많아 식물플랑크톤의 종다양성을 높이고 있다. 동해남부에는 대마 난류의 영향으로 30여종의 난수성 식물플랑크톤이 출현하나, 극전선역 북쪽에는 북한한류에 의해 냉수성 종들이 출현하고 있다.

동해의 식물플랑크톤 현존량은 동해 중부수역이나 극전선수역보다 남해연안수와 대마난류의 영향을 많이 받는 동해 남부수역과 일본 연안수역에서 많은 편이다. 특히 최근에 동해 남부연안의 발전소 주변해역에서 10^7 cells/L에 이르는 많은 식물플랑크톤 현존량이 출현하기도 하였다. 동해 남부 및 중부해역의 극전선수역은 주변수역보다 다소 높은 현존량과 일차생산력을 보여준다.

동해 남부해역은 계절에 따른 우점종의 변화가 뚜렷하고 주로 *Chaetoceros* 그룹이 우점하였으나 최근에는 *Skeletonema* spp., *Thalassiosira decipiens, Prorocentrum* 같은 호영양성 종들이 크게 우점하고 있다. 1995년 이후에는 남부연안에서 와편모조류 *Cochlodinium*에 의한 적조도 자주 일어나고 있다.

동해 남부의 대마 난류 영향수역은 미소형 및 극미소형 식물플랑크톤에 의한 엽록소 *a* 생물량이 전체의 77%를 점하는 난류수역의 특징을 보여주고 있다. 이들 난류수역에서는 *Synechococcus*와 *Prochlorococcus*같은 극미소플랑크톤과 원석조류(Coccolithophores)와 같은

미소형식물플랑크톤이 일차생산자로서 중요한 역할을 하는 것으로 밝혀지고 있다.

동해의 연안수역은 N/P 비가 높은 편이나 남부해역은 3.0~5.2 범위로 질소계 영양염이 식물플랑크톤의 제한요인이 되고 있다. 성층수괴가 형성된 동해 중남부 수역에서는 동물플랑크톤에 의한 영양염 재생산이 낮고 수직확산에 의한 저층으로부터 영양염 공급이 적기 때문에 전반적으로 일차생산이 낮을 것이나 국지적인 용승과 남해안으로부터의 영양염 공급 및 미세부유생물에 의한 빠른 영양염 재순환으로 해역에 따라 높은 일차생산력을 보이고 있다.

1. 서 론

동해에서 식물플랑크톤에 관련된 기록으로는 삼국사기 신라 선덕여왕조(서기 639년)에 "동해의 물이 붉게 변하면서 고기와 거북이가 죽었다"는 오래된 기록이 있다. 그러나 동해 식물플랑크톤 연구는 1930년대 들어 처음 시작되었다. 조선수산시험장에 근무하던 Nishida (1930)는 대한해협에서 두만강에 이르는 동해연안의 염분, 수온 관측과 함께 플랑크톤을 채집하여 동해의 식물플랑크톤의 출현상태를 처음으로 보고하였다. 이후 Aikawa(1934, 1936)는 동해의 여름철 플랑크톤상이 종조성과 양에 있어서 모두 빈약함을 언급하였고, 동해에서의 대마난류와 리만한류의 출현양상을 비교하여 동해에 출현하는 플랑크톤을 Tsushima군과 Liman군으로 구분하였다. Yamada(1938)는 1932~1933년에 걸친 동해 조사를 통해 출현하는 식물플랑크톤을 난류성, 한류성, 연안성 그룹으로 구분하여 분포를 설명하였다.

우리나라 사람들에 의한 동해에서의 식물플랑크톤 연구는 1960년대 들어와서야 시작되었다. 대한해협에서 박(1956)에 의한 수온분포와 식물플랑크톤 분포와의 관계에 관한 연구가 이루어진 바 있으나 동해에서는 유와 이(1963)에 의해 식물플랑크톤 분포연구가 포항-울릉도 사이에서 처음으로 이루어졌다. 이후 최(1967, 1969a, 1969b), Uhm and Yoo(1967)등에 의한 식물플랑크톤 분포연구가 동해연안수역, 수산진흥원 조사정점, 대한해협 등에서 이루어졌다. 동해의 일본연안에서는 Ohwada와 Ogawa(1966)에 의한 분포 연구가 있었다. 1960년대의 동해의 식물플랑크톤 분포연구는 종조성과 개체수에 의한 정량분포가 주를 이루었으나 정량자료는 부정확한 면이 있었다. 1960년대 말부터 식물플랑크톤과 환경요인과의 관계를 연구하기 시작하여 전과 박(1969)은 동해남부에서 엽록소 *a* 분포가 수온, 인산염, 투명도와 연관이 있는 것으로 보고하였고, Choe(1972)는 식물플랑크톤 밀도와 입자성 유기물과의 관계를 논하였다. 엽록소 *a* 분포는 이후 조(1985), Lee(1985), 정 등(1989)강과 최(2002)에 의해 근해와 연안에서 크기별로 연구되었다.

1970년대는 고리 원자력발전소 주변해역에서의 일부 연구(Choe, 1972; 유와 이, 1982) 외에는 우리나라 동해 연안에서 식물플랑크톤 연구가 거의 이루어지지 못하였으나 1980년대 들어 서울대학교가 동해 남부에 대한 연구를 집중하면서 Shim and Lee(1983, 1987), Shim and Bae(1985), Shim and Park(1986), Lee(1985), Shim 등(1985), Shim 등,(1989), 박(1996), 박 등(1998)등에 의하여 동해 남부에서 다양한 연구가 이루어졌다.

동해안 원자력 발전소 주변해역에서는 조(1988), 심 등(1991), 여와 심(1992, 1993), 여 등(1996)에 의한 식물플랑크톤 연구가 이루어졌고 최근에는 강과 최(2001, 2002)에 의한 발전소 주변연안수역의 식물플랑크톤에 대한 장기조사 자료가 분석되었다.

동해 중부의 한류와 난류가 만나는 극전선 수역의 식물플랑크톤 연구는 그 생태학적인 중요성에도 불구하고 Park 등(1991)에 의해 처음 이루어지고 양 등(1991, 1997), 정 등(1992), 문 등(1998)에 의해 극전선역의 영양염류 순환과정과 기초생산력 및 신생산이 연구되었다. 동해에서의 일차생산력에 관한 연구 또한 극히 적은 편으로 1970년대 초에 Koblentz-Mishke 등(1970)에 의해 동해 일차생산력 규모가 전반적으로 발표된 바 있으나 지역적으로 자세히 연구된 것은 Shim and Park(1986)과 Lee(1985), 정 등(1989), 박(1996)에 의한 연구가 있을 뿐이다.

이상과 같이 동해에서의 식물플랑크톤 연구는 서해나 남해역에 비해 적게 이루어지고 주로 원자력 발전소 주변해역과 남부해역에서 이루어져 동해의 전반적인 식물플랑크톤 생태연구가 아직까지 미진한 편이다.

2. 동해의 수괴특성

동해는 한반도와 일본열도 및 사할린 섬으로 둘러싸이고, 마미야 해협과 소야해협에 의해 오호츠크해와 소통하고 대한해협을 통하여 남해로 소통하는 지중해 성격의 연변해이다. 동해는 서해와 달리 조차가 적고 육상으로부터 유입되는 대형 강이 없어 담수의 유입이 극히 적다. 동해의 평균수심은 1350 m로 북부는 3000 m 이상의 해저분지를 이루고 남부는 다소 낮은 대화퇴와 도서주변으로 이루어졌다. 동해는 연안쪽에서 대륙붕 발달이 미약하고 외부로 통하는 해협의 수심이 얕아 태평양 심층수와 격리된 고유의 심층수를 가지고 있다.

동해의 수괴는 동계에 차가운 대륙성 기후의 영향으로 대류에 의한 혼합이 활발히 일어나나 여름에는 온난다습한 기후와 대마 난류의 영향으로 수심 10~75 m 사이에 강한 성층이 형성된다. 겨울철의 강한 북서계절풍과 여름철의 강우로 동해의 수온은 −1.8~27 ℃까지 변화하며 염분은 겨울에 34.0~34.5‰의 높은 분포를 보이고, 여름은 연안에서 32.0~33.6‰ 범위로 다소 낮아진다.

동해는 적도 부근에서 발원된 쿠로시오 해류에서 분지된 대마 난류(Tsushima warm current)

가 대한해협을 통하여 유입된 후 동쪽으로 향한 2~3개의 사행류(meandering streams)를 만든 후 쓰가루 해협과 소야해협을 통해 동쪽으로 흘러나간다. 대마 난류는 동해의 중서부에서 북한한류(North Korean cold current)와 만나 동쪽으로 사행하면서 그 경계면에 극전선(Polar front)을 형성한다(Uda, 1934) (그림 1).

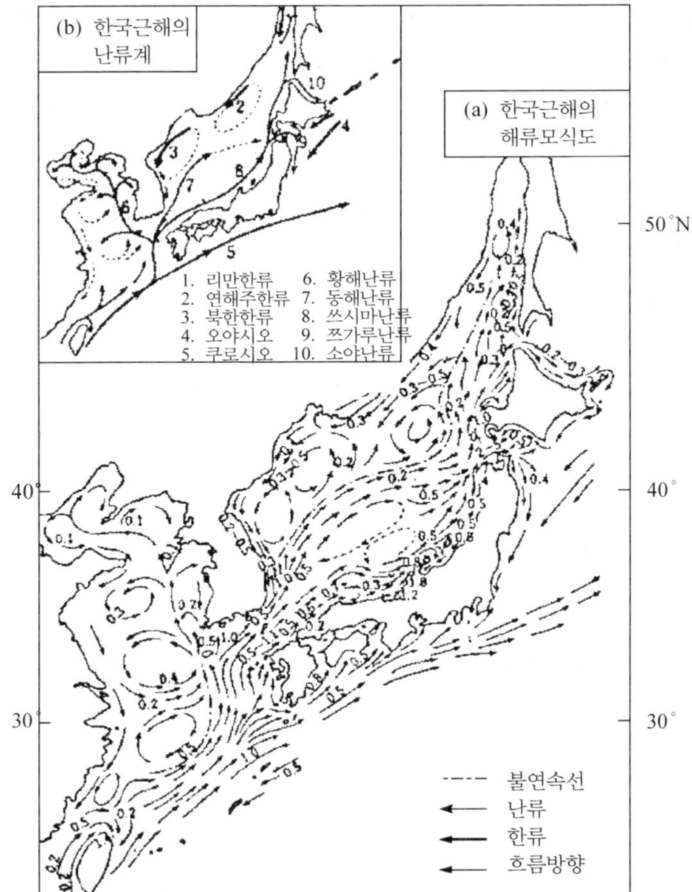

그림 1. 동해에서의 표층 해류 순환모식도(Uda, 1934; 이, 1983로부터 인용)

한국연안쪽 수괴는 대마 난류의 영향을 받는 수괴(TWCW), 북한한류영향수역(NKCW), 저염의 연안수괴, 동해심층고유수괴(ESPW), 중간수괴(Intermediate water) 등으로 구분할 수 있다. 대마 난류수괴는 11~17℃의 수온분포와 34.4~34.7‰의 염분특성을 갖는다(Nishimura, 1983). 대마 난류 수괴는 봄과 여름에는 북쪽으로 확장되나 가을과 겨울에는 축소되는 빈영양성 고염의 수괴이다. 북한한류는 영양염은 풍부하나 저온 저염(34.1‰ 이하)의 수괴이다. 동해심층고유수는 0.1~1℃의 냉수괴로 34.0~34.1‰의 염분분포를 보이며 풍부한 영양염을 가지고 있다. 중간수괴는 3~4℃의 수온분포와 33.9~34.05‰의 저염분분포를 보이며 수심 50~150 m부터 200~300 m 사이에 존재한다(Nishimura, 1983). 낙동강 배출수 또는 동중국해 연안수에서 유래된 저염의 연안수괴가 동해 남부 연안에 위치한다(Lim and Chang, 1969).

대마난류수와 북한한류수는 계절적으로 매우 다양한 공간분포를 보이며, 년례적으로 쿠로시오 영향과 양즈강 배출수의 영향 및 북한한류수의 세력발달 등에 따라 매년 변화를 보인다. 대마난류는 대한해협을 통과한 후 일본 연안쪽으로 흐르는 분류와 우리나라 동해안을 따라 북상하는 동한난류로 구분한다. 동한난류는 북위 38~40° 부근에서 북한한류와 만나 동쪽으로 사행하면서 와류(Warm eddy)와 극전선을 형성한다. 이 와류지역과 극전선수역은 흔히 와류에 의해 식물플랑크톤이 집적되면서 높은 엽록소 *a* 분포를 보이고, 극전선 수역은 영양염이 풍부한 한류와 수온이 높은 난류와 만남으로 일차생산력이 증가되어 높은 생산성을 보인다.

일반적으로 동해에서 대마 난류와 북한한류의 분포는 표층수괴의 분포를 특징지으면서 동해의 식물플랑크톤 분포와 생태에 영향을 주는 주 요인으로 간주되고 있다.

3. 동해의 식물플랑크톤 종조성

3.1 식물플랑크톤 출현종수 및 조성

이(1995)는 1930년대부터 1995년까지의 국내에서 발표된 문헌을 정리하여 동해에서 총 200 종류의 돌말류 출현을 보고한 바 있다. 이는 우리나라 전해역에서 출현한 돌말류 총종수 761종의 26.3%로 서해나 남해에 비해 극히 적은 출현종수이다. 이와 같이 적은 출현종수가 보고된 이유는 다른 해역에 비해 동해에서의 돌말류 연구가 상대적으로 적었기 때문이다. 그러나 강과 최(2001)에 의해 고리, 월성, 울진 연안수역에서 5년간 매년 4계절 조사한 식물플랑크톤 자료에 의하면 고리해역 333종, 월성해역 364종, 울진해역 364종이 출현하여 서해 영광해역에서 출현한 364종과 유사한 출현종수를 보이고 있다(표 1). 이 세 해역에서 총 출현한 종수는 409종으로 돌말류 301종, 와편모조류 88종, 황갈조류 6종, 남조세균 2종, 녹조류 2종으로 구성되어 있다. 고리와 월성해역에서 조(1988)는 1년 4계절 조사에서 각각 230종, 222종의 식물플랑크톤을 보고한 바 있으며 Lee and Shim(1990)은 동해 남서부수역에서 235종의 식물플랑크톤 출현을 보고한 바 있어 동해에 출현하는 식물플랑크톤 출현종수가 서해나 남해에 출현하는 식물플랑크톤 종수에 비해 적지 않음을 알 수 있다.

표 1. 동해에 출현한 식물플랑크톤 종수

Area	Period	Total number	Diatoms	Dinoflagellates	References
East Coastal area	1965~1966	141	123	18	최, 1969
Korea strait	1965~1966	134	123	11	최, 1969
Gori	1977~1978	110	110		유와 이, 1982
Southwestern waters	1981.9	185	124	56	Shim and Lee, 1983
Southwestern waters	1981~1984	235	155	72	Lee and Shim, 1990
Gori	1986~1987	230	185	41	조, 1988
Wolseong	1986~1987	222	176	45	조, 1988
Polar front	Summer 1990	95	60	33	Park *et al.*, 1991
Gori	1987~1989	160	120	35	여와 심, 1992
Gori	1992~1996	333	258	68	강과 최, 2001
Wolseong	1992~1996	364	279	78	강과 최, 2001
Uljin	1992~1996	364	282	75	강과 최, 2001
Gori, Wolseong, Uljin	1992~1996	409	301	88	강과 최, 2001

강과 최(2001)에 의하면 고리, 월성, 울진 연안수역에 출현한 돌말류는 253~272종으로 영광수역에 출현한 283종보다 다소 적은 출현종수를 보이고 있다. 그러나 와편모조류는 고리, 월성, 울진에서 68~78종 출현하여 영광해역보다 3~13종 많이 출현하고 있다. 이는 식물플랑크톤 중 돌말류는 서해수역에서 다소 많은 종이 출현하고 와편모조류는 서해보다 동해에서 다소 많은 종이 출현하고 있음을 의미한다. 실제 이(1995)의 60년간 발표된 돌말류 자료를 정리한 결과를 보면 서해에서 다양하게 출현하는 깃돌말류가 동해에서는 불과 58종 출현하였다. 즉 동해는 수심이 깊고 갯벌이 잘 발달하지 못하여 서해에서 다양하게 출현하는 저서성 깃돌말류의 출현이 극히 제한되기 때문에 돌말류의 출현종수가 적게 출현하는 것으로 보인다. 그러나 상대적으로 다소 영양염이 적어도 광조건이 좋고 수온이 높은 수괴를 선호하는 와편모조류는 탁도가 높은 서해보다 대마 난류의 영향을 많이 받고 있는 동해에서보다 다양하게 출현하였다. Lee(1985)는 동해 남서부해역에서 5년간 72종의 와편모조류의 출현을 보고한 바 있다.

고리해역에서 1992~1996년 사이에 년도별로 출현한 와편모조류는 25~49종으로, 동일해역에서 조(1988)가 발표한 41종, 여와 심(1992)이 발표한 35종과 유사한 출현종수다. 월성해역에서도 매년 32~52종이 출현하였고, 울진해역에서도 28~54종 출현하여 와편모조류가 매년 평균 50종 이상 출현하였다. Shim and Lee(1983)와 Lee and Shim (1990)도 동해 서남해역에서 각각 56종, 72종을 발표하여, 서해 영광수역에서 매년 출현하는 29~40종보다 많으며, 서해 남부수역에서 Shim and Park(1984)에 의한 20종, 군산근처의 16종(이 등, 1989), 경기만의 31종(Choi and Shim, 1986), 인천연안의 36종(신과 최, 1988)보다 많은 와편모조류 종수가 동해연안에서 출현하였음을 보여주고 있다.

3.2 종의 출현양상

동해연안에서 출현한 식물플랑크톤 종류는 계절에 따라 차이가 있으나 돌말류가 76~77% 정도이고, 와편모조류가 20~21%를 차지하고 있으며, 그 외에 규질편모조류, 남세균 등의 소수종류가 출현하고 있다(강과 최, 2001). 동해에서 출현하는 중심돌말류는 총 출현 돌말류 종수의 70%를 차지하고 있어 식물플랑크톤 중에서 가장 다양하게 출현하고 있다.

중심돌말류중에는 *Chaetoceros*속에 속하는 종류가 50여종 출현하고 있어 단일 속으로는 가장 다양한 종류가 출현하고 있으며, 그 다음으로 *Coscinodiscus*속이 19종 출현하여 동해에서는 부유성 돌말류가 다양하게 출현함을 보여주고 있다. 이에 비해 동해에서 출현한 깃돌말류는 돌말류 출현종수의 29.6%를 차지하고 있어 우리나라 전체 해산돌말류 종류 중 깃돌말류가 차지하는 비율 55.8%(425종)에 크게 못 미치고 있다. 이는 동해가 깃돌말류 서식에 유리한 천해 갯벌이나 퇴적층이 발달되지 못하여 강한 조류에 의한 표층 퇴적물의 재부유현상이 거의 없기 때문이다. 깃돌말류 중에는 *Nitzschia*속과 *Navicula*속에 속한 종들이 비교적 많이 출현하였다. 동해연안에서 년중 지속적으로 출현하는 식물플랑크톤 종수는 28~37종으로 총 출현종수의 약 10%정도가 동해환경에 적응되어 토착화 한 것으로 보인다. 이들 종류의 대부분은 서해와 남해에서도 년중 출현하는 종류로 우리나라 전 연안에 토착화 한 종류들이다(강과 최, 2001).

난류성 식물플랑크톤인 *Chaetoceros denticulatum, Ch. diversus, Ch. peruvianus, Ch. messanensis, Climacodium biconcavum, Ceratium macroceros, Ceratium massiliense, Pyrophacus horologicum*은 주로 하계에 출현하였으나 이들 중 일부는 2월, 5월, 11월에도 출현하여 동해 남부수역은 년중 난류의 영향을 받는 것으로 나타났다. 이 외에도 난류종으로 돌말류 *Chaetoceros tetrastichon, Climacodium frauenfeldianum, Ditylum sol*과 남세균 *Richelia intercellularis, Trichodesmium thiebauti*등이 출현하였고 여름철에는 난수성인 *Cochlodinium catenatum, Cochl. polykrikoides, Ornithocercus magnificus, Prorocentrum gracile, Chaetoceros anastomosans, Ch. dichaeta, Ch. eibenii, Ch. paradoxum, Ch. radicans*등이 출현하였다.

냉수괴에서는 돌말류 *Chaetoceros atlanticus, C. concavicornis, Rhizosolenia hebeta f. semispina. Thalassiosira nordenskioeldii*등이 자주 출현하였다(Ohwada and Ogawa, 1966).

동한난류와 북한한류가 만나는 극전선 수역에는 외양성 난수종인 *Bacteriastrum comosum, Chaetoceros atlanticus v. neapolitana, Chaetoceros messanensis, Climacodinum flauenfeldii, Eucampia cornuta, Pseudoeunotia doliolus, Lioloma elongatum, L. delicatiulum, Thalassiothrix gibberula, Palnktoniella sol, Thalassiosira leptopus, Th. punctifera, Hemidiscus cuneiformis* 등이 난수역과 전선수역에 걸쳐 분포하였고, 냉수종인

*Thalassiothrix longissima*는 저수온수역과 전선수역에 걸쳐 분포하여 전선수역을 중심으로 다양한 조성을 보였다.

3.3 식물플랑크톤 개체수(abundance)

그동안 동해에서 발표된 식물플랑크톤 개체수 자료에 의하면(표 2) 유와 이(1963)는 장생포 – 울릉도 사이에서 최대 2,714 cells/L, Ohwada와 Ogawa(1966)는 대화퇴 수역에서 10^2~10^3 cells/L, 일본연안에서 10^3~10^5 cells/L 분포로 냉수역보다 대마 난류의 영향을 받는 수역이 4계절 모두 현존량이 높은 것으로 발표하였다. 최(1967)는 하계에 포항과 울산에서 최대 27,844 cells/L, 25,186 cells/L, 죽변에서 최저 226 cells/L의 낮은 분포를 보고하였다. 최(1969a)는 1967년 대한해협 조사에서 226~106,628 cells/L의 식물플랑크톤 현존량 분포를 보고하였고, 이보다 앞서 1965년, 1966년 수산진흥원 동해 정선관측지점에서 동계에 10,580 cells/L, 춘계에 9,041 cells/L, 하계에 8,809 cells/L의 식물플랑크톤 평균 현존량 분포를 발표하였다(최, 1969b).

표 2. 동해에 출현한 식물플랑크톤 개체수

Area	Standing crops (cells/L)	Period	References
Jukbyun	226	1964~1965	최, 1967
Yamato Basin area	10^2~10^3	1964~1965	Ohwada and Ogawa, 1966
Japanese coastal waters	10^3~10^5	1964~1965	Ohwada and Ogawa, 1966
Korea strait	226~106,628	1967	최, 1969a
Gori coastal area	35~15,455	1969~1970	Choe, 1972
Gori coastal area	184~524,852	1977~1980	유와 이, 1982
Ulsan Bay	~182,360	1975~1978	송, 1980
Wolseong coastal area	1,000~2,840,076	1979	KNES, 1980
Uljin coastal area	18,134~239,827	1980	KEPCO, 1980
Youngil Bay	74,000~1,038,000	1983~1984	Shim and Bae, 1985
Southwestern waters	30,401,000	1984	Shim *et al.*, 1985
Gori coastal area	1,647,000~9,866,000	1987~1989	여, 1992
Wolseong coastal area	623,000~2,566,000	1987	여, 1992
Gori coastal area	62,000~416,000	1987~1988	조, 1988
Wolseong coastal area	23,000~356,000	1987~1988	조, 1988
Southwestern waters	2,174,000~5,512,000	1989	Shim *et al.*, 1992
Uljin coastal area	139,065~1,659,031	1992~1996	강과 최, 2002
Wolseong coastal area	175,973~2,657,638	1992~1996	강과 최, 2002
Gori coastal area	183,907~2,631,922	1992~1996	강과 최, 2002
Polar front	1,380~66,550	1996~1997	present study

최의 조사에서 동해 연안쪽이 다소 높은 현존량을 보였으나 계절에 따라 변화가 크게 나타났다. 울산만에서 1975년부터 3년간 조사한 송(1980)에 의하면 식물플랑크톤은 1978년에 최대 182,360 cells/L 출현하였다. 표 2에서 보는 바와 같이 1977년 이후 동해연안에서 출현한 식물플랑크톤 현존량은 10^5~10^6 cells/L 분포를 보여 1970년대 후반부터 급격하게 증가하였음을 보이고 있다. 특히 월성, 고리, 영일만 수역에서 1980년 이후 10^6 cells/L 이상의 적조현상이 나타나고, 고리해역에서는 최대 9,866,000 cells/L의 높은 현존량도 보였다(여, 1992). 이와 같은 높은 현존량은 연안에서 다소 떨어진 동해 남서해역에서도 200만 cells/L 이상 출현하여(Shim 등, 1985, 1992) 동해 남부해역이 전반적으로 남해연안과 낙동강으로부터 배출되는 부영양수와 일부 동해연안에서 배출되는 부영양수에 크게 영향을 받고 있음을 보여준다(Lee, 1985;박, 1996). 그러나 동해 중부수역에 위치한 극전선 수역에서는 식물플랑크톤이 1,380~66,550 cells/L의 분포를 보여 동해남부수역과는 다른 양상을 보이고 있다. 이는 수심 50m 부근에 강한 수온약층이 형성되어 저층에서 표층으로 영양염의 공급이 원활치 못하고 육지로부터 영양염 공급이 이루어지지 않은데 기인된다(최 등, 1997).

이상과 같이 동해남부수역은 연안의 부영양화와 남해로부터 유입되는 높은 농도의 부영양수에 의해 과거에 비해 높은 식물플랑크톤 현존량을 보이나 중부이북수역은 강한 수온약층 형성과 표층으로 영양염 공급원이 없어 상대적으로 낮은 현존량을 보이고 있다.

3.4 식물플랑크톤 우점종 분포

동해에서 출현한 우점식물플랑크톤은 Yamada(1933)에 의한 초기 조사에서는 함경도 연안에서 *Chaetoceros* 종류가 우점하였고, 원산만 이남에서는 *Ceratium fusus*가, 일본 연안과 울릉도 주변수역에서는 *Rhizosolenia castracanei, Climacodium biconcavum, Ceratium macroceros, Trichodesmium thiebauti* 같은 난수성 식물플랑크톤이 우점하였다.

1964~1968년 동해연안과 동해 중남부수역에서 년중 우점한 식물플랑크톤은 *Chaetoceros curvisetus*였고 동계에는 *Ch. socialis, Biddulphia longicruris, Pseudonitzschia seriata,* 하계에는 *Asterionellopsis glacialis, Chaetoceros affinis, Ch. compressus, Climacodium biconcavum, Pseudonitzschia seriata, Skeletonema costatum* 등이었고, 춘계에는 *Skeletonema costatum, Thalassiosira rotula, Chaetoceros curvisetus, Leptocylindrus danicus* 등이 우점하였으며, 추계에는 *Chaetoceros* 종류가 전반적으로 우점하였고 속초 연안에서는 *Rhizosolenia hebeta* f. *semispina*가, 죽변에서는 *Bacteriastrum varians*, 포항에서는 *Proboscia alata* f. *indica*가 우점하여 지역적으로 다소 차이를 보였다(최, 1967).

1981~1985년 동해 남서해역에서는 춘계에 *Pseudonitzschia seriata, Rhizosolenia setigera,*

Chaetoceros compressus, Thalassiosira sp. 등이 우점하였고, 추계에는 *Cylindrotheca closterium, Chaetoceros tortissimus, Pseudonitzschia delicatissima*등의 돌말류와 *Gymnodinium, Gyrodinium*등의 와편모조류도 다량으로 출현하였다(Lee, 1985).

1992~1996년 고리, 월성, 울진 등 동해 남부연안에서 우점한 식물플랑크톤은 춘계에 *Skeletonema* spp., *Thalassiosira decipiens, Chaetoceros debilis, Leptocylindrus danicus, Pseudonitzschia seriata* 등이었고, 하계에는 *Chaetoceros debilis, Ch. lorenzianus, Ch. anastomosans, Ch. compressus, Skeletonema* spp., *Asterionellopsis glacialis, Thalassiosira decipiens, Ceratium furca, Pororocentrum* 등이었으며, 추계에는 *Prorocentrum triestinum, Chaetoceros debilis, Skeletonema* spp., *Thalassiosira decipiens, Proboscia alata, Leptocylindrus danicus, Nitzschia longissima, Distephanus speculum, D. octonarium* 등이었고, 동계에는 *Chaetoceros socialis, Skeletonema costatum, Thalassiosira decipiens, Chaetoceros debilis, Paralia sulcata* 등과 울진해역의 *Cylindrotheca closterium, Prorocentrum triestinum, Chaetoceros compressus, Distephanus speculum* 등으로(강, 2002), 동해남부 연안에서는 수괴가 부영양화되면서 과거와 달리 *Skeletonema* spp., *Thalassiosira decipiens, Chaetoceros debilis, Prorocentrum* 등의 호영양성종들이 년중 지속적으로 우점하는 경향을 보였다.

3.5 식물플랑크톤의 엽록소 *a* 분포

동해에서 식물플랑크톤 엽록소 *a* 분포는(표 3) 최와 정(1965)에 의해 처음 이루어져 동해연안에서 추계에 0.10~3.60 mgChl/m^3(평균 1.04 mgChl/m^3) 분포가 제시되었고, 전과 박(1969)은 여름에 0.06~5.27 mgChl/m^3, 겨울에 0.38~3.26 mgChl/m^3 의 엽록소 *a* 분포를 제시하였다. 조(1983)는 충무에서 울릉도에 이르는 26개의 정점에서 엽록소 *a*를 측정한 결과 0.22~1.35 mg Chl/m^{3}의 분포범위를 보여 평균 0.70 mgChl/m^{3}의 낮은 엽록소 *a* 농도를 구하였다. 이는 조의 조사지점이 최와 정 및 전과 박이 조사한 지점에 비해 외해역을 포함한데 기인된다.

1982~1984년 동해 남서부에서 조사된 자료를 보면(Lee, 1985) 년 평균은 0.44~1.36 mgChl/m^3 분포로 전체 평균은 0.81 mgChl/m^{3}로 전반적으로 낮은 분포를 보인다. 그러나 1983년 춘계 조사시는 최대 4.52 mgChl/m^{3}의 높은 농도를 보이고 표층평균 1.65 mgChl/m^{3}을 보여 춘계 대증식이 있었음을 알 수 있다. 이는 동계에 영양염이 풍부한 저층해수가 표층으로 유입된 결과로 볼 수 있다. 그러나 Lee(1985)는 높은 엽록소 *a* 농도는 영양염이 풍부한 낙동강 배출수와 양즈강 배출수의 유입에 의한 것으로 피력하였다. 1982 추계에는 평균 0.44 mgChl/m^3 분포로 전반적으로 낮은 엽록소 *a* 농도를 보이고 있다. 그러나 일부 난수핵(warm water core) 수역에서는

저층수로부터 영양염이 유입되어 1.0 mgChl/m^3 이상의 높은 농도를 보이고 있다(Lee, 1985). 1986년 추계에 부산에서 울릉도에 이르는 해역에서 조사된 엽록소 *a* 농도는 1.2~3.2 mgChl/m^3 분포로 동해남부해역에서 다소 낮고 극전선수역에서 높게 나타났다.

표 3. 동해에서 측정된 식물플랑크톤의 엽록소 *a* 농도

Area	Concentrations(mean) (mgChl/m^3)	Period	References
East coast	0.10~3.60(1.04)	1964.10~11	최와 정, 1965
South waters	0.06~5.27	summer	전과 박, 1969
	0.38~3.26	winter	전과 박, 1969
Chungmu-Ulnungdo	0.20~1.35(0.60)	fall 1983	조, 1985
Youngil Bay	0.29~3.07(1.96)	1983~1984	Shim and Bae, 1985
Southwestern	0.21~2.18(0.87)	spring 1984	Shim *et al.*, 1985
	0.31~1.35(0.89)	fall 1984	Shim *et al.*, 1985
Gori	1.08~3.76	1986	조, 1988
Pusan-Ulnungdo	1.22~3.24	fall 1986	정 등, 1989
Wolseong	1.90~7.55	1986	조, 1988
Southwestern	1.47~7.40	spring 1990	Shim *et al.*, 1992
Polar front	0.46~1.00	summer 1990	Park *et al.*, 1991
Southwestern	0.21~8.26	1961~1990	박 등, 1998
Gori	1.89~12.68(6.21)	1988~1989	심 등, 1991
Gori	0.94~4.43(2.57)	1994~1996	강과 최, 2002
Wolseong	0.91~4.52(2.16)	1994~1996	강과 최, 2002
Uljin	0.71~3.98(1.67)	1994~1996	강과 최, 2002
Polar front	0~0.71	fall 1995	문 등, 1998

박(1996)은 1985년부터 1990년까지 4년간에 걸친 동해남부조사를 통하여 엽록소 *a* 농도가 동해안을 따라 남하하는 북한한류와 대마난류의 지류인 동한난류가 만나는 연안역에서 높고, 외양으로 나갈수록 점차 낮아지는 경향을 파악하였다. 한류와 난류가 만나는 전선수역에서는 식물플랑크톤이 성장을 지속할 수 있는 난류의 높은 수온과 한류의 호영양조건으로 일반적으로 식물플랑크톤의 현존량이 높다. 더구나 남부해역과 같이 대마난류가 본격적으로 북상하기 시작하는 4월과 5월은 광조건이 호전되기 때문에 식물플랑크톤 최적의 성장조건을 맞이한다(박, 1996). 특히 용승수가 출현하는 포항에서 울기사이의 연안역에서는 4~5월에 다른 해역보다 높은 엽록소 *a* 농도를 보인다(Lee, 1985; 박, 1996).

고리, 월성, 울진의 동해안 남부수역에서는 엽록소 a 농도가 1994~1996년 사이에 0.71~4.52 mgChl/m^{3}의 분포로 평균 2.13 mgChl/m^{3}의 높은 농도를 보였다. 특히 춘계에 높은 농도를 보여 이 수역에서 식물플랑크톤의 춘계대증식이 일어남을 알 수 있었다.

동해 중부 극전선 수역의 엽록소 *a* 분포는 춘계에 형성된 강한 극전선 수역의 수심 10~20 m 층에서 1.40 $mgChl/m^3$의 높은 농도를 보이나(최 등, 1997), 하계에는 0.46~1.0 $mgChl/m^3$의 다소 낮은 분포를 보였다(Park 등 1991). 정 등(1989)에 의해 추계에 측정된 극전선 수역의 엽록소 *a* 농도는 3.0 $mgChl/m^3$ 이상의 높은 분포를 보였으나 문 등(1998)과 최 등(1997)에 의해 조사된 추계의 엽록소 *a* 농도는 0.71 $mgChl/m^3$ 이하의 낮은 분포를 보였다.

3.6 식물플랑크톤 엽록소 *a*의 크기별 분포

1984년 춘계에 동해 남서부에서 조사된 식물플랑크톤의 총 엽록소 *a* 농도는 0.21~2.18 $mgChl/m^3$ 분포를 보였다. 이중 미소 및 극미소 식물플랑크톤에 의한 엽록소 *a* 농도는 0.21~2.14 $mgChl/m^3$으로 평균 0.78 $mgChl/m^3$을 보여 총 엽록소 *a* 농도의 평균 89.2%를 차지하였다. 추계에는 미소 및 극미소 식물플랑크톤에 의한 엽록소 *a* 농도가 0.20~1.10 $mgChl/m^3$ 분포로 평균 0.54 $mgChl/m^3$를 보여 총 엽록소 *a* 농도의 62.2%를 차지하였다. 동해남부수역의 년중 미소형 식물플랑크톤에 의한 엽록소 *a*는 평균 77%를 보여 동해 남부수역이 대마 난류에 의하여 미소형 및 극미소형 식물플랑크톤이 우세한 해역임을 보이고 있다(Lee, 1985).

동해 남부연안수역인 고리, 월성, 울진해역의 총 엽록소 *a* 분포에 대한 소형식물플랑크톤의 엽록소 *a* 비율은 각각 평균 43.9%, 44.5%, 39.1%를 보여 소형식물플랑크톤 비율이 동해 남서부해역보다 높게 나타났다. 세 해역에서 미소식물플랑크톤에 의한 엽록소 *a* 평균 비율은 각각 56.1%, 55.5%, 60.9%로 소형식물플랑크톤에 의한 점유율보다 모두 높게 나타났으나, 동해의 남서부해역에 비해 낮게 나타났다. 이는 연안수역에서 영양염이 비교적 풍부하여 호영양조건에 출현하는 소형 돌말류가 비교적 많이 출현하였기 때문이다. 동해남부 수역부터 울릉도에 이르는 수역에서 추계에 조사된 엽록소 *a* 분포에서 난류에 의해 영향을 받는 수역에서는 미세식물플랑크톤에 의한 엽록소 *a*는 전체의 70~90%를 차지하였으나 극전선 수역에서는 43.2~60%의 다소 낮은 점유율을 보였다(정 등, 1989).

4. 동해의 일차생산력 분포

동해 연안에서의 일차생산력 측정은 1964년 추계와 1965년 춘계에 최와 정(1965)에 의해 C-14 방법에 의해 처음으로 측정되었다. 최와 정은 전국 24개 연안에서 식물플랑크톤 개체수와 엽록소 a, 일차생산력을 측정하여 비교하였다. 그들이 동해안 속초, 주문진, 묵호, 포항, 울산 연안에서 측정한 일차생산력은 춘계에 161~1388 mgC $m^{-2}d^{-1}$ 분포로 죽변에서 낮고 울산에서 높게 나타났다. 추계에도 유사한 148~1649 mgC $m^{-2}d^{-1}$ 분포로 죽변에서 낮고 울산에서 높게 나타나 계절적인 변화보다 지역적인 변화가 크게 나타났다. 울산은 연안 24정점 중 가장 높게 측정되었으며, 동해안이 전반적으로 남해안이나 서해안에 비해 일차생산력이 높은 것으로 평가하였다.

Shim and Park(1986)은 1985년 10월 동해 남부해역에서 700~2,740 mgC $m^{-2}d^{-1}$ (평균 1,310 mgC $m^{-2}d^{-1}$)의 높은 일차생산력을 측정하였다. 표층에서 미소플랑크톤(〈20 μm)에 의한 일차생산력은 총일차생산력의 47~97%에 이르렀으며 평균 66%를 차지하여 엽록소 *a* 분포와 유사하였다(표 4). 정 등(1989)은 동해중부와 남부에서 추계에 일차생산력이 750~2,040 mgC $m^{-2}d^{-1}$의 분포로 평균 1,500 mgC $m^{-2}d^{-1}$의 높은 생산력을 보임을 보고하였다.

표 4. 동해에서 측정된 식물플랑크톤의 일산 생산량(평균치)

Area	Total primary production (mean production) (mgC $m^{-2}d^{-1}$)	Nano/ total fraction (%)	Period	References
Coastal area	161~1,388		fall 1964	최와 정, 1965
	148~1,649		summer 1965	최와 정, 1965
Southwestern	700~2,740(1,310)	43-97(66)	fall 1985	Shim and Park, 1986
Southwestern	607~1,090(622)		spring 1983,1984	Lee, 1985
	~583(204)		fall 1982	Lee, 1985
Pusan-Ulnungdo	750~2040(1500)		fall 1986	정 등, 1989
Southwestern	1,073~2,371(1,595)	47.6	spring 1990	박, 1996
Pohang	565~743(635)	17.8	winter 1993	박, 1996
	1,961~3,094(2,673)		summer 1993	박, 1996
Gori	279~448(370)	82.4	spring 1992	박, 1996
	497~1,139(777)	62.8	summer 1992	박, 1996
	437~1,153(686)	38.9	fall 1992	박, 1996
	36~111(79)	64.6	winter 1992	박, 1996
Ploar front	600~2500		summer 1990	Park *et al.*, 1991
Polar front	86~2,006(1,062)		spring 1997	present study
	203~423		fall 1997	present study

동해남부수역에서 4월에 조사된 일차생산력은 1,055~2,371 mgC $m^{-2}d^{-1}$ 분포로 전반적으로 높게 나타나 서해보다 높은 생산력을 보이고 있다(박, 1996). 그러나 Lee(1986)의 1982~1983년 동해남부에서의 Bannister 모델에 의한 일차생산력 계산은 춘계에 607~637 mgC $m^{-2}d^{-1}$, 추계에 204 mgC $m^{-2}d^{-1}$로 현장 측정치보다 낮게 평가하였다. 박(1996)에 의한 포항 연안 조사에서는 709~3,094 mgC $m^{-2}d^{-1}$ 분포로 높게 나타났으나 클로로필 *a* 농도가 높은 고리연안에서는

36~1,153 mgC $m^{-2}d^{-1}$ 분포로 오히려 다소 낮게 나타났다.

동해 극전선 수역에서의 일차생산력 분포는 하계에 600~2,500 mgC $m^{-2}d^{-1}$ 분포로 극전선 중심 수역에서는 2,100~2,400 mgC $m^{-2}d^{-1}$의 높은 생산력을 보였다(Park 등 1991). 1986년 추계에도 1,640~2,040 mgC $m^{-2}d^{-1}$ 분포로 높은 생산력을 보였으나(정 등, 1989) 최 등(1997)에 의한 조사에서는 203~423 mgC $m^{-2}d^{-1}$로 낮게 나타난바 있다. 춘계에는 평균 1,062 mgC $m^{-2}d^{-1}$로 높게 나타나고 있다. 대체로 극전선의 전선수역과 난수역은 비교적 높은 편이나 한류수역은 전반적으로 낮게 나타나고 있다.

Koblentz-Mishke 등(1970)에 의한 동해 전해역에 대한 일차생산력은 동해연안과 북부해역에서 500 mgC $m^{-2}d^{-1}$ 이상의 높은 생산력을 보이나 동해남부의 일본쪽 연안은 250~500 mgC $m^{-2}d^{-1}$의 낮은 일차생산력을 보이는 것으로 평가하고 있다. Nishimura (1983)에 의한 동해의 년간 일차생산력은 75~100 gC $m^{-2}yr^{-1}$ 분포로 오호츠크해의 100~150 gC $m^{-2}yr^{-1}$나 동중국해의 150~200 gC $m^{-2}yr^{-1}$ 분포에 비해 낮은 것으로 평가되고 있다. 그러나 극전선 수역의 높은 일차생산력과 남해연안수의 영향을 받는 동해남부수역과, 용승과 육지로부터의 영향을 받는 연안수역 등의 높은 일차생산력으로 동해 연안해역은 전반적으로 이보다 높은 생산력을 보일 것으로 예상된다.

5. 동해 식물플랑크톤 생태에 미치는 환경요인

동해는 난류와 한류가 유입되기 때문에 기본적으로 수온분포에 의한 수괴 변화에 의하여 식물플랑크톤의 분포가 결정된다. 난류수의 유입에 의한 저층냉수와의 사이에 형성된 강한 수온약층, 동해 심층고유수의 존재는 동해수괴의 수직적인 분포를 결정하고 이에 식물플랑크톤은 영향을 받는다. 빈영양의 난류수의 유입과 비교적 영양염이 풍부한 한류수의 유입, 부영양화된 낙동강 배출수 및 남해연안수의 유입도 동해연안의 생태환경에 영향을 준다.

Lee(1985)는 동해남부해역에서 N/P 비가 표층에서 3.0~5.2 범위로 16 : 1에 크게 못 미치므로 질소계영양염이 표층에서 식물플랑크톤의 성장제한요인이 되고 있으나 연안역에서는 N : P가 20 : 1 이상의 높은 비를 보여 인산계영양염이 제한요인이 된다고 하였다. 일반적으로 동해 남부해역은 겨울을 제외하면 진광대에서 무기질산염과 인산염의 농도가 매우 낮아(박, 1996) 수층 혼합이나, 용승, 남해연안수의 유입이 식물플랑크톤의 성장에 큰 영향을 미친다.

Shim and Park(1986)은 동해남부수역에서 동물플랑크톤에 의한 영양염 재생산은 식물플랑크톤에 필요한 일일 질소요구량의 3~9%를 공급하고, 질산염의 수직확산에 의한 밀도약층 저층에서 상층으로의 영양염공급은 식물플랑크톤 필요량의 3% 정도를 공급하고 있어 국지적인 용승이나 20μm 이하의 미세부유생물에 의한 영양염의 재순환이 식물플랑크톤에 주요 영양염 공급원이 된다고 하였다. 동해연안의 포항, 울진, 고리, 영광수역은 영양염이 전반적으로 높아 많은 식물플랑크톤 생물량을 유지시키는 원동력이 되고 있다. 포항의 경우 형산강 담수 유입으로 40~100 μmol/L 의 암모니아질소 농도가 유지되어 식물플랑크톤이 48.0 mgChl/m^{3}에 이르는 높은 엽록소 *a* 농도를 보이는 원인이 되고 있다. 고리해역은 N/P가 8.65로 질소계영양염이 제한요인이 될 수 있다고 하였으나 기본적으로 영양염 농도가 높아 월평균 3.5~10.8 mgChl/m^{3}의 높은 엽록소 *a* 분포를 보이고 있다(Park, 1996). 동해안은 전반적으로 부유물질의 농도가 낮아 광투과가 양호하여 유광대가 깊다. 동해남부에서의 일차생산력에 적합한 적정광도는 300~700 μE/s · m 범위이나 정오를 전후하여 높은 광도를 보여 식물플랑크톤의 광저하 현상이 나타난다(Shim and Park, 1986).

6. 동해 식물플랑크톤 군집연구의 새로운 결과

1930년대 이후 동해의 식물플랑크톤 연구는 돌말류나 외편모조류등 일부 분류군에 대한 연구가 주로 이루어졌다. 그러나 해양의 일차생산자는 규조류나 와편모조류외에도 식물성편모류, 원석조류(cocolithophores), 세포크기가 2~3 μm 이하의 극미소플랑크톤등의 식물플랑크톤으로 이루어지며, 이들의 상대적 중요성은 시공간적 해양특성에 따라 다르게 나타나고 있다. 현재까지 동해에서는 식물플랑크톤 전체 분류군에 대한 연구가 많이 이루어지지 않았기 때문에 새로운 시각과 방법을 이용한 식물플랑크톤 연구가 요구되고 있다.

지난 20여년 동안 식물플랑크톤 연구분야에서 가장 극적인 사건은 해양 극미소플랑크톤의 발견이라 할 수 있다. 극미소플랑크톤의 발견으로 인해 해양의 식물플랑크톤과 일차생산특성을 보는 시각은 매우 큰 변화가 나타났다(Waterbury 등 1979; Chisholm 등, 1988; Partensky 등, 1999). 원핵생물인 *Synechococcus*와 *Prochlorocccus* 및 극미소진핵생물등 극미소플랑크톤에 대한 지난 20여년 동안의 연구는, 이들이 열대 및 아열대 뿐 아니라 온대해역에서도 매우 중요한 일차생산자이며 탄소순환의 중추적 역할을 하고 있음을 밝히고 있다(Partensky 등, 1999). 극미소 플랑크톤 외에도 미소플랑크톤인 식물성편모류가 해양의 중요한 일차생산자임은 이미 알려져 있으며, 최근에는 해양의 탄산염 순환에 중요한 역할을 하는 원석조류의 생태연구가 급속히 증가하고 있다. 동해에서 극미소플랑크톤 및 원석조류의 분포특성은 한국해양연구원의 2000년과 2001년 연구결과에서 부분적인 현황 파악이 가능한 상태이다. 이 연구에서 극미소플랑크톤과 원석조류의 분포특성을 밝히기 위해 flow cytometer와 전자현미경을 이용하였다(노재훈, 2003).

2000년 11월과 2001년 4월 경도 130°30'의 남북방향 관측선에 위치하며 북위 35°00' ~ 38°30' 사이의 정점들에서 분석된 식물플랑크톤의 분류군별 개체수는 그림 2에 나타난 바와 같다. 11월에는 8개정점에서 분석된 평균개체수를 나타냈다. 11월 동해의 표층 혼합층에서는 남세균인 *Synechococcus*가 평균 6.6×10^7 cells/L로 가장 높은 개체수를 나타냈다. 극미소진핵생물과 *Prochlorococcus*는 표층혼합층에서 각각 8.8×10^6 cells/L와 3.3×10^6 cells/L의 평균 개체수를 나타냈다. 식물성편모류는 표층혼합층에서 평균 2.7×10^5 cells/L의 평균 개체수를 나타냈다. 다음으로는 원석조류가 1.6×10^4 cells/L의 개체수를 보여 5.2×10^3 cells/L과 2.8×10^3 cells/L의 개체수를 보인 돌말류와 와편모조류보다 높은 개체수 수준을 보였다. 7개 정점에서 조사를 수행한 2001년 4월에는 극미소플랑크톤의 분포특징이 11월과 다르게 나타났다. 4월에는 극미소진핵생물이 표층혼합층에서 평균 4.1×10^7 cells/L의 개체수로 극미소플랑크톤중 가장 높은 개체수 수준을 보였다. *Synechococcus*는 1.2×10^7 cells/L의 개체수가 나타났고 *Prochlorococcus*는 출현하지 않았다. 식물성 편모류와 원석조류는 6.2×10^5 cells/L와 3.4×10^4 cells/L의 평균개체수를 보였다. 돌말류와 와편모조류는 8.4×10^3 cells/L와 4.9×10^3 cells/L의 개체수로 식물플랑크톤중 가장 낮은 개체수 수준을 보였다.

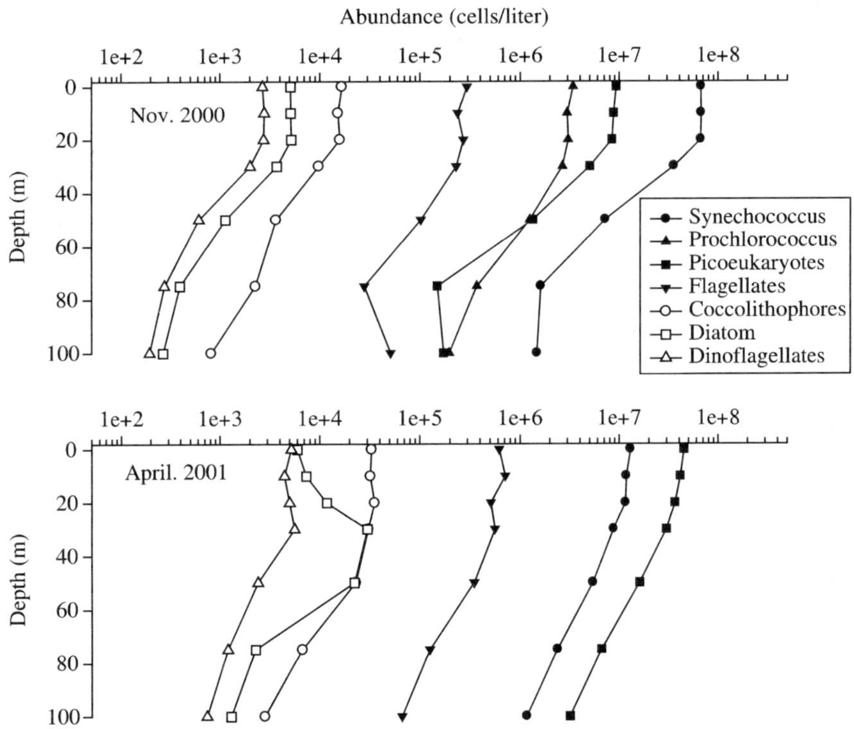

그림 2. 동해 서남해역의 분류군별 식물플랑크톤 개체수 분포. 상(2000년 11월), 하(2001년 4월)

극미소플랑크톤은 세포크기가 작으나 돌말류나 와편모류에 비해 10^3~10^4배 높은 개체수를 보이고 있다. 이러한 많은 개체수로 인해 11월에는 크기가 3 μm 이하 식물플랑크톤의 엽록소 a는 전체의 52.0%를 나타냈고, 4월에는 35.9%를 나타냈다. 이들에 의한 일차생산의 기여는 11월에 221.3 mgC $m^{-2}d^{-1}$ 로서 총 일차생산력의 54.4%였으며, 4월에는 1447.3 mgC $m^{-2}d^{-1}$으로 33.3%를 나타냈다. 이러한 결과는 동해의 일차생산과 물질순환에 있어 극미소플랑크톤이 중추적 역할을 할 수 있음을 나타내고 있다. 또한 식물성 편모류와 원석조류의 개체수 수준은 동해에서 앞으로 진행해야할 식물플랑크톤 연구방향을 제시하고 있다.

7. 결 어

이상과 같이 동해에서의 식물플랑크톤 생태연구는 동해연안과 남부해역에서의 식물플랑크톤 분포연구와 일차생산력 평가에 중점을 두어왔다. 그 결과 동해남부연안의 원자력 발전소 주변해역은 비교적 많은 연구로 그 분포특성과 생태특성이 상당부분 밝혀졌으나 그 외의 해역은 조사회수의 부족과 집중적인 연구의 부족으로 식물플랑크톤 생태를 충분히 이해하지 못하고 있다. 특히 대마 난류의 확장과 감소에 따른 환경요인의 변화와 그에 따른 식물플랑크톤 군집변화와 생산구조 변화를 충분히 이해하지 못하고 있으며, 식물플랑크톤 생태변화에 따른 미세생물 먹이망과 먹이연쇄의 구조변화를 정확히 파악하지 못하고 있는 상황이다. 동해는 물리적인 구조가 비교적 단순하고 그 변화가 뚜렷하기 때문에 생태학적 현상이 보다 뚜렷할 것으로 예상되므로 물리현상규명과 더불어 생지화학적 연구가 함께 이루어지면 동해 표영생태계에 대한 전반적인 이해가 이루어질 것으로 기대된다.

이를 위하여는 대한해협에서 동해로 유입되는 영양염의 유입량과 년간 동해저층수에서 표층으로 이동되는 영양염의 가입량 등이 정확하게 계산되어야 하며 북한한류와 동한난류에 의한 수온변화, 광변화 모델이 개발되어야 하며, 각 생산단계별 에너지의 흐름을 파악할 수 있어야 한다.

참고문헌

강연식, 최중기, 2001. 고리, 월성, 울진 및 영광 연안해역의 식물플랑크톤 군집의 생태학적 특성 Ⅰ. 종조성 및 분포(1992-1996). 한국조류학회지, 16:85-111

강연식, 2002. 한국연안 고리, 월성, 울진 및 영광해역의 식물플랑크톤 분포(1992-1996). 인하대학교 이학박사 학위논문, 180쪽

강연식, 최중기, 2002. 고리, 월성, 울진 및 영광 연안해역의 식물플랑크톤 군집의 생태학적 특성 Ⅱ. 현존량 분포 및 환경요인들(1992-1996). *The Sea*, 7(3):108-128

노재훈, 2003. 동해의 미소 및 극미소 식물플랑크톤(준비중)

문창호, 양성렬, 양한섭, 조현진, 이승용, 김석윤, 1998. 동해 극전선역의 영양염류 순환과정 IV. 엽록소 a 분포. 신생산 및 질산염의 수직확산. *J. Korean Fish. Soc.* 31(2), 259-266.

박종규, 1996. 한국 동해 남부해역의 환경변화에 따른 식물플랑크톤 생물량의 장기간 변동과 광합성 특성. 서울대학교 이학박사 학위논문, 174쪽

박종규, 심재형, 이준백, 1998. 한국 동해 남해역 식물플랑크톤 생물량의 장기적 변동과 의미. 한국조류학회지, 13:123-133

박태수, 1956. 한국해협에 있어서 plankton의 양 및 조성에 관한 연구. 부산수대 연보, 1(1):13-32

송재선, 1980. 울산만에 있어서 식물성 플랑크톤의 출현량 및 조성의 년변화. *Bull. Fish. Res. Dev. Agency*, 23:159-169

신동휘, 최중기, 1988. 인천연안 식물플랑크톤 군집의 조석에 따른 시간적 변화 연구. 황해연구, 1:11-31

심재형, 여환구, 신윤근, 1991. 한국 연안해역에 있어서 온배수 배출의 생태학적 영향 1. 고리 원자력 발전소 주변해역에서 미소 및 초미소 자가영양플랑크톤의 중요성. 한국해양학회지 26:77-82

양한섭, 김성수, 강창근, 조규대, 1991. 한반도 근해의 해류와 해수특성. Ⅲ. 한국 동해중부 극전선역에 출현하는 수괴의 화학적 특성. 한국수산학회지, 24:185-192

양한섭, 문창호, 오석진, 이행필, 1997. 동해 극전선의 영양염류 순환과정. Ⅱ. 1995년 동계 입자태 유기탄소 및 유기질소의 분포. 한국수산학회지, 30:442-450

여환구, 1992. 온배수 배출해역 일차생산시스템의 환경생물학적 연구. 서울대학교 이학박사 학위논문, 155쪽

여환구, 심재형, 1992. 한국 연안해역에 있어서 온배수 배출의 생태학적 영향. Ⅲ. 고리 원자력 발전소 부근해역 무생물환경과 일차생산자의 군집구조. 환경생물학회지, 10:122-142

여환구, 심재형, 1993. 한국 연안해역에 있어서 온배수 배출의 생태학적 영향. Ⅳ. 고리 원자력 발전소 부근해역 무생물환경과 일차생산자의 생물량과 생산력. 환경생물학회지, 11:124-130

여환구, 심재형, 박종규, 1996. 고리해역 표영생태계내 미생물 환경요인과 일차생산 변동. 한국환경생물학회지, 14:113-120

유광일, 이진환, 1982. 고리 원자력 발전소 주변해역의 부유성규조류에 대하여. 한국해양연구소 소보, 4:53-62

유성규, 이삼석, 1963. 초여름 동해안 남부에 있어서 microplankton량 및 조성에 관한 연구. 해마(5):35-51

이석우, 1983. 물리해양학통론, 집문당, 229쪽

이원호, 이건형, 최문순, 이다미, 1989. 군산부근 조간대 및 조하대역에서의 식물플랑크톤과 Bacteriaplankton. 한국해양학회지, 24:157-164

이진환, 1995. 한국 근해역산 부유성 조류의 목록추가 Ⅰ. 돌말류. 상명여자대학 자연과학연구소 논문집, 2:71-198

전기옥, 박청길, 1969. 한국 동해의 chlorophyll 분포에 관한 연구. 수진연보 4, 27-43

정창수, 심재형, 박용철, 박상갑, 1989. 한국동해의 기초생산력과 질소계 영양염의 동적 관계. *J. Ocean. Soc. Korea* 24: 52-61.

조기창, 1988. 원자력 발전소 온배수가 식물플랑크톤의 생태에 미치는 영향. 인하대학교 이학석사학위논문, 79쪽

조창환, 1985. 가을철 주변해역의 microplankton 및 nanoplankton의 클로로필 함량과 분포. *Bull. Kor. Fish. Soc.*, 18(1):63-66

최상, 정태화, 1965. 한국 연안 수역의 기초생산. 원자력 연구소 휘보, 3(1):42-57

최상, 1967. 한국 해역의 식물플랑크톤에 관한 연구 Ⅱ. 한국 연안수역의 식물플랑크톤. *J. Oceanol. Soc. Kor.*, 2(1-2):1-12

최상, 1969a. 한국 해역의 식물플랑크톤의 연구 Ⅲ. 1967년 5월 북동부 한국해협 표층수의 식물플랑크톤의 양과

분포. *J. Oceanol. Soc. Korea*, 4(1):1-8

최상, 1969b. 한국 해역의 식물플랑크톤의 연구 Ⅳ. 동해, 남해 및 서남해역의 식물플랑크톤의 양과 분포. *J. Oceanol. Soc. Korea*, 4(2):49-67

최중기, 박용철, 박철, 1997. 동해 중부 극전선 수역의 플랑크톤 분포 및 생산력 연구. 동해극전선역의 해양학적 특성에 관한 교육부 해양과학분야 특정연구과제 최종보고서, 134-226

한국해양연구원, 2000. 동해의 기후변동 예측과 진화 연구. 한국 해양연구원 보고서, BSPE 00783-00-1306 -1

한국해양연구원, 2001. 동해의 기후변동 예측연구. 한국 해양연구원 보고서, BSPE 817-00-1396-1

Aikawa, H., 1934. On the quantitative analysis of plankton associations in the surrounding Japan Ⅱ. *Bull. Fish. Exp. Station*, 5:237-272

Aikawa, H., 1936. The planktological properties of the principal sea areas surrounding Japan. *Bull. Japan. Sci. Fish.*, 5(1):33-41

Chisholm SW., Olson RJ., Zetter ER., Goerike R., Waterburry JB., and Welschmeyer NA., 1988. A novel free-living prochlorophyte abundant in the oceanic euphotic zone. *Nature* 334:340-343.

Choe, S., 1972. Studies on the seasonal variations of plankton organisms and suspended particulate matter in the coastal area of Ko-Ri. *J. Oceanol. Soc. Kor.*, 7(2):47-58

Choi, J.K. and J.H. Shim, 1986. The ecological study of phytoplankton in Kyeonggi Bay, Yellow Sea. Ⅲ. Phytoplankton composition, Standing crops and Tychopelagic plankton. *J. Oceanogr. Soc. Korea*, 23:1-12

Koblentz-Mishke, O.J., V.V. Volkovinsky and J.G. Kabanova 1970. Plankton primaky production of the world ocean. *In W.S. Wooster(ed.), Scientific Exploration of the South Pacific. National Academy of Sciencer, Washington D.C*: 183-193

Lee, W.H., 1985. An ecological study of phytoplankton in the southwestern waters of the East Sea(Sea of Japan), Korea. *Ph.D thesis SNU.*, 225pp

Lee, W.H. and J.H. Shim, 1990. Distributions of phytoplankton standing crop and the associated T-S properties in the southwestern East Sea(Sea of Japan). *J. Oceanogr. Soc. Korea*, 25:1-7

Lim, D.B. and S. Chang, 1969. On the cold water mass in the Korea Strait. *J. Oceanol. Soc. Kor.*, 4(2):72-82

Nishida, K., 1930. Report of the hydrographical observations in the adjacent Seas of Korea. In Annual report of hydrographical observations. No.4 For the Year 1929. *Fish. Exp. Station*, 18-33

Nishimura, S., 1983. Okhotsk Sea, Japan Sea, East China Sea. In *Ecosystem of the world. v.26 Estuaries and Enclosed Seas edidted by Ketchum, B.H. Elsevier scient. Pub. NewYork*, 305-401

Ohwada, M. and F. Ogawa, 1966. Plankton in the Japan Sea. *The Ocean. Mag.*, 18(1-2):39-42

Park, J.S., C.K. Kang and K.H. An, 1991. Community structure and spatial distribution of phytoplankton in the polar front region off the East Coast of Korea in summer. *Bull. Korean Fish. Soc.*, 24:237-247

Partensky F, Blanchot J and Vaulot D., 1999. Differential distribution of Prochlorococcus and Synechococcus in oceanic waters: a review In: *Charpy L, Larkum A.W.D. (eds), Marine cyanobacteria. Bulletin de l'Institut Oceanographique de Monaco No sp.* 19: 457-475.

Shim, J.H. and W.H. Lee, 1983. Plankton study in the southwestern Sea of Korea (1) Phytoplankton distribution in September, 1981. *J. Oceanogr. Soc. Korea*, 18:91-103

Shim, J.H. and Y.C. Park, 1984. Community structure and spatial distribution of phytoplankton in the south western sea of Korea, in early summer. *J. Oceanogr. Soc. Korea*, 19:68-81

Shim, J.H. and S.J. Bae, 1985. The distribution of phytoplankton in Yeong-il Bay Korea. *J. Oceanol. Soc.*

Kor., 20(2):49-60

Shim, J.H., W.H. Lee and S.Y. Bak, 1985. Studies on the plankton in the Southwestern waters of the East Sea(Sea of Japan) (Ⅱ) Phytoplankton standing crop, nanofraction and primary production. *J. Oceanogr. Soc. Korea*, 20:37-54

Shim, J.H. and Y.C. Park, 1986. Primary productivity measurement using carbon-14 and nitrogenous nutrient dynamics in the south eastern Sea of Korea. *J. Oceanol. Soc. Kor.*, 21(1):13-24

Shim, J.H., S.Y. Yang and W.H. Lee, 1989. Phytohydrography and the vertical patern of Nitracline in the Southern waters of the Korean East Sea in Early Spring. *J. Oceanogr. Soc. Korea*, 24:15-28

Shim, J.H., H.G. Yeo and J.G. Park, 1992. Primary production system in the southern waters of the East Sea, Korea. Ⅰ. Biomass and productivity. *J. Oceanogr. Soc. Korea*, 27:91-100

Suda, K., 1932. On the bottom water of the Japan Sea. *J. Oceanogr. Imp. Mar. Obs. Kobe*, 4:221-240(in Japanese)

Uhm, B.B. and K.I. Yoo, 1967. Diatoms in the Korea Strait. *Report Inst. Mar. Biol.*, 1:1-6

Waterbury J.B., Watson S.W., Guillard R.R.L., Brand L.E., 1979. Wide spread occurrence of a unicellular, marine planktonic , cyanobacterium. *Nature* 277. 293-294.

Yamada, T., 1938. Report of the adjacent seas of Korea. In Annual report of Hydrographical observations. *Fish. Exp. Station*, 8:11-90

한국 남서해역의 해양환경과 식물플랑크톤

윤양호 / 전남대학교 해양기술학부

1. 서 론

1. 해역개요

한국 남해안은 비교적 큰 조석 차와 발달된 리아시스식 해안 특성을 나타내기에 수많은 도서 및 반도형의 해안선에 의한 반 폐쇄적인 내만 해역이 발달되어 있다. 이와 같은 해역특성으로 남해안은 오래 전부터 수산생물의 산란 및 육성장은 물론 증·양식장으로 광범위하게 이용하고 있다. 그러나 1970년대 이후 국가경제발전계획에 의한 생산 우선 정책으로, 임해공업단지 조성여건이 양호한 진해만, 광양만을 중심으로 한 남해 연안해역은 대규모 매립에 의한 임해공업단지와 인구집중화가 진행되었고, 그에 따른 산업폐수와 생활하수가 다량으로 내만해역으로 유입되었다. 그 결과 일부 내만해역은 극도의 부영양화가 진행되어, 적조 등 다양한 해역 환경문제가 발생하고 있으며, 그에 따른 막대한 수산피해로 인하여 큰 사회문제로까지 발전하고 있다.

이와 같이 남해안은 주로 생물생산장으로 이용되면서, 현재 천연의 자연환경을 유지하는 청정해역과 산업화에 의해 극도로 부영양화가 진행된 해역이 서로 공존하고 있다. 즉, 남해의 중앙부인 여수반도를 중심으로 광양만, 진해만 및 부산연안해역 등의 남동해역은 산업개발에 따른 극심한 부영양화 해역으로 다양한 환경문제가 발생하고 있는 것에 반해, 여자만, 득량만, 도암만 등의 남서해역은 아직도 청정해역으로 수산자원의 산란, 성육 및 증양식장으로 널리 이용되고 있다. 이에 정부는 2000년 해양환경의 건강성을 제고하고 생태계 보전을 위한 종합적 관리 체제 구축을 위해 해양오염방지법을 개정하여(2000. 2. 9, 현재의 해양환경관리법), 효율적인 연안관리를 위해 전국연안해역에서 청정한 해역환경을 유지하여 향후 지속적인 환경보전을 필요로 하는 가막만, 득량만, 완도-도암만 및 함평만 4개 해역은 "환경보전해역", 극심한 해양환경문제가 발생하여 특별관리가 필요한 광양만, 마산만, 부산연안, 울산연안 및 시화호 – 인천연안의 5개 해역은 "특별관리해역"으로 선정하여, 해역의 효율적 관리방안을 도출하려 노력하고 있다(해양수산부, 2001). 이들 9개 지정해역 중 1개의 특별관리해역과 4개의 환경보전해역은 여수인근해역을 기점으로 하여 한국 남서해역에 위치한다. 즉, 광양만은 1970년 이후 여수석유화학단지, 광양제철소, 광양 컨테이너부두등 대형 임해공단이 연안부에 건설되면서 공업화에 의한 부영양화 현상이 진행되어 있는 반면, 가막만, 여자만, 득량만, 완도 – 도암만 등의 내만 해역과 인근연안해역은 지금도 해양 동·식물의 산란, 성육장은 물론 증·양식장소로서 광범위하게 이용되고 있어(그림 1), 앞으로 해역보전과 이용에 더욱 세심한 검토가 필요한 곳이라 하겠다.

그러나 한국 남서해역은 과거 주로 미역, 김 등 해조류 양식의 환경 친화적 산업구조에서 지금은 어류 및 패류 등 해역의 자가오염을 발생시키는 관리·집약형 양식장으로 이용되고 있다. 이에 따라 광역적인 한국 남서해역은 연안어장의 노후화와 과밀화 등 바다의 이용주체(어업인)에 의한 비효율적이고 무절제한 해역이용으로 일부해역은 해저표층퇴적물에 과다한 유기물 집적이 이루어지고 있으며, 고수온기에는 일시적이나마 적조발생이 일어나는 등 해역환경문제가 발생하고 있다(윤, 1998b; 2000b; 양 등, 2000).

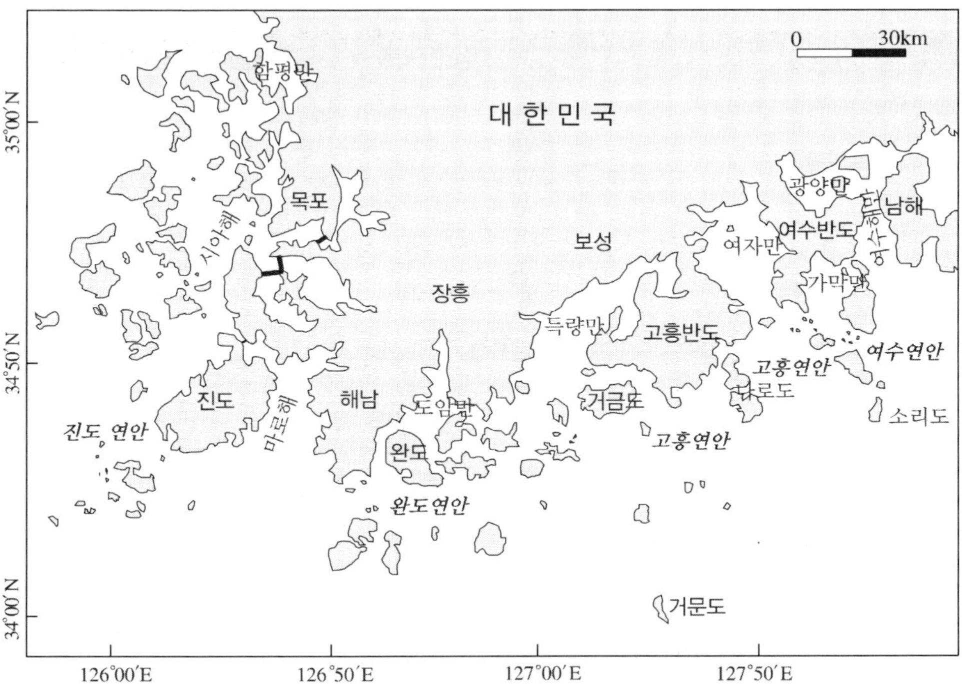

그림 1. 한국 남서해역의 주요 내만 및 연안해역의 개황도

2. 선행연구현황

우리나라 연안해역의 해양환경조사는 대부분 임해공업단지 조성 등 대규모 연안개발과 관련된 대형 프로젝트에 의해 부수적으로 이루어져 왔다. 이런 관점에서 보면 광양만을 제외한 한국 남서해역은 대규모 임해공업단지 조성같은 대형 프로젝트가 없어 해양조사자료가 축적되어 있지 않지만, 1990년 이후 관학이 주도하는 해역의 생물생산성 향상과 효율적인 이용 및 관리 측면에서의 조사연구가 다수 이루어져 일부해역은 비교적 충실한 해양자료가 축적되었다(표 1). 표 1에는 한국 남서해역을 크게 5개의 권역으로 구분하여 각 해역을 대상으로 조사된 식물플랑크톤관련 논문을 정리한 것이다. 표에는 학술논문 외의 보고서 등은 제외시켰으며, 조사분석 시점은 2003년이다.

한국 남서해역의 식물플랑크톤 군집관련 자료생산이 가능한 것은 1992년부터 한국과학재단의 지원을 받은 부경대학교 해양산업개발연구센터가 중심이 되어 "연안어장의 생산성 향상을 위한 종합적 연구"가 득량만을 대상으로 장기간 실시되었고, 1992, 1993년 전라남도가 고흥 거금수도,

표 1. 한국 남서해역을 대상으로 보고된 식물플랑크톤 관련 문헌목록

장 소	대상해역	논 문 목 록	비고
동부권역 (여수권역)	광양만	양(1997, 1978),양과 김(1981), 심 등(1984), Moon(1990), 조 등(1994), 윤과 김(1996), 박 등(2001), 윤과 고(2001)	20편
	가막만	양(1997, 1978), Shim(1980), 심 등(1981), 윤(1992, 1995, 1998d, 2000e, f), 이 등(1991), 이 등(1999)	
	기타 여수연안	윤과 고(1994), 윤과 고(2002)	
고흥권역	여자만	Shim(1980), 이와 윤(2001)	16편
	득량만	이와 허(1983), 이와 이(1999), 윤(1999a), 윤 등(2003)	
	거금수도	윤과 고(1995), 윤과 박(2000), 윤 등(2000)	
	나로도연안	윤(1999b, 2000a), 정 등(2000a,b), 윤과 한(2001a)	
	기타 고흥연안	윤(2001b), Yoon(2001)	
완도권역	도암만	–	1편
	기타완도연안	윤(1998a)	
서부권역 (진도권역)	목포연안	박(1984), 윤(2000g, 2001a)	4편
	시아해	윤(1998c, 2000d)	
	기타 진도연안	–	
연안권역	남해서부 연안	최(1970), Shim and Park(1984), 김과 윤(1997), 박 등(1998)	4편

완도신지도 및 여수 가막만 남부를 대상으로 "어장의 복합적 이용을 위한 종합적인 어장환경조사(전라남도, 1993, 1994)"를, 2000년부터는 해양수산부가 "전남 다도해형 바다목장 개발을 위한 기초조사"를 진도, 완도, 고흥 및 여수 금오도 일원을 대상으로(해양수산부, 2002), 그리고 환경보전해역의 효율적 관리를 위한 방안마련을 위한 조사연구를 가막만, 도암만 등을 대상으로(해양수산부, 2001) 수행하는 등 다양한 연구사업수행이 있었기 때문이다. 즉, 이와 같이 한국 남서해역을 대상으로 한 다양한 종합적인 학술조사가 실시된 것은, 이들 해역이 해양생물생산을 이용하는 어장으로서 가치가 매우 중요함을 단적으로 보여준다고 할 수 있다.

그리고 여수 및 고흥 나로도 인근 해역은 1995년 이후 유해성 연안적조 생물인 와편모조류, *Cochlodinium polykrikoides* 적조가 매년 이곳에서부터 첫 발생이 시작되어, 적조발생기구 해명을 위한 해양구조 및 해양환경 특성에 대하여 해양학자들에게 지대한 관심의 대상이 되고 있다(양 등, 2000; 정 등, 2000a, b; Yoon, 2001).

따라서 본 고에서는 이와 같이 다양한 해양환경특성과 해양생물 생산장으로 효율적 이용 및 관리가 요구되고 있는 한국 남서해역을 대상으로 이미 실시되었던 식물플랑크톤 군집관련 문헌 및 다양한 해양환경자료를 이용하여 한국 남서해역의 해양환경 및 식물플랑크톤 군집의 분포특성에 대하여 고찰하여 본다.

2. 환경특성

2.1 표영환경

한국 남서해역은 기원을 달리하는 쓰시마난류, 한국연안고유수, 중국대륙연안수(양지강 희석수로도 불린다), 황해저층냉수 등 다양한 수괴가 계절에 따라 그 확장범위를 달리하면서 영향을 미치고 있어(Kondo, 1985; Seung, 1992; Rho and Pang, 1995; 조와 김, 1994; 김과 노, 1995), 한국 연안해역 중에서도 가장 복잡 다양한 해양특성을 나타내는 해역이다. 특히 여수를 중심으로 하는 남해 중앙부에는 쓰시마난류가 내만 해역에까지 영향을 미치고 있는 반면, 진도 인근해역은 여름철 황해냉수괴가 강하게 압박하여 낮은 수심에서도 매우 낮은 수온특성을 나타내기도 한다. 이와 같은 물리환경특성이 최근 남해안을 중심으로 발생하는 *Cochlodinium polykrikoides* 적조발생 및 적조의 동해안으로의 이동(양 등, 1999; Yoon, 2001), 그리고 완도권역을 중심으로 하는 서부해역의 해조류 양식 등에 크게 영향을 미친다.

또한, 한국 남서해역은 내만 해역이 발달되어 반 폐쇄적 특성을 나타내나, 섬진강, 영산강 이외에는 내만으로 유입되는 대형 하천이 없어 육상으로부터 유입되는 영양염류 공급이 충분하지 않다.

표 2에는 한국 남서해역의 일부 해역을 대상으로 측정·분석했던 주요 수질항목의 농도를 표시하였다. 표로부터 광양만, 가막만, 목포연안 등 대형하천이나 산업폐수 및 생활하수가 직접적으로 유입되는 일부 해역의 극단적인 농도를 제외하면 질소는 5.0 μM, 인은 0.5 μM, 그리고 규소도 10.0 μM 내외의 값으로 변화하여 해역 수질 I 등급의 양호한 수질 환경을 보인다. 다만, 산업폐수의 영향을 강하게 받는 광양만 등에서는 인 농도가 극단적으로 높게 나타나고 있으며, 축산폐수 영향을 강하게 받는 목포연안해역 등에서는 질소의 농도가 매우 높았다(그림 2). 한국 남서해역은 목포 연안, 광양만 등 해역에 따라 내만 등 제한된 해역에서 부영양화가 진행된 것으로 보이며, 부영양화의 원인은 해역에 따라 그 요인을 달리하고 있다(그림 2). 즉, 남서해역 중에 대규모 임해공업단지가 조성되어 있는 광양만 등이 주로 산업폐수가 해역의 부영양화의 원인이라면, 완도권역, 목포권역 등 중앙부 이서 해역은 산업폐수보다는 생활하수나 축산폐수 등이 주원인이 되고 있다(통상산업부 등, 1996).

그러나 대부분의 남해안 남서 내만 해역에서는 육상기원의 영양염류 공급이 적어 낮은 영양염 농도를 나타내고 있음에도 내만 해역은 물론 만 외 해역까지 매우 광활한 해역이 패류, 해조류 등 수산생물의 양식장으로 이용되고 있다. 따라서 이들 생물의 성장에는 필연적으로 높은 농도의 영양염류가 필요하나, 육상에서 공급되는 영양염류는 남서해역의 양식생물이 필요로 하는 수요량을 충분하게 만족시키지 못하는 것으로 판단된다(표 2).

표 2. 한국 남서해역의 해역별 수질환경 특성(μM)

항목 \ 해역	여수해만 (광양만 외)	가막만	득량만	완도 신지도연안	목포연안 (시아해)
용존무기질소	0.37~6.31 (1.87)	0.14~6.31 (1.56)	0.02~8.72 (2.17)	0.46~8.30 (3.29)	1.47~20.44 (9.13)
인산염	0.16~4.41 (1.28)	nd~1.56 (0.56)	0.05~0.68 (0.16)	0.03~0.80 (0.31)	0.03~1.00 (0.36)
규산염	1.79 ~16.76 (9.07)	nd~35.28 (9.42)	0.61~16.72 (5.94)	5.31~39.51 (13.22)	3.50~41.77 (28.68)
화학적 산소요구량	0.1~2.8 (1.3)	0.40~10.16 (1.97)	–	0.10~4.08 (2.07)	–
인용 문헌	신 등(2002)	조 등(1994)	양 등(1995)	조와 윤(1997)	윤(2000d)

1. 20개 이상의 정점을 대상으로 계절조사 한 표층 값을 원칙으로 하였음
2. 화학적산소요구량 단위(COD, mg/L)
3. ( )속은 계절 평균값

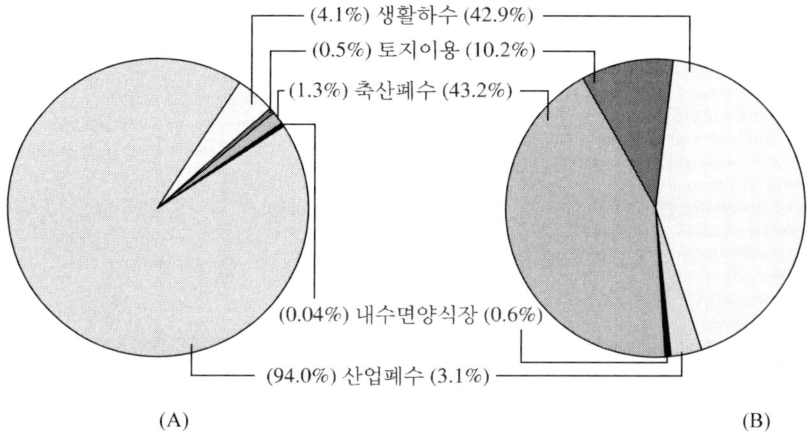

그림 2. 한국 남서해역별 오염원별 부하량 현황(A : 광양 가막만, B : 목포연안)
(통상산업부 등(1996) 자료인용 작성; 윤(1996))

한국 남서해역에서 보여지는 이와 같은 수요와 공급의 모순적인 현상은 어디에서 오는 것일까? 일반적으로 내만, 연안해역의 기초생산은 하천에 의해 유입되는 육상기원의 영양물질에 의존하게 된다. 그러나, 한국 남서해역은 내만, 연안해역으로 유입하는 대형하천이 없어 인접한 육상으로부터 영양물질 유입이 제한되고 있기에, 한국연안 고유수, 황해저층 냉수 및 중국대륙 연안수와 같은 대형 수괴가 계절에 따라 세력확장 범위를 달리하면서(조와 김, 1994; Rho and Pang, 1995), 외해쪽에서 내만 및 연안해역의 생물생산에 필요한 영양염류를 공급하고 있기 때문이라 할 수 있다. 즉, 한국남서 연안해역의 영양염류 공급은 내만의 하천 등에 의한 직접적인 육수 공급원보다는 육상기원의 수괴에 의한 외해로부터의 공급원이 더욱 큰 특징을 나타낸다(양 등, 1995; 윤, 2000d, 윤과 박, 2000, 윤 등, 2000, 양 등, 2000).

2. 저서환경

해양의 저서(퇴적)환경은 수질환경과 달리 표영환경 내의 각종 생물생산활동 결과 해저에 침강 퇴적된 물질의 누적 지표로서, 해역의 환경문제를 고찰하기에는 생물작용이나 해수유동 등 외부요인에 의해 쉽게 변화하는 수질항목보다 더욱 객관성을 나타내게 된다. 따라서 본 항에서는 저서환경 중 표층퇴적물 중의 유기물량을 이용하여 한국 남서해역의 저서환경을 살펴본다. 표 3에는 한국 남서해역의 주요 내만 및 연안해역의 퇴적물 중의 유기물량을 강열감량(IL), 황화물량(H_2S), 화학적 산소 요구량(COD)으로 구분하여 계절 및 공간적 분포의 변동범위를 나타내었다.

표 3의 평균값으로부터 비교적 쉽게 분해될 수 있는 분해성 유기물 지표를 나타내는 COD에서는 완도 신지도를 제외하고는 모두 양식장 적지기준(인 20 mg/g dry wt.) 내에 있으나, 유기퇴적물의 누적지표 특성을 나타내는 황화물량에서는 모든 해역에서 양식장 적지기준인 0.2 mg/g dry wt를 초과하는 것으로 나타났다(畑, 1990). 즉, 한국 남서해역의 표층퇴적층은 외형적으로는 매우 양호한 환경상태를 나타내는 것 같지만, 실제로는 매우 우려할만한 환경조건임을 시사하는 내용이다.

표 3. 한국 남서해역 저서환경(표층퇴적물 중의 유기물량) 현황(mg/g dry)

항 목 \ 해 역	가막만	거금수도	득량만	완도 신지도	양식장 적지 기준
강열감량(%)	5.02~21.11 (8.88)	1.23~16.79 (6.69)	3.10~21.51 (5.55)	3.70~19.15 (7.95)	
총 황화물량	nd~16.76 (1.52)	nd~ 2.43 (0.46)	nd~3.30 (0.36)	nd ~1.34 (0.23)	0.2 이하
화학적 산소요구량	1.80~44.73 (16.39)	3.55~42.27 (12.34)	0.37~18.21 (5.72)	nd~72.87 (20.70)	20 이하
인용 문헌	조 등(1994)	윤(2000b)	윤(2000c)	윤(1998b)	

* 20개 정점 이상의 표층퇴적물 중의 4계절 조사한 결과를 원칙으로 하였음.
* 극단적인 값은 특정 일부 해역 및 계절에만 해당. 양식장 적지 기준은 일본 수산용수기준임.

이와 같은 결과는 수질환경과도 상반되는 내용으로 생물활동 등에 의해 쉽게 변화되는 표영환경은 비교적 양호한 상태를 나타내나, 해저퇴적층은 양식 부산물 등이 대량으로 투기되어 공극수가 오염되거나 해저 골 등에 유기물이 대량으로 집적되고 있음을 나타낸다. 실제 황(2001)에 의하면 고흥군의 경우 미역 단일 품종으로 연간 약 10만 톤이 생산되나, 포자를 형성하는 미역귀는 수확하지 않은 폐기물로서 전량 해양에 투기된다. 투기되는 미역귀는 무게기준으로 전체 생산량의 30~40%에 해당되는 3~4만 톤으로 추정된다. 즉, 남해안 남서해역의 저서환경은 표영환경에서 보이는 것과는 달리, 양식장으로 이용되는 해역을 중심으로 해역환경문제의 심각성이 우려되며, 이러한 부산물 투기는 직접적으로 해역 생물생산의 저하, 질병 발생 등 해역에 나쁜 영향을 미칠 것으로 판단된다.

이는 Kang 등(1993)이 우리나라 연안전체를 대상으로 표층퇴적물 중 유기물량을 측정하여 한국 남서해역의 대부분은 매우 낮은 농도의 값을 나타낸다는 보고와는 상반된다. 그러나 이는 대표성이 확보되지 않은 몇 개의 정점 값만으로 광역의 해역특성을 판단하고 있기 때문에 특정해역의 시·공간적 분포특성을 나타내지 못하기 때문인 것으로 보인다.

다만, 한국 연안해역에서 가장 양호한 해양환경을 보이는 남서해역의 표층퇴적물의 유기오염 정도가 우려되는 수준이라는 것은 한국 연안해역 전체의 문제로서, 앞으로 오랜 기간 해역의 생물자원을 효율적으로 이용해야 하는 국가적 입장에서는 해역문제 해결을 위한 해역관리 및 이용 방안 도출이 시급히 이루어져야만 한다(윤, 2000b, 2000c).

3. 식물플랑크톤 군집

3.1 종조성 및 우점종

한국 남서해역의 기초생산을 담당하는 식물플랑크톤 군집구조의 특징을 살펴보면, 출현종수는 계절 및 해역, 그리고 연구자에 의해 많은 차이를 나타낸다(표 4). 따라서 일반적으로는 오랜 기간 다양한 연구자에 의해 다양한 연구자료가 축적된 광양만과 같은 해역은 최근 1~2회 연구자료에 의존하는 완도권 및 목포권역에 비해 다양한 종들이 출현하고 있다. 이와 같은 이유로 단순히 표 4에 제시된 자료만으로 해역간 비교·분석하기에는 다소 문제가 있으나, 전체적으로는 목포연안 등 여름철 황해냉수의 영향을 받는 해역보다는 쓰시마난류 영향을 받는 고흥연안 및 여수연안해역에서 보다 다양한 종 출현 특성을 나타내었다. 한국 남서해역의 경우 해역의 부영양화정도와 출현종수 사이에는 큰 관련성이 없는 것으로 나타났다. 다만, 한국 남서해역 식물플랑크톤 연구는 분류학자가 아닌 생태학자에 의해 보고된 내용들로서 제시된 연구방법(광학현미경 등)으로는 지나치게 종 분류가 세분화되어 있는 문헌들이 다수 있어 분류학자에 의한 재확인이 요구된다.

우점종은 대상해역에서 적어도 한 계절 이상 정점 평균 약 30% 이상 출현하는 종을 원칙으로 하였으나, 광양만, 득량만의 일부문헌 및 고흥연안의 문헌자료에서는 우점율 파악이 어려워 문헌에 우점종으로 나열된 종을 일괄 정리하였다. 또한, 우점종은 동일 종에 대해서도 계절에 따라 우점율이 다르므로 표에는 우점 순위없이 규조류, 식물성 편모조류 순으로 표시하였다(표 4).

표 4로부터 한국 남서해역의 식물플랑크톤 군집은 전 계절 중심목 규조류에 의한 우점 현상이 탁월하였다. 다만, 고수온기에는 내만, 연안해역을 막론하고 와편모조류를 중심으로 하는 식물성 편모조류, 특히 여수 및 고흥연안의 개방된 해역인 남해 중앙부 해역에서는 와편모조류인 *Scrippsiella trochoidea*에 의한 우점현상이 특징적으로 보이며, 와편모조류의 휴면포자의 분석에서도 *S. trochoidea*에 의해 극우점되는 결과를 보였다(윤, 2003). 또한 남서해역은 계절과 해역에 따라서는 저서성 규조류가 최 우점종으로 출현하기도 한다(김과 윤, 1997).

표 4. 한국 남서해역의 주요해역 식물플랑크톤 출현 종조성과 우점종

항목 / 해역	종조성	우점종	인용문헌
광양만	104속 342종	*Asterionellopsis glacialis, Chaetoceros affinis, Ch. curvisetus, Ch. debilis, Ch. didymus, Ch. socialis, Detonula pumila, Eucampia zodiacus, Guinardia delicatula, G. striata, Leptocylindrus danicus, Pseudonitzscia pungens, Skeletonema costatum, Stephanopyxis palmeriana, Thalassionema nitzschiodes, Alexandrium flatercula, Ceratium fusus, Chroomonas sp., Prorocentrum detatum, P. triestinum*	최(1970), 양(1977), 양과 김(1981), 심 등(1984), 조 등(1994), 윤(2001c), 윤과 고(2001), 윤등(2001)
가막만	54속 98종	*A. glacialis, Ch. curvisetus, E. zodiacus, L. danicus, Pn. pungens, S. costatum, Scrippsiella trochoidea,*	윤(1995), 윤(1998d), 윤(2000f)
여자만	34속 87종	*Ch. curvisetus, Ch. decipiens, Coscinodiscus centralis, Cylindrotheca closteium, Thalassiosira weissflogii*	이와 윤(2000)
득량만	50속 111종	*A. glacialis, Bacillaria paxillifer, Bacteiastrum delicatulum, Ch. affinis, Ch. curvisetus, E. zodiacus, Guinardia flaccida, Nitzschia longissima, Proboscia alata, S. costatum, Prorocentrum minimum*	이와 이(1999), 윤(1999a), 윤 등(2003)
고흥연안	72속 183종	*Chaetoceros pseudocurvisetus, Pn. pungens, S. costatum, Alexandrium cohorticula, Gyrodinium impudicum, P. triestinum, S. trochoidea*	정 등(2000)
완도연안	33속 56종	*E. zodiacus, L. danicus, S. costatum, Alexandrium catenella, Prorocentrum micans,*	윤(1998a)
목포연안 (시아해)	27속 36종	*B. paxillifer, L. danicus, S. costatum, Paralia sulcata*	윤(1998c)
개방해역 (여름철)	41속 85종	*Guinardia delicatula, G. striata, Gyrodinium* sp., *Pleurosigma normanii*	김과 윤(1997)

3.2 출현세포밀도

한국 남서해역에서 계절조사에 의한 식물플랑크톤 현존량(출현세포밀도)의 전반적인 시·공간적 분포는 매우 크게 변화하여 10^3 cells/L에서 10^6 cells/L의 범위로 출현하였다(표 5). 해역별로는 남서해역의 동측에 위치하는 광양만, 가막만, 여자만 등의 비교적 산업단지나 하천에 의한 담수 유입의 활발한 내만 해역에서 10^6 cells/L 이상의 높은 출현밀도가 나타나며, 완도, 목포연안과 같이 서부의 개방된 해역에서 10^5 cells/L 내외로 다소 낮게 출현하였다. 그리고 세포밀도의 공간적 분포 차이는 넓은 해역을 대상으로 하거나, 부영양화 진행으로 정점 사이의 영양염 농도 구배가 크게 나타나는 내만 해역에서 크게 나타나고, 개방되어 비교적 균일한 해양환경특성을 보이는 해역에서 낮았다.

적조발생 시기의 식물플랑크톤 현존량은 광양만의 경우 1985년 이후 10^7 cells/L 이상 출현한 경우도 13회 이상 기록되었으며, 최고는 1988년 7월 남세균인 *Microcystis* sp.에 의한 적조 발생 때에 1.4×10^8 cells/L이다(윤, 2001c). 가막만도 광양만과 유사하여 1980년 이후 10^7 cells/L 이상 출현한 경우도 13회 이상 기록되고 있으며, 최고는 1987년 8월 규조류 *Chaetoceros affinis*, 와편모조류 *Alexandrium affine*, 남세균 *Microcystis* sp.에 의한 혼합 적조 발생 때에 1.3×10^8 cells/L를 나타내었다(김 등, 1998; 윤, 2003b). 이와 같은 높은 식물플랑크톤 세포밀도가 출현하는 것은 해당해역 전체는 아니라 할지라도 일부 폐쇄성이 강한 내만 해역의 경우 극심한 부영양화과정을 지나 과영양화 단계에 접어들어 있음을 뜻한다(山田, 1982; Iizuka, 1985). 실제, 1990년 이후 가막만의 북서 내만 해역은 7월부터 9월 고수온기에는 해저 무산소층이 발견되는 등 극심한 부영양화 현상이 관찰된다(윤, 미발표).

표 5. 한국 남서해역 해역별 식물플랑크톤 출현 세포밀도 범위

해역 \ 항목	출현세포밀도(cells/L)	인용문헌
광양만	$1.1 \times 10^5 \sim 2.8 \times 10^6$	심 등(1984)
가막만	$2.8 \times 10^3 \sim 5.2 \times 10^6$	윤(1995)
여자만	$4.8 \times 10^3 \sim 2.8 \times 10^6$	이와 윤(2000)
득량만	$2.6 \times 10^3 \sim 1.0 \times 10^6$	윤(1999a)
완도연안	$2.8 \times 10^3 \sim 8.4 \times 10^4$	윤(1998a)
목포연안(시아해)	$9.6 \times 10^3 \sim 6.3 \times 10^5$	윤(1998c)
개방해역 (여름철)	$1.1 \times 10^4 \sim 3.3 \times 10^5$	김과 윤(1997)

3.3 식물플랑크톤 군집 변동 동태

식물플랑크톤의 미소 밀집현상(patch)이나 군집의 변동 스케일은 공간적으로는 수백 미터에서 수 km 범위의 변동을, 시간 단위로는 주간 변동을 보이기에, 한국 연안에서 일반적으로 행해지는 월간 또는 계절 간격의 몇 개 정점을 대상으로 한 연구결과에서 군집동태를 파악하기가 쉽지 않다(Haury *et al*, 1978). 그러나 해양조사에 대한 제한성 때문에 이와 같이 부족한 자료에 의한 식물플랑크톤 군집구조 및 동태 해석을 실시할 수밖에 없는 것도 현실적인 여건이다. 본 항에서는 한국 남서해역과 제주도 연안의 1개 정점을 대상으로 주 1회에서 3회 조사한 생 시료 관찰 자료에 의해 분석된 일부 결과(윤 등, 1992; 윤, 1995, 김, 1999)를 토대로 하여 한국 남서해역의 식물플랑크톤 군집의 계절동태를 서술한다.

일반적으로 한국 연안해역과 같은 온대해역의 식물플랑크톤 군집은 주로 규조류에 의해 점유되어 우점되나, 고수온기에는 와편모조류를 중심으로 하는 식물성 편모조류에 의한 출현비율과 우점도가 높게 나타난다(Nybakken, 1993). 즉, 한국 남서연안 중 개방된 특성을 나타내는 제주 북쪽 연안에서 격일 간격으로 생 시료를 대상으로 분석한 식물플랑크톤 군집 중 규조류와 식물성 편모조류의 시간적 변동 특성에서 이와 같은 내용을 잘 설명해준다(그림 3). 그림에서 식물플랑크톤 군집 중에 규조류에 의한 세포밀도는 연중 점유 비율이 높게 나타나고 있지만, 6월에서 8월 초까지의 수온 상승기 및 고수온기에는 식물성 편모조류에 의한 점유율이 60% 이상으로 높게 나타난다(윤 등, 1992).

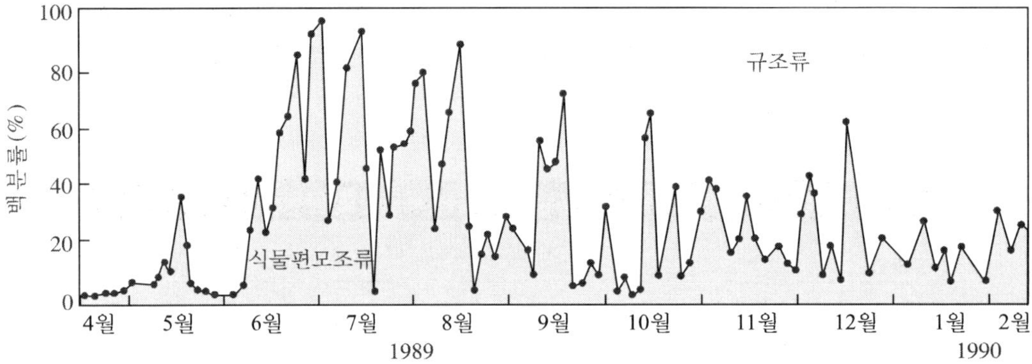

그림 3. 제주연안해역의 규조류와 식물성 편모조류의 경시적 출현 동태(윤 등, 1992)

이와 같은 결과는 한국 남서해역인 가막만 내만 해역에서도 유사하였으며(윤 1995-그림 6에 B 참조), 생물군별 출현 특성에서 규조류와 와편모조류를 중심으로 하는 식물성 편모조류는 서로 다른 특성을 보인다. 즉, 규조류는 계절적인 중장기변동을 나타내는 것에 반해 식물성 편모조류는 주 또는 월 간격의 매우 단기적 변동양상을 나타낸다(그림 4).

계절적인 변동 양상은 제주연안해역과 같이 개방되어 있고, 육상으로부터 담수유입이 적은 해역에서는 봄철에 식물플랑크톤 군집이 대증식을 하나(그림 5), 한국 남서 내만 해역에서는 일정한 계절변화 양상이 보이지 않는다(조 등, 1994; 윤과 고, 1995; 윤, 1995, 1998a, 1999a; 이와 이, 1999). 해양에서 영양염류 고갈이나 해수혼합으로 식물플랑크톤 군집의 성장이 가장 나쁜 여름(윤과 고, 1995; 윤, 2000a)이나 겨울(이와 허, 1983; 윤, 1995, 1998a,d, 1999a)이 봄이나 가을보다 더 높은 식물플랑크톤 세포밀도를 보인다.

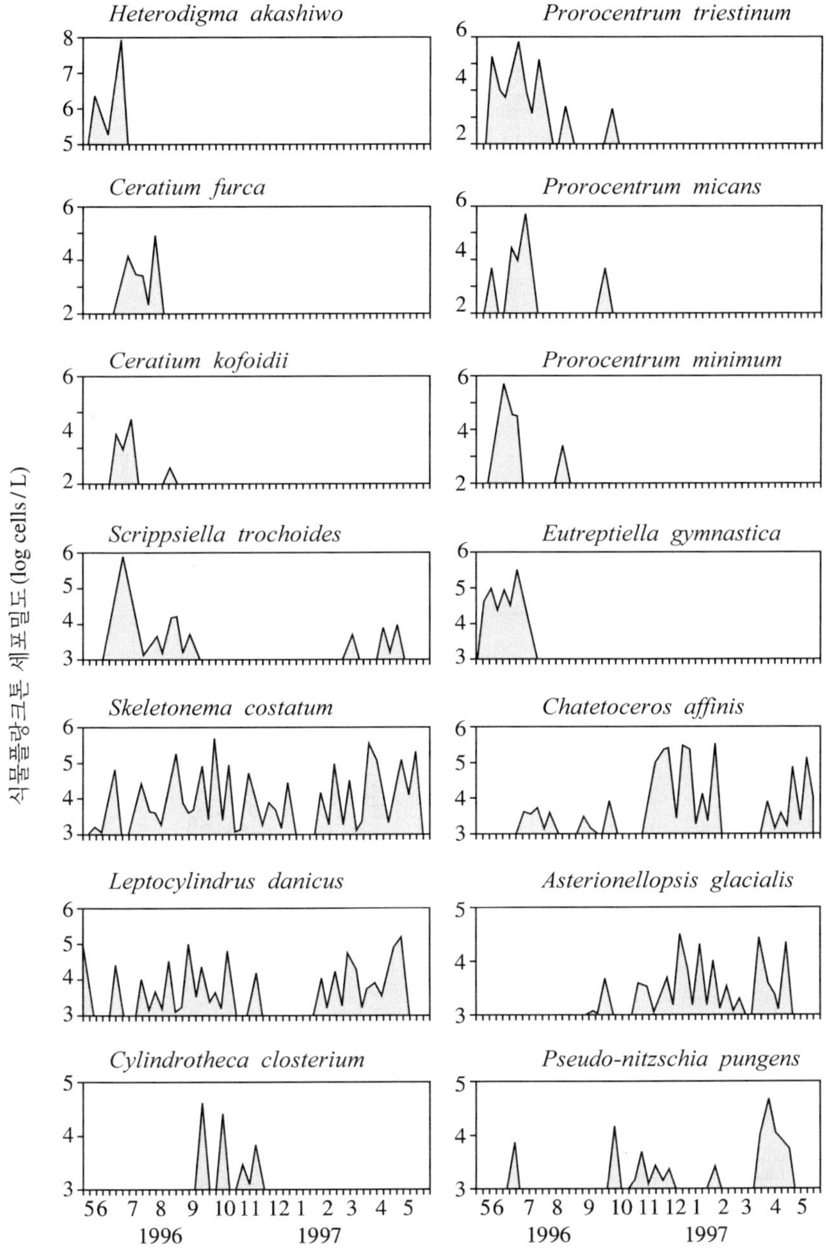

그림 4. 가막만 주요 식물플랑크톤 종의 경시적 변동 양상(김, 1999)

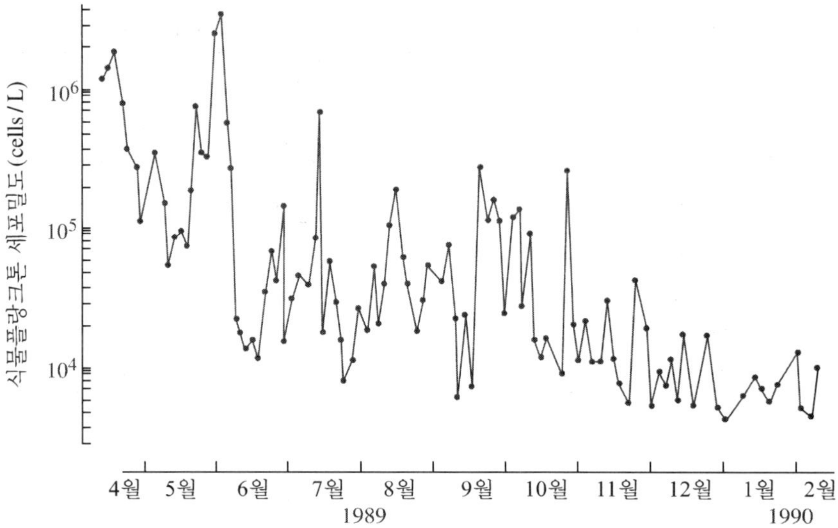

그림 5. 제주연안 식물플랑크톤 출현개체수밀도의 경시적 변동 동태(윤 등, 1992).

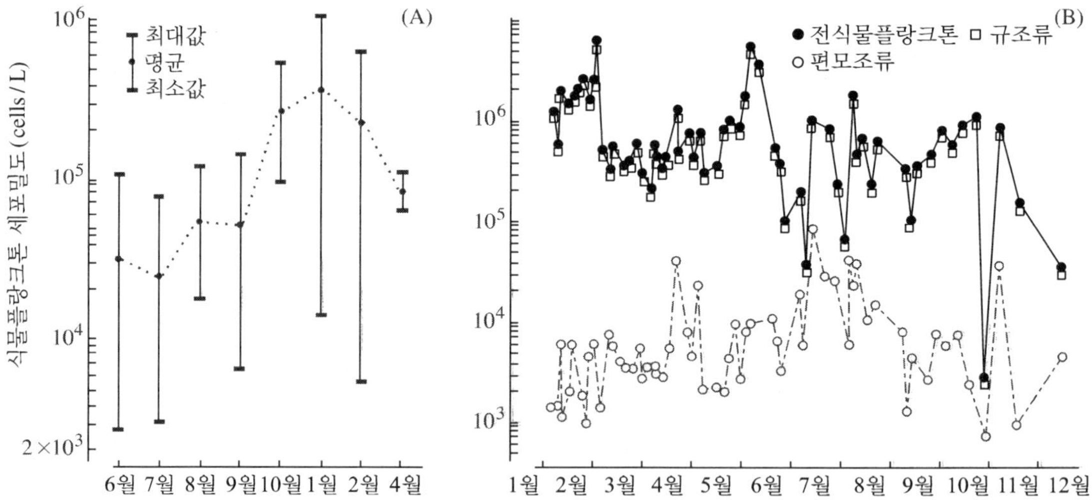

그림 6. 득량만과 가막만 식물플랑크톤 출현개체수밀도의 경시적 변동 동태

<A : 득량만(윤, 1999a), B : 가막만(윤, 1995)>

이와 같은 결과는 부영양화가 진행된 내만 해역의 경우, 연중 영양염류 농도가 충분하여 수온이 높고 빛 투과 특성이 좋은 여름에 식물플랑크톤 출현 세포밀도가 높게 된다는 결과(Yoon, 1989; 윤, 2000f)나, 일반적인 온대해역의 경우 봄과 가을에 식물플랑크톤 군집의 대발생이 보이는 것에 반해, 수심이 얕고 수직혼합이 잘되는 내만 해역에서는 겨울에 대 발생이 일어난다는 보고(Wafar, 1983)와 잘 일치한다. 즉, 조사빈도에 따라 다소 다른 결과를 보이지만 일반적으로 한국 남서 내만 해역의 경우에는 저수온기(겨울)가 다른 계절보다 높은 식물플랑크톤 세포밀도를 나타낸다(그림 6). 그림 6은 득량만과 가막만에서 식물플랑크톤 출현 세포밀도의 경시적 변동특성을 나타낸 것으로서 겨울에 가장 높은 개체수밀도를 보였다(윤, 1995, 1999a). 이와 같은 원인으로서는 한국 남서 내만 해역의 경우, 수심이 얕고 조석 차가 커서 조석혼합이 활발하고, 수온의 연직 성층과 혼합정도도 조석주기에 따라 변화하는 특성(Lee and Cho, 1995)을 나타내기 때문이다. 또한 한국 남서해역은 대마난류의 영향으로 겨울에도 비교적 높은 수온을 나타내며, 식물플랑크톤의 광합성 활동에 필요한 광 조건도 다른 계절에 못지않은 광량이 겨울에도 수중에 투과되는 특성을 나타낸다(그림 7).

그림 7은 광양만 및 여수해만을 해양환경 특성에 의해, 폐쇄된 특성을 나타내는 내만 해역, 내만 해수와 섬진강 담수 그리고 여수해만 외부의 해수가 혼합되는 하구역, 그리고 비교적 개방된 남해해수 특성을 보여주는 여수해만 해역으로 구분하여 각 해역에서 몇 개의 정점을 대상으로 광량자 측정에 의한 수심별 광량 자료로 계산된 평균 소산계수의 월별 변화양상을 나타낸 것으로, 겨울 소산계수가 광량이 강한 7, 8월의 여름보다는 다소 높지만(소산 계수가 높을수록 수중으로 투과되는 광량이 적어짐) 다른 계절에 비해 큰 차이가 없으며, 내만 해역일수록 계절변화가 적게 나타남을 보여 연중 해수 중으로 투과되는 광량에 큰 차이가 없었다(윤, 미발표).

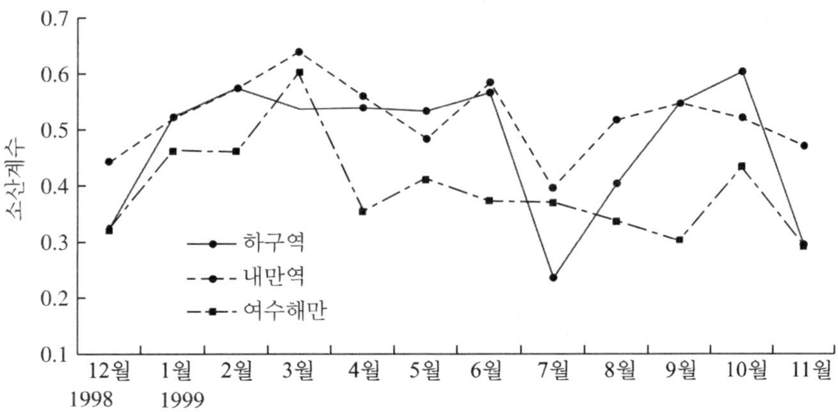

그림 7. 광양만 및 여수해만에서 해역특성에 따른 해수 중 빛 소산계수의 월 변화(윤, 미발표)

3.4 생물량

한국 남서해역의 식물플랑크톤 생물량(엽록소 *a*, Chl-*a*)은 해역에 따라 조사시기와 횟수의 차이가 있어 일률적인 비교, 해석은 어려우나, 연 평균 2.07 mg/m^3에서 6.36 mg/m^3로 분포하여 매우 높은 잠재적 생물생산을 보였다. 광역적인 조사나 영양염류 농도 경사가 큰 해역에서 식물플랑크톤 생물량의 공간적 분포차가 크게 나타났으며, 특히 그 경향은 내만 해역에서 더욱 뚜렷하다(표 6).

표 6. 한국 남서 내만 해역 표층해수 엽록소 *a* 농도의 변동범위

해역 \ 항목	엽록소 *a* 농도 (mg/m^3)	인용문헌	비고
광양만	0.21~18.72 (6.36)	윤과 한(2001b)	월별
가막만	0.34~17.89 (5.00)	윤(2000e)	격일
득량만	0.19~12.31 (2.71)	윤(1999a)	격월 원칙
완도연안	0.01~ 8.44 (2.07)	조와 윤(1997)	계절
목포연안(시아해)	0.63~20.52 (2.48)	윤(2000d)	계절

자료는 표층값으로, ( )속은 자료 전체 평균값(연평균)을 나타냄

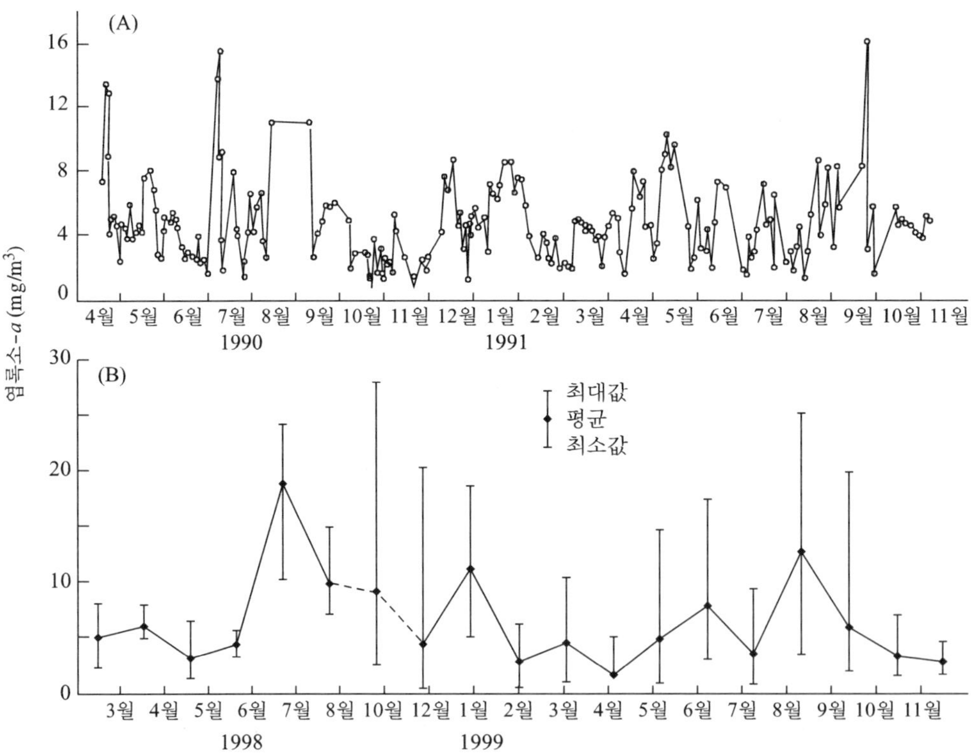

그림 8. 가막만과 광양만 표층해수의 엽록소 *a* 농도 경시변화 (A : 가막만, B : 광양만)

해역별로 내만 해역인 가막만의 경우, 약 3주의 간격으로 엽록소 *a* 농도의 증가와 감소가 반복되는 경향을 보이나, 뚜렷한 계절변동 양상을 보이지 않았다. 또한 엽록소 *a* 농도는 봄보다 식물성 편모조류에 의한 점유율이 높은 여름과 가을의 고수온기와 식물플랑크톤 출현세포 밀도가 높은 겨울에 높은 값을 나타낸다(그림 8, A). 이와 같은 결과는 월 간격으로 분석한 광양만의 경우도 유사하였다(그림 8, B). 층별로는 대부분의 계절에 표층이 저층보다 높은 엽록소 *a* 농도를 나타내지만, 겨울에는 저층이 표층보다 높은 농도 특성을 보인다(윤과 조, 1997; 윤, 1999a, 2000e, 윤과 한, 2001b). 한국 남서해역에서 겨울 저층에 높은 엽록소 *a* 농도를 보이는 것은 식물플랑크톤 현존량 출현양상과 같은 이유이다.

그러나 득량만, 완도연안 및 시아해 등에서 격월이나 계절분석에 의해 추정된 엽록소 *a* 농도의 변화는 일정한 경향 없이 해역에 따라 다른 양상을 나타내며, 동시에 조사했던 식물플랑크톤 현존량과도 일정한 관계식이 성립하지 않는다(그림 9). 특히 이들 해역에서 보이는 최대값 등은 극히 제한된 일부 정점에서 측정된 이례적인 값들이다. 즉 남서해역 엽록소 *a* 농도의 변화는 계절변동보다 공간 및 조사지점의 차이에서 오는 차가 크다고 할 수 있다.

그리고 이들 해역에서는 여름에 식물플랑크톤의 낮은 세포밀도에 반해 높은 엽록소 *a* 농도를 보이는 등, 동일한 생물군에 의해 표현되는 현존량과 엽록소 *a* 농도 사이에 상반된 결과를 나타나기도 한다(윤, 1999a). 이와 같은 두 요인 사이의 상반된 결과는 식물플랑크톤 단위 세포당 엽록소 *a* 농도 함량이 식물성 편모조류와 규조류에서 차이가 있는 점(식물성 편모조류 > 규조류)도 있으나(Honjo 등, 1978), 고수온기 연안 해역에서는 일반적인 광학 현미경 관찰로서 동정이나 계수가 어려운 극미소 플랑크톤에 의한 생물량이 매우 높기 때문이다(심과 신 1989; 심등, 1984,

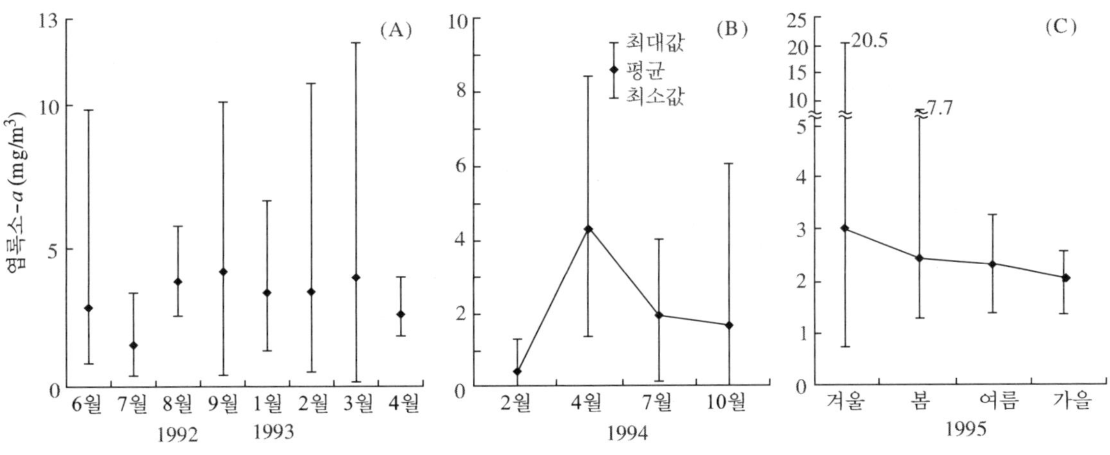

그림 9. 득량만, 완도연안 및 목포연안 엽록소 *a* 농도의 계절변화
A : 득량만(윤, 1999a), B : 완도 신지도연안(조와 윤, 1997), C : 시아해(윤, 2000e)

1992; Maita and Odate, 1988; Yamaguchi and Imai, 1996). 즉, 한국 남서 내만 해역의 식물플랑크톤 군집에서는 현미경 관찰이 어려운 극미소 및 미소 플랑크톤에 의한 점유율이 연중 높게 나타나며(심과 신 1989; 심 등, 1984, 1992; 윤 등, 2003), 이들 미소 플랑크톤에 의한 엽록소 *a* 농도가 높아 광학현미경에 의한 식물플랑크톤 현존량의 평가는 많은 경우에 과소 평가된다(Larsson and Hagatrom, 1982).

4. 한국 남서해역의 적조

한국 연안 및 내만해역의 적조발생과 확산은 대규모 임해공업단지 조성과 밀접한 관련성을 나타내며, 한국 남서해역의 과학적 적조발생 기록은 1984년과 1985년 가막만과 광양만에서 발생한 적조에서 시작된다(윤, 1996). 이후 이들 해역에서 지속적인 적조발생과 발생횟수의 증가가 보였고, 1995년 이후에는 특정 시기에 한국 남서해역 전 해역에서 적조가 발생하고 있다(김 등, 1998). 한국 남서해역 적조 기록 중 가막만에 대해서는 윤(2006), 광양만은 윤(2001c), 고흥연안에 대해서는 윤(2001b)과 Yoon(2001)에 정리되어 있다. 또한 목포연안 및 완도 도암만 등에 대해서도 1980년 말부터 와편모조류에 의한 적조가 보이는 등 해역의 부영양화와 관련한 적조발생이 고 수온기를 중심으로 매년 발생하고 있다(김 등, 1998, 국립수산과학원 자료). 본 항에서는 최근 한국 남서해역을 기점으로 매년 늦여름에서 초가을 적조발생으로 큰 사회문제화 되고 있는 유해성 와편모조류, *Cochlodinium polykrikoides* 적조에 대하여 간략히 언급한다.

한국 연안해역의 *C. polykrikoides* 적조는 1984년 이후 남동해역의 내만 해역을 중심으로 발생하던 것이, 1995년부터는 남해 중앙부인 나로도 인근의 연안해역에서 발생하기 시작하여 조류와 대마난류에 의해 급속히 남동해역 및 동해로 확산되면서 광역 해역에 장기간 적조를 발생시켜 막대한 수산피해를 일으키고 있다. 즉, 1995년에는 완도 연안해역에서 동해 삼척 연안까지 확산되면서 한국 적조발생 사상 최악인 약 800억 원에 달하는 수산피해를 일으켰으며, 2001년 및 2003년에도 84억과 215억 원의 피해를 발생시켰다(표 7).

또한, *Cochlodinium polykrikoides* 적조는 1998에는 서해 군산연안에서도 발생하는 등 우리나라 전 해역에 관찰되고 있으나, 본 종의 적조발생 기작에 대해서는 아직 명확히 밝혀지지 않았다(양 등, 2000; 정 등, 2000a, b, Yoon, 2001). 다만, C. *polykrikoides* 적조는 부영양화와 관련된 일반적인 내만형 적조와는 달리 수온, 해수유동과 같은 물리적인 해양구조와 환경특성에 의해 종의 공급과 증식자극 또는 성장촉진되어 발생하는 연안성 적조의 특성을 나타낸다(Geesey and Tester, 1993; Tester 등, 1993; Imada and Honjo, 2001).

표 7. 1995년 이후 한국 남서해역 유해성 적조 발생현황과 특징(윤, 2001b)(*세포밀도 ; cells/mL)

구분 \ 연도	1995	1996	1997	1998	1999	2000	2001
최초발생일 및발생수역	Aug.29 (음 8.4) 고흥 나로도	Sept.4 (음 7.22) 고흥 나로도	Aug.24 (음 7.22) 고흥 나로도	Aug.30 (음 7.9) 고흥 나로도	Aug.11 (음 7.10) 고흥 나로도	Aug.22 (음 7.23) 여수, 남해연안	Aug.14 (음 6.25) 나로도, 돌산연안
소멸일	Oct. 21	Oct. 2	Sept. 22	Oct. 2	Oct. 4	Sept. 20	Sept. 24
지속기간(일)	54	29	29	34	55	30	40
확산범위와 최대세포밀도	남해서부~ 동해중부 (30,000)	남해안 만 (23,350)	남해서부~ 동해남부 (20,000)	남해안 만 (25,000)	남해서부~ 동해중부 (43,740)	남해안 만 (15,000)	남해~ 동해중부 (32,280)
어어업피해액 (억원)	764	21	15	1.6	3.2	2.6	80
총황토살포양 (천ton)	( )내는 전라남도의 살포량	29(4)	89(22)	70(36)	136(49)	? (85)	

C. *polykrikoides*에 의한 유해적조는 한국 남서해역 여수 및 고흥연안에서 어떠한 해양환경에 자극을 받고 발생하는 것일까? 이에 대한 해답이 발생기작 해명이기에 아직 명확한 답은 없다. 그러나, 한국 남해 중앙부에 위치한 나로도 및 여수연안은 여름철 남해 남부해역으로 후퇴하였다가 늦여름에 연안해역까지 강하게 올라오는 대마난류의 영향으로 이들 해역 인근은 한국 연안수 및 중국대륙 연안수 등에 의한 전선형성 등으로 복잡한 해황(海況)구조를 나타낸다. 특히 8월말에서 9월은 해수표면 수온이 최고점에서 하강기에 접어들면서 해수가 연직혼합을 발생시켜 성층이 파괴되는 시기이다. 즉, 여수 및 고흥 연안해역의 전선 등에 의한 복잡한 해황구조와 연직혼합에 의한 성층 파괴를 유도하는 수온 등의 물리학적 환경요인이 C. *polykrikoides* 적조발생에 크게 영향을 미치고 있는 것으로 판단된다(그림 10). 그림 10과 같이 C. *polykrikoides* 적조발생은 해역의 질소, 인과 같은 영양염류나 생물간 종간 경쟁보다 전선형성과 성층 파괴에 의한 수온변동이 가장 큰 요인으로 작용하는 것으로 판단된다(Yoon, 2001). 물론 현재 이에 대한 명확한 자료 제시는 없다. 뿐만 아니라, 아직도 C. *polykrikoides* 적조에 대해서는 표영 환경에의 유영세포(종) 유입 기원, 종의 생리적 특성, 수산생물에의 피해 기구 등에 대해 명확하지 않다(Yoon, 2001). 다만, C. *polykrikoides* 적조의 생물 군 성장이 매우 느리다는 것(Yoon, 2001; Kim *et al*, 2004), 일반 연안성 적조 원인과 같이 종 기원이 휴면포자의 발아보다는 외부 유입 가능성(Geesey and Tester, 1993; Imada and Honjo, 2001)이 크다는 것 등에 대해서도 심도있는 접근이 필요하며 종합적 연구를 필요로 하고 있다.

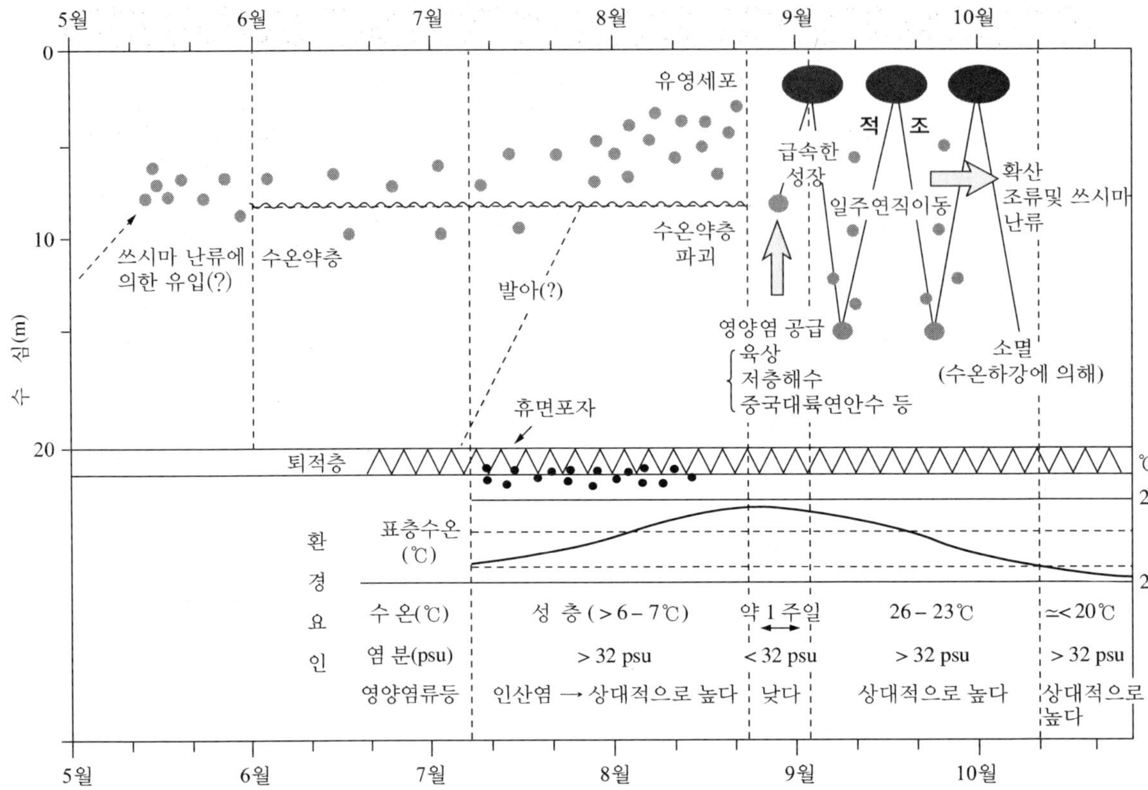

그림 10. 유해성 적조, *Cochlodinium polykrikoides* 발생 모식도

본 종에 대한 최근의 연구결과를 추가하면, 최근까지의 한국 및 일본연안에서 적조발생 경향으로부터 초기 *Cochlodinium. polykrikoides*의 출현은 다음과 같이 두 가지 유형으로 추정하고 있다(Matsuoka and Iwatani, 2004). 즉, 1995년 이전 내만해역을 중심으로 소규모적인 해역에서 산발적으로 발생하여 증식에 적합한 환경에서 적조를 형성하는 가칭 "개체군 발생 유형"과 1995년 이후 보이는 나로도 인근인 한국 남해 중앙부 해역에서 발생하여 대마난류를 타고 남해에서 동해로 확산되면서 광역에서 장기적 적조를 발생시키는 "해류의존 발생유형"이다.

개체군 발생형은 발생 시기에 뚜렷한 시계열이 보이지 않은 것으로부터 발생해역에 *Cochlodinium polykrikoides*의 씨앗이 되는 휴면포자(cyst)가 다양한 내만에 존재하여 증식에 적합한 환경이 되었을 때 일정시기에 관계없이 출현하는 것으로 생각할 수 있다. 그러나 현재까지 적조발생 해역에서 *C. polykrikoides*의 휴면포자로 추정되는 유사 휴면포자가 발견된 보고(Matsuoka, 1985; Rosales-Loessener *et al.*, 1996; Matsuoka and Fukuyo, 2000; Kim *et al.*, 2002; Faust and Gulledge, 2002)와 일부 퇴적물에서 유영체 발아가 확인되었다는 보고(Kim *et al.*, 2007)도 있지만, 유사종이거나 일시적 휴면포자로 추정되고 있어, 생활사 과정에서 휴면포자의 형성, 발아 및 성장에 대한 내용은 아직 명확하게 규명되지 않았다고 할 수 있다. 국내에서는 5월부터는 10월까지 현장해수에서 유영세포가 발견되고 있어(Matsuoka *et al.*, 2010; 윤, 미발표), *C. polykrikoides*에 의한 적조가 휴면포자 발아에서 시작되는 개체 발생형으로 단정지울 수는 없다.

해류의존 발생유형에 대해서도 최근 동중국해 북부해역에 해당하는 한국남해 및 일본 서해안의 쓰시마난류역의 *Cochlodinium polykrikoides* 동태를 관찰한 결과, 규슈 서부의 내만에서는 겨울에도 유영세포가 관찰되며(Matsuoka *et al.*, 2010), 쓰시마 난류의 영향을 받는 동중국해 북부해역은 다소의 시간적 차이는 있지만 대부분 5월 중, 하순부터는 현장해수에서 유영세포가 확인된다(Matsuoka *et al.*, 2010; 윤 등, 미발표). 이런 결과는 한국 남해에서 적조를 형성하는 초기 세포가 해류에 의해 남방에서 유입될 수 있는 가능성을 강하게 시사하고 있다. 그리고 생리·생태적 특성에서(Kim *et al.*, 2004)도 *C. polykrikoides*은 한국 및 일본연안의 주요 적조 원인생물보다 고온을 요구하는 열대 및 아열대환경에 적응한 종으로 부영양화 해역의 내만성 적조와는 구별되어, *Karenia, Heterocapsa, Gonyaulax* 처럼 개방형 연안성 적조생물로, 해류 등 물리학적 기구에 의해 남방해역에서 남해로 수송될 가능성을 강하게 시사하던 종(Yoon, 2001; Matsuoka and Iwatani, 2004; Matsuoka *et al.*, 2010)이기도 하다. 그러나 이 또한 5월에 남해로 유입된 원인생물이 남해의 환경에서 지속적 성장과 적조군으로의 발생과정 등에 대한 중간과정이 해결되지 않은 과제로 남아 있어, 앞으로의 연구결과에 기대를 한다.

5. 한국 남서해역의 생물해양학적 특성

기존의 해양환경 및 식물플랑크톤 군집 특성 관련 문헌에 의해 살펴본 한국 남서해역의 해양환경 및 생물해양학적 특성은 다음과 같이 요약된다.

1) 한국 남서해역은 대마난류, 한국연안 고유수, 황해 저층냉수 및 중국대륙 연안수 등 다양한 수괴의 영향을 받고 있어 계절적인 해양환경변동이 크다.
2) 한국 남서해역의 표영환경은 매우 양호한 수질특성을 보이나, 저서환경(표층 퇴적물의 유기오염)은 해조류 양식장 등 일부 연안·내만 해역에서 우려할 만한 유기오염 징후를 나타낸다. 특히 광양만 인근 해역에서 비정상적으로 높은 인산염 농도가 나타낸다.
3) 한국 남서 연안해역의 기초생물생산을 유지시키는 영양염류의 공급원은 내만 해역보다는 외부에서 유입되는 육상기원의 수괴에 의해 공급되는 비율이 높다.
4) 식물플랑크톤 군집은 다양한 종조성에 의해 구성되며, 연중 규조류에 의해 점유되고 있으

나, 고수온기에는 와편모조류 등 식물성 편모조류에 의한 점유 및 우점율이 높게 나타난다.

5) 규조류가 연중 월별, 계절별 장기변동을 보이는 반면, 식물성 편모조류는 고수온기에 수일 또는 주간 단위의 단기적 출현 특성을 나타낸다.
6) 식물플랑크톤 군집의 계절변동 특성은 얕은 수심과 강한 조석혼합 등으로 겨울에 가장 높은 밀도를 보인다.
7) 고수온기 식물플랑크톤 군집은 극미소 플랑크톤에 의한 점유율이 매우 높다.
8) 한국 남서해역은 유해성 적조뿐만 아니라 내만성 적조발생 빈도도 증가하고 있어, 일부 폐쇄성 내만 해역은 심각한 부영양화로 진행되고 있다.
9) 유해성 와편모조류, *Cochlodinium polykrikoides* 적조의 발생기구는 일반 내만성 적조와는 달리 연안해역의 해양구조에 의한 해양환경 특성과 밀접한 관련성을 나타내므로 정부 차원의 학제적인 종합연구를 통해 시급히 규명하여야 한다.

한국 연안해역에서 해양생물 생산장소로서 가장 좋은 해양환경조건을 가지는 남서해역은 외형적으로 보이는 것보다 우려할 만한 잠재환경문제를 내포하고 있어, 보다 효율적인 해역의 이용과 관리를 위해서는 해양환경은 물론 해양생태구조 전반에 대하여 보다 체계적이며 종합적인 연구가 시급히 실시되어야 한다.

참고문헌

김대일, 1999. 가막만 해양환경과 적조생물의 출현동태. 여수대학교 석사학위논문, 112pp.

김대일, 윤양호. 1997. 식물플랑크톤 군집구조로 본 초겨울 한국 남서해역의 해양환경 특성. 여수수산대학교 수산과학연구소 연구보고. 6 : 85~93.

김인옥, 노홍길, 1995. 제주도 주변해역에 출현하는 중국대륙연안수에 관한 연구. 한국수산학회지, 27 : 515~528.

김학균 외 10인, 1998. 한국연안의 적조. 국립수산진흥원, 부산, 292pp.

박경양, 1984. 목포만의 봄철 식물성 플랑크톤에 대하여. *Bull. Inst. Littoral Biota, Mokpo Nat`l Univ.*, 1, 57-65.

박미옥, 문창호, 김석윤, 양석렬, 권기영, 이용우, 2001. 2000년 추계 섬진강 하구에서 염분경사에 따른 식물플랑크톤의 종조성: HPLC와 현미경 자료 비교. *Algae*, 16: 179-188.

박종규, 심재형, 이준백, 1998. 한국 동해・남해역 식물플랑크톤 생산량의 장기간 변동과 의미. *Algae*, 13 : 123-133.

신현출 외, 2002. 하동화력 제1회처리장 제방사고로 인한 해양환경영향조사. 여수대학교 수산과학연구소, 여수, 696pp.

심재형, 신윤근. 1989. 천수만 일차생산자의 생물량-식물플랑크톤 탄소량과 세포개체수 및 클로로필과의 관계-. 한국해양학회지, 24 : 194~205.

심재형, 신윤근, 이원호. 1984. 광양만 식물플랑크톤 분포에 관한 연구. 한국해양학회지, 19 : 172~186.

심재형, 신은영, 최중기. 1981. 여수 근해의 쌍편모조류에 관한 분류학적 연구. 한국해양학회지, 16 : 57-98.

심재형, 여환구, 박종규. 1992. 한국 동해 남부해역의 일차생산계 1. 생물량과 생산력. 한국해양학회지. 27 : 91~100.

양재삼, 최현용, 정해진, 정주영, 박종규, 2000, 전남 고흥 해역의 유해성 적조의 발생연구: 1. 물리·화학적인 특성. 한국해양학회지 "바다" 5 : 16~26.

양한섭, 김성수, 김규범. 1995. 득량만 표층수중 영양염류의 시공간적 분포특성 1. 영양염류의 계절변화와 기초생산 제한인자. 한국수산학회지, 28 : 475~488.

양한춘, 1977. 봄철 여수연안 규조류의 양과 조성. 여수수산전문대학 논문집, 11 : 71-81

양한춘, 1978. 봄철 여수연안의 식물플랑크톤 색소량 분포. 여수수산전문대학 논문집, 12 : 82-88.

양한춘, 김용환, 1981. 광양만 부유생물의 조성 및 양의 계절적 변화. 여수수산전문대학 논문집, 15 : 35-45.

윤양호, 1992. 다변량해석에 의한 여수연안해역 식물플랑크톤 군집의 변동특성. 한국수질보전학회지, 8 : 141~149.

윤양호, 1995. 가막만 북부해역의 해양환경과 식물플랑크톤 군집의 변동특성 2. 식물플랑크톤 군집의 계절동태와 적조원인생물. 여수수산대 수산과학 연구소연보, 4 : 1~15.

윤양호, 1996. 전남연안해역의 적조현상과 대책방안. 광주·전남 비젼 21, 11 : 45-62.

윤양호, 1998a. 완도 신지연안해역 식물플랑크톤 군집구조 특성. 여수대 논문집 12(2) : 651~664.

윤양호, 1998b. 완도 신지도 연안해역 표층퇴적물 중의 유기물 분포에 대하여. 여수대 논문집 13(2) : 1135~1151.

윤양호, 1998c. 시아해 식물플랑크톤 군집의 계절변동 특성. 한국환경생물학회지, 16 : 403~409.

윤양호, 1998d. 가막만 남부 화태연안해역의 식물플랑크톤 군집구조 특성. 여수대학교 수산과학 연구소 연구보고지, 7 : 37~52.

윤양호, 1999a. 득량만 식물플랑크톤 군집의 시·공간적 분포특성. 환경생물, 17 : 481~492.

윤양호, 1999b. 해창만의 생물해양학적 환경특성 2. 엽록소 a량의 분포특성. 여수대 논문집, 14(2) : 591~600.

윤양호, 2000a. 해창만의 생물해양학적 환경특성 1. 식물플랑크톤 군집구조와 계절변동. 한국수산학회지, 33 : 43~50.

윤양호, 2000b. 거금수도 표층퇴적물 중의 유기물 분포 및 근원. 한국환경과학회지, 9 : 137~144.

윤양호, 2000c. 득량만 표층퇴적물 중의 유기물 분포 특성. 한국환경과학회 가을학술발표회지, 9(2) : 152~153.

윤양호, 2000d. 시아해의 영양염류와 식물플랑크톤 생물량의 시·공간적 분포특성 및 기초생산에 영향을 미치는 환경요인. 한국환경생물학회지, 18 : 77~93.

윤양호, 2000e. 가막만 북부해역의 해양환경과 식물플랑크톤 군집의 변동 특성 2. 수질환경과 엽록소 a량의 변동특성. 한국환경과학회지, 9 : 429~436.

윤양호, 2000f. 가막만 북서부해역 식물플랑크톤 군집의 시·공간적 분포 특성. 여수대학교 수산과학연구소 논문집, 9 : 34~47.

윤양호, 2000g. 저수온기 목포연안해역의 해양환경학적 특성 2. 식물플랑크톤 군집의 분포특성. 여수대학교 기초과학연구소 논문집, 2 : 71~82.

윤양호, 2001a. 저수온기 목포연안해역의 해양환경학적 특성 1. 수질환경과 기초생산에 영향을 미치는 환경요인 해석. 한국물환경학회지, 17(1) : 1~13.

윤양호, 2001b. 한국남서 연안해역의 해양환경과 표영 저차 생태구조 특성- 고흥반도 주변해역을 중심으로-. 자연보존, 116 : 37-48.

윤양호, 2001c. 광양만 부유생태계와 적조. 한국해양환경공학회 2001년도 춘계학술대회 논문집 : 96-106.

윤양호, 2003. 와편모조 cyst 분포에 의한 한국 남서해역의 해양환경 특성. 2002년도 지역대학우수과학자 지원연구 연차실적・보고서, 여수대학교, 31pp.

윤양호, 2006. 적조발생현황과 원인생물의 동태. In : 가막만-자연환경과 산업-, 도서출판 구덕, 208-221.

윤양호, 고남표, 1994. 금오열도 연안해역의 하계 미세조류의 분포 특성. The Report of the KACN, 32 : 161~171.

윤양호, 고남표, 1995. 거금수도 내 양식어장의 해양환경특성 1. 식물플랑크톤 군집의 계절변동. 한국양식학회지, 8 : 47~58.

윤양호, 고성정, 2001. 광양만 및 여수해만에 출현한 식물플랑크톤 종. 여수대학교 기초과학연구소 논문집, 3 : 77~95.

윤양호, 고성정, 2002. 하계 다도해 바다목장 해역의 해양구조와 식물플랑크톤 군집의 공간적 분포특성. 수산연구, 16 : 21~30.

윤양호, 고성정, 김동근, 2003. 득량만 남서해역 식물플랑크톤 군집의 시・공간적 분포특성. 환경생물, 21(1), 8~17.

윤양호, 김성아, 1996. 남해연안해역에 있어서 식물플랑크톤 군집의 계절변동 특성과 기초생산 2. 가뭄시 여수해만의 수질환경과 식물색소량의 분포 특성. 한국환경과학회지, 5(3) : 347~359.

윤양호, 노홍길, 김영기, 1992. 제주 북방, 함덕연안해역에 있어서 식물플랑크톤 군집의 계절변동 특성. 제주대 해양연보, 16 : 27~42.

윤양호, 박종식, 2000. 주성분분석에 의한 거금수도의 해양환경과 식물플랑크톤 변동 요인해석. 한국환경과학회지, 9 : 1~11.

윤양호, 박종식, 고남표, 2000. 거금수도 양식어장의 해양환경특성 2. 수질환경과 엽록소 량의 분포특성. 한국양식학회지, 13 : 87~99.

윤양호, 한명일, 2001a. 이른봄 나로도 연안해역의 수질환경과 식물플랑크톤 군집의 출현특성. 여수대학교 수산과학연구소 논문집, 10 : 107~119.

윤양호, 한명일, 2001b. 광양만 종합개발에 따른 섬진강 하구역의 해양생태 변화 1. 엽록소 a 량의 시・공간적 분포특성. 2001년 추계 수산관련학회 학술대회 요약집 : 216~218.

윤양호외 15인, 2001. 광양만 종합개발에 따른 섬진강 하구역의 해양환경변화. 교육부 1997년도 학술연구조성비(해양수산과학 1997-022-H00019)에 의한 연구결과보고서, 여수, 586pp.

이무형, 이준백, 이진애, 박종규, 1999. 가막만 일대 편모조류 군집구조와 휴면시스트의 동태. *Algae*, 14 : 255-266.

이병돈, 강형구, 강용주, 1991. 굴 양식장 수역의 기초생산 연구. 한국수산학회지, 14 : 39-51.

이진환, 윤수미, 2000. 여자만의 수질과 식물플랑크톤군집. *Algae*, 15 : 89-98.

이진환, 이은호, 1999. 득량만의 수질과 식물플랑크톤 적조. 환경생물, 17 : 271-278.

이진환, 허형택, 1983. 득량만에 있어서 식물플랑크톤과 적조발생에 관한 연구. *Bulletin of KORDI*, 5 : 21~26.

전라남도, 1993. 고흥군 풍남, 가화지역 어장의 입체적인 이용방안에 관한 연구. 여수수산대학교 수산과학연구소, 여수 : 329pp.

전라남도, 1994. `93연도 연안어장의 입체적 복합리용을 위한 어장생산력 조사에 관한 연구. 여수수산대학교 수산과학연구소, 여수 : 700pp.

정해진, 박종규, 최현용, 양재삼, 심재형, 신윤근, 이원호, 김형섭, 조경재, 2000a. 전남 고흥 해역의 유해성 적조의 발생연구: 2. 1997년도 식물플랑크톤의 시공간적 변화. 한국해양학회지"바다", 5 : 27~36.

정해진, 박종규, 김재성, 김성택, 윤주이, 김수경, 박용민, 2000b. 전남 고흥 해역의 유해성 적조의 발생연구 : 3. 1997년도 종속영양성 와편모조류와 섬모류의 시공간적 변화. 한국해양학회지 "바다", 5 : 37~46.

조기안, 위인선, 최청일, 1994. 광양만 식물플랑크톤의 생태학적 연구. 환경생물, 12 : 137-150.

조양기, 김 구, 1994. 여름철 남해 저온수의 특성과 기원. 한국해양학회지, 29 : 414-421.

조현서, 유영석, 이규형, 1994. 가막만 수질 및 저질 환경의 계절별 변동특성. 여수수산대 수산과학연구소 연구보고, 3 : 21-33.

조현서, 윤양호, 1997. 신지도 동쪽 주변해역의 계절별 수질특성. 여수수산대 논문집, 11(2) : 91-104.

최정신, 1970. 가을철 남서해안 규조류의 양과 조성. 여수수전논문집, 4 : 9-17.

통상산업부, 환경부, 건설교통부, 과학기술처, 경찰청, 수산청, 해운항만청, 기상청. 1996. 해양오염방지 5개년 계획. 행정간행물 12000-67440-97-9615, 서울 : 438 pp.

해양수산부, 2001. 환경관리해역 시범해역 관리 시행계획 수립연구. 한국해양수산개발원, 서울 : 469pp.

해양수산부, 2002. 전남 다도해형 바다목장 기초조사 사업 보고서. 국립수산과학원 남해수산연구소, 여수, 813pp.

황인호, 2001. 고흥연안 어장의 오염과 자율적 환경관리. In : 연안보전네트워크 편, 맑고 푸른 연안지역, 우리 손으로 연안한국 2000 2001년 운동리포트(2001활동보고서), 서울 : 283-292.

Faust, M.A. and R.A. Gulledge, 2002. *Identifying harmful marine dinoflagellates*. Smithsonian Institution (Contributions from the United States National Herbarium), 42 : 144pp.

Geesey, M.E. and P.A. Tester, 1993. *Gymnodinium breve* ubiquitous in Gulf of Mexico waters. In : Smayda, T. J. and Shimizu, Y.(eds), *Toxic phytoplankton blooms in the Sea*. Elsevier, Amsterdam : 251~255.

Haury, L.R., J.A. McGowan and P.H. Wiebe, 1978. Patterns and processes in the time-space scales of plankton distributions. In : J.H. Steele (ed.), *Spatial pattern in plankton communities*, NATO Conf. Ser. Ⅳ, Vol. 3, New York : 277-327.

Honjo, T.T, Shimouuse and T. Hanaoka, 1978. A red tide occurred at the Hakozaki fishing port, Hakada Bay, in 1973. -The growth process and the chlorophyll content-. *Bull. Plankton Soc. Japan*, 25 : 7-21.

IIzuka S. 1985. The results of a survey of maximum densities in cell number of phytoplankton in coastal waters of Japan. *Bull. Plankton Soc. Japan*. 32 : 67~72. (in Japanese)

Imada, N. and T. Honjo, 2001. Origin of seed population on coastal red tide. *Bull. Plankton Soc. Japan*, 48 : 121~124.(in Japanese)

Kang, C.K., P.Y. Lee, J.S. Park and P.J. Kim, 1993. On the distribution of organic matter in the nearshore surface sediment of Korea. *Bull. Korean Fish. Soc.* 26 : 557~566.

Kim, C.-H., H.-J. Cho, J.-B. Shin, C.-H. Moon and K. Matsuoka, 2002. Overwintering potential of hyaline cysts of *Cochlodinium polykrikoides* (Gymnodiniales, Dinophyceae) : An annual red tide organissm along the Korean coast. *Phycologia*, 41 : 667~669.

Kim, C.J., H.G. Kim, C.H.. Kim and H.M. Oh, 2007. Life cycle of the ichthyotoxic dinoflagellate *Cochlodinium polykrikoides* in Korean coastal waters. *Harmful Algae*, 6, 104~111.

Kim, D.-I., Y. Matsuyama, S. Nagasoe, M. Yamaguchi, Y. H. Yoon, Y. Oshima, N. Imada and T. Honjo, 2004. Effects of temperature, salinity, and irradiance on the growth of the harmful red tide dinoflagellate *Cochlodinium polykrikoides Margalef (Dinophyceae). Journal of Plankton Research*, 26:61-66.

Kondo, M., 1985. Oceanographic investigations of fishing grounds in the East China sea and Yellow Sea. I. Characteristics of the mean temperature and salinity distributions measured at 50m and near bottom. *Bull. Seikai Regional Fish. Res. Lab.*, 6 : 19-66.

Larsson, U. and A. Hagatrom, 1982. Fractionated phytoplankton primary production in Baltic eutrophication gradient. *Marine Biology*. 67 : 57~70.

Lee, B.G. and K.D. Cho, 1995. Temporal variations of stratification-destratification in the Deukryang Bay, Korea. *Korean Environmental Sci. Soc.* 4 : 139~149.

Maita, Y. and T. Odate, 1988. Seasonal change in size-fractionated primary production and nutrient concentrations in the temperate neritic water of Funka Bay, Japan. *J. Oceanogr. Soc. Japan.* 4 4 : 268~279.

Matsuoka, K. and M. Iwatani, 2004. Present status in study on a harmful unarmored dinoflagellate *Cochlodinium polykrikoides* Margalef. *Bull. Plankton Soc. Japan*, 51, 38~45. (in Japanese)

Matsuoka, K., 1985b. Organic-walled diniflagellate cysts from surface sediments of Nagasaki Bay and Senzaki Bay, West Japan. *Bull. Fac. Liberal. Arts, Nagasaki Univ., Nat. Sci.*, 25 : 21~115.

Matsuoka, K. and Y. Fukuyo, 2000, *Technical guide for modern dinoflagellate cyst study*. WESTPAC-HAB /WEAT-PAC /IOC, JSPS, 29pp.

Matsuoka, K., A. Mizuno, M. Iwataki, Y. Takano, T. Yamatogi, Y.H. Yoon and J.-B. Lee, 2010. Seed populations of a harmful unarmored dinoglagellate *Cochlodinium polykrikoides* Margalef in the East China Sea. *Harmful Algae*, 9 : 548~556.

Moon, C.H., 1990. Studies on the phytoplankton and nutrients in the Yeosu Haeman. *Bull. Korean Fish. Soc.*, 22 : 408-414.

Nybakken, J.W. 1993. *Marine biology-An ecological approach-(3rd edition)*. Harper Collins Coll. Pub. New York: 462pp.

Rho, H.K. and I.C. Pang, 1995. Seasonal variations of water amss distributions around Cheju Island. I n : *The reports of the Japan/Korea joint study on biogeography in and around the Tsushima current regions*. Nagasaki University (in Korean).

Rosales-Loessener, F., K. Matsuoka, Y. Fukuyo and E.H. Sanchez, 1996. Cysts of harmful dinoflagellates foud from Pacific coastal waters of Guatemala. in "Yasumoto, Y. Oshima and Y. Fukuyo (eds), *Harmful and Toxic Algal Blooms*. IOC-UNESCO, Sendai" : 193~195.

Shim, J.H., 1980. Biological Oceanography of the Gamagyang bay-Yeoja bay water system. *J. oceanol. Soc. Korea*, 15 : 89-99.

Shim, J.H. and Y.C. Park, 1984. Community structure and spatial distribution of phytoplankton in the southwestern sea of Korea in early summer. *J. oceanol. Soc. Korea*, 19 : 68-81.

Seung, Y.H., 1992. Water masses and circulations around Korean peninsula. *J. Oceanogr. Soc. Korea*, 2 7 : 324-331. (in Korean)

Yamaguchi, M. and I. Imai, 1996. Size frationated phytoplankton biomass and primary productivity in Osaka Bay, Eastern Seto Inland Sea, Japan. *Bull. Nansei Nat'l Fish. Res. Inst.* 29 : 59~73.

Tester, P.A., M.E. Geesey and F.M. Vukovich, 1993. *Gymnodinium breve* and global warming: What are the possibilities? In : Smayda, T. J. and Shimizu, Y.(eds), *Toxic phytoplankton blooms in the Sea*. Elsevier, Amsterdam : 67~72.

Wafar, M.V.M., P.Le Corre and J.L. Birren, 1983. Nutrients and primary production in permanently well mixed temperate coastal waters. *Est. Coast. Shelf. Sci.*, 17 : 431-446.

Yoon, Y.H., 1989. *Environmental Analysis of Phytoplankton growth in the Inland Sea of Japan with special reference to the occurrence of red tide.* Ph.D Thesis, Hiroshima Univ., Hiroshima, 361pp.(in Japanese)

Yoon, Y.H., 1998. Red tide phenomena and the occurrental characteristics of red tide organisms in Kamak bay, southern Korea. In : *1998 Korea-Japan joint symposium on harmful and toxic algae blooms for productivity enhancement of the coastal waters*. FOID '98, Res. Center Ocean Indust. Devel., Pukyong Nat'l Univ., Busan : 16~22.

Yoon, Y.H., 2001, A summary on the red tide mechanisms of the harmful dinoflagellate, *Cochlodinium polykrikoides* in Korean coastal waters. *Bull. Plankton Soc. Japan*, 48 : 113~120.(in Japanese)

Yoshida, Y., 2000. Review ; Relationship between the eutrophication level of sea area and major organisms. 水産増殖. 48(2) : 161~168.(in Japanese)

Tsujita, T., 1956. Studies on the explosive multiplication of plankton and its subsequent phenomena. *Bull. Seikai Reg. Fish. Res. Lab.*, 10 : 3~62.(in Japanese)

畑 幸彦, 1990. 堆積物. In : 渡邊 競 編, 海面養殖と養魚場環境. 恒星社厚生閣, 東京, pp. 51-68.

山田眞知子, 1982. 富營養化と植物プランクトンの指標性. In : 日本水産學會(編), 沿岸海域の富營養化と生物指標. 恒星社厚生閣, 東京 : 27~40.

제주도 주변 해역의 식물플랑크톤 분포특성

이준백 / 제주대학교 해양과학부

제주도 주변 해역은 연중 다양한 수괴의 영향을 받고 있다. 즉, 쿠로시오에서 분파한 대마난류수, 중국대륙연안수, 황해 중앙저층냉수와 한국 남해안연안수가 계절적으로 복잡하게 영향을 미치고 있다. 여름에는 남동풍, 겨울에는 북서풍이 우세하며, 특히 하계에는 태풍의 길목에 위치하고 있다. 이와 같은 물리적인 요건은 제주도 주변 해역의 식물플랑크톤 종조성과 생산량에 중요한 영향을 미치고 있다. 또한 제주도 해안선은 연중 유출되는 용천수의 영향과 강우시 집중되는 육수 유입의 영향을 받고 있다. 다공질의 현무암으로 넓게 형성되어 있는 조간대에서는 갯벌과 같은 자정작용이 일어나며 수많은 조수 웅덩이가 발달되어 있다. 이러한 암반 해안의 특징으로 인하여 부착성 규조류를 비롯한 미세조류와 대형 해조류가 번무함으로써 해안선의 일차생산이 높아 이를 이용하는 소라, 전복등 유용 무척추동물이 풍부한 특징을 보인다.

제주도 주변해역의 식물플랑크톤연구는 1960년대부터 시작되어 제주도 남방해역의 식물플랑크톤 현존량과 출현경향이 조사되었으며, 그 후에 한국해협의 조사정점에 포함되거나 또는 제주 주변해역을 중심으로 진행되었다. 1970년대는 동중국해의 미세플랑크톤 분포와 서귀포해역의 식물플랑크톤 계절변화에 대한 연구가 있었고, 1980년대 들어 본격적인 연구가 수행되어 오고 있다. 연구의 방향은 주로 제주도 주변 해역별로 진행되었으며 식물플랑크톤의 현존량과 출현종의 분포에 관한 연구(이, 1989; 이와 좌, 1990; 이 등, 1990, 1993, 1995; 윤 등, 1990, 1991, 1992), 식물플랑크톤의 엽록소량 동태(정 등, 1983; 전과 고, 1983; Shim and Park, 1984)와 Carbon-14법에 의한 일차생산에 관한 연구(Shim and Park, 1986; 이 등, 1989; Chung and Yang, 1991)등이 이루어졌다. 최근에는 구체적인 해역의 조사로서 조수웅덩이(이 등, 1999), 문섬 산호서식지(좌와 이, 2000; 이등, 2000), 그리고 갯녹음 해역등에서 연구가 진행되었다. 본 논문에서는 제주도의 해안선과 섬 주변해역 식물플랑크톤의 분포 특성과 일차생산력, 부착 규조류의 생태 특성, 조수 웅덩이의 식물플랑크톤 동태 특성에 대하여 설명하고자 한다.

1. 제주도 주변 해역의 식물플랑크톤

제주도 주변 해역 식물플랑크톤 연구는 주로 해안선과 섬 주변, 제주해협 또는 동중국해를 대상으로 수행되어 왔다. 그림 1은 제주도 주변의 10개 채집 정점을 나타내며, 이를 4개의 해역으로 구분하면 북부해안역의 용담(정점 1)과 북촌(정점 10), 서부해안역의 옹포(정점 2)와 고산(정점 3), 남부해안역의 화순(정점 4)와 서귀(정점 5), 동부해안역의 표선(정점 7), 성산(정점 8), 세화(정점 9) 등이 포함된다.

제주 주변 해역은 여러 가지 해류의 영향을 받고 있어 동서남북해역의 식물플랑크톤 분포 특성이 서로 다른 특징을 나타낸다. 특히 해안은 용천수와 하천수의 영향을 받고 있어 해안수역 식물플랑크톤의 서식지 생태적 구분은 이들 수괴들의 범위와 규모에 따라 좌우되고 있다.

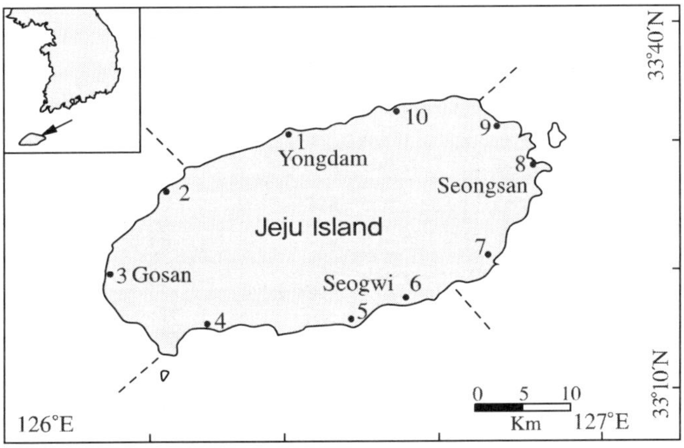

그림 1. 제주연안과 주변해역 식물플랑크톤 조사지점(이 등, 1990)

1.1 출현종과 우점종

해안역의 식물플랑크톤 출현종의 구성비율은 규조류 80.0%, 와편모조류 13.1%, 규질편모조류와 유글레나류가 각각 1.6%, 남세균이 3.7%를 차지하고 있다 (이 등, 1990). 연안역의 경우 제주북방 탑동해역에서 규조류 69.9%, 와편모조류 30.1% (이, 1989), 제주 삼양연안역에서 규조류가 73.3%, 와편모조류 24.1% (고와 전, 1984), 한국 남서해역에서 규조류 80.5%, 와편모조류 16.3% (Shim and Park, 1984), 동부(우도) 연안역에서 규조류 86.5%, 와편모조류 11.2% (이등, 1993), 북부(함덕) 연안역에서 규조류 72.7%, 와편모조류 21.2% (이 등, 1995), 문섬주변은 규조류가 77.3%, 와편모조류 20.3%(좌와 이, 2000)를 차지하여 전체적으로 규조류의 구성비율이 월등히 높다.

탑동 연안역에 있어 출현종의 생태적 구성비의 계절변화는 11월부터 2월까지 26.4~35.1 %로 외양종이 증가하고 4~5월에는 4.3~13.9 %로 감소하며 8월부터 다시 외양종이 증가하는 특징을 보인다(그림 2; 이, 1989). 이와 같은 특징은 제주도가 계절에 따라 영향을 받는 해류가 다르기 때문이며 일반적으로 겨울에 쿠로시오의 영향이, 여름에 황해 연안수가 강해지는 특징을 보이고 있다. 따라서 겨울과 여름 이후에 외양종이 많아지는 계절적 변화는 제주주변 해류의 계절변화와 밀접한 관계가 있다.

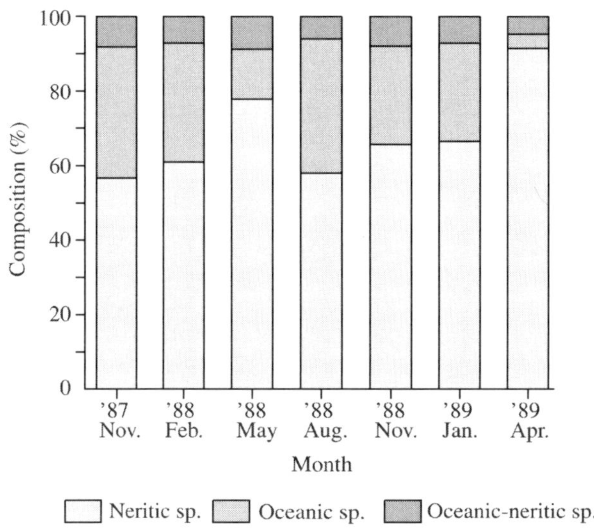

그림 2. 제주 탑동 연안수에 출현한 식물플랑크톤 종의 생태형 조성비율(이, 1989)

해안역에 출현하는 종류를 서식특성에 따라 구분을 하면 부유성이 50.2 %, 저서성 및 일시부유성이 49.8%를 차지하고 있다(이 등, 1990). 경기만의 경우 저서성 및 일시부유성이 40.4%로써 봄과 여름이 낮고 겨울에 높게 나타나는데 비해 제주 해안선 주변해역은 7월을 제외하고 전계절에 높은 출현율을 나타낸다. 이는 제주 해안의 대부분이 현무암으로 형성된 암석해안과 대형 해조류가 번무하고 있어 저서성 미세조류가 서식하기에 좋은 조건을 갖추고 있기 때문이다(이 등, 1991, 1999). 또한 겨울에 북서계절풍과 여름에 남동계절풍의 영향을 직접 받고 주변 해류의 계절적인 영향을 직접 받고 있어 저서성 종류가 일시적으로 부유할 수 있는 기회가 많기 때문이다. 또한 기수성 및 담수성인 종류가 6~9월에 높게 나타나고 있는 것은 집중 강우로 인한 육수의 유입과 해안선 주변의 용천수 영향이 이 기간 중 집중되는데 기인한다.

해안수역의 우점종은 월별 각 정점의 개체수 점유율이 30 % 이상이며 출현빈도가 6회 이상인 종류를 대상으로 선별하면 *Achnanthes longipes, Asterionellopsis kariana, Bacillaria paxillifer, Chaetoceros socialis, Climacodium frauenfeldianum, Cocconeis scutellum, Fragilaria islandica, Grammatophora marina, Melosira moniliformis, M. nummuloides, Paralia sulcata* 등 모두 11종이며 대개 저서성 규조류로 구성되어 있다(이 등, 1990). 각 해안선의 천이계열은 계절별, 해역별 차이가 있으나 전 해역에서 공통적으로 *C. socialis*가 우점종으로 출현하고 있으며 북부해안역의 *P. sulcata*, 남부해안역의 *B. paxillifer* 등이 특이하게 우점한다. 북부와 동부는 비슷한 우점종의 경향을 보이고 있으며 남부해안역은 가장 많은 종이 연중 우점하고 있으며 서부해안역은 가장 적은 종이 겨울과 봄에만 우점하여 다른 해역들과 다른 양상을 보이고 있다.

1.2 개체수와 엽록소량 분포

식물플랑크톤 현존량(standing crops)은 주어진 시간과 주어진 공간내에 생육하는 생물량(biomass)을 총칭하는 개념으로 정의된다. 그러나 때때로 세포수 또는 개체수만을 현존량으로 표기하는 것은 오해를 불러일으키게 되므로 바람직하지 않다. 현존량의 정확한 의미는 현재 생육하는 생물의 양으로부터 다음 영양단계에 전달될 수 있는 양이므로 단위부피당 개체수(cells/L), 엽록소량(μgChl-a /L), 탄소량(mgC/L)으로 구체적으로 표기하는 것이 바람직하다.

제주도 주변해역의 식물플랑크톤 개체수는 표 1에서 보듯이 일반적으로 10^6 cells/L 미만의 분포를 보이고 있으나 성산항과 한림항등 반폐쇄된 항내에서는 봄과 여름에 높은 개체수를 나타내기도 한다. 그러나 연중 10^5~10^6 cells/L 이상을 나타내는 한국 남해안과 서해안과는 차이가 많이 난다. 해안선에 있어 분류군별 개체수의 동태를 보면, 규조류는 겨울에 적고 봄에 많은 분포를 보이고, 와편모조류는 여름에 비교적 많은 현존량을 보이지만 양적으로 많지 않다. 또한 규질편모조류는 정점과 계절별로 불규칙한 분포를 보이고 있으며 매우 적은 개체수를 보인다. 해안역의 식물플랑크톤 개체수는 주로 규조류 동태에 의해 좌우되고 있으며 와편모조류를 비롯한 기타 식물편모류는 뚜렷한 영향을 미치고 않는다.

해안역 개체수의 월별 및 해역별 동태를 보면 연중 1.83×10^3~1.19×10^6 cells/L 범위로 계절과 정점에 따라 변화의 폭이 크다. 해역별 평균 개체수는 5.34×10^3~5.25×10^5 cells/L의 범위이며(표 1), 동부해안역에서 연중 높고 남부해안역에서는 대체적으로 낮은 분포를 보인다. 월별 변화양상은 11월과 12월에 양적인 증가를 보이다 동계에 급격히 감소하고 4월에 증가하는 연중 두 번의 증감을 나타내었다. 해역별로 보면 11월부터 3월까지는 전 해안수역에서 같은 양상으로 변화하지만 봄과 여름은 해역간 심한 차이를 보이고 있다. 이와 같은 현상은 가을과 겨울에 비교적 제주도 전 해역이 쿠로시오의 영향권에 들고 있어 전 해역이 같은 수괴의 영향권에 들지만 봄과 여름에는 쿠로시오가 약화되고 대신 남해안연안수, 황해저층수, 중국연안수등 여러 가지 다른 해수들의 영향을 받기 때문이다.

제주도 해안선의 식물플랑크톤 엽록소량은 연중 0.45~2.59 μgChl-a/L의 범위로써 연평균 0.9 μg Chl-a/L (이 등, 1989)을 나타낸다. 계절별로 보면 여름에 높고 겨울에 낮은 분포를 보이고 있어 개체수와 같은 계절변화를 보이고 있다. 해역별로도 동부해안역에서 높고, 북부해안역에서 낮아 개체수와 비슷한 경향을 보인다. 제주도 연안역의 경우는 북서연안역에서 평균 0.376 μg Chl-a/L (전과 고, 1983)로써 일반적으로 0.5 μgChl-a/L 내외의 범위를 보이고 있다. 이와 같은 엽록소량은 한국 동남해역의 평균 2.28 μgChl-a/L (Shim 등, 1986)과 서해 경기만의 3.49 μg Chl-a/L (정과 박, 1988)을 보인 우리나라 연안역에 비하여 아주 낮은 분포를 보인다.

표 1. 제주 주변 연안수의 식물플랑크톤 개체수와 엽록소(chl-a)분포 범위

Area	Abundance & Chl-a	Reference
삼양연안	2.4×10^{3}~5.9×10^{5} cells/L	고와 전(1984)
탑동연안	1.8×10^{3}~5.4×10^{5} cells/L	이(1989)
성산항일대	6.4×10^{2}~1.8×10^{6} cells/L	이와 좌(1990)
한림항일대	3.2×10^{3}~2.0×10^{6} cells/L	이와 좌(1990)
해안선일대	5.3×10^{3}~5.2×10^{5} cells/L	이 등(1990)
서귀포연안	1.5×10^{3}~6.6×10^{4} cells/L	정 등(1983)
남부해역	3.2×10^{4}~3×10^{5} cells/L	전 등(1986)
남서부해역	6.7×10^{3}~3.9×10^{5} cells/L	Shim and Park(1984)
성산연안	4.1×10^{3}~8.1×10^{5} cells/L	이 등(1993)
함덕연안	5.8×10^{3}~7.3×10^{4} cells/L	이 등(1995)
함덕해안	4.1×10^{3}~2.4×10^{6} cells/L	윤 등(1990), 윤 등(1992)
해안선역	1.0×10^{2}~1.2×10^{7} cells/L	윤 등(1991)
문섬일대	1.5×10^{3}~7.0×10^{5} cells/L	좌와 이(2000)
해안선일대	0.3~3.89 μgChl-a/L (mean 0.91)	이 등(1990)
문섬일대	0.12~1.15 μgChl-a/L (mean 0.73)	좌와 이(2000)

1.3 일차생산력

광합성에 의한 탄소고정능력을 나타내는 해양의 일차생산력은 표영계에서는 주로 식물플랑크톤에 의해 생성되며, 저생계는 저서성 해산식물에 의해 생성된다. 제주 주변해역은 암석으로 이루어진 해안역과 연안역이 잘 발달되어 있으며 다양하고 풍부한 생물상을 가지고 있어 식물플랑크톤에 의한 일차생산력은 해양의 저차 생물생산의 기본단계로서 중요하다고 예상된다.

제주 주변해역의 일차생산력을 ^{14}C의 방사능 동위원소를 이용하여 측정한 결과, 해안역은 연중 일일 일차생산력이 1.3~117.0 mgC m^{-2} day^{-1}의 범위로서 여름에 가장 높고 가을, 봄, 겨울 순서대로 낮아지는 경향을 보이고 있으며, 해역별로 보면 대체적으로 서부와 동부 해안역이 북부와 남부 해안역보다 높은 생산력을 나타낸다(이 등, 1989).

그러나 연안역의 경우는 동부 연안역보다 북부 연안역에서 더 높은 생산력을 보이고 있어 해안역과 연안역은 서로 다른 경향을 보인다. 즉, 북부연안역인 함덕에서 111.8~971.9 mgC $m^{-2}d^{-1}$, 동부연안역인 우도에서 4.3~804.6 mgC $m^{-2}d^{-1}$의 범위를 보이며 연간 일차생산력은 북부연안역이 동부연안역 보다 높다(표 2). 그러나 일반적으로 연안역이 해안역보다 높은 것은 해안수역은 표층 1m를 근거로 측정한 반면 연안역은 유광층의 깊이를 근거로 수주의 일차생산을 합산한 원인도 있다.

제주 근해의 연평균 일차생산력은 제주 북부 연안역에서 182 gC m^{-2} yr^{-1}로 황해 중동부역과 비슷한 반면, 동부 연안역은 95 gC m^{-2} yr^{-1}로 그외 다른 해역의 일차생산력 범위보다는 낮은 값을 나타내고 있다(표 2). 그러나 일반적인 대륙붕 용승역의 연간 기초생산력인 100~200 gC m^{-2} yr^{-1} 범위와 비슷한 값을 보이고 있어 제주해역이 다른 해역보다 낮은 빈 영양수괴의 특징을 감안하면 상대적으로 높은 생산력을 보이고 있다.

표 2. 제주 주변 해수의 식물플랑크톤에 의한 일차생산력

Area	Primary production	Annual primary production	Reference
해안선	1.3~117.0 mgC $m^{-2}d^{-1}$		이 등(1989)
북부연안역	111.8~1,055.2 mgC $m^{-2}d^{-1}$	182 gC m^{-2} yr^{-1}	이 등(1995)
동부연안역	4.3~804.6 mgC $m^{-2}d^{-1}$	95 gC m^{-2} yr^{-1}	이 등(1993)
문섬주변	32.3~364.9 mgC $m^{-2}d^{-1}$ (mean 180.7)	66 gC m^{-2} yr^{-1}	이 등(2000)

2. 부착 규조류의 생태 특성

부착 미세조류들은 부착하기 위해 다양한 세포의 분비물을 방출하는데 이를 총칭하여 Extracellular Polymeric Substances(EPS)라 하며 주성분은 원형질막 외부로 분비되는 거대분자인 산성 다당류로 알려져 있다. EPS의 형태는 자루형(stalk type), 관형(tube type), 정단부착반형(apical pad type) 그리고 흡착막형(adhering film type) 등의 4가지 부착형으로 나눌 수 있다.

표 3은 각 부착형에 속하는 부착 규조류의 속명과 종명을 나타내며 대부분 같은 속명내의 종

류들은 동일한 부착형을 가지나 일부 속은 종에 따라 다른 부착형을 나타내기도 한다(이 등 1999). 부착형에 따른 해역별 종조성비를 보면 성산 해안은 흡착막형이 평균 50.6%로 가장 많이 나타나고, 정단부착반형이 평균 27.9%, 자루형이 평균 17.7%, 관형이 평균 3.8%이다. 옹포 해안은 흡착막형이 역시 평균 51.5%로 가장 많고, 정단부착반형이 평균 24.5%, 자루형이 평균 19.9%, 관형이 평균 5.0%이다. 중문 해안에서도 흡착막형이 평균 45.3%로 가장 많고, 정단부착반형이 평균 31.9%, 자루형이 평균 19.4%, 관형이 평균 3.26%이며, 함덕 해안도 흡착막형이 평균 43.9%로 가장 많고, 정단부착반형이 평균 35.8%, 자루형이 평균 14.8%, 관형이 평균 5.5%의 구성비를 보인다(이등 1999). 따라서 각 해역별 부착형의 종조성비는 해역과 계절에 따라 다른 분포 양상을 보이고 있지만 전 해역에서 평균적으로 흡착막형이 가장 높고 정단부착반형, 자루형, 관형 순대로 낮아지는 경향을 보이고 있다.

표 3. 제주 연안 수역에 출현한 부착규조류의 EPS형에 의한 구분

EPS Type	Genus or Species name
Stalks	*Achnanthes, Amphora coffeaeformis, Cymbella, Gomphonema, Licmophora, Melosira, Pseudogomphonema, Rhoicosphenia*
Tubes	*Bleakeleya, Navicula mollis*
Apical Pads	*Bacillaria, Biddulphia, Fragilariopsis, Hantzschia, Nitzschia, Pseudo-nitzschia, Podosystis, Rhabdonema, Synedra, Surirella, Thalassionema, Thalassiothirix*
Adhering Films	*Actinocyclus, Actinopytchus, Amphiprora, Amphora, Arachnoidiscus, Auricula, Caloneis, Campylodiscus, Campylosira, Cavinula, Climacosphenia, Cocconeis, Coscinodiscus, Cyclotella, Cylindrotheca, Diploneis, Fragilaria, Grammatophora, Gyrosigma, Haslea, Lioloma, Isthmia, Navicula, Pleurosigma, Rhopalodia,Striatella, Thalassiosira, Trachyneis, Triceratium, Tropidoneis*

해역별 부착규조의 출현종수는 성산이 88종, 중문이 84종으로 동부와 남부해역에서 많고 함덕이 가장 적으며, 계절별 출현종 분포는 대부분 해안역에서 가을에 가장 다양하고 겨울에는 출현종수가감소한다. 전 해안에서 부착 규조류의 개체수는 가을과 여름에 높고 겨울에 감소하는 특징을 보이고 있으나, 제주도 해안역의 식물플랑크톤 개체수는 일반적으로 봄과 가을에 높다고 보고되어(이 등, 1990), 플랑크톤 군집동태와는 다른 결과를 보였다. 또한 해안역의 부착 규조류 개체수는 연평균이 10^5 cells/cm^2의 범위로써 연평균이 10^4 cells/L의 범위에 있는 외양역보다 높은 개체수를 유지하고 있어 해안역의 이매패류등 저서생물의 초기 먹이로서 중요한 생태적 지위를 나타내고 있다. 한편 엽록소량은 가을과 봄에 높고 겨울에 낮아지는 특징을 보이며 개체수와 같은 결과를 보인다. 일일 생산력은 남부해역에서 가장 높고 서부해역 – 동부해역 – 북부해역의 순으

로 감소하고 있다. 또 종다양성도 남부해역이 가장 높고 동부해역 – 북부해역 – 서부해역 순으로 감소하여, 부착 규조류의 생물량과 종다양성은 남부해역이 가장 높은데 이는 남부해역이 대마난류수의 직접적인 영향을 받고 있으며 이로 인하여 상대적으로 높은 수온과 연중 일조조건이 다른 해역보다 유리한 조건을 갖고 있기 때문이다.

3. 조수웅덩이의 식물플랑크톤 동태

제주도 해안의 조수웅덩이는 그 크기가 다양하고 주변의 해양환경과 육상환경의 조건에 따라 독특할 뿐 아니라 섬의 특성상 동서남북이 각기 다른 생태적 특성을 보이고 있다. 최근에는 매립과 양식장 증설 등 제주도 해안의 난 개발에 따른 영향이 조간대 지역에 먼저 나타나는 경향이 있으며 지역에 따라 갯녹음현상도 관찰되고 있다. 그 중 연중 대마난류의 영향을 받고 있는 제주도 남부 연안은 대규모 산호 군락이 발달되어 있는 것으로 유명하나 최근에는 우리나라 해안 중 갯녹음현상이 가장 먼저 발생한 것으로 알려져 있다. 따라서 인위적인 환경스트레스에 의해 오염이 가중되고 있는 제주도 해안의 환경변화 모니터링을 위하여 조수웅덩이의 미세조류 연구는 좋은 지표가 될 수 있다. 조수웅덩이 연구는 제주도 해안중 관광지 개발이 가장 활발한 서귀포와 중문지역의 보목, 외돌개, 강정 조간대를 중심으로 미세조류의 종조성과 세포수, 엽록소량의 동태 및 해양환경과 각 조수웅덩이의 형성조건에 따른 생태적 특성이 조사되었다.

각 조수웅덩이의 미세조류 출현종 조성은 지역적으로 차이를 보이며 그 크기와 위치에 영향을 받고 있었다. 비교적 큰 웅덩이에는 편모조류가 우세한 반면 작은 웅덩이에서는 규조류가 우세하였다. 이것은 조석의 영향이 웅덩이의 크기와 깊이에 따라 차이를 보이기 때문이다. 이 등(1999)은 제주도해안의 규조류는 부착성이 특히 많으며 그중 우상목이 87.4%를 차지하고 있다고 보고하였는데 이들 부착 규조류가 조석의 해수출입이 활발한 작은 조수웅덩이에서 높은 적응력을 보인 것을 의미한다. 반면 큰 조수웅덩이에서는 편모조류가 조석 영향이 덜 미치고 비교적 안정된 환경에서 잘 적응하고 있기 때문이라 생각된다. 종다양성 지수는 제주도 해안수역의 경우 평균 2.33~2.63(이 등, 1990)과 문섬 일대의 경우 평균 1.84(좌와 이, 2000)로 보고되었는데 조수웅덩이의 종 다양성지수는 주변해수 보다 더 낮은 값을 보이고 있다. 이것은 주기적으로 노출되는 조수웅덩이의 특성상 다양한 출현종이 공존하기 어렵기 때문이다.

개체수와 엽록소량에 있어서도 보목과 외돌개에서는 *Akashiwo sanguinea* (*Gymnodinium sanguineum*)의 단일종 대발생시 높은 값을 나타낸 반면 강정의 조수웅덩이에서는 다른 정점보다 낮다. 이는 상대적으로 면적과 부피가 작아 인근 하천의 유입 영향을 받고 있기 때문이다. 또웅덩이 크기에 따라 개체수와 엽록소량이 차이가 있으며, 조수웅덩이와 주변해수의 미세조류 동태가 확실히 다르다(이 등, 2001). 조수웅덩이의 미세조류 출현종수는 제주 연안역보다 적었지만 개체수는 여름과 가을에 걸쳐 오히려 조수웅덩이에서 더 높았다. 특히, 와편모조류와 식물편모조류가 차지하는 비율이 해양역보다 현저히 높다. 또 연중 엽록소량은 제주도 해안역의 연평균인 0.9 μgChl-a/L보다(이 등 1989) 훨씬 높다. 개체수와 엽록소량의 상관관계는 와편모조류가 가장 높은 상관성($r=0.78$, $p<0.05$)을 보여 조수웅덩이의 총 엽록소량은 와편모조류에 의해 유지되고 있음을 알 수 있고, 이는 규조류가 총 엽록소량에서 높은 비율을 차지하는 제주도 주변 연안역과 구별되는 특징이다.

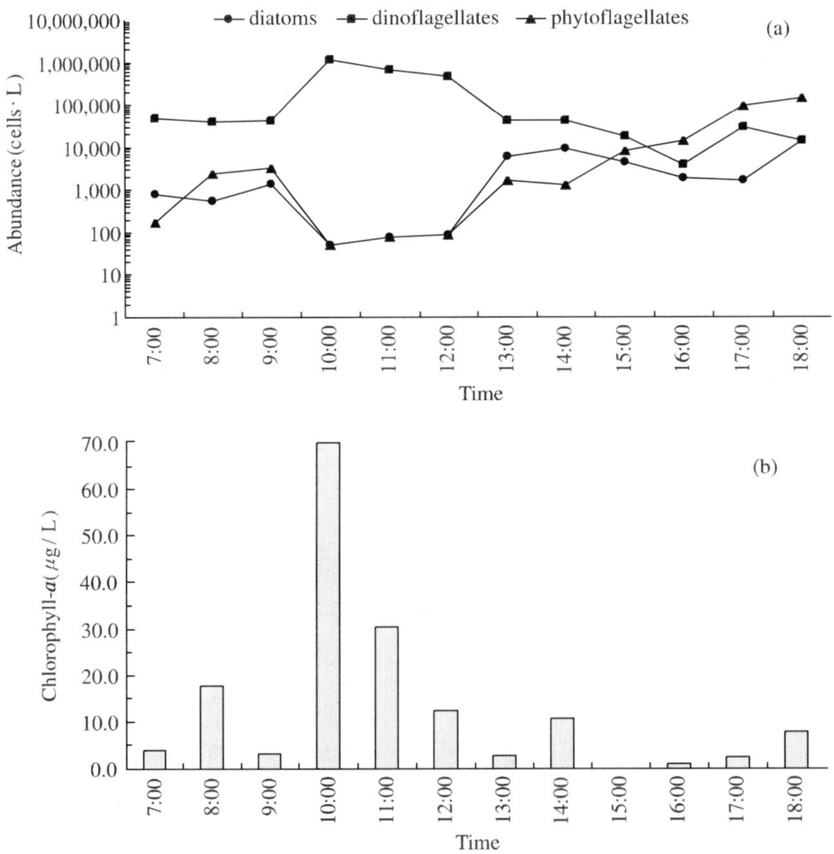

그림 3. 제주 보목 조수웅덩이에서 1999년 8월 17일 07시부터 18시까지의 규조류의 개체수(a)와 엽록소(b)의 시간별 변화(이 등, 2001)

미세조류의 일주변화는 주로 와편모조류에 의해 좌우되고 있었으며 이러한 현상은 와편모조류의 주간 수직이동과 연관이 있을 것으로 생각된다. 보목 조수웅덩이에서 관찰한 결과, 와편모조류는 수면하 바위표면에 부착되어 있다가 일출과 함께 떨어져 나오면서 서서히 증가하기 시작하여 10시에 표층에서 최대를 보이고 약 2~3 시간 개체수를 유지하다가 그 후 서서히 저층으로 가라앉는 경향을 보인다(그림 3). 반면 다른 분류군은 와편모조류 보다 상대적으로 낮은 개체수를 유지하다 오후 1시 부터 증가한다. 이러한 와편모조류의 일주성 이동과 개체수 변화는 외돌개에서도 관찰되어 제주도 조수웅덩이의 일반적인 현상인 것으로 파악된다. 또한 실험실 배양 결과, 수층내의 와편모조류 영양세포는 실험실 배양 조건에서 쉽게 시스트(Cyst)를 형성하여 배양용기내부에 달라 붙는 특성을 나타내는데, 자연 조건하에서도 야간에 바위나 저층에 시스트 형태로 달라붙다가 주간에 다시 영양세포로 전환하는 생활사를 가지고 있는 것으로 추정되지만 이에 대한 좀 더 면밀한 연구가 진행되어야 정확한 일주 동태가 밝혀질 것이다.

참고문헌

고유봉, 전득산, 1984. 제주도 삼양연안지역에서의 플랑크톤연구. 제주대 해양연보, **8**: 19-30.

윤양호, 노홍길, 김영기, 1990. 제주도 북방, 함덕연안해역에 있어서 춘.하계 식물성 무각편모조류의 동태. 제주대 해양연보, **14**: 1-8.

윤양호, 노홍길, 김영기, 1991. 제주도 연안해역에 출현하고 있는 적조생물. 제주대 해양연보, **15**: 1-14.

윤양호, 노홍길, 김영기, 1992. 제주북방, 함덕연안해역에 있어서 식물플랑크톤 군집의 계절변동 특성. 제주대 해양연보, **16**: 27-42.

이준백, 1989. 제주도 북방 탑동연안해역 식물플랑크톤 군집의 종조성과 동태. 제주대 해양연보, **13**: 35-45.

이준백, 최영찬, 고유봉, 1989. 제주도 해안선주변 식물플랑크톤의 기초생산. 한국지구과학회지, **10**: 62-67.

이준백, 좌종헌, 1990. 제주도 한림항과 성산항 일대 식물플랑크톤의 군집동태. 제주대 해양연보, **14**: 9-24.

이준백, 고유봉, 좌종헌, 1990. 제주도 해안선주변 식물플랑크톤 군집의 구조와 동태. 한국조류학회지, **5**: 159-171.

이준백, 좌종헌, 김일수, 1991. 제주도 해안선주변 부착규조류의 종조성 및 분포. 제주대 해양연보, **15**: 61-72.

이준백, 좌종헌, 고유봉, 최영찬, 1993. 제주도 동부연안역의 생물생태학적 기초연구 (II) 우도주변 식물플랑크톤 군집동태와 일차생산력. 한국지구과학회지, **14**: 458-466.

이준백, 고형범, 고유봉, 최영찬, 1995. 제주도 북부연안역의 생물생태학적 기초연구 - 함덕해역의 식물플랑크톤 동태와 일차생산력. 제주대 해양연보, **19**: 103-113.

이준백, 좌종헌, 고형범, 1999. 제주도 해안의 부착 규조류의 군집구조와 생태학적 특성. *Algae*, **14**: 55-66.

이준백, 좌종헌, 강동우, 고유봉, 오봉철, 2000. 제주도 문섬 산호서식지 주변의 생물생태학적 특성 II. 식물플랑크톤의 군집동태와 1차생산력. *Algae*, **15**: 37-47.

이준백, 신범, 이무형, 2001. 제주도 남부 조간대 조수웅덩이의 미세조류 군집의 계절 동태. *Algae*, **16**: 197-207.

전득산, 고유봉, 1983. 제주도 주변해역의 엽록소 a 함량 분포. 제주대 해양연보, **7**: 23-27.

전득산, 변충규, 노섬, 1986. 진주조개(*Pinctada fucata*)의 치패생산 및 양식에 관한 환경학적 연구 – 식물플랑크톤의 현존량과 환경특성. 제주대 해양연보, **10**: 65-73.

정경호, 박용철, 1988. 서해 경기만의 기초생산력 및 질소계 영양염의 재생산에 관한 연구. 한국해양학회지, **23**: 194-206.

정상철, 노홍길, 박길순, 전득산, 1983. 서귀포 연안해역의 기초생산에 영향을 미치는 해양환경. 한국수산학회지, **16**: 305-315.

좌종헌, 이준백, 2000. 제주도 문섬 산호서식지 주변의 생물생태학적 특성 I. 환경특성과 식물플랑크톤의 군집구조. 바다, **5**: 59-69.

Chung, C.S. and D.B. Yang, 1991. On the primary productivity in the southern sea of Korea. *J. Oceanol. Soc. Korea*, **26**: 242-254.

Shim, J.H. and Y.C. Park, 1984. Community structure and spatial distribution of phytoplankton in the southwestern sea of Korea, in early summer. *J. Oceanol. Soc. Korea*, **19**: 68-81.

Shim, J.H. and Y.C. Park, 1986. Primary productivity measurement using carbon-14 and nitrogenous nutrient dynamics in the southern sea of Korea. *J. Oceanol. Soc. Korea*, **21**: 13-24.

Shim, J.H., H.G. Yeo and J.G. Park, 1992. Primary production system in the southern waters of the East Sea, Korea I. Biomass and productivity. *J. Oceanol. Soc. Korea*, **27**: 91-100.

동해의 일차생산력

유신재 · 김현철 / 한국해양연구원

요 약

동해의 일차생산의 계절적 변동과 그 규모를 파악하기 위하여 CZCS(1978~1986)와 SeaWiFS (1997~) 해색위성자료를 이용하여 엽록소의 계절적 변화를 분석하였다. 이에 의하면 동해에는 봄-가을 식물플랑크톤 번성과 여름 – 겨울 빈영양이 반복되는 전형적인 중위도 근해의 유형이 나타난다. 봄 번성은 아극전선의 남쪽에서 시작되어 북쪽으로 옮아가는 반면 가을 번성은 연안역에서 시작되어 전역으로 퍼지는 양상을 보인다. CZCS 색소와 해수면 온도 그리고 해수면 일사량을 이용하여 VGPM 모델에 적용하여 동해의 일차 생산을 추정하였다. 이에 따르면 동해전역의 년평균 일차생산은 약 240 gC m^{-2} yr^{-1}에 달하는 것으로 나타났다. 이 값은 기존의 추정치 (Nishimura, 1983)보다 두 배 이상 큰 값이다. SeaWiFS 자료에 같은 방법을 적용할 경우 이보다 더 커질 것으로 예상되므로 연간변동 뿐 아니라 장기적 변화의 원인에 대한 연구가 필요하다.

1. 서 론

동해는 세 개의 분지로 이루어져 있으며 이들 중 가장 깊은 일본분지는 최대 수심이 4,000m에 이른다(그림 1). 동해 전체의 평균수심은 1,684m에 이르고 총면적은 1.01×10^6 km^2에 달한다. 동해는 다른 주변해와는 몇 가지 점에서 크게 다르며 대양의 특성을 가진 "축소판 대양"(*Ichiye*, 1984)으로 알려져 있다. 동해는 대륙붕의 최소화, 서안경계류, 아극전선, 심층 열염순환 등 대양의 특성을 가지고 있기 때문이다. 동해의 순환계는 단순하여 대한해협을 통하여 해수가 유입되고 쓰가루, 소야 해협을 통해서 해수가 흘러나간다(그림 2). 대한해협을 통하여 들어오는 대마난류는 쿠로시오의 지류로서 고염의 난류를 동해로 날라 동해의 해수특성을 좌우하는 주요한 해류이다(Yoon, 1982).

첫 번째 대양의 특성은 아극전선(subpolar front)의 존재이다. 상대적으로 고온고염인 대마난류와 상대적으로 저온저염인 리만 한류가 두 개의 큰 순환류를 이루며 만드는 아극전선은 동해의 상층부의 큰 순환체계를 만들며 생태학적인 특성을 결정하는 큰 구조이다.

동해를 외부와 연결하는 유입구나 유출구의 수심은 200m 이하로 심해와 연결되지 않는다(그림 1). 따라서 표층수의 교환만 일어나며 저층의 해수는 북태평양의 심층해수와 연결되지 않는

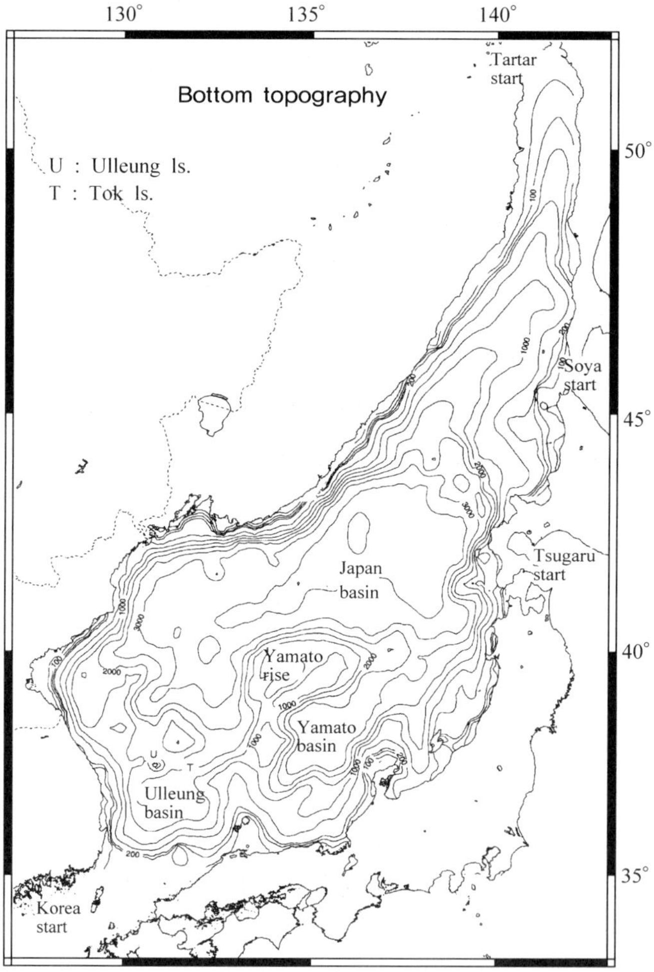

그림 1. 동해의 지형과 해저지형

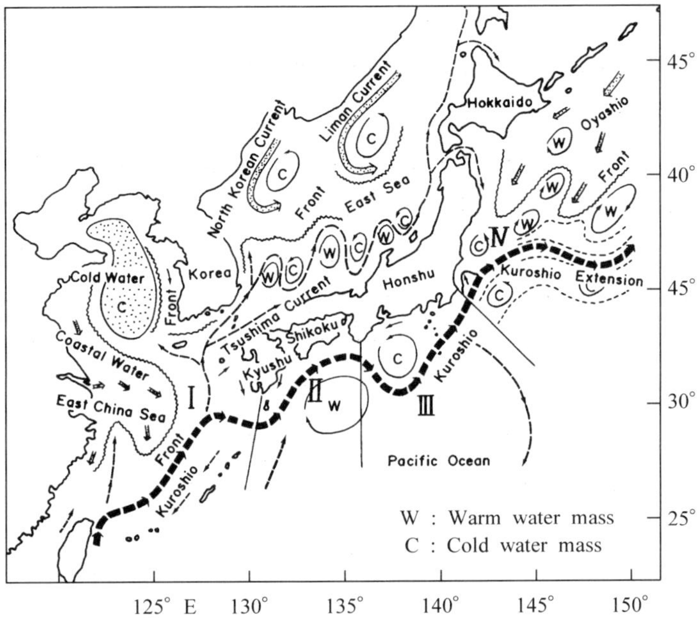

그림 2. 북서 태평양 지역의 주인수괴와 해류의 모식도

다. 이러한 특성은 동중국해나 오호츠크해와는 크게 다른 것이다. 결과적으로 동해에는 북쪽에서 냉각된 물이 침강하여 심해로 흘러내리는 심층 열염순환이 일어난다. 또 다른 대양의 특성은 서안경계류의 존재이다. 대마난류가 동해에 진입함과 동시에 두세 갈래의 지류로 갈라지는 것으로 알려져 있다. 이들 중 하나는 한반도 동안을 따라 흐르는 동한난류이다. 이 동한난류는 해마다 그 세력이 달라지고 어떤 해에는 아예 나타나지 않는 경우도 있는 것으로 보고되고 있다(Kim and Legeckis, 1986).

동해는 중위도권에 속해 있고 계절풍의 영향으로 혼합층 수심이 계절적으로 변하며 결과적으로 식물 플랑크톤의 생산이 봄 가을에 걸쳐 증가하는 유형을 보인다. 이는 아극지방이나 열대역과는 다른 유형인데 극지방은 얕은 염분약층이 형성되어 바람에 의한 혼합이 억제되는 반면 열대역은 수온약층이 에크만층 아래에 형성되므로 수층의 혼합이 원활하지 않다. 북서태평양에서만 겨울철의 바람에 의한 수직혼합과 이에 따른 영양염의 공급이 일어난다(Longhurst, 1995).

동해는 여러 가지 점에서 중요한 바다이나 그 생산력은 잘 알려져 있지 않다. 여러 연구를 종합한 Nishimura(1983)는 연간 일차생산력을 75~100 gC m^{-2} yr^{-1}로 추산하고 있으나 이는 최근의 식물플랑크톤의 현존량이나 일차생산에 대한 연구 등을 살펴 볼 때, 그리고 간접적으로 어획량 등을 고려할 때 과소평가된 것으로 생각된다. 국내의 동해연구는 대부분이 울릉분지나 대한해협에 한정되어 왔으나 동해의 생산력에 대한 단서로 삼을 수 있을 것이다.

울릉분지를 포함한 동해 극전선 주변에서의 엽록소 농도를 살펴보면, Shim 등(1992)의 1988~1990년의 봄과 여름조사에서는 0.5~14.85 mgChl/m^{3}의 범위를 나타내며, 특히 1990년 4월의 경우 1.47~7.40 mgChl/m^{3}의 범위를 나타내고 있다. Park 등(1991)은 여름철 극전선 주변의 표층에서 엽록소의 농도가 0.46~1.00 mgChl/m^{3}의 나타내며, 수심 20m에서는 1.00 mgChl/m^3 미만의 농도를 보고하였다. 또한 수괴의 특징에 따라 50m 수심에서는 난류역에서는 평균 0.74 mgChl /m^3 정도이고, 한류역에서는 1.00 mgChl/m^3 의 농도를 보고하였다. 가을철 엽록소농도는 Chung 등(1989)에 의하면 1.22~3.24 mgChl/m^3 의 농도였고, Moon 등(1998)에 의하면 북동 극전선역에서 0.71 mgChl/m^3 의 농도를 보고하였다. 또한 Shin and Park(1986)은 한국동남해역에서 0.97~3.39 mgChl/m^3 의 농도를 보고하였다. 그리고 계절별 표층 엽록소 농도에 대해 Shim 등(1985)은 한국서남 해역에서 5월이 10월보다 높다고 하였다.

일차 생산력에 대해서는 Shim 등(1992)은 1988~1990년 사이의 봄철과 여름철에 284~4,574 mgC m^{-2}d^{-1}의 범위를 가지며, 평균 2000 mgC m^{-2}d^{-1} 정도라 하였으며, 1989년 여름의 경우 미소플랑크톤에 의한 일차 생산력이 3,336 mgC m^{-2}d^{-1}라 하였다. Park 등(1991)은 여름철 일차 생산력이 600~2,500 mgC m^{-2}d^{-1}의 범위를 가지며, 특히 극전선 주변에서는 2,100~2,400 mgC m^{-2}d^{-1}의 범위를 가진다고 하였다. 또한 한류역에서의 일차 생산력이 난류역보다 높다고 하였다. 그러나 수심 50m 부근에서는 한류역보다는 한류와 난류의 혼합역이 43.5~55.0 mgC m^{-2}d^{-1}로 난류역의 6.7~14.2 mgC m^{-2}d^{-1}보다 높다고 하였다. 가을철의 경우 Chung 등 (1989)은 750~2,040 mgC m^{-2}d^{-1} 분포로 평균 1,500 mgC m^{-2}d^{-1}의 일차 생산력을 가진다고 하였다. Shim and Park (1986)은 700~2,700 mgC m^{-2}d^{-1} 범위의 일차 생산력을 가지며, 평균 1,300 mgC m^{-2}d^{-1}라 하였다.

이렇게 울릉 분지의 엽록소 현존량과 생산력을 미루어 볼 때, 동해의 일차생산력은 Nishimura(1983)가 추정한 것 보다 훨씬 높을 것으로 판단된다. 분지규모의 일차생산력을 평가하는데 있어 걸림돌은 무엇보다도 표본부족(undersampling) 문제일 것이다. 식물플랑크톤 색소량의 변화과정은 1~10일의 시간규모나 1~5km의 공간규모를 가진다(Abbott and Zion, 1987). 따라서 이에 걸맞는 관측방법이 필요하나 조사선에 의한 조사로는 이 조건을 충족시킬 수 없다. 1978년에 발사되어 1986년까지 작동한 CZCS(Coastal Zone Color Scanner)는 최초의 해색센서로 해양상층부에서 일어나는 생물현상을 전지구적으로 관측하는 새로운 지평을 열었다. CZCS는 공간해상력은 800 m, 중위도권에서는 1~3일에 한번 정도 관측이 가능하여 전통적 조사방법으로는 불가능했던 규모의 관측을 가능하게 하였다.

이 논문에서는 CZCS나 1997년에 발사된 SeaWiFS (Sea-viewing Wide Field-of-view Sensor) 자료를 이용하여 동해의 식물플랑크톤 현존량의 계절적 변화를 살펴보고 일차생산을 추산하고자 하였다.

2. 재료 및 방법

NASA의 DAAC (Distributed Active Archive Center)에서 제공한 1978~1986년 기간의 CZCS Level-3 월별 합성 자료를 사용하였다. 자료의 공간 해상력은 18×18 km이다. SeaWiFS 역시 DAAC에서 제공받은 1997~2002년 기간의 Level-3 8일간 합성 자료를 사용하였다. 이 자료의 공간 해상력은 9×9 km이다.

일차생산 계산에 관한 일련의 과정은 다음과 같이 모식화 할 수 있다(그림 3). 일차생산력은 Behrenfeld and Falkowski(1997a)의 VGPM(vertically generalized production model) 모델을 응용하여 추정하였다. 다음은 동해 일차생산력 계산에 사용된 VGPM모델이다.

$$PP_{eu} = 0.66125 \times P^B_{opt} \times \frac{E_o}{E_o + 4.1} \times Z_{eu} \times C_{opt} \times D_{irr}$$

여기서, PP_{eu}는 표층에서 진광대 까지의 일차생산, P^B_{opt}는 수주 내에서의 하루 누적 일차생산 중 최대값, E_o는 해수면의 일광량 중 PAR 부분, Z_{eu}는 진광대 수심, C_{opt}는 실질적인 표층 엽록소 밀도, D_{irr}는 하루의 길이(시간)이다. 일차 생산력 추정에 사용된 CZCS pigment 값은 DAAC level 3 자료에서 북위 31~48°N, 그리고 동경 127.5~145°E 범위의 100×100 pixel을 추출하였다. CZCS pigment 값은 SeaBAM (SeaWiFS Bio-optical Algorithm Mini-Workshop)에서 제안한 관계식(SeaBAM Report, 1997)을 이용하여 엽록소 a 농도로 환산하였다. CZCS 색소와 엽록소 a 농도 사이의 관계식은 다음과 같다.

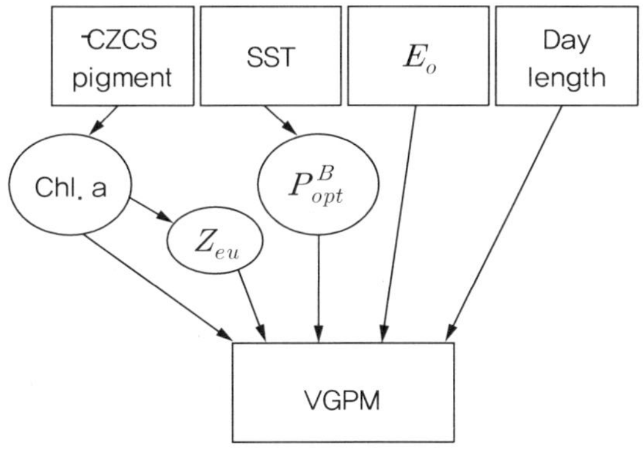

그림 3. 일일 전수층 일차생산량 추정에 사용한 모델의 계산흐름도

$$\text{CZCS pigment} = 1.35\ \text{Chl.a}^{0.98}$$

진광대깊이, Z_{eu}는 Morel and Berthon(1989)의 다음 식을 이용해 계산하였다.

$$Z_{eu} = 568.2\ C_{tot}^{-0.746}, \quad \text{when}\ Z_{eu} < 102\text{m}$$

여기서, C_{tot}는 진광대깊이 내에서의 총 색소이며, 위성자료 C_{sat}에 다음 식을 적용하여 구하였다. 이 식은 성층해역의 3,497개의 엽록소 수직 프로파일에서 얻어진 관계식이다(Morel and Berthon, 1989).

$$C_{tot} = 40.6\ C_{sat}^{0.459}, \quad r^2 = 0.869$$

P^B_{opt} 값은 일반적으로 실험을 통해 추정할 수 있으나 광역 위성자료를 이용하는데 있어서 선험적으로 결정할 수 없다는 문제가 있다. 현재로는 경험적 방법으로 이 변수의 문제를 접근할 수 있을 것이다. 일반적으로 P^B_{op}를 결정하는 2차 요인으로 수온, 영양염 등이 알려져 있다. 수온과의 관계는 확립되어 있으나, 영양염과의 정량 관계는 아직 모호한 것으로 알려져 있다(Cullen 등, 1992). 본 연구에서는 Behrenfeld and Folkowski(1997a)가 기존 자료에서 유도한 SST 와 P^B_{opt}의 상관 관계식을 이용하였다. 이 상관관계는 1,041개의 정점자료에 대해 해수면 온도가 1℃에서 29℃ 범위에서 1℃마다의 P^B_{opt}의 평균값을 계산하여 구하였다. 다음은 P^B_{opt} 계산식이다.

$$\begin{aligned} P^B_{opt} &= -3.27\times 10^{-8}\,T^7 + 3.4132\times 10^{-6}\,T^6 \\ &= -1.348\times 10^{-4}\,T^5 + 2.462\times 10^{-3}\,T^4 \\ &= -0.0205\,T^3 + 0.0617\,T^2 + 0.2749\,T + 1.2956 \end{aligned}$$

위에서 T는 SST이다. SST 자료와 E_o(해수면 daily PAR)는 나 등(1998)의 Sea surface heat flux in the east Asian Marginal Seas(1998)에 수록된 SST 와 일사량값을 추출하여 사용하였다. SST와 solar radiation 자료는 나 등(1998)의 자료에서 CZCS 색소와 동일한 영역을 추출하였다. CZCS 자료를 최대한 활용하기 위하여 해수면 온도(SST)와 일광량(Solar Radiation) 자료를 CZCS 자료의 해상도에 맞추었다.

3. 결 과

3.1 엽록소의 계절적 변화

분지 규모의 엽록소 변동은 해색위성의 시작과 함께 비로소 가능해졌다. 1978년에 발사된 CZCS는 Nimbus 7 위성의 탑재체 중 하나로 1986년까지 작동하며 전지구 규모의 해양생산력에 대한 관측자료를 수집하였다. CZCS는 처음 계획상 작동수명이 1년인 시험센서로 다른 센서에 비해 낮은 20%의 작동시간을 배분받아 관측자료의 빈도는 낮다. 특히 한반도 주변에 관한 관측은 1979, 1980년에 몰려 있고 1982년 이후는 훨씬 적다.

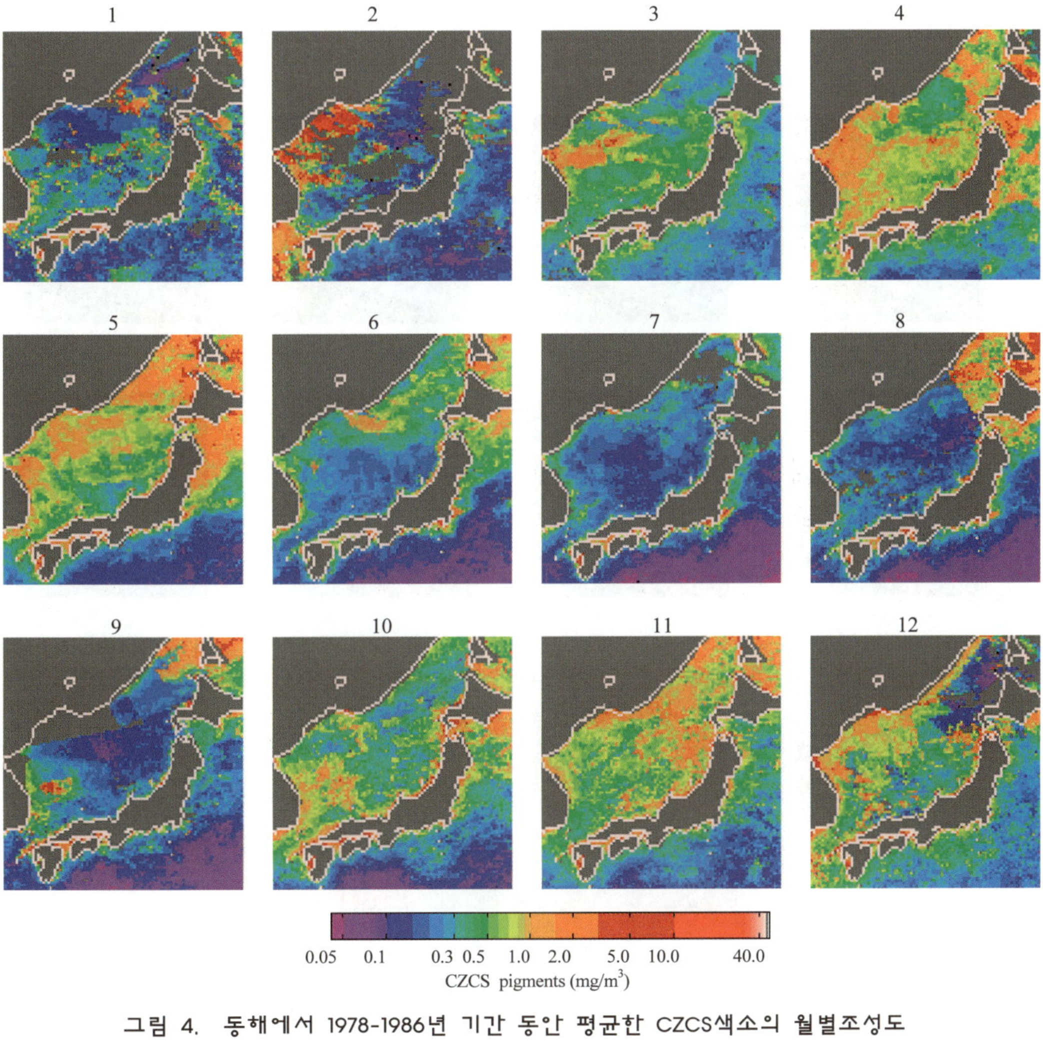

그림 4. 동해에서 1978-1986년 기간 동안 평균한 CZCS색소의 월별조성도

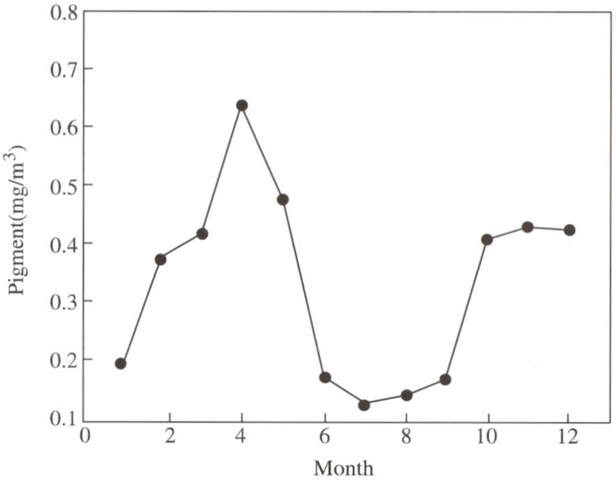

그림 5. 동해 36~42°N, 130~136°E의 중앙지역에서의 CZCS 색소(1978-1986)의 월간변화

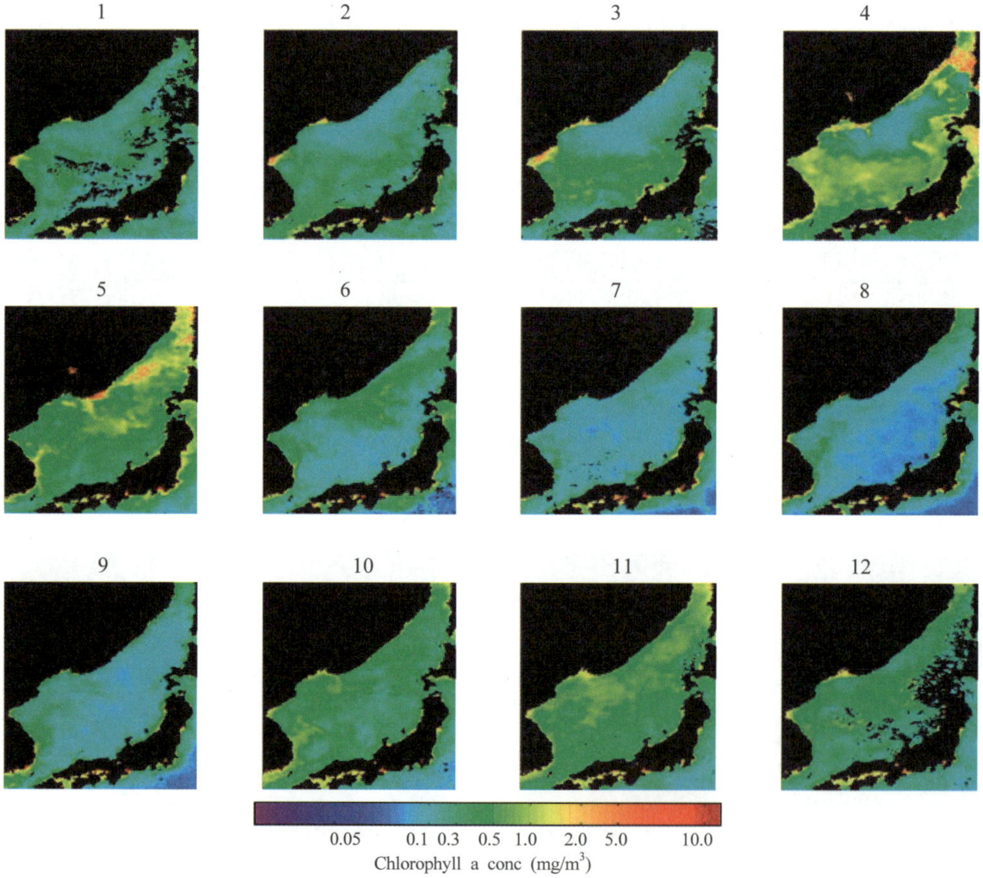

그림 6. 동해의 1999년 SeaWiFS 엽록소 월별 조성도

CZCS를 이용하여 동해의 식물플랑크톤 분포의 연간 변동을 파악하고자 할 때 가장 큰 걸림돌은 절대적으로 낮은 관측빈도와 그나마 고르지 않게 분포하여 일관된 경향을 판단하기 어렵다는 것이다. 예컨대 NASA/DAAC에서 처리한 동해의 월별 합성자료(Level 3)의 경우, 98 개월 중에서 49개월의 영상이 없다. 영상이 존재하는 경우에도 월별 합성영상이 두서너 개의 부분 영상의 평균인 경우가 많다. 예를 들어 1982년 4월의 영상을 보면 다른 해의 춘계 대증식에 비교해서 엽록소 밀도가 훨씬 낮았으나 실제의 자료를 추적해보면 단지 이틀의 자료를 평균해서 만들어진 것을 알 수 있다. 따라서 1982년 4월의 낮았던 엽록소 밀도가 년간 변동을 보여주는 실제 현상인지 아니면 표본 부족에 의한 것인지 판단하기는 어렵다. 표본부족(undersampling)의 문제와 함께 대기보정의 부정확도는 CZCS자료의 한계라고 할 수 있다. NASA/DAAC에서 대량으로 분석한 전지구 자료는 대기보정 과정에서 매개변수 ϵ를 1.0으로 일괄 설정하여 처리하였기 때문이다.

이러한 문제에도 불과하고 CZCS자료의 8년 합성자료를 보면 뚜렷한 계절적 경향을 보여준다. 4월(또는 5월)에 춘계 대증식이 일어나며 10월, 11월 또는 12월에 추계 대증식이 일어남을 보여주고 있다(그림 4). 그림 5는 36~42°N and 130~136°E 영역의 1978년~1986년 간의 평균값을 보여주는 것으로 동해 전역의 계절적 변동을 잘 보여준다. 그림 4의 영상들의 또 다른 특징은 불규칙한 세부구조가 많이 보인다는 것이다(예컨대, 2월 북한 연안에 나타나는 고밀도의 엽록소). 이러한 구조는 오차 또는 비정기적 삽화성의 현상일 가능성이 크다. 위에서 말한 표본 부족으로 한 두 개의 영상 값이 평균값을 좌우하는 경향이 있기 때문이다. 따라서 2월의 고밀도 지역은 3월과 4월을 보면 일관된 추세를 보이지 않는다. 1981년 4월에 한국연안 전체에 나타나는 고밀도의 엽록소는 부분적으로 1981년 황사에 의해 잘못 처리되어 나타난 오차이다.

Kim 등(2000)은 NASA/DAAC에서 제공한 CZCS 자료를 EOF 분석을 하여 동해를 NW(북서), SW(남서), SE(남동), NE(북동)의 4개의 구역으로 나누고 춘계 대증식이 NW→SW→SE→NW→NE 방향으로 이동한다고 하였다. 그러나 Level 3 합성자료의 토대가 된 Level 2 영상을 보면 1979년 2월, 1981년 3월의 일시적 현상에 의해 오도된 결론임을 알 수 있다. 아래에서 보듯이 충분히 관측이 이루어진 SeaWiFS의 1998~2002년 자료를 보면 이런 패턴은 나타나지 않고 아극전선을 중심으로 크게 두 개의 패턴이 나타난다. Kim 등 (2000)은 또한 추계 대증식도 SW→SE→NE→NW의 방향으로 진행된다 하였으나 이 또한 정기적으로 관측되는 양상은 아니며 CZSC자료의 표본부족에 의해 생긴 결과인 것 같다.

SeaWiFS는 NASA가 1997년에 발사하여 현재까지 작동하고 있는 해색센서로 CZCS에 비해 감도, 밴드 수, 대기보정 등이 개선되어 자료의 질이 훨씬 낫고 연속적인 관측을 수행하여 자료의 수가 훨씬 많다. 1998~2002년 간의 SeaWiFS자료를 보면 CZCS와 달리 일관된 전체적인 양상을 보여준다.

그림 6은 1999년의 월별 영상인데 전반적 경향을 잘 보여준다. 즉, 아극전선 남쪽에서(대략 위도 40도 이남) 춘계 대증식이 시작되어 아극전선 북쪽으로 퍼지는데 북쪽에서는 연안역에서 먼저 시작되어 중앙부로 퍼지는 양상이 나타난다. 이는 타타르 해협 쪽에서 해빙된 저염수가 연안을 따라 흘러내려 수층이 빨리 안정되기 때문으로 추정된다.

여름에는 동해 전역에서 엽록소는 0.3 mg/m^3 이하의 낮은 밀도를 보이나 한국연안의 경우 양자강수나 연안수가 대마난류에 의해 유입될 때 소규모의 성장이 관측되기도 하나 이는 해마다 달리 불규칙적으로 일어난다. 대개 10월에 들어서면 엽록소 밀도가 증가하기 시작하여 11월이나 12월에 최대에 이른다(그림 6). 추계 대증식은 춘계와 달리 남쪽이나 북쪽의 시차없이 거의 동시에 일어나지만 연안역부터 먼저 시작된다는 특징이 있다. 이것은 연안역에서 먼저 성층이 약화되기 시작하여 상층으로 영양염이 공급되기 때문인 것 같다.

이와 같이 볼 때, 동해의 식물플랑크톤의 계절적 변동을 요약하면 봄 대증식의 경우, 아극전선을 중심으로 남쪽에서 먼저 일어난 뒤 북쪽으로 옮아가고 가을 대증식은 전반적으로 동시에 일어나나 연안역에서 먼저 시작되는 유형이 반복되는 것으로 보인다. 부정기적 또는 삽화적으로 양자강수나 한국연안류가 대마난류를 타고 울릉분지와 한국 동해연안의 국지적인 식물 플랑크톤의 증가를 가져온다.

3.2 일차생산

CZCS자료를 토대로 추산된 일차생산의 분포를 보면 그림 7과 같다. 여기서는 봄 대증식 시기인 4월, 여름인 7월, 가을 대증식 시기인 10월의 경우를 들었다. 4월은 전체적으로 비대칭적 분산이 심하다. 이는 봄 대증식 시기에 엽록소 분포가 지역적으로 비균질하기 때문이다. 최빈값은 460~770 mgC m^{-2}d^{-1}이나 평균값은 636~1113 mgC m^{-2}d^{-1}의 범위를 보인다. 81년은 넓은 해역에서 높은 일차생산을 보이고 있지만, 황사로 인한 CZCS pigment의 오염이 일부 있던 것으로 판단된다. 7월은 최빈값은 320~550 mgC m^{-2}d^{-1}, 평균값은 490~688 mgC m^{-2}d^{-1}의 범위를 보인다. 당연히 4월이나 10월에 비해 분산이 작다. 10월은 최빈값은 450~980 mgC m^{-2}d^{-1}, 평균값은 603~1916 mgC m^{-2}d^{-1}의 범위를 보였다.

일차생산의 가장 중요한 요인은 엽록소인데 엽록소의 값은 황사 뿐 아니라 육지나 구름 등에 의해 잘못 추정될 가능성이 있다. 따라서 대표값을 취하는데 있어 상위 10%를 배제하였고 균형을 위해 하위 10%도 동시에 배제하여 평균값을 취하였다. 이 평균값의 연도별－월별 시계열을 그리면 그림 8과 같다. 여기서 수직 막대는 표준편차를, 막대 아래의 숫자는 평균값을 취한 화소의 수이다. 식물 색소의 증가가 일어나서 지역적 편차가 커지는 봄 가을에 표준편차가 커지고 여름, 겨울에는 작다.

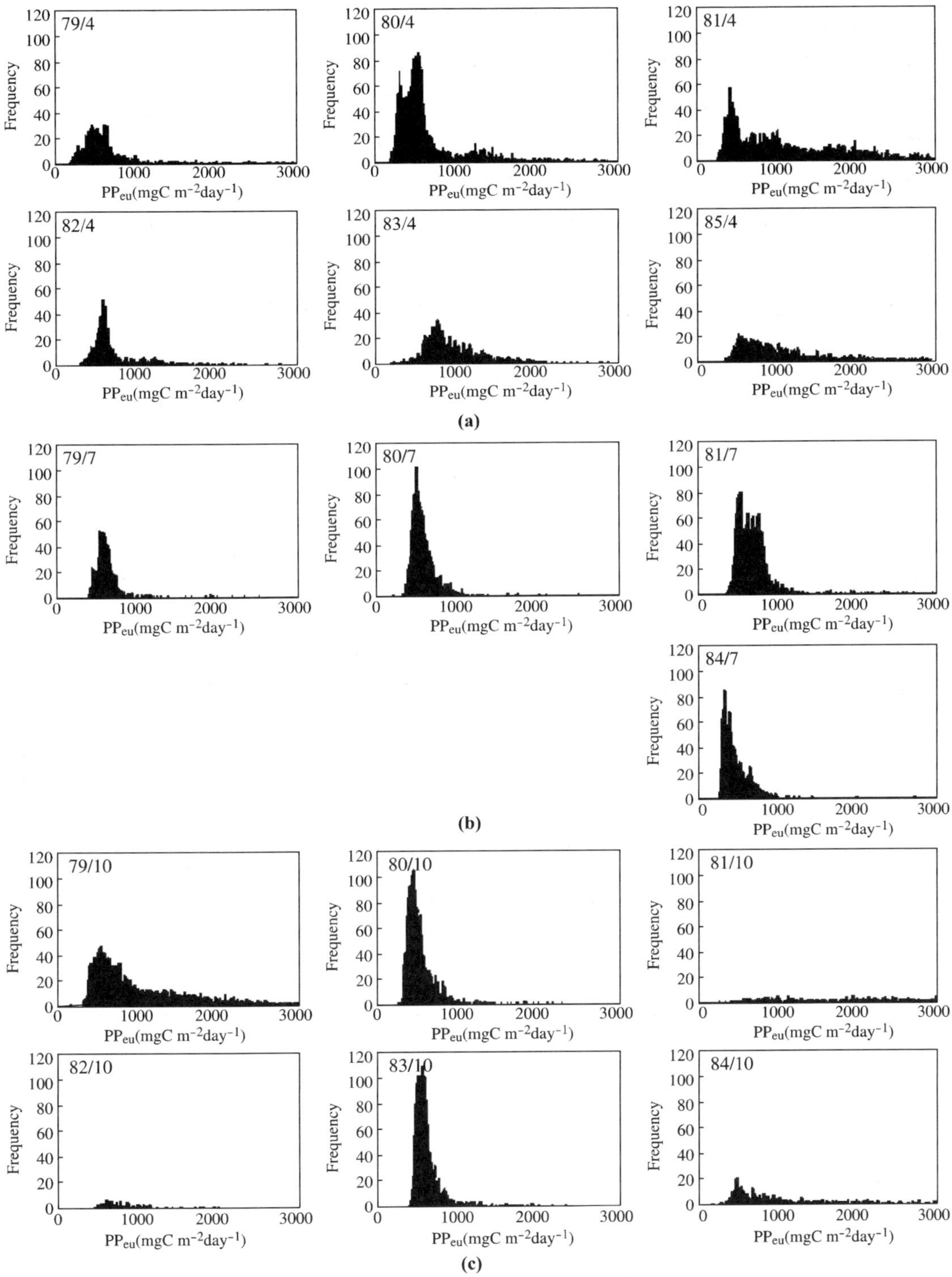

그림 7. 동해의 4월(a), 7월(b), 10월(c)의 일차생산량 추정을 위한 일차생산빈도분포 히스토그램

전 계절을 부분적이라도 포함하는 시계열은 1979년, 1980년, 1981년도 뿐이며 이미 언급한 바와 같이 표본부족으로 지역적 또는 연도별 비교는 쉽지 않다. 그러나 봄 대증식의 경우 3월(1982년), 4월(1981년), 5월(1979, 1980년) 등 대증식의 시기가 달라지는 것은 실제의 차이로 보인다. 이러한 대증식의 시기 차이는 1997년 이후의 SeaWiFS 자료에서도 관찰이 되고 있다. 대증식의 시기에 따라 일차생산이 상위 영양준위로 연계되는 비율이 달라 질 수 있으므로 생태계 역학적으로 중요한 현상이며 이러한 변이가 가지는 영향을 이해하는 것이 중요하다. 1981년은 봄 대증식과 가을 대증식 모두 다른 해에 비해 크며 특히 가을 대증식이 봄 대증식보다 큰 양상을 보이는데 이것이 실제의 현상을 반영한 것인지는 확인이 필요하다.

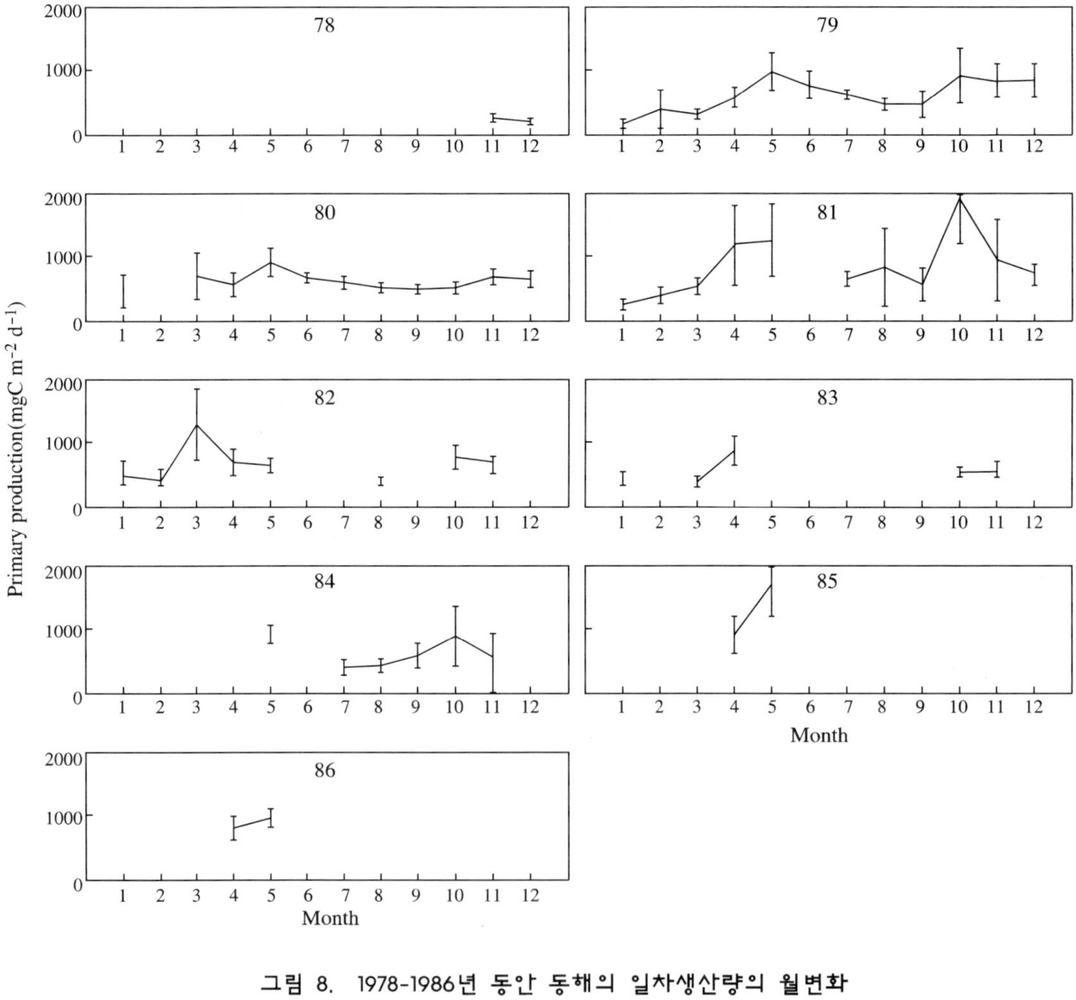

그림 8. 1978-1986년 동안 동해의 일차생산량의 월변화
막대표시는 표준편차, 가로좌표 위의 숫자는 월평균유효 픽셀수

연도별 자료를 합하여 일차생산의 월별 평균 자료를 구하면 그림 9와 같다. 여기서 1978년은 11월, 12월 자료 밖에 없고 절대값 자체가 다른 해에 비해 현저히 낮아 계산에서 배제하였다. 그림 9의 일차생산을 식물색소량 변동(그림 5)과 비교하면 여름과 가을의 값이 상대적으로 높음을 알 수 있는데 이는 수온이 높고 일사량이 크기 때문이다. 수온은 4월, 7월, 10월의 평균범위가 각각 8.3~11.9℃, 19.7~23.2℃ 16.6~23.7℃를 보였다. 월별 일차생산을 합하여 연간 일차생산을 추산하면 평균 240.9 $gC\ m^{-2}\ yr^{-1}$의 값이 얻어지는데 이는 기존의 추정치보다 높다.

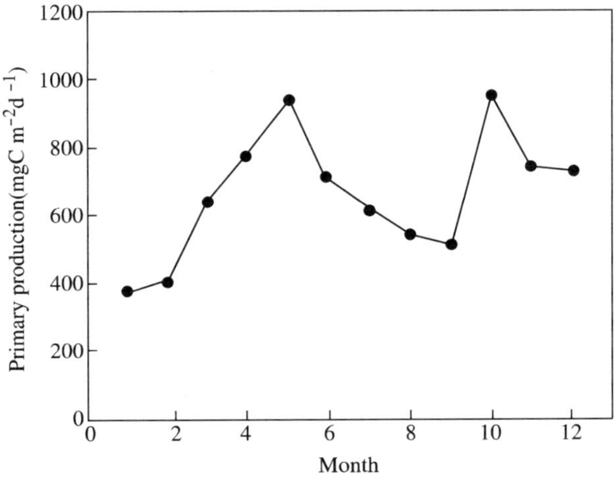

그림 9. 1978-1986년 CZCS 색도 자료에 기초한 동해의 전수층의 일차생산량 월변화

4. 고찰 및 결론

본 연구에서 분석한 해색자료는 동해의 식물 플랑크톤 현존량의 계절적 변동 형태를 잘 보여주고 있다. Longhurst는(1995) 전지구적 CZCS 자료를 토대로 전지구 해양을 육상생태계의 군계(Biome)에 상응하는 개념으로 크게 4개의 영역(Domain)으로 나누고 생산의 계절적 유형과 강제력에 따라 다시 56개의 생지화학적 지역(province)으로 세분하였다. 또한 계절적 유형에 대해 8개의 모델을 제시하였다. CZCS나 특히 SeaWiFS 자료는 동해에 봄 가을의 대증식과 빈영양 상태의 여름(성층에 의한), 겨울(깊은 수직혼합)의 계절적 순환이 반복되는 것을 잘 보여준다. 동해는 Longhurst의 분류체계에 따르면 model 6(Canonical spring-autumn blooms of mid-latitude continental shelves)의 전형적인 예라고 할 수 있다.

SeaWiFS 자료에 의하면 식물플랑크톤의 색소량 변화가 아극전선을 중심으로 크게 나누어진 계절적 변동을 보인다. Ohwada and Ogawa(1966)가 동해의 규조류의 분포를 조사한 바에 의하면 모든 계절에 걸쳐 아극전선의 남쪽이 북쪽보다 개체수가 많았다. 반면에 Koblentz-Mishike(1965)의 일차생산 추정치는 북쪽이 더 높았다. 이것은 아극전선의 북쪽은 남쪽에 비해 약 1달 가량 후에 대증식이 일어나므로 조사시기에 따라 다른 결과를 얻을 수 있기 때문으로 추정된다.

Nishimura(1983)는 이러한 상치점을 동물플랑크톤의 포식압의 차이로 설명하였다. Morioka (1976)에 의하면 사계절 동안, 북쪽의 동물플랑크톤의 생물량이 남쪽의 2배 이상을 유지하였다. 또한, Nishimura(1983)는 또한 식물플랑크톤의 계절적 대증식의 시기를 분석하였는데 일본연안에서 2월에 대증식이 일어나는 것을 임계수심으로 설명하였다. 그러나 본 연구에서 보여준 것처럼 동해남부의 대증식은 3월이나 4월에 시작되는 것이 광역적 현상이며 2월의 대증식은 연안의 국지적 현상일 것이다.

일반적으로 일차생산력은 Steemann Nielsen(1952)의 ^{14}C방법으로 측정 되어왔으며, 넓은 해양의 아주 적은 수의 일부 정점에서의 일차생산력만 추정되어왔다. 이러한 현장관측은 위성 자료 활용 이전에는 활용 가능한 유일한 조사방법이었고 아직도 활용이 되고 있으나, 이들 정점 측정의 시공간적 한계는 생태계의 일차생산력을 파악하고 이해하는데 있어 걸림돌이 되어 왔다.

Nimbus 7의 CZCS이후, 위성을 이용한 해색 자료를 바탕으로 기존의 시공간적인 제약에서 벗어난 광역의 일차 생산력을 추정할 수 있게 되었다. 이러한 시도의 일환으로 수 년간 누적된 해색자료를 이용하여 동해에서의 일차생산력을 추정하였다. CZCS 자료의 계절적 공간적 불균형을 고려할 때 어느 정도의 오차가 따를 것으로 생각되나 본 연구 결과에 따르면 동해의 일차생산력은 대략 240 gC m^{-2} yr^{-1} 안팎의 범위에 들 것으로 보인다. 이는 Nishmura(1983)가 추정한 75~100 gC m^{-2} yr^{-1}보다는 훨씬 큰 값이다. 따라서 이러한 차이를 본 연구에서 쓰인 방법 자체의 오차규모로 설명할 수 있는지 살펴볼 필요가 있다.

인공위성자료를 이용하여 일차생산을 추정하는 방법에 있어 오차요인의 중요성을 평가하기 위하여 Behrenfeld and Falkowski (1997b)는 11,283개의 현장 배양자료를 분석하였다. 이에 의하면 엽록소의 밀도(수주 내의 총량)가 최대 요인이라고 하였고, 그 다음으로 P^B_{opt}, 다음으로 E_o(또는 광적응 변수인 I_k)가 영향을 주고 일장시간(day length)은 가장 작은 영향력을 가지는 것으로 평가하였다.

이렇게 볼 때 본 연구 결과에 있어 가장 큰 불확실성은 CZCS자료 자체의 시공간적 분포편차가 가지는 문제라고 할 수 있다. 또한 특히 황사와 같은 대기보정의 오차가 유발하는 엽록소 산정의 오차가 문제를 유발할 수 있다. 그러나 CZCS 자료 중 동해 자료전체의 평균값의 수준은 SeaWiFS의 1998~1999년 평균과 비교해서 낮은 값을 보이므로 CZCS에 의한 엽록소 추정이 오히려 과소평가 되었을 가능성이 있다. 그러므로 엽록소 산정 오차가 본 연구결과의 상대적으로 높은 일차생산 추정의 원인은 아니라고 판단된다. 한편, CZCS와 SeaWiFS 엽록소 수준의 차이가 1970~80년대와 1990년대 후반의 실제로 해양에서 나타난 장기적 변동을 반영한 것인지 흥미로운 문제로 별도의 분석이 바람직하다.

본 연구에서 차용한 VGPM 모델은 두 가지 면에서 오차요인이 있다. 첫째 엽록소의 수직구조를 고려하지 않았다. 일차생산은 광량의 함수이고 수중 광량은 지수적으로 감소하는 점을 고려할 때 저층 엽록소 최대층의 기여도는 그렇게 크지 않을 것이나 표층의 엽록소 밀도가 낮은 여름에는 빛의 투과수심이 증가하고 저층 엽록소 최대층도 얕아 수주 전체의 일차생산에서의 기여도는 상대적으로 높을 수 있으므로 이에 대한 평가가 필요하다. 한편 Behrenfeld and Falkowski (1997b)는 수직구조를 무시할 때의 일차생산 추정오차가 10% 이하라는 결론을 내렸다. 동해의 엽록소 수직구조, 상층 밀도구조 등을 고려하면 이 계산 방법의 오차를 개선할 것이지만 이를 보정하면 오히려 일차생산값은 상향조정될 것이다.

두 번째 오차 가능성은 P^B_{opt} 의 추정에 있다. 이 값은 현재로는 인공위성에서 관측이 불가능하므로 간접적 추정에 의존할 수 밖에 없다. 여기서 쓴 방법은 Behrenfeld and Falkowski (1997a)가 편찬한 P^B_{opt} −수온 관계 경험식인데 이 식의 문제점은 단지 수온 만을 고려하였기에 영양염 제한 효과 등이 반영되지 않았다는 점이다. 또한 P^B_{opt} 와 엽록소 밀도 사이에 상관관계가 존재하는 것으로 밝혀져 엽록소가 높을수록 과잉오차를 유발할 가능성이 있다(Ishizaka, personal comminication). 계절적으로 또한 지역적으로 충분한 수의 P-E(광합성-광량) 자료가 없는 상황에서 P^B_{opt} 추정의 오차를 정량적으로 평가하기는 어려우나 이것만으로는 2~3배의 오차를 설명하기는 어려울 것 같다. 또한 기존의 정점조사에서 얻어진 일차생산값의 수준을 생각할 때, 결론적으로 Nishmura(1983)의 추정이 과소평가일 가능성이 크다고 하겠다.

본 연구에서는 일차생산 추정을 CZCS 자료에 국한하였으나 SeaWiFS나 OCTS 자료에 적용해서 장기적인 차이를 비교해 볼 필요가 있다. 이때 위에서 언급한 문제점을 현장조사에 의해 개선한다면 더욱 개선된 결과를 얻을 수 있을 것이다. CZCS자료의 표본부족으로 연간변동(interannual variability)을 분석하지 못하였으나 SeaWiFS의 경우 충분한 자료가 있으므로 흥미로운 결과를 얻을 수 있을 것이다.

예를 들어 Yoo and Kim(2002)은 1997년에 울릉분지의 식물플랑크톤 대증식은 억제된 반면 아극전선역의 대증식은 규모도 크고 4주간 지속된 것을 보여주었다. 대조적으로 1999년은 울릉분지의 대증식이 있었으나 아극전선역의 대증식은 1 주정도 밖에 지속되지 않았다. Yoo and Kim (2002)은 이러한 차이를 1997년 초반에 대마난류가 약화되었던 사실로 설명하였고 Toba 등 (2001)의 자료를 근거로 1995년의 La Nina의 영향으로 쿠로시오가 약화된 현상과 관계가 있을 가능성을 제시하였다.

장기적인 분석의 예로, Zhang 등(2000)은 수산과학원의 정기조사를 이용하여 Secchi 원반자료에서 엽록소 밀도를 추산하여 1976년의 기후체제전환 이래로 울릉분지에서는 그전에 비해 엽록소 밀도가 낮아졌음을 보여주었다. 나아가 이러한 변화가 혼합수심의 증가, 쿠로시오의 강화, 구름에 의한 일사량 감소 등 제반의 기후요소의 변화와 관계가 있다는 가설을 제시하였다. 그러나 Yoo and Kim(2002)은 1997년의 경우, 울릉분지의 봄 기간의 엽록소 밀도는 낮았으나(<0.8 mg/m^3), 아극전선의 대증식의 규모는 평년보다 훨씬 컸음을 보여주었고 지역전체를 평균하면 오히려 1997년의 일차생산이 더 높았음을 지적하였다. 따라서 국지적 현상은 광역적 현상과 다를 수 있으므로 기후변화와 관련된 현상은 위성자료와 같은 광역의 자료가 필수적임을 의미한다. 결론적으로 동해의 생태계도 기후변화와 같은 장단기적 환경변화의 영향을 받고 이에 따라 변동하고 있다는 증거가 나타나고 있으므로 일차생산에서 상위영양준위에 이르는 생태계 특성의 장기적 연구는 흥미로운 연구분야라 할 수 있다.

참고문헌

Abott, M.R., and P.M. Zion, 1987. Spatial and temporal variability of phytoplankton pigment off northern California during Coastal Ocean Dynamics Experiment 1. J. Geophys. Res. 92:1745.

Behrenfeld, M.J., and P.G. Falkowski, 1997a. Photosynthetic rates derived from satellite-based chlorophyll concentrations. *Limnol. Oceanogr.*, 42:l-20.

Behrenfeld, M.J. and P.G. Falkowski, 1997b. A consumer's guide to phytoplankton primary productivity models. *Limnol. Oceanogr.*, 42:1479-1491.

Chang. K, S. Kim, M. Suk, S.H. Kim, and S. Yoo, 1998. Overview of KORDI's Physical and biological Research Activities in the East/Japan Sea. MTS 32, 24-33.

Chung, C.S., J.H. Shim, Y.C. Park and S.G. Park, 1989. Primary production and nitrogenous nutrient dynamics in the East Sea of Korea. *J. Oceanpgr. Soc. Korea*, 24, 52-61.

Cullen, J., X. Yang, and H.L. MacIntyre, 1992. Nutrient limitation and marine photosynthesis. IN: *Primary productivity and biogeochemical cycles in the sea, edited by Falkowski, P.G., and A.D. Woodhead, Plenum Press*, pp69-88.

Ichiye, T., 1984. Some Problems of circulation and hydrography of the Japan Sea and the Tsushima current. In: Ichiye, T.(ed.), Ocean hydrodynamics of the Japan and East China Sea, Elsevier science. Publishers, Amsterdan, 15-5.

Kim, K., and R. Legeckis, 1986. Branching of the Tsushima Current in 1981-83. *Progress in Oceanography* 17, 265-276.

Kim, S.W., S. Saitoh, J. Ishizaka, Y. Isoda, and M. Kishino, 2000. Temporal and spatial variability of phytoplankton pigment concentration in the Japan Sea derived from CZCS images. *Journal of Oceanography* 56, 527-538.

Koblenz-Mishke, O.I., 1965. Primary production in the Pacific. Okeanologiya 5:325-337.

Lee, W.H. and J.H. Shim, 1990. Distribution of phytoplankton standing crop and the associated T-S properties in the southwestern East Sea(Sea of Japan), *J. Oceanogr. Soc. Korea*, 25(1), 1-17.

Longhurst, A.R., 1995. Seasonal cycles of pelagic production and consumption. *Progress in Oceanography* 36, 77-167.

Longhurst, A.R., 1998. Ecological geography of the sea. *Academic Press*. 398pp.

Moon, C.H., S.R. Yang, H.S. Yang, H.J. Cho, S.Y. Lee and S.Y. Kim, 1998. Regeneration process of nutrients in the polar front area of the East Sea; Chlorophyll a distribution, new production and the vertical diffusion of nitrate. *Bull.. Korean Fish. Soc.* 31(2), 259-266.

Morel, A., and J. Berthon, 1989. Surface pigments, algal biomass profiles, and potential production of the euphotic layer: Relationships reinvestigated in view of remote-sensing applications. *Limnol. Oceanogr.*, 34:1545-1562.

Morioka, Y. Plankton standing crops in the Japan Sea. *Mar. Sci. Tokyo*, 8:55-60.

Ohwada, M. and F. Ogawa, 1966. Plankton in the Japan Sea. Oceanogr. *Mag., Tokyo*, 18:39-42.

Park, J.S., C.K. Kang and K.H. An, 1991. Community structure and spatial distribution of phytoplankton in the polar front region off the east coast of Korea in summer, *Bull. Korean Fish. Soc.* 24(4), 237-247.

SeaBAM Report. 1997. The SeaWiFS Bio-Optical Algorithm Mini-Workshop(SeaBAM). WWW page, http://seabass.gsfc.nasa.gov/seabam/seabam.html

Shim, J.H. and Y.C. Park, 1986. Primary productivity measurement using carbon 14 and nitrogen nutrient dynamics in the Southeastern Sea of Korea, *J. Oceanogr. Soc. Korea*, 21(1), 13-24.

Shim, J.H., H.G. Yeo and J.G. Park, 1992. Primary production system in the southern waters of the East Sea, Korea; I. Biomass and productivity. *J. Oceanogr. Soc. Korea*, 27(2), 91-100.

Shim, J.H., H.G. Yeo and J.G. Park, 1995. Primary production system in the southern waters of the East Sea, Korea; II. The structure of the phytoplankton community. *J. Oceanogr. Soc. Korea*, 30(3), 163-169.

Shim, J.H., S.R. Yang and W.H. Lee, 1989. Phytohydrography and the vertical pattern of nitracline in the southern waters of the Korean East Sea in early spring, *J. Oceanogr. Soc. Korea*, 24(1), 15-28.

Shim, J.H., W.H. Lee and S.Y. Bak, 1985. Studies on the plankton in the southwestern waters of the East Sea(Sea of Japan) (II); Phytoplankton standing crop, nanofraction, and primary production, *J. Oceanogr. Soc. Korea*, 20(3), 37-54.

Steemann Nielsen, E. 1952. The use of radioactive carbon(C-14) for measuring organic production in the sea. *J. Cons. Int. Explor. Mer*, 18:117-140.

Toba, Y., J. Kimura, H. Murakami, M. Kim, Y. Yoshikawa, and K. Shimoda, 2001. Unusual behavior of the Kuroshio Current system, from winter 1996 to summer 1997 revealed by ADEOS-OCTS and other data(continued): A study from broad external conditions with bottom topography. *Journal of Oceanography* 57, 141-154.

Yoo, S., and H. Kim, 2002. Suppression and enhancement of spring bloom in the southwestern East Sea/Japan Sea. *Submitted to Deep Sea Research* II.

Yoon, J.H., 1982. Numerical experiment on the circulation in the Japan Sea, Part 1. Formation of the East Korean Warm Current. *Journal of the Oceanographical Society of Japan*, 38, 43-51.

Zhang, C.I., Lee, J.B., Kim, S., Oh, J.H., 2000. Climate regime shifts and their impacts on marine ecosystem and fisheries resources in Korean waters. *Progress in Oceanography* 47, 171-190.

한국 연안해역에서 신생산과 재생산

박명길·양성렬* / 전남대학교 지구환경과학부 *광주대학교 토목환경공학부

요 약

신생산은 식물플랑크톤에 의한 일차생산 중 시스템 외부로부터 새롭게 공급되는 유용가능한 형태의 질소원에 기인한 생산을 의미하는 반면에, 재생산은 그 시스템의 유광대내에서 순환되는 질소계 영양염에 기초한 생산을 말한다. 신생산과 재생산의 개념은 해양 생태계의 구조와 기능을 이해하고 생지화학적 물질순환에서 식물플랑크톤의 역할을 파악하는데 있어서 중심적인 역할을 담당한다. 한국 주변해역에서 신생산과 재생산에 대한 연구는 1990년대 초반 이후 수행되어 왔으나, 공간적으로는 황해에 그리고 계절적으로는 춘, 추계에 편중되어 있는 경향이 있다. 한국 주변해역에서 신생산과 재생산의 크기는 각각 0.1~202.6 mgN m^{-2} d^{-1}와 0.1~513.4 mgN m^{-2} d^{-1}의 범위로서 계절적, 공간적으로 변이가 매우 크다. 앞으로의 연구들에서는 공간적으로는 동해와 남해에서 활발하게 신생산과 재생산에 관한 연구가 필요하며, 수심이 얕은 황해에서는 특히 유광대내에서 질산화 과정, 식물플랑크톤에 의한 용존 유기질소 배출 등의 과정들이 자세히 연구될 필요가 있으며, 이들에 대한 심도있는 연구는 한국 주변해역의 생지화학적 물질순환과 생태계를 더 잘 이해하는데 크게 기여할 것이다.

1. 서 론

식물플랑크톤은 해양생태계의 먹이망과 물질순환에서 매우 다양한 역할을 수행한다. 이중에서도 가장 중요한 역할은 이산화탄소와 빛 에너지를 이용하여 유기물을 형성하는 일차생산자로서의 기능이며, 해양 생태계를 유지하고 원활하게 기능을 하게 하는 근본적인 토대를 형성한다. 한국 주변해역에서 식물플랑크톤에 대한 연구의 역사는 1930년대까지 거슬러 올라가는 오래된 역

사를 가지고 있으나 주로 식물플랑크톤의 분류와 정량분포 및 군집동태에 관한 연구가 주류를 형성하였다(심, 1994). 한국 주변해역에서 일차생산에 관한 연구는 이전에 간헐적으로 측정되어 왔으나 방사성 동위원소 ^{14}C 배양법을 이용해 동해 남부해역에서 Shim and Park(1986)이 일차생산력을 측정한 이후로 본격적으로 연구되기 시작하였다.

본 논문에서는 식물플랑크톤에 의한 일차생산 중 이용되는 질소원의 기원에 따라 구분되는 신생산 및 재생산의 개념 및 발달, 측정 방법들을 간단히 소개하고, 이어서 우리나라 주변해역에서 지금까지 진행된 연구들의 성과와 한계를 정리하였으며 앞으로의 연구방향 등을 간략하게 제시하였다.

2. 신생산과 재생산은 무엇인가?

2.1 개념의 정의, 발달 및 제한사항

신생산과 재생산 개념은 지금으로부터 약 30여년 전에 Dugdale and Goering(1967)에 의해 도입되었다. 해양 표영생태계에서 영양염 순환과 특정 해역의 상위 영양단계의 생산성을 유지할 수 있는 용량을 논의하는 과정에서 그들은 표영생태계의 안, 밖으로 영양염의 유, 출입이 균형을 이룰 때만 식물플랑크톤 군집이 유지될 수 있으며, 영양염이 유출보다는 유입이 많을 경우에 상위 영양단계 생물들의 생산성을 유지할 수 있다는 점에 주목하였다. 게다가 여러 영양염 중에서 어느 하나는 이러한 개념의 논의에 공용화폐로서 사용될 수 있다는 점을 인식하였고, 해양에서 종종 일차생산을 제한할 뿐만 아니라 생물의 주요 구성성분이며 탄소나 인과 같은 원소들과 일정한 비율로 존재한다는 점에서 질소를 선택하였다. 이러한 맥락에서 총 일차생산 중 고려하고 있는 시스템 외부로부터 공급되는 질소원(대개 질산염)에 기인한 일차생산을 신생산(new production), 시스템 내부에서 재순환되는 질소원(대개 암모늄 및 요소질소)에 기인한 일차생산을 재생산(regenerated production)으로 정의하였다(Dugdale and Goering, 1967; 그림 1A).

어느 주어진 해역에서 신생산 및 재생산의 크기는 다양한 방법으로 측정될 수 있는데, 각 방법은 각각의 제한점과 응용가능한 시, 공간적 규모가 다양하다(Eppley, 1989; Platt 등, 1992). 가장 전통적이고 직접적인 방법으로서 흔히 이용되는 신생산 및 재생산 측정방법은 안정동위 원소 ^{15}N으로 표지한 질산염과 암모늄을 이용하는 것이다(Dugdale and Goering, 1967). 신생산을 추정하는 간접적인 방법들로는 유광대 아래의 수심에 설치한 sediment trap(Knauer, 1988)과 유광대로 질산염 유입속도(Altabet and Deuser, 1985; Lewis 등, 1986; Jenkins, 1988), 유광대 아래에서 산소소모율(Jenkins and Goldman, 1985), 유광대에서 $^{234}Th/^{238}U$ 비평형상태(Coale and

Bruland, 1987), 그리고 $^{3}H/^{3}He$(Jenkins, 1982) 등의 bulk properties의 변화를 이용하는 것이 있다. 또 다른 방법으로는 일차생산력과 *f*-ratio(총 일차생산중 신생산이 차지하는 비율 ; Eppley and Peterson, 1979) 사이의 관계식을 이용하는 것으로, 여기서 *f*-ratio는 질산염 농도(Platt and Harrison, 1985; Harrison 등, 1987)나 크기구배에 따른 식물플랑크톤 생산량과 생체량 등의 비(ratio)(Tremblay 등, 1997) 등으로부터 추정할 수 있다. 또한 인공위성으로 부터 얻어진 해수 표층 수온자료와 질산염 농도간의 관계(Dugdale 등, 1989; Sathyendranath 등, 1991; Morin 등, 1993; Kudela and Dugdale, 1996) 또는 생물광학적 모델을 이용한 방법(Kudela and Chavez, 1997; Park 등, 2002)들이 보고되고 있다.

위에서 살펴본 바와 같이 신생산 개념이 Dugdale and Goering(1967)에 의해 도입된 이후 다양한 시공간적 규모에서 신생산의 크기를 정확하게 추정하려는 여러 방법들이 제시되고 토의되어 왔음에도 불구하고, 가장 직접적인 결과를 낼 수 있으며 널리 사용되는 방법은 안정동위원소 ^{15}N으로 표지한 질산염 섭취 측정방법이다. 그러나 안정동위원소 ^{15}N 섭취방법을 통해 얻은 결과는 다음과 같은 이유들로 인해서 실제 신생산의 크기를 과소 또는 과대평가할 수 있다. 예를

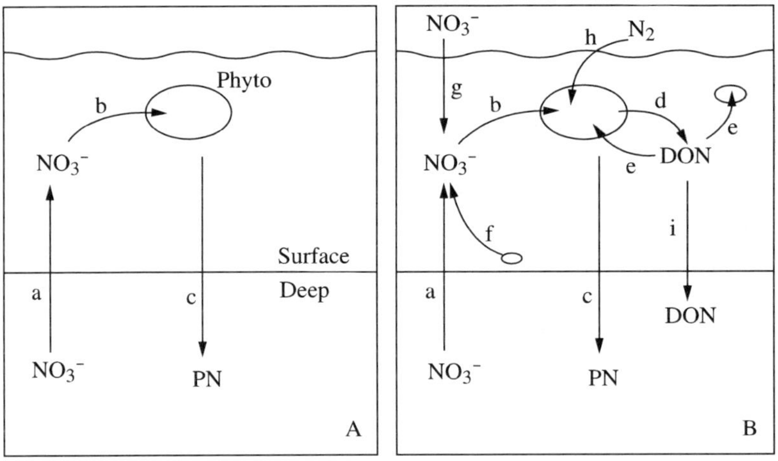

그림 1. 신생산에 대한 전통적인 개념(A)과 개정된 질소흐름의 개념(B) : A에서 (a)는 질산염의 수직상승분, (b)는 질산염의 순이용율, (c)는 입자질소의 심해에 침강하는 양으로 모두 같은 것을 가리키며, B에서는 질산염의 상승분(a)에 질산화과정(f)과 대기로부터 침강분(g)이 합해져 순수한 질산염 흡수(b)와 용존유기질소 배출율(d)이 같아진다. (b)와 (d)의 합은 질산염의 총흡수율이다. (b)와 공중질소고정율(h), 박테리아와 자기영양생물의 생물양으로 유입되는 DON(e)의 합은 심해로 침강하는 DON의 양(i)과 입자질소(PN)의 합과 같다(Bronk 등, 1994)

들면, 식물플랑크톤에 의해 섭취된 질산염 및 암모늄이 용존유기질소(dissolved organic nitrogen)로 식물플랑크톤 체외로 배출되거나(Bronk 등, 1994; Slawyk and Raimbault, 1995; Bronk and Ward, 1999; 그림 1B), 질산염 섭취동안 아질산염(nitrite)으로 분비(Collos, 1998), 배양과정동안 위의 기작들로 인해서 생길 수 있는 ^{15}N으로 표지된 안정동위원소의 희석(Glibert 등, 1982), 유광대내에서 질산화과정(Ward, 1986; Ward 등, 1989; Dore and Karl, 1996; Raimbault 등, 1999; Diaz and Raimbault, 2000), 그리고 식물플랑크톤의 질소 섭취의 일주기성(Cochlan 등, 1991; Park 등, 1997) 등과 같은 방법론적 혹은 자연 현상들에 대한 더 깊은 이해는 신생산의 크기를 정확하게 추정하는데 크게 기여하였다.

2.2 의미와 중요성

재생산은 시스템이 소진되지 않고 지속적으로 유지되게 하는데 필요한 생산인 반면, 신생산은 수확되거나 표층으로 부터 수출될 수 있는 생산을 의미한다. 이러한 관점에서 특정 해역에서 신생산의 크기는 수산업의 수득률(fishery yield)과 같은 유용가능한 생산과 밀접한 연관이 있다(Horne 등, 1989; Iverson, 1990; Nielsen and Richardson, 1996). 한편, 신생산의 크기는 수주내에서 표층과 그 아래층 사이에 얼마나 연관이 잘 이루어지는가에 관한 정보를 제공한다(Platt 등, 1992). 신생산은 중요한 온실기체중의 하나인 이산화탄소를 대기로부터 심층으로 제거하는 생물학적 펌프(biological pump) 역할을 담당한다(Platt 등., 1992).

3. 지금까지 한국주변 해역에서의 신생산 및 재생산 연구

3.1 연구해역의 범위

그림 2는 현재까지 우리나라 주변해역에서 ^{15}N으로 표지한 안정동위원소 흡수법을 이용하여 1회 이상 신생산 및 재생산을 측정한 정점들을 도시한 것으로서, 이 그림으로부터 우리나라 주변해역에서 신생산 및 재생산에 관한 연구는 공간적으로 상당히 제한적임을 알 수 있다. 즉, 우리나라에서 신생산과 재생산의 연구는 공간적으로는 대개 황해에 집중되어 있으며(그림 2), 계절적으로는 춘, 추계에 많이 편중되어 있는 경향이 있다(표 1).

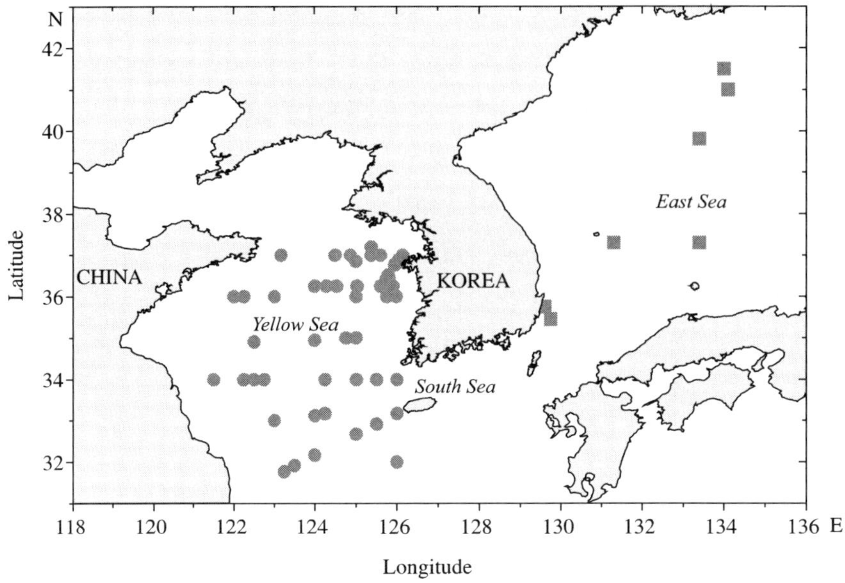

그림 2. 한국주변해역에서 ^{15}N 동위원소를 이용한 신생산과 재생산을 측정한 정점지도
● : 양 등(1994), 박 등(1997, 2002), 조 등(2001)의 정점, ■ : 문 등(1998)과 양(미발표)의 정점

표 1. 한국연안과 주변해에서 ^{15}N 동위원소를 이용하여 측정한 신생산(NP)과 재생산(RP)의 범위

Location	Month	NP ($mgN\ m^{-2}\ d^{-1}$)	RP ($mgN\ m^{-2}\ d^{-1}$)	References
Yellow Sea				
Southern part	April	18.5~180.9	136.7~507.5	Yang *et al.*(1994)
Mid-eastern part	June	5.9	94.3	Park *et al.*(1997)
Mid-eastern part	May, June	0.1~139.8	5.1~242.9	Cho *et al.*(2001)
Whole area	May, November	1.8~15.3	5.0~132.2	Park *et al.*(2002)
Whole area	February, April	0.1~19.8	0.1~22.8	Park *et al.*(2004)
East Sea				
Polar front	October	0.7~27.1	4.3~45.8	Moon *et al.*(1998)
Gampo upwelling area	June	19.6~202.6	200.9~513.4	Yang(unpublished)

이러한 시, 공간적 편중 현상은 아마도 근래에 한중 두 나라 사이에 황해의 이용과 보존에 대한 상호인식과 그 중요성이 부각되면서 이 해역에 대한 공동 연구가 활발해졌던 점에 일정부분 그 원인이 있으며, 다른 계절에 비해 춘, 추계에 해상의 기상상태가 현장 연구에 유리하게 작용하였다는 점도 들 수 있다. 동해의 신생산 및 재생산에 관한 연구는 동해 극전선해역에서 10월에 수행한 Moon 등(1998)의 연구가 전부이다. 최근에 Hahm and Kim(2001)은 동해 남부에서 2월, 6월, 7월 및 10월에 ^{3}He을 이용하여 신생산을 추정한 결과를 보고한 바 있다. 반면에, 황해에서

는 남부해역에서 1993년 4월말에 수행한 Yang 등(1994)의 연구를 기점으로 이후 다른 해역에 비해 상대적으로 신생산과 재생산에 관한 연구가 많이 진행되어 왔다.

3.2 신생산과 재생산의 크기

지금까지 우리나라 주변해역에서 보고된 신생산과 재생산의 크기를 표 1에 정리하였다. 한국 주변해역에서 신생산과 재생산의 크기는 각각 0.1~202.6 mgN $m^{-2}d^{-1}$와 0.1~513.4 mgN $m^{-2}d^{-1}$의 범위로서 계절적, 공간적으로 매우 큰 변이를 보인다. 동해의 극전선 해역에서 10월에 신생산과 재생산의 크기는 각각 0.66~27.12 mgN $m^{-2}d^{-1}$와 4.34~45.83 mgN $m^{-2}d^{-1}$의 범위였고(Moon 등, 1998), 동해 남부의 감포 주변 용승해역에서 6월에 신생산은 19.6~202.6 mgN $m^{-2}d^{-1}$, 재생산은 200.9~513.4 mgN $m^{-2}d^{-1}$의 범위를 보였다(양, 미발표 자료).

황해에서 신생산은 0.05~180.9 mgN $m^{-2}d^{-1}$의 범위이고, 재생산은 0.1~507.5 mgN $m^{-2}d^{-1}$의 범위로서(Yang 등, 1994; Shim 등, 1996; Cho 등, 2001; Park 등, 2002a, b), 시간적, 공간적으로 그 크기가 매우 크게 변화함을 알 수 있다. 황해의 신생산과 재생산의 크기로부터 흥미로운 점은 황해에서는 겨울철을 제외한 연중 대부분의 기간 동안에 겉보기에는 재생산이 신생산보다 우세하게 나타난다는 점이다(Park 등, 2002b; 그림 3).황해에서 재생산이 신생산보다 우세한 이유에 대해 Park 등(2002b)은 여러 가지 가능성 중에서 (1) 황해의 식물플랑크톤 군집이 암모늄을 선호하는 경향(McCarthy 등, 1977; Cochlan, 1986; Underwood and Kromkamp, 1999;

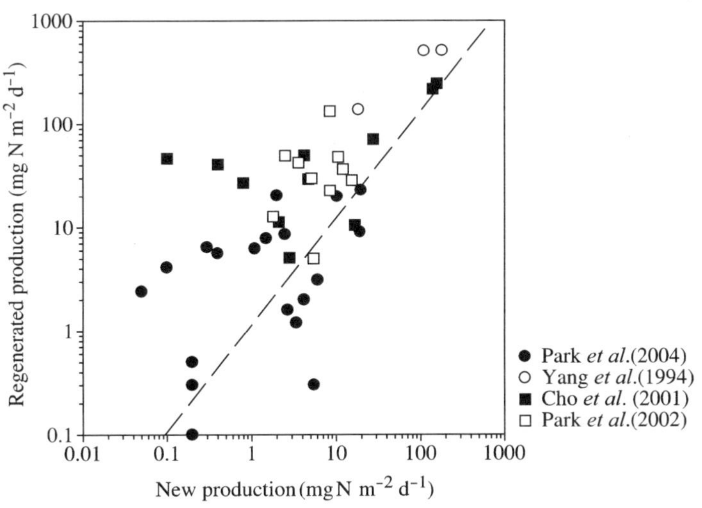

그림 3. 황해의 전수층에서의 재생산과 신생산의 산포도
점선은 1:1 상관선을 가리킴(박 등, 2004)

Middelburg and Nieuwenhuize, 2000), (2) 질산염 섭취동안 아질산염의 분비(Collos, 1998), (3) 용존유기질소의 방출(Bronk 등, 1994; Bronk and Ward, 1999), 그리고 (4) 황해 무광대내 식물플랑크톤에 의한 질소섭취가 상당하게 일어남(Park 등, 2002a) 등을 제시하였다. 특히, 황해의 무광대내 식물플랑크톤에 의한 질소 섭취율은 질산염의 경우 전체 수주 섭취율중의 13.0~86.2%를, 암모늄의 경우는 13.8~67.8%를 차지하였다(Park 등, 2002a). 그러나 황해의 수심은 100m 이하로서 얕기 때문에(Hahn, 1993) 와류나 수온약층의 수직이동과 같은 물리적 작용들에 의해 무광대내 식물플랑크톤이 쉽게 유광대로 편입될 수 있고, 이러한 경우에는 질산염과 암모늄의 어느 형태를 섭취하든 간에 모두 신생산에 포함되어야 할 것이다(Park 등, 2002b).

4. 향후 연구과제와 전망

한국 주변해역에서 90년대 중반 이후로 신생산과 재생산에 관한 연구가 진행되어 왔음에도 불구하고 아직 해결해야 할 과제들이 많이 남아있다. 한국 주변해역에서 신생산과 재생산의 크기를 정확하게 추정하기 위한 급선무의 과제로서는 일차적으로 동해와 남해에서의 연구들이 더욱 보강되어야 할 것으로 판단된다. 황해에서의 연구와 비교하여 상대적으로 연구가 부진했던 동해와 남해에서 시간적, 공간적으로 신생산과 재생산의 크기가 얼마나 변화하는지 일차적으로 파악되어야 할 것이다.

한편, 황해에서는 안정동위원소 배양법으로 얻어진 결과들의 직, 간접적인 방법을 통해서 보정이 이루어져야 할 것으로 판단된다. 예를 들면, 향후 연구들에서는 용존유기질소의 방출, 유광대내 질산화 과정들이 얼마나 시, 공간적으로 활발하게 일어나고 있는지에 대한 평가는 황해의 신생산과 재생산의 크기를 정확하게 추정하는데 크게 기여할 것이다.

참고문헌

심재형, 1994. 한국동식물도감 제34권 식물편(해양식물플랑크톤). 교육부. pp. 487.

Altabet, M.A. and W.G. Deuser, 1985. Seasonal variations in natural abundance of ^{15}N in particles sinking to the deep Sargasso Sea. *Nature* **315**: 218-219.

Bronk, D.A. and B.B. Ward, 1999. Gross and net nitrogen uptake and DON release in the euphotic zone of Monterey Bay, California. *Limnol. Oceanogr.*, **44**: 573-585.

Bronk, D.A., P.M. Glibert and B.B. Ward, 1994. Nitrogen uptake, dissolved organic nitrogen release, and new production. *Science*, **265**: 1843-1846.

Cho, B.C., M.G. Park, J.H. Shim and D.H. Choi, 2001. Sea-surface temperature and *f*-ratio explain large variability in the ratio of bacterial production to primary production in the Yellow Sea. *Mar. Ecol. Prog. Ser.*, **216**: 31-41.

Coale, K.H. and K.W. Bruland, 1987. Oceanic stratified euphotic zone as elucidated by 234Th:238U disequilibria. *Limnol. Oceanogr.*, **32**:189-200.

Cochlan, W. P., 1986. Seasonal study of uptake and regeneration of nitrogen on the Scotian Shelf. *Cont. Shelf Res.*, **5**: 555-577.

Cochlan, W.P., P.J. Harrison and K.L. Denman, 1991. Diel periodicity of nitrogen uptake by marine phytoplankton in nitrate-rich environments. *Limnol. Oceanogr.*, **36**: 1689-1700.

Collos, Y., 1998. Nitrate uptake, nitrite release and uptake, and new production estimates. *Mar. Ecol. Prog. Ser.*, **171**: 293-301.

Diaz, F. and P. Raimbault, 2000. Nitrogen regeneration and dissolved organic nitrogen release during spring in a NW Mediterranean coastal zone (Gulf of Lions): implications for the estimation of new production. *Mar. Ecol. Prog. Ser.*, **197**: 51-65.

Dore, JE. and D.M. Karl, 1996. Nitrification in the euphotic zone as a source for nitrite, nitrate, and nitrous oxide at Station ALOHA. *Limnol. Oceanogr.*, **41**: 1619-1628.

Dugdale, R.C. and J.J. Goering, 1967. Uptake of new and regenerated forms of nitrogen in primary productivity. *Limnol. Oceanogr.*, **12**: 196-206.

Dugdale, R.C., A. Morel, A. Bricaud and F.P. Wilkerson, 1989. Modeling new production in upwelling centers: a case study of modeling new production from remotely sensed temperature and color. *J. Geophys. Res.*, **94**: 18119-18132.

Eppley, R.W. and B.J. Peterson, 1979. Particulate organic matter flux and planktonic new production in the deep ocean. *Nature*, **279**: 210-215.

Eppley, R.W., 1989. New production: history, methods, problems. In: Productivity of the Ocean: Present and Past, edited by Berger, W.H., V.S. Smetacek and G. Wefer, John Wiley & Sons, New York, pp. 85-97.

Glibert, P.M., F. Lipschultz, J.J. McCarthy and M.A. Altabet, 1982. Isotope dilution models of uptake and remineralization of ammonium by phytoplankton. *Limnol. Oceanogr.*, **27**: 639-650.

Hahm, D. and K.R. Kim, 2001. An estimation of the new production in the southern East Sea using helium isotopes. *J. Kor. Soc. Oceanogr.*, **36**: 19-26.

Hahn, S. D., 1993 Dimension of the Yellow Sea and its change. *Yellow Sea Res.*, **5**: 5-9.

Harrison, W.G., T. Platt and M.R. Lewis, 1987. *f*-Ratio and its relationship to ambient nitrate concentration in coastal waters. *J. Plankton Res.*, **9**: 235-248.

Horne, E.P.W., J.W. Loder, W.G. Harrison, R. Mohn, M.R. Lewis, B. Irwin and T. Platt, 1989. Nitrate supply and demand at the Georges Bank tidal front. *Scient. Mar.*, **53**: 145-158.

Iverson, R.L., 1990. Control of marine fish production. *Limnol. Oceanogr.*, **35**: 1593-1604.

Jenkins, W.J. and J.C. Goldman, 1985. Seasonal oxygen cycling and primary production in the Sargasso sea. *J. Mar. Res.*, **43**: 465-491.

Jenkins, W.J., 1982. Oxygen utilization rates in North Atlantic subtropical gyre and primary production in oligotrophic systems. *Nature* **300**: 246-248.

Jenkins, W.J., 1988. Nitrate flux into the euphotic zone near Bermuda. *Nature* **331**:521-523.

Knauer, G.A., 1988. New production and vertical flux of particulate organic matter from euphotic zone waters of the northeast Pacific Ocean. In *Biogeochemical cycling and fluxes between the deep euphotic zone and other oceanic realms* (Agegian, C.R., ed). NOAA Res. Prog. Res. Rep. 88-1, pp. 85-101.

Kudela, R.M. and F.P. Chavez, 1997. Estimating new production from the quantum yield of nitrate uptake. *SPIE Ocean Optics XIII*, **2963**: 471-476.

Kudela, R.M. and R.C. Dugdale, 1996. Estimation of new production from remotely-sensed data in a coastal upwelling regime. *Adv.* Space *Res.*, **18**: (7)91-(7)97.

Lewis, M.R., W.G. Harrison, N.S. Oakey, D. Herbert and T. Platt, 1986. Vertical nitrate fluxes in the oligotrophic ocean. *Science* **234**: 870-873.

McCarthy, J. J., Taylor, W. R. & Taft, J. L. 1977 Nitrogenous nutrition of the plankton in the Chesapeake Bay. I. Nutrient availability and phytoplankton preferences. *Limnology and Oceanography* **22,** 996-1011.

Middelburg, J. J. and J. Nieuwenhuize, 2000. Uptake of dissolved inorganic nitrogen in turbid, tidal estuaries. *Mar. Ecol. Prog. Ser.,* **192**: 79-88.

Moon, C.H., S.R. Yang, H.S. Yang, H.J. Cho, S.Y. Lee and S.Y. Kim, 1998. Regeneration processes of nutrients in the polar front area of the East Sea. IV. Chlorophyll a distribution, new production and the vertical diffusion of nitrate. *J. Korean Fish. Soc.*, **31**: 259-266.

Morin, P., M.V.M. Wafar and P. Le Corre, 1993. Estimation of nitrate flux in a tidal front from satellite-derived temperature data. *J. Geophys. Res.*, **98**: 4689-4695.

Nielsen, E. and K. Richardson, 1996. Can changes in the fisheries yield in the Kattegat (1950-1992) be linked to changes in primary production? *ICES J. Mar. Sci.*, **53**: 988-994.

Park, M. G., S.R. Yang, J.H. Shim, G.H. Hong, C.S. Chung, D.B. Yang and B.C. Cho, 2004, Apparent dominance of regenerated production in the Yellow Sea. *J. Kor. Soc. Oceanogr.*, 39 : 20-25.

Park, M. G., S.R. Yang, J.H. Shim, C.S. Chung, G.H. Hong, S.J. Pae and D.B. Yang, 2002. Is nitrogen uptake rate by phytoplankton below the euphotic zone in the Yellow Sea considerable? *The Sea, J. Kor. Soc. Oceanogr.,* **7**: 60-67.

Park, M.G., J.H. Shim and S.R. Yang, 2002. The application of quantum yield of nitrate uptake to estimate new production in well-mixed waters of the Yellow Sea: a preliminary result. *J. Kor. Soc. Oceanogr.*, **37**: 45-50.

Park, M.G., J.H. Shim, S.R. Yang, S. Lee and B.C. Cho, 1997. Diel cycles of nitrogen uptake by marine phytoplankton in NO_3^- -high and -low environments. *J. Kor. Soc. Oceanogr.*, **32**: 191-201.

Platt, T. and W.G. Harrison, 1985. Biogenic fluxes of carbon and oxygen in the ocean. *Nature* **318**: 55-58.

Platt, T., Jauhari, P. & Sathyendranath, S. 1992 The importance and measurement of new production. In *Primary productivity and biogeochemical cycles in the sea* (Falkowski, P. G. & Woodhead, A. D., eds). Plenum Press, New York, pp. 273-284.

Raimbault, P., G. Slawyk, B. Boudjellal, C. Coatanoan, P. Conan, B. Coste, N. Garcia, T. Moutin and M. Pujo-Pay, 1999. Carbon and nitrogen uptake and export in the equatorial Pacific at 150° W: evidence of an efficient regenerated production cycle. *J. Geophys. Res.*, **104(C2)**: 3341-3356.

Sathyendranath, S., T. Platt, E.P.W. Horne, W.G. Harrison, O. Ulloa, R. Outerbridge and N. Hoepffner, 1991. Estimation of new production in the ocean by compound remote sensing. *Nature*, **353**: 129-133.

Shim, J. H., M.G. Park, S.R. Yang and B.C. Cho, 1996. Nitrogen dynamics during the early phase of tidal front formation in the mid-eastern part of the Yellow Sea. *The Yellow Sea* **2**: 15-25.

Shim, J.H. and Y.C. Park, 1986. Primary productivity measurement using carbon-14 and nitrogenous nutrient dynamics in the southeastern sea of Korea. *J. Kor. Soc. Oceanogr.*, **21**: 13-24.

Slawyk, G. and P. Raimbault, 1995. Simple procedure for simultaneous recovery of dissolved inorganic and organic nitrogen in ^{15}N tracer experiments and improving the isotopic mass balance. *Mar. Ecol. Prog. Ser.*, **124**: 289-299.

Tremblay, J., B. Klein, L. Legendre, R.B. Rivkin and J. Therriault, 1997. Estimation of *f*-ratios in oceans based on phytoplankton size structure. *Limnol. Oceanogr.*, **42**: 589-595.

Underwood, G. J. C. and J. Kromkamp, 1999. Primary production by phytoplankton and microphytobenthos in estuaries. *Adv. Ecol. Res.*, **29**: 93-153.

Ward, B.B., 1986. Nitrification in marine environments. In *Nitrification* (Prosser, J.I., ed). IRL Press, Oxford, pp. 157-184.

Ward, B.B., K.A. Kilpatrick, E.H. Renger and R.W. Eppley, 1989. Biological nitrogen cycling in the nitracline. *Limnol. Oceanogr.*, **34**: 493-513.

Yang, S. R., K.S. Shin and D.B. Yang, 1994. New and regenerated production based on nitrogen in the southern part of the Yellow Sea in late April, 1993. *J. Kor. Soc. Oceanogr.*, **29**: 258-268.

한국연안 퇴적물에서 관찰된 와편모조류 휴면포자

박재연·심재형* / (재)차세대융합기술연구원 *서울대학교 명예교수

요 약

43종의 휴면포자를 적조가 자주 발생하는 한국연안의 4지역 – 군산, 여수, 통영, 마산, 진해의 퇴적물에서 관찰, 동정하였다. 전 조사지역에서 나타난 종은 *Diplopsalis lenticula, Pheopolykrikos hartmannii, Polykrikos kofoidii, Protoperidinium conicum, Protoperidinium oblongum* 그리고 *Scrippsiella trochoidea* 였다. *Gotoius abei, Gyrodinium instriatum, Protoperidinium divaricatum, Scrippsiella crystallina* 는 서해안의 군산지역에서만 발견되었고, *Alexandrium tamarense, Protoperidinium minutum, Protoperidinium thorianum*는 남해지역에서만 관찰되었다.

1. 서 론

약 1800여 종의 와편모조류 중 80여종 이상이 생활사중에 휴면포자를 생성하는 것으로 알려져 있다. 휴면포자는 자연상태에서 대발생의 말기에 주로 생성된다(Anderson 등, 1983). 휴면포자는 유성생식의 결과로 생기는데, 반수체(haploid)인 배우자(gamete)의 융합에 의해 형성된다. 유성생식은 영양염의 고갈(Anderson 등, 1985; Watanabe 등, 1982)과 수온의 변화(Anderson 등 1984)와 같은 물리·화학적인 조건에 의해 유도된다고 알려져 있다.

휴면포자는 생성되면 바닥으로 침강하여 입자가 고운 퇴적물에 축적되게 된다. 이러한 형태의 휴면포자는 주변환경이 유리하게 바뀌면 발아하여 수층에서 유영세포의 형태로 존재하며 대발생의 씨앗(Seeding)역할을 하게 된다(Anderson & Wall, 1978).

휴면포자는 와편모조류의 생활사에서 매우 중요한 역할을 하게 되는데, 예컨데 와편모조류가

종의 생존기간을 연장한다던가, 선박평형수(ballast water)에 의해 운반됨으로써 종의 분포영역을 확대하는 역할 등을 들 수가 있다.

최근까지 휴면포자는 화석종으로서 고생물학자들에 의해 주로 연구되어 왔으나, 근래에 화석종과 현생 퇴적물에서 발견되는 휴면포자의 관계가 규명되고 있고, 발아실험을 통해 휴면포자와 유영세포종간의 관계가 속속 확인되면서 휴면포자의 동정에 큰 진전이 이루어지고 있다(Wall and Dale, 1968; Morey-Gains and Ruse, 1980; Fukuyo, 1982; Kobayashi and Matsuoka, 1984; Matsuoka 등, 1988; Lewis, 1991; Zonneveld and Dale, 1994). 그러나 국내에서의 휴면포자에 관한 연구는 아직 미진한 상태이다. 80년대 후반부터 연구가 시작되어 최근에는 일부의 연구가 발표되고 있으나, 남부지역에 국한되어 있는 실정이고, 우리나라에서 출현하는 휴면포자에 관한 체계적인 정리는 이루어지지 않고 있는 상태이다. 본 연구에서는 우리나라 해역 중 최근까지 연구가 되어있지 않았던 군산해역과 남해안의 적조다발지역을 대상으로 그 지역에서 채집, 관찰된 휴면포자의 종조성과 각 휴면포자에 대한 기재를 정리하였다.

2. 재료 및 방법

2.1 퇴적물 채취

2001년과 2002년에 걸쳐 총 8회에 걸쳐 남해안의 통영, 마산, 진해, 여수 4개 지역 약 50개 정점과 서해안 새만금 지역 약 7개의 정점(그림 1)에서 gravity corer를 이용하여 정점당 2~3개의 시료를 채취하였다. 퇴적물은 약 10~30cm까지 채취하였고 4℃에서 냉장하여 실험실로 운반하였다.

2.2 퇴적물 처리 및 분석

퇴적물은 2cm 간격으로 분리하여 Matsuoka 등(1989)의 방법으로 처리하였다. 농축시료는 광학현미경 또는 전도현미경 하에서 200배 또는 400배로 관찰하였다. 사진촬영을 위한 세포는 단일세포를 분리하여 촬영하거나 관찰 중에 촬영하였고, 전자현미경 촬영을 위해서는 단일세포 분리 후 glutaraldehyde 5% 용액으로 고정한 후 해수에 여러 번 세척하여 이용하였다. 이후 염제거과정과 수분제거과정을 거친 후 Gold-coating하여 주사전자현미경(JEOL JSM-840A)으로 관찰하였다.

2.3 발아실험

농축된 시료를 현미경하에서 단일세포 분리하여 여과해수로 2~3회 세척하였다. 96cell wall에 멸균된 여과해수(퇴적물 채취한 곳의 해수)를 200 μL 넣은 후 분리한 세포를 접종하여 20℃, 150 $\mu E m^{-2} s^{-1}$ (12 : 12 명암주기)인 배양기에서 배양하였다. 접종 후 첫 1주는 하루 2회씩 관찰하였고, 2주까지는 매일 관찰하여 휴면포자의 발아여부를 확인하였다.

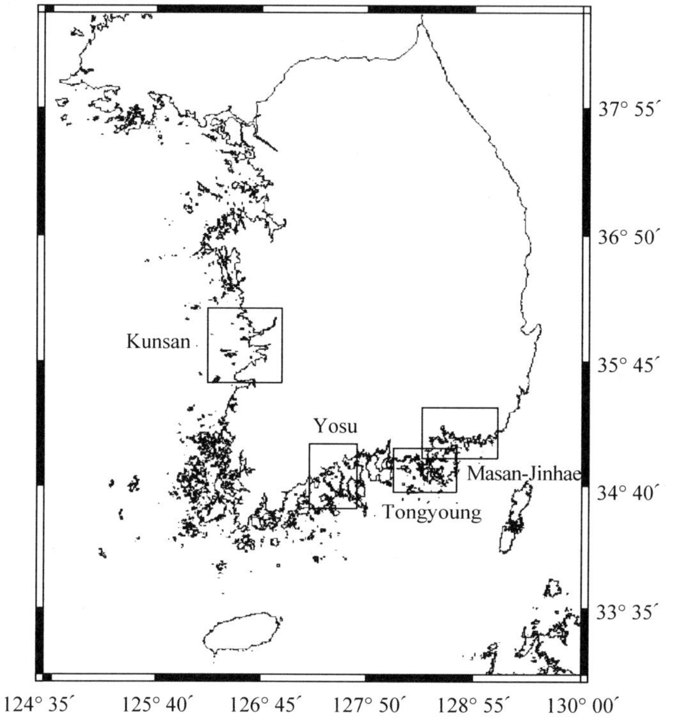

그림 1. 시료 채집 지점 지도

3. 결 과

총 43가지의 서로 다른 형태의 휴면포자가 관찰되었다. 이중 40종이 종 수준까지 동정되었고 미기록종(unknown type)은 기재하지 않았다. Peridiniaceae에 속하는 종이 22종으로 가장 많았고, Gonyaulaceae에 속하는 종이 15종(12개 현생종에 15개 cyst type), Gymnodiniaceae에 속하는 종이 6종 기록되었다. 표 1에는 각 지역별로 출현하는 종을 정리해 놓았다. 특이한 것은, 서해안 새만금 지역에서 남부연안해역보다 더 다양한 휴면포자가 관찰되는 것을 볼 수 있다.

표 1. 한국연안해역에 출현한 와편모조류 휴면포자의 종류

Cyst species	Palaeontological name	Sampling site: Yosu (Gamak bay)			Tong young	Kunsan		Masan–Jinhae bay
		1997	1998	2002	2002	2001	2002	1997
Alexandrium affine		+	+	+		+	+	
Alexandrium catenella					+	+	+	
Alexandrium tamarense		+	+	+	+			+
Alexandrium minutum				+		+	+	
Cochlodinium sp1.	*Cochlodinium polykrikoides*	+	+		+	+		+
Diplopsalis lenticula		+	+	+	+	+	+	+
Diplopelta parva				+			+	
Gonyaulax digitalis	*Spiniferites bentori*	+		+				+
Gonyaulax scrippsae	*Spiniferites bulloideus*	+	+	+	+			+
Gonyaulax spinifera	*Spiniferites elongatus*			+	+	+	+	+
	Spiniferites hyperacanthus					+		
	Spiniferites mirabilis			+		+	+	
	Spiniferites ramosus	+	+	+	+	+	+	
Gonyaulax verior				+		+	+	
Gonyaulax sp.	*Spiniferites* sp.					+		
Gotoius abei						+	+	
Gymnodinium catenatum				+	+	+	+	
Gyrodinium impudicum					+	+		
Gyrodinium instriatum						+		
Lingulodinium polyedrum	*Lingulodinium machaerophorum*	+	+	+		+	+	
Pheopolykrikos hartmannii		+	+	+	+	+	+	+
Polykrikos kofoidii		+	+	+	+	+	+	+
Protoceratium reticulatum		+	+	+		+	+	+
Protoperidinium americanum		+	+	+		+	+	
Protoperidinium avellana	*Brigantedinium cariacoense*	+		+		+	+	
Protoperidinium claudicans	*Votadinium spinosum*	+			+	+		
Protoperidinium compressum	*Stelladinium stellatum*	+				+		+
Protoperidinium conicoides	*Brigantedinium simpex*	+	+	+		+	+	
Protoperidinium conicum	*Selenopemphix quanta*	+	+	+	+	+	+	+
Protoperidinium denticulatum	*Brigantedinium irregulare*			+		+	+	
Protoperidinium divaricatum	*Xandarodinium xanthum*					+	+	
Protoperidinium lattissimum		+			+	+	+	
Protoperidinium leonis	*Quinquecuspis concretum*	+			+			+
Protoperidinium minutum		+	+		+			+
Protoperidinium oblongum	*Votadinium calvum*	+	+	+	+	+	+	+
Protoperidinium subinerme	*Selenopemphix alticinctum*	+			+	+	+	
Protoperidinium thorianum						+		+
Protoperidinium sp1.	*Trinovantedinium capitatum*	+	+	+			+	+
Protoperidinium sp2	*Brigantedinium* sp.	+	+	+	+	+	+	
Pyrophacus steinii	*Tuberculodinium vancampoae*	+	+			+	+	+
Scrippsiella crystallina						+	+	
Scrippsiella trochoidea		+	+	+	+	+	+	+
Zagabikodinium lenticulatum	*Dubridinium caperatum*			+	+	+	+	+

여수(이 등, 1999), 마산-진해만(이 등, 1998), 군산지역(2001-2002)과 통영(2002) 지역에 출현한 휴면포자

4. Family Gonyaulaceae

Alexandrium affine (Inoue et Fukuyo) Balech (**그림** 1~2)

외형은 구형(spherical type)이고 세포벽은 한 층으로 두껍게 형성되어 있다. 세포는 무색으로 투명에 가깝고 장식물이 없다. 살아있는 세포는 수 μm의 적갈색 과립(orange-red accumulation body)을 가지고 있다. 세포외벽은 투명하고 형태가 일정치 않은 점액질성분(mucilaginous layer)으로 둘러싸여 있다. 크기 직경 30~35 μm.

Alexandrium catenella (Whedon et Kofoid) Balech (**그림** 3~5)

외형은 타원형(ellipsoidal type)이고 세포벽은 한 층으로 두껍게 형성되어 있다. 세포는 무색 투명에 가깝고 장식물이 없다. 살아있는 세포는 수 μm의 적갈색 과립을 가지고 있다. 세포외벽은 투명하고 형태가 일정치 않은 점액질성분으로 둘러싸여 있다. 크기 장경 35~55 μm, 단경 25~35 μm.

Alexandrium tamarense (Lebour) Balech

휴면포자가 *Alexandrium catenella*와 동일한 형태와 크기를 가지고 있어서, 발아실험을 통해 유영세포를 관찰하기 이전에는 구분하기가 힘들다. 영양세포는 마비성패독을 생산한다. 크기 장경 35~55 μm, 단경 25~35 μm.

Gonyaulax digitalis (Pouchet) Kofoid

난형(장경 38~48 μm, 단경 34~40 μm)으로 영양세포의 판배열유형(plate tabulation)을 따라 끝이 이분기(bifid tip) 또는 삼분기(trifid tip)된 돌기물이 잘 발달되어 있다. 이 종의 고생물학적 이름은 *Spiniferites bentori*(Rossignol)Wall et Dale이다. 우리나라 연안에서 흔하게 관찰되는 종이다.

Gonyaulax scrippsae Kofoid (**그림** 9, **그림** F)

난형(장경 26~36 μm)으로 표면이 무색이다. 영양세포의 봉합선을 따라 끝이 삼분기된 후 다시 이분기 되는 돌기물이 발달되어 있다. 돌기물은 세포 장경의 약 1/2길이(14~16 μm)이다. 이 종의 고생물학적 이름은 *Spiniferites bulloideus*(Deflandre et Cookson) Sarjeant 이다.

Gonyaulax spinifera (Claparede et Lachmann) Diesing

현재까지 약 19종의 휴면포자가 *G. spinifera*로 생각되어지고, 이중에 6가지 형태가 발아실험을 통해 *G. spinifera*로 밝혀졌다. 우리나라 연안에서는 약 4가지 형태가 출현하고 이들을 통틀어 *Gonyaulax spinifera* complex라 명칭하였다.

Type 1. *Spiniferites mirabilis* (Rossignol) Sarjeant (**그림** 10)

세포는 구형 또는 난형으로 세포벽은 무색이다. 상각에는 봉합선을 따라 돌기물이 잘 발달되어 있고 하각부분(antapical area)의 돌기물은 봉합선의 가장자리를 따라 연결되어 있다. 돌기물의 끝은 삼분기되어 있고 길이는 약 16~20 μm 이다. 크기 직경 40~55 μm.

Type 2. *Spiniferites ramosus* (Ehrenberg) Mantell

세포는 구형 또는 난형으로 세포벽은 무색이다. 돌기물은 판배열구조의 봉합선을 따라 잘 발달되어 있고 돌기물의 끝은 삼분기 된 후 다시 이분기 되어있다. 돌기물의 길이는 장경의 1/3에서 1/4이고 발아공은 3″ 에 해당하는 곳에 사다리꼴 모양으로 생긴다. 크기 직경 40~55 μm.

Type 3. *Spiniferites elongatus* Feid

세포는 타원형 또는 긴 난형이고 세포벽은 무색이다. 세포의 봉합선을 따라 돌기가 발달되어 있는데 각 돌기물 사이는 막으로 이어져 나팔꽃모양으로 보인다. 돌기물의 끝은 삼분기 된 후 이분기 된다. 크기 장경 45~55 μm, 단경 33~40 μm.

Type 4. *Spiniferites hyperacanthus* (Rossignol) Sarjeant

세포는 구형 또는 난형이고 세포벽은 무색이다. 돌기물은 두 가지 형태인데 하나는 판과 판모서리에서 나오며 끝이 삼분기한 가느다란 봉 모양이고 다른 하나는 봉합선상에서 발달하고 선단이 이분기한 형태이다. 크기 직경 50 μm 정도.

Gonyaulax verior Sournia

다른 *Gonyaulax*속의 종류와 휴면포자의 형태가 다르다. 세포는 타원형 또는 난형(oval type)이고 장식물이 없다. *Alexandrium tamarense*의 휴면포자와 비슷하지만 크기가 조금 작다. 세포 주변이 점액질로 둘러싸여 있고 세포내에 적갈색과립을 갖는다. 크기 장경 31~38 μm, 단경 26~35 μm

Lingulodinium polyedrum (Stein) Dodge (**그림** 6, **그림** B)

본 종은 원래 *Gonyaulax*속에 속했지만 휴면포자의 형태가 다른 것과 영양세포의 판배열 구조(plate tabulation)가 다른 것을 근거로 하여 고생물학적 명칭인 *Lingulodinium*속으로 옮겨졌다. 세포는 구형이고 무색이다. 세포가 다수의 곤봉모양의 돌기물로 덮여 있다. 돌기물의 끝은 가늘어져 뾰족하고, 어떤 경우는 아주 가늘어져 있는 형태도 관찰된다. 크기 직경 35~50 μm. 이 종의 고생물학적 이름은 *Lingulodinium marchaerophorum* (Defrandre et Cookson) Wall이다.

Protoceratium reticulatum (Claparede et Lachmann) Butschli (**그림** 7)

세포는 둥글고 무색이다. 표면이 돌기물로 덮여있는데, 가늘고 긴 원주모양으로 돌기물의 끝이 조금 비대한 바늘 핀 모양이다. 전자현미경으로 관찰해보면 돌기물의 끝이 꽃잎 모양으로 보여진다. 크기 지름 25~40 μm. 이 종의 고생물학적 이름은 *Operculodinium centrocarpum* (Deflandre et Cookson)이다.

Pyrophacus steinii (Schiller) Wall et Dale (**그림** 8)

대형의 휴면포자로 세포가 위 아래로 매우 눌려있는 모양이기 때문에 배측에서 보면 긴 타원형이고 극쪽에서 보면 원형이다. 무색투명하고 표면에는 약간의 돌기가 있다. 세포는 두 개의 층으로 구분되어 보이는데 중앙에서 바깥쪽 층에 결절모양의 돌기물이 둘러져 있다. 돌기물 밖으로 막이 둘러싸인 것처럼 보인다. 이 종의 고생물학적 이름은 *Tuberculodinium vancampoae* (Rossignol) Wall이다. 크기 직경 100 μm 정도.

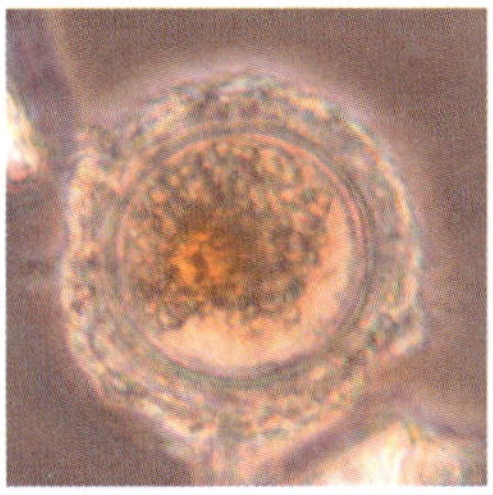
그림 1
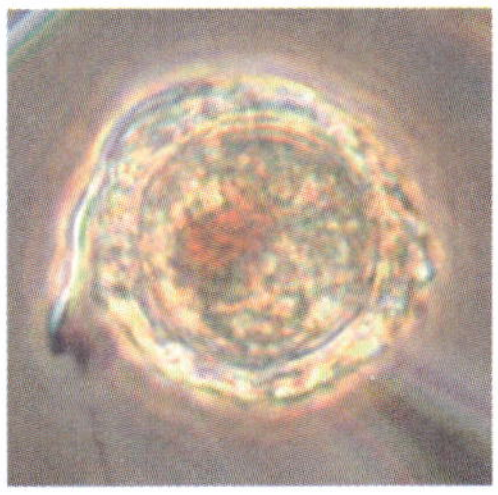
그림 2
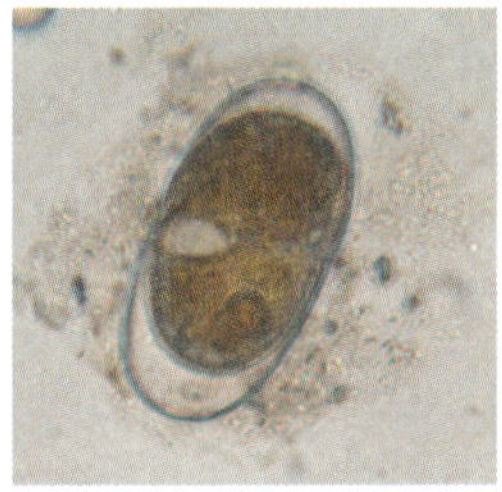
그림 3
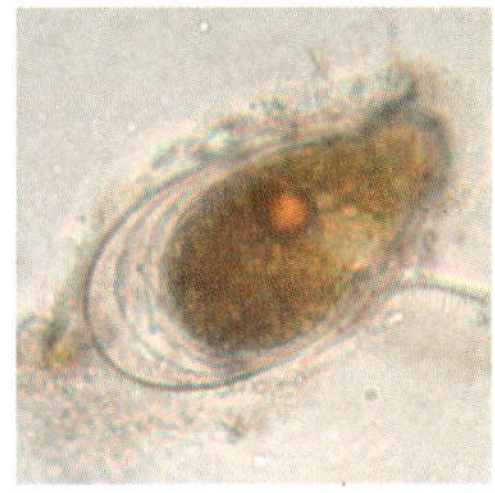
그림 4

그림 5
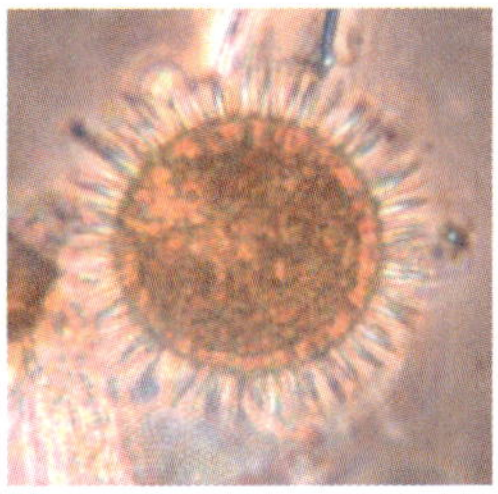
그림 6
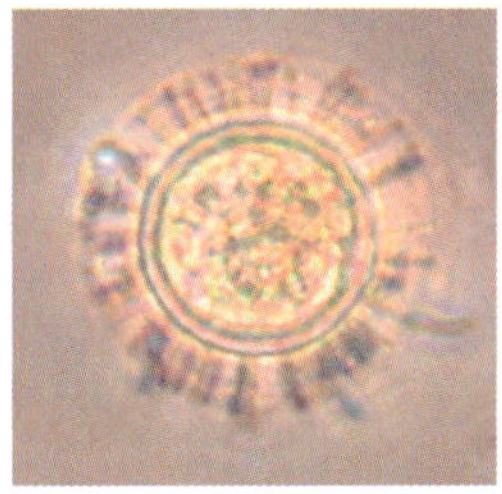
그림 7
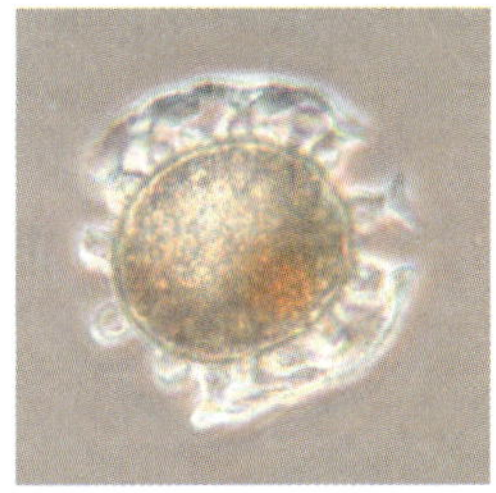
그림 8
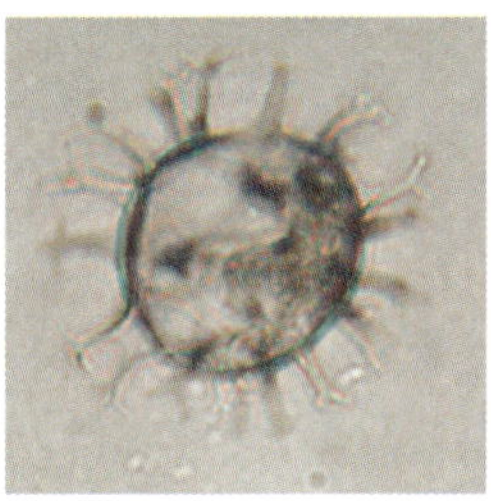
그림 9
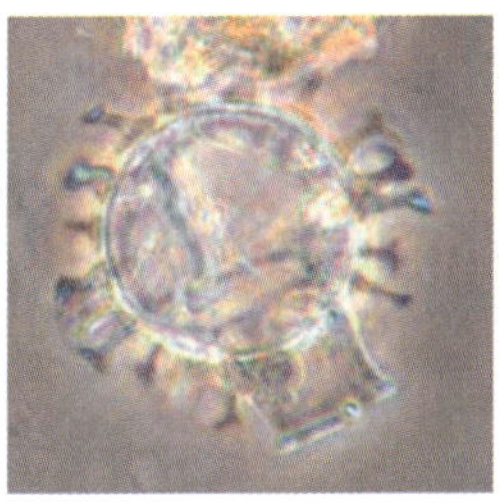
그림 10
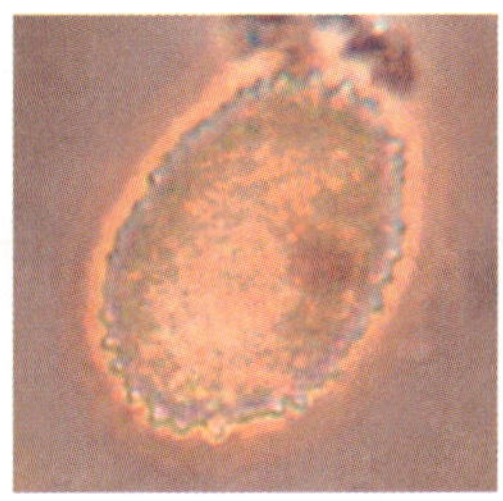
그림 11

그림 12

그림 1~12. 유각 와편모류의 휴면포자 종류

그림 1~2 *Alexandrium affine*.
그림 3~5 *Alexandrium catenella*
(3) Living cyst (4) excystment (5) autofluorescence of *A.catenella* cyst
그림 6. *Lingulodinium polyedrum*
그림 7. *Protoceratium reticulatum*
그림 8. *Pyrophacus stenii*
그림 9. *Gonyaulax scrippsae*
그림 10. *Gonyaulax spinifera*
그림 11~12. *Scrippsiella trochoidea*
(11) Living cyst (12) excystment

5. Family Peridiniaceae

Diplopelta parva (Abe) Matsuoka (**그림** 13)

갈색의 구형으로, 표면이 많은 가시모양의 돌기로 덮여져 있다. 돌기의 길이는 6~8 μm 정도이고 끝이 가늘고 뾰족하다. 크기 직경 35~45 μm.

Diplopsalis lenticula Bergh

엷은 갈색, 또는 갈색구형으로 약간 두터운 세포벽을 가진다. 표면에는 장식물이 없다. 발아공(archeopyle)은 길고 가늘다. 새만금 2002년 5월 시료에서 분리한 휴면포자로 발아에 성공하여 유영세포를 관찰하였다. 크기 직경 50~55 μm.

Gotoius abei Matsuoka

세포는 갈색의 구형이다. 갈색구형의 *Protoperidinium*속의 휴면포자와 비슷하지만 발아공이 쪼개져 있는 형태로 구분된다. 크기 직경 50~60 μm.

Protoperidinium americanum (Gran et Braarud) Balech

세포는 갈색의 구형이다. 표면에는 주름진 얇은 막 형태의 구조물이 있다. 이 종에서는 특이한 발아공이 관찰되는데 발아공이 정극(apex) 부분에 클로버 모양으로 형성된다. 크기 직경 33~40 μm.

Protoperidinium avellana (Meunier) Balech (**그림** 26)

갈색의 구형으로 표면은 매끈하고 장식물이 없다. 이런 형태의 휴면포자는 *Brigantedinium* 속에 속하는데 구분하기가 매우 어렵다. 발아공은 6변의 다각형으로 아래쪽엔 하나의 긴 직선변, 위쪽에 하나의 만곡한 변과 네 개의 짧은 변이 연결된 모양을 하고 있다. 이 종의 고생물학적 이름은 *Brigantedinium cariacoense*(Wall) Reid이다. 크기 직경 35~50 μm.

Protoperidinium claudicans (Paulsen) Balech (**그림** 17)

다갈색의 역 심장형(heart-shaped) 모양으로 표면에 짧은 기사모양의 돌기물이 촘촘히 분포한다. 발아공은 4각 또는 5각의 다각형모양으로 생긴다. 이 종의 고생물학적 이름은 *Votadinium spinosum* Reid이다. 직경 45~65 μm.

Protoperidinium compressum (Abe) Balech (**그림** 24)

세포는 갈색이고 앞뒤로 눌려있는 형태이다. 독특한 별 모양을 가지고 있다. 한 개의 정극뿔(apical horn)과 두 개의 하극뿔(antapical horn), 그리고 측면에 두 개의 뿔을 가지고 있고 길이는 약 20 μm 이상이다. 이 종의 고생물학적 이름은 *Stelladinium stellatum* (Wall et Dale) Reid 이다. 크기 장경 45~60 μm, 단경 30~40 μm.

Protoperidinium conicoides (Paulsen) Balech

갈색의 구형으로 표면은 매끈하고 장식물이 없다. 발아구멍은 6변의 다각형으로 4변은 길고 2변은 짧다. 이 종의 고생물학적 이름은 *Brigantedinium simplex* (Wall) Reid 이다. 크기 직경 35~45 μm.

Protoperidinium conicum (Gran) Balech (**그림** 14, **그림** A)

세포가 위 아래로 눌려진 형태여서 극방향에서 관찰되는 경우가 많다. 표면에는 가시모양의 돌기가 있고 정극(apex)과 후극(antapex) 부분에 여러 개의 돌기물이 모여 있다. 횡구 부분에는 벽이 움푹 들어가 있는 것처럼 보이고 횡구와 평행한 부분에 긴 돌기가 발달되어 있다. 이 종의 고생물학적 이름은 *Selenopemphix quanta* (Branford) Matsuoka 이다. 크기 직경 60~80 μm.

Protoperidinium denticulatum (Gran et Braabud) Balech

갈색의 구형으로 표면은 매끈하고 장식물이 없다. 6변 다각형의 좌우로 긴 발아공이 특징적이다. 이 종의 고생물학적 이름은 *Brigantedinium irregulare* Matsuoka이다. 크기 직경 40~45 μm.

Protoperidinium divaricatum (Meunier) Parke et Dodge (**그림** 23)

세포는 둥근 오각형 또는 육각형이고 갈색을 띈다. 세포의 형태는 관 모양의 속이 빈 돌기물로 불규칙해 보인다. 돌기물의 끝은 약간 비대해져 닫히거나 분기하는 등 다양하다. 돌기물의 크기는 일정치 않다. 언뜻 보기에는 *Spiniferites*속에 속한 휴면포자와 유사해 보이나 세포의 색이 연한 갈색을 띄는 것으로 구분이 가능하다. 본 종의 고생물학적 이름은 *Xandarodinium xanthum* Reid이다. 크기 직경 45~50 μm.

Protoperidinium lattissimum (Kofoid) Balech (**그림** 18)

위아래로 늘린 오각형모양으로 세포는 갈색이고 표면은 매끈하며 장식물이 없다. 하반부는 상반부보다 작고 정극(apex)쪽은 좁아진다. 횡구쪽이 폭이 매우 넓어지며 후극(antapex)쪽에는 두 개의 모서리가 있다. 발아구멍은 상각에 삼각형에 가까운 커다란 육각형으로 생긴다. 크기 직경 55~80 μm.

Protoperidinium leonis (Pacillard) Balech (**그림** 15~16)

세포는 갈색이고 5각형의 형태로 앞뒤가 약간 눌려있다. 후극부분에 끝이 뾰족한 두개의 구조가 발달되어 있다. 세포 위에서 아래로 생긴 주름을 제외하고는 장식물이 없다. 발아공은 상각에 사다리꼴의 육각형 모양으로 생긴다. 이 종의 고생물학적 이름은 *Quinquecuspis concretum* (Reid) Harland 이다. 크기 직경 52~75 μm.

Protoperidinium minutum (Kofoid) Loeblich (**그림** 21)

세포는 갈색의 구형이며 수많은 가시모양의 돌기로 덮여있다. 돌기의 길이는 약 4~6 μm 이나 어느 정도 변이가 있는 것으로 알려져 있다. 크기 직경 약 30~40 μm.

Protoperidinium oblongum (Aurivillius) Parke et Dodge (**그림** 22)

둥근 오각형으로 역 심장형(heart-shaped)을 하고 있고 앞뒤가 약간 눌려있다. 세포는 연한 갈색이고 표면은 매끈하고 장식물이 없다. 큰 육각형 형태의 발아공을 가진다. 이 종의 고생물학적 이름은 *Votadinium calvum* Reid이다. 크기 직경 60~80 μm.

Protoperidinium pentagonum. (**그림** 19~20)

오각형으로 세포는 투명하고 표면은 짧은 가시모양의 돌기물로 덮여 있다. 상각(epicyst)은 커다란 삼각형의 형태이며 하각(hypocyst)은 하극(antapex)에 두 개의 모서리를 갖는 사다리꼴의 형태이다. 발아공은 상각에 육각형의 형태로 생긴다. 이 종의 고생물학적 이름은 *Trinovantedinium capitatum* Reid이다. 크기 직경 70~85 μm.

Protoperidinium subinerme (Paulsen) Balech

다갈색의 난형 또는 콩팥모양(kidney-shaped)으로 세포가 위 아래로 눌려져 있어서 보통 극방향에서 관찰되는 경우가 많다. 횡구 부분이 움푹 들어가 있고 이와 평행하여 주름모양이 발달되어 있다. 이 종의 고생물학적 이름은 *Selenopemphix nephroides* Benede 이다. 크기 장경 60~80 μm, 단경 40~50 μm.

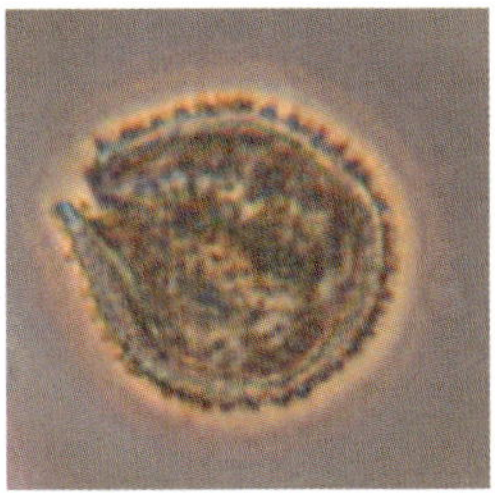
그림 13

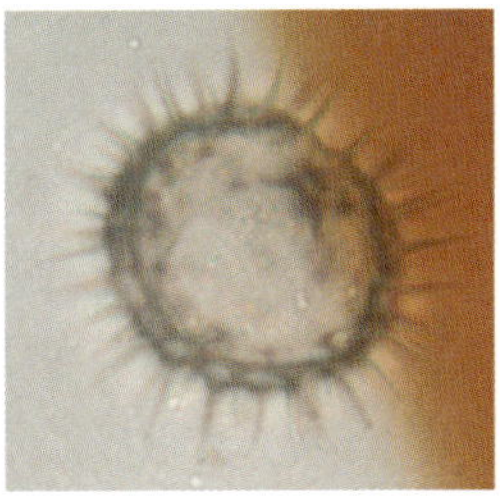
그림 14

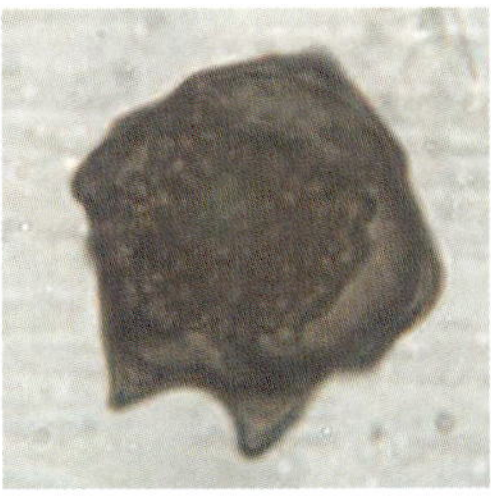
그림 15

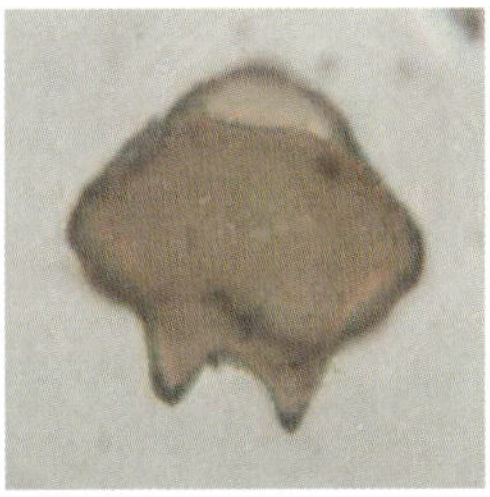
그림 16

그림 13 *Diplopelta parva*
그림 14 *Protoperidinium conicum*
그림 15~16 *Protoperidinium leonis* (15) Living cyst (16) Empty cyst

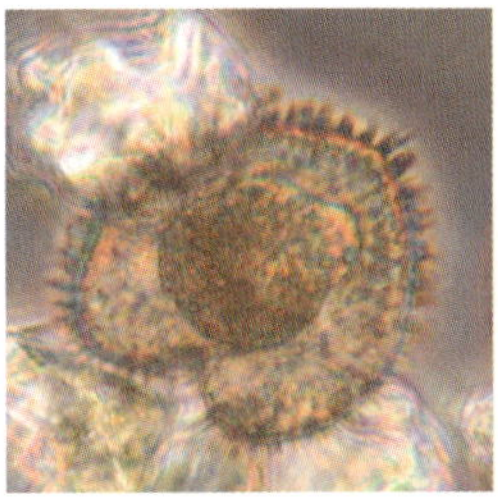
그림 17

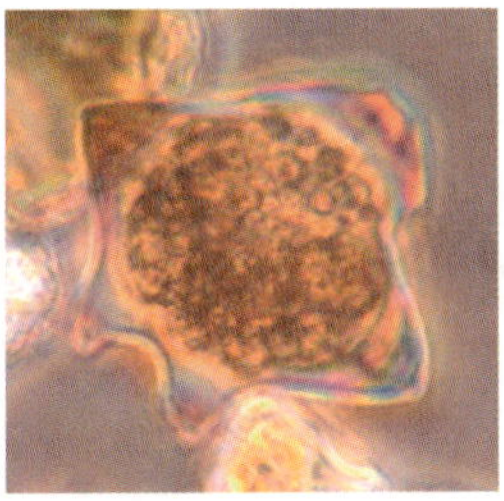
그림 18

그림 19

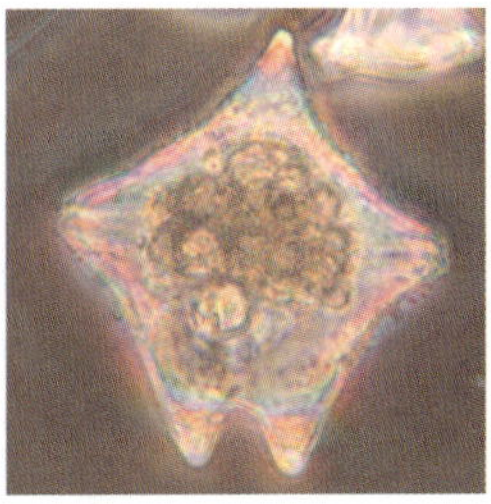
그림 20

그림 17 *Protoperidinium claudicans*
그림 18 *Protoperidinium latissimum*
그림 19~20 *Protoperidinium pentagonum* (*Trinovantedinium capitatum*) (19) Living cyst (20) Empty cyst

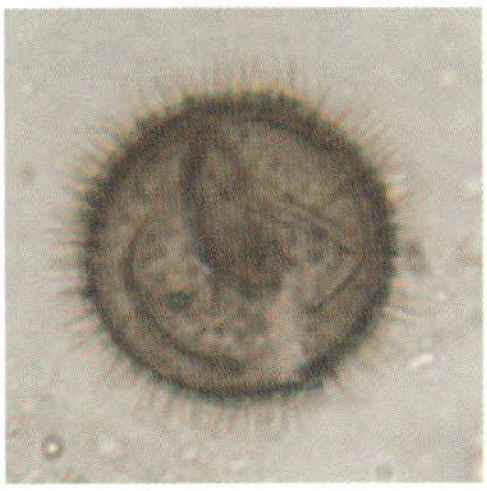
그림 21

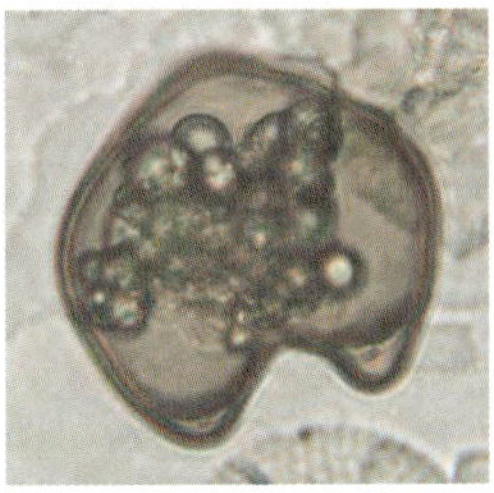
그림 22

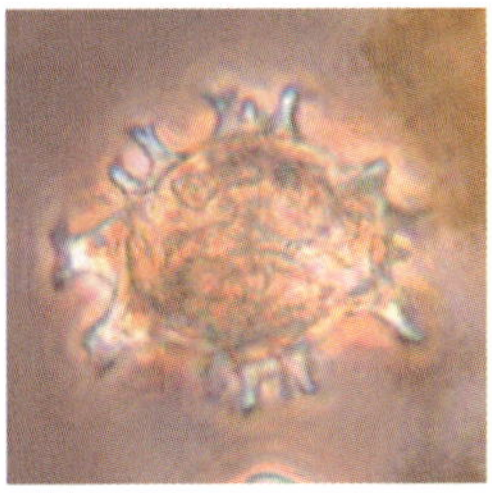
그림 23

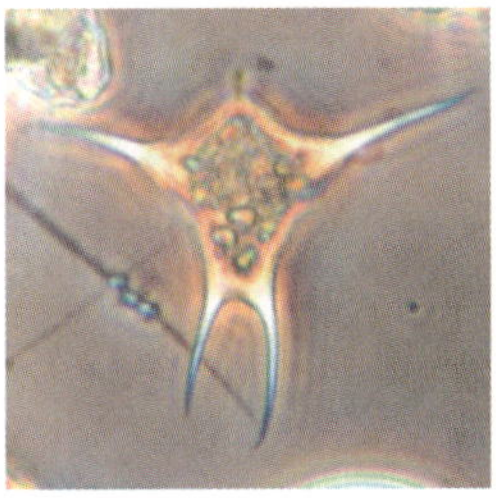
그림 24

그림 21 *Protoperidinium minutum*
그림 22 Protoperidinium oblongum
그림 23 *Protoperidinium divaricatum*
그림 24 *Protoperidinium compressum*

그림 25

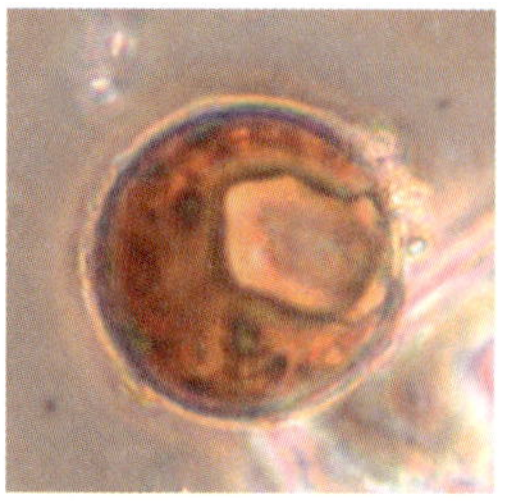
그림 26

그림 25 *Protoperidinium* sp. (*Brigantedinium* sp.)
그림 26 *Protoperidinium avellana*

그림 13~26. 종속영양성 와편모류의 휴면포자(Protoperidinium 속)

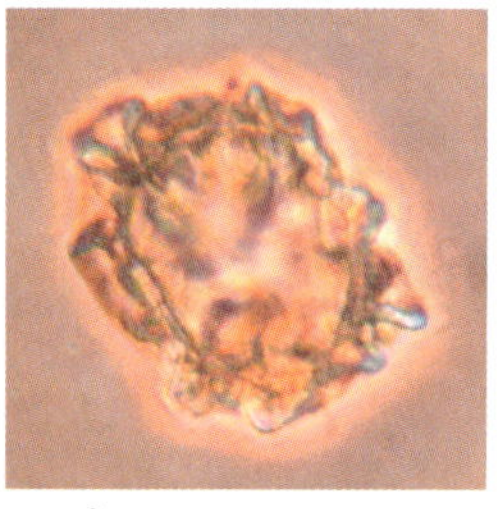
그림 27

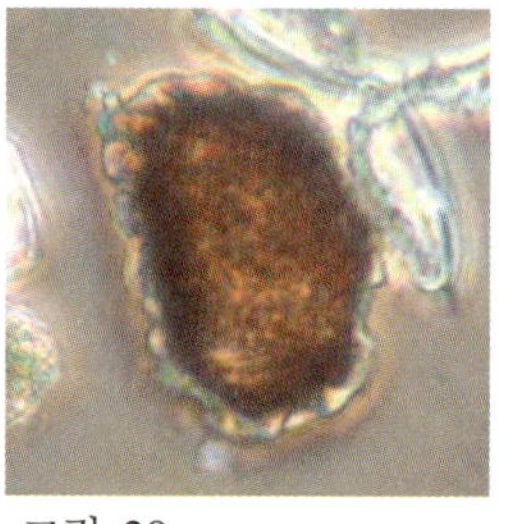
그림 28

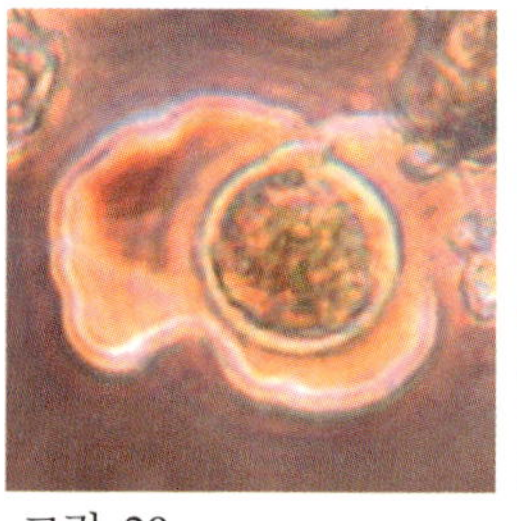
그림 29

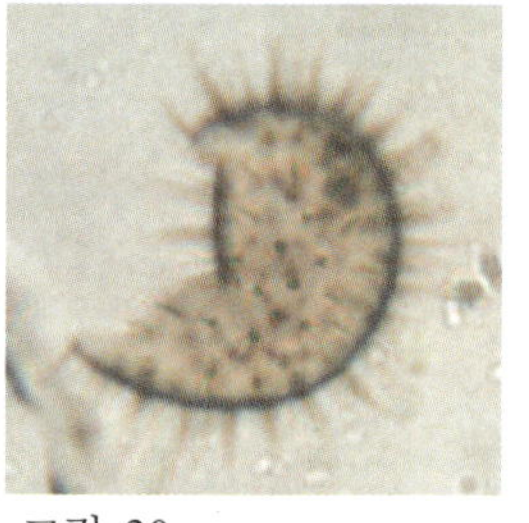
그림 30

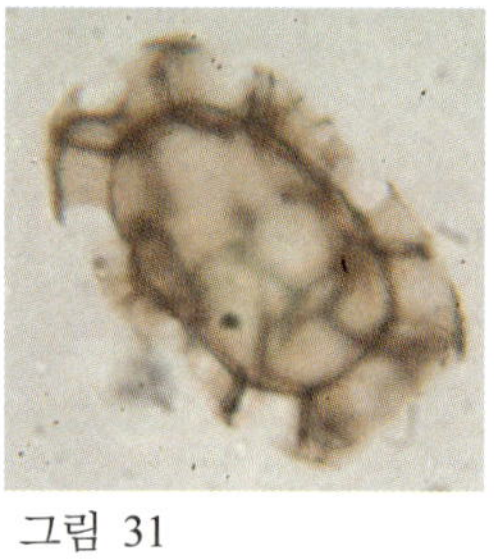
그림 31

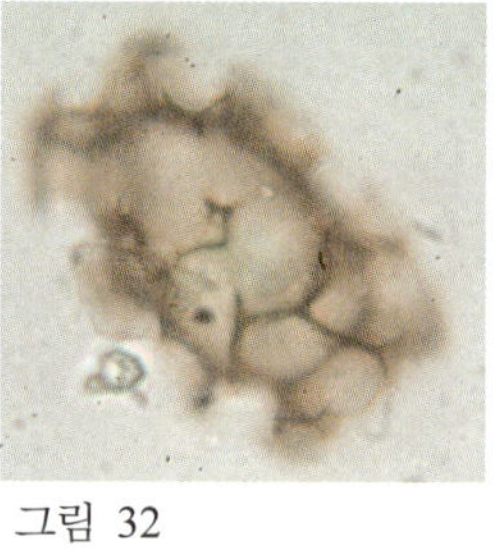
그림 32

그림 33

그림 34

그림 27~34. 무각와편모조류의 휴면포자(Gymnodiniales 속)

그림 27~28 *Cochlodinium* sp. (27) Empty cyst (28) Living cyst
그림 29 *Gyrodinium impudicum*
그림 30 *Pheopolykrikos hartmanii*
그림 31~32 *Polykrikos kofoidii*
그림 33~34 *Gymnodinium catenatum*

Protoperidinium thorianum (Paulsen) Balech

갈색의 구형으로 표면은 매끈하고 장식물이 없다. 발아공은 6변의 다각형으로 2변은 길고 4변은 짧다. *P. avellanum*과 *P. denticulatum*과 매우 유사하다. 크기 직경 45~50 μm.

Scrippsiella crystallina Lewis (**그림** E)

약간 갸름한 난형으로 외층은 두꺼운 석탄질의 돌기(calcareous spine)로 조밀하게 덮여있다. 살아있는 휴면포자는 짙은 갈색으로 보이고 전자현미경으로 관찰하면 골형의 결정구조가 아주 잘 보인다. 크기 장경 50~60 μm, 단경 35~45 μm.

Scrippsiella trochoidea (Stein) Loevlich III (**그림** 11~12, **그림** C-D)

타원형에서 난형으로 외벽은 석탄질의 바늘모양 돌기로 덮여있다. 길이의 변이가 크며 과립모양으로 된 것도 있다. 살아있는 휴면포자는 갈색이며 내부에 적갈색 과립이 관찰된다. 우리나라 연안에서 매우 흔하게 관찰되고 실험실에서 배양시에도 종종 관찰된다. 크기 장경 30~45 μm, 단경 25~35 μm.

Zagabikodinium lenticulatum (Paulsen) Loeblich et Loeblich

짙은 갈색의 타원형으로 위 아래로 약간 눌려있는 형태이다. 횡구와 평행한 위치에 날개모양의 구조물이 있다. 본 종의 고생물학적 이름은 *Dubridinium caperatum* Reid이다. 직경 50~60 μm.

6. Family Gymnodiniaceae

Cochlodinium sp1. (**그림** 27~28)

타원형 또는 난형의 다갈색세포이다. 주름모양의 장식물이 막 형태로 연결되어 있다. 주름이 심하게 발달되어 표면에 굴곡이 많게 보이는 경우도 있다. 살아있는 휴면포자는 적갈색 과립을 갖는다. 우리나라 적조발생해역에 주로 출현하지만 그 수도는 많지 않다. 발아실험을 통해 유영세포를 관찰한 연구결과가 아직 없기 때문에 아직 이 종에 대한 확실한 명명이 불가능한 상태이다. [1]크기 장경 35~40 μm, 단경 30~35 μm.

Gymnodinium catenatum Graham (**그림** 33~34, **그림** H)

세포는 구형으로 세포질로 채워져 있을 때는 흑갈색이다. 발아한 세포는 적갈색을 나타낸다. 표면은 좁은 그물코 모양(microreticulate)을 나타낸다. 세포의 횡구쪽의 그물코는 다른 부분보다도 촘촘하다. 발아공은 횡구 부분이 2/3가량 갈라져 쪼개지는 형태이다. 크기 직경 약 45 μm.

Gyrodinium impudicum Fraga et Bravo (**그림** 29)

이 종의 휴면포자는 특이하게 규조류의 규각이나 퇴적물 입자에 부착되어 관찰된다. 배측에서 보면 부착구조물위에 물방울처럼 보이고 위쪽에서 보면 원형으로 보인다. 살아있는 휴면포자에서는 적갈색의 과립이 관찰되고 세포 주변이 투명한 막으로 둘러싸인 것이 보인다. 이 종은 *Chattonella antiqua*와 *C. marina*의 휴면포자와 유사한 형태를 가지고 있어 구분이 어렵다. 크기 직경 약 20~30 μm.

Gyrodinium instriatum Freudenthal et Lee

세포벽은 무색이고 한 층의 얇고 투명한 세포벽을 갖는다. 긴 난형으로 영양세포와 형태가 유사하다. 장식물은 없고 약간의 주름이 관찰된다. 크기 장경 50~75 μm, 단경 40~58 μm.

Pheopolykrikos hartmannii (Zimmermann) Matzuoka et Fukuyo (**그림** 30)

세포는 구형이고 엷은 갈색을 띤다. 표면은 가시모양의 돌기물로 덮여있다. 크기 직경 약 40 μm.

Polykrikos kofoidii Chatton (**그림** 31~32, **그림** G)

세포는 길고 엷은 갈색을 띤다. 돌기물은 약 18 μm 정도의 길이를 하고 원기둥모양이며 속이 비어있는 것처럼 보인다. 크기 장경 60~90 μm, 단경 약 38~70 μm.

---

1) 최근 연구에서 *Cochlodinium polykrikoids*의 휴면포자가 밝혀진 바 있기 때문에(Kim *et al*., 2007) 휴면포자는 *Cochlodinium polykrikoides*의 것은 아닌 것으로 입증되었다.

그림 A~H. 휴면포자의 주사전자현미경(SEM) 사진

A. *Protoperidnium conicum*
B. *Lingulodinium polyedrum*
C. *Scrippsiella trochoidea* (in Lab. culture)
D. *Scrippsiella trochoidea* (in natural sediment)
E. *Scrippsiella crystallina*
F. *Gonyaulax scrippsea*
G. *Polykrikos kofoidii*
H. *Gymnodinium catenatum*

7. 결론 및 토의

우리나라 연안 4개 지역에서 퇴적물을 채취하여 휴면포자를 관찰한 결과 43가지의 서로 다른 형태의 휴면포자가 관찰되었다. 이 중 Peridiniaceae에 속하는 종이 22종으로 가장 많았고, Gonyaulaceae에 속하는 종이 15종, Gymnodiniaceae에 속하는 종이 6종 기록되었다.

본 연구결과를 다른 연구결과와 비교해보면, 1991년 마산만 일대에서 17종(Lee and Yoo, 1991), 한국 남해연안의 20종(Lee and Matsuoka, 1996), 한국 연안해역의 22종(안, 1998) 그리고 진해만 일대의 27종(Lee 등, 1998), 여수 가막만의 31종(이 등, 1999)보다 다양한 종조성을 보였다. 전체 출현종 중 *Diplopsalis lenticula, Pheopolykrikos hartmannii, Polykrikos kofoidii, Protoperidinium conicum, Protoperidinium oblongum, Scrippsiella trochoidea*는 조사시간동안 전 지역에서 출현하였다. 지리적으로 볼 때 남해연안의 퇴적물에서만 출현한 종은 *Alexandrium tamarense, Protoperidinium minutum, Protoperidinium thorianum*의 휴면포자였고, 서해안의 군산연안지역에서만 출현한 종은 *Gotoius abei, Gyrodinium instriatum, Protoperidinium divaricatum, Scrippsiella crystallina*였다.

전체 출현종 중 독립영양성 와편모조류의 휴면포자는 19종, 그리고 종속영양성 와편모류의 휴면포자는 24종으로 종속영양성 와편모류가 더 많이 출현하는 것으로 나타났다. 실제로 그 현존량을 비교해 보았을 때도 종속영양성 와편모류의 휴면포자가 총 휴면포자 현존량의 40% 내외를 차지하는 경우가 대부분이었다(박, 2003). Dale(2001)은 연안의 오염이 플랑크톤 군집을 독립영양성에서 종속영양성으로 이동시키는 경향을 나타내어, 휴면포자 군집에 종속영양성 와편모류의 휴면포자가 우점하게 된다고 주장하였다.

종속영양성 와편모류 휴면포자의 증가는 두 가지로 해석되는데, 하나는 오염과 부영양화로 인하여 규조류가 대발생하고, 이를 포식하는 종속영양성 와편모류가 증가하는 결과로 그 휴면포자가 증가하는 것(Matzuoka, 1999), 다른 하나는 총 와편모조류 휴면포자 생산량 중 종속영양성 와편모류 휴면포자가 증가하는 것은, 비율적으로 독립영양성 와편모조류에 의한 휴면포자 생산이 감소한 결과(Dale, 2001)인 것이다. 본 연구에서 조사된 지역이 우리나라 연안의 상습 적조발생지역임을 감안할 때, 위의 두 학설 중 어떤 경우에 해당하는지에 대해서는 앞으로의 연구가 필요하겠지만, 결과적으로 볼 때는 이들 지역이 상당히 오염되었음을 종속영양성 와편모류 휴면포자의 증가로 확인할 수 있을 것이다.

퇴적물 내 휴면포자의 분포는 퇴적물의 성질과 퇴적층의 퇴적속도에 의해 좌우될 수 있다. 일반적으로 퇴적물이 퇴적되는 속도가 빠른 반폐쇄성만의 경우에는 더 많은 휴면포자가 퇴적될 수 있는 조건이 형성되는 것이고, 조류의 흐름이 빨라서 퇴적물의 움직임이 많은 곳은 상대적으로 휴면포자의 양이 적다. 그러나 최근의 연구에서와 달리(안, 1998) 본 연구에서는 사질이 많이 포함되어 있고 조석간만의 차가 크며 물의 움직임이 활발한 서해안의 군산지역에서 상당히 많은 종의 휴면포자가 출현하는 것으로 나타났다. 시료채취 당시 이 지역은 새만금 방조제 공사로 인하여 퇴적물의 이동이 많은 곳으로 거의 남해안의 반폐쇄성 내만에서 기록되는 휴면포자 현존량과 유사한 현존량이 관찰되었다(박, 2003). 이러한 결과는 조류의 움직임에 의해 특정 지역에 가볍고 입자가 고운 퇴적물과 함께 휴면포자가 퇴적되는 결과로 사료된다. 안(1998)의 결과에 의하면 서해안에서 휴면포자가 관찰되지 않은 것으로 보고되었는데, 이는 조류의 흐름이 강하고 사질이 많이 섞여있는 퇴적물의 특성으로 인한 시료채집의 문제에 의한 것으로 사료된다. 특히, 본 연구에서 조사한 군산해역은 새만금 방조제 공사와 최근 들어 발생하는 잦은 적조로 관심이 모아지고 있는 만큼 앞으로의 연구가 필요하다 생각된다.

참고문헌

문성기, 유규열, 이종남, 홍채규, 1993. 진해만의 와편모조류 휴면포자의 분포. 경성대학교 논문집 **14**(2): 129-148

박재연, 2003. 새만금 부근해역의 휴면포자생성 와편모조류의 생태생리학적 연구, 서울대학교, 이학박사학위논문, 143pp.

안경호, 1998. 한국연안의 와편모조류 휴면포자 분포와 주요 유해종의 증식특성. 부경대학교 이학박사학위논문. 123pp.

이무형, 이준백, 이진애, 박종규, 1999. 가막만 일대 편모조류 군집구조와 휴면시스트의 동태, *Algae.* **14**(4): 255-266

Anderson, D.M., D.M. Kulis and B.J. Binder, 1984. Sexuality and cyst formation in the dinoflagellate *Gonyaulax tamarensis* : Cyst yield in batch cultures. *J. Phycol.* **20**: 418-425.

Anderson, D.M., D.W. Coats and M.A. Tyler, 1985. Encystment of the Dinoflagellate *Gyrodinium uncatenum* : Temperature and Nutrient effects. *J. Phycol* **21**: 200-206.

Anderson, D.M., and D. Wall, 1978. Potential importance of benthic cysts of *Gonyaulax tamarensis* and *G. excavata* in initiation toxic dinoflagellate blooms. *J. Phycol* **14**(2): 224-234.

Anderson, D.M., S.W. Chisholm and C.J. Watras, 1983. Importance of life cycle events in the population dynamics of *Gonyaulax tamarensis*. *Mar. Biol.* **76**: 179-189.

Bolch, C.J. and G.M. Hallegraeff, 1990. Dinoflagellate cysts in recent marine sediments from Tasmania, Austrailia. *Bot. Mar.* **33**: 173-192.

Dale, B., 2001. Marine dinoflagellate cysts as indicators of eutrophication and industrial pollution : a discussion. *Sci. Total Enviro.* **264**:235-240.

Fukuyo, Y., 1985. Morphology of *Protogonyaulax tamarensis* (Lebour)Taylor and *Protogonyaulax catenella* (Whedon and Kofoid) Taylor from Japanese coastal water. *Bull. Mar. Res.*, **37**:529-537

Godhe, A., I. Karunasagar, I. Karunasagar and B. Karlson, 2000. Dinoflagellate cysts in recent marine sediments from SW India. *Bot. Mar.* **43** : 39-48

Kang, Y.J., T.H Ko, J.A. Lee, J.B. Lee and I.K. Chung, 1999. The community Dynamics of Phytoplankton and distribution of dinoflagellate cysts in Tongyoung Bay, Korea. *Algae* **14**(1):43-54

Kim,C.J., H.G.Kim, C.H.Kim, and H.M.Oh. 2007. Life cycle of the ichthyotoxic dinoflagellate *Cochlodinium polykritoides* in Korean coastal waters. Harmful Algae. 6 : 104-111.

Kobayashi, S. and K. Matsuoka, 1984. Cyst theca forms of *Protoperidinium conicum* (Gran) Balech(Dinophyceae). *Jap. J. Phycol.* **32**: 251-256

Lee, J.B. and Matsuoka K., 1996, Dinoflagellate cysts in surface sediments of southern Korean Waters. In: Harmful and Toxic Algal Blooms, edited by T. yasumoto, Y. Oshima and Y. Fukuyo. Intergovermental Oceanographic Commission of UNESCO, Paris pp. 173-176.

Lee, J.B. and Yoo K.I, 1991. Distribution of dinoflagellate cysts in Masan Bay, Korea, *J. Oceanol. Soc. Korea*, **26** : 304-312

Lee, J.B., D.Y. Kim and J.A. Lee, 1998. Community Dynamics and Distribution of Dinoflagellates and their cysts in Masan-Chinhae Bay, Korea. *J. Fish. Sci. Tech*, **1**(2): 283-292

Lewis, J., 1991. Cyst-theca relationships in *Scrippsiella* (Dinophyceae) and related orthoperidi- noid genera. *Bot. Mar.* **34**: 91-106

Matsuoka K, Y. Fukuyo and D.M. Anderson, 1989. Methods for modern dinoflagellate studies. In: *Red Tides: Biology, Environmental science and Toxicology, edited by T. Okaichi, DM Anderson and T. Nemoto, Elsevier, New York*. pp. 461-479

Matsuoka, K, Y. Fukuyo and D.M. Anderson, 1988. The cyst and theca of *Gonyaulax verior* Sournia (Dinophyceae) and their implication for the systematic of the genus *Gonyaulax*. *Jap. J. Phycol.* **36**: 311-320.

Matsuoka, K., 1999. Eutrophication process recorded in dinoflagellate cyst assemblages- a case of Yokohama Port, Tokyo Bay, Japan. *Sci. Total Environ.* **231**:17-35

Morey-Gains, G. and R.H. Ruse, 1980. Encystment and reproduction of the predatory dinoflagellate *Polykrikos kofoidii* Chatton(Gymnodiniales). *Phycologia*, **19**: 230-231

Nehring, S., 1997. Dinoflagellate resting cysts from recent German coastal sediments. *Bot. Mar.* **40** : 307-324

Persson, A., A. Godhe and B. Karlso, 2000. Dinoflagellate cysts in recent sediments from the west coast of Sweden. *Bot. Mar.* **43** : 69-79

Sonnenman, J.A. and D.R.A. Hill, 1997. A Taxonomic survey of cyst-producing Dinoflagellates from recent sediments of Victorian coastal waters, Australia. *Bot. Mar.* **40**: 149-177

Wall, D. and B. Dale, 1968. Modern dinoflagellate cysts and evolution of the peridiniales. *Micropaleontol.* **14**: 265-304.

Wanatabe, M.M, M. Watanabe and Y. Fukuyo, 1982. Encystment and excystment of red tide flagellates. I. Introduction of encystment of *Scrippsiella trochoidea*. *Nat. Inst. Envirom. Stud. Res. Rep.* No. 30 :*Eutrophication and red tides in the coastal marine environment*. pp. 27-42

Zonneveld, K. and B. Dale, 1994. The cyst-motile stage relationships of *Protoperidinium monospinum* (Paulsen) Zonneveld et Dale comb. nov. and *Gonyaulax verior* (Dinophyta, Dinophyceae) from the Oslo Fjord(Norway). *Phycologia* **33**(5): 359-368.

유해 조류의 대증식과 휴면포자 발아

한명수·김영옥·박명환·조수연 / 한양대학교 생명과학과

요 약

유해 조류의 대증식(대발생, 적조 혹은 녹조) 기작을 규명하기 위한 연구의 일환으로서 유해 플랑크톤의 적조 및 녹조 발생에 미치는 휴면포자의 역할을 조사하였다. 와편모조류 *Scrippsiella trochoidea*의 휴면포자를 영일만에서 현장채취, 분리 및 발아실험을 수행하였고, 이어 진해만 일대에서 와편모조류인 *Alexandrium tamarense*의 휴면포자를 분리하여 계절적 발아율의 변화 및 환경요인에 따른 휴면포자의 발아능을 조사하였다. 또한, 석촌호수에서 남조류인 Nostocales의 휴면포자(akinete)를 분리하여 계절에 따른 발아율 변화, 환경요인과의 관계를 조사하였고, 전세계적으로 광범위하게 우점적 분포를 하는 적조생물 *Heterosigma akashiwo*의 실내배양을 통하여 휴면포자의 형성과정과 환경조건 및 발아의 특성을 파악하였다.

영일만의 *Scrippsiella trochoidea*은 6, 7월에, 마산만의 *Alexandrium tamarense*는 5월에, 석촌호수의 남조류 Nostocales는 8월부터 11월까지 표층수에서 대발생하였다. 그러나, *S. trochoidea*의 휴면포자 발아는 9월부터 12월까지, *A. tamarense*는 11월부터 12월까지, Nostocales의 akinete는 3월부터 4월까지 최대 발아율이 관찰되었다. 즉, 적조생물의 대발생과 휴면포자 발아 시기는 계절적 차이가 뚜렷하였다. 이는 휴면포자의 발아가 적조생물의 대발생에 영향을 미치지만 직접적인 요인은 아니었음을 의미하며 적조생물의 대발생이 휴면포자의 활발한 발아로 이루어진다는 기존 연구 결과와는 상반된 결과이다. 따라서, 적조형성에 미치는 휴면포자의 역할의 중요성에 대한 기존의 가설의 재검토가 필요하다.

또한, Han 등(2002)은 실험실에서 형성된 *Heterosigma akashiwo*의 휴면포자는 환경이 악화(저온상태)되면 매우 빠르게(2~3일) 형성될 뿐만 아니라, 휴면기간이 필요하지 않기 때문에 발아를 위한 호조건이 형성되면 2~3일 만에 즉시 발아하여 유영세포로 되어 빠르게 증식하고 있음을 밝혔다. 이상의 결과들은 적조생물의 군집동태 뿐만 아니라 적조발생 기작 및 적조 제어를 위한 기반연구로서 휴면포자를 포함한 유해조류의 생활사 연구는 매우 중요함을 의미한다.

1. 서 론

유해 조류의 대발생(Harmful Algal Blooms)에 관한 연구는 주로 수중의 영양세포를 대상으로 현존량, 종조성, 개체군 및 군집동태 파악에 중점을 두고 있었다. 대발생을 형성하는 식물플랑크톤의 경우, 대부분 단세포생물로 독특한 생활사를 지니고 있다. 즉, 환경조건이 악화되면 수중의 영양세포는 유성생식을 한 후, 다양한 형태의 휴면포자(cyst, akinete and resting spore)를 형성하여 저층으로 침강한다. 일정한 휴면기를 보낸 후, 다시 환경조건이 회복되면 휴면포자로부터 발아하여 영양세포가 되어 수중으로 다시 되돌아오고, 적절한 환경 조건이 허락되면 빠른 증식을 통하여 수중에서 대발생하는 생존전략을 가지고 있다(Corliss and Esser, 1974). 담수에서의 유해 조류 대발생은 대부분 남조류에 의해서 형성된다. 남조류 중의 Nostocales는 akinete라는 휴면포자를 형성하는 종으로서, 환경이 악화되면 세포사(trichome)내의 영양세포가 akinete로 분화되어 형성되며, 퇴적층에서 휴면상태로 존재하다가 호조건이 형성되면 발아하여 영양세포로 분화되어 진다(Van Dok and Hart, 1997; Hori 등 2002).

식물플랑크톤 출현량의 대부분을 차지하는 규조류의 경우도 수중 영양세포의 대발생 후, 휴면포자를 만들어 일정한 휴식기간을 가지며, 이 과정을 통해 이들은 불리한 환경을 극복하여 생존이 가능하다(Steidinger and Walker, 1984). 와편모조류의 휴면포자 발아는 온도와 매우 밀접한 관계를 가지고 있는 반면, 규조류의 휴면포자의 경우는 온도보다 영양염과 빛조건에 따라 발아능이 크게 변화하므로(Fryxell, 1983) 분류군에 따라 휴면포자의 발아에 미치는 환경조건의 영향도 다르다. 와편모조류의 경우는 일정한 휴면기간(dormant period)을 거쳐야 휴면포자가 성숙되고 발아할 수 있으므로, 휴면기간을 채우지 못한 경우에는 환경조건이 만족되어도 휴면포자는 발아하지 못한다. 이에 반해, 규조류의 경우는 진정한 휴면기간이 없어 환경조건이 회복되면 언제든지 발아 가능하므로 와편모조류의 휴면포자와는 다른 생존전략을 보이고 있다. 담수역에서 남조류중의 Nostocales는 전세계적으로 유해한 플랑크톤으로 보고되어 있으며, 부영양화에 따른 영양세포의 증식 메커니즘에 관한 많은 연구가 진행되고 있다(Steffensen 등 1999; Dahlmann 등 2001; Han 등, 2002; Hong 등 2002). 남조류의 대발생과 밀접한 관계를 갖는 akinete의 발아에 관한 연구는 *Anabaena circinalis, Anabaena flos-aquae, Nodularia spumigena* 등 많은 종과 배양주(strain)를 대상으로 다양한 환경조건에서 진행되었다(Huber, 1985; Van Dok and Hart, 1997; Baker and Bellifemine, 2000). 그러나, 아직까지 발아에 미치는 주요 환경요인을 명확하게 밝히지 못하고 있다. 이들 연구의 대부분은 실내 배양을 통해 형성된 akinete를 이용한 발아실험으로 남조류의 대발생과 akinete 발아와의 계절적 변화를 해석하는데 한계점을 갖고 있다.

식물플랑크톤중 와편모조류는 유독성 적조생물이 대부분 포함되어 있는 분류군이므로 영양세포를 비롯한 이들의 휴면포자에 관한 다양한 연구가 수행되어 왔다. 특히, 마비성 패독의 독화 원인종으로 국내에서도 잘 알려진 *Alexandrium tamarense*는 주목받는 연구의 대상으로, 수중에서 자유 유영생활을 하는 영양세포 개체군의 대발생은 휴면포자의 발아에 그 근간을 두고 있고, 영양세포의 소멸은 휴면포자의 형성으로 종결된다고 보고되었다(Anderson and Wall, 1978; Han 등, 1992).

이밖에도 식물 플랑크톤 중에 휴면포자의 형성이 보고된 분류군은 Chlorophyta, Chrysophyta, 그리고 Rhaphidophyta 등이 있다. 특히 Rhaphidophyta의 경우는 *Heterosigma akashiwo*와 같이 돌발적으로 적조를 발생시키는 범세계적인 적조 생물이 포함되어 있다. 그러나 아직도 이들의 생활사에 관해서는 밝혀지지 않고 있다.

이외에도 유해 플랑크톤의 포식자로써 그 역할이 중요시되고 있는 섬모충 플랑크톤의 경우도 환경조건의 악화 시 휴면포자를 형성하며 이들의 개체군 형성과 증식에 휴면포자의 발아가 미치는 영향이 크게 강조되고 있다(Kim and Taniguchi, 1995, 1996). 따라서, 유해 식물플랑크톤의 휴면포자에 관한 연구의 병행 없이 적조 발생과 소멸의 생태학적 기작을 정확히 이해할 수는 없을 것이다.

해산 와편모조류의 경우, Anderson과 Morel(1979), Anderson 등(1983)은 와편모조류의 휴면포자가 높은 발아율을 보인 이후 대발생이 형성되어, 와편모조류의 대발생은 휴면포자의 발아율에 높은 의존성이 있음을 보고하였다. 담수 와편모조류인 *Peridinium cunningtonii*에 관한 연구에서 휴면포자의 발아는 18℃ 이상의 고수온에서 높은 발아가 일어나며, 영양세포 증식에 직접적인 영향을 미치는 것으로 보고하고 있다(Kadota 등, 1984; Sako 등, 1985). 또한, 연중 빈번한 조류 대발생을 형성하는 일부 종(*Protoperidinium claudicans*)은 휴면포자 발아율의 최고점이 연중 여러 번 관찰되었음을 보고하고 있다(Ishikawa and Taniguchi, 1997). 이와 같은 연구 결과들은 휴면포자의 발아가 적조생물의 대발생에 직접적으로 영향을 주는 seed population으로서의 역할을 강조하였다.

국내의 연구에서 휴면포자의 중요성이 인식되면서 이에 관한 몇몇의 연구가 보고되어 있으나 대부분이 현존량의 조사에 기반을 둔 단순한 분포파악에 머물고 있어, 휴면포자의 발아가 적조생물의 대발생에 미치는 영향에 대한 보다 체계적인 연구는 미흡하였다. 이에 저자들은 국내의 영일만과 진해만에서 와편모조류 *Scrippsiella trochoidea*(Kim and Han, 2000)와 유독성 와편모조류인 *Alexandrium tamarense*(Kim 등, 2002)의 휴면포자를 분리하여 계절적 발아율의 변화 및 환경요인에 따른 휴면포자의 발아능을 조사하여, 수중 영양세포의 대발생과의 관계를 조사하였다. 또한, 담수 유해남조류의 대발생과 akinete 발아와의 관계를 이해하고자 석촌호수에서 akinete를 분리하여 계절에 따른 발아율 변화, 환경요인과의 관계를 조사하였다(이, 2002). *Heterosigma akashiwo*는 실내배양을 통하여 형성된 휴면포자의 형성과 발아의 특성을 연구하였다(Han 등,

2002).

2. 본 론

2.1 휴면포자의 발아에 의한 유해조류의 대발생

해양에서 패류를 독화시키는 원인종 중 하나인 *Alexandrium tamarense* (*Gonyaulax tamarensis*)는 춘계와 추계에 대발생이 나타나며, 이들 휴면포자의 발아는 대발생이 일어나기 직전에 높은 발아율이 나타나는 것을 알 수 있다(Anderson and Morel, 1979; Anderson 등, 1983) (그림 1). 따라서, *A. tamarense*의 경우 휴면포자의 높은 발아가 영양세포의 대발생에 직접적으로 영향을 미치는 것으로 알려져 있다.

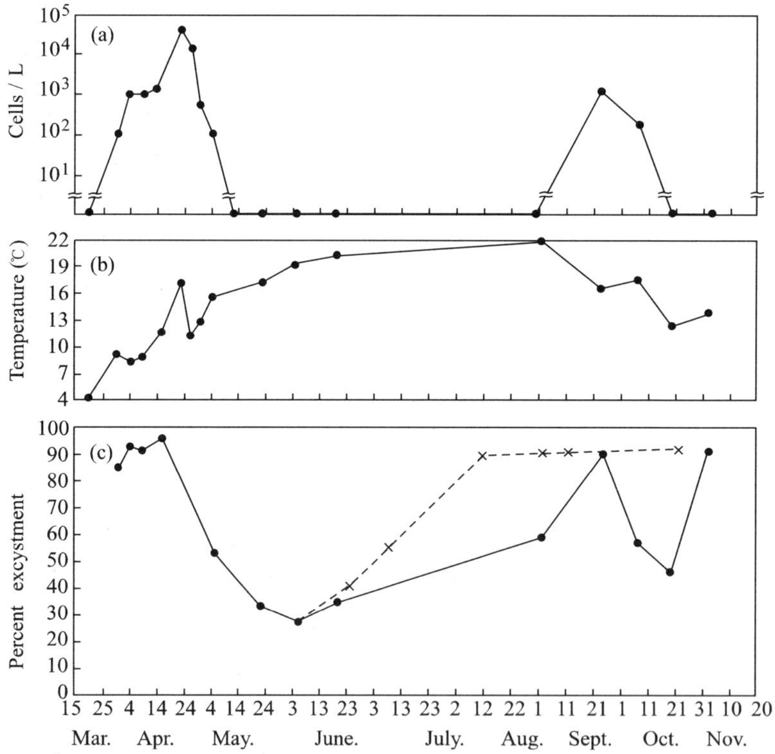

그림 1. *Alexandrium tamarense* (*Gonyaulax tamarensis*)의 영양세포(a), 수온(b), 퇴적물시료에서 분리된 휴면포자의 발아(c)의 계절변화(Anderson and Morel, 1979)

담수 와편모조류인 *Peridinium cunningtonii*에 관한 연구에서 휴면포자의 발아는 18℃ 이상의 고수온에서 높은 발아가 이루어졌다고 보고되었다(Kadota 등, 1984; Sako 등, 1985). 18℃ 이상의 고수온에서 *P. cunningtonii* 휴면포자의 왕성한 발아이후 영양세포의 대발생이 형성되어 휴면포자의 발아가 대발생의 직접적 원인으로 밝혀졌다.

이와 같은 연구에서 보여주듯이 일반적으로 식물플랑크톤의 대발생(적조)은 휴면포자의 높은 발아율에 의해 크게 영향을 받으며, 휴면포자 발아의 최적 환경조건과 영양세포 증식의 최적 생장 조건이 유사한 시기와 유사한 환경에서 일어남을 알 수 있었다.

2.2 *Heterosigma* 와 *Protoperidinium* 의 휴면포자의 발아양상과 돌발적 증식

*Heterosigma akashiwo*의 개체군 동태는 매우 독특하다고 알려져 있다(Han 등, 2002). 즉, 매우 빠른 성장특성을 보여 수중에서 불과 2~3일 만에 폭발적으로 증식하여 적조를 형성하며, 수일이상 지속되던 적조가 불과 1~2일 만에 사멸되는 특성을 보이고 있다. 그리고, 소멸 후에도 곧이어 2~3일 만에 다시 적조를 형성하는 종으로서 봄부터 가을에 걸쳐 매우 빠른 성장과 소멸의 돌발적인 적조형성패턴을 보이고 있다(Han, 1988)(그림 2). 그러나, 이들의 생활사는 아직도 불명확하여 이 종의 생태적 특성과 적조형성기작의 이해가 숙제로 남아있다. 생활사가 밝혀지지 않은 이유는 본 종의 휴면포자는 크기가 매우 작고 분리가 까다롭기 때문이다.

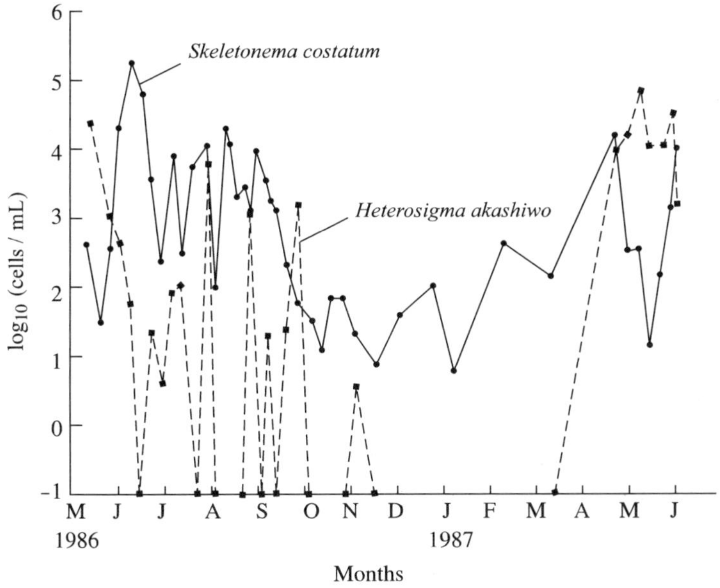

그림 2. *Skeletonema costatum*과 *Heterosigma akashiwo* 영양세포수의 계절변화

따라서, 실험실에서 *Heterosigma akashiwo*의 휴면포자(엄밀한 의미에서는 휴면세포, resting cell)를 유도하여 그들의 발아 특성을 조사한 결과 저온, 영양염 고갈 및 암소의 조건에서 매우 빠르게 휴면포자를 형성하는 것으로 밝혀졌고, 본 종의 발아특성도 실험실 상태의 어떤 휴면기간의 요구없이 불과 3~7일 전에 유도된 휴면포자가 바로 발아하는 특성을 보였다. 이러한 휴면포자의 발아와 형성의 특성은 이들이 수중생태계에서 매우 역동적이고 빠른 성장률로 돌발적으로 적조를 형성하기도 하지만, 매우 빠르게 소멸되어진다는 현상을 잘 설명할 수 있다. 또한, *Protoperidinium*의 휴면포자의 발아율은 수차례의 최고점이 관찰되었고 발아율이 높게 관찰될 때마다 *Protoperidinium*의 높은 현존량이 관찰되었다(Ishikawa and Taniguchi, 1997) (그림 3).

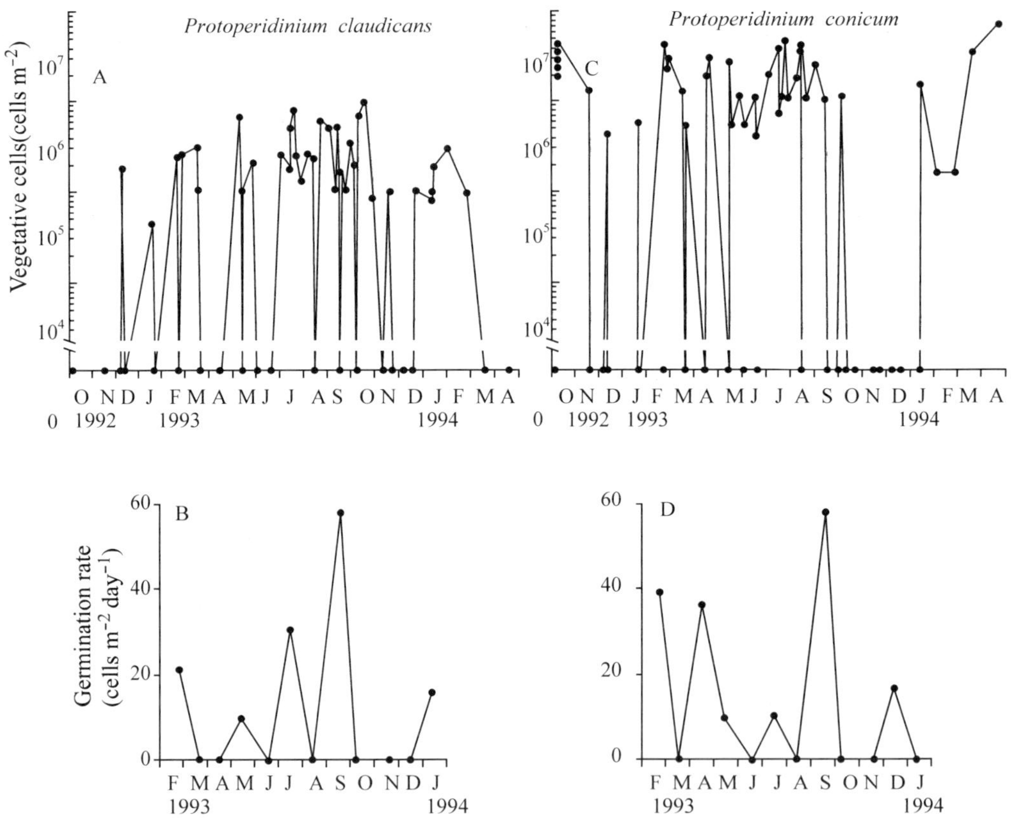

그림 3. 표층에서부터 해저면 0.5m 위까지 분포하는 *P.claudicans* (A)와 *P.conicum* (C)의 전 영양세포개체군의 계절변화와 해저퇴적표층에서 분리한 두 종(B와 D)의 일일 발아율의 계절변화

이상의 결과는 휴면포자의 발아가 식물플랑크톤의 대발생을 일으키는 직접적인 요인이 된다고 설명할 수 있다.

2.3 와편모조류 *Scrippsiella trochoidea*의 휴면포자 발아와 최대 현존량 출현시기의 불일치

1) *Scrippsiella trochoidea* 현존량의 계절적 변화

1996년 6월부터 1997년 10월까지 영일만에 분포하는 *Scrippsiella trochoidea* 영양세포의 현존량 조사결과, 뚜렷한 계절적 변화를 볼 수 있었다. 수온의 상승과 더불어 4월 이후부터 영양세포의 현존량은 크게 증가하기 시작하여 수심 2m의 수온이 18℃와 21℃를 각각 기록한 6월(1997년)과 7월(1996년)에 현존량의 최대치가 관찰되었다(그림 4). 또한 수온이 9~10℃로 낮은 동계에는 100 cells/L 내외의 낮은 현존량의 영양세포가 출현하는 것이 확인되었다.

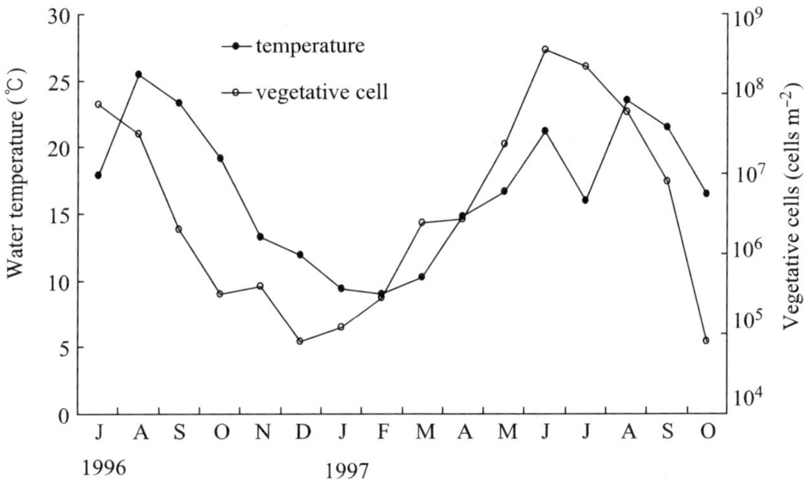

그림 4. 수심 2m에서의 수온의 계절변화와 *Scrippsiella trochoidea* 영양세포수의 계절변화

2) *Scrippsiella trochoidea*의 휴면포자 발아율의 계절적 변화

동시기의 해저니로부터 분리된 휴면포자의 발아율을 현장의 온도조건에서 측정한 결과, 발아율도 뚜렷한 계절적 변화를 보였다. 앞에서 기술한 바와 같이, 일반적으로 휴면포자의 발아는 영양세포의 번성 직전에 활발하다고 보고되어 있다(Anderson and Morel, 1979; Anderson and Keafer, 1985). 그러나, 본 조사결과, *Scrippsiella trochoidea*의 휴면포자 발아율은 수중 영양세

포 개체군이 쇠퇴되는 시기에 높게 측정되어(그림 5), 해저 휴면포자의 발아율과 수중 영양세포의 최대 현존량의 최고점은 서로 일치되지 않는 결과를 보였다.

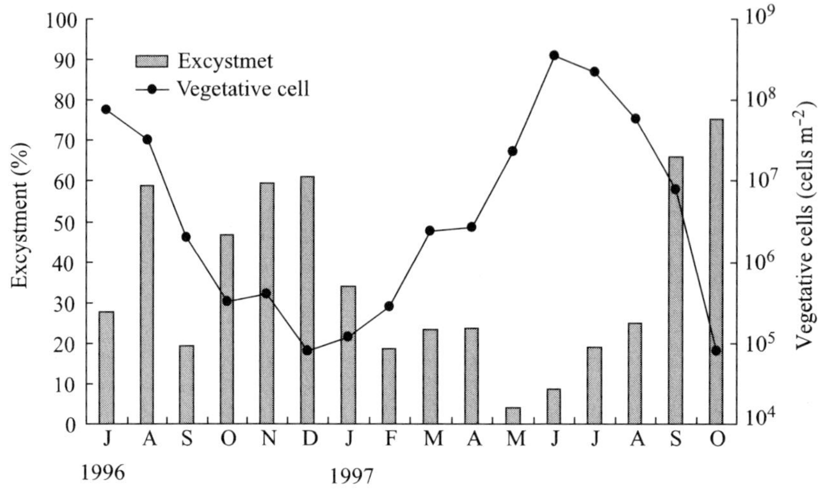

그림 5. *Scrippsiella trochoidea*의 수중영양세포수와 휴면포자 발아율의 계절변화

3) *Scrippsiella trochoidea*의 휴면포자의 형성시기와 휴면기간

수중의 휴면포자 출현은 영양세포의 출현시기와 유사하게 6월에서 9월까지 관찰되었다(그림 6). 이러한 결과는, *Scrippsiella trochoidea*의 휴면포자의 형성은 영양세포의 성장과 동시에 일어난다고 볼 수 있다. 와편모조류 휴면포자의 형성은 일반적으로 영양세포의 성장이 약화되는 시기에 활발하다는 여러 연구결과(Bibby and Dodge, 1972; Tyler 등, 1982; Heaney 등, 1983; Heiskanen, 1993)와는 다른 양상을 보였다.

또한, 본 연구를 통해 측정된 *Scrippsiella trochoidea*의 휴면포자의 휴면기간은 약 60일로 선행된 연구결과의 25일보다(Binder and Anderson, 1987) 훨씬 길게 측정되었다(그림 7). 다시 말하면, 영일만에 분포하는 *S. trochoidea*는 영양세포의 번성과 동시에 휴면포자를 형성하며, 그 후, 2달의 휴면기를 거치면 성숙된 휴면포자로 되어 적절한 환경조건이 허락되면 발아할 수 있다.

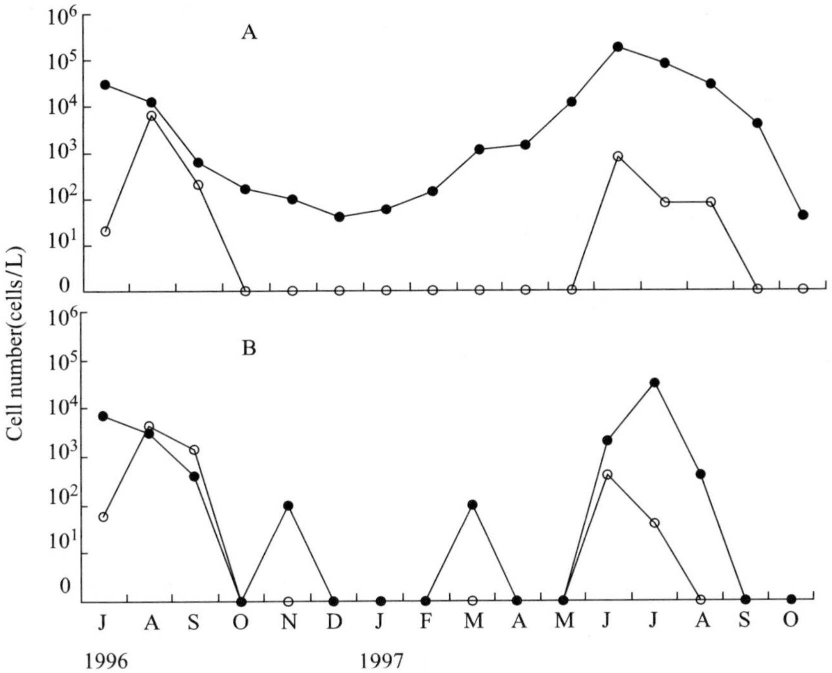

그림 6. 수심 2m(A)와 6m(B) 깊이에서의 *Scrippsiella trochoidea* 영양세포수(●)와 휴면포자수(○)의 계절변화

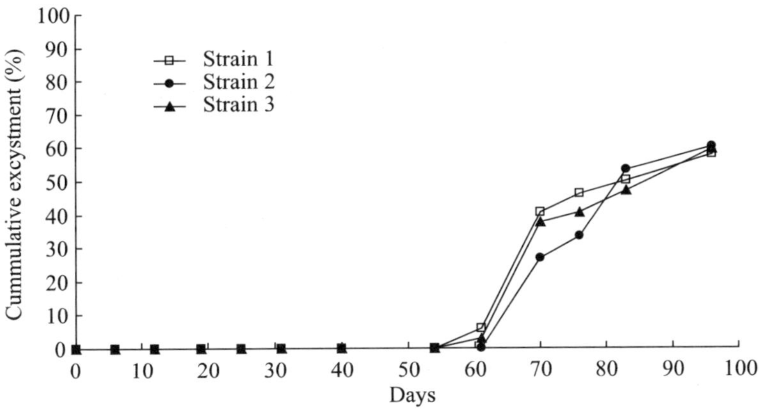

그림 7. *Scrippsiella trochoidea* 영양세포의 실험실 배양동안 세 배양주(strain)에서 형성된 휴면포자 누적발아율. 휴면포자는 18℃, 12 μmol photons m^{-2} s^{-1} 조건에서 배양

2.4 유독성 와편모조류 *Alexandrium tamarense*의 최대 현존량과 휴면포자 발아시기의 불일치

1) *Alexandrium tamarense* 현존량의 계절적 변화

1996년 10월부터 1997년 12월까지 마산만에서 조사된 *Alexandrium tamarense*의 수중 영양세포 현존량의 조사결과, 10월부터 2월까지는 세포수는 계수가능 한계이하로 매우 낮아 그 출현이 확인되지 않았으나, 3월부터는 수온의 상승과 함께 수중 영양세포의 출현도 증가되었고, 그 후 현존량은 급격히 증가하여 5월의 수심 4 m에서 최대치(10^4 cells/L)가 관찰되었다(그림 8). 이때 수온은 16.5 ℃로 *A. tamarense* 성장의 최적온도인 15℃ 내외의 범위 내에 있었으며, 수온의 상승에 의해 수온약층이 발달되고 있었다(Han 등, 1992) (그림 9).

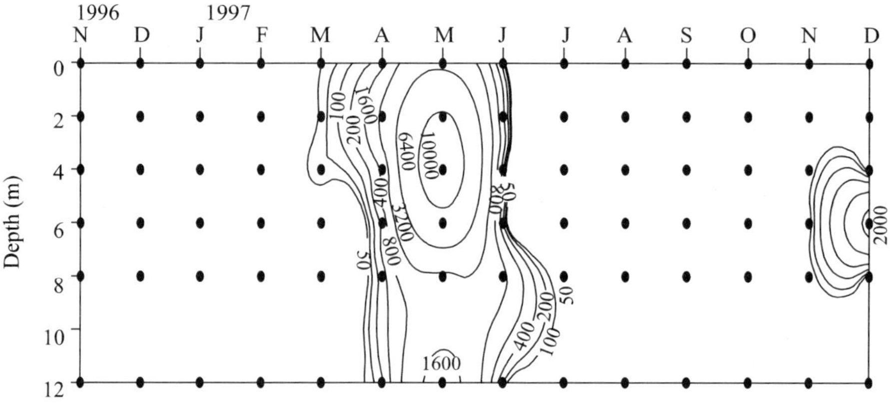

그림 8. *Alexandrium tamarense* 영양세포의 수직분포의 계절변화

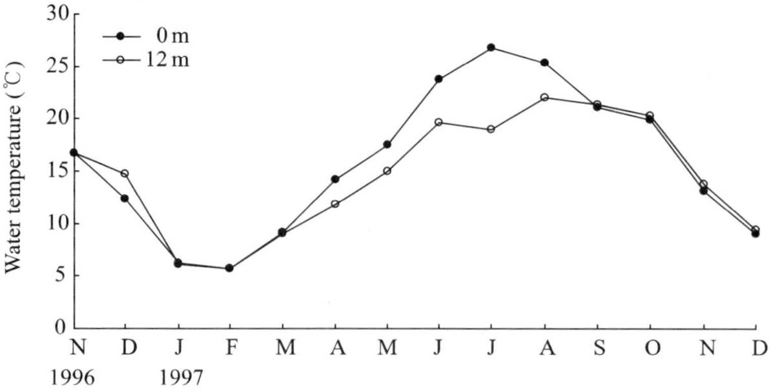

그림 9. 조사해역 표층(0m)과 바닥(12m) 수온의 계절변화

2) *Alexandrium tamarense*의 휴면포자 발아율의 계절적 변화

1996년 12월과 1997년 11월에는 80% 이상의 매우 높은 휴면포자 발아율이 측정되었고 그 후 동계와 춘계를 거쳐 발아율은 점차 감소되어 하계에 채집된 휴면포자는 거의 발아되지 않았다(그림 10). 따라서, 휴면포자는 수온이 15℃ 내외인 추계에 가장 활발하게 발아되며, 10℃ 이하의 동계에도 발아 가능한 반면 20℃ 이상의 하계에는 발아가 억제되어 해저층의 수온의 변화와 다소 상반되는 발아율의 변화를 보였다.

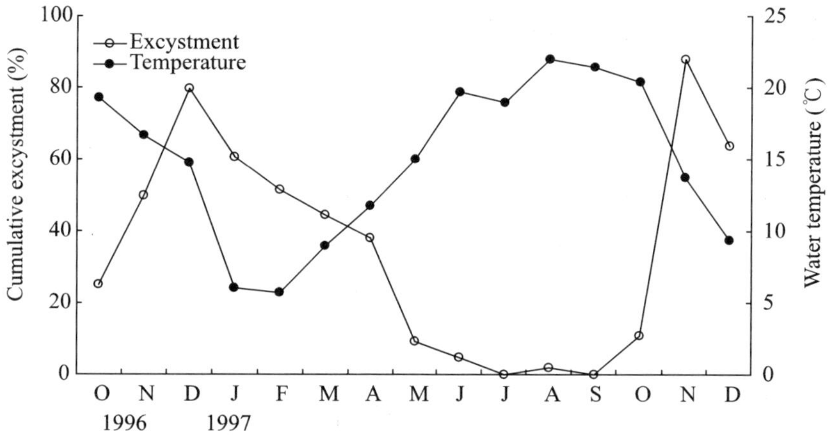

그림 10. *Alexandrium tamarense*의 누적발아율과 저층(12m) 수온의 계절변화

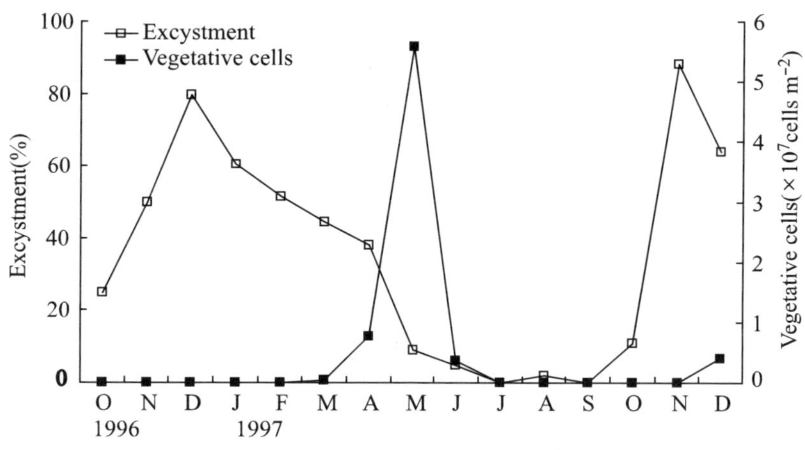

그림 11. *Alexandrium tamarense*의 영양세포수와 누적발아율의 계절변화

휴면포자 발아율과 영양세포 현존량과의 변화양상을 살펴보면, 하계의 경우는 발아능과 영양세포의 성장이 모두 저하되는 일치성을 보이나, 최대 발아율이 측정되는 추계(11~12월)와 영양세포의 최대 번성이 관찰되는 춘계(5월) 사이에는 5, 6개월의 시간적 차이를 볼 수 있었다(그림 11). 또한, *Scrippsiera trochoidea*에서 관찰된 결과에서 밝혀진 바와 같이, 현존량이 최대 번성을 하는 5월의 직전에는 발아율이 상대적으로 낮게 관찰되었다.

2.5 남조류 Nostocales의 최대 현존량 분포와 akinete 발아 시기와의 불일치

1) 남조류 Nostocales 현존량의 계절적 변화

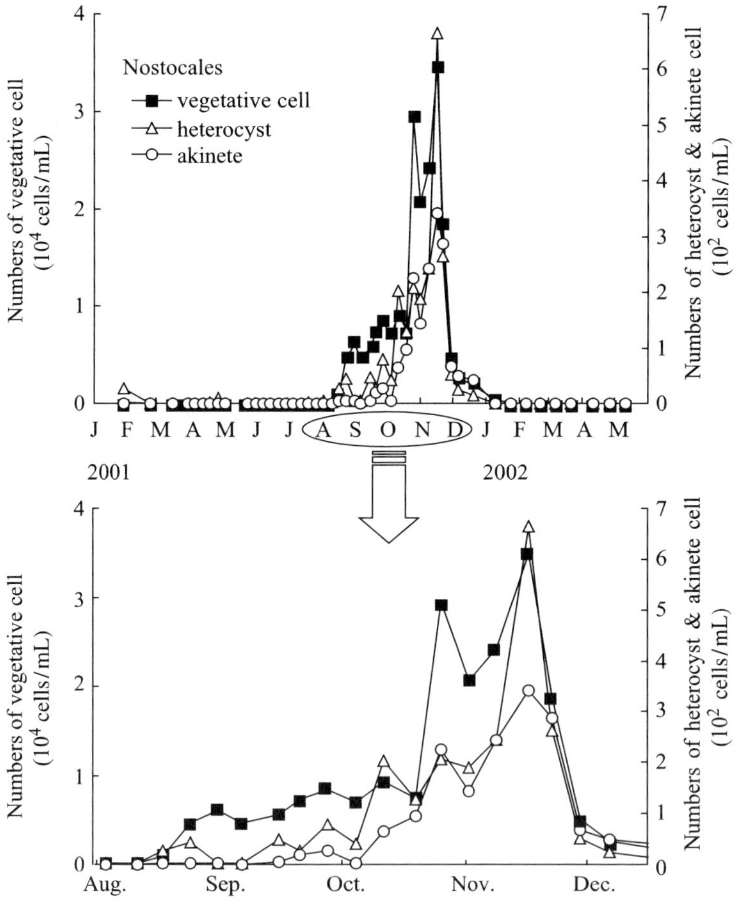

그림 12. 서울 석촌호수 표층에서의 Nostocales의 영양세포, heterocyst, akinet의 세포밀도변화

석촌호수 표층의 남조류 Nostocales의 영양세포는 추계에 현존량이 최대 번성을 하는 특징을 보였다. 3월부터 7월까지 표층의 영양세포는 60 cells/mL 이하로 적은 현존량이 나타났으며, 8월 초부터 영양세포의 현존량이 증가되기 시작하여, 10월 중순까지 영양세포는 9,336 cells/mL까지 천천히 증가하였다. 이때의 표층 수온은 29℃에서 18℃로 점진적으로 떨어지고 있었다. 10월 중순부터 11월까지 수온은 18℃에서 10℃까지 감소되어지는 현상을 보였으며, 이때의 영양세포의 현존량은 최대 34,838 cells/mL까지 급격히 증가하였다. 최대 현존량은 2001년 11월 16일에 나타났고, 이후 10℃이하로 수온이 떨어지는 12월 중순까지 영양세포의 현존량은 1,892 cells/mL까지 급격히 감소하였다. 12월 말부터 2002년 5월까지 표층에서 Nostocales의 영양세포는 관찰되지 않았다(그림 12).

연구기간동안 3속 18종이 동정되었으며, 우점종은 *Anabaena cylindrica*였으며, *Aphanizomenon flos-aquae, Anabaena verrucosa, Anabaena flos-aquae* 등도 함께 나타났다. 표층(0 m) 수온은 0.7~29.7℃로 변화하였고, 저층(3 m) 수온은 0.7~29℃로 변화하였다(그림 13).

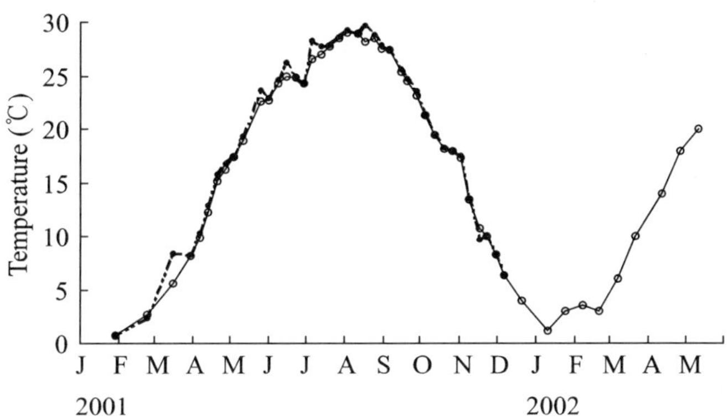

그림 13. 서울 석촌 호수의 수온의 계절변화(℃)

2) 남조류 Nostocales의 akinete 현존량의 계절적 변화

석촌호수 퇴적층의 akinete의 개체수 변화는 2001년 11월 1일에 233 cells g sediment^{-1}로 최저치를 보였고, 2001년 1월 29일에 29,633 cells g sediment^{-1}로 최고치를 보였다. 표층수의 akinete의 개체수는 8월부터 증가되어진 후, 11월에 최대 개체수를 보인 후 12월부터 급격한 감소가 나타나고 있으며, 퇴적층의 akinete 개체수는 12월 이후 2월까지 증가되어지는 것을 관찰할 수 있었다. 조사기간 동안 akinete의 개체수는 동계 시기와 동계외 시기간에 뚜렷한 차이를 보여주고 있다($r > 0.05$, student t-test). 동계기간인 12월부터 2월까지 10,000 cells g sediment^{-1} 이상의 높은 현존량을 나타냈으며, 3월부터 11월까지는 233~6,000 cells g sediment^{-1}의 낮은 현존량을 보였다(그림 14).

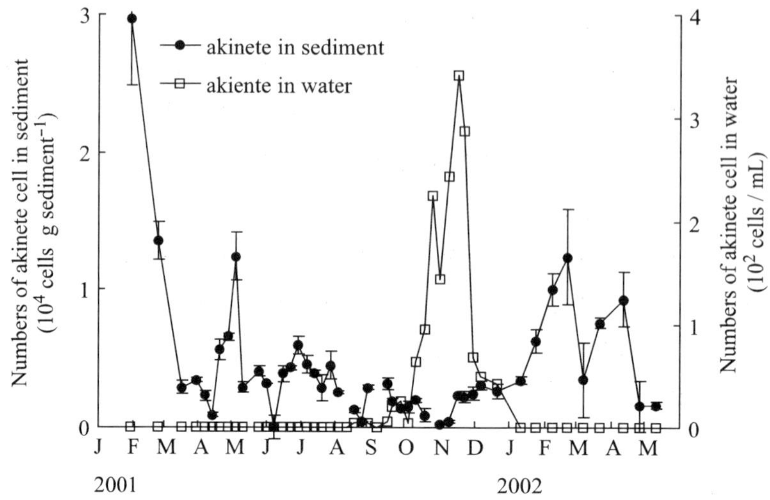

그림 14. 서울 석촌호수 수층과 퇴적층에서의 Nostocales akinete 밀도의 계절변동

3) 남조류 Nostocales의 akinete 발아율의 계절적 변화

Akinete의 연중발아율의 변화는 발아가 활발히 일어나는 시기와 발아가 거의 나타나지 않는 시기로 뚜렷하게 구분되어졌다. Akinete의 발아율은 3월 말과 4월 초(8~12℃)에 가장 높은 것

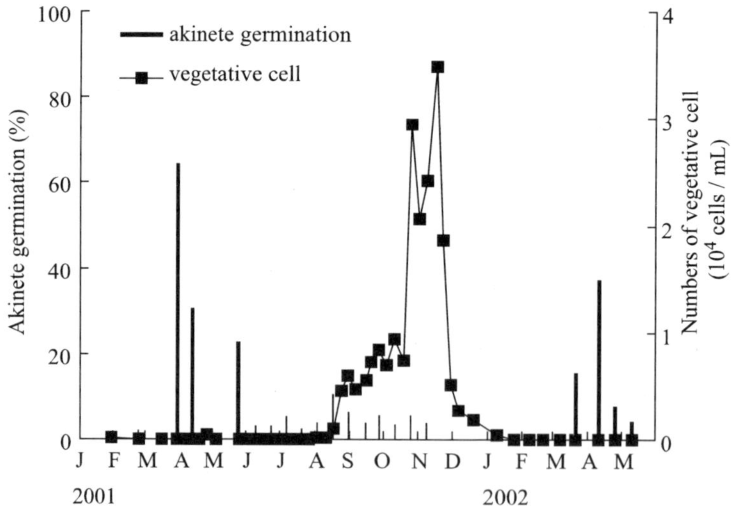

그림 15. 서울 석촌호수에서 Nostocales akinete 발아성공율과 표층수에서 영양세포수의 계절변화

으로 조사되었으며, 2001년 3월 30일에 64.5%로 가장 높은 발아율을 형성하였다. 4월부터 11월까지 akinete의 발아율은 10% 이하의 낮은 발아율을 보였고, 동계기간인 11월 중순부터 2월까지는 발아율이 나타나지 않았다. Akinete의 발아율이 최대가 되는 시기인 3월 말에는 퇴적층의 akinete의 개체수가 급격히 감소되어지는 결과를 볼 수 있다. 또한, 표층수 영양세포의 현존량은 11월에 최대 번성을 보였으며, akinete의 높은 발아가 나타났던 3월과 시기적으로 약 8개월 정도의 시차를 보이고 있었다(그림 15).

2.6 적조 발생 기작 규명을 위한 휴면포자 연구의 중요성

저자들은 *Alexandrium tamarense, Scrippsiella trochoidea* 그리고 Nostocales의 개체군 동태의 연구결과로부터 "퇴적층의 휴면포자는 식물플랑크톤의 대발생(적조 혹은 녹조)을 유발시키는 직접적인 요인으로서 매우 중요한 역할을 한다"는 기존의 가설과는 상반되는 연구결과를 얻었다. 그러나, *Heterosigma akashiwo*의 휴면포자는 기존의 가설에서 설명하는 바와 같이 휴면포자의 발아는 적조 발생을 유발시키는 직접적인 생물학적 요인임을 재확인하였다. 영일만의 *S. trochoidea*은 6, 7월에, 마산만의 *A. tamarense*는 5월에, 석촌호수의 남조 Nostocales는 8월부터 11월까지 수중에서 대발생을 보였다. 그러나, 세 종류 모두 수중의 대발생이 휴면포자의 활발한 발아가 선행되어 이룩된 것이라고 설명하기 어렵다. *S. trochoidea*는 9월이나 10월부터 12월까지, *A. tamarense*는 11월이나 12월이 휴면포자의 활발한 발아시기이고, Nostocales는 3월부터 4월까지가 활발한 발아시기로 밝혀졌다. 두 종류의 와편모조류는 발아 후, 저온의 동계를 맞이하며, Nostocale는 성장하기에 부적절한 온도조건을 맞이하게 된다. 이들은 불리한 환경조건 하에서 낮은 현존량을 유지하면서 최대 번성을 맞이하는 시기까지 긴 시간을 생존하여야만 한다.

이 같은 결과로부터 몇 가지의 의문점을 생각하여 보았다. 왜 이들 휴면포자는 수중 영양세포의 대증식 직전에 활발히 발아하는 생존 전략을 택하지 않고 성장이 불리한 환경조건에서 미리 발아하는 부적절한 생존전략을 갖는 것일까? 일반적으로 휴면포자는 영양세포보다 견고하여 열악한 환경 조건 속에서도 생존할 수 있어, 영양세포로서는 생존이 어려운 시기에 휴면포자를 형성하여 이 시기를 견뎌 낸다고 생각하고 있다. 그러나, 본 연구결과 두 종류의 와편모조류와 남조류 Nostocales는 모두 성장이 불리한 시기에 발아되어 낮은 성장률로 수중 생활을 연명하고 있어, 이들 유해 플랑크톤의 휴면포자 역할이 재조명되어야 한다고 생각된다. 예를 들어, 겨울을 지내는 영양세포는 비록 정량적으로는 열세이나, 최적 성장기의 세포에 비해 저온을 견디는 것이 이듬해의 번성에 보다 유리한 생리적 조건을 형성하는 정성적(세포학적 또는 생리학적)으로 우세한 방법인가? 라는 의문 등 많은 의문점을 남기고 있다.

식물플랑크톤들은 종류에 따라 매우 다양한 생활사를 보유하고 있으며, 동일종일지라도 지역적 환경의 특성에 따라 생활사를 변화시켜 생존하므로, 이들의 생활사는 고정된 과정이 아니라 오히려 가변성을 가지는 것이 자연스럽다고 생각된다. 따라서, 식물 플랑크톤의 수중 동태는 획일화된 일반적인 견해로 해석 될 수 없을 것이다. 식물 플랑크톤은 고유한 진화적 경험을 가지고 있기 때문에, 동일한 식물 플랑크톤일지라도 지리적 및 환경의 차이에 따라 다양한 양상으로 표출될 수 있다고 본다.

그러므로, 식물 플랑크톤의 대발생 및 쇠퇴기작을 올바르게 이해하기 위해서는, 고전적인 식물 플랑크톤 대발생 기작에 대한 통념으로부터 벗어나 현장조사를 통한 이들 생물의 시공간적 분포 특성의 규명 뿐 아니라 세포학적, 생리학적 특징도 반영하여, 이들 생물이 영유하고 있는 고유의 생활사를 정확히 이해하여야 한다. 즉, 식물 플랑크톤의 대증식(적조와 녹조) 메카니즘을 규명하기 위해서는 새로운 시각과 관점으로 적조생물의 개체군 동태와 생활사를 이해하기 위한 구체적이고 명료한 학문적 접근이 지속적으로 수반되어야 할 것이다.

결 론

저자들의 연구결과 해산 종으로서 *Alexandrium*과 *Scrippsiella* 그리고, 담수종으로서 Nostocales는 적조생물의 대발생 시기와 휴면포자의 최대 발아율 시기와는 계절적 차이가 있음을 발견하였다. 이러한 현상은 휴면포자의 발아율이 직접적으로 식물플랑크톤의 대발생에 영향을 미치는 요인이 아님을 의미하며, 현재까지 축적된 자료를 통해 휴면포자의 발아가 적조의 대발생에 직접적으로 영향을 미친다는 개념과는 다른 흥미로운 결과임을 보여준다. 반면 실험실에서 형성된 *Heterosigma akashiwo*의 휴면포자는 환경이 악화(저온상태)되면 매우 빠르게(2~3일) 형성될 뿐만 아니라, 휴면포자는 휴면기간이 필요하지 않기 때문에 발아에 호조건이 되면 2~3일 만에 즉시 발아하여 유영세포로 빠르게 증식하고 있음을 밝혔다. 즉, 본 연구를 통해 휴면포자의 발아가 직접적으로 적조발생을 유발시키는 중요한 요인으로 작용하는 현상과 휴면포자의 발아가 적조발생에 직접적인 영향을 미치지 않는, 상반되는 연구결과가 밝혀졌다. 따라서, 다양한 휴면포자의 발아 패턴이 적조 생물의 군집 동태와 어떤 관계를 갖는지에 대한 연구는 적조 발생 기작의 이해와 적조 발생 제어 및 예측을 위한 매우 중요한 실마리를 제공할 것이다.

참고문헌

이욱세, 2002. 석촌호수의 남조류 Nostocales 대발생과 휴면포자 발아특성의 관계. 한양대학교 석사학위논문.

한명수, 유재근, 유광일, 공동수, 1993. 팔당호의 생태학적 연구: 1. 수질의 연변화: 과거와 현재. 한국육수학회지, 26: 124-149.

한명수, 어윤열, 유재근, 유광일, 최영길, 1995. 팔당호의 생태학적 연구: 2. 식물플랑크톤의 군집구조의 변화. 한국육수학회지, 28: 335-344.

한명수, 이동석, 유재근, 박용철, 유광일, 1999. 팔당호의 생태학적 연구: 3. 식물플랑크톤의 일차생산력과 광합성 모델 parameters. 한국육수학회지, 32: 8-15.

한명수, 홍성수, 어윤열, 2002. 팔당호의 생태학적 연구: 4. 경안천 하류의 영양염 및 입자태 유기물 거동과 식물플랑크톤의 천이. 한국육수학회지, 35: 1-9.

Anderson, D.M. and B.A. Keafer, 1985. Dinoflagellate cyst dynamics in coastal and estuarine waters, *In*: Anderson D.M., A.W. White, and D.G. Baden (eds) *Toxic dinoflagellates. Elsevier Science Publishing, New York.* p.219-224.

Anderson, D.M. and D. Wall, 1978. Potential importance of benthic cysts of *Gonyaulax tamarensis* and *G. excavata* in initiating toxic dinoflagellate blooms. *Journal of Phycology*, 14: 244-250.

Anderson, D. M. and F. M. M. Morel, 1979. The seedling of two red tide blooms by the germination of benthic *Gonyaulax tamarensis* hypnocysts. *Estuarine and Coastal Marine Science*, 8: 279-293.

Anderson, D.M., S.W. Chisholm and C.J. Watras, 1983. Importance of life cycle events in the population dynamics of *Gonyaulax tamarensis*. *Marine Biology*, 76: 179-189.

Baker, P.D. and D. Bellifemine, 2000. Environmental influences on akinete germination of *Anabaena circinalis* and implications for management of cyanobacterial blooms. *Hydrobiologia*, 427: 65-73.

Bibby, B.T. and J.D. Dodge, 1972. The encystment of a freshwater dinoflagellate: a light and electron microscopical study. *British Phycological Journal*, 7: 85-100.

Binder, B.J. and D.M. Anderson, 1987. Physiological and environmental control of germination in *Scrippsiella trochoidea* (Dinophyceae) resting cysts. *Journal of Phycology*, 23: 99-107.

Corliss, J.O. and S.C. Esser, 1974. Comments on the role of the cyst in the life cycle and survival of free-living protozoa. *Transactions of the American Microscopical Society*, 93: 578-593.

Dahlmann, J., A. Rühl, C. Hummert, G. Liebezeit, P. Carlsson and E. Granéli, 2001. Different methods for toxin analysis in the cyanobacterium *Nodularia spumigena* (Cyanophyceae). *Toxicon*, 39: 1183-1190.

Fryxell, G.A., 1983. Survival strategies of the algae. *Cambridge.* 144 pp

Han, M.-S., 1988. Studies on the population dynamics and photosynthesis of phytoplankton in Tokyo Bay. *University of Tokyo, Ph. Doctoral thesis.*

Han, M.-S., K. Furuya and T. Nemoto, 1992. Species-specific productivity of *Skeletonema costatum* (Bacillariophyceae) in the inner part of Tokyo Bay. *Marine Ecological Progress Series*, 79: 267-273.

Han, M.-S., Y.-O. Kim and J.-K. Jeon, 1994. Changes in phytoplankton community structure in the two different hydrological conditions of semi-enclosed Chinhae Bay, Korea. *Bulletin of Plankton Society of Japan*, 41: 43-55.

Han, M.-S., Y.-P. Kim and R.A. Cattolico, 2002. *Heterosigma akashiwo* (Raphidophyceae) resting cell formation in batch culture: strain identity versus physiological response. *Journal of Phycology*, 38: 304-317.

Han, M.-S., Y.-O. Kim, D.-S. Yi and S.-S. Hong, 2002. Species-specific productivity of *Cryptomonas ovata* (Cryptophyceae) in the Pal'tang reservoir, Korea. *Journal of Freshwater Ecology*, 17: 521-529.

Heaney, S.I., D.V. Chapman and H. R. Morison, 1983. The role of the cyst stage in the seasonal growth of the dinoflagellate *Ceratium hirundinella* within a small productive lake. *British Phycological Journal*, 18: 47-59.

Heiskanen, A.S., 1993. Mass encystment and sinking of dinoflagellates during a spring bloom. *Marine Biology*, 116: 161-167.

Hong, S.-S., S.-W. Bang, Y.-O. Kim and M.-S. Han, 2002. Effects of rainfall on the hydrological conditions and phytoplankton community structure in the riverine zone of the Pal'tang reservoir, Korea. *Journal of Freshwater Ecology*, 17: 507-520.

Hori, K., S. Ishii, G. Ikeda, J. Okamoto, Y. Tanji, C. Weeraphasphong and H. Unno, 2002. Behavior of filamentous cyanobacterium *Anabaena* spp. in water column and its cellular characteristics. *Biochemical Engineering Journal*, 3572: 1-9.

Huber, A.L., 1985. Factors affecting the germination of akinete of *Nodularia spumigena* (Cyanobacteriaceae). *Applied and Environmental Microbiology*, 49: 73-78.

Ishikawa, A. and A. Taniguchi, 1997. *In situ* patterns of cysts, and bloom formation of some armoured dinoflagellates in Onagawa Bay, north-east Japan. *Journal of Plankton Research*, 19:1783-1791.

Kadota, H., Y. Ishida, Y. Sako and Y. Hata, 1984. Growth, encystment and excystment of *Peridinium cunningtonii*. *Memirs of the College of Agriculture, Kyoto University*, 123: 27-36.

Kim, Y.-O. and A. Taniguchi, 1995. Excystment of the oligotrich ciliate *Strombidium conicum*. *Aquatic Microbial Ecology*, 9: 149-156.

Kim, Y.-O. and A. Taniguchi, 1996. Seasonal variation of excystment pattern of the planktonic oligotrich ciliate *Strombidium conicum*. *Marine Biology*, 128: 207-212.

Kim, Y.-O. and M.-S. Han, 2000. Seasonal relationships between cyst germination and vegetative population of *Scrippsiella trochoidea* (Dinophyceae). *Marine Ecology Progress Series*, 204: 111-118.

Kim, Y.-O., M.-H. Park and M.-S. Han, 2002. Role of cyst germination in the bloom initiation of *Alexandrium tamarense* (Dinophyceae) in Masan Bay, Korea. *Aquatic Microbial Ecology*, 29: 279-286.

Sako, Y., Y. Ishida, H. Kadota and Y. Hata, 1985. Excystment in the freshwater Dinoflagellate *Peridinium cunningtonii*. *Bulletin of the Japanese Society of Scientific Fisheries*, 51: 267-272.

Steidinger, K. A. and L. M. Walker, 1984. Marine plankton life cycle strategies. *CRC Press*. 159 pp.

Steffensen, D., M. Burch, B. Nicholson, M. Drikas and P. Baker, 1999. Management of toxic blue-green algae (cyanobacteria) in Australia. *Environmental Toxicology*, 14: 183-195.

Tyer, M.A., D.W. Coats and D. W. Anderson, 1982. Encystment in a dynamic environment: deposition of dinoflagellate cysts by a frontal convergence. *Marine Ecological Progress Series*, 7: 163-178.

Van Dok, W. and B.T. Hart, 1997. Akinete germination in *Anabaena circinalis* (Cyanophyta). *Journal of Phycology*, 33: 12-17.

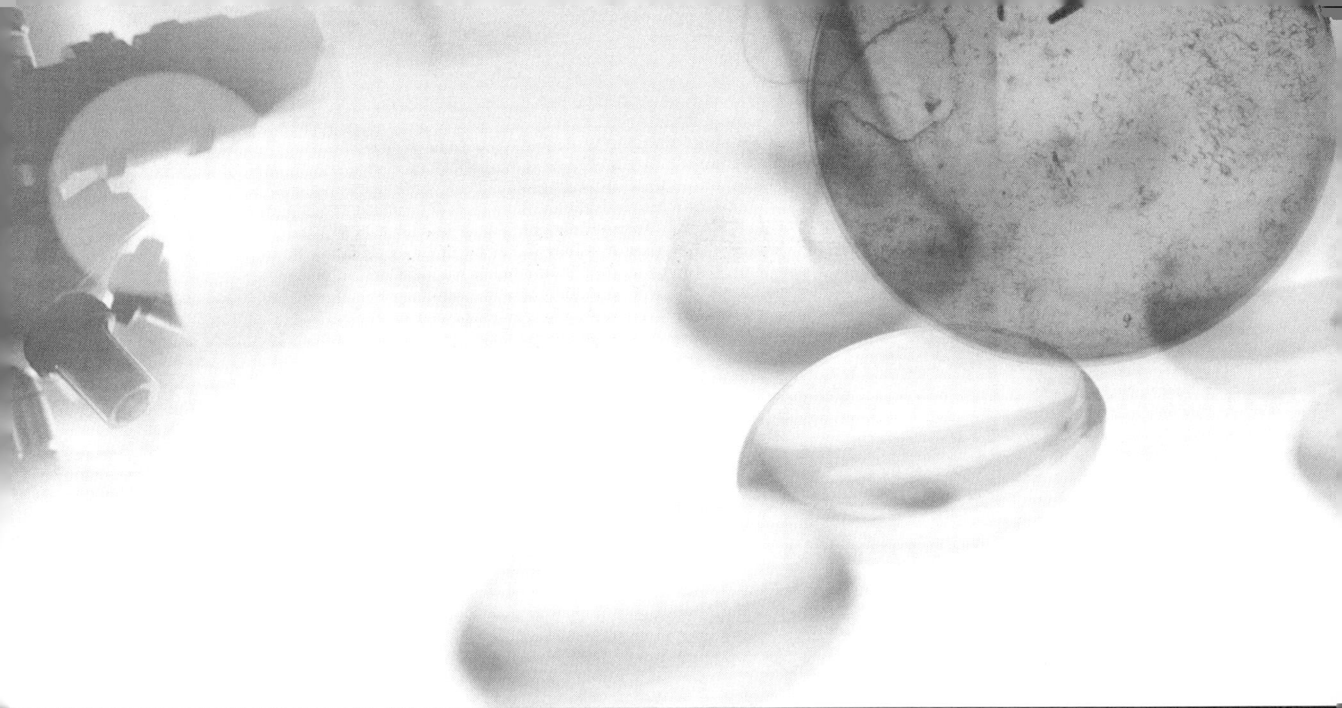

 The Plankton Ecology of Korean Coastal Waters •

제3부

한국연안해역의 동물플랑크톤

황해 동물플랑크톤의 시공분포

임동현 · 윤원득 · 조성환 · 이 윤 / 국립수산과학원

요 약

황해 동물플랑크톤의 시·공 분포를 알아보기 위하여 NORPAC 네트를 사용하여 1997년 4월부터 1998년 2월까지 격월 간격으로 채집하였다. 동물플랑크톤 현존량은 12월부터 다음해 4월까지는 낮은 상태를 유지하다가 6월에 가장 높았고, 10월에 다시 한 번 높은 분포를 나타내었다. 조사기간 동안 출현한 요각류종은 총 76종이었으며, 그 중 *Calanus sinicus, Paracalanus parvus* s.l., *Oithona atlantica*와 *Corycaeus affinis* 등은 연중 전해역에서 우점하였다.

이들 네 우점종의 밀도는 연구 기간을 통틀어 상대적으로 높고 일정했으며, 요각류 군집에서 이들이 차지하는 비율은 평균 75.61%에 달했다. 이들의 조성 비율은 봄에 평균 57.18%로 낮았으며, 여름부터 겨울까지는 84.82%로 높았다. *Acartia omorii, A. pacifica, A. hongi, Centropages abdominalis, Labodocera euchaeta, L. rotunda, Oithona similis* 및 *Paracalanus aculeatus* 등은 계절 및 정점에 따라 우점하였다.

1. 서 론

황해는 중국 대륙과 한반도로 둘러싸인 반폐쇄적 해역으로 북부는 중국의 요동반도와 산동반도를 잇는 선에 의해 발해와 구분되며, 남부는 제주도와 양자강을 잇는 선에 의해 동중국해와 구분된다. 황해는 최대수심 105m, 평균수심 44m의 천해이며, 총 면적 380,000 km^2의 대륙붕 해역으로 우리나라 및 중국측의 담수 유입에 의해 환경에 직접적으로 영향을 받는다.

황해는 그 환경 조건으로 인하여 많은 어족 자원의 산란장 및 회유지로 잘 알려져 있으며, 이러한 이유로 이들의 먹이생물인 동물플랑크톤 전반에 걸친 연구는 가장 기본이 되면서도 필수적

이라 할 수 있다. 황해의 동물플랑크톤 군집은 남해나 동해와 비교할 때 비교적 단순한 구성을 보이며, 이는 동물플랑크톤의 각 분류군에 있어 공통적으로 나타나는 경향이다.

계절에 따라 일부 해역에서 단일 분류군의 대량 발생으로 동물플랑크톤 군집의 많은 부분을 차지하는 몇몇 경우를 제외하고는 대부분 요각류가 동물플랑크톤 군집에서 가장 큰 부분을 차지한다. 따라서 요각류에 대한 연구는 동물플랑크톤 군집 및 해양생태계의 먹이사슬을 이해하는데 유용한 고리를 제공해 줄 것이다.

현재까지 황해 전반에 걸쳐 수행되었거나 수행중인 동물플랑크톤의 연구는 국립수산과학원의 한국서해해양조사와 한·중황해환경공동조사, 한국해양연구원의 서해자원도 조사 및 인하대의 황해연구 등이 있다. 황해의 동물플랑크톤에 관한 연구로는 노(1982), Shim and Park(1982), 김과 허(1983), Kim(1985), 김(1987), 심등(1988), Park(1990), Shim and Yun(1990), 서등(1991), Park 등(1991), 박등(1992), 황과 최(1993), 명등(1994), Kim and Lee(1994), Shim and Choi(1996) 등이 있으나, 앞서의 연구들은 몇몇 계절에 국한되어 있거나 황해의 일부 지역에 한정되어 있으며, 황해 전반에 걸친 계절적 양적 변화와 지리적 분포는 미비한 상태이다. 현 연구는 황해의 우리측 해역 전반에 걸쳐 이루어진 해양 조사의 결과에서 동물플랑크톤 군집 생태조사의 일부로서 동물플랑크톤 현존량 및 요각류 주요 종의 시·공 분포를 파악하기 위해 수행되었다.

2. 재료 및 방법

조사는 황해의 해역 중 33°58′ N부터 36°56′ N까지 그리고 124°22′ E부터 126°15′ E사이의 해역에서 1997년 2월부터 1999년 12월까지 3년 동안 2, 4, 6, 8, 10, 12월에 수행되었다. 조사해역은 위도에 따라 307선부터 312선까지 6개의 정선으로 나누어져 있으며 각 조사 정점은 7~10개로 구성되어 있다(그림 1). 각 정점의 위도와 경도는 표 1과 같다. 황해의 연안역은 수심이 대부분 40 m 이내로 비교적 얕으며, 깊은 곳이라 해도 100 m를 약간 넘을 뿐이다. 해저지형은 북위 124°선을 따라서 남북으로 수심이 80 m 이상의 깊은 골이 있는 것이 특징이다.

동물플랑크톤은 NORPAC 네트(구경 0.45m, 망목 330 μm)를 사용하여 각 정점의 해저면부터 표층까지 수직으로 채집되었으며, 예망 속도는 0.5~1.0 m/sec로 조절되었다. 채집된 시료는 선상에서 중성 formaldehyde 용액을 시료에 첨가해 최종농도가 5%가 되도록 고정한 후 실험실로 운반하였다.

시료는 Motoda식 분할기를 사용하여 양에 따라 1/4~1/16으로 분할하여 습중량을 측정하였으며, 습중량을 측정하고 남은 3/4~15/16의 시료를 동정에 사용하였다. 동정에는 입체현미경과 광학현미경이 사용되었으며, 목(order)이나 과(family) 수준까지, 요각류 및 지각류는 종수준까지 수행되었다. 요각류 개체수는 성체와 copepodite의 구분없이 계수되었으며, 위에서 얻어진 결과는 단위체적당 무게(mg/m^3), 또는 개체수로 환산하였다.

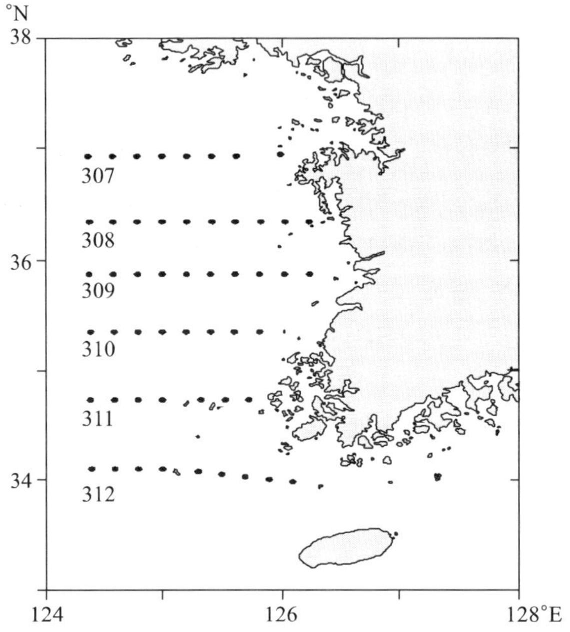

그림 1. 황해에서의 조사 정점

표 1. 조사 정점의 위경도

Station \ Line	307	308	309	310	311	312
01	—	36°19.8′ 126°14.4′	35°51.3′ 126°14.7′	—	—	—
02	—	36°19.8′ 126°02.3′	35°51.3′ 126°02.0′	—	—	33°58.5′ 126°06.0′
03	36°56.5′N 126°00.0′E	36°19.8′ 125°50.0′	35°51.3′ 125°49.3′	35°20.1′ 125°49.3′	—	33°59.8′ 125°54.0′
04	36°55.5′ 125°37.7′	36°19.8′ 125°37.0′	35°51.3′ 125°37.0′	35°20.1′ 125°36.5′	34°43.0′ 125°43.9′	34°01.4′ 125°42.0′
05	36°55.5′ 125°25.0′	36°19.8′ 125°25.3′	35°51.3′ 125°24.4′	35°20.1′ 125°24.4′	34°43.0′ 125°31.9′	34°02.6′ 125°30.0′
06	36°55.5′ 125°12.5′	36°19.8′ 125°12.4′	35°51.3′ 125°12.3′	35°20.1′ 125°12.1′	34°43.0′ 125°19.4′	34°04.1′ 125°18.0′

07	36°55.5′ 125°00.0′	36°19.8′ 125°00.0′	35°51.3′ 125°00.0′	35°20.1′ 125°00.0′	34°43.0′ 125°00.0′	34°05.5′ 125°00.0′
08	36°55.5′ 124°47.5′	36°19.8′ 124°47.5′	35°51.3′ 124°47.8′	35°20.1′ 124°47.9′	34°43.0′ 124°47.9′	34°05.5′ 124°48.0′
09	36°55.5′ 124°34.8′	36°19.8′ 124°35.1′	35°51.3′ 124°35.1′	35°20.1′ 124°35.6′	34°43.0′ 124°35.8′	34°05.5′ 124°36.0′
10	36°55.5′ 124°22.3′	36°19.8′ 124°23.0′	35°51.3′ 124°22.8′	35°20.1′ 124°23.5′	34°43.0′ 124°23.4′	34°05.5′ 124°24.0′

3. 결과 및 토의

3.1 동물플랑크톤 현존량의 시공분포

동물플랑크톤의 현존량은 2.5~18385.9 mg/m^3 (평균 280.9 mg/m^3)의 분포로 시간과 공간에 따라 큰 차이를 보였다. 분포 경향은 대체적으로 12월부터 다음해 4월까지는 200 mg/m^3 이하의 낮은 현존량을 보이다, 6월에 가장 높은 분포를 보였으며, 10월에 다시 한 번 높은 분포를 나타내었다(그림 2). 이러한 결과는 1977년부터 1986년까지 10년 평균의 한국 근해 동물플랑크톤 현존량(강과 이, 1991) 및 온대해역에서 봄과 가을에 식물플랑크톤의 대량발생에 이어 동물플랑크톤의 증식이 뒤따른다는 Parson 등(1984)의 결과와도 일치하였다. 6월의 높은 분포는 대부분 연

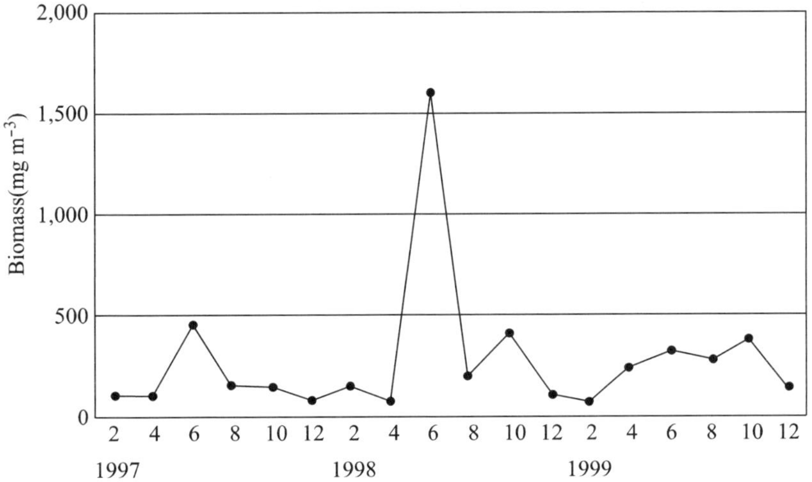

그림 2. 황해에서의 동물플랑크톤 생물양의 계절 변동

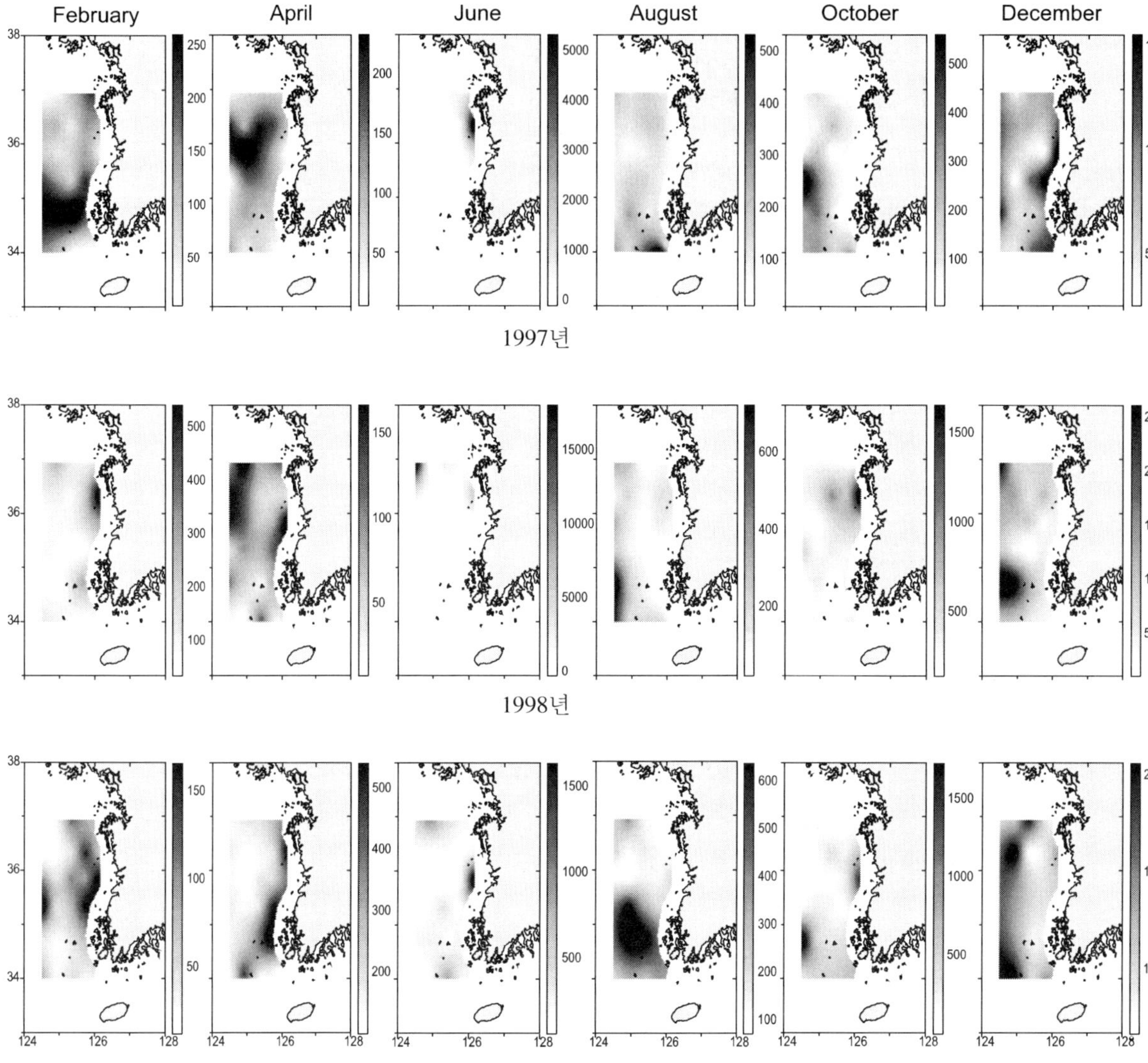

그림 3. 황해에서의 동물플랑크톤 생물량의 시·공간적 분포

안에서 야광충(*Noctiluca scintillans*)의 지역적인 대량발생에 의한 것이다. 1998년 6월의 경우 평균 동물플랑크톤의 현존량은 야광충의 대량발생에 의해 1600 mg/m^3 이상의 높은 분포를 보였으며, 그 외의 조사 기간 중에는 500 mg/m^3 이하를 유지하였다. 현존량의 정점간 차이는 12월부터 4월까지 비교적 적었으며, 6월에 가장 컸다. 이 역시 앞서 설명한 바와 같이 6월에 연안역에서의 야광충 대량 발생에 기인한 것이다. 현존량의 계절에 따른 차이는 북위 36° 이상에서 높게 나타났으며, 36° 이하에서는 비교적 적게 나타났다. 또한 연안에서 높은 차이를 보였으며 외양으로 갈수록 고른 분포를 보였다. 북위 36° 이하에서는 연안에서도 계절에 따른 차이가 적은 것으로 나타났다.

이러한 결과에서 연안역보다는 외해역이 그리고 북위 36° 이상보다는 36° 이하의 해역이 생태적으로 더 안정된 환경으로 생각된다. 동물플랑크톤의 공간분포에 있어 계절적 반복성은 보이지 않았으며(그림 3), 현존량의 분포 양상은 수온 및 염분의 분포와도 무관하였다. 그럼에도 불구하고 쿠로시오 지표종으로 알려져 있는 종들중 일부와 일부 난류종은 계절적 수온 분포와 일치하였을 뿐 만 아니라 일정한 반복성을 보여 쿠로시오의 황해 유입에 대한 생물학적 증거를 제시해 주었다.

현재까지 쿠로시오 지표종으로 알려져 있는 종들이라도 문헌에 따라 다르게 나타났으며, 현재의 결과에서 이들 간에도 서로 다른 분포 양상을 보여 이들 지표종에 대한 재정립이 필요할 것으로 보인다.

3.2 동물플랑크톤 군집의 구성

황해의 전체 동물플랑크톤 군집에서 요각류가 차지하는 비중은 평균 70.10%였으며, 계절에 따라 차이를 보였다. 일반적으로 늦가을부터 초봄까지 높은 비중(83.33%)을 차지했으며 늦봄부터 낮아지기 시작하여 여름(40.50%)에 가장 낮았다가 가을부터 다시 높아지는 것으로 나타났다(그림 4). 여름철에 요각류의 비중이 낮은 이유는 지각류의 대량 발생에 기인한 것이다. 늦봄의 경우 전형적인 야광충의 대량 발생에도 불구하고 요각류의 비중이 높은 것은 야광충이 일부 연안에 편중되어 발생하여 황해 전체에 미치는 영향이 크지 않기 때문이다. 요각류 다음으로는 야광충 (5.78%), 지각류(5.42%), 피낭류와 미충류를 포함하는 척삭동물(5.26% 및 모악류(5.19%) 순이었다. 야광충은 주로 늦봄에서 가을까지 높은 비중을 차지하였으며, 겨울과 봄까지도 출현하였으나 차지하는 비중은 적었다. 지각류는 여름에 높은 밀도로 출현하였으며, 겨울에는 대부분 소멸하였다. 척삭동물은 여름부터 가을까지 높은 비중을 차지하였으며, 겨울에는 낮은 분포를 보였다. 모악류는 여름부터 증가하기 시작하여 늦가을에 가장 큰 비중을 차지하였다가 늦겨울로 접어들면서 감소하기 시작하였다. 동물플랑크톤 군집에서 이들 우점 분류군을 제외한 나머지 분류군들은 여름과 겨울에 각각 높은 비중을 차지하였다.

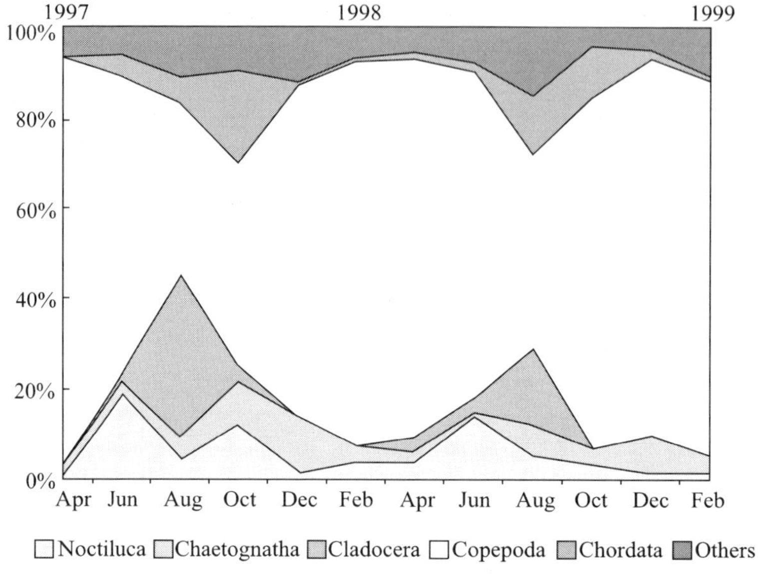

그림 4. 동물플랑크톤 주요 종류의 생물량 조성비율의 계절 변동

3.3 요각류 우점종의 시공분포

본 조사기간 동안 출현한 요각류의 종은 모두 76종으로 임(1995)의 81종보다는 적게 나타났다(표 2). 현재의 연구가 전체 계절을 포함하여 반복적으로 수행되었으며, 황해의 한국측 해역 전체를 포함하고 있어 이전의 목록에 몇몇 종이 추가되었음에도 불구하고 임(1995)의 목록보다 적은 것은 임의 연구가 연안 및 기수역까지를 포함하고 200 μm 망목의 네트를 사용한 반면, 현 연구는 연안보다는 근해에 치중되어 *Eurytemora pacifica*나 *Sinocalanus tenellus*와 같은 연안종 및 기수종이 거의 포함되지 않았으며 또한 330 μm 망목의 네트를 사용하여 *Paracalanus crassirostris*나 *Oithona davisae*와 같이 작은 크기의 요각류가 거의 채집되지 않았기 때문이다. 또한 *Corycaeus*속의 많은 종들이 동정되지 않은 것도 이러한 차이의 큰 이유이다.

조사 해역에서 전 계절에 걸쳐 우점한 종은 *Calanus sinicus, Paracalanus parvus* s.l., *Oithona atlantica* 및 *Corycaeus affinis* 등 모두 4종이었다(그림 5). 이들 4종은 전 조사해역에서 고른 분포를 보였으며 황해의 전체 요각류 군집에서 평균 75.61%를 차지할 정도로 매우 높은 비중을 보여 황해를 대표할 수 있는 요각류 종이라 할 수 있을 것이다. 이들의 조성 비율은 봄에 평균 57.18%로 낮았으며, 여름부터 겨울까지는 84.82%로 높았다.

표 2. 황해 한국측 수역에서 채집된 요각류 종 목록

Calanoida		41	*Pontellopsis tenuicauda*
1	*Acartia hongi*	42	*Pseudodiaptomus marinus*
2	*Acartia danae*	43	*Rhyncalanus cornatus*
3	*Acartia negligens*	44	*Scolecithricella longispinosa*
4	*Acartia omorii*	45	*Scolecithricella minor*
5	*Acartia pacifica*	46	*Scolecithricella* sp.
6	*Acartia* sp.	47	*Scolecithrix danae*
7	*Acrocalanus gibber*	48	*Scolecithrix nicobarica*
8	*Acrocalanus gracilis*	49	*Temora discaudata*
9	*Acrocalanus longicornis*	50	*Temora stylifera*
10	*Calanopia thompsoni*	51	*Temora turbinnata*
11	*Calanus sinicus*	52	*Tortanus forcipatus*
12	*Calocalanus pavo*	53	*Tortanus spinicaudatus*
13	*Calocalanus plumulosus*	54	*Undinula vulgaris*
14	*Candacia bradyi*	55	*Xanthocalanus* sp.
15	*Canthocalanus pauper*	56	*Unidentified Phaennidae*
16	*Centropages abdominalis*	Cyclopoida	
17	*Centropages dorsispinatus*	57	*Oithona atlantica*
18	*Centropages furcatus*	58	*Oithona brevicornis*
19	*Centropages tenuiremis*	59	*Oithona longispina*
20	*Clausocalanus furcatus*	60	*Oithona plumifera*
21	*Clausocalanus pergens*	61	*Oithona similis*
22	*Cosmocalanus darwinii*	Poecilostomatoida	
23	*Ctenocalanus vanus*	62	*Corycaeus affinis*
24	*Eucalanus pseudoattenuatus*	63	*Corycaeus* spp.
25	*Eucalanus* sp.	64	*Oncaea clevei*
26	*Eucalanus subtenuis*	65	*Oncaea media*
27	*Euchaeta concinna*	66	*Oncaea mediterranea*
28	*Euchaeta plana*	67	*Oncaea venusta*
29	*Euchaeta russelli*	68	*Oncaea* sp.
30	*Euchaeta* sp.	69	*Sapphirina angusta*
31	*Labidocera acuta*	70	*Sapphirina nigromaculata*
32	*Labidocera rotunda*	Harpacticoida	
33	*Labidocera euchaeta*	71	*Clytemnestra rostrata*
34	*Lucicutia flavicornis*	72	*Euterpina acutifrons*
35	*Nannocalanus minor*	73	*Macrosetella gracilis*
36	*Paracalanus aculeatus*	74	*Microsetella norvegica*
37	*Paracalanus crassirostris*	75	*Microsetella rosea*
38	*Paracalanus gracilis*	Monstrilloida	
39	*Paracalanus parvus* s.l.	76	*Monstrilla* sp.
40	*Pleurommama robusta*		

*C. sinicus*는 3mm 정도의 대형종이며, *P. parvus* s.l.와 *O. atlantica*는 1mm 정도의 크기로 이들 3종은 소형 어류의 위 내용물 중 많은 비중을 차지하는 종들이다. 이러한 증거로 볼 때 이들 종들은 황해의 수산 자원학적으로도 중요한 역할을 할 것으로 보인다. 4종 중에서 *C. affinis*는 양적으로는 다른 3종에 비해서 큰 비중을 차지하지는 않으나 전 계절에 걸쳐 전 해역에 고르게 분포하였다. *P. parvus* s.l.는 이전에 *Paracalanus parvus* 또는 *Paracalanus indicus* 등으로 동정되어 오던 종으로 *P. parvus, P. indicus* 및 *Paracalanus quasimodo*등 3종의 중간 특징을 갖는 종이다. *P. parvus* s.l.의 분류학적 위치에 대해서는 더욱 심층적인 연구가 뒤따라야 할 것이다.

다음의 종들은 계절적인 우점종들로 이들은 앞의 4종과는 달리 계절에 따라 분포 범위가 달라지는 경향을 보였다. *Acartia pacifica*는 난수종으로 우리나라의 주변 해역에서 여름부터 가을까지 요각류 군집에서 큰 비중을 차지하는 종이다(표 3). 황해에서도 역시 여름부터 가을까지 출현하였으며, 여름에는 남부 해역에 분포하다가 가을에는 전 해역으로 분포가 확장되었다. 그런 다음 겨울부터 소멸하기 시작하여 남부 해역에 적은 밀도로 분포하다가 봄에는 전혀 출현하지 않았다. *Acartia hongi*는 황해에서 *Acartia bifilosa*로 동정되던 종으로 *A. pacifica*가 황해 전반에 걸쳐 분포하는 데 반하여 우리나라 및 중국측 연안역에만 분포하는 경향을 보인다. 이들은 전 계절에 걸쳐 출현하였음에도 불구하고 주로 겨울부터 봄까지 높은 밀도를 보였을 뿐 여름부터 가을까지는 적은 수로 출현하였다. *A. hongi* 는 겨울에 북위 36도 이남 해역에 분포하다가 봄이 되

표 3. 황해 요각류 우점종의 계절적 분포 양상

Species	Spring	Summer	Autumn	Winter
Acartia hongi				
Acartia omorii				
Acartia pacifica				
Calanus sinicus				
Centropages abdominalis				
Labidocera euchaeta				
Labidocera rotunda				
Paracalanus aculeatus				
Paracalanus gracilis				
Paracalanus parvus s.l.				
Oithona atlantica				
Oithona similis				
Corycaeus affinis				

면서 북위 36~37°까지 북상하는 것으로 나타났다. *Acartia omorii*는 황해의 주요 우점종중 하나로 모든 계절에 걸쳐 출현하였으나 주로 봄철에 높은 밀도로 출현하였으며, 가을에는 최소 밀도를 유지하였다. 이들은 초봄에 북위 36° 부근에 분포하다가 늦봄으로 접어들면서 황해 전반에 걸쳐 분포가 확산되었다. 여름에 접어들면서 다시 북위 35~36° 부근으로 분포가 축소되었다가 가을에는 35° 이하로 분포가 더욱 축소되었다. 겨울로 들어서면서 분포는 황해 전체로 확산되었으나 밀도는 매우 낮았다가 늦겨울에 범위가 북위 35° 이상으로 축소되며 밀도가 높아지기 시작하였다.

*Centropages abdominalis*는 전 계절에 걸쳐 전 해역에 출현하였으며 *A. omorii*의 계절적 변동과 정확히 일치하였다. 그러나 공간적 분포는 약간 다른 양상을 보여 초봄에 북위 36° 이상에 주로 분포하다가 늦봄으로 접어들면서 북위 35° 이상으로 분포가 확장되었다. 여름에는 주로 북위 35~36° 부근에 낮은 밀도로 출현하다가 가을에서 초겨울까지 36° 이상에서 극히 낮은 밀도를 유지하였다. 늦겨울에 다시 범위가 황해 전체로 확산되며 밀도가 높아지기 시작하였다. *Labidocera rotunda*는 늦봄부터 가을까지 출현하였다. 이들은 여름에 황해 전반에 걸쳐 특히 북위 35° 이상에서 높은 밀도로 분포하였으나 가을에 접어들면서 중부 연안쪽으로 분포가 축소되며 밀도 또한 낮아지는 경향을 보였다. *Labidocera euchaeta*는 여름부터 초겨울까지 출현하였으며, 여름에는 35° 이하의 연안에 분포가 국한되어 있다가 가을에 들어서면서 황해 전체의 연안으로 분포가 확장되었다. 이러한 분포 양상과 밀도는 초겨울까지 유지되다가 늦겨울이 되면서 소멸되었다.

*Paracalanus aculeatus*는 여름을 제외한 전 계절에 출현하였다. 봄에 북위 35° 이하의 연안역에서 출현하였다가 여름이 되면서 완전히 소멸하였다. 이들은 가을에 36° 이하의 연안역에 주로 분포하였다가 겨울이 되자 35° 이하의 전 해역에서 상당한 비중을 차지하였다. 늦겨울이 되면서 밀도는 다시 감소하기 시작하였다. *Paracalanus gracilis*는 가을에 북위 34° 부근의 연안역에서만 출현하였다. 이 종은 체장 0.6 mm 정도로 *P. crassirostris*와 같이 330 μm 망목의 네트로는 거의 채집이 되지 않는다. 위의 결과에서 *A. pacifica, P. aculeatus* 및 *P. gracilis*의 분포 양상은 이들이 황해의 바깥쪽에서 유입된 것을 보여준다. *P. gracilis*의 경우 황해 이외의 해역에서는 기록이 되어있지 않으며, 현재의 결과로 볼 때 이들의 분포는 동중국해에서 황해까지로 국한되어 있는 것으로 보인다. 요각류 주요종들의 분포 양상은 그림 5에 모식화하였다.

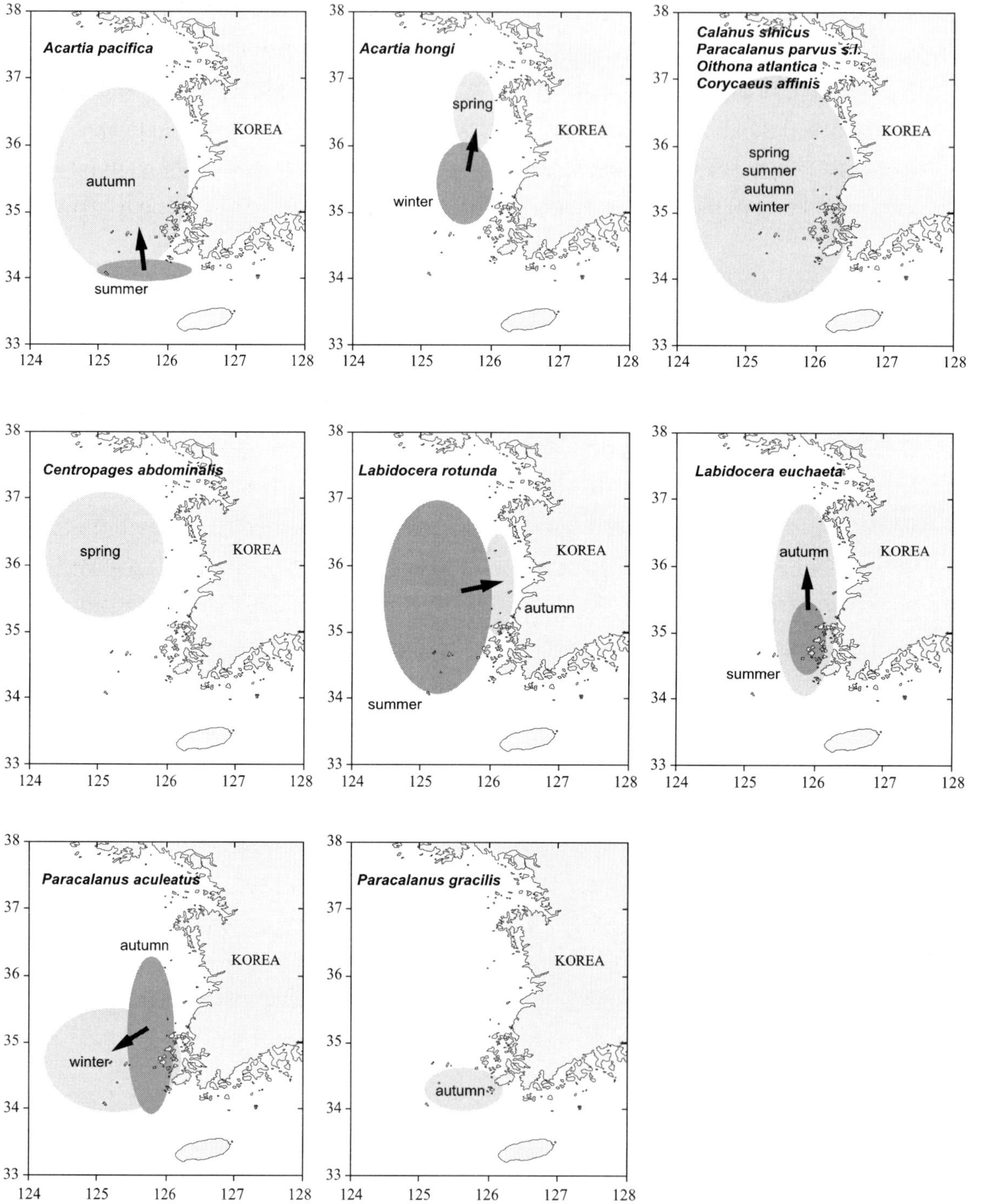

그림 5. 황해에 출현하는 우점 요각류의 분포도

참고문헌

김동엽, 1987. 한국 서해안 Calanoida의 분류 및 분포에 관한 연구. 해양연구소, BSPE00096-148-3. 153 pp.

김동엽, 허형택, 1983. 가로림만 요각류의 계절 변화에 대하여. 해양연구소 소보, **5**: 39-35.

노일, 1982. 하계 군산 인접 해역에 출현하는 요각류에 관한 연구. 해양학, 충남과학연구지, **9**: 123-135.

명철수, 유재명, 김웅서, 1994. 아산만 해역의 동물플랑크톤 분포. 한국해양학회지, **29**: 366-375.

박주석, 이삼석, 강영실, 이병돈, 허성회, 1992. 황해 동남 해역의 수괴지표성 요각류 및 모악류의 분포와 수괴 특성. 한국수산학회지. **25**: 251-264.

서해립, 서호영, 차성식, 1991. 만경 동진강 하구계의 동물플랑크톤의 분포와 염분. 한국해양학회지, **26**: 181-192.

심문보, 최중기, 김동엽, 1988. 황해 중동부역의 동물플랑크톤 분포에 대한 연구. 황해연구, **1**: 1-10.

임동현, 1995. 한국 근해 요각류 군집의 생태학적 연구. 한양대학교 박사학위논문, 168 pp.

황학진, 최중기, 1993. 황해 중동부 해역 동물플랑크톤의 계절적 분포 특성. 한국해양학회지, **28**: 24-36.

Kim, D.Y., 1985. Taxonomical study on calanoid copepod (Crustacea: Copepoda) in Korean waters. Ph D. thesis. Hanyang Univ., 187 pp.

Kim, S.H. and J.H. Lee, 1994. Seasonal distribution of zooplankton communities in Inchon Dock, an artificially closed marine embayment facing the Yellow Sea, western Korea. *J. Oceanol. Soc. Korea*, **29**: 379-382.

Park, C., 1990. Day-night differences in zooplankton catches in the coastal area of active tidal mixing. *J. Oceanol. Soc. Korea*, **25**: 151-159.

Park, C., K.H. Choi and C.H. Moon, 1991. Distribution of zooplankton in Asan Bay, Korea with comment on vertical migration. *Bull. Korean Fish. Soc.*, **24**: 472-482.

Parsons, T.R., M. Takahashi and B. Hargrave, 1984. *Biological Oceanographic Process*. 3rd ed., Pergamon Press, New York, 330pp.

Shim, J.H. and C. Park, 1982. On the composition and the abundance distribution of zooplankton in the Yellow Sea in April. 1981, *J. Oceanol. Soc. Korea*, **17**: 95-101.

Shim, J.H. and K.H. Yun, 1990. Seasonal variation and production of zooplankton in Chonsu Bay, Korea. *J. Oceanol. Soc. Korea*, **25**: 229-239.

Shim, M.B. and J.K. Choi, 1996. A study on the seasonal succession of copepod community in Kyeonggi Bay, Yellow Sea through the short interval surveys. *The Yellow Sea*, **2**: 65-73.

서해 아산만 동물플랑크톤의 장기변동

이창래·박 철 / 충남대학교 해양학과

많은 간척 사업이 이루어진 아산만 해양생태계에서 동물플랑크톤 집단의 변화를 장기적으로 관찰하였다. 동물플랑크톤의 총량은 봄철에 최대를, 출현 분류군 수는 여름철에 최대를 보이고, 개체수는 만의 안쪽에서 큰 값을 보이나 분류군 수는 만의 바깥쪽에서 큰 값을 보이는 경향이었으며, 개체수 총량은 1998년 이후 현저히 감소하는 반면 출현 분류군 수는 1998년 이후 오히려 증가하는 양상이 확인되었다.

가장 최근에 대규모로 건설된 석문방조제의 완공 이후, 출현 분류군 수는 1997년까지 감소하다가 그후 다시 회복되는 양상을 보인 반면에 개체수 총량은 방조제 건설 후 2년간은 감소하다가 다음 4년간은 증가하고 그 후 다시 감소하는 양상을 보였다. 이 두 변량의 변화 양상은 종 다양성 지수의 연간 평균의 변동이 사인 곡선의 양상을 띠게 하였다. 이러한 결과에서; 1) 방조제 건설은 출현 분류군 수와 총 개체수 모두에서 처음 2년간 감소를 초래하였고, 2) 그 다음 4년간은 종류 수는 여전히 감소된 상태를 유지하지만 총 개체수는 변화한 환경에 잘 적응한 우점 요각류 *Acartia hongi* 한 종의 기회적 대량 증식으로 오히려 증가하는 양상을 띠게 하였으며, 3) 그 후에는 출현 분류군의 수는 점차 회복되는데 반하여 총량은 다시 감소하는 양상을 나타내게 하였다. 이러한 연간 변동은 수온이나 염분의 변동과는 상관성이 낮았다. 방조제 건설로 인한 해수 유동장의 변화, 이로 인한 탁도의 증가, 탁도 증가로 인한 식물플랑크톤 감소 등이 이러한 동물플랑크톤 변동의 주요 원인으로 유추되었다.

1. 서 론

한국 서해 연안은 많은 만의 발달로 복잡한 해안선을 이루고 있으며, 큰 조수 간만의 차이로 인하여 많은 조간대가 발달하여 다양한 유용 해양 생물의 산란 및 성육장으로 이용되는 생태학적으로 중요한 역할을 하는 지역이었다(신과 이, 1990; 이와 황, 1995). 그러나, 국토 종합 개발 과정에서 크고 작은 많은 만들이 간척 사업을 통한 국토 확장의 대상이 되었고, 간척된 곳에는 많은 산업 시설이 건설되었다. 방조제 건설로 해안선이 바뀌고, 이에 따라 해수 유동이 변화하였으며, 늘어나는 물동량의 운송 루트를 확보하기 위하여 항만 주변에서 준설작업이 실시되는 등 퇴적 환경도 적지 않은 변화를 겪었다(Park and Yoo, 1997). 이러한 변화는 해양생태계에도 변화를 초래한 것으로 여겨진다.

이러한 변화가 예측되는 지역중 대표적인 곳으로 서해 아산만을 들 수 있다. 아산만은 면적 580 km^2, 길이 30 km로, 지난 10년 동안 주변에 많은 방조제들이 건설되었고, 발전소를 포함한 많은 산업단지가 연안에 건설되었다(그림 1). 이 지역은 조차가 커서 조류에 의한 해수의 순환이 활발한 해역으로 방조제의 건설로 인하여 해안선의 변화가 있었으며, 이러한 변화는 연안 근처의 갯벌(mud flat)을 사라지게 하고 해수 유동장의 변화를 초래하여 퇴적물의 분포 패턴까지 변화시켰다(Park and Yoo, 1997). 그리고, 많은 산업공단과 발전소로부터 배출되는 폐기물과 온배수는 이 지역 생태계에 적지 않은 영향을 미칠 것으로 여겨진다.

연안 지역의 환경 변화에 의한 생태계의 변동은 매우 점진적이며, 장기간에 걸쳐 일어난다. 계절 변화에 따른 종 조성 및 출현량의 변화가 뚜렷한 지역에서 인위적인 환경 변화에 의한 생태계의 변동과 자연 현상에 의한 생태계의 변동을 구분하기는 쉽지 않으며, 이를 파악하기 위해서는 장기적인 자료의 축적이 요구된다.

이 장기적인 자료란 수온 및 염분 같은 물성의 변화는 물론 영양염 분포, 중금속 분포 등의 해수 화학성분에 관한 자료와 퇴적물의 입도 분포, 퇴적물내 유기물 분포, 그리고, 분포 생물군의 종 조성 및 개체수 변화 등을 포함하는 것이 바람직할 것이다. 그러나, 이러한 종합적인 자료의 장기적 축적에는 많은 인력과 경비가 소요되기 때문에 쉽게 이루어지지 않음이 현실이다.

본 연구실에서는 동물플랑크톤의 계절별 분포에 관한 자료를 1989년부터 지속적으로 수집하였다. 그간, 1년 혹은 2년간의 짧은 기간의 자료를 바탕으로 동물플랑크톤 분포와 수직 이동(Park 등, 1991), 동물플랑크톤 군집의 계절 변동(Choi and Park, 1993; Park 등, 1998), 우점 요각류 *Calanus sinicus*의 분포와 알 생산의 계절성(Park, 1997) 등을 발표한 바 있으며, 다른 연구자들도 이 지역에서 동물플랑크톤의 분포를 보고한 바 있다(명 등, 1994).

본 연구에서는 그간 수집된 동물플랑크톤 분포 자료를 장기 변동의 관점에서 분석하여 지난 10여 년간 이 해역에서 어떤 변화가 있었는지를 파악하고자 하였다.

2. 재료 및 방법

동물플랑크톤의 채집은 아산만 지역의 지리적 영향을 고려하여 한보철강과 석문 방조제 수문, 입파도, 풍도 인근지역 등 총 4개의 정점에서 계절별로 이루어졌다(그림 1). 시료의 채집은 2월, 5월, 8월, 11월에 각각 실시되었으며, 이들은 각각 겨울, 봄, 여름, 가을을 대표하는 것으로 간주하였다.

사용한 채집 기기는, 처음 채집을 시작한 1989년 가을부터 1993년 여름까지 4년간은 개폐식 봉고네트(망목 크기 330 μm, 입구 직경 60 cm)를 사용하였고, 1993년 가을 이후부터는 원추형 네트(망목 크기 333 μm, 입구 직경 76 cm)를 사용하였다. 개폐식 네트를 사용한 첫해에만 표, 중, 저층의 수층별 수평채집을 실시하였고, 그 밖의 모든 채집에서는 동물플랑크톤의 특성인 일주 수직 이동과 patchy 분포의 영향을 최소화하기 위해서 전 수층에 대하여 사선 인양 방식을 취하였다. 모든 채집은 3회 반복하여 실시되었다. 본 연구에서는 1991년 2월의 겨울 자료부터 2001년 11월 가을 자료까지를 대상으로 연간 변동을 분석하였다.

채집된 시료는 선상에서 중성 포르말린으로 고정하였고, 포르말린의 최종 농도는 생물량에 따라 다소 차이는 있었으나 5~8%가 되도록 하였다. 실험실로 운반된 시료는 Folsom 분할기를 이용하여 생물량이 1,000~1,500개체가 되도록 부차시료를 취하여 Bogorov 계수판에 넣고 해부현

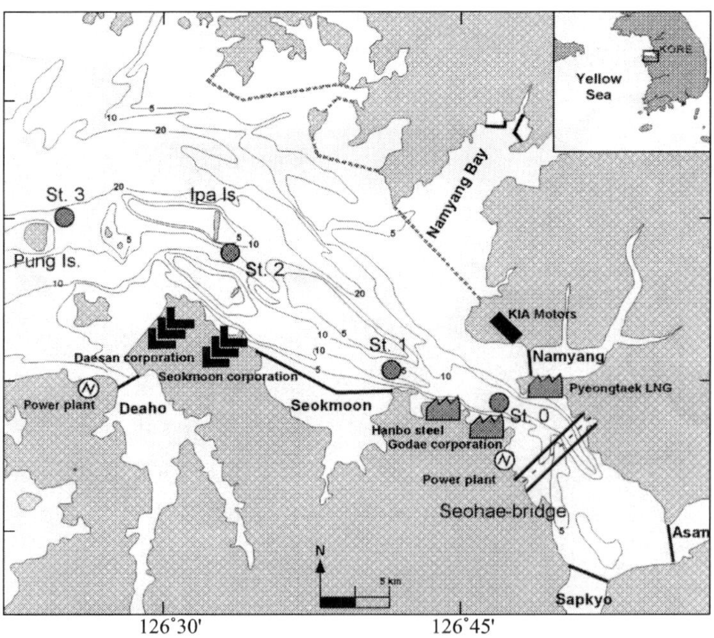

그림 1. 아산만의 동물플랑크톤 채집 정점도

미경을 사용하여 가능한 낮은 단계까지 분류 계수 하였다. 계수된 생물량은 해수 여과량으로 나누어 단위 체적당 개체수(indiv. m^{-3})로 환산하였다. 종다양성 지수(Species diversity, H)는 다음의 방정식을 이용하였다. 여기서 N은 동물플랑크톤 총 개체수 이고, n_i는 i번째 분류군의 개체수 이며, s는 출현 종수이다(Shannon and Weaver, 1963).

$$H = -\sum_{i=1}^{s} \frac{n_i}{N} \ln \frac{n_i}{N}$$

수온, 염분, 총 개체수, 출현 분류군 수 등 관심의 대상이 되는 변량들의 연간변동을 보기 위하여 각 해의 겨울(2월) 자료부터 가을 자료까지를 평균하여 그 해의 대표치로 간주하고, 이를 바탕으로 연간 변동을 살펴보았다. 이때, 연간 변동을 anomaly의 항으로 표현하기 위해 1991년부터 2001년까지 연간 평균값들을 다시 평균하여 이 총 평균(gross mean)값으로부터 떨어진 정도를 anomaly라고 칭하였다.

2. 결 과

2.1 수온과 염분

이 지역은 강한 조류의 영향으로 각 정점 표층과 저층 간에 수온과 염분의 큰 차이가 없어(박, 1989; 문 등, 1993), 표층의 값을 대표치로 사용하였다. 계절별 수온 분포를 살펴보면 여름철에 높고 겨울철에 낮은 전형적인 온대 수역의 특징을 보였으며, 여름철에는 약 25℃, 겨울철에는 3℃ 내외의 값을 보였다. 여름철 수온으로는 1993년에 약 22℃로 가장 낮았고 2000년에 약 28℃로 가장 높았다. 만의 안쪽에서 상대적으로 여름에는 높은 수온을, 겨울에는 낮은 수온을 보이나 그 차이는 크지 않았다. 염분은 만의 바깥쪽인 정점 3에서 높고 육지에 인접한 만의 안쪽에서 낮은 경향이 모든 계절에서 나타났고(그림 2), 우기인 여름철에 낮은 값을 보였지만 반복되는 계절별 진동보다는 1995년의 여름부터 1999년 여름까지 낮아진 염분을 보인 것이 특이하였다.

연간 변동을 anomaly의 항으로 살펴보면, 수온은 1994년과 2000년의 값이 인접한 해와 다른 부호의 anomaly를 보이고 있는데 이들을 제외하면 1996년까지는 음의 anomaly를 보이다가 1997년부터 양의 anomaly를 보였다(그림 3A). 그러나 이 anomaly 값들은 대체로 1℃ 이하였다. 봄과 가을의 관측 시기가 언제인가에 따라 수온 값에 다소의 차이가 있다는 점을 고려하면 이러한 정도의 연간 수온 anomaly가 동물플랑크톤의 분포에 영향을 미칠 것으로 보이지는 않았다. 실제로 수온의 anomaly와 동물플랑크톤 총량이나 출현 분류군의 anomaly간의 상관계수들도 모두 유의적이지 않았다($p > 0.05$).

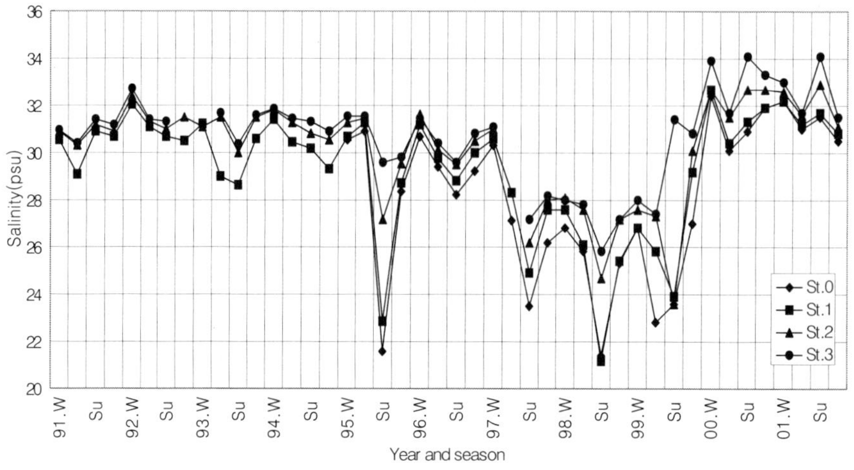

그림 2. 1991-2001 사이 아산만 표층 염분의 계절적 변동(W : 겨울, Sp : 봄, Su : 여름, F : 가을)

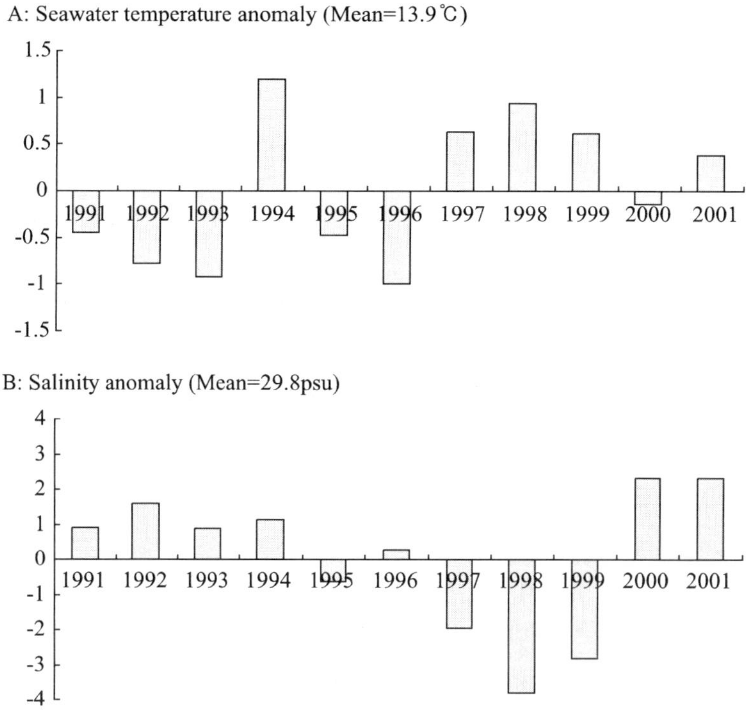

그림 3. 1991-2001년 아산만에서의 수온과 염분 Anomalies

염분의 anomaly는 1995년과 1996년에 매우 작은 값을 보이고 이전과 이후의 부호가 바뀌는 sine curve의 양상을 보이다가 2000년과 2001년에 상대적으로 큰 양의 값을 보였는데(그림 3B), 이는 이 지역 강수량과 매우 밀접한 관계에 있었다.

다소 크기(양)에서 차이는 있으나 강수량이 많았던 시기에 음의 anomaly를, 그리고 강수량이 적었던 시기에 양의 anomaly를 보였다(기상청, 2002). 한편, 방조제 수문을 통한 담수 방류의 조절은 채집 시기를 전후하여서는 전혀 없었다. 그림 2에서 보는 바와 같이 염분이 10 psu 정도까지 변화하는 경우도 있었으나, 염분과 동물플랑크톤 총량이나 출현 분류군 수의 상관관계나, 염분의 anomaly와 두 변량의 anomaly들 간의 상관관계들은 모두 유의적이지 않았다($p > 0.05$).

2.2 개체수 총량, 출현 분류군 수 및 종다양성 지수

동물플랑크톤 총량의 계절별, 정점별 변화 양상은 그림 4와 같았고, 지난 10년간의 자료를 평균하여 정점과 계절에 대하여 비교하면 그림 5와 같았다.

봄철에 가장 많은 생물량을 보이고 여름 가을 겨울로 가며 감소하는 양상이었다. 그러나, 봄철의 양적 증가는 1998년부터 현저하게 감소되었다. 정점별로는 봄철 최대 생물량을 보일 때만 만의 바깥보다는 안쪽(정점 0와 1)에서 보다 많은 양을 보이나 이러한 차이 역시 1999년 이후부터는 두드러지지 않았다.

개체수 총량에서는 봄철에 최대를 보임에 반하여 출현하는 분류군의 종류에서는 여름철에 가장 다양하였고 겨울에 가장 적은 종류가 나타나고 있었다(그림 6과 7). 출현 분류군 수의 연간 변동은 두드러지지 않았으나 1997년까지 다소 감소하다가 1998년부터 증가하는 양상이라고 볼 수 있었다. 정점별로는 가을철에는 정점간 차이가 거의 없지만 다른 계절에서는 만의 바깥쪽에서

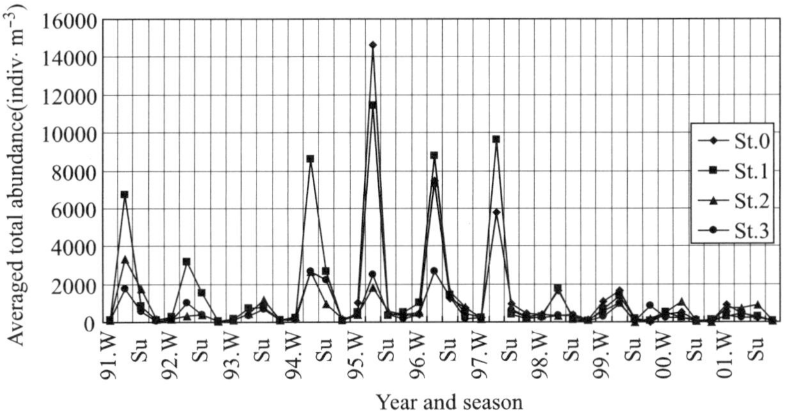

그림 4. 조사기간 중 아산만 동물플랑크톤의 총개체수의 계절 변동
(W : 겨울, Sp : 봄, Su : 여름, F : 가을)

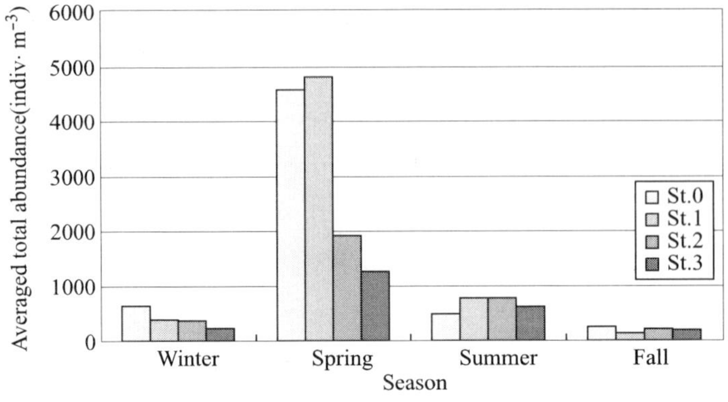

그림 5. 1991-2001년 아산만에서의 동물플랑크톤의 계절별 평균 총개체수

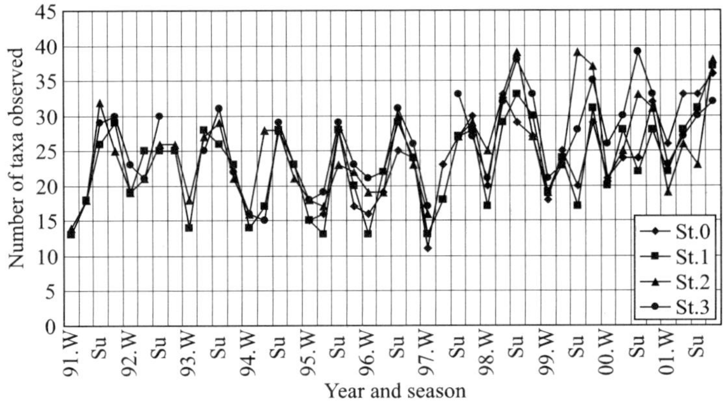

그림 6. 1991-2001년 아산만에서 출현한 동물플랑크톤 분류군 종수
(W : 겨울, Sp : 봄, Su : 여름, F : 가을)

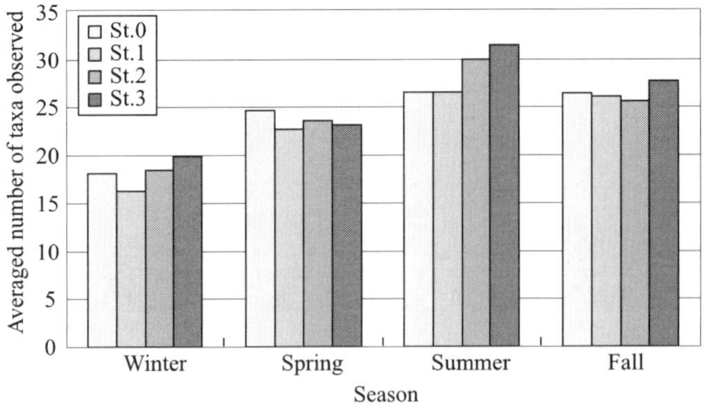

그림 7. 1991-2001년 아산만에 출현한 동물플랑크톤 분류군의 계절별 평균종수

많은 종류가 나타나고 있어, 개체수 총량 분포와는 반대의 경향이었다.

결과적으로 동물플랑크톤의 총량은 봄철에 최대를, 출현 분류군 수는 여름철에 최대를 보이고, 총량은 1998년 이후 현저히 감소하는 반면 출현 분류군 수는 1998년 이후 오히려 증가하는 양상이 확인되었고, 개체수에서는 만의 안쪽이 큰 값을 보이나 분류군 수에서는 만의 바깥쪽에서 큰 값을 보이는 상반되는 경향이 확인되었다.

종 다양성 지수는 출현 종 수와 종별 개체수 분포에 의해 결정된다. 아산만 지역의 동물플랑크톤의 종 다양성 지수는 0.14~2.66의 범위로 대체로 여름과 가을철에 높았으며, 겨울과 봄철에 낮은 값을 보였다(그림 8과 9). 종 다양성 지수는 1991년부터 1997년까지 정점간의 차이가 비교적 적었지만, 1998년 이후 정점간 지수의 차이가 커지기 시작했으며, 특히, 1999년 가을의 경우 내만 정점(정점 0, 1)과 외만 정점(정점 2, 3)의 지수의 차이는 계절간 차이를 능가하기도 하였다. 정점간에는 가을철을 제외하면 대체로 만의 바깥쪽에서 높은 종 다양성 지수를 보였다.

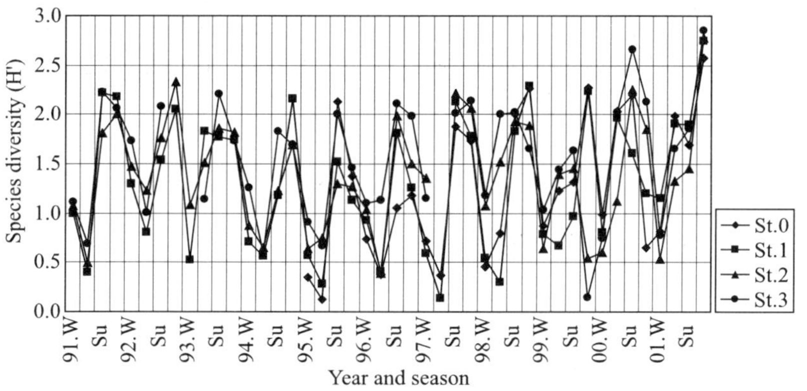

그림 8. 1991-2001년 아산만에서의 동물플랑크톤 군집의 종다양성의 계절 변동
(W : 겨울, Sp : 봄, Su : 여름, F : 가을)

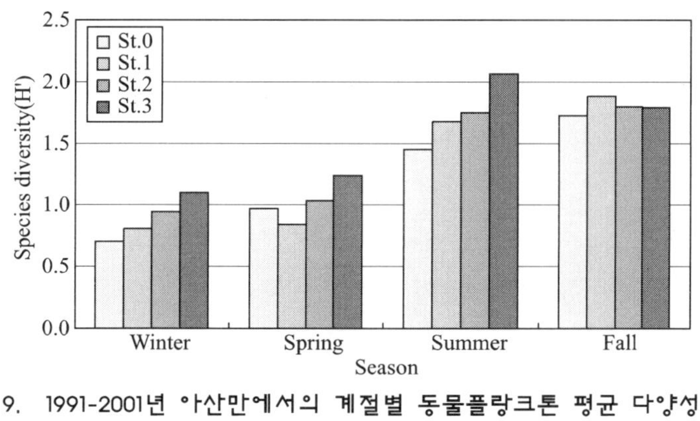

그림 9. 1991-2001년 아산만에서의 계절별 동물플랑크톤 평균 다양성 분포

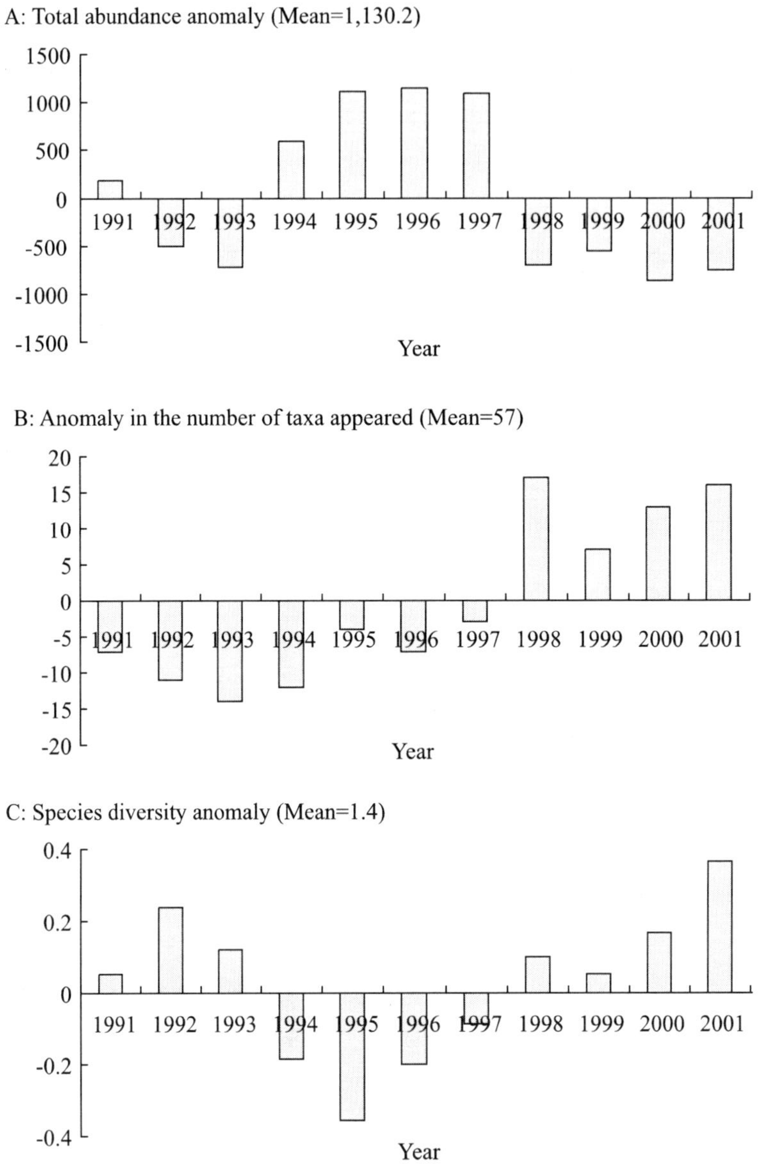

그림 10. 1991-2001년 아산만에서의 동물플랑크톤 총개체수(A), 출현종수(B), 종다양성(C)의 anomalies

연간 변동을 수온과 염분에서와 같이 anomaly의 항으로 살펴보면 다음과 같았다. 지난 10여 년간 아산만 지역에 출현한 동물플랑크톤의 연 평균 개체수의 평균은 약 1,130 indiv. m^{-3}이었다. 1991년에는 이에 비해 약 17%(192 indiv. m^{-3}) 많은 개체수가 출현하였지만, 1992년과 1993년에는 44~63%(491~707 indiv. m^{-3}) 감소하였고, 1994년부터 4년간은 약 54~104% (606~1,158

indiv. m^{-3}) 증가하다가 1998년 이후 다시 감소하는(약 49~80%, 550~890 indiv. m^{-3}) 양상을 보였다(그림 10A).

이에 반하여 이 지역에 서식하는 동물플랑크톤의 종류 수는 지난 11년간 평균 약 57개 분류군이었는데, 1991년 이후 지속적으로 상대적으로 적은 분류군이 관찰되다가 1998년 이후 다소 증가하는 양상을 보였다(그림 10B). 이 두 변량의 합해진 결과로 볼 수 있는 종 다양성 지수에서는, 1991년부터 3년간은 양의 anomaly, 그리고 이후 4년간은 음의 anomaly를 보이다가 1998년과 1999년 양과 음이 교차하고 2000년, 2001년은 양의 anomaly를 보였다(그림 10C).

2.3 주요 우점 종

주요 우점 분류군은 우리나라 다른 어느 지역과 같이 요각류로서, 요각류가 차지하는 비중은 계절별로 차이가 있으나 약 50% 이상이었다(그림 11). 겨울철에는 전 정점에서 90% 이상이었으며 여름철에는 상대적으로 낮은 조성률인 50~60%를 차지하고 있었다. 정점별로는 전 계절 대체로 만의 안쪽에서 높은 조성을 보였다. 요각류의 종 수에서는 계절간, 정점별 큰 차이가 나타나지 않았으며 대체로 9~10종이던 것이 가을철에만 12종 이상으로 다소 많게 나타났다(그림 12). 이 종 수의 연간 변동은 두드러지지 않았다. 요각류 총량의 계절 변동은 그림 4의 동물플랑크톤 총량 변동과 매우 비슷하였으며, 총량에서와 같이 1998년 이후 봄철 최고점이 매우 약해졌다.

아산만에 출현하는 주요 우점 동물플랑크톤은 *Acartia hongi, Acartia pacifica, Labidocera euchaeta, Paracalanus parvus* s. l.(sensu lato, 이하 생략), *Calanus sinicus, Sagitta crassa* 등 이었다. 가장 우점한 *A. hongi*의 개체수 변동(그림 13A)은 전체 동물플랑크톤 개체수 분포(그림 4)와 매우 유사하여 이 종이 차지하는 비중을 짐작하게 하였다. 이 종은 과거 *A. bifilosa*로 불리우던 종으로 Soh and Suh(2000)에 신종으로 재분류된 종으로, 개체수는 봄에 가장 많았지만 1998년 봄 이후 점차 감소하였다. 많이 나타나는 봄철에는 만의 안쪽에서 상대적으로 출현량이 많았다.

*Acartia pacifica*는 여름철에 우점하는 종이었는데 이때 만의 안쪽에서 보다 많은 양이 출현하였다. 이 종 역시 1998년 이후에는 여름철 최고점을 알아보기 힘들 정도로 그 양이 줄어들었다(그림 13B). *Labidocera euchaeta*는 겨울 또는 봄에 많이 출현하였는데 1994년 봄, 1996년 겨울, 봄, 2001년 겨울에 내만 정점에서 두드러지게 많은 양이 나타났으며 대체로 50 indiv. m^{-3}이하의 낮은 개체수를 보였다. 1998년 이후 감소하는 양상을 보기는 어려웠다(그림 13C).

*Paracalanus parvus*는 여름 또는 가을에 상대적으로 많은 개체수가 출현하였는데 이 종 역시 1998년 이후 양적 감소가 분명하였다(그림 13D) 다른 요각류 우점 종과는 달리 만의 중앙부나 바깥쪽에서 상대적으로 많은 양이 분포하였다. *Calanus sinicus*는 다른 계절에 비해 봄철에 최대

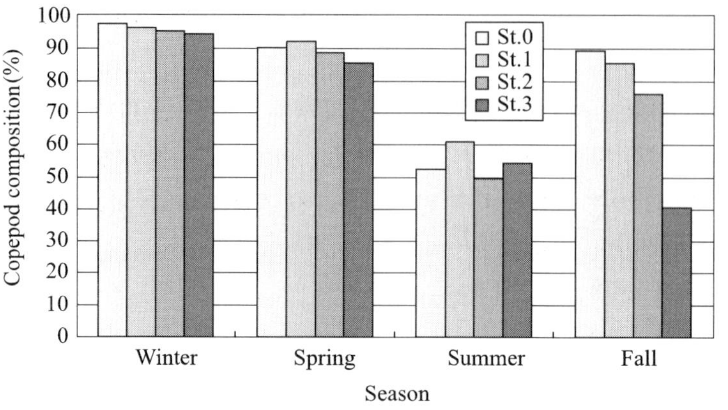

그림 11. 1991-2001년 아산만에서의 동물플랑크톤 군집 내에서 요각류의 계절별 조성률

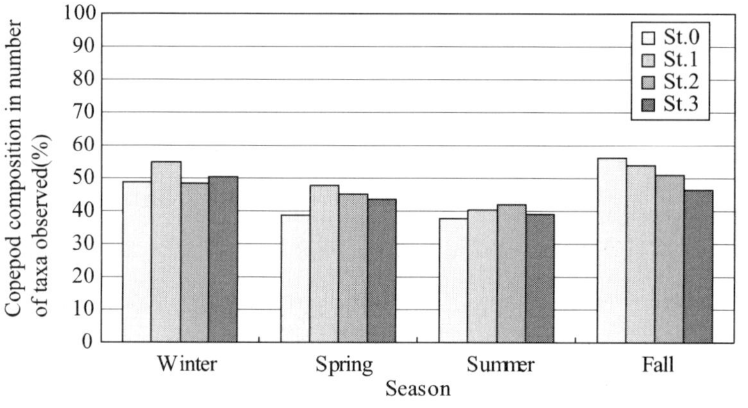

그림 12. 1991-2001년 아산만에서의 요각류의 계절별 평균 총출현종수

개체수가 출현하고 있다. 1991년 이후 점차 감소하는 경향을 보이다 1999년에 다시 개체수가 증가하였지만, 그 이후로는 출현이 미미하였다(그림 13E). 정점별로는 대체로 만의 바깥쪽에서 많은 양이 나타났다. *Sagitta crassa*는 다른 계절에 비해 여름철에 개체수 출현이 두드러졌다. 1992년 최대 개체수가 출현한 이후 개체수가 감소하다가 1996년 여름에 다시 증가를 보인 이후 감소를 보였으며 많은 개체수가 출현한 계절일수록 정점간에 유의적인 차이를 보였지만 일관성은 없어 보였다(그림 13F).

이들 우점 종 들은 이 만에서 선호하는 계절이 비교적 분명하게 구분되고 있었는데, *Acartia hongi*와 *Calanus sinicus*는 봄을, *Acartia pacifica*와 *Sagitta crassa*는 여름을, *Paracalanus parvus*는 여름 또는 가을을 *Labidocera euchaeta*는 겨울을 선호하는 것으로 나타났다.

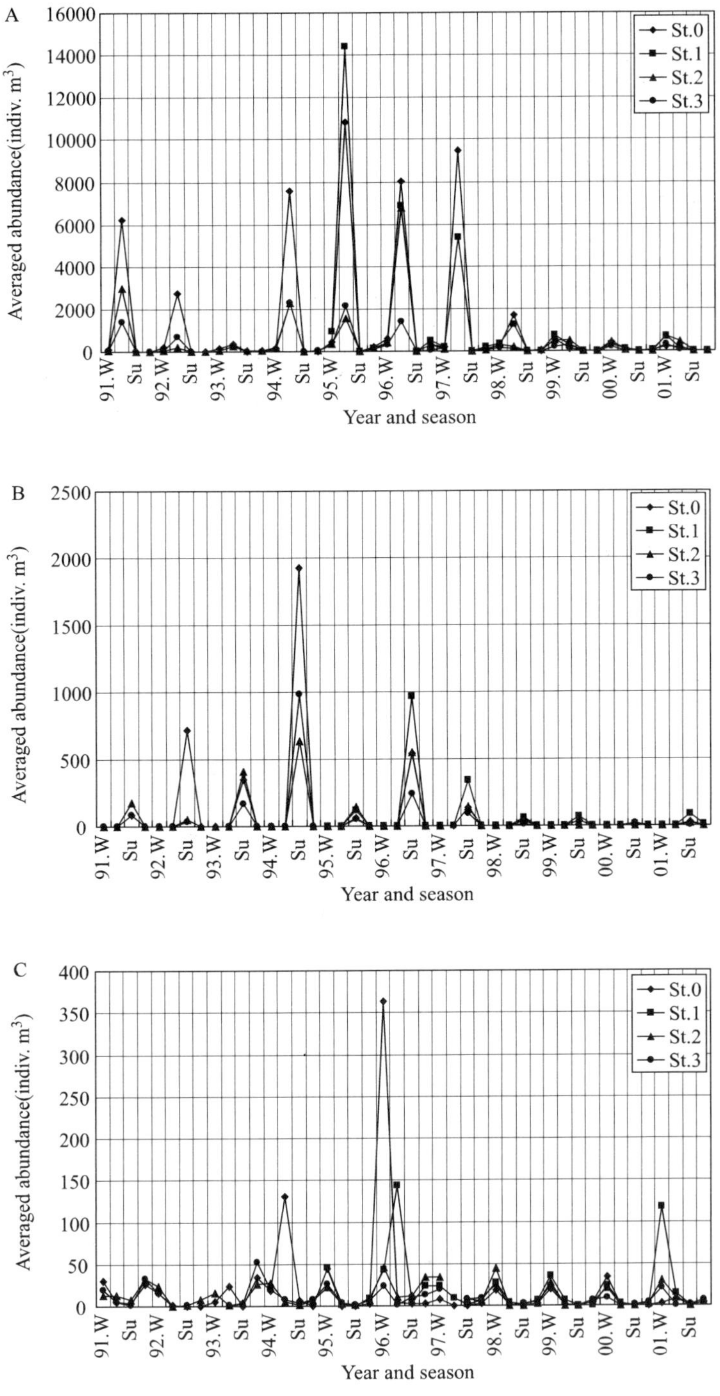

그림 13. 1991-2001년 아산만에 출현한 동물플랑크톤 군집 주요 우점종의 개체수의 계절변동
A : *Acartia hongi*, B : *Acartia pacifica*, C : *Labidocera euchaeta*

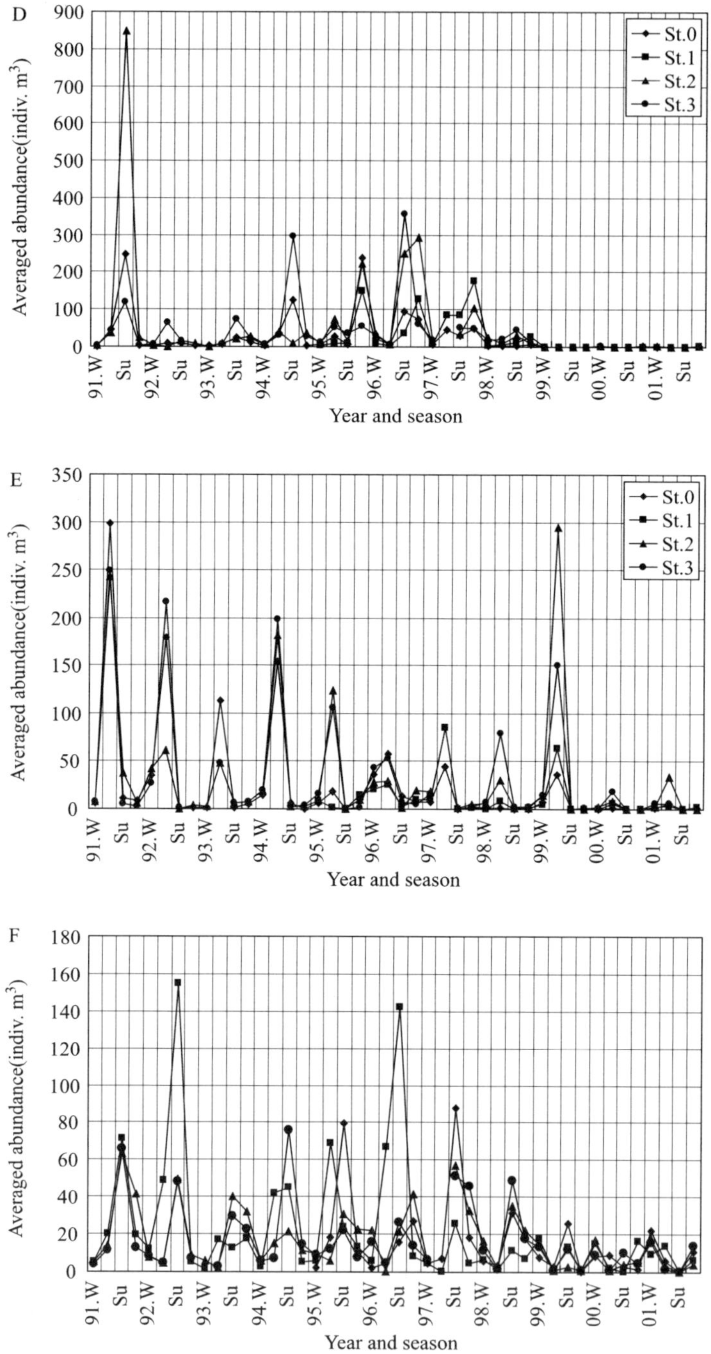

그림 13. 계속

D : *Paracalanus parvus*, E : *Calanus sinicus*, F : *Sagitta crassa*

2.4 토 의

계절별 우점 종의 변화, 개체수와 출현 종류의 규모 등은 이 지역에서 이미 보고된 바와 크게 달라진 바 없었다(명 등, 1994; Park 등, 1998). 본 연구에서 파악하고자 한 바는 방조제 건설과 인근 연안역의 개발에 따른 생태계의 장기적인 변화 양상이었다. 이 변화 양상을 위에서 살펴본 anomaly의 항으로 설명하면 다음과 같은 변화가 진행된 것으로 보인다.

이 지역의 많은 방조제 가운데 가장 최근에 만들어지고 규모가 최대인 석문방조제의 물막이 공사는 1991년 말에 이루어졌다. 1991년에서 1992년으로 해가 바뀌면서 이 물막이 공사의 영향은 동물 플랑크톤의 종류와 개체수에 모두 부정적인 영향을 미쳐 이 두 변량이 모두 감소하는 결과를 초래하였고, 우점도의 감소로 인하여 오히려 종 다양성 지수는 높아지는 결과를 초래하였다(그림 10). 그러던 것이 2년 뒤인 1994년 총량의 증가로 전환되며 우점도의 증가로 종 다양성 지수는 감소하고, 여전히 출현 분류군 수는 상대적으로 낮은 수준을 유지하였다. 즉, 변화한 환경 속에서 가장 우점하였던 *Acartia hongi*가 1994년부터 4년간 대량으로 봄철에 출현하면서(그림 13A) 총량의 증가, 종 다양성 지수의 감소를 유발하였다. 이러한 경향은 4년간 지속된 것으로 나타났다. 4년이 지난 후에는 이 우점종 *A. hongi*가 오히려 감소하면서 총량도 감소하지만, 출현 분류군 수는 오히려 회복되는 단계로 이행되었으며, 이 결과 종 다양성 지수는 안정되어진 것으로 볼 수 있었다.

이러한 변화에 수온이나 염분은 큰 영향을 미치지 못한 것으로 보인다. 이렇게 판단하는 이유는; 1) 세 변량(총량, 분류군 수, 종 다양성 지수) 자체나 이들의 연간 변동의 anomaly들이 수온이나 염분 자체 혹은 이들의 anomaly들과 전혀 유의적인 상관관계가 없었고($p > 0.05$), 2) 계절 변화를 배제한 연간 변동의 수준에서 수온의 변화는 동물 플랑크톤 군집에 영향을 미칠 수준의 것이 되지 못하였으며, 3) 많은 강수량으로 염분이 상대적으로 크게 떨어진 1997, 1998, 1999년의 세 변량의 변화 양상이 염분의 변화 양상과 일치하지 않는다는 점에서 였다.

이렇게 수온이나 염분이 동물플랑크톤 분포에 큰 영향을 미치지 못하였다면, 파악된 동물 플랑크톤 군집의 연간 변동은 방조제 건설로 인하여 달라진 해수 유동장과 관련이 있을 것으로 여겨진다. 그것은, 산업 단지의 폐기물 방류나 발전소 온배수 등도 분명히 영향을 미치겠지만, 이들의 영향은 상대적으로 좁은 면적에 제한될 것임에 비하여, 방조제 건설로 인한 해수 유동장의 변화는 본 연구의 채집 정점간 거리의 규모와 같이 매우 큰 범위의 영향일 것이기 때문이다. 특히, Park and Yoo(1997)가 이 지역에서 간척으로 인하여 해수 유동장이 변화하고 그 결과 중앙 천퇴가 이동하는 등 퇴적 환경이 변화하고 있음을 보인 것은 이러한 판단을 뒷받침한다.

간척으로 인한 만의 소실이 이 지역 해수의 흐름을 상대적으로 강한 상태로 변화시킨 것이 사실이고, 이 지역이 강한 조류의 지역임을 고려하면 퇴적물의 재부유 등으로 인하여 해수 혼탁도가 증가하였을 것임은 쉽게 예측된다. 서해대교의 건설(1993~2000)도 흐름을 빠르게 하고 탁도를 증가시킨다는 점에서는 같은 방향으로 영향을 미쳤을 것으로 보인다. 탁도의 증가는 직접적인 자료가 없어 단정적으로 말하기는 어렵지만, 빛의 차단을 통하여 식물플랑크톤의 감소를 유발하였을 것으로 예측할 수 있다. 식물플랑크톤이 감소한다면 이를 먹이로 사용하는 동물플랑크톤의 변화는 부정적인 것으로 쉽게 판단할 수 있을 것이다.

그렇다면, 위에서 언급한 이 지역 동물플랑크톤의 변화는 다음과 같이 설명할 수 있다. 즉, 방조제 건설의 영향으로 먹이 생물인 식물플랑크톤이 감소하고, 그 결과, 단기적으로 동물플랑크톤의 양과 종류가 모두 감소하였으며(1992, 1993년), 약 2년이 경과한 후 변화한 환경에 잘 적응한 한 종 *A. hongi*의 대량 증식으로 총량만 증가할 뿐 종 다양성이나 출현 분류군 수가 지속적으로 낮은 상태를 유지하다가(~1997년), 방조제 건설 후 7년째인 1998년에 접어들면서 출현 종류가 다소 증가하며 종간 개체수 평형이 이루어져 종 다양성 지수가 회복되고 있지만 전체적인 생물량은 현저히 감소된 상태에 있다고 설명할 수 있다. 동물플랑크톤의 섭이 생태에 관한 연구가 동시에 수행되었다면 보다 확실하게 이 시나리오를 뒷받침할 수 있겠지만, 이러한 연구가 없었더라도 출현 종류의 수와 개체수의 변동은 사실인 만큼, 방조제가 미치는 영향은 분명하게 파악되었다고 할 수 있을 것이다.

가장 최근에 건설된 석문 방조제의 건설 결과가 이렇게 설명된다면, 현재 진행 중인 보다 큰 규모의 남양만 방조제의 건설은 향후 아산만 생태계에 매우 큰 영향을 미칠 것으로 여겨지며, 이에 대한 대책의 수립이 필요하다고 여겨진다.

참고문헌

기상청, 2002. 기상청 웹페이지 자료 (http://www.kma.go.kr).

문창호, 박 철, 이승용, 1993. 아산만의 영양염 및 입자성 유기물. 한국수산학회지, 26: 173-181.

명철수, 유재명, 김웅서, 1994. 아산만 해역의 동물플랑크톤 분포. 한국해양학회지, 29: 366-375.

박 철, 1989. 연안역 동물플랑크톤 시료의 변이: 반복채집 및 시간별 채집의 필요성. 한국해양학회지, 24: 165-171.

신민철, 이태원, 1990. 대천해빈 쇄파대 어류군집의 계절변화. 한국해양학회지, 25:135-144.

이태원, 황선완, 1995. 아산만 저어류: Ⅳ. 종조성의 최근 3년간(1990~1993) 변화. 한국수산학회지, 28: 67 -79.

Choi, K. H. and C. Park, 1993. Seasonal fluctuation of zooplankton community in Asan Bay, Korea. *Bull. Kor. Fish. Soc.* 26(5): 424-437.

Gabriel, P. L., N. S. Dias and A. Nelson-Smith, 1975. Temporal changes in the plankton of an industrialized estuary. *Estuar. Coast. Mar. Sci.*, 3: 145-151.

Park, C., 1997. Seasonal distribution, egg production and feeding by the marine copepod *Calanus sinicus* in Asan Bay, Korea. *J. Korean Soc. Oceanogr*. 32: 85-92.

Park, C., K. H. Choi and C. H. Moon, 1991. Distribution of zooplankton in Asan Bay, Korea. with comments on vertical migration. *Bull. Kor. Fish. Soc*. 24: 472-482.

Park, C., P. G. Lee and C. R. Lee. 1998. Seasonal variation in abundance, species occurrence and species diversity of zooplankton in Asan Bay, the Yellow Sea over the last eight years. *The Yellow Sea*, 4: 40-48.

Park, S. C. and D. G. Yoo, 1997. Bedform distribution and sand transport trend on a subtidal sand ridge in a microtidal bay, West coast of Korea. *J. Korean Soc. Oceanogr*. 32: 181-190.

Shannnon, C. E. and W. Weaver, 1963. The mathematical theory of communication. *Univ. of Illinois Press, Urbana*, 117pp.

Soh, H. Y. and H. L. Suh, 2000. A new species of Acartia (Copepoda, Calanoida) from the Yellow Sea. *J. Plankton Res*. 22(2): 321-337.

남해의 동물플랑크톤 종 조성과 분포 특성

김웅서 / 한국해양연구원

1. 서 론

남해는 한반도의 남쪽에 위치하는 바다로 서쪽 경계는 진도 서단과 제주도 인근 차귀도를 연결하는 선, 남쪽 경계는 제주도 인근 우도와 일본의 오세사키를 연결하는 선, 동쪽 경계는 울기와 일본의 가와지리미자키를 연결하는 선을 지리적 경계로 한다(국립수산진흥원, 1979; 그림 1 참조). 남해는 수심이 얕으며, 황해, 동해, 동중국해의 수괴가 혼합되는 곳으로 유체역학적으로 복잡한 양상을 보인다. 남해에서 관측된 수온과 염분자료를 보면, 우리나라 남해는 대마난류에 의해 영향을 크게 받고 있다(과학기술처, 1987, 1988, 1989). 대마난류는 큐슈 남쪽에서 쿠로시오에서 갈라진 후 대륙사면을 따라 북쪽으로 올라와, 동중국해로 확장하는 중국대륙연안수와 혼합되면서, 제주도와 오세사키 사이를 통과하여 대한해협으로 유입되는 해수를 말한다(과학기술처, 1987). 남해는 이러한 대마난류의 영향으로 겨울에도 황해나 동해보다 수온이 높으며, 하계에는 표층 수온이 30℃가 넘는다(과학기술처, 1989). 복잡한 수괴의 영향으로 남해의 동물플랑크톤 종조성, 개체수, 분포는 다른 해역에 비해 복잡한 양상을 보인다(Kim 등, 1994). 남해는 어장이나 양식장이 잘 발달되어 경제적으로 중요한 해역이며, 따라서 수산자원의 먹이가 되는 동물플랑크톤에 대한 이해가 필요하다.

남해에는 유공충류, 섬모충류, 윤충류, 해파리류, 요각류, 패충류, 단각류, 지각류, 십각류, 난바다곤쟁이류, 모악류, 유형류(미충류), 살파류, 저서생물의 유생 등 다양한 분류군의 동물플랑크톤이 출현한다. 그 중에서 요각류는 후생동물로는 가장 중요한 분류군으로, 종 수와 개체수가 가장 많다. 우리 나라 연안에서 수행된 많은 동물플랑크톤 연구에서도 요각류가 가장 우점하는 동물플랑크톤으로 보고되었다(이, 1972; 박, 1973; 심과 노, 1982; 심과 박, 1982; 노, 1982; 심과 이, 1983; Kim, 1984; 곽, 1990; Yoo, 1991). 한편 요각류는 부유생태계의 먹이망에서 식물플랑크톤이 광합성을 통해 만든 유기물을 상위 영양단계로 전달하는 중요한 역할을 한다. 모악류는 대형 동물플랑크톤으로 요각류 다음으로 생물량이 많아 소형 어류 및 치어의 먹이로서 중요하며, 수온이나 염분에 대한 독특한 적응성을 가져 수괴의 지표생물이 된다(박, 1970). 따라서 이 논문에서는 요각류(Kim 등, 1993)와 모악류(Kim 등, 1994)를 중심으로 기존의 연구 결과를 검토하여 남해의 동물플랑크톤 종조성과 분포형태를 고찰하였다. 요각류는 편의상 칼라노이드 요각류(칼라누스목; Calanoida), 사이클로포이드 요각류(사이클로프스목; Cyclopoida), 하팍티코이드 요각류(하팍티쿠스목; Harpacticoida)로 나누어 기재하였으며, 남해에서 수행된 연구에서 동정된 요각류의 학명은 표 1에 출현 계절별로 참고문헌과 함께 기록하였다.

참고로 한국 연안의 동물플랑크톤 종조성, 개체수, 분포 형태는 황해에서 가장 많이 조사되었고(노, 1982; 심과 박, 1982; 조 등, 1983; 김과 허, 1983; 심과 이, 1983; 한국과학기술원, 1987; 심 등, 1988; 박, 1989; 곽, 1990; Shim and Yoon, 1990; 박 등, 1991; 신, 1991; 서 등, 1991; Yoo, 1991; 박 등, 1992; 황과 최, 1993; 명 등, 1994, 유와 김, 1996, 윤과 최, 1997; 장과 김, 1998; Ji, 2000; 김과 장, 2001), 그 다음으로 남해에서 많이 조사되었으며(박, 1956; 이, 1972; 한국과학기술원 해양연구소, 1981, 1982; 박과 이, 1982; 심과 노, 1982; Kim, 1984; 과학기술처, 1987, 1988, 1989; 이, 1990; 박 등, 1990; Kim 등, 1993; Kim 등, 1994; 홍 등, 1994; Yoo and Lim, 1995), 동해에서는 가장 조사가 미약하게 수행되었다(허, 1967; Shim, 1983; Shim and Lee, 1986; 강, 1989; 최, 1991; 박 등, 1991; 김 등, 1996). 남해에서 요각류와 모악류 이외에 연구된 동물플랑크톤으로는 살파류(강 등, 2000), 젤라틴질 플랑크톤(고 등, 2000) 등이 있다.

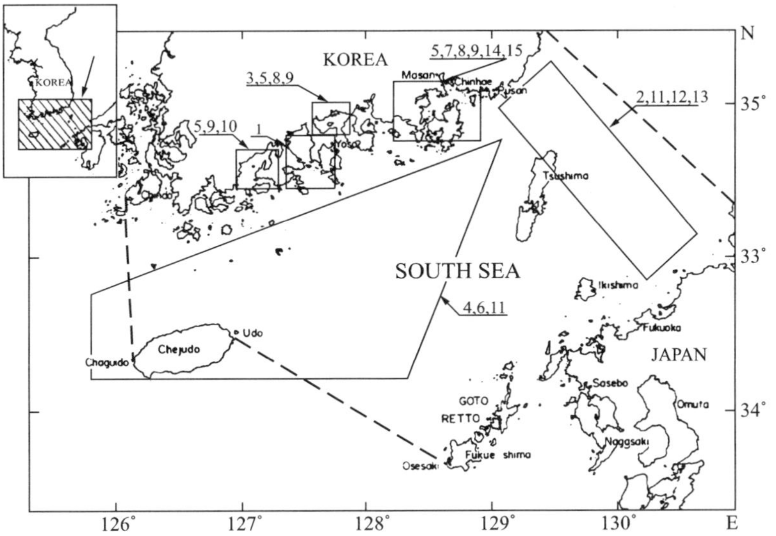

그림 1. 조사해역을 보여주는 지도(점선은 남해의 경계면, 숫자는 표 1에 들어있는 참고문헌이다)

표 1. 남해에서 보고된 요각류의 종 목록, 계절별 출현여부, 출현해역

species	References	Seasons S	S	F	W	Locations
CALANOIDA						
Acartia hongi	5 7	*			*	MS, KY
A. clausi	1 2 3 4 9 10 12 13 14 15 16	*	*	*	*	S-E, S, KY, PS, YS, K-st, J-C, DR
A. danae	1 5 12 13 15 16		*	*	*	S-E, JH, K-st, J-C
A. erythraea	3 5 7 9 10 12		*	*	*	MS, JH, KY, YS, PS, J-C, S-E, DR
A. hamata	12			*		S-E
A. hudsonica	5 7	*	*	*	*	MS
A. longiremis	15		*			J-C
A. negligens	5 9 10 12		*	*	*	S-E, CJ, DR
A. omorii	5 7	*	*	*	*	MS
A. pacifica	7 9 10 12 13		*	*		S-E, MS, K-ST, DR
A. sinjiensis	5 7		*			MS
A. spinicauda	1 3 5 7 9 10 12 15		*	*	*	S-E, MS, KY, DR, YS, J-C
A. steweri	5 7 9	*		*	*	MS, CJ, PS
Acrocalanus gibber	9 12 13 15 16			*		S-E, K-st, J-C
A. gracilis	1 11 13		*	*		YS, S, K-st
A. longicornis	9 11		*	*		S
Calanopia elliptica	4 12 15 16			*		S-E, S, J-C
C. minor	11 16		*	*		S, S-E
C. thompsoni	1 9 10 11 16		*	*		YS, S, S-E, DR
Calanus cristatus	12			*		S-E
C. darwini(=*Cosmocalanus darwini*)	11 12	*	*	*	*	S-E, S
C. finmarchicus	12			*		S-E
C. gracilis(=*Neocalanus gracilis*)	9 11				*	S, CJ
C. helgolandicus	1 2 10 12 13 15 16	*	*	*	*	S-E, PS, YS, DR, K-st, J-C, S
C. minor(=*Nannocalanus minor*)	9 11 12 15 16	*	*	*	*	J-E, S, J-C
C. pauper(=*Canthocalanus pauper*)	9 10 11 12 15 16		*	*		S-E, S-, J-C, DR
C. sinicus	3 7 9	*	*	*	*	MS, KY
C. tenuicornis (=*Mesocalanus tenuicornis*)	9 11 12 13 15 16	*	*	*	*	S-E, S, K-st, J-C
C. vulgaris	2	*	*	*	*	PS
Calocalanus pavo	9 11 13 15 16		*	*		S, S-E, J-C
C. plumulosus	4 11 13 16		*	*		S, S-E, TS
Candacia bipinnata	9 11 12	*	*	*	*	S-E, S, PS
C. bradyi	11 16			*		S, S-E
C. catula	11 12 13	*	*	*		S-E, S
C. cruta	11			*		CJ
C. pachydactyla	9 11			*		S, PS
C. truncata	9 11 12		*	*		S-E, S, CJ
Centropages abdominalis	1 3 4 7 9 13 15 16	*	*	*	*	S-W, S-E, MS, S, KY, YS, PS, J-C
C. bradyi	11 13		*	*		S, TS
C. calaninus	11			*		S
C. dorsispinatus	9 15 16		*	*		S, S-E, J-C
C. furcatus	3 4 9 12 15 16		*	*		S-E, S, KY, J-C
C. gracilis	11 12		*	*		S-E, S
C. mcmurrichi	10	*			*	DR
C. orsinii	16			*		S-E
C. violaceus	12			*		S-E

species	References	Seasons S	S	F	W	Locations
C. yamadai(=C. tenuiremis)	1 3 9 10 12 15 16	*	*	*	*	S-E, KY, YS, J-C, DR
Clausocalanus aruicornis	13 16		*	*	*	S-E, J-C
C. furcatus	9 11 15 16	*	*	*	*	S, S-E, J-C
C. pergens	9 10 11 12 16	*	*	*	*	S-E, S, K-st, DR
Ctenocalanus vanus	12 13	*	*	*	*	S-E, K-st, J-C
Euaetideus acutus	9	?				CJ
Eucalanus attenatus	9 11 13	*	*	*	*	S, S-E
E. crassus	9 11 12	*	*	*	*	S-E, S
E. mucronatus	9 11 12 13 16		*	*	*	S-E, S, K-st
E. subcrassus	11 12 13 15 16		*	*	*	S-E, S, CJ
E. subtenuis	9 11	*			*	S
Euchaeta concinna	9 11 12	*		*	*	S-E, S
E. flava	16			*		S-E
E. longicornis	11 12	*		*		S-E, S
E. marina	2 9 12 15 16	*	*	*	*	S-E, PS, S, J-C
E. plana	11 12 15 16	*	*	*	*	S-E, S-W, S, J-C
E. rimana	11	*	*	*	*	S
E. russellii(= Pareuchaeta russeli)	9 11	*	*	*	*	S-W, S
E. wolfendeni	11			*		C-J, TS
Eurytemara herdmani	15	*	*	*	*	J-C
E. pacifica	7	*	*		*	MS
Gaidius pungens	12			*		S-E
Gaetanus armiger	12			*		S-E
G. minor	9	?				S
Haloptilus longicornis	9 11				*	CJ, PS
Heterorhabdus papilliger	12			*		S-E
Labidocera acuta	9 12 16		*	*		S-E, PS, CJ
L. bipinnata	1 3 7 9 10 12 15 16		*	*		S-E, MS, KY, YS, J-C, DR
L. detruncata	16		*			S-E
L. euchaeta	1 3 15 16		*	*		KY, YS, J-C, S-E
L. japonica	10 15 16		*	*		J-C, S-E, DR
L. kroyeri	1 3 10 15 16		*	*		KY, YS, J-C, S-E, DR
L. minuta	10 16			*		S-E, DR
L. pavo	9 10		*			KY, DR
Lucicutia clausi	9 11	*	*	*	*	S, CJ
L. flavicornis	9 11 12 13 16	*		*	*	S-E, S-W, S, PS
L. ovalis	11 12			*	*	S-W, S
Mecynocera clausi	15 16			*		J-C, S
Metridia lucens	12 15			*		S-E, J-C
Paracalanus aculeatus	1 9 10 12 13 15 16		*	*		S-E, YS, K-st, J-C, DR
P. crassirostris	9	?				S
P. parvus	1 2 3 7 9 10 12 13 14 15 16	*	*	*	*	S-E,MS,KY,PS,YS,K-st,JH,J-C,DR
Pareuchaeta elongata	13		*			K-st
Pleuromamma abdominalis	11	*		*		S
P. borealis	4 9					PS
P. gracilis	9 11 12 13 16	*	*	*	*	S-E, S-W, S, C-J
P. robusta	9 11	*		*	*	S, CJ
pontella chierchiae	9 16		*			CJ, S-E
P. fera	9 16		*			CJ, PS, S-E
P. longipedata	15				*	J-C

species	References	S	S	F	W	Locations
P. plumata	16			*		S-E
P. spnicauda	9					CJ
P. securifer	10			*		DR
P. surrecta	1	?				YS
Pontellopsis tenuicauda	9		*			CJ
P. yamadae	9	?				CJ
Pseudocalanus minutus	12 13 15 16			*		S-E, K-st, J-C
Pseudodiaptomus marinus	1 3 7 9 10 15 16	*	*	*	*	MS, KY, YS, J-C, S-E, DR
Rhincalanus cornatus	9 11	*		*	*	S
R. nasutus	9 11 12 13	*	*	*	*	S-E, S
Scolecithricella bradyi	9	?				CJ
S. dentata		*				S-E
S. longispinosa	9	?				CJ strait
S. minor	12			*		S-E
Scolecithrix danae	9 11 12 13 15	*	*	*	*	S-E, S, J-C
S. nicobarica	7 9 16	*	*		*	MS, S, S-E
Sinocalanus tenellus	9 15		*			NT, J-C
Temora discaudata	1 4 9 12 13 15 16	*	*	*	*	S-E, S, YS, J-C
T. stylifera	9 12 13 15 16		*	*		S-E, K-st, J-C
T. turbinata	1 3 7 9 10 12 14 15 16		*	*	*	S-E, MS, KY, YS, JH, J-C, DR
Temoropia mayumbaensis	16	?				S-E
Tortanus discaudatus	13		*			PS
T. forcipatus	1 3 7 10 12 15 16		*	*	*	S-E, MS, KY, YS, J-C, DR
T. gracilis	10		*			DR
Undinopsis bradyi	12			*		S-E
Undinula darwini (=*Cosmoscalanus darwinii*)	4 9 11 13 15	*	*		*	S-W, S, K-st, J-C
U. vulgalis	1 3 9 11 12 13 15 16		*	*		S-E, KY, YS, S, K-st, J-C
CYCLOPOLIDA						
Copilia longistylis	16				*	S-E
C. mirabilis	16			*		S-E
Copolia asiaticus	13	*				S-E
C. quadrata	13		*			S-E
Corycaeus affinis	1 3 6 7 10 13 15 16	*	*	*	*	S, MS, KY, YS, K-st, J-C, S-E, DR
C. agilis	16		*			YS, S-E
C. andrewsi	6 7 15 16		*	*		S, S-E, MS, J-C
C. asiaticus	16			*		S-E
C. catus	6 13 15 16		*	*		S, K-st, J-C, S-E
C. crassiusculus	6 13 16	?	*		*	S, S-E
C. dahli	1	?				YS
C. dubisu	1					YS
C. erythraeus	6		*			S
C. gibbulus	2 10 15 16	*	*	*	*	PS, J-C, S-E, DR
C. lautus	15 16			*		J-E, S-E
C. longisty	2	*	*	*	*	PS
C. ovalis	16			*		S-E
C. rostratus	16			*		S-E
C. pacificus	6	*				S

species	References	Seasons S	S	F	W	Locations
C. speciosus	6 7 13 16		*	*		S, MS, S-E
C. trukicus	1	?				YS
Farranula gibbula	6		*			S
Lubbockia marukawai	12			*		S-E
L. squillimana	15				*	J-C
Oithona atlantica	7 8	*	*	*		CJ, MS
O. attenuata	7 8		*	*		MS
O. brevicornis	7 8	*	*	*		JH, CJ, MS
O. davisae	7 8	*	*	*	*	JH, KY, MS
O. decipiens	8 16		*	*		CJ, S-E
O. fallax	8 12		*	*		S-E, CJ
O. longispina	8	*	*			CJ
O. nana	1 8 10 12 13 14 15 16	*	*	*	*	S-E, JH, CJ, YS, J-C, DR
O. oculata	8		*	*		PS
O. plumifera	2 8 12 13 15 16	*	*	*	*	S-E, CJ, PS, K-st, J-C
O. rigida	1 10 12 16		*	*	*	S-E, YS, DR
O. robusta	1					YS
O. setigera	8 12 13		*	*		S-E, CJ
O. similis	1 2 3 7 8 12 15 16	*	*	*	*	S-E, JH, MS, KY, PS, YS, J-C
O. tenuis	8		*	*		CJ
Oncaea conifera	1 12 15 16		*	*		S-E, YS, J-C, J-C
O. media	15				*	J-C
O. venusta	1 2 3 7 12 13 15 16	*	*	*	*	S-E, MS, KY, PS, YS, K-st, J-C
Paracyclopina nana	15	*	*	*		J-C
Sapphirina intestinata	13		*			S-E
HARPACTICOIDA						
Clytemnestra rostrata	1 12 15 16	*	*		*	S-E, YS, J-C
C. scutellata	1 12 16		*			S-E, YS
Euterpina acutifrons	3 7 10 12 13 15 16	*	*	*	*	S-E, MS, KY, J-C, DR
Harpacticus uniremis	10				*	DR
Macrosetella gracilis	1 12 13		*			S-E, YS, J-C
Microsetella norvegica	1 3 7 10 12 15	*	*	*	*	S-E, KY, YS, J-C, DR
M. rosea	1 12 15 16	*	*	*		S-E, YS, JH
Miracia efferata	10				*	DR
Monstrilla longiremis	10 15 16		*	*		J-C, S-E, DR
Setella gracilis	10 15 16		*	*	*	J-C, S-E, DR
Tigriopus japonicus	10 15 16	*	*	*	*	J-C, S-E, DR
Tisbe ensifera	10				*	DR

(S; 남해, JH; 진해만, KY; 광양만, S-E; 동남해역, YS; 여수, MS; 마산만, CJ; 제주도, PS; 부산, NK; 낙동강하구, TS; 쓰시마, K-st; 대한해협, J-C; 진해와 충무 인근해역, DR; 득량만)

참고문헌 1; 심과 노(1982), 2; 박(1956), 3; Kim(1984), 4; 박 등(1990). 5; 유 등(1991), 6; 강 등 (1990), 7; 이(1990), 8; 임(1989), 9; Kim(1985), 10; 한국과학기술원 해양연구소(1981), 11; Kang(1992), 12; Shim(1982), 13; 허(1967), 14; 한국과학기술원 해양연구소(1982), 15; 박과 이(1982), 16; 이(1972)

1.1 종조성

남해의 동물플랑크톤 연구를 통해 총 179종의 요각류가 보고되었다(Kim 등, 1993). 이는 황해와 동해에서 보고된 요각류의 숫자와 비교해 보면 많은 수이다. 예를 들어 황해에서는 총 148종의 요각류가 발표되었다(Yoo, 1991). 남해의 각 해역별로 우점종을 살펴보면, 대한해협에서는 칼라노이드 요각류에 속하는 *Paracalanus parvus*와 *Calanus helgolandicus*, 사이클로포이드 요각류에 속하는 *Oithona similis*(박, 1956), 진해만에서는 칼라노이드 요각류 *P. parvus*, *Acartia clausi*와 사이클로포이드 요각류 *Oithona nana*(한국과학기술연구원 해양연구소, 1981), 여수 인근 내만에서는 칼라노이드 요각류의 *P. parvus*, *Tortanus forcipatus*와 사이클로포이드 요각류 *O. nana, O. similis*, *Corycaeus affinis*(심과 노, 1982), 광양만에서는 칼라노이드 요각류 *P. parvus, A. clausi,* 그리고 사이클로포이드 요각류 *O. similis*, *Corycaeus affinis* (Kim, 1984), 제주도 인근 해역에서는 칼라노이드 요각류 *Acartia pacifica*와 *Calanus sinicus*(과학기술처, 1989), 마산만에서는 칼라노이드 요각류 *P. parvus*와 사이클로포이드 요각류 *Oithona davisae, O. similis* (이, 1990), 그리고 남해 연안역에서 칼라노이드 요각류 *A. clausi, Centropages. abdominalis* (박 등, 1990)가 보고되었다. 그러나 일반적으로 남해의 내만이나 연안에서 보고된 요각류는 외해에서 채집된 것(Kang, 1992)과는 종 조성에서 차이가 난다.

대부분 남해에서 우점종이라고 보고된 요각류는 황해에서도 출현하지만, *Eurytemora pacifica, Paracalanus crassirostris, Pontella latifurca, Tortanus spinicaudatus*와 같은 종은 황해의 특징적인 종이라고 보고되었다(Yoo, 1991). 그렇지만 *E. pacifica*와 *P. crassirostris*는 남해에서도 보고된 바 있다(Kim, 1985). 남해에서 발표된 많은 동물플랑크톤 논문들은 대부분 생태학 논문이고 분류학 논문이 아니기 때문에, 요각류의 동정에 문제점이 있을 수도 있다. 예를 들어 우점종으로 보고된 *Acartia clausi, Paracalanus parvus, Calanus helgolandicus* 등 몇몇 종은 분류학적으로 논쟁이 있기도 하다. 남해 연안역에 우점하는 요각류 가운데 하나인 *A. clausi*는 Bradford(1976)에 의해 동경만에서 채집되어 *Acartia omorii*로 이름이 바뀌었으며, Ueda(1986)는 일본 연안에서 채집된 *A. clausi*를 *A. omorii*와 *Acartia hudsonica*로 세분하였다. 이후 우리나라 연안에서 채집된 *Acartia*속에 속하는 요각류의 분류학적 연구도 활발히 이루어졌다(유 등, 1991). 강과 이(1990)는 *A. omorii*와 *A. hudsonica*의 형태학적 차이점을 보고하였으며, 한편 *A. hongi*와 *A. bifilosa, A. omorii, A. hudsonica*의 형태학적 차이에 관한 연구도 이루어졌다(Soh and Suh, 2000). Yoo(1991)는 황해에서 *A. omorii*가 우점종이라고 발표하였으나, 남해에서도 유 등(1991)이 보고한 바 있다.

남해에서 많이 출현하는 *Paracalanus*속에 속하는 종들도 분류학적인 차이점이 있다. 심 등(1988)은 황해에서 *Paracalanus parvus*를 우점종으로 보고하였으나, Yoo(1991)의 황해 동물플랑크톤 연구에서는 *P. parvus* 대신 *P. indicus*가 우점종이라고 보고하였다. 따라서 *Paracalanus*속의 요각류에 대한 분류학적 재검토가 있어야 할 것으로 판단된다. *Calanus*의 경우 일본 사가미만에서는 *Calanus helgolandicus, Calanus finmarchicus* 라고 알려진 종이 *Calanus sinicus* 라고 보고되었다(Kim, 1985 에서 재인용). 이(1986)는 남해에서 *Calanus* 속에 속하는 요각류를 채집하여 기존에 발표되었던 *C. sinicus, C. finmarchicus, C. helgolandicus, Calanus pacificus*의 특징을 비교하여, 향후 더 자세한 연구가 필요하지만 채집된 것이 *C. sinicus*라고 발표하였다.

우리 나라 주변 해역에서 보고된 모악류는 *Sagitta bedoti, S. bipunctata, S. crassa, S. decipiens, S. elegans, S. enflata, S. ferox, S. hexaptera, S. lyra, S. minima, S. nagae(=S. bedoti f. minor), S. neglecta, S. serratodentata f. pacifica, S. serratodentata f. pseudoserratodentata. S. pulchra, S. regularis, S. robusta, Krohnitta pacifica, K. subtilis. Pterosagitta draco*(Kim 등, 1994) 등이다. 이들은 뚜렷한 분포 특성을 가지고 있어 동해에는 *S. elegans*가, 대한해협에는 *S. bedoti, S. minima, S. enflata*가, 남해 연안에는 *S. crassa, S. bedoti, S. enflata*가, 남해의 외양 쪽에는 *S. enflata*가, 황해 남부에는 *S. bedoti*, 황해에는 *S. crassa*가 각각 우점한다(박, 1970). 쿠로시오 지표종인 *S.enflata*는 황해에서 하계와 추계에 출현하기도 한다(황과 최, 1993).

1.2 개체수와 분포 형태

남해에 서식하는 요각류는 10개체/m^{3}에서부터 100,000개체/m^3 이상까지 계절과 장소에 따라 개체수에 큰 변동이 있다. 일반적으로 요각류는 외해 쪽보다 연안에서 더 큰 계절적인 변화를 보인다. 예를 들어, 1986년 11~12월에 250 μm 망목을 가진 봉고네트를 사용해 제주 외해 쪽에서 채집한 요각류의 개체수는 1986년 11~12월에 약 100개체/m^{3}에서부터 3,000개체/m^3 이상까지(과학기술처, 1987), 1987년 10~11월에 20개체/m^{3}에서부터 500개체/m^{3}까지(과학기술처, 1988), 1988년 8월에는 10개체/m^3 미만에서부터 500개체/m^3 이상까지, 그리고 1989년 3~4월에는 약 10개체/m^{3}에서부터 1,000개체/m^3 이상까지(과학기술처, 1989) 변화 폭을 보였다.

동물플랑크톤의 개체수는 채집기기의 종류 및 방법, 망목 등에 따라 달라질 수 있다. 남해에서 수행된 기존의 연구(Kim 등, 1993)에서 발표된 요각류의 최대 개체수와 채집한 기기 및 망목은 표 2에 정리되어 있다. 예를 들어 망목 150μm 인 마루가와네트를 사용해 진해만 같은 내만 및 연안에서 채집한 요각류는 때때로 396,000개체/m^3 이상 출현하기도 한다(한국과학기술연구소 부설 해양연구소, 1980). 망목이 158μm 인 클라크-범퍼스(Clarke-Bumpus) 채집기를 사용하여 광양만에서 채집한 요각류의 평균 개체수는 1982년 3월에 약 1,000개체/m^{3}에서 2,500

개체/m^3 이상까지, 같은 해 7월과 10월에는 약 300개체/m^{3}에서 5,000개체/m^{3}이상까지, 같은 해 12월에는 약 1,000 개체/m^{3}에서 2,000개체/m^{3}까지 되었다(Kim, 1984). 이와 같은 요각류 개체수 변화 폭은 심과 노(1982)가 광양만 인근의 여자만, 가막양만, 여수해만 등 내만에서 보고한 2,000개체/m^{3}에서 11,000개체/m^{3}의 개체수 변화와 비교하면 적은 것이다.

채집에 사용한 플랑크톤 네트의 종류와 망목이 다르기 때문에 제주도 인근 외해와 남해 연안 내만, 두 해역간에 요각류 개체수를 직접 비교하기는 어렵지만, 일반적으로 내만에서 채집된 요각류의 개체수가 외해 쪽보다 더 많다. 이러한 현상은 대한해협을 가로질러 채집한 요각류의 개체수 경우 대부분의 계절에도 나타난다(과학기술처, 1992, 1993, 1994). 즉 연안에 가까울수록 개체수가 많고, 외양으로 가면서 개체수가 감소한다. 이러한 동물플랑크톤의 분포 양상은 식물플랑크톤의 분포 경향과도 일치하며, 이는 동물플랑크톤의 먹이가 되는 식물플랑크톤의 분포가 동물플랑크톤의 분포에 큰 영향을 미칠 수 있다는 것을 시사하고 있다.

화살벌레는 앞서 언급한대로 황해, 남해, 동해 별로 각기 독특한 출현종이 있으나, 남해에 가장 다양한 종류가 나타난다. 남해에는 우리나라에 출현하는 화살벌레 중 한류성인 *Sagitta elegans*를 제외한 대부분 화살벌레가 연중 출현하고 있다(박, 1970). *Sagitta enflata*는 동해와 서해에서도 출현하지만, 남해에서 가장 개체수가 많으며, *Sagitta regularis, Sagitta neglecta, Sagitta robusta* 등도 남해에서 개체수가 가장 높다.

표 2. 남해에서 보고된 요각류의 최대 개체수와 사용한 네트의 망목

Total copepod abundances	mesh size	references*
up to about 15,000 indvs./m^3	160μm	1
NA	333μm	2
up to about 17,400 indvs./m^3	158μm	3
NA	330μm	4
NA	200μm	5
NA	?	6
up to about 50,000 indvs./m^3	200μm	7
NA	200μm	8
NA	various	9
up to average 48,0820 indvs./m^3	240μm	10
NA	240μm	11
up to 10,100 indvs./m^3	160μm	12
NA	330μm	13
up to 33,800 indvs./m^3	150μm	14
up to 7,900 indvs./m^3	330μm	15
up to 45,580 indvs./m^3	330μm	16
up to 396,500 indvs./m^3	150μm	17**

참고문헌 1-16은 표 1과 동일함, 17; 한국과학기술연구소 부설 해양개발연구소(1980), NA; 적용 불가능

1.3 개체수의 계절 변화

요각류의 개체수는 뚜렷한 계절적인 변화를 보인다. 이(1972)는 1967년 진해만에서 요각류를 조사하여, 4월에 *Oithona similis*가 가장 우점하여 최대 개체수에 도달했으며. 그 이후에는 계속 감소하여 8월에 최소 개체수를 보이다가 9월에 다시 두 번째로 많은 개체수를 보였다고 발표하였다. 인근의 마산만에서도 요각류가 봄과 가을에 두 번의 개체수 최대치를 보이는 것이 관찰되었다(이, 1990). 그러나 다른 연구에서는 여름에 최대 개체수를 보이는 경우도 있었다. 예를 들어 한국과학기술연구소 부설 해양개발연구소(1980)와 Kim(1984)은 7월에 요각류가 진해만과 광양만에서 각각 가장 높은 개체수를 보인다고 보고하였다. 강과 이(1991)는 황해에서 봄과 가을에 동물플랑크톤 개체수 최대값이 나타나는 것이 일반적인 계절 변화 양상이라고 보고하였고, 남해에서는 흔히 가을에 동물플랑크톤의 개체수(90% 이상은 요각류임)가 한 번의 최대치를 보인다고 하였다. 여수 인근의 내만에서도 가을에 요각류의 개체수가 최대가 되는 것이 관찰되었으며(심과 노, 1982), 진해만에서도 여름과 가을에 걸쳐 요각류의 개체수가 증가를 보였다(그림 2; 한국과학기술원 해양연구소, 1981). 황해와 남해에서 동물플랑크톤 개체수의 계절 변화에 차이가 나는 것은 식물플랑크톤 생물량의 계절적인 변화 차이에 기인한다(강과 이, 1991).

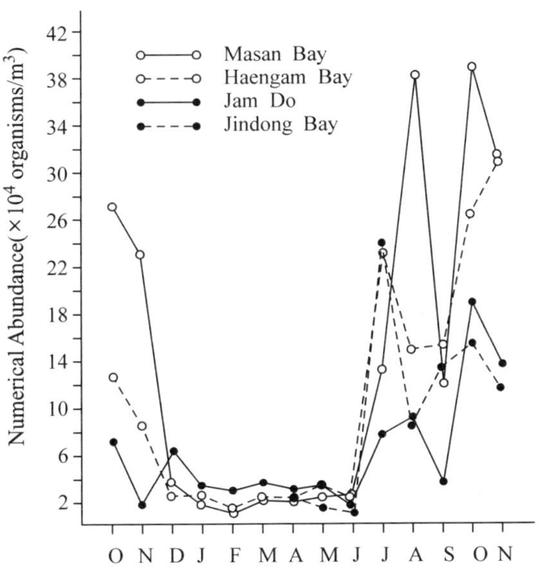

그림 2. 남해 연안역에서 요각류 개체수의 계절 변동

일반적으로 남해에서는 요각류 개체수의 계절변화에 2가지 형태가 있다. 즉 봄과 가을에 두 번의 개체수 증가가 있는 형태와 여름이나 가을에 한번의 개체수 증가가 있는 경우이다. 그러나 요각류 개체수의 계절변화는 같은 장소라 하더라도 때때로 해마다 뚜렷한 차이를 보이기도 한다. 요각류 개체수의 계절변화는 상향조절(bottom-up control)과 하향조절(top-down control)의 두 가지 측면에서 생각해 볼 수 있다(Kim 등, 1992). 요각류가 식물플랑크톤과 같은 먹이의 양에 의해 받는 영향이 상향조절의 예가 되며, 치어나 젤라틴질 동물플랑크톤과 같이 플랑크톤식자에 의한 포식으로 받는 영향이 하향조절의 예가 된다. 그러나 이러한 상향조절과 하향조절은 요각류 개체군에 동시에 영향을 미치므로, 요각류의 개체수 변화는 두 가지 측면이 모두 고려되어야 할 것이다.

남해에 우점하는 남해화살벌레(*Sagitta enflata*)는 봄에는 평균 2개체/10m^3, 여름에는 평균 29개체/10m^{3}로 최대 241개체/10m^{3}까지 출현하고, 가을에는 평균 26개체/10m^3, 최대 174개체/10m^3, 겨울에는 평균 1개체/10m^{3}로 여름과 가을에 개체수의 증가를 보였다. 남해에서 전체 화살벌레 개체수의 계절적 변화를 살펴보면, 봄에는 12~285개체/10m^3 범위로 평균 개체수는 48개체/10m^3, 여름에는 2~1,429개체/10m^3 범위로 평균 개체수는 225개체/10m^3, 가을에는 10~780개체/10m^3 범위로 평균은 114개체/10m^3, 겨울에는 10~304개체/10m^3 범위로 평균 개체수는 51개체/10m^3 이었다(박, 1970). 남해에서 화살벌레 개체수는 수온이 가장 높은 여름철에 높은 개체수가 나타나는 계절 변화 양상을 보였다.

1.4 지표종

남해의 수괴는 수온과 염분이 높은 쿠로시오의 지류인 대마난류에 의한 영향을 받으므로, 매우 복잡한 해양물리학적 특성을 보인다. 따라서 요각류와 화살벌레를 포함한 다양한 동물플랑크톤의 분포에 영향을 미치게 된다(Kim 등, 1994). 남해에서 수괴의 특징을 판단할 수 있는 지표종을 찾기 위해 수온과 염분에 따른 동물플랑크톤 연구가 수행되었다. 예를 들어 박 등(1990)은 *Acartia clausi*와 *Centropages abdominalis*를 연안 냉수의 지표종으로, *Temora discaudata*와 *Centropages furcatus*를 연안 온수의 지표종으로, *Pleuromamma gracilis, Undinula darwini, Calocalanus plumulosus, Calanopia elliptica*를 외양 온수의 지표종으로 발표하였다. 외양 온수종 요각류는 Kang(1992)에 의해 2종류의 대마난류 지표종으로 세분되었다. *Nannocalanus minor, Cosmocalanus darwini, Eucalanus subtenuis, Eucalanus crassus, Euchaeta plana, Euchaeta concinna, Euchaeta marina, Scolecithrix danae*와 같은 요각류는 2월과 4월에는 13~14℃ 이상의 난류 수역인 제주도-대마도 사이 외해역에 주로 출현하며, 8월과 10월에는 20℃ 이상인 난류 수역에서 출현하였다. 한편 *Canthocalanus pauper, Undinula vulgaris,*

*Calocalanus pavo, Calocalanus plumulosus, Acrocalanus longicornis*와 *Acrocalanus gracilis*는 수온이 낮은 겨울과 봄에는 출현하지 않았다.

남해와 황해남부 해역에서 채집된 화살벌레 개체수 자료를 가지고 군집분석을 한 결과, 화살벌레는 3개의 그룹으로 나뉘었다. 쿠로시오의 지표종으로 알려진 *Sagitta enflata*와 쿠로시오에 우점하는 *S. nagae*가 한 개의 그룹으로 묶였으며, 황해의 저염분 연안수에 출현하는 *S. crassa*가 두 번째 그룹이었으며, *Pterosagitta draco, S. pacifica, S. regularis, S. ferox, S. hexaptera, S. neglecta, S. robusta, S. minima*가 세 번째 그룹이었다. 세 번째 그룹은 다시 2개의 작은 그룹으로 나뉘었는데, 그 중 하나는 난수외양종인 *S. ferox, S. hexaptera, S. neglecta, S. robusta, S. minima*이었다. 한편 정점별 화살벌레의 개체수를 근거로 군집분석을 한 결과, 남해에서 해수의 수온 및 염분의 분포와 화살벌레의 분포는 잘 일치하는 것으로 나타났다(Kim 등, 1994).

이와 같은 특성을 가진 동물플랑크톤 지표종을 이용하면, 해양물리자료를 근거로 수괴의 특성이나 이동 등을 연구할 때 도움이 될 수 있을 것이다. 특히 수괴의 특성이 복잡한 남해에서는 분포가 잘 밝혀진 지표종 동물플랑크톤을 생물학적 추적자로 해류 등의 연구에 사용할 수 있을 것이다.

2. 결 론

한국 남해에서 출현하는 요각류에 대한 현재까지 발표된 분류학과 생태학 논문들을 대상으로, 요각류의 종조성, 개체수, 분포, 계절변화 등을 검토하였다. 그 결과 총 170 여종의 요각류가 동정되었으며, 연안역과 내만역의 우점종들은 *Acartia clausi, Paracalanus parvus, Oithona similis, Oithona nana* 등 이었고, 이는 제주도 부근의 외양에서 발표된 우점종들과는 상이하였다. 요각류의 개체수는 일반적으로 외양역보다는 연안역에서 최대 평균 10,000 개체/m^3 이상으로 높게 나타났다. 한편 요각류의 계절별 개체수 변화에는, 주로 춘계와 추계에 각각 개체수 극대치가 나타나는 유형과, 하계에서 추계에 걸쳐 극대치가 나타나는 두 가지 유형이 있는 것으로 나타났다. 남해에서 화살벌레의 분포는 수괴의 물리적 특성과 잘 일치하는 경향을 보였다.

위에서 논의하였듯이 남해에서 요각류 종조성, 개체수, 그리고 분포 형태는 비교적 연구가 많이 수행되었다. 그렇지만 부유생태계 내에서 섭식자로서 요각류의 역할이나 생리학적 연구 결과는 상대적으로 빈약한 실정이다. 예를 들어 요각류의 섭식이나 (Kim 등, 1992; Kim and Chang, 1992; 신과 최, 1992), 산란(Kim, 1995; Park 1997), 분비(Park, 1986)등에 관한 연구는 극히 적고, 수직이동(Park, 1990; Park 등, 1997)과 같은 생태학적 연구도 적은 실정이다. 한편 모악류의 분포 및 지표종으로서의 활용 등에 대한 연구는 비교적 많이 수행되었으나, 요각류의 경우와 마찬가지로 이들에 대한 기타 생리학적, 생태학적 연구는 미흡하다. 기존에 축적된 기초적인 자료를 바탕으로, 동물플랑크톤의 연구 영역을 넓혀나가는 것이 필요하다.

참고문헌

강대석, 1989. 울릉도 부근해역에서의 동물플랑크톤의 종조성 및 양적분포에 대한 연구. 서울대학교 이학석사학위논문. 50p.

강영실, 이삼석, 1990. 한국 연안의 요각류 중 *Acartia clausi* 로 분류되어지고 있는 종에 대한 재검정 및 분포에 관한 연구. 한국수산학회지 23(5):378-384.

강영실, 허성회, 이삼석, 1990. 한국 연근해에서 하계에 출현하는 Corycaeidae(Copepoda: Cyclopoida)의 분류 및 분포. 한국해양학회지 25(2):49-61.

강영실, 이삼석, 1991. 한국근해 동물 부유생물 현존량의 계절적 변동에 관한 연구. 수진원연구보고 45:13 -21.

강영실, 조영조, 고우진, 김성수, 전경암, 오현주, 2000. 한국 남해안에서 살파류(tunicata: Thaliacea)의 대번식과 해양생태계에 미치는 영향. 한국해양학회지 바다 5(1):47-58.

고유봉, 오봉철, 이준백, 좌종헌, 2000. 제주도 문섬 산호서식지 주변의 생물생태학적 특성 III. 젤라틴성 동물플랑크톤 생물량의 계절 및 일변동. 한국해양학회지 바다 5(2):141-145.

과학기술처, 1987. 한국해역 종합해양자원도 작성연구-남해(예비조사). 한국과학기술연구원 해양연구소 BSPG 00046-163-7. 357p.

과학기술처, 1988. 한국해역 종합해양자원도 작성연구-남해(2차년도). 한국과학기술연구원 해양연구소 BSPG 00062-200-7. 385p.

과학기술처, 1989. 한국해역 종합해양자원도 작성연구-남해(3차년도). 한국과학기술연구원 해양연구소 BSPG 00091-251-7. 555p.

과학기술처, 1992. 한국해역 종합 해양자원도 작성연구-대한해협(1차년도). 한국해양연구소 BSPG 00159-463-3. 154p.

과학기술처, 1993. 한국해역 종합 해양자원도 작성연구-대한해협(2차년도). 한국해양연구소 BSPG 00185-601-3. 392p.

과학기술처, 1994. 한국해역 종합 해양자원도 작성연구-대한해협(3차년도). 한국해양연구소 BSPG 00227-733-3. 715p.

곽희상, 1990. 황해 동남부의 플랑크톤과 저서동물의 분포. 황해연구 3:35-43.

국립수산진흥원, 1979. 한국해양편람 (제3판). 650p.

김동엽, 허형택, 1983. 가로림만의 요각류의 계절변화에 대하여. 해양연구소 소보 5(2):29-35.

김세화, 최청일, 유광일, 1996. 울릉도 독도 근해에 분포하는 해산지각류 *Evadne spinifera*의 생물학적 특성. 환경생물학회지 14(2):189-193.

김웅서, 장민철, 2001. 황해 소난지도 인근해역에서 조류에 따른 요각류 개체수의 변화. 환경생물학회지 19(2):137-245.

노일. 1982. 하계 군산 인접해역에 출현하는 요각류에 대한 연구. 충남과학연구지, 9:123-135.

명철수, 유재명, 김웅서, 1994. 아산만 해역의 동물플랑크톤 분포. 한국해양학회지 29(4):366-375.
박주석, 1970. 한국근해의 모악류에 관한 연구. 수진연구보고 6:1-174.
박주석, 1973. 한국근해 동물성 부유생물의 주요군의 양적분포. 한국해양학회지. 8(1):33-45.
박주석, 이삼석. 1982. 남해안 환경오염 진행과 모악류 및 요각류 생물학적 오염지표성 연구. 수진연구보고, 28:89-126
박주석, 이삼석, 강영실, 이병돈, 허성회, 1990. 한국 남해의 요각류 및 모악류의 분포 및 수괴특성. 한국수산학회지 23(3):245-252.
박주석, 이삼석, 강영실, 허성회, 1991. 한국 동해 중부해역의 지표성 요각류 및 모악류의 분포와 수괴특성. 한국수산학회지 24(3):203-212.
박주석, 이삼석, 강영실, 이병돈, 허성회, 1992. 황해 동남해역의 수괴 지표성 요각류 및 모악류의 분포와 수괴특성. 한국수산학회지, 25(4):251-264.
박철, 1989. 연안역 동물플랑크톤 시료의 변이: 반복채집 및 시간별 채집의 필요성. 한국해양학회지, 24(4):165-171.
박태수, 1956. 한국해협에 있어서 plankton의 계절적 변화에 관하여. 부산수대 연구보고서 1:1-12.
서해립, 서호영, 차성식, 1991. 만경 동진강 하구계의 동물플랑크톤의 분포와 염분. 한국해양학회지. 26(3):181-192.
신경순, 최중기, 1992. 해양 부유성 요각류인 *Calanus sinicus*와 *Acartia clausi* (*A. omori*)의 포식행동. 한국해양학회지 27(1):11-18.
신영범, 1991. 황해 중부연안해역의 동물플랑크톤에 대한 생태학적 연구. 서울대 이학석사학위논문. 72p.
심문보, 최중기, 김동엽. 1988. 황해 중동부역의 동물플랑크톤 분포에 대한 연구. 황해연구 1:1-10.
심재형, 노일, 1982. 여수 근해산 동물플랑크톤의 종조성과 양적 분포. 서울대 자연대 논문집 7(2),165-183.
심재형, 박철, 1982. 춘계 한국 서해역에서의 동물플랑크톤 종조성 및 양적분포에 관하여. 한국해양학회지 17(2):95-101.
심재형, 이동섭. 1983. 군산 근해산 동물플랑크톤에 관한 연구. 서울대 자연대 논문집 8(1):121-140.
유광일, 허회권, 이원철, 1991. 한국 연안에 분포하는 *Acartia*속 요각류의 분류학적 재검토. 한국수산학회지 24(4):255-265.
유광일, 김원록, 1996. 하계 황해산 모악류의 분포. 환경생물학회지 14(2):155-160.
윤석현, 최중기, 1997. 인천연안 동물플랑크톤 군집의 계절적 분포에 관한 연구. 황해연구 7:91-104.
이삼석, 1972. 진해만 및 그 인접해역의 부유성 요각류의 분포. 국립수산진흥원 연구보고 9:7-27.
이삼석, 1986. 한국남해안 calanoid 유생기의 형태학적 연구. 수진연구보고 37:45-150.
이원철, 1990. 마산만의 요각류 군집에 대한 생태학적인 연구. 한양대학교 석사학위 논문.
임동현, 1989. 한국 근해에 있어 Oithonidae(Copepoda, Cyclopoida)과의 분류적 기재와 지리분포. 한양대학교 석사논문.
장민철, 김웅서, 1998. 1996년 춘계 황해의 동물플랑크톤 분포와 환경특성. Ocean Res. 20(1):19-28.
조규대, 홍성윤, 김희준, 양용림, 1983. 황해동부의 대륙붕 전선의 구조와 부유생물의 분포. 한국수산학회지 16(4):316-329.
최재영, 1991. 동해 남부해역에서의 음향을 이용한 동물플랑크톤의 수직분포에 관한 연구. 서울대 이학박사학위 논문. 120p.
한국과학기술연구소 부설 해양개발연구소, 1980. 진해만의 적조 및 오염 모니터링 시스템 개발을 위한 기초연구. BSPE 00022-43-7. 459p.
한국과학기술원 해양연구소, 1981. 진해만의 적조 및 오염 모니터링 시스템 개발을 위한 연구. BSPE 00031-56-7. 287pp.
한국과학기술원 해양연구소, 1982. 진해만의 적조 및 오염모니터링 시스템 개발을 위한 연구. BSPE 00044-66-7.

166p.

한국과학기술원 해양연구소, 1987. 한국 서해산 Calanoida목의 분류 및 분포에 관한 연구. BSPE00096 -148-3.

허종수, 1967. 1965년 하계 동해 측의 동물성 부유생물의 분포. 수진연구보고 1:7-32.

홍성윤, 마채우, 강영실, 1994. 부산항 해역의 지표성 요각류 분포 및 동물플랑크톤 군집. 한국해양학회지 29(2):132-144.

황학진, 최중기, 1993. 황해 중동부 해역 동물플랑크톤의 계절적 분포 특성. 한국해양학회지, 28:24-34.

Bradford, J.M. 1976. Partial revision of the *Acartia* subgenus *Acartiura*(Copepoda: Calanoida: Acartiidae). *N. Z. J. Mar. Freshwater Res.* 10, 159-202.

Ji, Y.C. 2000. Large-scale distribution of metazoan zooplankton(copepod) in the Yellow Sea. MS *thesis. Seoul Nat. Univ.* 103p.

Kang, Y.S. 1992. Systematics and distribution of the oceanic warm-water calanoid copepods in the Korean waters. *Ph.D. thesis. Nat. Fish. Univ. Pusan.* 144p.

Kim, D.Y. 1985. Taxonomical study on calanoid copepod(Crustacea: Copepoda) in Korea Waters. *Ph.D. Dissertation. Hanyang Univ.* 187p.

Kim, W.-S. 1984. An ecological study on the zooplankton community in Kwangyang Bay, Korea. *M.S. thesis. Seoul Nat. Univ.* 76p.

Kim, W.-S. and M. Chang. 1992. Zooplankton grazing during an euglenoid bloom in Reeves Bay, New York, U.S.A. *Ocean Res.* 14(1):25-34.

Kim, W.-S., M. Chang and J.H. Shim. 1992. Multitrophic interactions as a trigger of the *Gyrodinium aureolum* bloom in Reeves Bay, New York. *J. Oceanol. Soc. Korea.* 27(4): 268- 276.

Kim, W.-S., J.-M. Yoo and C.-S. Myung, 1993. A review on the copepods in the South Sea of Korea. *Bull. Korea. Fish. Soc.* 26(3):266-278.

Kim, W.-S. J.-M. Yoo, C.-S. Myung and E.K. Lee, 1994. Distribution of chaetognaths in the southern sea of Korea in relation to the water masses in fall. In: *Recent Advances in Marine Science and Technology 94. PACON International and James Cook University of North Queensland. Bellwood, O., H. Choat and N. Saxena*(eds). pp.203-210

Kim, W.-S. 1995. The effect of temperature on the egg production rates of *Acartia tonsa* (calanoid copepod) in Long island Sound. *Ocean Res.* 17(1):1-7.

Park, C. 1990. Day-night differences in zooplankton catches in the coastal area of active tidal mixing. *J. Oceanol. Soc. Korea.* 25(3), 151-159.

Park, C., K.H. Choi and C.H. Moon. 1991. Distribution of zooplankton in Asan Bay, Korea with comments on vertical migration. *Bull. Korean Fish. Soc.* 24(6),472-482.

Park, C., C.R. Lee and S.Y. Hong, 1997. Patterns of vertical distribution and diel vertical migration of zooplankton in the East Sea of Korea(Sea of Japan). *J. Korean Soc. Oceanography* 32(1):38-45.

Park, C. 1997. Seasonal distribution, egg production and feeding by the marine copepod *Calanus sinicus* in Asan Bay, Korea. *J. Korean Soc. Oceanography.* 32(2):85-92.

Park, Y.C. 1986. Nitrogen regeneration and glutamate dehydrogenase activity of macrozooplankton in the southeastern sea of Korea. *J. Oceanol. Soc. Korea.* 21(2), 110-117.

Shim, J. H., 1982. Oceanographic studies on the south eastern sea of Korea. *Res. Inst. Basic. Sci. Seoul Nat. Univ.* 147p.

Shim, J.H., 1983. Oceanographic studies on the southern waters of Korean Eastern Sea. *Res. Inst. Basic Sci. Seoul Nat. Univ.* 215p.

Shim, J.H. and T.S. Lee, 1986. Studies of the plankton in the southwestern waters of the East Sea (Sea of Japan) (III). Zooplankton standing stock, composition and distrivution. *J. Oceanol. Soc. Korea* 21(3):146-155.

Shim, J.H. and K.H. Yoon. 1990. Seasonal variation and production of zooplankton in Chonsu Bay, Korea. *J. Oceanol. Soc. Korea*. 25:229-239.

Soh. H.Y. and H.L. Suh, 2000. A new species of *Acartia*(Copepoda, Calanoida) from the Yellow Sea. *J. Plankton Res*. 22(2):321-337.

Ueda, H. 1986. Redescription of the planktonic calanoid copepod *Acartia hudsonica* from Atlantic and Pacific waters: A new record from Japanese waters. *J.Oceanol.Soc.Japan*. 42, 124-133.

Yoo, K.I. 1991. Zooplankton studies of Yellow Sea in Korea. *Yellow Sea Res*. 4,31-37.

Yoo, K.I. and D.H. Lim, 1995. Temporal and spatial distribution of *Oithona similis* (Copepoda: cyclopoida) in Masan Bay, Korea. *Korean J. Environ. Biol*. 13(1):53-60.

한국 동해연안의 동물플랑크톤

강영실 / 국립수산과학원

1. 서 언

동해는 서북태평양의 연해로써 북쪽으로는 오오츠크해와 연결되고 남쪽으로는 대한해협을 통해 대마난류가 유입되고 있다(김 등, 2001). 오오츠크해로 부터 흘러오는 리만해류는 북한한류로 동해에 유입되며, 이는 대한해협을 통해 유입되는 대마난류의 지류인 동한한류와 상접하여 극전선을 형성한다(Gong and Son, 1982). 또한 일부 울기, 감포 등의 연안에서는 저층냉수가 용승하여 저온수의 표층 출현현상을 나타내기도 한다(An, 1974; Lee and Na, 1985). 이와 같은 물리적 환경을 가진 동해는 남해, 서해와는 달리 평균수심이 1,700m 내외로 매우 깊으며, 대륙붕의 발달이 미약하여 어류를 포함한 생물상 및 그 생산성 또한 남해, 서해와는 다르다.

남해와 서해의 경우, 전형적 온대해역의 특징을 가진 해역으로 춘계 및 추계에 동물플랑크톤의 대번식이 일어나나, 동해는 이와 달리 동계에 높은 동물플랑크톤 현존량을 보인다(Kang and Lee, 1991). 또한 동해에는 한류 심해성 동물플랑크톤이 수심 300m 이심에서 출현하고 있으며(Park 등, 1991), 1990년대 이후부터는 오징어가 이 해역의 주종으로써 전체 어획량에서 높은 비율을 차지하고 있는 실정이다(Park, 1998).

이와 같이 동해는 남해, 서해와는 다른 환경적 특징을 나타내며, 생물 생산성 또한 매우 다르다. 최근에는 지구온난화에 의한 기후변화가 전 지구적 환경문제로 대두되면서, 이러한 기후변화가 해양생태계에 미치는 직·간접적인 영향에 대하여 활발한 연구가 진행되고 있다. 특히 동해의 경우 동한난류와 북한한류가 흐르고 있으며, 수심이 깊은 대양의 특징을 가지고 있어 "세계 대양의 축소판"이라고 불리기도 한다(Ichiye, 1984). 따라서 기후변화와 관련한 생태계 반응연구에 있어 좋은 대상이 되고 있다.

해양생태계의 여러 구성요인들 중 특히, 동물플랑크톤은 생태계 내 먹이망에서 저차영양단계인 식물플랑크톤에서 고차영양단계인 수산자원생물을 연결짓는 중간단계로써 그 역할이 매우 중요하다. 또한, 주요 어류의 생산성 증가가 자치어시기의 먹이생물인 동물플랑크톤의 영향을 받는다는 것은 잘 알려진 사실이다(Cushing, 1995).

이와 같이 생태계 내 먹이망 구조에서 중요할 뿐만 아니라 동물플랑크톤은 환경변동에 민감하게 반응하며, 유영능력이 없어 주로 해류에 의해 수송, 이동됨에 따라 수온, 염분 등보다는 분포해역의 환경 특성을 잘 반영하여 지표종으로서도 매우 중요하다(Johnson and Brinton, 1960). 따라서 동물플랑크톤의 양적변동 및 조성 등의 변화는 생산성을 예측하는데 있어 중요하며, 또한 이들의 시공간적 변동 특성은 수괴나 환경변화를 분석하는데 있어 매우 중요하다.

이와 같이 동물플랑크톤의 생태계 내 역할에 있어서의 중요성이 인지되면서 동해안 동물플랑크톤에 대한 연구가 다수 이루어졌다. 한국 동해안 동물플랑크톤 연구는 Hue(1967)의 "하기 동해측의 동물부유생물의 분포"에 관한 연구로부터 시작되었으며, 그 후 다수의 연구가 이루어졌다. 본 장에서는 현재까지 이루어진 한국 동해안 동물플랑크톤에 관한 연구를 정리, 분석하여 동해연안에 분포하는 동물플랑크톤의 특성을 파악하고 앞으로의 연구 방향에 대하여 서술하였다.

2. 주요 동물플랑크톤그룹 및 현존량의 시공간적 변동

한국 동해안에서는 하계(8~9월)에 약 12개 군의 동물플랑크톤과 어류 난자치어 및 유생들이 출현하였다(그림 1; 표 1).

이 중 요각류(Copepoda)의 출현종수 및 출현빈도가 가장 높았으며, 다음으로 단각류(Amphipoda), 모악류(Chaetognatha)의 출현종수 및 출현빈도가 높아 이들 동물플랑크톤 그룹이 우점적인 것으로 나타났다.

유우파우지아류(Euphausiacea)의 경우, *Eupahusia pacifica*가 주 우점종이며(Hong, 1969) 주로 유생이 다량 출현하였다(Hue, 1967).

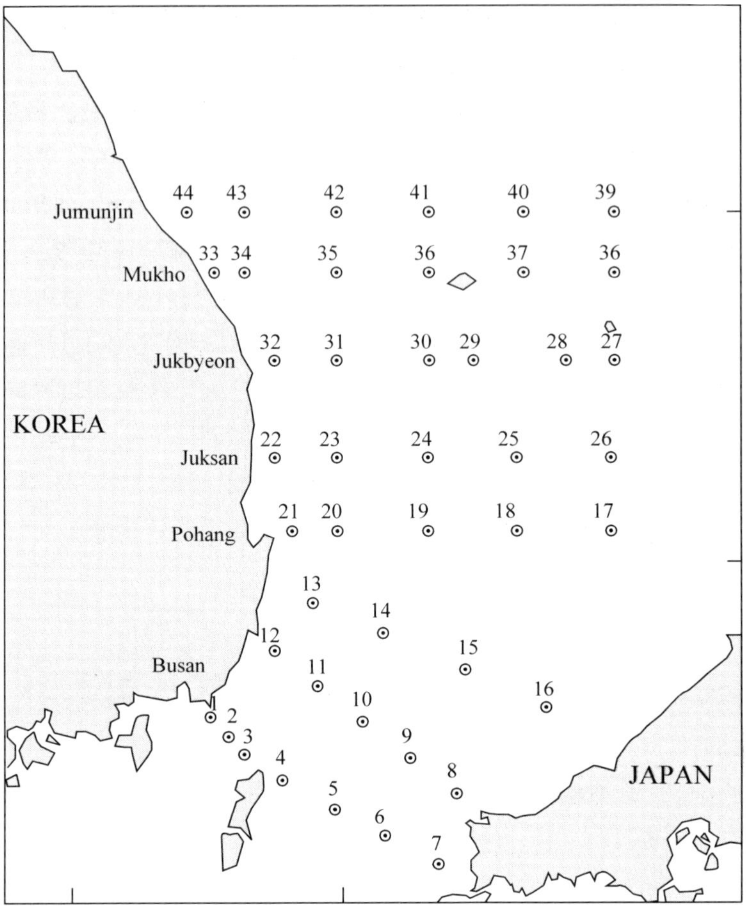

그림 1. 동해 해양변동조사 정점(국립수산과학원 ; Hue, 1967)

표 1. 하계에 출현한 동물플랑크톤 종목록 및 출현정점(출현정점은 그림 1참조 ; Hue, 1967)

Species	Stations of Occurrence
CHAETOGNATHA	
Sagitta elegans Verrill	26,29,42,44
Sagitta enflata Grassi	6,8,10,26,28,29
Sagitta pulchra Doncaster	24,25,28,29,30,40,41
Sagitta bedoti Berancck	11,15,17,18,23,24,25,26,27,28,29,30
Sagitta crassa Tokioka	11
Sagitta minima Grassi	17,18,23,25
Sagitta serratodentata Krohn	18
Sagitta bipunctata Quoy et Gaimard	23
CLADOCERA	
Evadne tergestina Claus	All stations except St, 1,43
Penilia schmackeri Richard	All stations except St, 12,13,34,43
Podon schmackeri Poppe	27
Podon leuckarti G.O. Sars	27
OSTRACODA	
Conchoecia elegans G.O. Sars	2,3,5,6,8,9,10,11,14,15,16,18,22,23,28,30,36,38,39,40,41, 43
EUPHAUSIACEA	
Euphausia sp.	All stations except St, 24,25,26,30,34,38,43
AMPHIPODA	
Themisto gracilipes Norman	2,3,6,11,13,17,18,20,22,24,25,26,27,28,29,31,32,33, 34,35,36,39,40,42,43
Hyperia galba (Montagu)	2,3,5,6,10,11,13,18,22,23,24,25,26,27,29,30,31,32, 34,37,39,40,42
Hyperia schizogeneios Stebbing	3,5,6,16
Hyperoche medusarum (Kröyer)	6,18,33,44
Phrosina semilunata Risso	43
Brachyscelus crusculum Bate	25
Oxycephalus porcellus Claus	12
Phyronimella elongata Claus	3
Primno macropa Guer	23,26,27,35,39,43
Phronima sedentaria (Forskal)	6
MYSIDACEA	
Meterythrops robusta S. I. Smith	43
Mysidae spp.	12
DECAPODA	
Lucifer raynaudii Bate	1,2,3,4,6,7,8,9,10,11,14,15,16,17,19,23,28,30,31,37, 40,41,42

TUNICATA	
Oikopleura spp.	All stations
Fritillaria borealis Lohmann	6,28,29
Salpa sp. and *Doliolum* spp.	4,6,7,8,9,12,14,15,17,19,27,26,28,35,36,43
Pyrosima atlanicum Peron	14,35,36
Dolioletta gegenbauri Ulianin	44
COELENTERATA	
Aglaura hemistoma Peron and Lesueur	10,15,17,27,34,37,43
Liriope tlraphylla(Chamisso and Eysenhardt)	8,9
Obelia geniculata Allman	1,2,15
Muggiaea atlantica Cunn	2,4,11,12,14,16,19,22
Diphyes appendiculata Eschs	13,32
Aurelia limbatat Brandt	13
Hormiphora palmata Chun	28
LARVAE	
Megalopa larva	6,11
Brachyura larva	7
Balanus larva	1,2,4,6,14,17,19
Ophiopluteus larva	1,7,12,14,16
Leptochela sydniensis	3
Penaeus larva	28
Thalassinid larva	7
Pandalid sp.	4,7,8
Plagusia dentipes	1,7
Squilla sp.	7,10
Polychaeta larva	1,3,6,7,10,12,16,17,19,23,31,32,33,36,37,38,40
FISH EGG AND LARVAE	
Fish larvae	1,2,12,17,19,20,22,25,27,30,31,35,36,37,39,40
Englauris japonicus	44
Fish egg	1,2,3,4,7,11,12,13,14,16,17,21,27,28,32,35,40
PROTOZOA	
Noctiluca scintilans Macartney	8,9,12,15,16,17,18,23,24,26,28,29,30,33,41
Parafavella denticulata (Ehrenberg)	9,15
Favella sp.	1,2,8,10,11,12
PTEROPODA	
Creseis aciula Rang	1,6,7,8,10,12,14,15,16,17,18,19,23,24,27,28,29,30,31,33
Phillirrhoe bucephala Per. and Les.	6,7

표 2. 하계에 출현한 요각류 종목록 및 출현정점(그림 1 참조 ; Hue, 1967)

Species	Stations of Occurrence
Acartia clausi Giesbrecht	All stations except 4,5,7,8,15,16,17,25,33,39,40,43,44.
Acartia danae Giesbrecht	2,3,6,8,9,14,15,16
Acartia erythraea Giesbrecht	10,23,24
Acartia pacifica Steuer	2
Acartia spinicauda Giesbrecht	10
Acrocalanus gibber Giesbrecht	1,3,7,9
Acrocalanus gracilis Giesbrecht	3,4,37
Calanus helgolandicus (Claus)	All stations expect St. 8,28,30,33,35
Calanus minor (Claus)	10,11,14,38
Calanus plumchrus Marukawa	22,30,31,32,34,35,37,42,43,44
Calanus robustior (Giesbrecht)	39,40,42,44
Calanus tenuicornis (Dana)	5,8,9,10,12,13,14,15,16,18,19,20,21,21,17,31,32,33,34, 35,36,37,38,39,41,42,43,44
Candacia bipinnata Giesbrecht	9,10,16,19,24,26,30,37,38,40,41
Candacia catula Giesbrecht	7
Calocalanus pavo Dana	6,14,16,23
Calocalanus plumulosus (Claus)	4,8,10,38
Centropages abdominalis Sato	1
Centropages bradyi Wheeler	4,9,18,28,29,30,36,38,403,8
Clausocalanus pergens Farran	All station except st, 1,7
Clausocalanus arcuicornis (Dana)	4,6,5,7,28,29
Clytemnestra rostrata (Bradyi)	15,17,25,26,35,41
Clytemnestra scutellata Dana	28
Copilia longistylis Mori	16,36
Copilia quadrata Dana	2,6
Copilia asiaticus F. Dahl	5
Corycaeus gibbulus (Giesbrecht)	41
Corycaeus crassiusculus Dana	6
Corycaeus affinis McMurrich	All station except st, 3,5,6,33,34,43,28
Corycaeus lautus Dana	7,28
Corycaeus clausi F. Dahl	8
Corycaeus speciosus Dana	7,30
Corycaeus catus F. Dahl	3,6
Ctenocalanus vanus Giesbrecht	All station except st, 1,2,5,12,20,22,43
Eucalanus attenuatus (Dana)	6,15,28
Eucalanus crassus Giesbrecht	19,38
Eucalanus mucronatus Giesbrecht	3,5,7,8,31
Eucalanus subcrassus Giesbrecht	6

Enchaeta media Giesbrecht	37
Euterpina acutifrons (Dana)	7
Labidocera japonica Mori	19,21,27,35,39,42
Lucicutia flavicornis (Claus)	6,7,14,17,19,26,28,29,37,40
Mecynocera clausi Thompson	8,36
Metridia lucens Boeck	11,12,19,22,27,28,31,32,34,35,36,37,38,39,40,41,42,43,44
Oithona similis Claus	22,31
Oithona fallax Farran	37
Oithona nana Giesbrecht	6,14,28,29
Oithona plunifera, Baird	All station except st, 1
Oithona rigida Giesbrecht	35
Oithona setigera Dana	6
Oncaea venusta Philippi	All station except st, 1,12,13,20,31,33,34,43
Paracalanus parvus Giesbrecht	1,3,5,2,6,7,8,9,10,14,15,17,19,23,32,33,37,38,39,43
Paracalanus aculeatus Giesbrecht	All stations
Pareuchaeta enongata (Esterly)	3,2,18,23,35,43,36
Pleuromamma gracilis (Claus)	6,10,11,19
Pseudocalanus gracilis (Sars)	44
Pseudocalanus minutus (Kröyer)	3,8,12,13,20,21,22,31,32,33,34,35,37,39,40,41,42,43,44
Rhincalanus nasutus Giesbrecht	5,9
Sapphirina intestinata Giesbrecht	5,6
Scolecithricella bradyi (Giesbrecht)	18
Scolecithricella minor (Brady)	18,19,22,23,26,27,28,31,32,33,34,35,36,38,39,41,42,43,44
Scolecithricella orientalis Mori	40
Scolecithrix danae (Lubbock)	6,16
Macrosetella gracilis (Dana)	5,6,37,38
Temora stylifera (Dana)	1,2,3,4,5,7,9,14,15,16,17,18,25,26
Temora discaudata Giesbrecht	2,3,4,7,9
Tortanus discaudatus Thompson and Scott	1,33
Undinula darwini (Lubbock)	2,3,6,16,37,38,41
Undinula vulgaris (Dana)	2,3

요각류는 총 70여종이 출현하였으며 이중 *Calanus tenuicornis, Clausocalanus pergens, Corycaeus affinis, Ctenocalanus vanus, Metridia lucens, Scolecithricella minor* 등의 출현빈도가 높아 우점적인 종으로 나타났다. *M. lucens* 및 *S. minor*은 주로 죽변 이북해역에서 출현하였으며(그림 2), 또한 *M. lucens*는 하계에 냉수가 출현하는 동해남부해역에서 소량 출현하였다. 이외에도 중요한 한류성 종인 *Pseudocalanus minitus*는 동해중부 전역에서 동해남부해역 연안해역에 걸쳐 다량 출현하였다. 동해남부해역에서 *M. lucens*와 *P. minitus*의 수층별 분포 특성을

보면, 8월에는 수심 20m에서는 포항연안 정점에서 출현하나 50m 수심에서는 조금 더 남하하여 출현하였다(그림 3). 수심 75m에서는 수온 8℃ 내외의 연안역에서 다량 출현하였다. 9월에는 전 조사 수심에서 8월에 비해 보다 남하하여 출현하였으며 출현빈도 또한 높았다. 이와 같이 이들 한류성 종은 북한 한류와 밀접한 상관성이 있으며, 이들 종의 분포특성으로부터 하계에 북한한류가 동해남부 해역까지 영향을 미치는 것으로 나타났다.

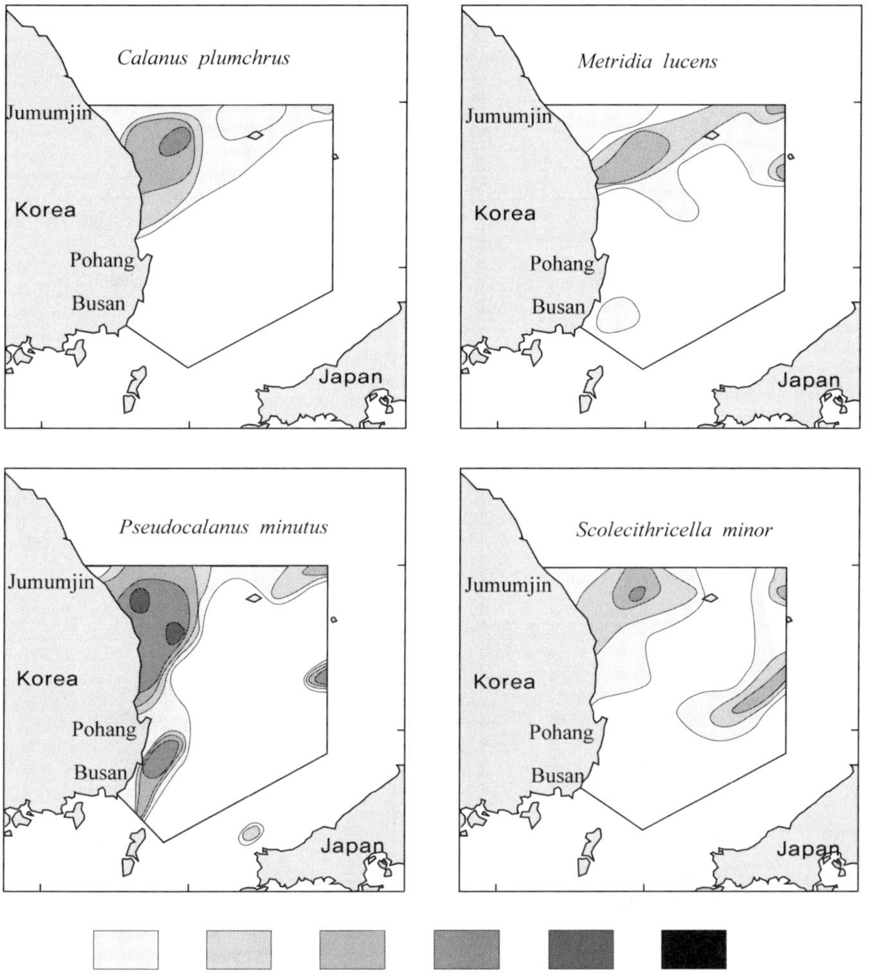

그림 2. 동해남부에 출현한 냉수성 요각류지표종 4종의 개체수(inds./10m^3) 분포(Hue, 1967).

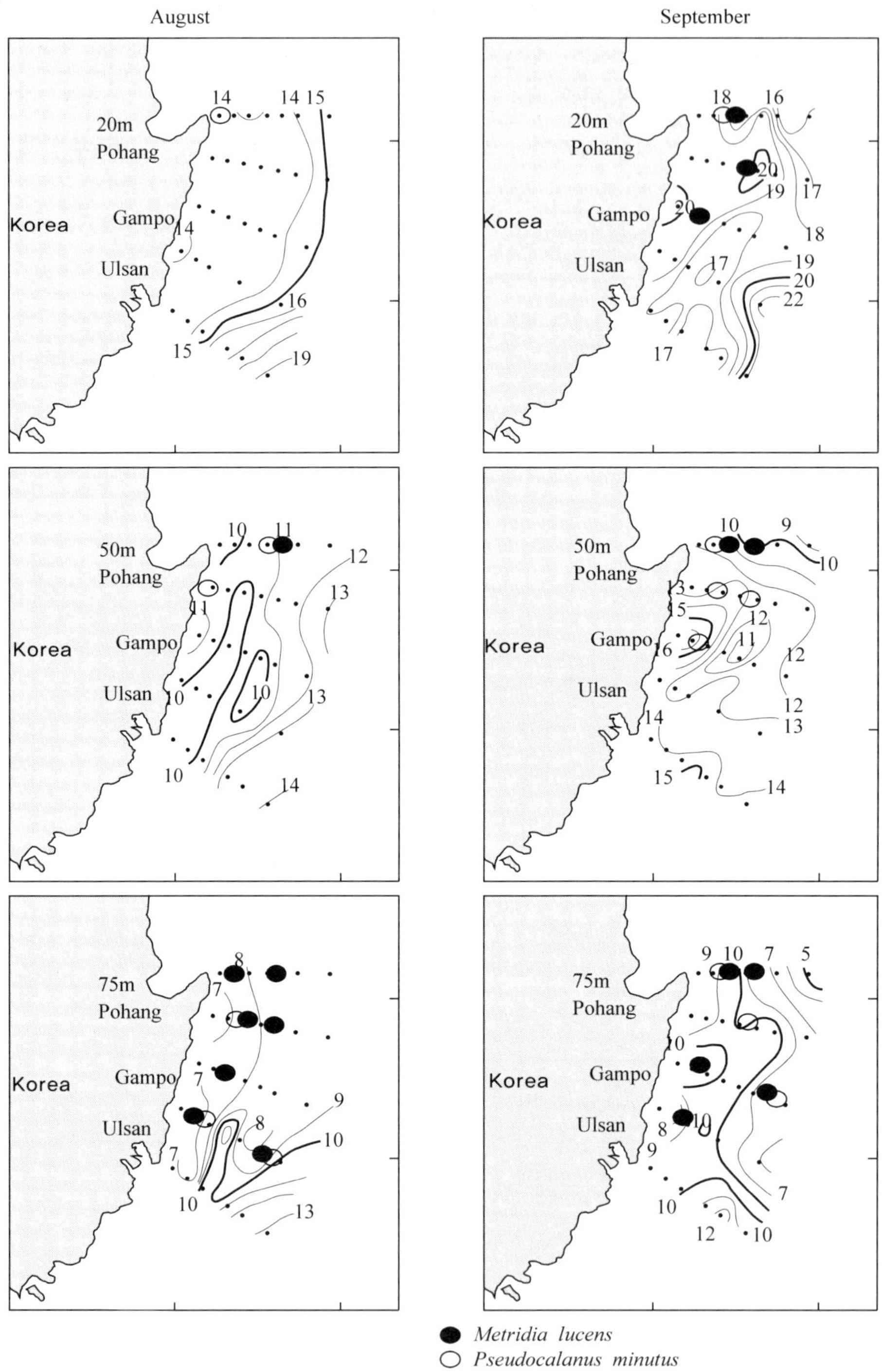

그림 3. 1986년 8, 9월에 동해남부 20m, 50m, 75m 층의 수온분포와 냉수성 요각류 지표종 2종의 출현양상

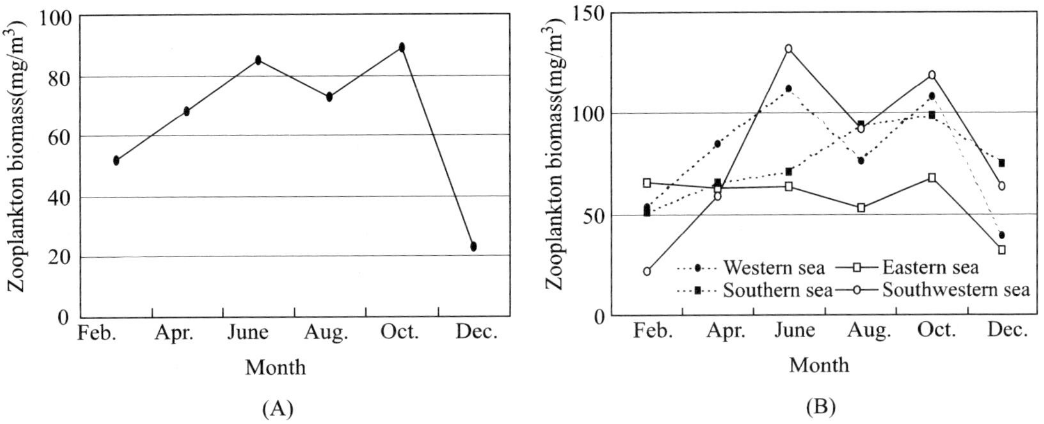

그림 4. 한국주변해역(A)과 동 · 서 · 남해 및 남서해역(B)의 동물플랑크톤 평균현존량(습중량)의 계절변화(Kang and Lee, 1991)

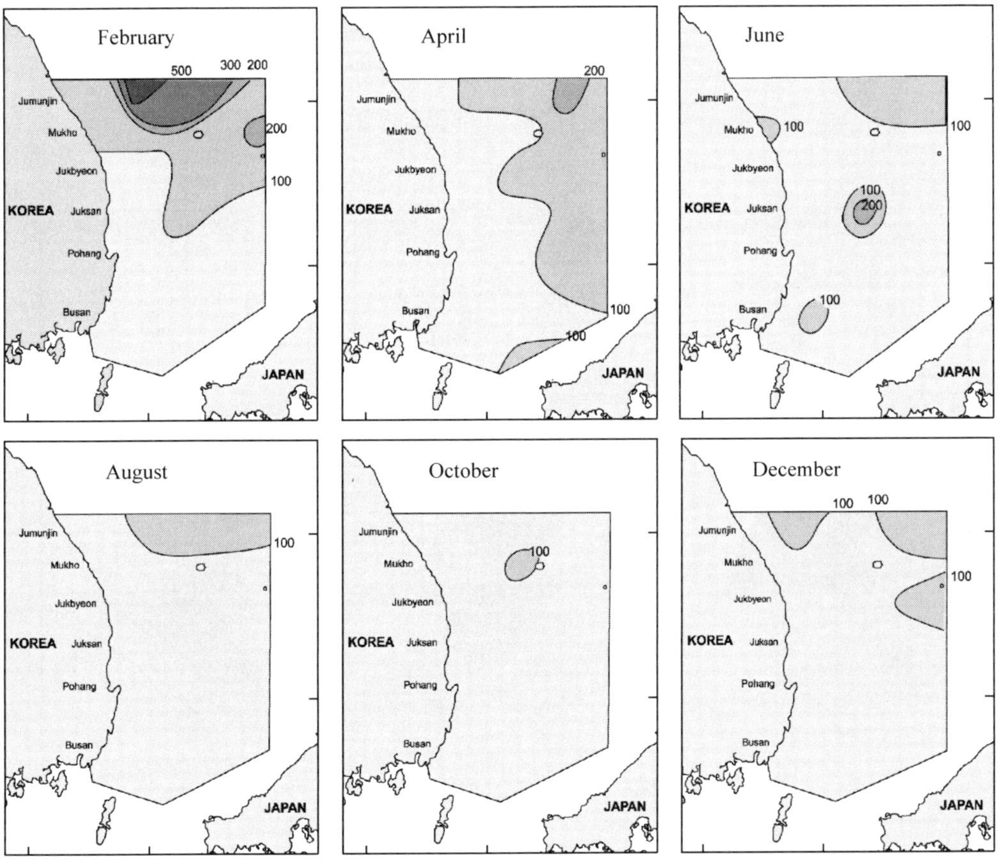

그림 5. 1965-1998년 동해에서 채집된 동물플랑크톤 평균현존량(mg/m^3)의 계절 분포

동물플랑크톤 현존량(습중량)의 계절별 분포양상을 보면(Kang and Lee, 1991), 우리나라 주변 해역의 평균 현존량의 경우 춘계인 6월과 추계인 10월에 높은 값을 보여 전형적인 온대해역의 특성을 보였다(그림 4). 그러나 동해안의 경우 이와 달리 동계인 2월에 높은 값을 보였으며, 10월에 또 한번의 높은 값을 보였다. 그러나 그 변동폭이 매우 작으며, 서해, 남해에 비해 2월을 제외한 거의 전 조사월에 낮게 나타났다.

동물플랑크톤 평균 현존량(1965~1998년)의 분포양상을 보면(그림 5), 동계인 2월에 울릉도 이북해역에서 300 mg/m^3 이상의 높은 값을 보였으며 4월 역시 울릉도 이북의 해역에서 다른 해역에 비해 높게 나타났다. 6, 8, 10, 12월에는 거의 전해역이 100 mg/m^3 내외의 낮은 값을 보였으나, 주로 울릉도를 중심으로 이북해역이나 외해역에서 조금 높게 나타났다. 6월의 경우는 일부해역에서 소규모로 높은 값을 보였다.

동해연안역에서 대표적인 만인 영일만의 동물플랑크톤 풍도를 보면(그림 6), 11월과 2월에는 만 내 및 만에 인접한 북쪽연안에서 풍도가 높았으며, 추계인 9월에는 주로 만의 북쪽연안에서만 높게 나타났다. 또한, 하계에 주로 냉수가 출현하는 포항~감포~울산간 연안역에서의 동물플랑크톤의 풍도를 보면, 연안인접 정점보다는 외양역 정점에서 높은 값을 보였다(Shim and Lee, 1986). 이는 연안 정점의 경우, 연안인접한 육상으로부터 오염의 영향을 받기 때문이며, 또한 북한한류가 연안으로 강하게 영향을 미쳤기 때문이라 고찰되었다.

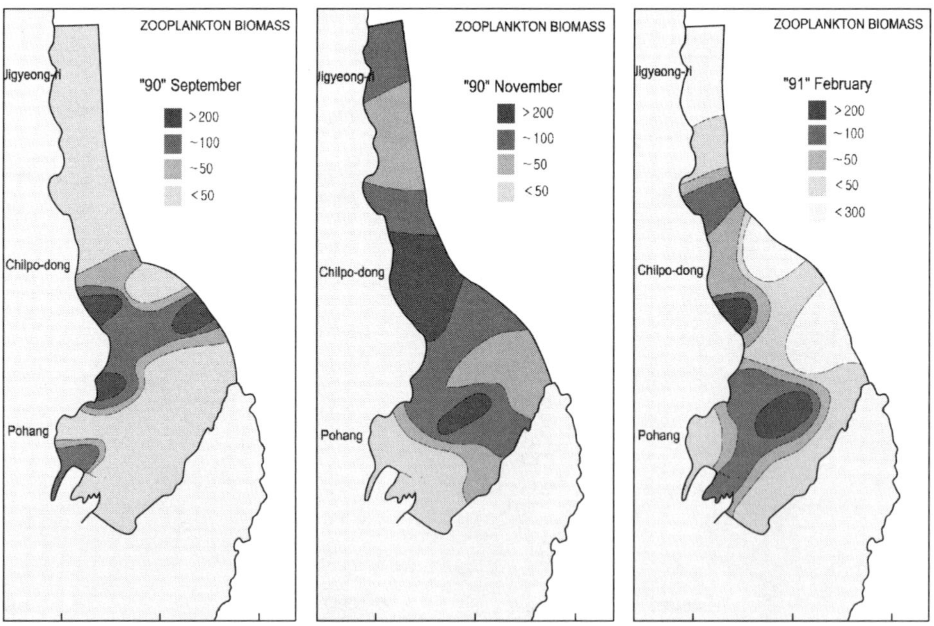

그림 6. 영일만의 추·동계 동물플랑크톤 현존량(mg/m^3) 분포

3. 동물플랑크톤과 수괴변동

동물플랑크톤 중 수괴지표종으로 유용한 모악류(Chaetognatha)의 분포로 한반도 주변해역의 수괴분포를 분석하였다(Park, 1970). 동해의 경우, 크게 3개의 수괴로 대별되어졌다(그림 7).

한류성 종인 *Sagitta elegans*가 우점적으로 분포하는 포항이북해역 수괴와 연안종인 *Sagitta bedoti*가 주우점종이며, 난류성 종인 *Sagitta enflata*와 혼합수괴종인 *Sagitta minima*가 우점적으로 분포하는 포항~부산간 연안역 수괴로 나뉘어졌다. 또한, 난류성 종인 *S. enflata*가 주우점종인 포항~부산간 외해역 수괴가 대별되어졌다. 또한 주요 난류성 요각류의 출현양으로 집괴분석(Cluster analysis)한 결과, 난류수괴(해역 I)는 동계~하계간에는 주로 포항이남 해역이었다(그림 8). 그러나 추계인 10월에는 부산~포항~축산간 인접연안을 제외한 전 해역이 난류수의 영향을 강하게 받는 것으로 나타났다. 이외에 난류의 영향의 크기에 따라 2~3개 해역이 대별되어져 나타났다. 하계인 8월에는 죽변~주문진간 연안역이 2개의 해역으로 대별되어져 난류의 영향이 해역에 따라 차이가 있음을 나타내었다.

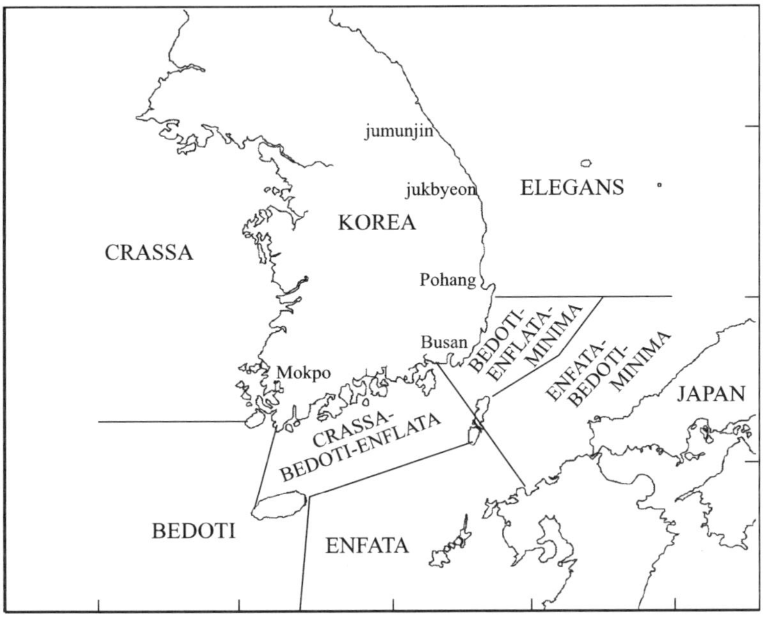

그림 7. 수괴지표종 모악류의 출현과 수리특성에 의해 7개 해역으로 구분한 한국주변해역

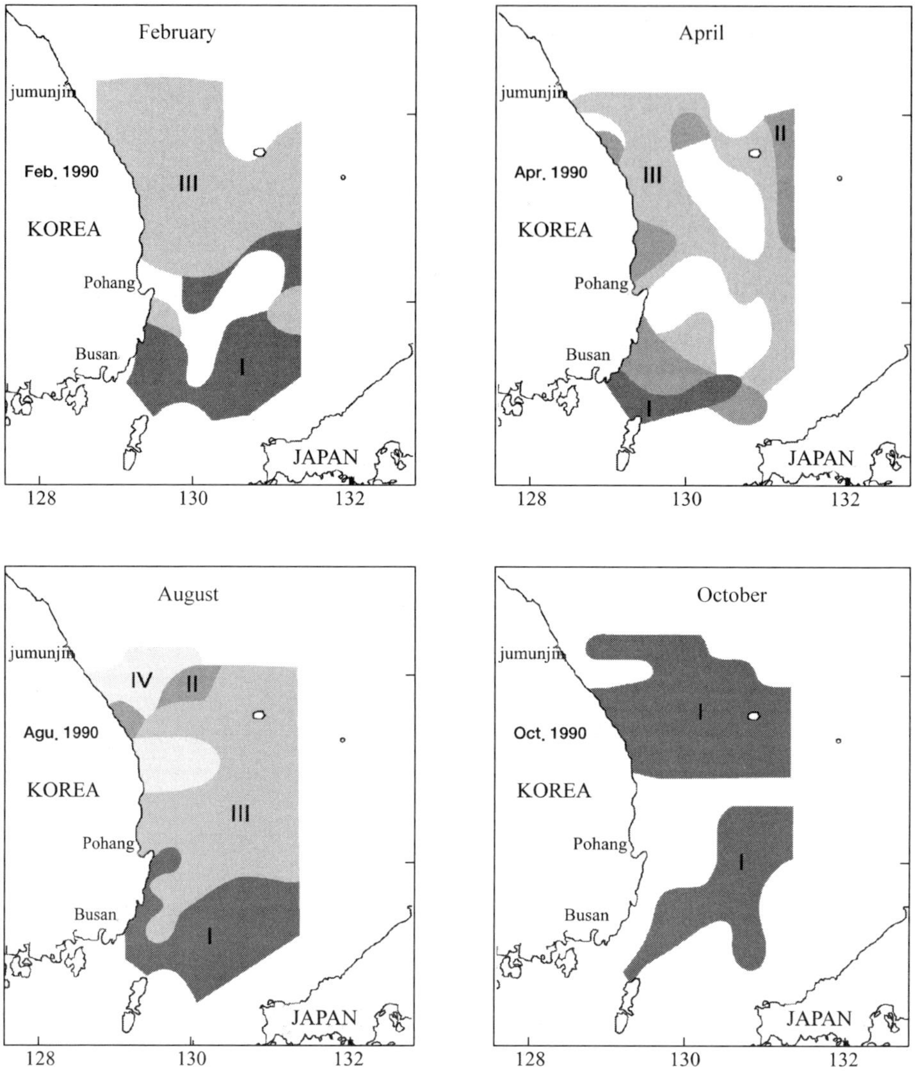

그림 8. 1990년 2, 4, 8, 10월에 출현한 난류성 요각류를 집괴분석한 결과 구분된 수괴 (Kang and Hong, 1995)

동해의 경우, 평균수심 1,700m 내외로 매우 깊어 수층별 수괴 또한 남해, 서해와는 매우 다른 것으로 밝혀졌다(Park 등, 1991). 동해중부해역(죽변~속초)에서 0~100m, 100~300m, 300~500m 수층별 주요 요각류 및 모악류의 출현특성 및 이에 따른 수괴특성을 분석하였다. 그 결과, 2월의 경우, 0~100m 수층에서, 한류성 종인 *Calanus cristatus*가 10℃ 이하의 속초-주문진간 연안의 강한 전선해역에서 다량 출현하여 이 해역이 남하하는 북한 한류수계인 것으로 나타났다. 집괴분석에서도 속초~주문진간 연안(수괴 I)이 대별되어져, 이 해역이 북한한류 수괴인 것으로 나타났

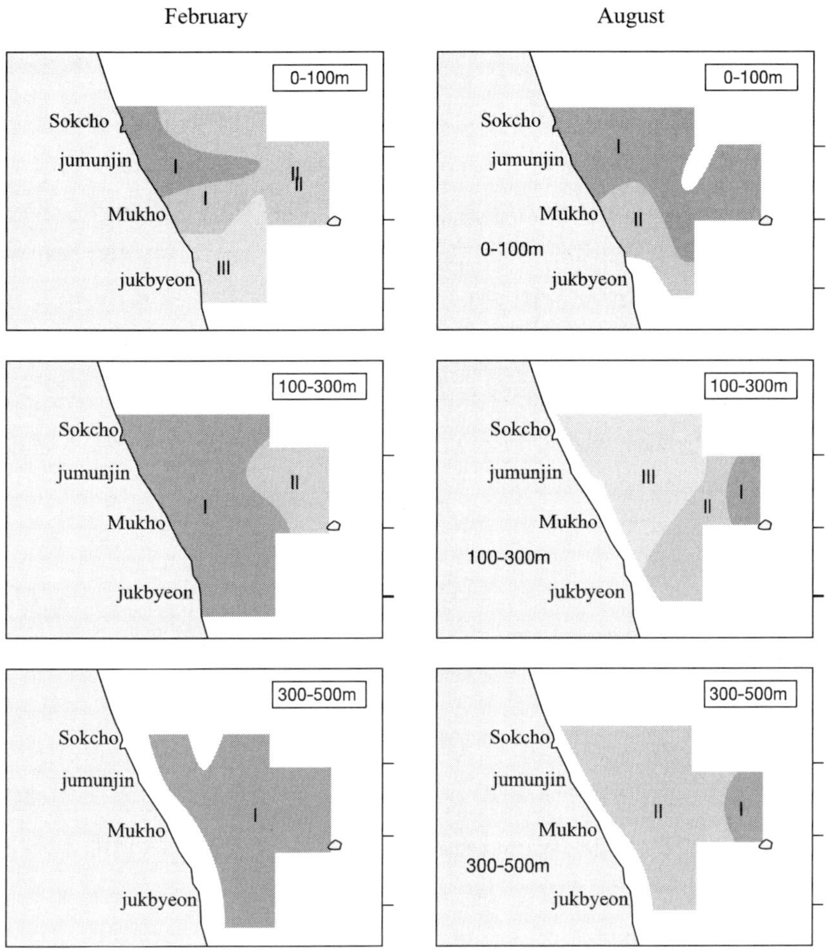

그림 9. 1989년 2월, 8월 동해에서 출현한 주요 요각류와 모악류의 집괴 분석에 의한 수심별 수괴구분(Park *et. al.*, 1991)

다(그림 9). 또한 11~12℃ 이상의 따뜻한 물이 남쪽에서 북쪽으로 확장되고 있는 해역(수괴 II)이 구별되어 나타나 이 해역이 동한난류수괴인 것으로 나타났다. 100~300 m 수층에서는, 난류성종인 *Pleuromamma gracilis*와 *Calanus tenuicornis*가 울릉도 서북방 외해역에서 연안쪽으로 강하게 전선을 형성하며, 5℃ 이상의 난수가 환(Warm core)을 형성하고 있는 해역에서 주로 출현하고 있으며, 5℃ 이하의 찬물이 있는 연안역에서는 한류성 종인 *Calanus cristatus*와 *Calanus plumchrus*가 출현하였다. 위와 같은 사실은, 난류성 종이 분포하고 있는 울릉도 서북방 수온 5℃ 이상인 해역은 동한난류의 영향을 받는 해역이며, 5℃ 이하이며 한류성 종이 분포하는 연안역은 북한 한류수계의 영향을 받는 해역임을 잘 입증하고 있다. 집괴분석에서도 울릉도 서북방해역(수괴 II)이 대별되어져 나타났다. 300~500 m 수층에서는, 난류성 종은 전혀 출현하지 않았으며, 한류성 심해 종인 *Gaetanus armiger*과 한류성 종만이 거의 전 조사정점에서 출현하였다. 집괴 분석에서도 역시 1개의 수괴로 대별되어져 이 수층이 동해 고유수괴임을 나타내었다. 8~9월의 경우, 0~100 m 수층에서 한류성 종인 *Calanus cristatus*와 *C. plumchrus*가 속초 외양역에서 출현하고 있으며 *Sagitta elegans* 역시 다량 출현 하였다. 100~300 m 수층에서는 한류성 종들이 5℃ 이하인 묵호 이북 연안해역에서 출현하고 있었다. 집괴 분석에 의하면, 100~300 m 수층에서는 울릉도 서북방 해역(수괴 I), 그리고 연안으로 가면서 두 개의 해역(수괴 II, III)로 구분되어졌다. 300~500 m 수층의 경우, 동계인 2월과 달리 울릉도 부근해역이 집괴분석에 의해 구분되었다. 300~500 m 수층의 경우, *S. enflata*와 *S. bedoti*가 울릉도 서북방에서 분포하는 것으로 보아 난류의 영향이 보이기는 하나, 한류성 심해종인 *Gaetanus armiger*도 출현하여, 동해고유수와 난류수가 혼합되고 있는 층임을 시사하였다.

4. 동물플랑크톤의 장기변동

최근 지구온난화에 의한 기후변화가 전 지구적인 환경문제로 대두되면서, 이러한 기후변화가 해양생태계에 미치는 직·간접적인 영향에 대하여 많은 연구가 이루어졌다. 서북태평양에서는 1940년대 후반기이후 따뜻한 체제(Warm regime shift)를 유지하다가 1970년대 후반기에 차가운 체제(Cold regime shift)로 전환되었다. 그후 다시 1980년대 후반기에 따뜻한 체제로 전환되었다(Minobe, 1997). 최근 1998년에 또 한번의 체제전환이 있었다고 보고된바 있으며(Minobe, 2002), 동해에서는 1980년대부터 현재까지 따뜻한 체제가 유지되고 있다고 보고된 바 있다(Yeh *et al*., 2010). 이러한 체제전환은 해양생태계의 하위 및 상위영양단계 생물의 생산 및 구조에 영향을 미치게 된다(Francis and Hare, 1994; Francis *et al*., 1998). 캘리포니아 연안해역에서는 1998년 체제전환에 대응한 동물플랑크톤의 변화가 나타났으며, 이외에도 다양한 변화가 관찰되었다(Lavaniegos and Ohman, 2007). 따라서 기후변화가 생태계 내 하위영양단계 생물인 동물플랑크톤에 미치는 영향을 밝히기 위하여서는 동물플랑크톤의 장기변동 특성을 파악하는 것이 매우 중요하다. 특히 동해안의 경우, 1990년대에 접어들면서 오징어 어획량이 급격히 증가하고 있으나, 이에 대조적으로 꽁치, 명태 등 한류성 어종의 어획량이 급격히 감소하고 있는 실정이다(Park 등, 1998). 이러한 주요 어족자원의 변화가 기후변화에 의한 체제전환이나 주요 먹이생물인 동물플랑크톤 변동과 어떤 관계가 있는지를 밝히게 되면 앞으로 이들 어족자원의 변동도 예측 가능하게 될 것으로 판단된다.

1968~2009년간 동물플랑크톤의 장기변동 특성을 분석한 결과(국립수산과학원 해양 정선관측 자료), 동해 동물플랑크톤 연평균 현존량은 145.8 mg/m^3(습중량 기준)이며, 1990년대에 접어들면서 서서히 증가하기 시작하여 2000년대에 접어들면서 그 증가 양상이 더욱 커지는 것으로 나타났다(그림 10).

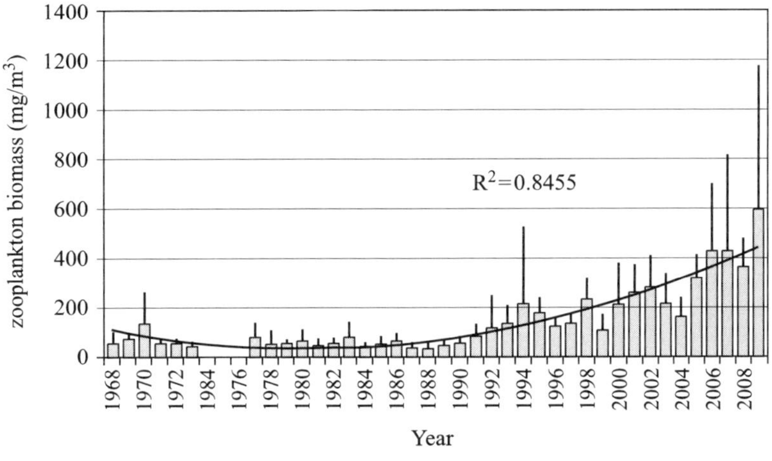

그림 10. 동해 동물플랑크톤 연평균 현존량의 장기변동

계절적으로는 춘계인 4월과 6월에 각각 178.0, 178.4 mg/m^{3}로 높은 값을 보였으며 다음으로 동계인 2월과 추계인 10월에 각각 142.1, 150 mg/m^{3}으로 나타났다(그림 11). 따라서 동해에서는 동계~춘계에 걸쳐 동물플랑크톤 생산이 높은 것으로 나타났다.

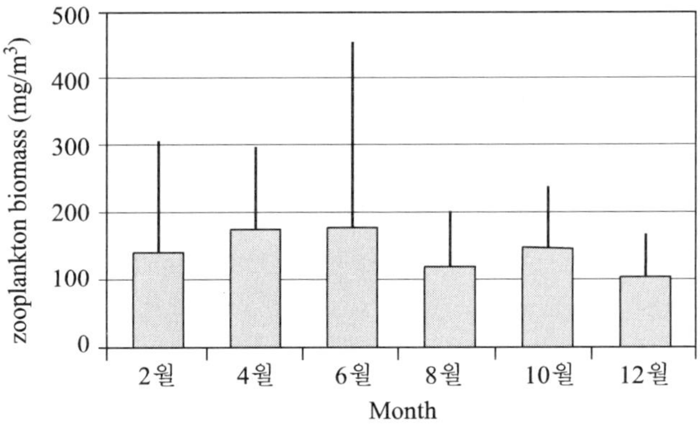

그림 11. 동물플랑크톤 현존량의 계절변동

주요 동물플랑크톤인 요각류(Copepoda), 단각류(Amphipoda), 모악류(Chaetognatha), 유우파우지아류(Euphausiid) 조성의 장기변동을 보면, 요각류의 경우 연평균 91%의 조성률로 최우점 그룹으로 나타났다. 그러나 1990년대에는 주로 90%이하의 감소된 조성률을 보였다(그림 12). 그 외 주요 동물플랑크톤 그룹의 연평균 조성률을 보면, 단각류는 3.1%, 모악류는 3.8%, 유우파우지아류는 1.7%였으며, 이들은 1990년대에 연평균보다 높은 조성률을 보였다. 최근 2000년대에 접어들면서 동물플랑크톤현존량의 증가와 더불어 이들 주요 동물플랑크톤 그룹의 풍도도 증가하는 것으로 나타났다.

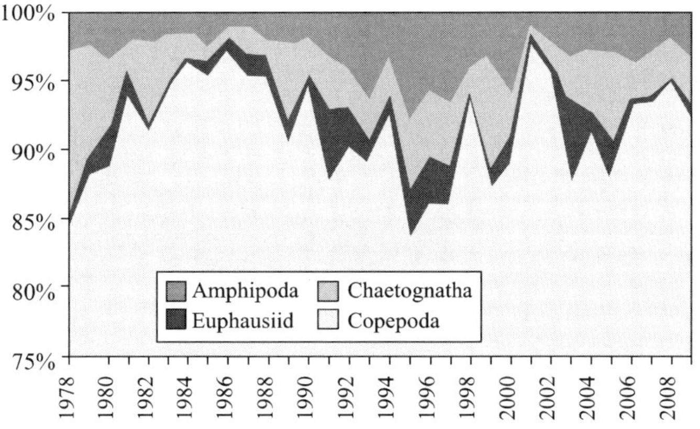

그림 12. 동해 주요 동물플랑크톤 그룹 조성의 장기변동

4. 결 론

한국 동해연안에는 약 12개군의 동물플랑크톤 그룹이 출현하고 있으며, 이 중 요각류(Copepoda)가 최우점 동물플랑크톤 그룹으로 서해, 남해와 유사한 특성을 보였다. 요각류는 약 70여종이 출현하였으며, 서해, 남해와는 달리 한류성종인 *Calanus plumchrus, Metridia lucens, Pseudocalanus minutus* 등이 주로 죽변 이북해역에서 출현하였다. 이 외에 한류 심해종인 *Gaetanus armiger*도 수심 300~500 m 수층에서 출현하여 동해가 서해, 남해와는 매우 다른 생물해양학적 특성을 가지는 것으로 나타났다.

동물플랑크톤 현존량은 서해, 남해에 비해 낮았으나, 동계인 2월에는 타 해역에 비해 높게 나타났다. 또한, 주로 울릉도를 중심으로 하여 이북해역에서 높았으며, 특히 2월에 매우 높은 현존량을 보였다.

주요 지표성 동물플랑크톤의 분포로써 수괴 변동을 분석한 결과, 동해연안은 난류의 영향에 따라 포항 이남해역과 이북해역으로 크게 수괴를 나눌 수 있었으며, 계절에 따라 주문진~묵호간 연안역이 2~3개의 수괴로 나뉘는 것으로 나타났다. 또한 동해 중부해역의 수층별 수괴분포를 보면, 300~500 m 수층에서는 한류성 심해종인 *Gaetanus armiger*가 출현하여 이 수층이 심해수인 동해고유수의 영향을 받는 수층인 것으로 나타났다.

기후변화에 대응한 동물플랑크톤의 변동을 파악하기 위하여 장기변동을 분석한 결과, 1989년 따뜻한 체제전환(Warm regime shift)이 일어난 후 동물플랑크톤 현존량은 증가하기 시작하여 2000년대에 접어들면서 급격히 증가하는 양상을 보였다. 주요 동물플랑크톤 그룹도 2000년대에 접어들면서 증가하는 양상이 뚜렷하며, 특히 요각류의 증가가 두드러지게 나타났다.

이와 같이 한국 동해연안은 수심이 깊으며, 한류와 난류가 교차하는 물리적 환경특성을 가진 해역으로서, 서해, 남해와는 매우 다른 환경적 특성을 나타내고 있다. 앞으로 동해에서는 심해생태계에 대한 연구가 보다 심도있게 이루어져야 할 것으로 판단된다. 또한 한류와 난류가 상접하여 형성하는 전선역 및 주로 울릉도 주변해역에서 형성되는 난수성 소용돌이(Warm eddy)에서의 생물학적 변동 특성에 대한 연구가 수행되어 이들의 물리-생물학적 메카니즘이 밝혀져야 될 것이라 생각된다.

참고문헌

김복기, 정희동, 서영상, 이용화, 오현주, 정규귀, 허승, 황재동, 장이현, 박신영, 문선화. 2001. 한국근해의 해황개요. I. 동해-한국해양편람. 국립수산과학원. pp. 53~80.

An, H.S., 1974. On the cold water mass around the southeast coast of Korean peninsula. *J. Oceanol. Soc. Korea*, 9: 10-18.

Brodeur, R.D. and D.M. Ware, 1992. Long-term variability in zooplankton biomass in the subartic Pacific Ocean. *Fish. Oceanogr.* 1/1: 32-38.

Cushing, D., 1995. Recruitment. In: *Population procution and regulation in the Sea: a fisheries perspective, edited by Cushing, D., Pub. Press Univ. Cambridge*, pp.189-224.

Francis, R.C. and S.R. Hare, 1994. Decadal-scale regime shifts in the large marine ecosystems of the North-east Pacific: a case for historical science. *Fish. Oceanogr.*, 3/4: 279-291.

Francis, R.C., S.R. Hare, A.B. Hollowed and W.S. Wooster, 1998. Effects of interdecadal climate variability on the oceanic ecosystems of the NE Pacific. *Fish. Oceanogr.* 7/1: 1-21.

Gong Y. and S.J. Son, 1982. A study of oceanic thermal fronts in the southwestern Japan Sea. *Bull. Fish. res. Dev. Agency*, 28: 25-54 (in Korean with English abstract).

Hong, S.Y., 1969. The Euphausiid crustaceans of Korean waters in the Kuroshio. In: *The Kuroshio (a symposium on the Japan Current), edited by Maar, J.C., Univ. Hawaii Press* 661: pp.291-300.

Hue, J.S., 1967. Distribution of zooplankton in the adjacent sea of east Korea in August, 1965. *Bull. Fish.*

Res. Dev. Agency, Korea, 1(1): 1-19 (in Korean with English abstract).

Ichiye, T., 1984. Some problems of circulation and hydrography of the Japan Sea and the Tsushima Current. In: *Ocean hydrodynamics of the Japan and East China Seas edited by Ichiye T., Tokyo, Elsevier*, pp. 223-230.

Johnson, M.W. and E. Brinton, 1960. Biological species water-masses and currents. In: *The Sea, edited by Hill, M.N., Wiley and Sons, Inc.*, pp.381-414.

Kang, Y.S. and S.Y. Hong, 1995. Occurrence of oceanic warm-water calanoid copepods and their relationship to hydrographic conditions in Korean waters. *Bull. Plank. Soc. Japan*, 42: 29-41.

Kang, Y.S. and S.S. Lee, 1991. Seasonal fluctuation of zooplankton biomass in the adjacent seas of Korea. *Bull. Nat'l. Fish. Res. Dev. Agency*, 45: 13-21 (in Korean with English abstract).

Lavaniegos, B.E. and M.D. Ohman, 2007. Coherence of long-term variations of zooplankton in two sectors of the California Current System. *Prog. Oceanogr.*, 75(1): 42-69.

Lee, J.C. and J.Y. Na, 1985. Structure of upwelling off the southeast coast of Korea. *J. Oceanol. Soc. Korea*, 20: 6-119.

Minobe, S., 1997. A 50-70 year oscillation over the north Pacific and north America. *Geophysical Research Letters*, 24: 683-686.

Minobe, S. 2002. Interannual to interdecadal changes in the Bering Sea and concurrent 1998/99 changes over the North Pacific. *Prog. Oceanogr.*, 55(1-2): 45-64.

Park, C.S., Y.S. Kim, J.H. Park, Z.G. Kim, Y.M. Choi, D.W. Lee, K.H. Choi, S.T. Kim and K.S. Hwang, 1998. In: *Ecology and fishing grounds of major commerical fish species in the coastal and offshore of Korean waters. K.S. Park (ed.) Busan Korea: National Fisheries Research and Development Institute*. 304 pp. (in Korean).

Park, J.H., 1998. A study on the fluctuations in fishing conditions of common squid, Todarodes pacificus, in the East Sea of Korea. *Ph.D. Thesis, Pukyong Nat'l Univ.*, 76pp. (in Korean with English abstract).

Park, J.S., 1970. The chaetognaths of Korean waters. *Bull. Fish. Res. Dev. Agency, Korea*, 6: 1-174 (in Korean with English abstract).

Park J.S., S.S. Lee, Y.S. Kang and S.H. Huh, 1991. Distribution of indicator species of copepods and chaetognaths in the middle East Sea of Korea and their relationships to the characteristics of water masses. *Bull. Korean Fish. Soc.*, 24(3), 203-212 (in Korean with English abstract).

Roemmich, D. and J.A. McGowan, 1995. Climate warming and the decline of zooplankton in the California Current. *Science* 267, 1324-1326.

Shim, J.H. and T.S. Lee, 1986. Studies of the plankton in the southwestern waters of the East Sea (Sea of Japan. III. Zooplankton-standing stock, composition and distribution. *J. Oceanol. soc. Korea*, 21: 146-155.

Sugimoto, S. and K. Tadokoro, 1997. Interannual-interdecadal variations in zooplankton biomass, chlorophyll concentration and physical environment in the subarctic Pacific and Bering Sea. *Fish. Oceanogr.*, 6/2, 74-93

Yeh, S., Y. Park, H. Min, C. Kim and J. Lee, 2010. Analysis of caharacteriestics in the sea surface temperature variability in the East/Japan Sea. Prog. *Oceanogr.*, 85: 213-223.

한반도 주변 해역의 해산 지각류 분포 특성

김세화 / 용인대학교 생명과학과

요 약

쿠로시오 공동 연구 및 지난 50년간 한국 연안에서 실행된 3속 7종의 해산 지각류 분포에 관한 연구를 바탕으로 각종의 분포 특성을 조명하였다. *Penilia avirostris*는 하계에 남해에서 가장 높은 밀도의 개체군을 형성하였고 *Evadne* 속의 3종과 *Podon* 속의 3종은 각각 출현 시기가 계절적으로 한정되었다. *Evadne tergestina*와 *E. spinifera* 및 *Podon polyphemoides*와 *P. schmackeri*는 고수온기에 주로 출현하였으며 *E. nordmanni*와 *P. leuckarti*는 춘계에 출현하여 수온 상승과 함께 소멸하였다. *E. spinifera*와 *P. schmackeri*는 연안보다는 해안에서 수십 km 떨어진 해역에서 개체군을 형성한 반면 *E. tergestina*와 *P. avirostris*는 연안에서 대양역까지 폭넓게 분포하였고 나머지 3종은 내만역에 국한하여 출현하고 있었다. 이러한 해산 지각류의 분포 특성은 생활사의 일부분에서 휴면란을 생성하는 것과 각 종별 섭식 특성 및 특정 수온대에서 서식하는 생육 특성에 기인한 결과로 추정된다.

1. 서 론

지각류는 담수에서 크게 번성하여 600종에 달하고 있으나(Shram, 1986) 바다에서는 종분화가 활발하지 않아 전세계의 바다에서 3속 8종이 분포하고 있다(Onbe, 1974). 이러한 해산 지각류는 휴면란을 생성하는 특성으로 인하여 각 종별로 동물플랑크톤 군집 내에서 출현하는 시기가 일정한데 적절한 환경 하에서는 단기간 내에(2~3주) 폭발적인 개체군 증가를 도모하여 동물플랑크톤 군집 출현량의 80~90% 이상을 점유하는 우점종으로 나타난다. 해산 지각류의 분포에 관한 연구를 보면 Dolgopolskaja(1958)가 전세계의 출현 보고들을 집대성한 이래 세계 각국의 연안역과

(Bosch and Taylor, 1968; Dauvin 등, 1998) 대양역에서(Longhurst and Seibert, 1972; Della Croce and Venugopal, 1973; Kim and Onbe, 1995) 산발적인 출현이 보고되어 왔다.

우리나라에서는 북해 및 지중해와 대서양에서만 분포가 확인된 *Podon intermedius*를 제외한 7종의 해산 지각류 출현이 보고되어 있는데(박, 1956; 허, 1967; 박과 김, 1967; 심과 노, 1982; Yoo and Kim, 1987; Kim and Onbe, 1989b; Kim 등, 1993, 1996) 최근에 들어서는 분포를 확인하는데 그치지 않고 생육 특성에 따른 분포를 규명하는 생태학적 연구로 발전되어 나가고 있다. 본 논문에서는 우리나라 주변해역에 분포하고 있는 7종의 해산 지각류가 각 종별로 독특한 시공분포 경향을 보이고 있으며 이러한 분포 경향은 각종의 생육특성에 따른 결과임을 밝히는데 그 목적이 있다.

2. 재료 및 방법

본 연구에서는 우리나라 주변 해역에서 연구된 해산 지각류의 분포에 관한 보고들을 종합하였는데 주 재료는 1965년부터 1974년까지 UNESCO 주관하에 12개국이 참가하여 북서태평양 전역에서 채집한 동물플랑크톤을 싱가포르 대학과 동경 자연사 박물관에서 분류군별로 sorting한 쿠로시오 공동 연구(CSK) 시료 분석 결과와 황해공동연구(ERMRYS) 시료 분석 결과를 토대로 하였다. 해산 동물플랑크톤의 동물상 연구에 관한 연구들은(박, 1956; 허, 1967; 박과 김, 1967; 심과 노, 1982; Shim and Yun, 1990; 서등, 1991; Kim 등, 2002) 해산 지각류의 시공 분포를 확인하는 데 활용하였으며 한국산 해산 지각류의 생태를 언급한 논문들을 (김, 1984; Yoo and Kim, 1987; Kim, 1989; Kim and Onbe, 1989a, b; Kim 등, 1993, 1996) 활용하여 각 종의 생육특성을 파악함으로서 출현 해역과 출현 시기의 수온과 먹이생물양등과 같은 환경 요인이 각 종의 출현을 제한하는 상관관계를 분석하였다.

3. 결과 및 논의

온대역에서 해산 지각류는 일반적으로 연안역 표층에 분포하며, 수온 상승에 따른 적절한 환경 하에서는 폭발적인 생물량 증가를 나타내는 동물플랑크톤으로 알려져 있다(Bosch and Taylor, 1968; Onbe, 1974). 우리나라에서도 1950년대부터 동물플랑크톤상을 조사하는 과정에서 춘계에서 하계에 걸쳐 3속 7종의 해산 지각류가(표 1) 황해, 남해, 동해등 삼면의 바다에 모두 분포하고 있는 것이 밝혀졌다(박, 1956; 허, 1956; 박과 김, 1967; 심과 노, 1982; 서등, 1991, Kim 등, 2002). 7종의 해산 지각류중 *Penilia avirostris*만이 6쌍의 흉지(thoracic appendage)를 가지고 있으며 포도니다과의 6종은 모두 4쌍의 흉지를 가지고 있는데 각각의 흉지 외지(exopodite)에 나 있는 setae수가 달라 종준위 분류가 비교적 용이한 편이다(표 2). 따라서 대부분의 연구가 동물플랑크톤 시료 분석 중 동정된 개체들을 근거로 단편적인 출현을 보고하였을 뿐 삼면에 바다에 분포하는 3속 7종에 대한 시공분포를 종합하여 보고한 예가 없었다.

표 1. 한국 주변해역에 출현한 해산지각류의 분류체계

Phylum Arthropoda (절지동물 문)
Class Crustacea (갑각 강)
Subclass Branchiopoda (새각 아강)
Order Diplostraca (양갑 목)
Suborder Cladocera (지각 아목)
Superfamily Sidoidea BROOKS (=Tribe Ctenopoda SARS) (시도이디 상과)
Family Sididae BAIRD, 1850 (시다 과)
Penilia avirostris DANA, 1849 (새부리바다물벼룩)
Superfamily Polyphemoidea BROOKS (=Tribe Onychopoda SARS) (폴리페 상과)
Family Podonidae MODUKHI-BOLTOVSKOI, 1968 (포도니다 과)
Evadne nordmanni LOVEN, 1836 (노르만바다물벼룩)
Evadne spinifera P.E. MULLER. 1868 (긴침바다물벼룩)
Evadne tergestina CLAUS, 1877 (먼바다물벼룩)
Podon leuckarti G.O. SARS, 1862 (큰바다물벼룩)
Podon polyphemoides (LEUCKART), 1859 (작은바다물벼룩)
Podon schmackeri POPPE, 1889 (잔털바다물벼룩)

표 2. 한국 주변해에 출현한 해산지각류 흉지 외지의 setae수

species name＼leg no.	1st leg	2nd leg	3rd leg	4th leg
Evadne nordmanni	2	2	1	1
Evadne spinifera	2	2	2	1
Evadne tergestina	2	3	3	1
Podon leuckarti	1	1	1	2
Podon polyphemoides	3	3	3	2
Podon schmackeri	4	4	4	3

본 연구에서는 CKS와 같은 장기 조사를 분석한 결과와 한반도 주변 해역에서 축적된 동물플랑크톤상 연구를 종합하여 3속 7종의 해산 지각류 분포 특성을 명확하게 밝혔다.

Penilia avirostris : 우리나라 삼면의 바다에 모두 분포하고 있으며(그림 1) 하계 남해 연안역에서 높은 밀도의 개체군을 형성한다. 우리나라에서는 1982년 10월 진해만에서 입방미터당 21,491개체의 최대 개체군 밀도를 기록하였으며(김, 1984) 일본에서는 세토내해에서 1971년 7월에 58,800개체로 최대를 기록하였다(Onbe, 1974). 본 종은 단일종으로서는 해산지각류중 가장 높은 밀도의 개체군을 형성하는데 우리나라에서의 출현 수온 범위는 9.3~27.9℃ 사이로서 해역별, 연도별 차이가 있으나 주로 5~6월에 출현하기 시작하여 11월말에는 소멸한다. 저염분의 내만역에서 고염분의 대양역까지 분포가 확장되어 있고 출현 수온 범위도 넓으나 고수온 환경에서만 높은 밀도의 개체군을 형성한다. 따라서 본종은 고온을 선호하는 광온, 광염성 종으로 정의된다. 본종은 해산 지각류중 가장 왕성한 섭식활동을 보이는데 선택 섭식 현상이(selective feeding) 밝혀져 있지 않은 여과식자로서(Kim *et al*, 1989a,b, 1993) 해수중 섭식 가능한 크기의 입자 밀도가 낮으면 서식을 제한 받는 것으로 알려져 있다(Paffenhofer and Orcutt, 1986). 따라서 그림 1에서 나타난 대양역에서의 분포를 보면 수온과 염분 조건의 제한을 받지 않지만 빈영양

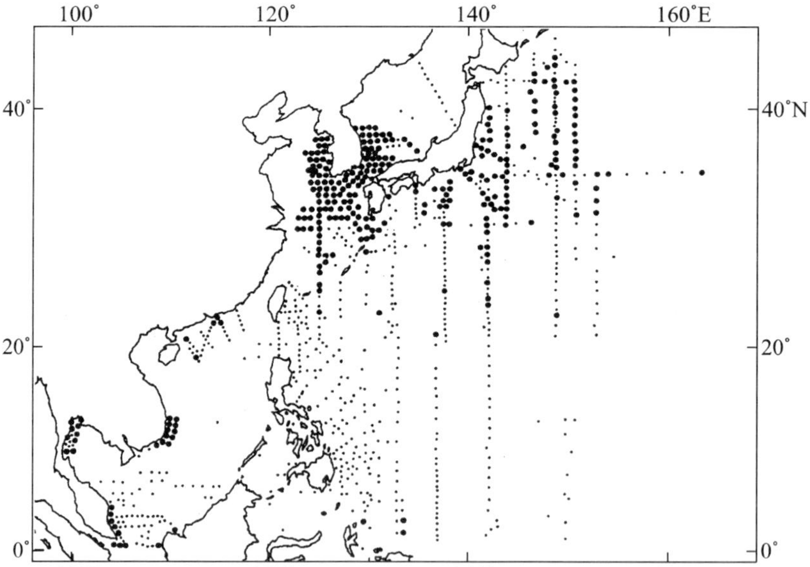

그림 1. CSK(1965-1974) 조사기간 동안 북서태평양에 출현한 *Penilia avirostris* 의 분포, 출현정점 (Kim and Onbe, 1995).

상태인 북태평양 중심 해역에서는(north Pacific central gyre waters) 분포가 제한되어 있는 반면 오야시오 한류와 쿠로시오 난류가 만나 전선(front) 을 형성하는 일본 혼슈 동쪽 해역에서는 풍부한 영양염을 이용한 높은 일차생산력을 바탕으로 쿠로시오 확장역을(Kuroshio extention) 따라 연안에서 2,000 km 이상 떨어진 해역에까지 개체군을 형성하고 있다.

체장은(gross length) 0.32~1.12 mm 사이에 속하는데 지중해에서는 1.2 mm 크기의 개체도 보고된 바 있다(Della Croce. 1974). 육방(brood pouch) 내에서 성장중인 배가(embryo) 모체에서 태어나기 전에 이미 자신의 육방내에 배를 형성하는 유생생식(paedogenetic reproduction) 현상은 밝혀지지 않았으나 배발생 과정은 Della Croce와 Bettanin에(1965) 의하여 12단계의 개체 발생과정을 거치는 것으로 연구되어 있다.

Evadne nordmanni : 남해와 동해의 내만역에서는 춘계에 항상 분포하고 있으나 황해에서는 출현이 보고되지 않은 해역도 있다. 즉 황해에서는 영광 근해, 함평만, 곰소만등에서 출현이 보고되어 있으며 주로 내만역에 분포하고 있으나 동태평양에서는 *Evadne spinifera*와 함께 대양역까지 그 분포가 확장되어 있음이 보고되어 있다(Longhurst and Seibert, 1972). 우리나라에서는1982년 5월에 진해만에서 입방미터당 996개체의 최대 개체군 밀도가 보고되어 있고(김, 1984) 일본 세토 내해에서는 1971년 5월에 3,400개체의 최대 밀도가(Onbe, 1974) 보고되어 있다. 하지만 대서양 연안과 동태평양의 대양역에서는 개체군 밀도가 입방미터당 100개체를 넘지 않는다. 우리나라에서는 3~4월에 출현하기 시작하여 수온이 상승하면서 7월초에 소멸하는데(김, 1984) 수온이 높은 일본의 세토내해에서는 2월부터 출현하여 6월말에 소멸하고(Onbe, 1974) 수온이 낮은 북해도 연안에서는 6월에 출현하여 9월에 소멸하는 등(Kim, 1989) 해역에 따라 출현시기가 다름을 알 수 있다. 우리나라에서는 수온 범위 10.2~19.6℃ 사이에서 출현하는데 전세계적인 출현 수온 범위는 8~22℃이다.

유생생식을 하고 있는 것이 밝혀져 있으며(Bainbridge, 1958; Onbe, 1974) 체장은 0.20 ~0.57 mm에 속한다.

Evadne spinifera : 우리나라 남해에서는 제주도 연안에만 분포하고 있으며 주로 동해에 분포하고 있고 1992년 9월 황해 외양역에서의 출현이 보고되었다(그림 2) (Kim *et al*, 1993, 1996). 그러나 1997년 8월에 황해의 어청도와 흑산도 주변의 전해역에 걸쳐 분포하고 있는 것이 확인되었다(국립수산과학원 서해수산연구소, 미발표 자료). 우리나라에서는 8월과 9월에만 출현하고 있고 동해에서의 출현 수온 범위는 23.4~28.2℃로서 고수온기에 국한하여 출현하는 협온성 종이다. 울릉도 근해에서 1995년 8월에 최대 개체군 밀도로 입방미터당 65개체가 보고되었으나 보통 10개체 이하의 낮은 밀도로 개체군을 형성한다. 연안역이나 내만역보다는 해안으로부터 수

십 km 떨어진 외양역에 분포하는데(distant-neritic species or open-neritic) (Beklemishev, 1971; Tokioka, 1979). 이것은 고염분을 선호하는 협염성(32.11~34.30 ppt) 종의 특징을 나타내는 것으로서(Kim 등, 1993) 동태평양에서는 대양역까지 그 분포가 확장되어 있는 것이 보고되어 있다(Longhurst and Seibert, 1972).

연안역에서 쉽게 채집되는 해산 지각류에(*Penilia avirostirs, Evadne nordmanni, E. tergestina, Podon leuckarti, P. polyphemoides*등) 비하여 그 생물학적 특성이 잘 밝혀져 있지 않은 종이지만 1995년 8월에 울릉도와 독도 근해에서 채집된 시료들을 분석하여 생식력이(brood size) 최대일 경우 육방내 배의 수가 7개에 달하는 것이 보고되었으나(평균 3.1개) 대부분 4개 이하의 배를 가지고 있고 유생생식 현상은 현재까지 밝혀진 바 없다. 후복부의 긴 spicule로 인하여(0.1~0.2 mm 전후) 체장은 0.54~1.14 mm 범위에 속한다.

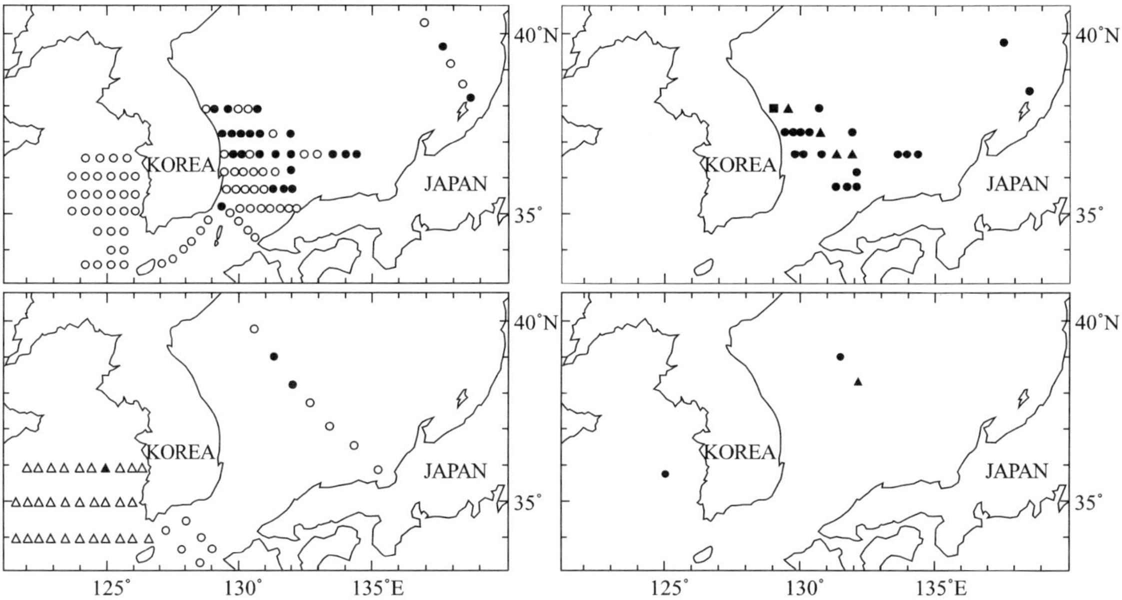

그림 2. 좌측 : 8월(A)과 9월(B) CSK조사(●)와 ERMRYS(▲) 조사에서 출현한 *Evadne spinifera*의 분포
우측 : 8월(a)과 9월(b)에 출현한 *E. spinifera*의 개체수(indiv./m^3) 정도 (● < 1, 1 ≤ ▲ <10, ■ ≥ 10) (kim 등, 1993)

Evadne tergestina : 우리나라 삼면의 바다에서 내만역과 외해를 가리지 않고 하계에 가장 폭 넓게 분포하고 있는 종으로서 분포 범위는 남극해의 세종기지 앞바다를 포함하는(김, 미발표 자료) 전세계의 5대양과 각국의 연안역등 모든 해역을 포함하고 있는데 우리나라에 분포하고 있

는 7종의 해산 지각류중 *Penilia avirostris*와 *Podon polyphemoides*에 이어 3번째로 높은 개체군 밀도를 형성한다. 우리나라에서의 출현 수온 범위는 8.0~30.1℃ 사이로서 해역별, 연도별 차이가 있으나 주로 5~6월에 출현하기 시작하여 남해에서는 12월 초까지 분포한다. 저염분의 내만역에서 고염분의 대양역까지 분포가 확장되어 있고 출현 수온 범위도 넓으나 고수온 환경하의 내만역에서만 높은 밀도의 개체군을 형성한다. 따라서 본종도 *Penilia avirostris*와 함께 고온을 선호하는 광온, 광염성 종으로 정의된다. 본 종의 섭식 활동에 관한 연구는 거의 이루어지지 않았으나 북서태평양에서의 분포 경향과 생식력을 비교해 보면 본 종도 *P. avirostris*와 같이 먹이 농도에 따라 생식 능력이 제한 받고 이에 따라 분포도 제한 받고 있는 것을 알 수 있다(그림. 3).

즉 그림 3의 흑색 기호들이 포함된 A와 B 해역은 유성생식 세대의 개체들이(sexual female and male) 출현한 해역이며 C 해역은 단위생식 세대의 암컷들만 출현한 해역이고 D 해역은 육방내 배의 성장이 거의 관찰되지 않은 개체들만이 출현한 해역이다. 그림 4는 그림 3에 직선으로 표시된 연구 항로상에서 *E. tergestina*가 채집된 정점들의 생식 능력을 측정한 결과인데 연안역에서는 개체당 육방내에 평균 3~6개의 배를 포란하고 있는 반면 외양역인 C 해역과 D 해역으로 가면서 생식 능력이 급격히 감소하여 D해역에서 채집된 개체들은 생식 능력을 거의 상실하고 있음을 나타내고 있다. 지각류는 먹이가 부족하면 난소에서 육방으로 방출하여 사육중인 배를 재

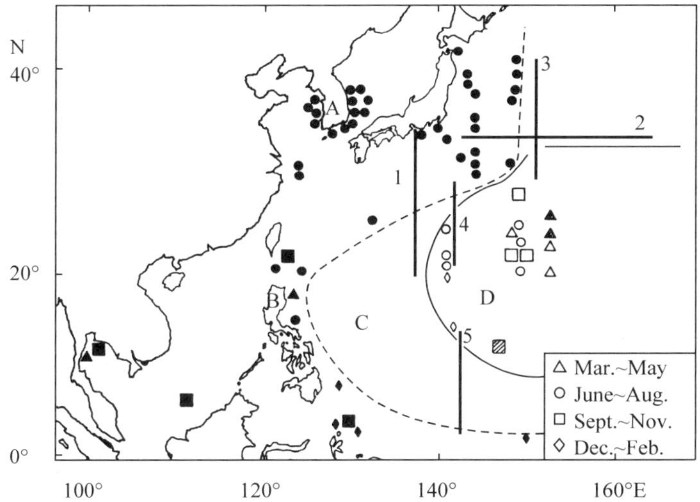

그림 3. 북서태평양에서 CSK조사(1965~1974)시 *Evadne tergestina* 분포

A : 온대연안수, B : 열대연안수, C : 단위생식세대의 암컷만 출현한 수역, D : 추방된 개체군이 출현한 해역, 1-5 : 생식능력이 측정된 항로, ● : 유성생식이 일어난 곳, ○ : 비생식 개체가 출현한 곳, 사선 : 극도로 낮은 생식능력을 갖는 개체들이 출현한 정점(Kim, 1989).

흡수하여 자신의 대사에 필요한 에너지로 활용하는 현상이 보고되어 있는데(Trekeld, 1979) 휴면란으로부터 부화하여 연안역에서 형성된 개체군이 해류를 타고 대양역으로 확산되어 나가는 과정에서 그림 4의 2번 항로와(그림 3의 2번 항로와 비교) 같이 쿠로시오 확장 해류를 타고 빠른 시간 내에 멀리 확산되는 경우는 먹이 부족 환경 하에 놓이는 기간이 짧아 연안에서 수천 km 떨어진 해역까지도 생식 능력을 보유한 개체군이 출현하고 있다. 그러나 복잡한 해류계에 실려 오랜 시간을 경과하며 대양역에 도달한 D 해역의 개체들은 빈영양 상태하에서의 긴 체류시간으로 인하여 생식능력을 잃고 있어 추방된 개체군으로(expatriate population) (Haedrich and Judkins, 1979) 밝혀졌다. 따라서 D 해역은 *E. tergestina*가 출현하고는 있으나 정상적인 생육이 불가능한 해역, 즉 추방 해역으로(expatriate zone for *E. tergestina*) 정의할 수 있다. 이와 같이 *E. tergestina*를 포함하는 몇종의 해산 지각류는 그 분포를 대양역까지 확장하고 있으나 정상적인 생육활동은 A 해역으로 표시된 우리나라 연안역과 같은 연안역에서만 가능하고 대양역에서 출현하는 개체군은 dead-end population으로 추정된다.

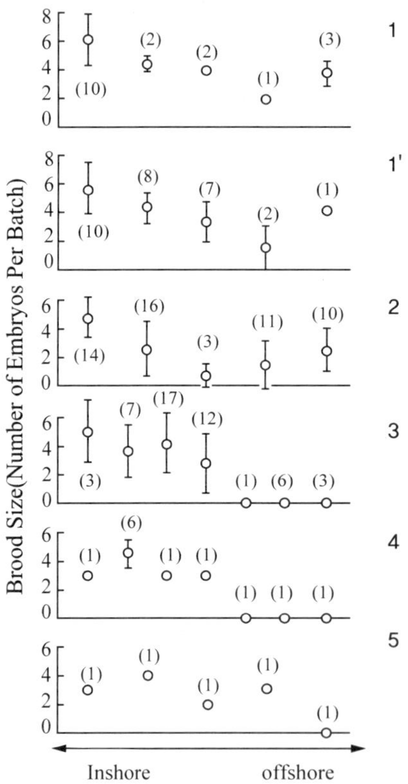

그림 4. 그림 3에서 보여준 다섯 항로에서의 *Evadne tergestina*의 평균 육방의 크기
1 : 1968년 8월 1´ : 1969년 6월
2 : 1966년 7월 3 : 1969년 9월
4 : 1967년 11월 5 : 1968년 1월
(가로 속의 숫자는 실험한 개체의 수)
(Kim. 1989)

*Evadne tergestina*의 체장은 0.28~0.65 mm에 속하며 생식 능력은 육방내 최대 10개의 배를 사육하고 있는 개체가 관찰되었으나 우리나라 연안에서는 평균 5.8개이고 그림 3의 B와 C 해역에서는 모두 평균 3개 이하로 관찰되어 우리나라 연안에서의 생식 능력이 아열대나 열대 해역에 비하여 높다. 또한 아열대와 열대 해역에서는 연중 출현하며 출현 기간 내내 유성생식에 의한 휴면란을 생성하는 반면 우리나라 연안에서는 동물플랑크톤 군집으로부터 소멸하기 직전인 10월과 11월에 집중적으로 휴면란을 생성한다.

Podon leuckarti : 우리나라에 분포하고 있는 7종의 해산 지각류중 가장 내만역에 분포가 제한되어 있는 종으로서 출현기간도 짧아 해역별로 4월에서 7월초에 걸쳐 출현하나 출현기간이 한 해역에서 60일을 넘지 않는다. 우리나라 3면의 바다 내만역에 춘계에는 항상 분포하고 있으며 동해에서는 해안으로부터 수킬로미터 떨어진 해역까지 분포한다. 전형적인 내만 분포 종으로서 같은 시기에 출현할 경우에도 distant neritic 종인 *E. spinifera*와 분포 해역이 중복되는 경우가 없으나 *E. nordmanni*와는 함께 출현하는 경우가 많다. 출현 수온 범위는 9.0~18.5℃이며 우리나라에서는 1998년 4월 울진해역에서 입방미터당 486개체 개체의 출현량을 기록한 것이 최대출현량인데 일반적으로는 출현량이 입방미터당 10개체 전후를 기록하는 낮은 밀도의 개체군을 형성하는 종이다.

*Podon leuckarti*의 체장은 0.41~0.68 mm에 속하며 먹이 섭취와 생식 능력등의 생육 특성이 잘 연구되어 있지 않은 종이나 *Skeletonema costatum*등 연안역에 우점하는 중심목 규조류를 주로 섭식한다는 보고가 있다(Kim 등, 1989a).

Podon polyphemoides : *Podon leuckarti*와 함께 가장 내만 분포종의 특징을 나타내는 종인데 우리나라에 분포하고 있는 7종의 해산 지각류중 유일하게 계절적인 출현을 반복하지 않고 연중 출현하는 종이다(Yoo and Kim, 1987). 즉 나머지 6종의 해산 지각류가 수온 상승이나 하락에 따른 영향으로 휴면란을 생성한 후 동물플랑크톤 군집으로부터 소멸하는 하계의 고수온기나 동계 저수온기에도, 이 종은 항상 낮은 밀도의 개체군을 형성하며 출현하고 있어 춘계 수온 상승에 따른 휴면란의 부화로 개체군 형성을 시작하는 다른 해산 지각류와는 달리 플랑크톤 상태로 월동이 가능한 종으로 추정되고 있다. 우리나라 어디서나 내만역에는 분포하고 있는데 수온이 17~20℃ 사이에서 가장 높은 밀도의 개체군을 형성하여 5월에서 10월 사이의 적정 수온 하에서는 계절에 관계없이 최대 출현량을 나타낸다. 우리나라에서는 남해인 진해만에서 1982년 5월과 10월에 입방미터당 11,969개체와 17,629개체의 최대 출현량을 기록하였다. 동해에서는 1997년 7월 월성 근해에서 2,428개체의 출현량이 최대로 기록되었는데 이때의 수온은 19.8℃이었다. 일본 세토 내해에서는 입방미터당 40,000개체의 높은 밀도로 출현한 예가 보고되어 있다(Onbe,

1974).

*Podon polyphemoides*의 체장은 0.18~0.48mm에 속하여 가장 작은 해산 지각류인데 1986년 영일만에서 출현한 개체들을 조사한 결과 11월과 12월에는 유성생식세대의 암컷과 수컷이 개체군의 30~40%를 차지하였고 수컷은 8월에도 출현하고 있음이 보고되었다(Yoo and Kim, 1990). 또한 *Scrippsiella trochoidea*나 *Prorocentrum dentatum*과 같은 적조 생물이 우점하는 시기에 적조 생물의 개체군 동태와 일치하는 개체군 동태를 보이지만 적조 생물은 섭식하지 않고 중심목 규조류를 주로 섭식하는 동물로 알려져 있다(Kim 등, 1989b).

Podon schmackeri : 황해에서의 출현보고는 없고 우리나라에서는 8월에 남해와 동해에서만 출현하는 종이다. 북서태평양에서는 해역에 따라 출현 시기가 다른데 베트남 연안에서는 4월부터 출현하는 반면 일본 근해에서는 7월부터 9월에 걸쳐 분포한다(그림 5). *Evadne spinifera*와 같이 해안에서 수십킬로미터 떨어진 해역에서 주로 개체군을 형성하는 distant-neritic 종으로서 출현 수온 범위는 19.7~30.4℃이다. 수온 25℃에서 높은 밀도의 개체군을 형성하는데 1968년 8월 일본 큐슈 서해안에서 관찰된 입방미터당 79개체가 최대 개체군 밀도이다. 동물플랑크톤 군

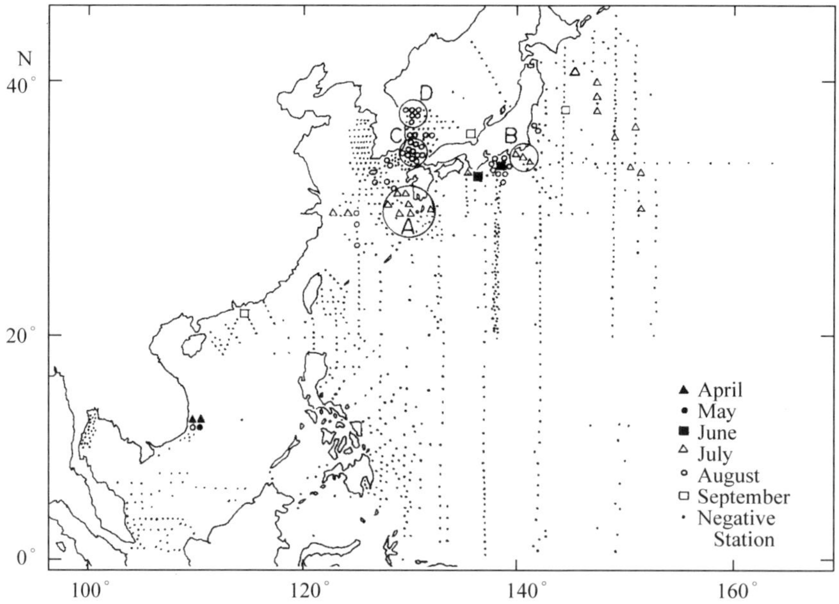

그림 5. CSK(1965-1974) 조사시 북서태평양에 출현한 *Podon schmackeri*의 계절분포 지역 A : 일본큐슈남쪽해, B : 일본혼슈남쪽해, C : 대한해협, D : 동해 (Kim and Onbe, 1989b).

집의 구성원으로 출현할 때는 대부분의 경우 *Penilia avirostris* 및 *Evadne tergestina*와 함께 출현하며(Kim and Onbe, 1989b) 고온을 선호하는 협온, 협염성 종으로 정의된다.

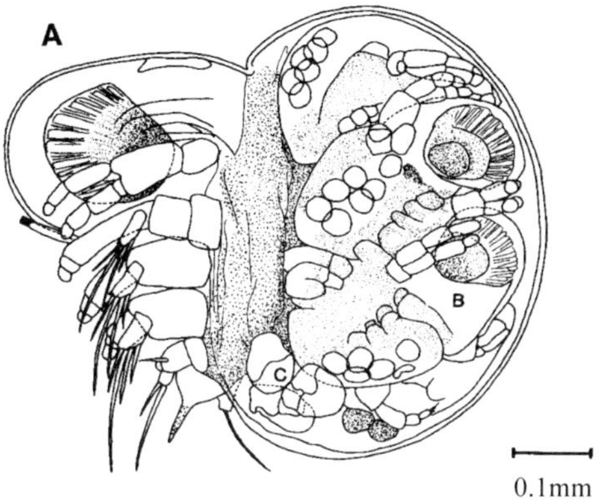

그림 6. 발달된 배(paedogenetic)를 갖은 단위생식세대의 암컷 *Podon schmackeri* (Kim and Onbe, 1989a).

*Podon schmackeri*의 체장은 standard length를 기준으로 보면 0.34~0.65 mm의 범위에 속하는데 해역별로 차이를 보여 그림 5의 해역 A부터 D까지의 평균 체장이 0.42, 0.45, 0.48, 0.57로 남쪽에서 북쪽 해역으로 갈수록 체장이 커지는 현상을 나타낸다. 이 같은 적응 전략은 요각류를 대상으로 보고된 바 있다(Lonsdale and Levinton, 1985). 유생생식은 Kim and Onbe (1989a)가 보고한 바 있으며(그림 6) 유성생식 세대의 암컷과 수컷 모두 출현이 보고되어 있으나 계절적인 출현 현상에 대해서는 알려진 바 없다.

이상과 같이 우리나라 근해에서 출현하고 있는 7종의 해산 지각류에 대한 시공 분포 경향을 정리하였으나 우리나라 연안에서의 해산 지각류 분포에 가장 중요한 영향을 미치는 해저면의 휴면란 분포에 대한 연구가 미흡한 실정이다. Cho 등(2000)이 우리나라 근해의 해저면에 분포하는 해산 지각류의 휴면란을 채집하여 그 분포를 보고한 바 있으나 한반도 주변 해역에서의 해산 지각류 분포 특성을 정확하게 파악하기 위해서는 휴면란 생성 특성과 분포등 해산 지각류의 생육 특성에 관한 종합적인 연구가 필요한 실정이다(cf. Egloff 등, 1997).

참고문헌

김세화, 1984. 진해만 일대의 해산 지각류에 대한 생태학적 연구. 한양대학교 석사학위 논문, 25pp.

박주석, 김종두, 1967. 진해만의 적조 현상에 관한 연구. 국립수산진흥원 연구보고, **1**: 65-79.

박태수, 1956. 한국해협에 있어서 plankton의 계절적 변화에 관하여. 부산수산대학 연구보고, **1**: 65-79.

서해립, 서호영, 차성식, 1991. 만경 동진강 하구계 동물플랑크톤 분포와 염분 특성. 한국해양학회지, **26**: 181-192.

심재형, 노일, 1982. 여수 근해 해산 동물플랑크톤 종 조성과 양적 분포. 서울대학교 자연과학대학 논문집, **1**: 165-183.

허종수, 1967. 동해측 동물성 부유생물의 분포. 국립수산진흥원 연구보고, **1**: 7-32.

Bainbridge, V., 1958. Some observations on *Evadne nordmanni* Loven. *J. Mar. Biol. Ass. U.K.*, **37**: 349-370.

Beklemishev, C.W., 1971. Distribution of plankton as related to micropalaeontology. In: The micropalaeontology of oceans. (Funnel, B.M. and W.R. Riedel Eds.). Cambridge Univ. Pre., pp. 75-87.

Bosch, H.F. and W.R. Taylor, 1968. Marine cladocerans in the Chesapeake bay estuary. *Crustaceana*, **15**: 161-164.

Cho, S.K., J.O. Park and H.P. Suh, 2000. The resting eggs of marine cladocerans. *Bull. Korean Fish. Soc.*, **33**: 126-134.

Dauvin, J., Thiebaut, E. and Wang, Z., 1998. Short-term changes in the mesozooplanktonic community in the Seine ROFI (Region of Freshwater Influence) (eastern English Channel). *J. Plankton Res.*, **20**: 1145-1167.

Della Croce, N. and P. Venugopal., 1973. *Penilia avirostris* in the Indian Ocean(Cladocera). *Int. Revue ges. Hydrobiol.*, **58**: 713-721.

Della Croce, N. 1974. Cladocera. *Cons. Internat. L'explor. Mer. Zooplankton Sheet,* **143**: 1-4.

Della Croce, N. and S. Bettanin, 1965. Sviluppo embrionale della forma parthenogenetica di *Penilia avirostris* Dana. *Cah. Biol. Mar.*, **6**: 269-275.

Egloff, D.A., P.W. Fofonoff and T. Onbe, 1997. Reproductive biology of marine cladocerans. *Ad. Mar. Biol.*, **31**: 79-167.

Haedrich, R.L. and D.C. Judkins, 1979. Macrozooplankton and its environment. In: Zoogeography and diversity of plankton. (Van der Spoel, S. and A. Pierrot-Bults Eds.) Halsted Pre., Utrecht, pp. 4-28.

Kim, S.W., 1989. Studies on the ecology of marine cladocerans in the northwestern Pacific ocean. Ph.D thesis dissertation, Hiroshima Univ., Hiroshima, 180pp.

Kim, S.W., C.I. Choi and K.I. Yoo, 1996. Observations on the biology of a marine cladoceran *Evadne spinifera* in waters adjacent to Ullung Do and Tok Do islands in the East Sea, Korea. *Korean J. Environ. Biol.*, **14**: 189-193.

Kim, S., M.S. Han, K.I. Yoo, K. Lee and Y.K. Choi, 2002. Zooplankton and phytoplankton dynamics with the construction of river mouth dam in Kum river estuary, Korea. *Korean J. Limnol.*, **35**: 141-144.

Kim, S.W. and T. Onbe, 1989a. Observations on the biology of the marine cladoceran *Podon schmackeri. J. Crust. Biol.*, **9**: 54-59.

Kim, S.W. and T. Onbe, 1989b. Distribution and zoogeography of the marine cladoceran *Podon schmackeri* in the northwestern Pacific. *Mar. Biol.*, **102**: 203-210.

Kim, S.W. and T. Onbe, 1995. Distribution and zoogeography of the marine cladoceran *Penilia avirostris* in the northwestern Pacific. *Bull. Plankton Soc. Japan.*, **42**: 19-28.

Kim, S.W., T. Onbe and K.I. Yoo, 1993. Distribution of the marine cladoceran *Evadne spinifera* in waters adjacent to Korean peninsula. *J. Oceanol. Soc. Korea*, **28**: 47-51.

Kim, S.W., T. Onbe and Y.H. Yoon, 1989a. Feeding habits of marine cladocerans in the Inland Sea of Japan. *Mar. Biol.*, **100**: 313-318.

Kim, S.W., Y.H. Yoon, T. Onbe and T. Endo, 1989b. Is grazing of marine cladocerans important for the occurrence of red tide? In: Red tide; Biology, environmental science and toxicology. (Okaichi T., D.M. Anderson and T. Nemoto Eds.). Elsevier Sci. Publ. Co. Inc., New York, pp. 261-264.

Kim, S.W., Y.H. Yoon and T. Onbe, 1993. Note on the prey items of marine cladocerans. *J. Oceanol. Soc. Korea*, **28**: 69-71.

Longhurst, D.J. and D.L.R. Seibert, 1972. Oceanic distribution of *Evadne* in the eastern Pacific (Cladocera). *Crustaceana*, **22**: 239-248.

Lonsdale, D.J. and Levinton, J.S., 1985. Latitudinal differentiation in copepod growth: An adaptation to temperature. *Ecol.*, **66**: 1397-1407.

Onbe, T., 1974. Studies on the ecology of marine cladocerans. *J. Fac. Fish. Animal Husb., Hiroshima Univ.*, **13**: 83-179 (in Japanese with English abstract).

Paffenhofer, G.A. and J.D. Orcutt, 1986. Feeding, growth and food conversion of the marine cladoceran *Penilia avirostris*. *J. Plankton Res.*, **8**: 741-754.

Schram, F.R., 1986. Crustacea. Oxford. Univ. Pre., N.Y., 606pp.

Shim, J.H. and K.H. Yun, 1990. Seasonal variation and production of zooplankton in Chonsu Bay, Korea. *J. Oceanol. Soc. Korea*, **25**: 229-239.

Trekeld, A.K., 1979. The midsummer dynamics of two *Daphnia* species in Wintergreen Lake, Michigan. *Ecol.*, **60**: 165-179.

Tokioka, T., 1979. Neritic and oceanic plankton. In: Zoogeography and diversity of plankton. (Van der Spoel, S. and A. Pierrot-Bults Eds.) Halsted Pre., Utrecht, pp. 126-143.

Yoo, K.I. and S.W. Kim, 1987. Seasonal distribution of marine cladocerans in Chinhae Bay, Korea. *J. Oceanol. Soc. Korea*, **22**: 80-86.

Yoo, K.I. and S.W. Kim, 1990. Seasonal change in the reproductive pattern of the marine cladoceran *Podon polyphemoides* in Korean waters. *Bull. Korean Fish. Soc.*, **23**: 141-144.

곤쟁이류(Mysidacea)의 분포와 생물학적 특성

조수근 / 군산대학교 해양생물공학과

1. 서 론

소형 갑각류에 속하는 곤쟁이류는 일반적으로 해양 생태계 내에서 독특한 생태학적 지위(ecological niche)를 차지하고 있다. 전형적인 부유생활을 하는 종류는 그다지 많지 않으며, 해저면 근처에서 저층을 중심으로 하여 표영계(pelagic system)와 저서계(benthic system)의 중간 수층을 주 서식지로 하는 근저층 부유생물(benthopelagic plankton) 또는 일시적으로 해저면에 접해서 생활하는 표재저서성 부유생물(epibenthic plankton)로 불린다. 곤쟁이류는 연안역에서 육상기원의 유기쇄설입자(detritus), 식물성 부유생물의 규조류, 동물성 부유생물인 요각류 등을 섭식하는 잡식성(omnivore)이다. 한편으로는 유영성 어류와 저서성 어류의 먹이생물의 중요한 부분을 차지한다(Brown, 1964; McDermott, 1983). 따라서 곤쟁이류는 표영생태계와 저서생태계(pelagic and benthic ecosystems) 간에 존재하는 에너지 전달과정에서도 중간 전달자의 역할을 수행한다고 볼 수 있다. 또한 곤쟁이류는 관상용 해마의 중요 먹이가 되고, 젓갈의 형태로 식품으로도 이용되며 낚시에서 유인용 밑밥으로도 많이 쓰이고 있다.

곤쟁이류는 해양 부유생물의 채집 표본에서 좀처럼 보기 힘들다. 그것은 생물량이 상대적으로 적기도 하지만, 앞에서 언급한 서식장소와 관련이 있다. 종류에 따라서는 일반 동물성 부유생물처럼 부유성의 종류도 있지만, 대부분의 곤쟁이는 연안역에서 해저와 접촉하면서 저층 가까운 곳에서 무리지어 생활하거나 모래나 사니질의 해저 표면에 잠입하여 생활하고 있다. 대부분의 곤쟁이류가 서식하는 장소인 해저부근은 상층과 중층과는 다른 특수한 환경이며 해저면 근처 또는 일시적으로 해저면에 접해서 생활하는 곤쟁이를 채집하는 도구도 다르다. 보통 동물성 부유생물 채집망을 사용할 때는 해저와의 접촉으로 인한 망의 손실을 우려해 표층에서부터 해저면 2 m 높이까지만 채집이 이루어진다. 그 결과 통상 이루어지는 수직예망이나 경사채집의 표본에는 곤쟁이가 채집되기 어렵다. 따라서 곤쟁이를 채집하기 위해서는 해저면을 따라 수평으로 망을 끄는 것이 필요하며 지금까지 고안된 거의 모든 채집도구는 썰매형 채집망(sledge net)의 형태로 되어 있다(그림 1).

그림 1. 썰매형 저서플랑크톤 채집기의 한 예(Beyer형)

2. 곤쟁이류의 형태와 분류

2.1 형태적 특징

곤쟁이류는 분류학상 절지동물문(Arthropoda), 갑각강(Crustacea), 연갑아강(Malacostraca), 낭하(囊蝦)상목 (Pericarida), 곤쟁이목(Mysidacea)에 속하며, 그 일반적 형태 및 명칭은 그림 2와 같다.

곤쟁이의 형태적 특징을 요약하면 다음과 같다.

① 배갑(carapace)은 흉절 전체를 덮고 있으나 제3흉절부터는 분리되어 공간이 있다.

② 8쌍의 흉각(thoracopod)은 내지와 외지로 나누어지고 제1, 제2 흉각의 내지는 악각으로 변형되어 있다. 흉각의 외지는 유영기관으로 사용된다.

③ 암컷의 복부에는 보육낭(marsupium)을 가진다. 보육낭은 종에 따라 2~7쌍으로 내부 공간을 형성하고 있다.

④ 복부는 6절로 구성되어 있고 각 복절에는 1쌍의 복지(pleopod)를 가진다. 제6복절의 복지는 미지로 변형되어 있다. 수컷의 복지 일부는 교접기로 변형되어 있다.

⑤ 미절(telson)은 미지(uropod)와 함께 꼬리 부분을 형성하고, 미지는 외지와 내지로 나뉜다. 미절의 형태는 분류학상 중요한 특징이 된다.

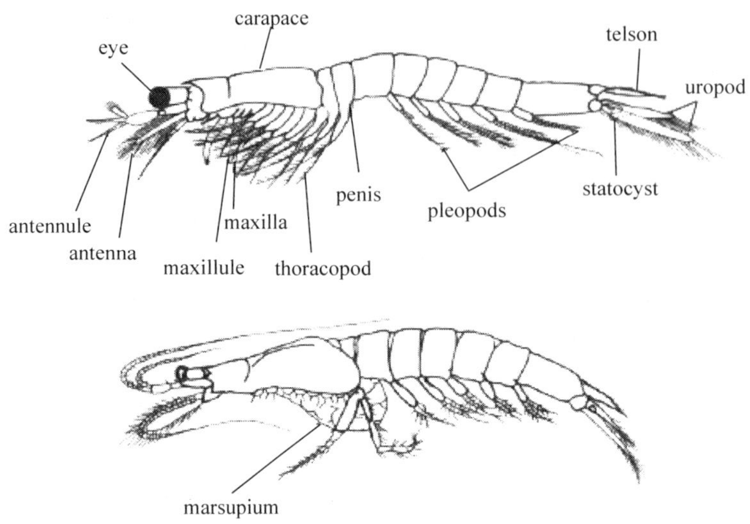

그림 2. 암(아래쪽)·수(위쪽) 곤쟁이류의 일반적 형태

⑥ 미지 외지에는 평형포(statocyst)를 가지고 있으나, 그렇지 않은 종도 있다.
⑦ 수정란은 보육낭에서 부화하고 보육낭을 떠날 때의 형태는 거의 어미를 닮아 있다.

곤쟁이의 외부 형태는 언뜻 보아 같은 갑각류에 속한 새우와 난바다곤쟁이(krill)와 매우 유사하다. 특히 곤쟁이는 난바다곤쟁이와 함께 흉각이 내외지로 나뉘어 있는 특징 때문에 과거에는 Schizopoda라는 이름으로 같은 무리로 취급했던 때도 있었다. 그러나 곤쟁이는 외부 형태로 보아 새우와 난바다곤쟁이와는 분명하게 구분되며, 미지 내지의 평형포의 존재는 이들 유사 그룹과 쉽게 구분되게 한다. 그 외 각 종류별 형태적 차이는 표 1에 나타내었다.

표 1. 곤쟁이류, 새우류, 난바다곤쟁이류의 형태적 차이 비교

Division	Carapace	Thoracopods (=Thoracic legs)	Brood pouch	Statocyst
Mysid	Fused with the first to third thoracic segments	Of 8 pairs of thoracopods, the endopods of the first and second ones are transformed into maxillipeds	Consists of 2~7 pairs of lamellae in female	Present on the endopod of uropod
Shrimp	Fused with all thoracic segments	3 pairs of maxillipeds and 5 pairs of walking legs (=pereopods)	Absent	Absent on uropod
Euphausiid	Fused with all thoracic segments	The same as in mysid, but no thoracopods are transformed into maxillipeds	Absent	Absent on uropod

2.2 분류

곤쟁이의 분류체계는 다음과 같다.

곤쟁이목(Order Mysidacea)

로포가스터아목(Suborder Lophogastrida)

로포가스터과(Family Lophogastridae)

Gnathophausia, Lophogaster 속 등 약 30여종 포함. 대형(1.5cm 이상)으로 심해 부유성.

유코피아과(Family Eucopiidae) : 심해성으로 Eucopia 1속이 포함.

곤쟁이아목(Suborder Mysida)

페탈로프탈무스과(Family Petalophthalmidae)

*Petalophthalmus*속, *Hansenomysis*속 등이 있으며 심해 저서성, 약 20여종이 포함.

곤쟁이과(Family Mysidae)

보레오미시스아과(Subfamily Boreomysinae) : 약 40여종이 포함.

시리엘라아과(Subfamily Siriellinae) : 약 60여종이 포함.

로팔로프탈므스아과(Subfamily Rhopalophthalminae) : 약 17종이 포함.

가스트로사크스아과(Subfamily Gastrosaccinae) : 8속 80여종이 포함.

곤쟁이아과(Subfamily Mysinae) : 약 100여속 500종 이상이 포함.

미시델라아과(Subfamily Mysidellinae) : 1속 6종이 포함.

레피도미시스과(Family Lepidomysidae) : 1속 7종이 포함.

스티지오미시스과(Family Stygiomysidae) : 1속 3종이 포함.

곤쟁이류는 1776년 *Praunus flexuosus* (O. F. Müller)가 최초로 보고된 이래 현재까지 세계적으로 1000 여 종이 서식하고 있는 것으로 보고되고 있다.

3. 생활사

3.1 산란기

산란은 종과 서식장소에 따라 다르지만, 대략 북극권에서는 2, 3월의 늦겨울부터 이른 봄에 이르기까지 연 1회에 걸쳐 이루어진다. 온대지방의 북부지방에서는 겨울이 끝날 무렵(또는 봄)부터 가을까지 산란이 일어난다. 온대지방 남부에서는 거의 1년 내내 포란 개체가 발견된다. 열대지방에서도 연중 포란 개체가 출현한다. 한편 계절변화의 영향을 거의 받지 않고 연중 환경이 일정하게 유지되는 심해에서는 산란기가 특별히 없고 개체 성장상태에 따라 연중 일어날 것으로 보이지만, 이에 대한 보고는 거의 없다. 한국 서해 기수역에 서식하는 곤쟁이 *Neomysis japonica*는 3월부터 11월까지 포란 개체가 출현하며 포란수는 산란기의 초기인 봄과 후기의 가을에 높고 여름에는 낮다. 포란수는 암컷 성체의 크기에 따라 증가하므로 곤쟁이의 산란수는 크기와 계절에 따라 다르다(그림 3, 4).

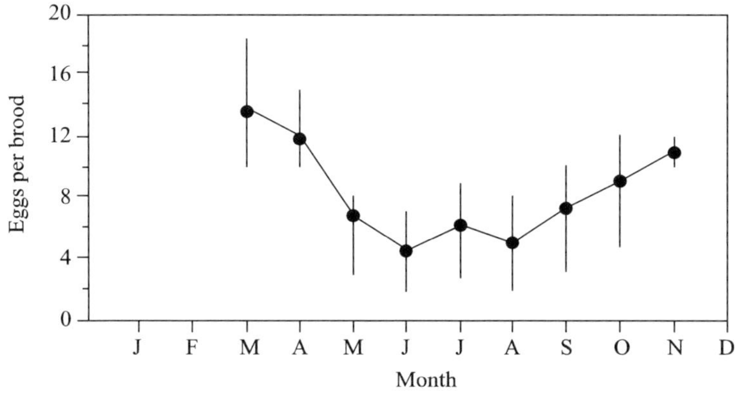

그림 3. *Neomysis japonica* 의 성숙한 암컷의 포란수의 계절변화

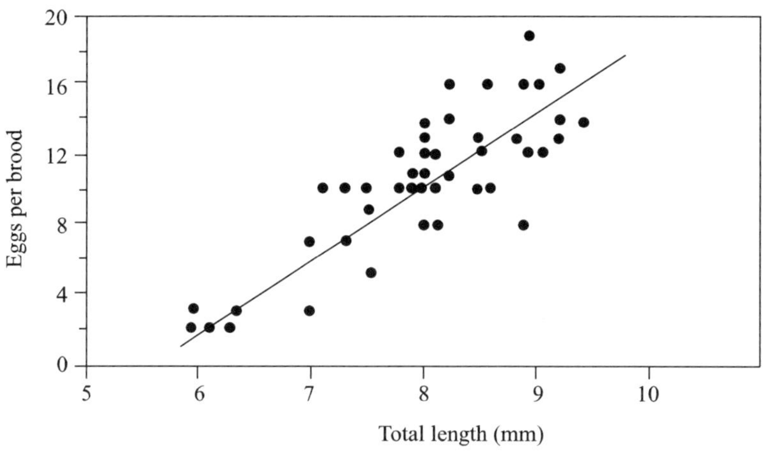

그림 4. *Neomysis japonica* 암수의 전장(x축)과 포란수(y축)의 관계

표 2. 곤쟁이 종류별 포란수의 비교[a]

Species	Brood size	Reference
Siriella jaltensis (Czerniavsky)	12~22	Mauchline (1971c)
Siriella clausi G.O. Sars	6~23	Mauchline (1971c)
Siriella armata (Milne-Edwards)	30~99	Mauchline (1971c)
Anchialina agilis (G.O. Sars)	7~33	Mauchline (1971c)
Archaeomysis vulgaris (Nakazawa)	34~105	Matsudaira *et al.* (1952)
Gastrosaccus spinifer (Goës)	21~67	Mauchline (1971c)
Gastrosaccus normani G.O. Sars	20~42	Mauchline (1971c)
Leptomysis mediterranea G.O. Sars	9~27	Mauchline (1971c)
Leptomysis gracilis (G.O. Sars)	3~67	Mauchline (1969)
Mysidopsis didelphys Norman	14~60	Mauchline (1970)
Hemimysis lamornae (Couch)	5~35	Mauchline (1971c)
Schistomysis kervillei (G.O. Sars)	4~47	Mauchline (1971a)
Neomysis integer (Leach)	6~72	Mauchline (1971c)
Neomysis intermedia (Czerniavsky)	1~46	Murano(村野) (1964a)
Neomysis japonica Nakazawa	2~19	Jo and Ma (1996)
Praunus neglectus (G.O. Sars)	13~81	Mauchline (1971b)
Heteromysis formosa S.I. Smith	9~20	Mauchline (1971c)

[a] After Murano (1982) (=村野, 1982).

또 石川·大島(1951)에 의하면 *N. japonica*는 저염분 환경에서 산란수가 많고, 고염분 환경에서 적어진다고 보고하였다. 일반적으로 곤쟁이의 산란수는 많아도 100개 이하이며, 종류별 산란수는 표 2에 나타내었다.

곤쟁이의 번식과 세대(generation)수는 종에 따라 다르며, 동일한 종이라도 개체군에 따라서 다르다. 생활사의 형태는 다음 6가지의 형태로 요약할 수 있다.

(1) 연간 0.5세대 이하를 생산하는 종 : 성숙하는 데 2년 이상 소요
심해성 종으로 *Gnathophausia ingens*가 유일하며 약 7년이 소요(Childress and Price, 1978).

(2) 연간 0.5세대를 생산하는 종 : 2년에 한 번 번식
예) 담수산 종 *Mysis relicta* (Lasenby and Langford, 1972)

(3) 연간 1세대를 생산하는 종 : 1년에 한 번 번식
예) 해산 종 *Mysis stenolepis* (Amaratunga and Corey, 1975)

(4) 연간 2세대를 생산하는 종
월동세대에 의한 춘계 산란과 당년 세대에 의한 추계 산란
예) *Paunus flexuosus* (Mauchline, 1971b)

(5) 연간 3세대를 생산하는 종.

월동세대에 의한 산란, 당년세대에 의한 춘계 및 추계 산란

예) *Neomysis integer* (Mauchline, 1971d)

(6) 연간 3세대 이상을 생산하는 종.

암컷이 수회에 걸쳐 산란. 대단히 복잡한 개체군 빈도분포를 나타낸다.

예) *Metamysidopsis elongata* (Fager and Clutter, 1968)

3.2 성장과 수명

곤쟁이류는 그림 2와 같이 암수가 확실히 구별되어 있으며, 산란기에 암수 교미에 의해 수정이 이루어진다. 알은 암컷의 흉부에 있는 보육낭으로 내보내져 부화 후에 어린 개체가 수중으로 방출된다. 보육낭 속에서 알 형태의 배에서부터 부화 후의 유생기까지의 형태변화는 그림 6에 나타내었다. 보육낭 내에서의 성장기간은 수온에 따라 다르다. 예를 들면, *N. intermedia*에서는 30℃에서 6일, 25℃에서 7일, 약 20℃에서는 8~9일, 15~18℃에서는 14~20일이 소요된다(村野, 1964b).

곤쟁이의 발생은 수온과 관계가 있다. 石川·大島(1951)에 의하면 *N. japonica*의 부화일수(y)는 수온(t)과 $\log y = \log 33.20 - 0.0248\,t$의 관계가 있음을 나타내었고, Matsudaira 등(1952)는 *Gastrosaccus vulgaris* (현재는 *Archaeomysis vulgaris*)에서는 $\log y = \log 85.36 - 0.0559\,t$의 관계가 있다고 하였다. 부화 후의 성장도 수온과 관계가 있을 것으로 보이며, *N. intermedia*의 사육실험 결과에서 20~30℃에서 약 1개월이 지나 성체가 되어 산란하고 있다. 곤쟁이의 체장 증가는 다른 갑각류에서와 같이 탈피를 통해 이루어진다. 보육낭 속에 배를 가진 암컷의 경우는 탈피를 하지 않는다. 그러나 그림 6에서와 같이 보육낭 속의 배와 유생은 부화나 탈피를 통해 성장하므로 그와 함께 암컷의 체장도 탈피 없이 3~7% 성장하는 것으로 알려져 있다(Mauchline, 1973). 전장과 갑장과의 상관관계는 암수 모두 밀접한 관계에 있다(그림 5).

곤쟁이의 수명은 종, 세대 및 서식장소에 따라 다르다. 예를 들면 *Neomysis intermedica*의 경우, 가을에 태어나 겨울을 지난 월동세대는 이듬해 봄까지 생존하고 산란한다. 따라서 이 세대의 수명은 5~7개월이라 생각된다. 그러나 월동세대로부터 태어난 당년세대는 2~2.5개월로 짧다.

한편 한랭한 지역에 서식하는 *Mysis mixta, Pranus inermis, P. neglectus* 등은 수명이 1년 내지 18개월이 되며, 그 중 1년은 성육기, 나머지 기간은 산란기에 해당한다. 담수종인 *Mysis relicta*의 수명은 1년 반 정도이다. 3월에 태어난 개체들은 익년 1월까지는 성숙하지 않고 3월 이후에 처음으로 산란한다. 최대 체장은 16~18개월 후에 이루어지고 월 평균성장속도는 1 mm이다(Tattersall and Tattersall, 1951).

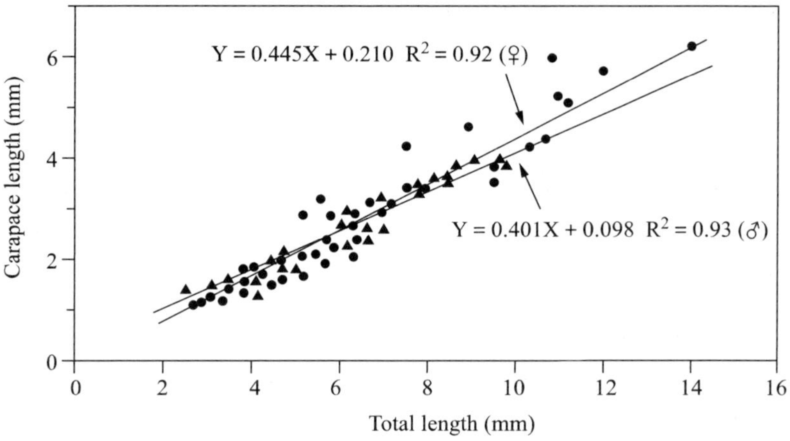

그림 5. *Neomysis japonica* 암수의 전장(x축)과 갑장(y축)의 상관관계

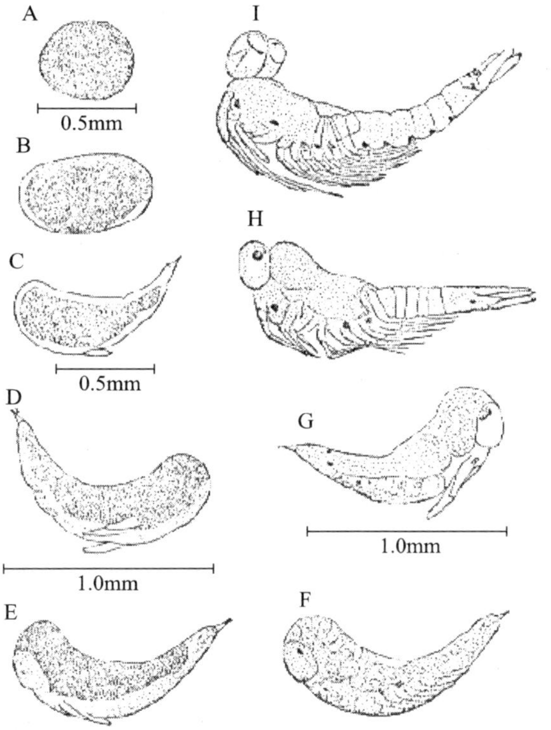

그림 6. *Neomysis intermedia*의 포란 암컷 보육낭 내 유생의 발생(村野, 1964b)
A : 수정후 20시간 후 배발생기, B : 수정후 2일 째의 후기 배발생기, C-G : 수정후 3, 4, 5, 6, 7일 째의 노플리우스기, H-I : 수정후 7~8일 째의 후기 노플리우스기

4. 먹이사슬로 본 곤쟁이의 역할

4.1 식성

곤쟁이의 섭이 방법에는 두 가지가 있다. 하나는 흉각 외지의 운동에 의해 수류를 일으켜 그 흐름에 의해 운반되어 오는 작은 입자를 여과하는 방법이 있고, 또 하나는 큰 먹이를 섭이할 때 흉각을 사용하여 포획한다.

실험실의 수조 내에서 *Praunus flexuosus*는 주어진 먹이인 어육, 실지렁이, 물벼룩 등을 먹으며(Depdolla, 1923), *Hemimysis lamornae*는 죽은 곤쟁이나 모악류를 먹는 것이 관찰되고 있다(Cannon and Manton, 1927).

村野(1963)는 *Neomysis intermedia*의 식성에 관해 자세한 관찰을 한 결과를 보고하고 있다. 즉 알테미아의 노플리우스유생은 크기나 운동력의 면에서 본 종의 먹이에 적합하여, *N. intermedia*의 부화직후의 유생부터 성체로까지 사육이 가능하며 사망개체도 없었다. 지각류(*Daphnia pulex, Moina macrocopa*)도 잘 먹지만, 포획은 알테미아 만큼 쉽지 않다. 패형류는 포획은 쉽게 하지만 껍질이 딱딱하여 곧 놓아버린다. 실험 동안 공식현상은 대소 개체 간에도 나타나지 않으나, 사체는 잘 먹는다. 요각류(*Cyclops* sp.)는 활발하게 운동하여 잘 포획할 수 없다. 그러나 요각류의 노플리우스 유생은 좋은 먹이가 될 것으로 보고하고 있다.

자연계에서의 식성을 조사하기 위해 위 내용물을 조사해 보면, 그 대부분은 모래나 뻘이 혼합된, 형태를 알 수 없는 작은 입자들이고, 규조나 편모조류의 파편이 보인다. 연안의 해저는 동식물의 잔해나 파편 또는 분해 과정에 있는 유기쇄설입자(detritus)가 퇴적되어 있는 곳이다. 이들 퇴적물에는 원생동물이나 박테리아가 번식하고 있어 유기쇄설입자뿐만 아니라 이들 미생물들도 먹이가 될 수 있을 것이다. 그러나 식성은 곤쟁이 종류에 따라 조금씩 다르다. *N. intermedia*는 호수의 뻘 만으로도 잘 성장하였고(村野, 1963), *Mysidopsis gibbosa*나 *M. didelphys*의 위내용물 속에서는 요각류의 파편이 대부분이었다(Mauchline, 1970).

4.2 먹이생물로서의 곤쟁이

연안역에 서식하는 어류에 있어 곤쟁이는 중요한 먹이가 된다. 전갱이의 위 속에 곤쟁이로 채워져 있는 것을 볼 수 있으며, 어린 고등어의 위 속에서도 자주 발견된다. 강에서 바다로 나온 연어 · 송어의 자치어, 넙치 · 도다리류의 먹이로도 잘 이용된다(村野, 1982).

4.3 해양의 물질순환에 있어서의 곤쟁이의 위치

곤쟁이는 연안, 외양, 천해, 심해 등 해양의 모든 곳에 서식하고 있다. 곤쟁이는 부유생물이나 기타 생물의 잔해, 분해과정 중의 유기물, 원생동물 등을 주된 먹이로 한다. 곤쟁이 식성은 대부분의 저서동물과 비슷하지만, 곤쟁이는 이들과 달리 운동량이 많고 이동이 가능하다. 특히 야간에 표층으로 수직이동을 통하여 해저에 침강한 유기물을 다시 표층으로 가져오는 역할을 하며, 곤쟁이 자신도 어류의 좋은 먹이가 됨으로써 연안역의 물질순환에 중요한 역할을 하는 것을 알 수 있다.

또 다른 측면에서 곤쟁이가 물질순환에 기여하는 역할은 중요하다. 일반적으로 해양의 먹이사슬은 박테리아에 의해 동식물의 사체가 무기 영양염으로 되어 식물플랑크톤에 이용되고, 동물플랑크톤 등 소비자를 거쳐 어류 등의 고차 소비자로 이어진다. 그러나 곤쟁이류가 이 순환계에 관여하게 되면 동식물의 사체를 보다 빠르고 능률적으로 어류 등의 고차 소비자에 연결하는 역할을 하게 된다(그림 7).

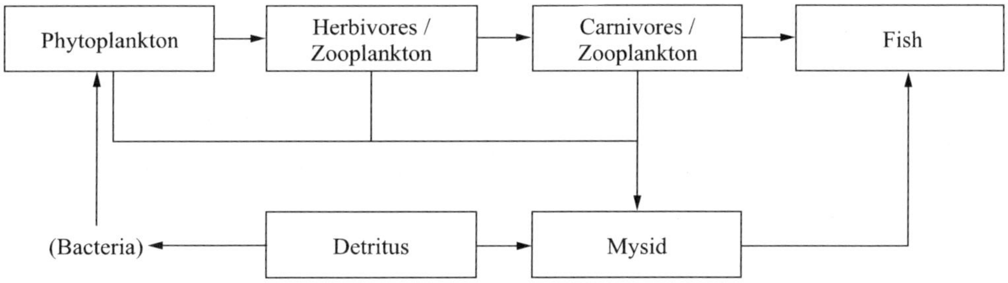

그림 7. 연안해양 서식지에서 곤쟁이의 역할을 강조한 먹이망

4.4 곤쟁이의 이용

우리가 이용하는 곤쟁이는 주로 연안에 서식하며 무리를 이루어 생활하는 종류이다. 곤쟁이를 가장 많이 이용하는 나라는 일본이며, 주로 *Neomysis intermedia, N. japonica, N. czerniawskii, Acanthomysis mitsukurii, Archaeomysis kokuboi* 등을 어획하여 조린 식품으로 가공 또는 건제품 형태의 양어사료로 사용한다. 또 *Anisomysis ijimai, Siriella longipes, A. mitsukurii* 등은 낚시의 밑밥으로 이용된다. 한국 서해안에서도 일부 종에 대해 젓갈이나 회무침으로 이용되기도 하며, *Archaeomysis pelagicus*는 낭장망 등에 많은 양이 어획된다. 또 곤쟁이

는 수족관의 관상용 해마에는 필요 불가결한 먹이생물이다.

5. 곤쟁이류의 지리분포

곤쟁이의 지리적 분포는 해역에 따라 고유한 분포를 가지고 있다. 곤쟁이는 부유생물의 범주에 속하기는 하지만, 해저와 밀접하게 생활하고 있고, 이동범위도 크지 않으므로 각 수역에 특유의 동물상을 이루고 있으며, 종류 수가 증가하는 요인이 되는 것 같다. 예를 들면, 태평양과 대서양의 공통종은 매우 적으며, 같은 태평양이라 하드라도 동쪽과 서쪽의 공통종도 적다(村野, 1982).

지각의 변동도 종의 증가와 관련이 있다. 북유럽이나 북아메리카의 바다 기원의 호수에 서식하는 *Mysis relicta*는 원래 해산종이었으나, 빙하기 이후 육지 호수에 남아 담수화와 함께 형태가 변화하였다. 연안종 *M. oculata*가 육봉형 *M. relicta*의 원형으로 알려져 있다.

부유 유영성 곤쟁이의 분포는 일반적으로 넓은 분포를 갖지만, 수온과 밀접한 관련이 있는 것으로 알려져 있다. 동해, 오호츠크해, 일본 북해도 근처의 태평양의 중심층에서는 대형의 *Meterythrops microphthalma*가 40개체/m^2 정도로 많이 채집된다. 그러나 이 종은 태평양의 중부 및 동부에서는 채집되지 않는다. 그 이유는 확실하지는 않지만, 분명한 것은 400 m 층의 수온 3℃이하의 냉수역에서만 출현한다. 부유 유영성 중에서도 보다 넓은 분포를 하는 종도 있지만, 그 수는 많지 않다. 대표적으로는 태평양, 대서양, 인도양의 난수역의 표층에 분포하는 *Siriella thompsoni*, 태평양, 인도양의 표층에 폭넓게 분포하는 *S. gracilis* 등이 있다.

연안 또는 기수역에서는 수온 이외에도 염분의 농도가 곤쟁이의 분포를 결정한다. 북아메리카의 대서양 연안의 하구역에 흔히 보이는 *Neomysis americana*는 염분 4‰ 이하의 곳에서는 출현하지 않는다(Hulburt, 1957). 일본 利根川 하류에서 상류에 이르기까지 *Neomysis* 속 곤쟁이의 분포를 보면, 바다 쪽으로는 *N. japonica*, 그 보다 상류에는 *N. awatschensis*, 다시 그 상류에 해당하는 호수에는 *N. intermedia*가 출현하여 종간에 수역을 나누어 분포하였다(村野, 1982).

6. 곤쟁이류의 수직분포

대부분의 동물플랑크톤과 같이 주야간에 표저층간을 이동하는 소위 일간 수직이동을 하는 곤쟁이는 많이 알려져 있다. 일찍이 Tattersall(1936)은 Great Barrier Reef의 약 20 m의 수심에서 우점종 *Anchialina typica*와 *Promysis orientalis*의 수직분포를 조사하여 주야간의 분포에 큰 차이가 있음을 보고했다. 두 종 모두 주간에는 해저 가까이에서 밀집하다가 야간에는 수심 10 m 이천으로 이동하였다.

한편 그림 8에서와 같이 대서양 동부 심해의 수심 약 5000 m에서 표층까지 중층트롤로 채집된 표본에서 우점종인 *Eucopia unguiculata*는 주간에는 900 m에 분포의 중심을 두고 수심 300~1,500 m에 분포하지만, 야간에는 600 m에 중심이 있고 분포범위는 300~900 m로 부상한다 (Hargreaves, 1985).

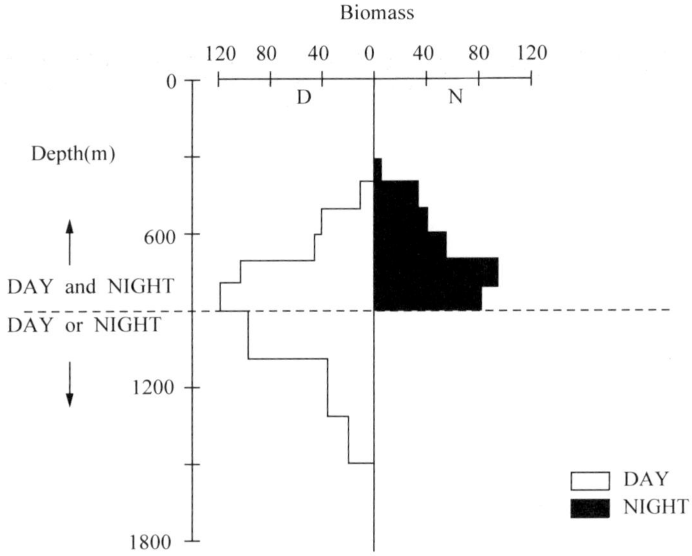

그림 8. 동대서양 수심 1800m 상부에 우점하는 곤쟁이 *Eucopia unguiculata*의 수직분포. (곤쟁이의 생물량은 해수 $10^4 m^3$당 배수량(mL)을 나타냄)

7. 한국산 곤쟁이류의 분포

국내산 곤쟁이류에 관한 연구로는 최초 Ii(1964)에 의해 7속 15종이 분포하고 있는 것으로 보고되었다. 그 후 *Acanthomysis* 7종(Oh, 1981), *Neomysis* 4종(Yoo, 1985; Yoo and Choe, 1980; 1985), 5종의 Gastrosaccinae(Ma, 1988)가 보고되었다. 최근에 Jo and Ma(1996), Jo 등 (1998), Jo and Jeon(2007)에 의해 *Acanthomysis* 2종, *Archaeomysis* 2종, *Doxomysis* 1종, *Meterythrops* 1종, *Nipponomysis* 3종, *Pleurerythrops* 1종, *Pseudanchialina* 1종, *Siriella* 3종 등 11종이 새롭게 추가되어 현재까지 15속 44종이 보고되었다. 지금까지 보고된 한국산 곤쟁이

류의 속별 종류는 표 3에 정리되어 있다.

즉 *Acanthomysis* 15종, *Archaeomysis* 4종, *Doxomysis* 1종, *Hemisiriella* 1종, *Iiella* 4종, *Inusitatomysis* 1종, *Meterythrops* 1종, *Mysidopsis* 1종, *Neomysis* 5종, *Nipponomysis* 3종, *Paracanthomysis* 1종, *Pleurerythrops* 1종, *Promysis* 1종, *Pseudanchialina* 1종, *Siriella* 4종으로 되어 있다. 서식지는 대부분이 연안에 한정되어 있고 외양성과 연안 기수성 종은 소수에 불과하다. 그러나 국내산 곤쟁이류의 분류에 관한 연구는 아직 미흡한 실정이어서 앞으로도 더 많은 종이 추가로 보고될 것으로 판단된다.

표 3. 한국 주변 수역에서 보고된 곤쟁이의 종 목록

Genus and species	Body length(mm)	Habitat	Occurrence	Source
Acanthomysis				
A. aokii	9.0	Coastal	W	(3)
A. aspera	9.3	Coastal	SW	(3),(7)
A. dimorpha	12	Coastal	E	(1)
A. dybowskii	25	Coastal	E	(1)
A. fujinagai	6.0~6.5	Coastal	W	(1),(7)
A. hwanhaiensis	13.5~16.1	Coastal	SW	(1),(3),(7)
A. koreana	16.0	Coastal	W	(1),(3),(7)
A longirostris	13.5~14.0	Coastal	W	(1),(3),(7),(8)
A. nakazatoi	6.4~12.0	Coastal	E	(9)
A. okayamaensis	20.1	Coastal	SW	(3),(7)
A. pseudomacropsis	15	Coastal	E	(1)
A. quadrispinosa	7.2~7.8	Coastal	S	(8)
A. sinensis	11.0~11.5	Coastal	W	(3)
A. sp.	12.0	Coastal	E	(1)
A. tenuicauda	13.0	Coastal	W	(7)
Archaeomysis				
A. japonica	10~10.5	Littoral	W	(7)
A. grebnitzkii	7~8	Littoral	ESW	(6),(7)
A. kokuboi	13~16	Littoral	ES	(6)
A. vulgaris	7~10	Littoral	W	(7)
Doxomysis				
D. quadriaspinosa	4~4.4	Coastal	S	(8)
Hemisiriella				
H. pulchra	4~6	Coastal	S	(8)
Iiella				
I. formosensis	10~13	Coastal	W	(6),(7)
I. kojimaensis	12	Coastal	W	(1)
I. ohshimai	10.9	Coastal	E	(6)
I. pelagicus	11.5~14	Oceanic	SW	(6),(7),(8)
Inusitatomysis				
I. insolita	16	Unknown	E	(1)
Meterythrops				
M. microphthalma	16~20.5	Oceanic	E	(8)
Mysidopsis				
M. japonica	5	Unknown	E	(1)
Neomysis				

N. awatschensis	7~10	Brackish	SW	(2),(5)
N. czerniavsky	20~32	Coastal	EC	(1)
N. japonica	6~9	Brackish	W	(2),(7)
N. intermedia	9~16	Brackish	E	(2),(4)
N. orientalis	10~10.5	Coastal	W	(1),(2),(7)
Nipponomysis				
N. imparis	7.4, 7.6	Coastal	E	(9)
N. lingvura	5.2~7.3	Coastal	E	(9)
N. ornata	11.5	Coastal	E	(9)
Paracanthomysis				
P. hispida	18	Coastal	S-E	(1)
Pleureythrops				
P. secunda	5.2	Coastal	S	(8)
Promysis				
P. orientalis	4.3~5	Coastal	S	(8)
Pseudanchialina				
P. pusilla	2.6	Coastal	S	(8)
Siriella				
S. gracilis	6.3	Oceanic	S	(8)
S. okadai	7.8~10	Coastal	S	(8)
S. thompsoni	7~8	Oceanic	S	(8)
S. watasei	12	Coastal	S-E	(1)

(1): Ii(1964), (2): Yoo and Choe(1980), (3): Oh(1981), (4): Yoo(1985), (5): Yoo and Choe (1985), (6): Ma(1988), (7): Jo and Ma(1996), (8): Jo *et al.*(1998). (9): Jo and Jeon(2007) E : 동해, S : 남해, W : 서해.

8. 맺음말

곤쟁이류는 동물플랑크톤의 범주에 속하지만, 저서계와 표영계의 중간이라고 할 수 있는 저층 가까운 공간을 주서식지로 하는 까닭에 해양의 물질순환에 있어 독특한 위치를 차지한다고 볼 수 있다. 그 식성은 잡식성으로 주로 해저층 근처의 생물의 잔해, 분해과정의 유기물 등을 주로 섭식한다. 또한 이동력이 있어 주야간에 표저층간을 수직 이동하는 습성이 있어 어류 등의 좋은 먹이로 된다. 따라서 곤쟁이는 독특한 서식 공간과 식성으로 저서계와 표영계 간의 에너지 전달자로 중요한 역할을 담당한다고 볼 수 있다. 그러나 국내에서의 곤쟁이 분류 및 생태에 관련된 연구는 아직 미흡하며 앞으로 연구되어야 할 부분이 많다. 특히 최근 일부 관상용 어류를 위한 먹이생물의 수요가 증가하고 있어 곤쟁이 사육과 관련한 생태적·생리적 연구도 필요한 실정이다.

참고문헌

石川昌·大島泰雄, 1951. ニホンアミ*Neomysis japonica* Nakazawa の生活史について, 日水誌, **16**, 461-472.

村野正昭, 1963. イサザアミ, *Neomysis intermedia* Czerniavsky の漁業生物學的研究, II. 食性に ついて. 水産增殖, **11**, 159-165.

村野正昭, 1964a. イサザアミ, *Neomysis intermedia* Czerniavsky の漁業生物學的研究, III. 生活史,特に 生殖について. 水産增殖, **12**, 19-30.

村野正昭, 1964b. イサザアミ, *Neomysis intermedia* Czerniavsky の漁業生物學的研究, IV. 生活史,特に 成長について. 水産增殖, **12**, 109-117.

村野正昭, 1982. あみ類と近底層プランクトン. 海洋學講座 10. 海洋プランクトン. 丸茂隆三編. 東京大學 出版會, 232pp.

Amaratunga, T. and S. Corey, 1975. Life history of *Mysis stenolepsis* Smith (Crustacea, Mysidacea). *Can. J. Zool.*, **53**, 942-952.

Brown, A.C., 1964. Food relationships on the intertidal sandy beaches of the Cape Peninsula. *S. Afr. J. Sci.*, **60**, 35-41.

Cannon, H.G. and S.M. Manton, 1927. On the feeding mechanism of a mysid crustacean: *Hemimysis lamornae*. *Trans. Royal Soc. Edinburgh*, **55**, 219-253.

Childress, J.J. and M.H. Price, 1978. Growth rate of the bathypelagic crustacean *Gnathophausia ingens* (Mysidacea: Lophogastridae). 1. Dimensional growth and population structure. *Mar. Biol.*, **50**, 47-62.

Depdolla, P., 1923. Nahrung und Nahrungsewerb bei *Praunus flexuosus* (Müller). *Biologisches Zentralblatt*, **43**, 534-546.

Fager, E.W. and R.I. Clutter, 1968. Parameters of natural population of a hypopelagic marine mysid, *Metamysidopsis elongata* Holmes. *Physiol. Zool.*, **41**, 257-267.

Hulburt, E.M., 1957. The distribution of *Neomysis americana* in the estuary of the Delaware River. *Limnol. Oceanogr.*, **2**. 1-11.

Hargreaves, P.M., 1985. The vertical distribution of Decapoda, Euphausiacea, and Mysidacea at 42°N, 17°W. *Biol. Oceanogr.* **3**(4), 431-464.

Ii, N. 1964. Fauna Japonica, Mysidae(Crustacea). *Biogeogr. Soc. Japan, Nat. Sci. Mus., Tokyo*, 1-610.

Jo, S.-G. and C.-W. Ma, 1996. Mysidacea(Crustacea) from the west coast of Korea. *J. Korean Fish. Soc.*, **29**(6), 805-827.

Jo, S.-G. and C.-W. Ma, H.-L. Suh and S.Y. Hong, 1998. Mysidacea(Crustacea) from the Korea Strait and its adjacent waters. *Korean J. Biol. Sci.*, **2**, 33-47.

Jo, S.-G. and M.-K. Jeon, 2007. Mysidacea(Crustacea) from the sandy beaches of the eastern coast of Korea with four new records in the Korean waters. *Ocean Science Journal*, 42, 171-178.

Lasenby, D.C. and R.R. Langford, 1972. Growth, life history and respiration of *Mysis relicta* in an Arctic and temperate lake. *J. Fish. Res. Board Canada*, **29**, 1701-1708.

Ma, C. W. 1988. A taxonomical study of the mysids(Crustacea, Mysidacea) from the Korean waters. *M.S. Thesis, Nat' l. Fish. Univ. Pusan*, 47pp.

Matsudaira, C., T. Kariya and T. Tsuda, 1952. The study of the biology of a mysid, *Gastrosaccus vulgaris* Nakazawa. *Tohoku J. Agr. Res.*, **3**, 155-174.

Mauchline, J., 1969. The biology of *Leptomysis gracilis* and *L. lingvura*(Crustacea, Mysidacea). *J. Mar. Biol. Ass. U.K.*, **49**, 379-389.

Mauchline, J., 1970. The biology of *Mysidopsis gibbosa*, *M. didelphys*, *M. didelphys* and *M. angusta*(Crustacea, Mysidacea). *J. Mar. Biol. Ass. U.K.*, **50**, 381-396.

Mauchline, J., 1971a. The biology of *Schistomysis kervillei*(Crustacea, Mysidacea). *J. Mar. Biol. Ass. U.K.*, **51**, 653-658.

Mauchline, J., 1971b. The biology of *Praunus flexuosus* and *P. neglectus ysidopsis*(Crustacea, Mysidacea). *J. Mar. Biol. Ass. U.K.*, **51**, 641-652.

Mauchline, J., 1971c. Rare species of Mysidacea(Crustacea) from the west coast of Scotland. *J. Mar. Biol. Ass. U.K.*, **51**, 799-808.

Mauchline, J., 1971d. The biology of *Neomysis integer*(Crustacea, Mysidacea). *J. Mar. Biol. Ass. U.K.*, **51**, 347-354.

Mauchline, J., 1973. Intermoult growth of species of Mysidacea. *J. Mar. Biol. Ass. U.K.*, **53**, 569-572.

McDermott, J.J., 1983. Food web in the surf zone of an exposed sandy beach along the Mid-Atlantic coast of the United States. In: *McLachlan, A., T. Erasmus(eds.) Sandy Beaches as Ecosystems. Junk., The Hague*, 757pp.

Oh, H. O. 1981. Systematic study on genus *Acanthomysis*(Crustacea: Mysidacea) of Korea. *M.S Thesis, Ewha Women's Univ.*, 37pp.

Tattersall, W.M., 1936. The zooplankton. V. The occurrence and seasonal distribution of the Mysidacea and Euphausiacea. *Great Barrier Reef Expedition 1928-29, Sci. Rep.*, **2**, 277-289.

Tattersall, W.M. and O.S. Tattersall, 1951. British Mysidacea. *Ray Society*, 460pp.

Yoo, K. I. 1985. Description of mysid relict, *Neomysis intermedia*(Czerniavsky) in lake Kyongpo, Korea. *Kor. J. Limnol.*, **18**, 51-57.

Yoo, K. I. and S. M. Choe. 1980. On the taxonomy and distribution of genus *Neomysis* (Crustacea: Mysidacea) in Korea. *Proc. Cong. Kor. Soc. Limnol.*(abstract only).

Yoo, K. I. and S. M. Choe. 1985. The biology of *Neomysis awatschensis*(Crustacea: Mysidacea) in Korea. *1. Systematics. J. Oceanol. Soc. Korea*, **20**, 61-66.

한국 연근해 출현 해파리의 종류 및 생물학적 특성

윤원득, 이혜은, 한창훈 / 국립수산과학원

요 약

해파리는 최근 전세계적으로 대량 출현하여 사회경제적인 문제를 야기하고 있다. 우리나라에서도 해파리가 대량 출현하여 국가기반시설 및 수산업, 해수욕장 운영 등에 막대한 경제적 피해를 유발하고 있으며, 향후 지속적인 대량출현이 예상된다. 본 논문에서는 우리나라에서 출현하는 해파리의 종류 및 대량출현종의 생물학적 특성을 기술하였다.

2010년 12월 현재 우리나라에서 공식적으로 보고, 기재된 해파리는 총 31종으로 우리나라만의 고유종은 없는 것으로 파악되었다. 출현 해파리 중 노무라입깃해파리와 보름달물해파리는 대량 출현하는 종으로 4~5월에 우리나라 연근해에서 출현을 시작하여 8-9월에 가장 높은 출현을 보인 후 10~12월에 자연소멸하는 양상을 보인다. 해파리의 대량출현원인으로는 종에 따라 차이가 있으나 수산자원고갈과 인공구조물 구축 등 해양오염, 그리고 수온상승이 원인을 제공하는 것으로 추정된다.

주요단어: 해파리, 대량출현, 유·무성생식, 폴립, 에피라, 성체

1. 서 론

해파리는 촉수에 자포(nematocyst)라고 하는 독을 가진 세포기관을 가지고 있으며, 자포동물문(Phylum Cnidaria)에 속한다. 자포동물문에는 히드라충강(Class Hydrozoa), 해파리충강(Class Scyphozoa), 입방해파리강(Class Cubozoa), 산호충강(Class Anthozoa)이 속하는데, 일반적으로 불리는 해파리는 고착형의 산호충강을 제외하고, 젤라틴성의 체벽을 가지고, 부유형 생활사를 가

진 생물을 지칭한다.

해파리는 무성생식을 하는 폴립과 유성생식을 하는 해파리단계로 되어있다. 극소수의 종에서 미세조류와 공생하여 영양을 얻는 현상이 알려져 있으나, 대부분은 동물플랑크톤이나 어류의 알, 치어 등을 먹이로 하는 육식성이다. 일부 종에서는 작은 물고기까지도 먹이로 한다.

20세기 후반부터 전세계적으로 해파리가 대량출현하여 전문가 및 일반인, 그리고 정부의 지대한 관심을 끌었다. 해파리 대량출현은 지구온난화, 환경오염심화, 해양구조물 구축, 수산자원 고갈 (Arai, 2001; Graham, 2001; Parsons and Lalli, 2001; Uye and Ueta, 2004; Yasuda, 2004) 등에 기인하는 것으로 알려져 있으나 과학적인 구명은 아직 이루어지지 않은 상태이다.

우리나라에서 해파리에 대한 첫 기록은 1814년 조선시대 정약전의 현산어보(이, 2002)에 기술된 것으로 현재 우리나라 연근해에서 대량 출현하는 노무라입깃해파리를 묘사한 것으로 추측된다. 이렇듯 해파리는 오래전부터 출현하였으나, 대량출현은 1990년대 말부터 발생한 서해 경기만 일대의 보름달물해파리, 그리고 2000년대 초반 동·서·남해 및 동중국해에서 발생한 노무라입깃해파리가 있다. 이들은 모두 외래유입종으로 우리나라에서 출현하는 보름달물해파리는 캘리포니아가 기원지로서 1950년대 일본 도쿄만을 거쳐 우리나라로 유입된 것으로 추정되며(Ki *et al.*, 2008), 노무라입깃해파리는 중국 양자강 연안에서 발생하여 양자강 저염분수를 따라 우리나라 동·서·남해로 유입된 것으로 추정한다(Yoon *et al.*, 2008; Moon *et al.*, 2010).

해파리는 환경이 적합할 경우 대량 출현할 수 있는 생물학적 특성을 내포하고 있으며, 대량발생할 경우 해양먹이망 내 에너지 전달자인 동물플랑크톤을 주로 섭식하여 생태계 내 상위로의 에너지 흐름을 끊어 놓을 뿐만 아니라(Schneider & Behrends, 1998), 대량발생한 연후 대량사망에 이르는 저서생태계의 변화를 주도할 수 있다(Yamamoto *et al.*, 2008).

이러한 사회경제적 및 자연과학적 측면에서의 해파리에 대한 중요성에도 불구하고 우리나라에서는 그 연구가 매우 일천하다. 국내 해파리 관련 최초연구로는 1997년 “한국산 히드라충류(자포동물 문: 히드라충 강: 히드라충 목)의 생활사 및 계통분류학적 연구(박, 1994)”를 시초로, 2005년부터 3년간 한국해양연구원에서 “해파리 대량발생 기작연구”를 수행한바 있다. 국립수산과학원은 2004년 이후 다학제간 연구주제로서 “해파리 대량발생 원인과 피해 대책, 이용방안 연구” 외에도 “유해해양생물 해파리 피해예방”, “황해 해파리 모니터링기법개발”, “해파리류의 독성영향 평가 및 자원으로의 활용방안 연구” 등을 수행하고 있으며, 아울러 향후 10년간의 해파리연구 관한 로드맵도 작성한 바 있다(국토해양부, 2009).

본 논문에서는 우리나라 연근해 출현 해파리의 종류 및 출현 경향에 대하여 서술하였다.

2. 본 문

2.1 한국 연근해 출현 해파리종류

2010년 12월 현재 우리나라 연근해에서 출현하며 공식적으로 보고, 기재된 해파리는 모두 31종이다(표 1). 이들은 주로 해안가 또는 항구에서 채집된 종으로 거의 대부분이 범세계적 분포를 갖는다. 무희나선꼬리해파리, 좁은컵해파리, 노무라입깃해파리와 꽃모자해파리만이 비교적 한정된 지역에서만 출현하며, 특히 대량출현종인 노무라입깃해파리는 한국, 중국, 일본 연근해에서만 출현한다. 이 중 노무라입깃해파리를 제외한 3종은 남해에서만 채집되었다(그림 1). 우리나라 및 중국의 해파리 연구가 진행되면서 신종이나 미기록종의 추가가 있을 것으로 판단된다.

표 1. 2010년 1월 현재, 국내에 정식 보고, 기재된 해파리 목록 (보고된 순서에 따라 배열함)

학명	국명	출처	구분	출현장소	서식지역
1 *Turritopsis nutricula*	작은보호탑해파리	한국동물분류학회지, 1996, 12: 67-77	해산	작약도	일본, 중국, 영국해안, 북해, 도버해협, 북서유럽, 지중해, 인도양, 브라질 등
2 *Cladonema radiatum*	방사분지해파리	한국동물분류학회지, 1996, 12: 67-77	해산	욕지도	서부유럽, 영국, 댄마크, 벨기에, 프랑스, 이탈리아, 지중해, 중국, 일본 등
3 *Eirene menoni*	메논평화해파리	한국동물분류학회지, 1996, 12: 67-77	해산	춘장대	아프리카~폴리네시아, 인도, 호주, 중국, 일본
4 *Gonionemus vertens*	꽃모자갈퀴손해파리	한국동물분류학회지, 1996, 12: 67-77	해산	방포 해수욕장	노르웨이, 스웨덴, 영국, 프랑스, 지중해, 벨기에, 북태평양, 미국, 중국, 일본 등
5 *Craspedacusta sowerbii*	소워비꽃모자해파리	한국생물과학학회지, 1998, 02: 303-308	담수산	대청댐	소양강댐, 주암댐, 대청댐
6 *Rathkea octopunctata*	팔방라드케해파리	한국동물분류학회지, 1999, 15: 189-195	해산	거제도 장목	한국, 일본, 중국(Chefoo), 캄차카, 베링해, 알라스카, 지중해, 유럽 등

7 *Spirocodon saltatrix*	무희나선꼬리해파리	한국동물분류 학회지, 1999, 해산 15: 189-195	거제도	한국, 일본, 사할린
8 *Dipleurosoma typicum*	양면체형해파리	한국동물분류 학회지, 1999, 해산 15: 189-195	장호항 (동해)	한국, 일본 북부, 북동태평양, 북유럽
9 *Stenoscyphus inabai*	좁은컵해파리	한국동물분류 학회지, 2000, 해산 16: 79-85	기장	한국, 일본, 중국
10 *Aurelia aurita*	보름달물해파리	한국동물분류 학회지, 2000, 해산 16: 79-85	전해역	전세계 해역
11 *Phialidium folleatum*	얇은컵해파리	한국동물분류 학회지, 2001, 해산 17: 13-19	거제도 장목	북아메리카, 플로리다, 뉴잉글랜드, 우즈홀
12 *Porpita umbella*	푸른우산관해파리	한국동물분류 학회지, 2002, 해산 18: 53-58	후포	온대지역
13 *Dactylometra quinquecirrha*	커튼원양해파리	한국동물분류 학회지, 2002, 해산 18: 53-58	거제	한국, 일본, 캄차카~켈리포니아, 플로리다 등
14 *Sarsia tubulosa*	관사르스해파리	한국동물분류 학회지, 2003, 해산 19: 111-117	경기 시화호	노르웨이, 영국, 북해, 발틱해, 덴마크, 일본 등
15 *Liriope tetraphylla*	네잎백합해파리	한국동물분류 학회지, 2003, 해산 19: 111-117	대한해협	온대지역
16 *Aequorea coerulescene*	평면해파리	한국동물분류 학회지, 2004, 해산 20: 31-37	제주 (서귀포)	한국, 일본, 중국 옌타이, 북극해, 칠레, 페루, 인도양, 뉴기니 등
17 *Physalia physalis utriculus*	작은부레관해파리	한국동물분류 학회지, 2004, 해산 20: 31-37	울산	온대지역
18 *Proboscidactyla flavicirrata*	노란무늬지상해파리	한국동물분류 학회지, 2004, 해산 20: 179-184	영광	한국, 일본, 중국 옌타이, 워싱턴, 벤쿠버~켈리포니아 연안, 캄차카~베트남 연안
19 *Diphyes dojani*	보야누스두겹관해파리	한국동물분류 학회지, 2004, 해산 20: 179-184	여수	열대, 아열대지역

20 *Muggiaea bargmannae*	바르그만머그관해파리	한국동물분류학회지, 2004, 해산 20: 179-184	동해	북극, 한국
21 *Diphyes chammisonis*	카미소두겹관해파리	한국동물분류학회지, 2005, 해산 21: 201-205	대한해협, 여수	한국, 일본, 동중국해, 대보초, 인도태평양, 남아프리카
22 *Abylopsis eschscholtzi*	에시솔츠심해컵해파리	한국동물분류학회지, 2004, 해산 21: 201-205	대한해협	한국, 일본, 동중국해, 태평양, 인도양
23 *Pelagia noctiluca*	야광원양해파리	한국동물분류학회지, 2006, 해산 22: 57-62	제주, 일광	온대지역
24 *Cyanea nozakii*	유령해파리	한국동물분류학회지, 2006, 해산 22: 57-62	일광	한국, 일본, 인도네시아, 북서태평양, 인도양
25 *Nemopilema nomurai*	노무라입깃해파리	한국동물분류학회지, 2006, 해산 22: 57-62	전해역	한국, 일본, 중국
26 *Aegina citrea*	레몬방패해파리	한국동물분류학회지, 2006, 해산 22: 169-177	제주	온대지역
27 *Solmundella bitentaculata*	쌍촉수태양해파리	한국동물분류학회지, 2006, 해산 22: 169-177	동해	°40 N이북 대서양전지역, 지중해, 북 캘리포니아,
28 *Proboscidactyla stellata*	별무늬지상해파리	한국동물분류학회지, 2006, 해산 22: 169-177	남해	일본, 중국(Chefoo), 베트남, 북서유럽
29 *Olinidias formosa*	꽃모자해파리	한국동물분류학회지, 2006, 해산 22: 169-177	제주도	한국, 일본
30 *Aglantha digiale*	골무해파리	한국동물분류학회지, 2006, 해산 22: 169-177	동해	북태평양, 북극, 아북극지역
31 *Rhopalonema velatum*	연막곤봉해파리	한국동물분류학회지, 2006, 해산 22: 169-177	여수	온대지역, 지중해

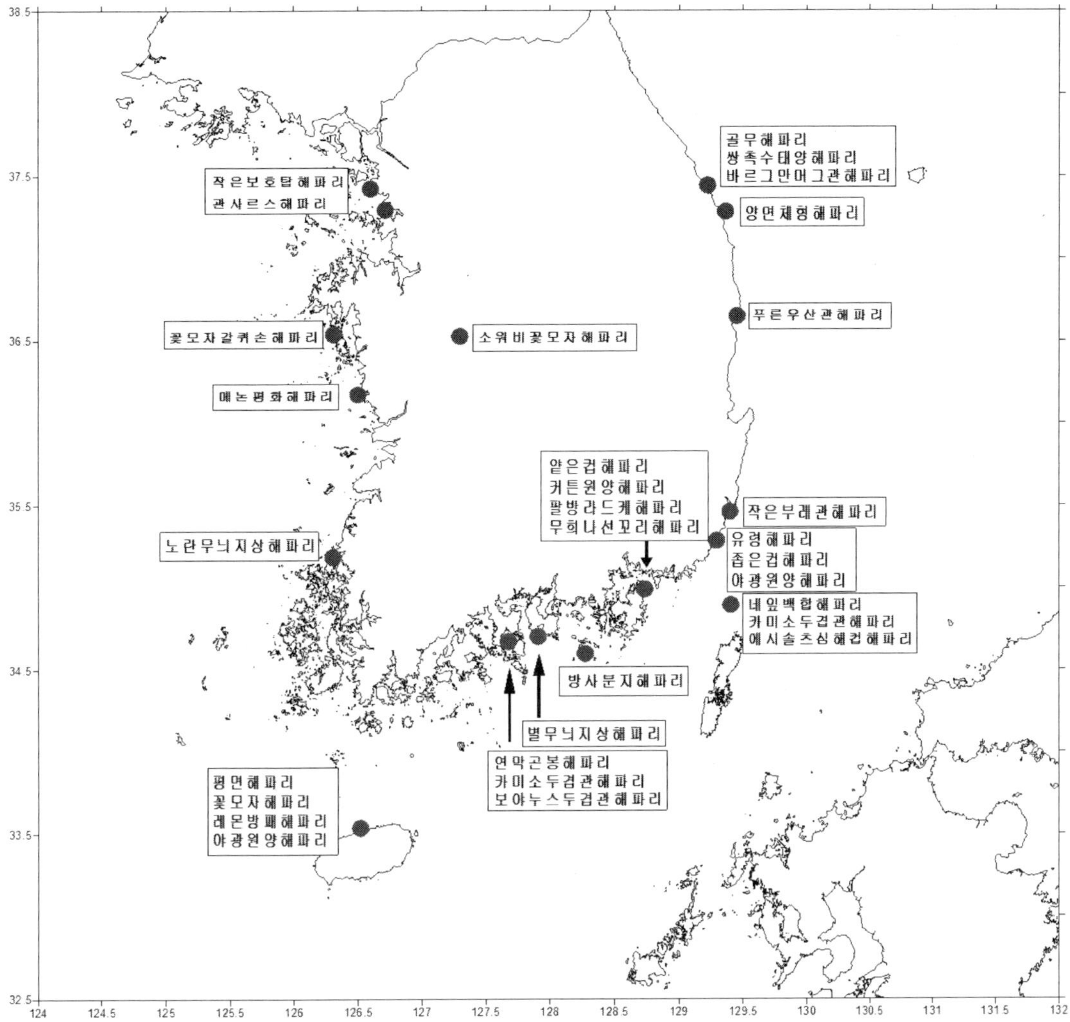

그림 1. 대량출현종인 노무라입깃해파리와 보름달물해파리를 제외한 국내에서 보고, 기재된 해파리의 채집지.

2.2 대량출현 해파리

우리나라 연근해에서 대량출현하고 있는 해파리는 보름달물해파리와 노무라입깃해파리 2종이 있다.

1) 보름달물해파리

보름달물해파리는 70°N ~ 40°S의 연안역에 분포하는 범세계종으로, 광온(0~32℃) · 광염성(10~38 psu)의 해산 해파리이다(Lucas, 2001). 형태적으로는 보름달물해파리로 통칭되고 있으나, 유전자 변이에 따라 10종으로 구분되기도 한다(Dawson & Martin, 2001; Dawson, 2003, Ki *et al.*, 2008). 우리나라에 출현하는 종은 *Aurelia aurita* sp. 1로 분류된다(Ki *et al.*, 2008).

보름달물해파리는 다른 해파리강 해파리(scypozoa)들과 같이 부유 유성생식 시기와 저서 무성생식 시기를 교대하여 하나의 생활사를 구성한다(Arai, 1997). 생식세포들은 gastrodermis에서 발달하며, 성숙된 알들은 위수강(gastrovascular cavity)에서 정자와 만나 수정되어 4개의 구완(oral arms)을 통해 수중으로 방출된다. 수중으로 방출된 알(planula)들은 때로 부유유생(ephyra)으로 직접 발달하기도 하지만 대부분은 섬모를 이용해 유영하다가 암반이나 콘크리트 벽, 조개껍데기와 같은 경성기질에 부착하여 폴립(polyp)으로 변태한다. 폴립은 여러 형태의 출아(budding)와 시스트 형성(posocyst formation)과 같은 무성생식을 통해 새로운 개체를 생산해 콜로니를 형성한다. 폴립은 겨울과 봄 사이에 횡분열화(strobilation)를 통해 부유유생(ephyra)들을 생산하고, 부유유생은 metaephyra 시기를 거쳐 성체(medusa)로 성장하게 된다(그림 2).

보름달물해파리 성체는 일반적으로 외해보다 해수순환이 제한된 폐쇄 혹은 반폐쇄된 만 등의 하구역과 연안역에 무리를 지어 대량 출현한다(Lucas, 2001; Uye *et al.*, 2003). 성체의 크기는 일반적으로 10~20 cm 전후의 개체가 많으나, 30 cm 이상으로 성장하기도 한다(Lucas, 2001; Yasuda *et al.*, 2003). 식성은 중형 동물플랑크톤을 주요 먹이원으로 하며(Ishii & Tanaka, 2001; Uye & Shimauchi, 2005; Han *et al.*, 2009), 대량 발생할시 높은 포식압으로 인해 먹이망 구조에 변동을 줄 수 있다(Lindahl & Hernroth, 1983; Schneider & Behrends, 1998). 더불어 어란 및 자치어를 대량으로 섭식하여 어류자원량 감소의 원인이 되기도 한다(Möller, 1980; Purcell & Arai, 2001; Lynam *et al.*, 2005). 산란 시기는 1월부터 12월로 지역적으로 다양하며, 극동아시아 지역에서 산란성기는 5월부터 8월인 것으로 생각되어진다(Lucas, 2001; Yasuda *et al.*, 2003). 보름달물해파리 부유유생(ephyra)를 생산하는 폴립은 주요하게 직접출아(direct budding) 방식의 무성생식을 통해 개체군의 크기를 증가시키는데(Han & Uye, 2010), 한 개체의 폴립이 한달간 최대 389 개체로 증가할 수 있다(국토해양부, 2010). 또한, 부유유생을 방출한 폴립들은 사망하지 않고 경성기질에 부착하여 새로운 폴립과 해파리유생을 계속 생산한다. 비공식적인 보름달물해파리 폴립의 수명은 5년 이상인 것으로 추정되고 있다. 따라서 폴립의 무성생식은 성체 단계에서의 유성생식의 성공과 무관하게 대량발생을 유발할 수 있으며, 전 세계에 널리 우점하여 분포할 수 있는 원동력이 된다.

보름달물해파리는 만 또는 항구 등 반폐쇄된 지역에서 주로 대량 발생하여 주변해역으로 확산된다. 보름달물해파리의 폴립은 인공구조물이나 쓰레기 등 모든 경성기질에 부착이 가능하며, 반폐쇄지역의 유기물 부하량 증가에 따른 부영양화 및 빈산소수괴형성과 생물다양성감소에 의하여 급속도로 개체군성장이 발생하고 이는 연중 보름달물해파리의 대량출현으로 이어지는 것으로 추정된다.

우리나라에서는 서해 경기만의 시화호와 새만금방조제 내측, 그리고 남해 마산만에서 대량발생하고 있다. 최근 조사에 따르면 시화호내 보름달물해파리 폴립은 약 12억 6천만개체, 새만금방조제의 출현양은 약 22억 3천만개체에 달하는 것으로 나타났다. 보름달물해파리 성체는 4월에

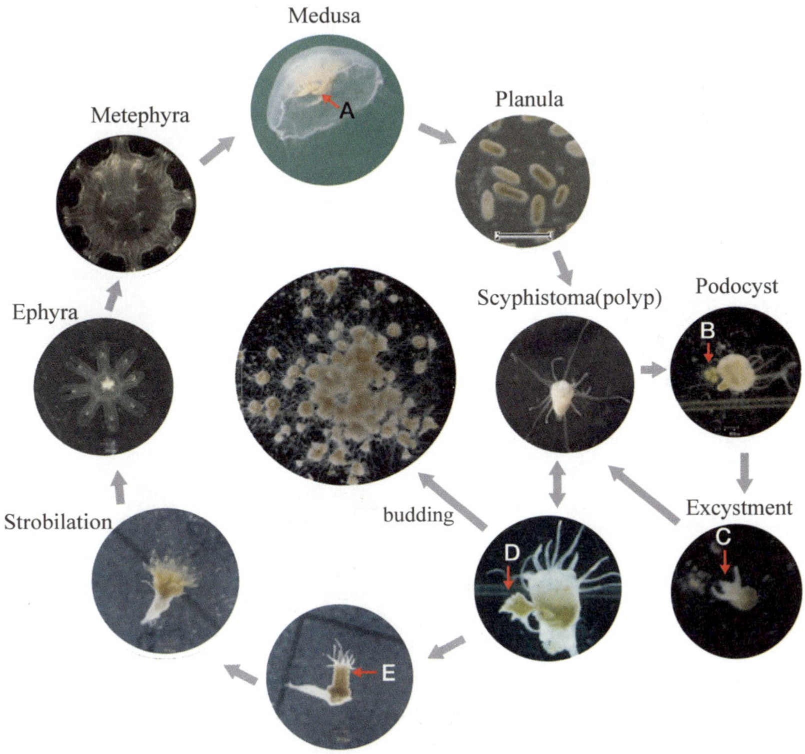

그림 2. 보름달물해파리의 생활사. A: 성체의 구완. B: 폴립으로부터 생산된 3개의 포도시스트, C: 포도시스트로부터 발아한 폴립, D: 폴립으로부터 생산된 딸폴립, E: 횡분열과정의 폴립(Han *et al.*, 2009).

서해 및 남해에서 동시에 출현하여 서해, 남해 및 동해 전지역으로 확산되며, 8월에 최대 출현양을 보인 후 자연 소멸한다.

2) 노무라입깃해파리

노무라입깃해파리는 우리나라 주변해역, 즉 동중국해 북부, 황해, 남해 및 동해에서만 출현하는 고유종으로, 출현국가는 한국, 일본, 중국에 국한된다. 대부분이 동중국해 북부해역에서 발생하여 쓰시마해류에 편승하여 우리나라와 일본 주변해역으로 이동한다(Yoon *et al.*, 2008; Moon *et al.*, 2010). 주로 5~6월의 늦봄에서부터 12~1월초까지의 초겨울까지 출현한다. 서식수심은 표층에서부터 수심 50 m 정도에 이르며, 주로 수심 30 m 주변에 서식한다(Honda, 2010).

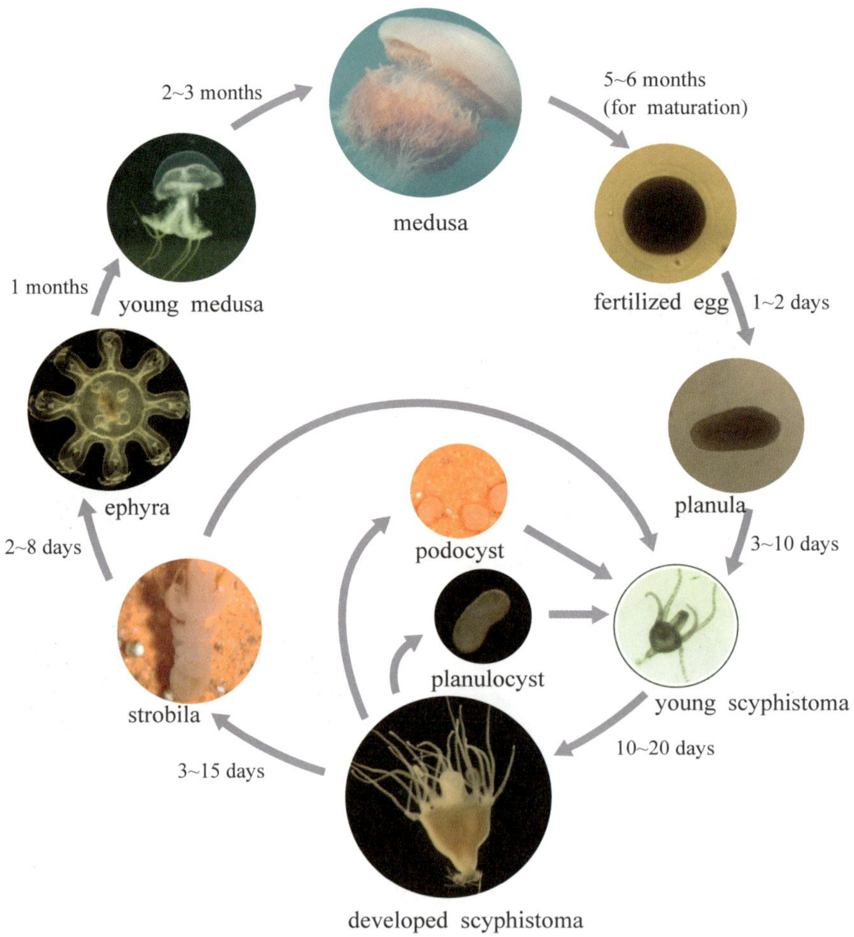

그림 3. 노무라입깃해파리(*Nemopilema nomurai*)의 생활사 모식도

근구목해파리 중에서도 가장 대형종으로, 최대 우산직경 2 m, 최대 습중량 200 kg으로 보고되어져 있다(Kishinouye 1922). 한때 *Stomolophus meleagris*의 이명(synonym)이라고 간주되기도 하였으나, 형태, 크기, 지리적 분포, 유전자 구성 등이 명확하게 다르다. 중국에서는 식용종으로 이용된다. 독성이 있는 촉수를 가지고 있어 여름철 독성 사고를 유발하기도 하며, 정치망 등에 대량으로 유입되어 어업활동에 영향을 끼치기도 한다. 수온이 상승하기 시작하는 4월초에 폴립으로부터 부유유생이 발생하고, 5~6월경에 유체가 발견된다. 매우 빠르게 성체로 성장하며, 해파리의 크기와 관계없이 수온이 낮은 겨울철에 성성숙이 이루어진다. 성체의 수명은 1년이며, 보름달물해파리보다는 늦은 시기까지 출현하여 1~2월에도 소량 발견된다. 폴립은 상당기간 생존하는 것으로 알려져 있다. 작은 어류나, 새우류가 노무라입깃해파리의 구완 사이에서 공생하기도 하며, 우산에 따개비류가 기생하기도 한다.

노무라입깃해파리는 구완 중앙에 입이 없는 대신 구완과 스카풀렛(scapulet) 가장자리에 1 mm 이하의 작은 구멍들이 무수하게 분포한다. 이 구멍들은 입의 역할을 하며, 위강(gut cavity)에 연결되어 있다. 1mm 내외의 동물플랑크톤을 섭이하는데, 요각류와 같은 소형 갑각류가 주요 먹이이다(Lee *et al*., 2006).

노무라입깃해파리의 생활사는 보름달물해파리의 생활사와 같은 형식이나, 무성생식 방법이나 성숙시기에 차이가 있다(그림 3). 자웅이체의 노무라입깃해파리는 수온이 하강하기 시작하는 10월~1월경에 생식소가 성숙되어, 겨울철에 수정란을 만든다. 수정란은 분열을 통해 약 1~2일 후에 체장 150 μm, 체폭 80 μm 정도의 플라눌라(planula) 유생으로 발생한다. 몸 표면은 섬모로 덮여 있어 섬모운동으로 인한 자유 유영이 가능하여 발생 직후부터 부착기질을 탐색하기 시작한다. 유생으로부터 변태한 폴립은 반투명한 흰색으로 술잔모양의 몸통(calyx)과 곤봉모양의 입, 그리고 4개의 촉수(tentacle)로 이루어져 있다. 변태 직후 폴립의 몸통 지름은 200~300 μm 정도이며, 완전히 발달했을 경우 1500 μm 이하로 보름달물해파리보다는 작은 크기이다. 폴립의 무성생식은 주로 포도시스트(podocyst)를 형성하는 방법으로 이루어진다(이, 2010). 발달된 폴립은 수온하강과 같은 외부의 자극에 의해 횡분열화(strobilation)가 일어나는데, 이 과정을 통해 각 폴립당 3-4개(최대 7개)의 에피라(ephyra)가 발생된다. 에피라는 빠른 속도로 성장하여 수개월내에 성체(medusa)가 된다.

노무라입깃해파리의 대량출현은 발생지역으로 추정되는 양자강 하구역-동중국해 북부-황해 남부 해역에서의 수산자원 남획과 중국의 급속한 연안개발 및 산업화에 따른 해양오염(Wang, 2006)이 주된 요인으로 지목되고 있으나 아직 구체적이고 직접적인 과학적 자료가 없는 상태이다.

동중국해 북부 및 황해 남부해역에서 발생하여 우리나라 연근해로 이동하는 노무라입깃해파리는 매우 큰 연변동 및 지리적인 차이를 보인다(표 2). 동중국해의 경우 5-6월에 최대치를 보이지만, 8월 이후에는 매우 적은 출현을 보인다. 반면, 남해 및 황해에서는 시간이 지남에 따라 점차 증가하여 8월에 최대치를 보인다. 년도에 따른 출현량도 다르게 나타나는데, 대량발생이 격년제로 일어나는 패턴이 보이는 것으로 여겨진다. 11월부터 감소하기 시작하여 12~1월 정도가 되면 소멸한다.

표 2. 2005-2010년 8월 노무라입깃해파리 출현량 (개체수 10000m^2)

해역 \ 년도	2005	2006	2007	2008	2009	2010
동중국해	4	6	8	-	-	-
남해	177	7	83	1	18	2
황해	162	13	45	1	28	10

3. 결 론

우리나라에서 출현하는 것으로 보고, 기재된 해파리는 총 31종으로 우리나라의 고유종은 없는 것으로 나타났다. 최근 높은 출현양을 보이고 있는 노무라입깃해파리와 보름달물해파리는 매년 같은 출현 패턴(4~5월 출현, 8~9월 최대 출현, 10~12월 자연소멸)을 보인다. 보름달물해파리는 우리나라 시화호, 새만금, 마산만에서 기원하여 연근해로 확산하는 것으로 나타났다.

보름해파리의 대량출현원인으로는 인공구조물 구축 등 해양오염, 수산자원고갈과 수온상승이 원인을 제공하는 것으로 추정되며, 노무라입깃해파리는 수산자원고갈이 가장 큰 요인으로 추정된다.

향후 주요 연구과제로는 형태 및 유전학적 정보를 이용한 해파리 생물다양성 파악, 대량출현 해파리가 해양 표층생태계 및 저서생태계에 미치는 영향과 유기물순환에의 기여 등이 있을 것으로 판단된다.

사사

국립수산과학원 “해파리 대량발생원인과 피해대책연구”의 연구비 지원에 의하여 논문이 작성되었음

참고문헌

국토해양부, 2010. 유해해양생물 해파리 피해예방 연구사업. 80 p.

박정희. 1997. 한국산 히드라충류 (자포동물 문: 히드라충 강: 히드라충 목)의 생활사 및 계통분류학적 연구. 최종 보고서. 48 p.

이태원. 2002. 현산어보를 찾아서 2. 청어람미디어. 415 p.

Arai M.N. 1997. A functional biology of scyphozoa. Chapman & Hall, London, 316pp.

Arai M.N. 2001. Pelagic coelenterates and eutrophication: a review. *Hydrobiologia*, 451, 69-87

Dawson M.N. 2003. Macro-morphological variation among cryptic species of the moon jellyfish, *Aurelia* (Cnidaria: Scyphozoa). *Marine Biology*, 143 369-379

Dawson M.N. and L.E. Martin, 2001. Geographic variation and ecological adaptation in *Aurelia* (Scyphozoa, Semaeostomeae): some implications from molecular phylogenetics. *Hydrobiologia,* 451, 259-273

Graham W.M. 2001. Numerical increase and distribution shifts of Chrysaora quinquecirrha (Desor) and Aurelia aurita (Linne) (Cnidaria: Scyphozoa) in the northern Gulf of Mexico. *Hydrobiologia*, 451, 97-111

Han C., M. Kawahara and S. Uye, 2009. Seasonal variations in the trophic relationship between the scyphomedusa *Aurelia aurita* s.l. and mesozooplnakton in a eutorphic brackish-water lake, Japan. *Plankton and Benthos Research*, 4(1), 14-22

Han C. and S. Uye, 2009. Combined effects of food supply and temperature on asexual reproduction and somatic growth of polyps of the common jellyfish *Aurelia aurita* s.l. *Plankton benthos Research*, 5(3), 98-105

Honda N., T. Watanabe & Y. Matsushita, 2009. Swimming depths of the giant jellyfish *Nemopilema nomurai* investigated using pop-up archival transmitting tags and ultrasonic pingers. Fisheries Science, 75, 947-956

Ishii H. and F. Tanaka, 2001. Food and feeding of *Aurelia aurita* in Tokyp Bay with an analysis of stomach contents and a measurement of digestion time. *Hydrobiologia*, 451, 311-320

Kawahara M, S. Uye, K. Ohtsu and H. Iizumi, 2006. Unusual population explosion of the giant jellyfish *Nemopilema nomurai* (Scyphozoa: Rhizostomeae) in East Asian waters. *Marine Ecology Progress Series*, 307, 161-173

Ki J.S., D.S. Hwang, K. Shin, W. D. Yoon, D. Lim, Y. S. Kang, Y. Lee, J. S. Lee, 2008. Recent moon jelly (*Aurelia*) bloom in Korean coastal waters suggest global expansion: examples inferred from mitochondrial COI and nuclear ITS-5.85 rDNA sequences. ICES *Marine Science,* 65, 443-452.

Kishinouye K. 1922. Echizen kurage (*Nemopilema nomurai*). *Doubutsugaku Zasshi* (Zoological magazine), 34, 343-346

Lindahl O. and L. Hernroth, 1983. Phyto-zooplankton community in coastal waters of western Sweden- an ecosystem off balance. *Marine Ecology Progress Series*, 10, 119-126

Lee H. 2010. Reproduction and feeding behavior of giant jellyfish, *Nemopilema nomurai* Kishinouye (Scyphozoa: Rhizostomeae). PhD Thesis, Pukyong National University, Korea, 121 p.

Lee H, W.D. Yoon and D. Lim, 2008. Description of feeding apparatus and mechanism in *Nemopilema nomurai* Kishinouye (Scyphozoa: Rhizostomeae). Ocean Science Journal, 43, 61 - 65

Lucas C.H. 2001. Reproduction and life history strategies of the common jellyfish, *Aurelia auirta*, in relation to its ambient envrionment. *Hydrobiologia*, 451, 229-246

Lynam C.P., M.R. Heath, S.J. Hay and A.S. Brierley, 2005. Evidence for impacts by jellyfish on North Sea herring recruitment. *Marine Ecology Progress Series*, 298, 157-167

Möller H. 1980. Scyphomedusae as predators and food competitors of larval fish. *Meeresforschung*, 28, 90-100

Moon J.-H., I.-C. Pang, J.-Y. Yang and W.D. Yoon, 2010. Behavior of giant jellyfish, *Nemopilema nomurai*, from the East China Sea to East/Japan Sea during summer in 2005: A numerical model approach using particle-tracking experiment. *Journal of Marine Systems*, 80, 101-114

Omori M. and K. Kitamura, 2004. Taxonomic review of three Japanese species of edible jellyfish (Scyphozoa: Rhizostomeae). *Plankton Biology and Ecology*, 51, 36 - 51

Parsons T.R. and C.M. Lalli, 2002. Jellyfish population explosions: revisiting a hypothesis of possible causes. *La mer*, 40, 111-121

Purcell J.E. and M.N. Arai, 2001. Interactions of pelagic cnidarians and ctenophores with fishes: a review. *Hydrobiologia*, 451, 27-44

Schneider G. and G. Behrends, 1998. Top-down control in a neritic plankton system by *Aurelia aurita* medusae-a summary. *Ophelia*, 48, 71-82

Uye S., N. Fuji and H. Takeoka, 2003. Unusual aggregations of the scyphomedusa *Aurelia aurita* in coastal waters along western Shikoku, Japan. *Plankton Biology and Ecology*, 50, 17-21

Uye S. and H. Shimauchi, 2005. Population biomass, feeding, respiration and growth rates, and carbon budget of the scyphmedusa *Aurelia aurita* in the Inland Sea of Japan. *Journal of Plankton Research*, 27, 237-248

Uye S. and Y. Ueta, 2004. Recent increase of jellyfish populations and their nuisance to fisheries in the Inland Sea of Japan. *Bulletin of the Japanese Society of Fisheries and Oceanography*, 68, 9-19

Uye S. 2008. Blooms of the giant jellyfish *Nemopilema nomurai*: a threat to the fisheries sustainability of the East Asian Marginal Seas. Plankton Benthos Research, 3, 125-131

Wang B., 2006. Cultural eutrophication in the Changjiang (Yantze River) plume: History and perspective. *Estuarine Coastal and Shelf Science*, 69, 471-477

Yamamoto J., M. Hirose, T. Ohtani, K. Sugimoto, K. Hirase, N. Shimamoto, T. Shimura, N. Honda, Y. Fujimori and T. Mukai, 2008. Transportation of organic matter to the sea floor by carrion falls of the giant jellyfish *Nemophilema nomurai* in the Sea of Japan. *Marine Biology*, 153, 311-317.

Yasuda T., S. Ueno and A. Adachi, 2003 Umi no UFO Kurage Kouseisyakouseikaku [in Japanese].

Yasuda T. 2004. Massive blooms of the giant medusa *Nemopilema nomurai* Kishinouye in Japanese waters from late summer to winter in 2002. *Bulletin of the Plankton Society of Japan*, 51, 34-37

Yoon W.D., J.-Y. Yang, M.B. Shim and H.-K. Kang, 2008. Physical processes influencing the occurrence of the giant jellyfish *Nemopilema nomurai* (Scyphozoa: Rhizostomeae) around Jeju Island, Korea. *Journal of Plankton Research*, 30, 251-260

해양부유성 요각류 *Acartia omorii*의 난생산과 부화에 대한 먹이질의 영향

신경순·장 만 / 한국해양연구원

요 약

두 종의 규조류(*Skeletonema costatum, Phaeodactylum tricornutum*)와 세 종의 와편모조류(*Scrippsiella trochoidea, Heterocapsa triquetra, Cochlodinium polykrikoides*)를 섭취한 *Acartia omorii* 개체에 대한 난 생산 및 부화율 그리고 고형화된 배설물의 양을 측정하였다. 실험에 사용된 먹이의 질을 평가하기 위해 지방산 함유량을 분석하였다. 섭취한 먹이별로 *A. omorii*의 난 생산은 시간경과에 따라 다양하였고, *S. trochoidea, C. polykrikoides, P. tricornutum*과 같은 일부 먹이들에서 시간경과에 따라 감소하였다. 이러한 감소는 *C. polykrikoides* 먹이에서 더 빠르게 나타났으며, 난 생산율이 실험 시작 후 4일 이내에 약 2.4 eggs f^{-1} d^{-1}로 감소하였다. 모든 먹이들에서 난 부화율은 실험 시작부분에서 높았으나, *C. polykrikoides*와 *P. tricornutum* 먹이에서 시간경과에 따라 매우 빠르게 감소함을 보였다.

고형화된 배설물의 양은 섭취한 먹이종류와 시간경과에 따라 다양하게 나타났다. 난 생산율은 배설물의 양과 양의 상관관계를 보였다. 그러나 난 생산율과 부화율사이의 직접적인 상관관계는 없었다. 난 생산과 부화율은 먹이의 영양적 가치에 영향을 받는 것으로 나타났다. 또한 난 부화율은 난 지방산 조성과 매우 관련되어 있는 것으로 보였다. 난 부화율은 난 지방산 중 $\omega3 : \omega6$ 그룹의 비율과 양의 상관관계를 보였고 20 : 5(n−3) : 22 : 6(n−3) (EPA : DHA) 비율과 음의 상관관계를 보였다. 실험에 사용된 먹이들과 비교해서 난 생산율은 18 : 4(n−3)와 22 : 6(n−3)과 같은 필수 지방산을 많이 함유한 먹이들(*H. triquetra, S. trochoidea*)에서 더 높았다. 본 실험의 결과들에서 *A. omorii*의 번식을 위한 먹이의 질은 규조류와 비교해서 *C. polykrikoides*를 제외한 와편모조류에서 더 좋은 것으로 나타났다.

1. 서 론

동물플랑크톤의 난 생산은 개체군 출생 및 가입률을 직접적으로 나타낼 뿐만 아니라 암컷 성체의 순 생산율을 의미한다(Uye and Shibuno, 1992; Hirst and McKinnon, 2001). 여러 종류의 환경요인이 복합적으로 작용하는 자연에서 요각류의 난 생산율을 측정하기 위해 난 생산에 영향을 주는 환경요인 각각을 분리하여 연구하였는데, 그 중에서 가장 중요한 요소는 먹이 공급(Durbin 등, 1983; Kiørboe, 1989; Jónasdóttir, 1994; Ianora 등, 1995; Pond 등, 1996) 과 온도(White & Roman, 1992; Runge and Plourde, 1996; Hirche 등, 1997) 였다. 먹이공급에는 먹이의 정량적인 면과 질적인 면이 포함되어 있다. 먹이의 정량적 의미와 비교해서 먹이 질이라는 용어는 정의를 내리기 쉽지 않으며, 먹이 농도와 질은 관련되어 있지만, 이 둘의 관계성은 뚜렷하지 않다. 또한 현장에서 중형 동물플랑크톤의 생산량과 엽록소 a 혹은 유기탄소량과 같은 먹이농도 사이의 상관관계를 찾기 위한 시도는 자주 일어났지만, 그러한 관계성은 미세조류의 분류와 생리에 관련될 수 있는 먹이 질에 의해서 흐려질 수 있음이 분명하다. 먹이 질에 영향을 미치는 요인에는 세포 크기(Paffenhöfer, 1984; Berggreen 등, 1988), 세포 형태(Donaghay and Small, 1979; Infante and Abella, 1985; Burns, 1987), 독성(Huntley 등, 1986; Nizan 등, 1986), 미네랄 성분(Kirøboe, 1989; Sterner and Hessen, 1994) 혹은 아미노산(Cowie and Hedges, 1996), 불포화 지방산(Jónasdóttir, 1994; Müller-Navarra, 1995; Müller-Navarra 등, 2000), 당분(Cowie and Hedges, 1996; Brown 등, 1997), 비타민(Brown 등, 1997)과 같은 일부 생화학적 성분 등이 포함될 것이다.

동물플랑크톤과 식물플랑크톤 사이의 영양학적 관계에서 먹이 질의 중요성이 인식되면서부터 규조류가 초식성 동물플랑크톤의 주요 먹이원이라는 고전적 개념(e.g. Legendre, 1990)의 변화를 가져오고 있다. 최근 요각류에 대한 질 높은 먹이원으로서 규조류의 중요성에 대해 의심이 대두되었다. 규조류 먹이를 섭취한 요각류 암컷은 낮은 난 생산과 부화율을 보였을 뿐만 아니라 비정상적인 난과 유아기 발육을 보였다(Poulet 등, 1994, 1995; Uye, 1996; Lee 등, 1999).

*Acartia omorii*는 한국 남해 연안에서 자주 출현하는 calanoid 요각류 종이며, 겨울과 초봄동안 우점하는 중형동물플랑크톤 개체군중 하나이다(Lee, 1989; 한국해양연구소, 1999, 2000). 이러한 *A. omorii*의 난 생산량과 관련된 연구는 매우 적으며, 특히 우리나라에서는 거의 수행되지 않았다. *Acartia* 속에 포함된 종들은 일반적으로 낮은 먹이농도에 적응하지 못하며(Paffenhöfer and Stearns, 1988), 자연에서 먹이 부족은 자주 발견되었다(Durbin 등, 1983; Peterson 등, 1991). *Acartia* 종들은 거의 모든 저장 원소들이 부족하므로(Dagg, 1977) 짧은 시차로 먹이 유용성 변화에 반응하며(Tester and Turner, 1990), 먹이 유용성과 난 생산량 사이의 밀접한 관계가 예상될

수 있다.

본 연구는 요각류의 난 생산량과 부화성공에 먹이 유용성이 미치는 영향에 초점을 두었으며, 먹이원으로서 규조류와 와편모조류의 가치를 비교하였다. 본 연구에서 식물플랑크톤의 영양가치의 척도로 지방산을 선택하였다. 이는 요각류의 난과 난소에 높은 농도의 지방산을 함유하고 있기 때문이다. 그러나 본 연구에서 난 생산량과 부화와 관련하여 비타민과 아미노산 같은 다른 영양 성분들이 비록 분석되지 않았지만 그러한 성분들의 중요성이 경시되는 것은 아니다.

2. 재료 및 방법

본 실험은 우리나라 남해 연안에 위치한 한국해양연구원 장목 해양 관측점(수심 약 10m)에서 채집한 calanoid 요각류 *A. omorii*를 대상으로 실시하였다. 시료는 원추형 플랑크톤 네트 (mesh size 200 μm, 직경 45 cm)를 사용하여 바닥부근에서 표면까지 손으로 끌어 채집하였다. 채집된 시료는 표층수와 함께 20 L 채집통으로 조심하여 넣고, 30분 이내에 실험실로 직접 운반하였다. 실험실에서 해부현미경(Carl Zeiss Co., Stemi SV 11)과 피펫을 사용하여 활발한 움직임을 보이는 *A. omorii*의 암컷과 수컷을 골라내었다. 암컷과 수컷 각각은 24시간동안 0.45 μm 막 여과지로 여과하여 멸균시킨 해수와 실험에 사용될 먹이들의 혼합물로 채워진 1 L PC (polycarbonate) 용기에 보관하였다.

실험에 사용된 먹이는 2종의 규조류와 3종의 와편모조류였다(표 1). 먹이생물배양은 낮은 광도와 12시간 간격의 낮, 밤 주기로 20.0±0.4℃로 온도 조절된 배양기 내에서 이루어 졌으며, 배양에 사용된 배지는 규조류에 f/2 배지와 와편모조류에 규소를 첨가하지 않은 f/2 배지였다. 요각류의 먹이로는 항상 지수성장기의 것을 사용하였다. 난 생산량 실험에 사용된 먹이농도는 표 1에 정리하였다.

표 1. Acartia omorii의 먹이로서 시험된 식물플랑크톤 종들의 탄소함량과 크기

Phytoplankton	Acronym	Volume (m^3)	Carbon (pg cell^{-1})	Food concentration cell conc(mL^{-1})	g C mL^{-1}
Scrippsiella trochoidea	SCR	16,563	1,321	3.E+03	4.0
Heterocapsa triquetra	HET	4,566	559	3.E+03	1.7
Cochlodinium polykrikoides	COC	1,329	253	2.E+03	0.4
Phaeodactylum tricornutum	PHA	98	15	5.E+05	1.4
Skeletonema costatum	SKE	97	14	1.E+05	1.4

Scrippsiella trochoidea(SCR), *Heterocapsa triquetra*(HET), *Cochlodinium polykrikoides*(COC)와 같이 비교적 크기가 큰 먹이들은 10^3 cells/mL, *Phaeodactylum tricornutum* (PHA)와 *Skeletonema costatum*(SKE)은 10^5 cells/mL의 농도로 사용하였다. 먹이로 사용된 종들의 탄소함유량은 Strathmann (1967) 공식에 따라 계산하였다. 실험에 사용한 먹이밀도를 탄소농도로 전환시켰을 때, 각 먹이의 농도들은 *A. omorii*와 비슷한 크기의 요각류인 *A. tonsa*에게 제공되었던 먹이 포화수준과 비슷하거나 그 이상이었다(Kiørboe 등, 1985).

각 먹이에 대해서 암수 3쌍의 동물들은 6개의 30 mL petri-dishes 각각으로 옮겼다. 실험은 낮은 광도와 12시간 간격의 낮, 밤 주기로 하였으며, 15.0±0.4℃로 조절된 배양기 내에서 실시하였다. 매일 모든 실험용 petri-dishes에 있는 동물들은 신선한 먹이들이 제공된 새로운 실험용기로 이동시켰으며, 매일 생산된 난과 배설물의 수를 계산하였다. 이러한 실험들은 10일간 지속하였다. 먹이가 충분히 공급된 모든 실험조건들에서 자신의 난을 포식하는 현상은 전체 난생산량의 1.5% 이하로 적었다. 또한 난막이 구겨진 것은 생산량 측정을 위한 계산에 포함하였으나, 난의 부화 가능성 결정에는 포함시키지 않았다. 난 부화율은 난 생산을 마친 동물들이 옮겨지고 남은 실험용기에서 48시간 내에 난을 깨고 나온 유생의 수를 세어 계산하였다(Ianora 등, 1995).

실험에 사용된 먹이의 지방산은 Whyte(1988)의 방법을 따라 기체 크로마토그래피로 분석하였다. 지질은 시료에 미리 알고 있는 양의 C19 지방산을 첨가하여 클로로포름/메탄올(2:1, v/v)에서 24시간동안 추출하였다. 지방산은 BF3-메탄올로 지방산 메틸 에스테르(FAME) 형태로 메틸화시켰다. FAME 시료는 분당 32 mL의 헬륨가스를 이용하여 기체 크로마토그래피(GC, YOUNG-IN M680D)로 주입시켰다. 주입온도는 270℃ 이며, 온도를 2분 동안 100℃로 유지하고 100℃에서 250℃까지 분당 5℃ 간격으로 증가시키도록 프로그램 하였다. 특정한 지방산을 동정하기 위해 크로마토그래피로부터 나온 피크는 Sigma FAME 표준과 비교하였고 적분된 피크는 C19 표준의 피크면적과 비교하였다. 또한 이러한 각각의 먹이를 섭취한 요각류와 요각류 난의 지방산을 분석하였다. 요각류가 충분히 먹이를 섭취하기 위해 모든 먹이 농도는 10^4 cells/mL 이상 유지하였다. 요각류는 2 L PC 용기에서 5일 이상 먹이를 섭취하게 하였으며, 실험 후 암컷과 수컷으로 분리했고, 생산된 난은 매일마다 모았다. 이들의 지방산은 먹이의 것과 같은 방법으로 분석하였으며, 내부 표준을 먹이분석에서 사용했던 C19 대신 C17을 사용하였다.

3. 결 과

실험에 사용된 *Acartia omorii* 는 약 1mm 정도 크기이고, 암컷이 수컷보다 약간 더 크고 무거우며, 난의 평균 크기는 71.5 μm 였다(표 2). *A. omorii* 의 난 생산량(eggs $female^{-1}$ d^{-1})은 먹이 종류에 따라 상당히 달랐으며, 10일 배양기간 동안 5.2에서 41.7 eggs f^{-1} d^{-1} 범위의 평균값들을 보였다(그림 1).

*A. omorii*의 난 생산량은 다른 먹이들 보다 HET에서 가장 높은 반면 COC에서 가장 낮았다. 특히 COC가 제공된 실험에서 난 생산량은 첫 번째 날부터 4일까지 급격한 감소를 보였으며, 그 후 실험 끝날 때까지 2.0 eggs f^{-1} d^{-1} 이하의 수준을 유지하였다. SCR, SKE, PHA에서 난 생산량은 실험 후 5일까지 비교적 일정한 값을 유지하였으며, 그 후 SKE와 PHA에서는 계속적인 감소를 보였으나, SCR에서는 감소 후 다시 증가하였다. 먹이가 없을 때 *A. omorii*는 3일째부터 난을 생산하지 못하였다.

이와 같이 난 생산의 변화가 제공된 먹이들 사이에서 서로 다르게 나타났으며, 시간경과에 따른 증, 감의 변화를 보였다. 이는 10일간의 실험동안의 암컷의 노후가 난 생산량에 영향을 주지 않은 것으로 생각된다.

난의 부화율은 모든 먹이들에서 처음에 높았으며(80~100%), COC와 PHA에서 시간에 따라 빠른 감소를 보였다(그림 1). 이러한 감소는 PHA의 경우에서 부화율이 3일 내에 약 60%로 감소한 것처럼 더 빠르게 나타났다. 반면에 HET(96.0%), SCR(86.0%) 그리고 SKE(86.7%)에서 부화율은 높았고 시간경과에 따라서 비교적 일정하였다.

고형화된 배설물 생산량 또한 섭취한 각 먹이에서 시간경과에 따라 다양한 변화를 보였다(그림 1). 고형의 배설물량은 SCR에서 평균 32.1 fecal pellet $ind.^{-1}$ d^{-1}로 가장 높아서 *A. omorii*의 활발한 먹이 섭취가 있었음을 예상할 수 있었다. 그러나 COC에서 배설물량은 가장 낮았으며, 난 생산량과 매우 비슷한 변화양상을 보였다. 배설물량은 HET에서 시간경과에 따라 감소 후 다시 증가함을 보였고, 나머지 먹이들에서는 전반적으로 시간경과에 따라 감소함을 보였다.

표 2. 실험에 사용된 *A. omorii* 시료의 전장과 무게

Species	Total length(mm±SD, n=30)		Dry weight(μg±SD, n=30)		Egg diameter (μm±SD, n=30)
	Female	Male	Female	Male	
Acartia omorii	1.06±0.06	0.91±0.02	5.23±0.82	3.21±0.27	71.50±1.75

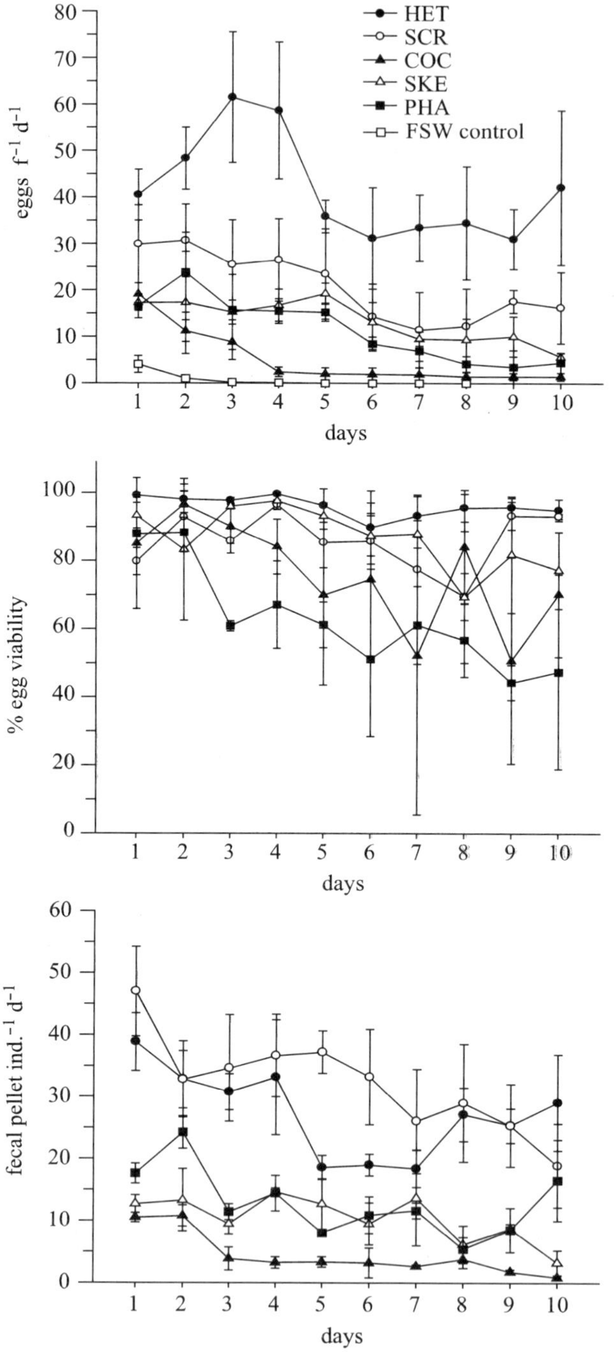

그림 1. *A. omorii*의 일일 난 생산량, 난 부화율(%), 배설물 생산량에 미치는 5종의 먹이효과
값은 6번 실험의 평균값이며 세로줄은 표준편차임

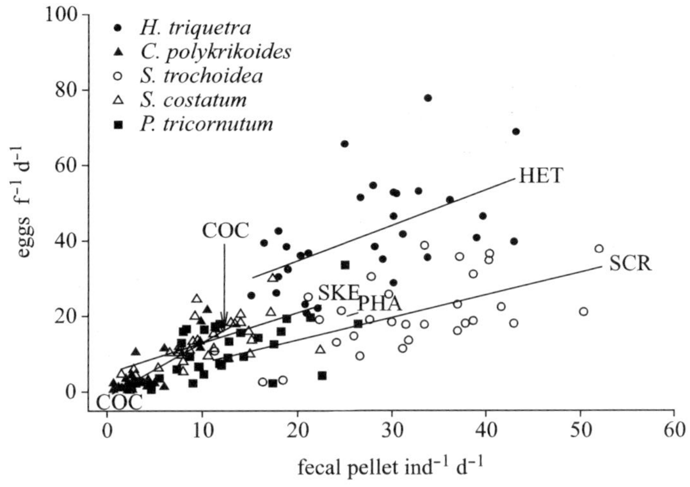

그림 2. *A. omorii*의 일일 난 생산량과 배설물 양 사이의 상관관계

상관관계 회귀방정식은 다음과 같다. HET(y=0.9x+16.5, r=0.54), SCR(y=0.6x+1.8, r=0.59), COC(y=1.4x-1.0, r=0.82), SKE(y=0.8x+5.0, r=0.61) and PHA(y=0.7x+2.6, r=0.55).

난 생산량은 고형의 배설물량과 양의 상관관계를 보였다(그림 2). *A. omorii*의 먹이 섭취가 활발할 수록 난 생산이 증가하였다. 한편 난 생산량과 부화율 사이의 직접적인 상관관계는 보이지 않았다(그림 3). 그러나 높은 난 생산량에서 부화율은 70%이상을 보인 반면에 낮은 난 생산량에서 부화율은 0에서 100%까지의 범위를 보였다.

지방산 조성은 규조류(PHA, SKE)와 와편모조류(SCR, HET, COC) 먹이에서 서로 차이를 보였다(그림 4). 지방산 종류는 PHA(15종류)에서 가장 많았고, COC(8종류)에서 가장 적게 나타났다. 주요 지방산은 와편모조류에서 16 : 0 (palmitic acid), 18 : 0 (stearic acid), 18 : 4(n−3) (octadecatetraenoic acid), 22 : 6(n−3) (docosahexaenoic acid, DHA) 이며, 규조류에서 16 : 0, 18 : 0, 16 : 1(n−7) (palmitoleic acid), 20 : 5(n−3) (eicosapentaenoic acid, EPA)으로 전체의 50%에서 60% 이상을 차지하였다(그림 4).

PHA 먹이에는 16 : 1(n−7)과 20 : 5(n−3) 지방산이 더 많이 존재하고 있는 데, 이러한 조성은 규조류의 특징이다. 그러나 SKE 먹이에는 16 : 1(n−7)과 20 : 5(n−3) 지방산을 갖고 있지만 풍부하지 않았다. 와편모조류 먹이들에서는 18 : 4(n−3)와 22 : 6(n−3) 지방산이 규조류의 것보다 더 많이 있으며, 특히 난 생산량이 높았던 SCR과 HET 먹이에서 더 많은 양을 포함하고 있었다(그림 4). 실험에 사용된 먹이 각각을 섭취한 *A. omorii*의 암컷과 수컷 그리고 산란된 난의

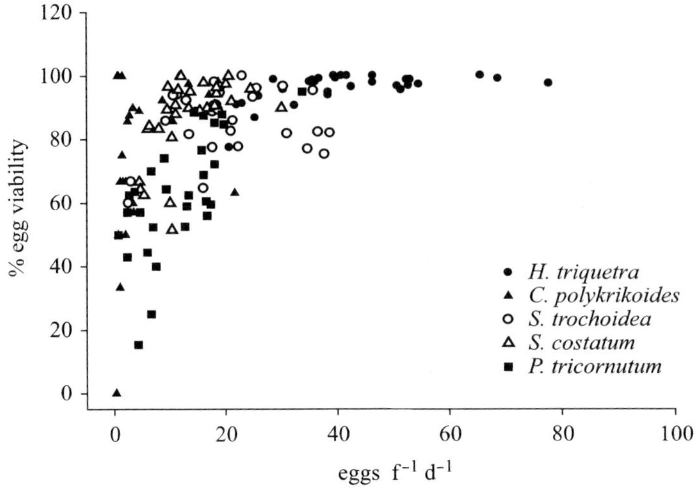

그림 3. A. omorii의 난 부화율(%) 대 일일 난 생산율

지방산은 그림 5, 6, 7에 나타내었다. 수컷과 암컷의 지방산 조성은 그들이 섭취한 먹이 각각의 지방산 조성과 일치하지 않았으며(그림 8), 먹이보다 더 다양한 종류들이 나타났다(그림 5, 6).

난의 지방산 조성은 암컷보다 수컷의 것과 비슷하였다(그림 7). 난의 지방산 조성은 부화 성공률과 관련 있는 것으로 보였다. 부화율은 난의 지방산 중 ω3와 ω6 그룹의 비율과 양의 상관관계 ($p<0.05$)를 보였으나, 난의 20 : 22 : 6(n－3)의 비율(지금부터 20 : 22 비율로 표시함)과는 음의 상관관계($p<0.001$)를 보였다(그림 9). 수컷, 암컷과 난의 함유된 주요 지방산은 18 : 0, 18 : 4(n－3), 20 : 5(n－3), 22 : 6(n－3)과 같이 4종류로 전체 지방산의 60% 이상을 차지하고 있다. 규조류보다 와편모조류 특히 SCR과 HET를 섭취한 암, 수컷 그리고 이러한 암컷으로부터 산란된 난에서 18 : 4(n－3)가 풍부하게 나타났다. 또한 와편모조류 먹이들을 섭취한 암, 수컷 그리고 난에서 22 : 6(n－3)의 함량이 20 : 5(n-3)보다 더 높았다. 그러나 규조류인 PHA를 섭취한 암, 수컷 그리고 난에서는 반대로 나타났다. 규조류인 SKE를 섭취한 암, 수컷에서 22 : 6(n－3)의 함량은 같은 그룹인 PHA와 다르게 20 : 5(n－3)보다 약간 더 높았지만 난에서는 반대였다. 그러나 SKE 먹이에서 22 : 6(n－3)는 나타나지 않았다(그림 8). 이러한 경우는 HET 먹이에서도 나타났는데, 먹이에서 20 : 5(n－3)가 나타나지 않았지만 이를 섭취한 암, 수컷 그리고 암컷으로부터 산란된 난에서는 존재하였다.

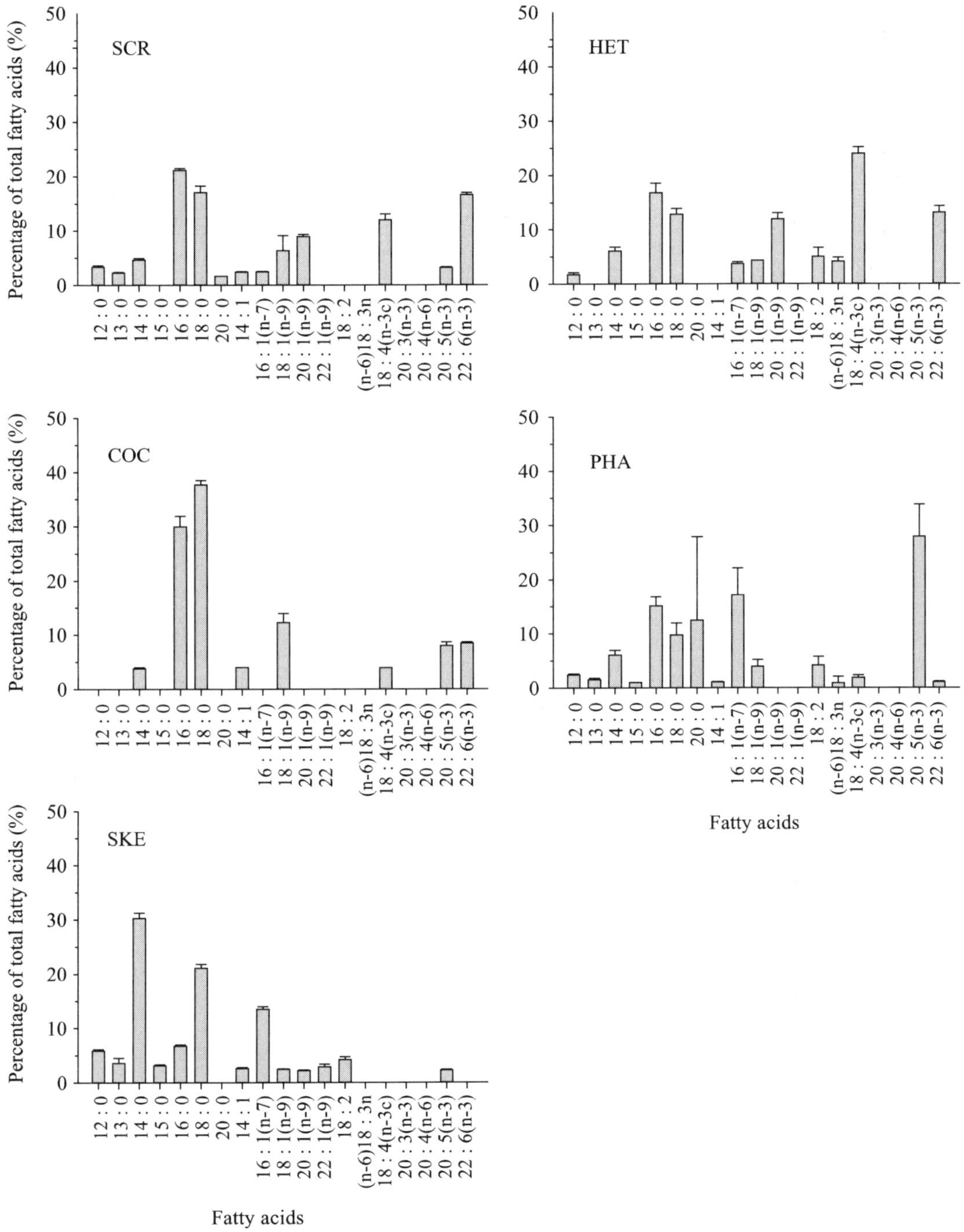

그림 4. 먹이들에서 측정된 주요 지방산의 비율 (Bar는 표준편차임)

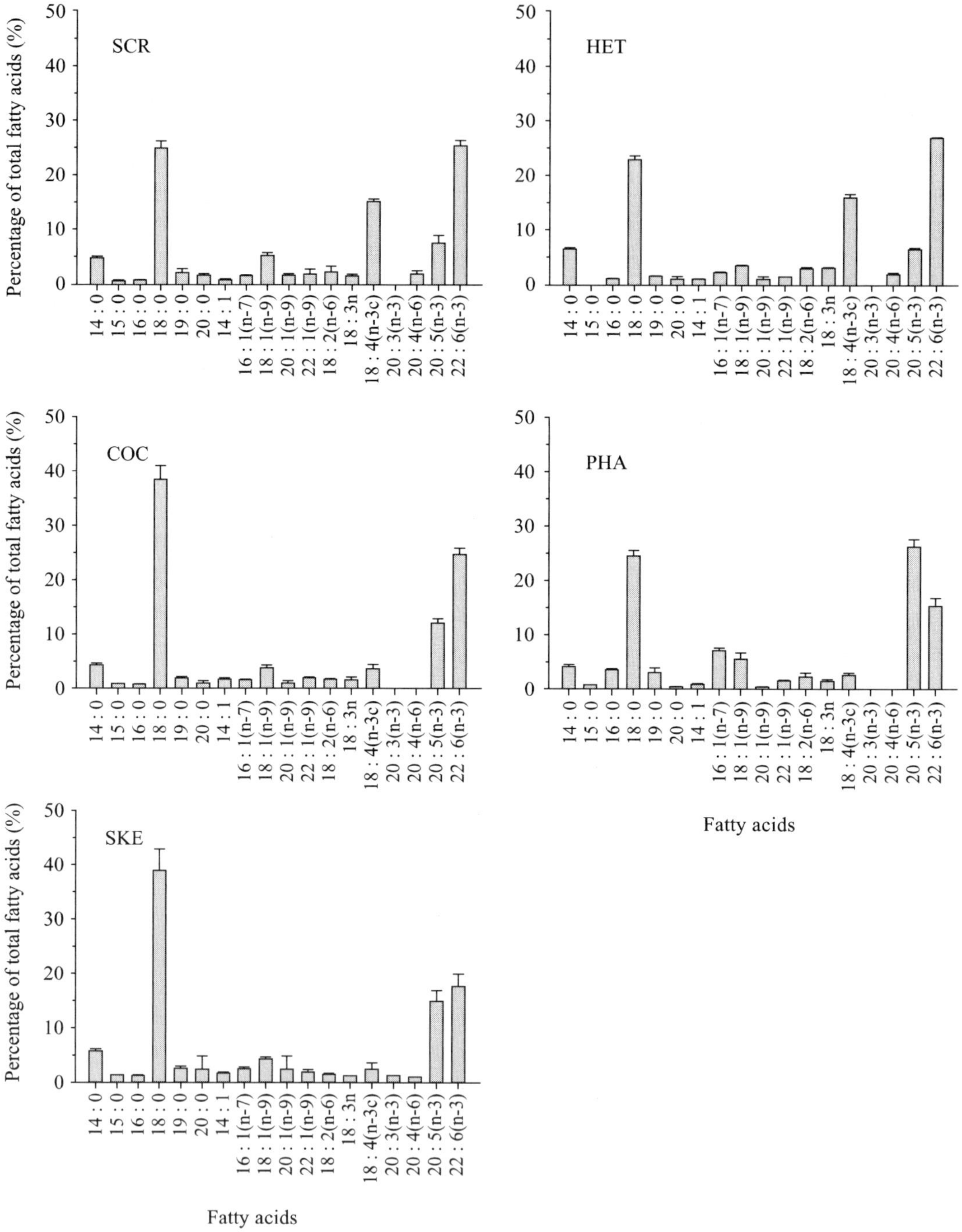

그림 5. 정해진 먹이를 섭취한 *A. omorii* 암컷에서 측정된 주요 지방산의 백분율
(Bar는 표준편차임)

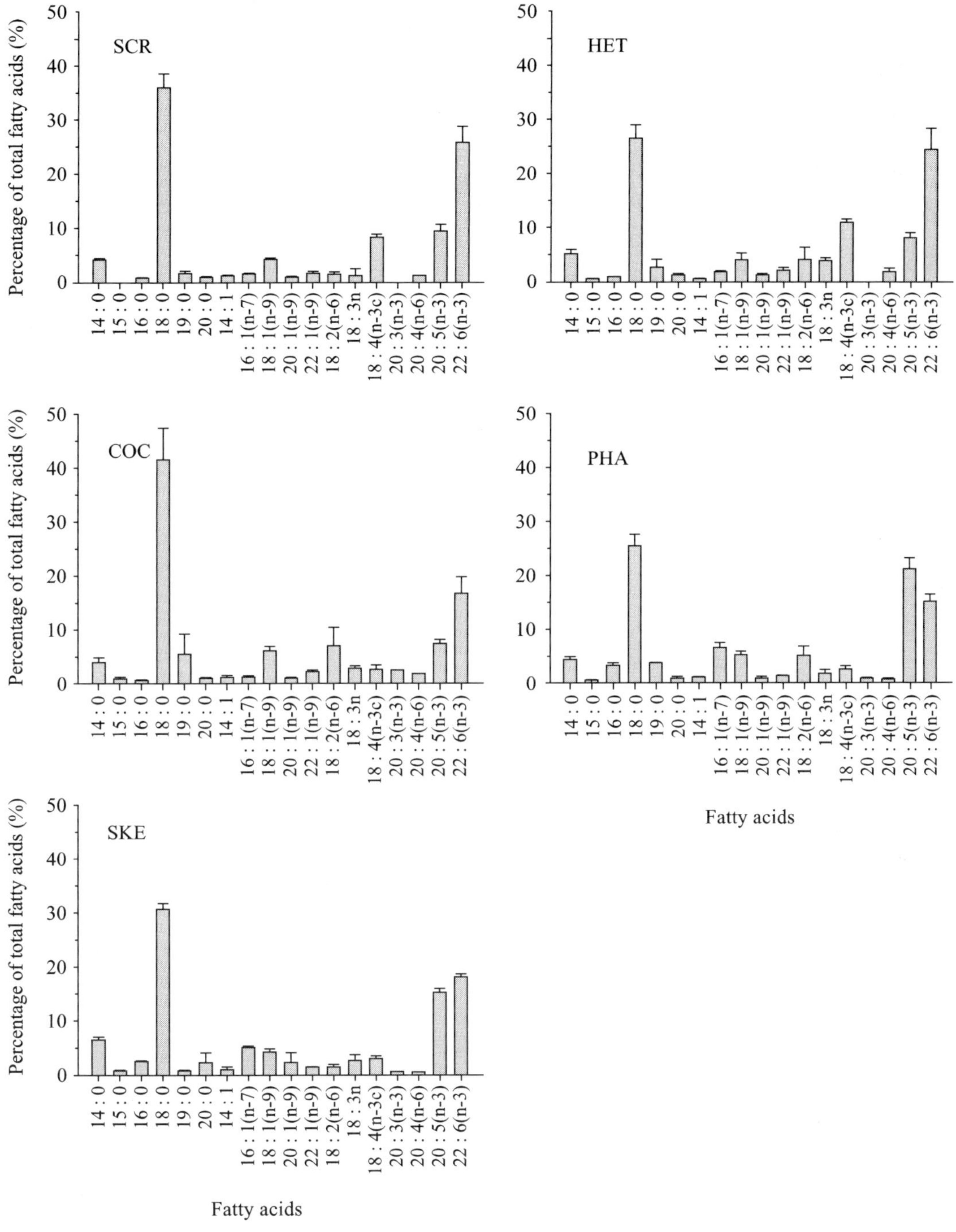

그림 6. 정해진 먹이를 섭취한 *A. omorii* 수컷에서 측정된 주요 지방산의 백분율 (Bar는 표준편차임)

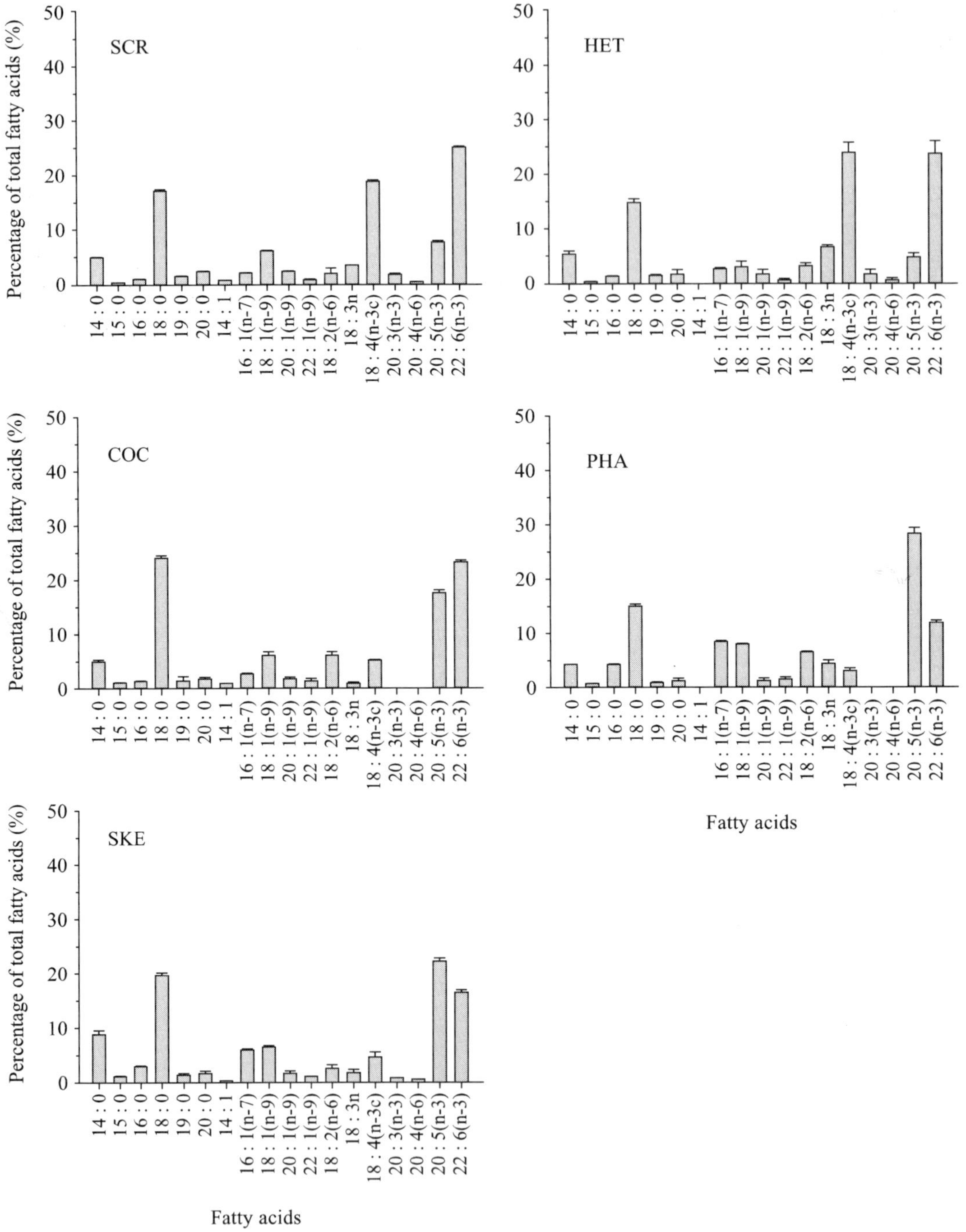

그림 7. 정해진 먹이를 섭취한 *A. omorii* 암컷에 의해 산란된 알에서 측정된 주요지방산의 백분율 (Bar는 표준편차임)

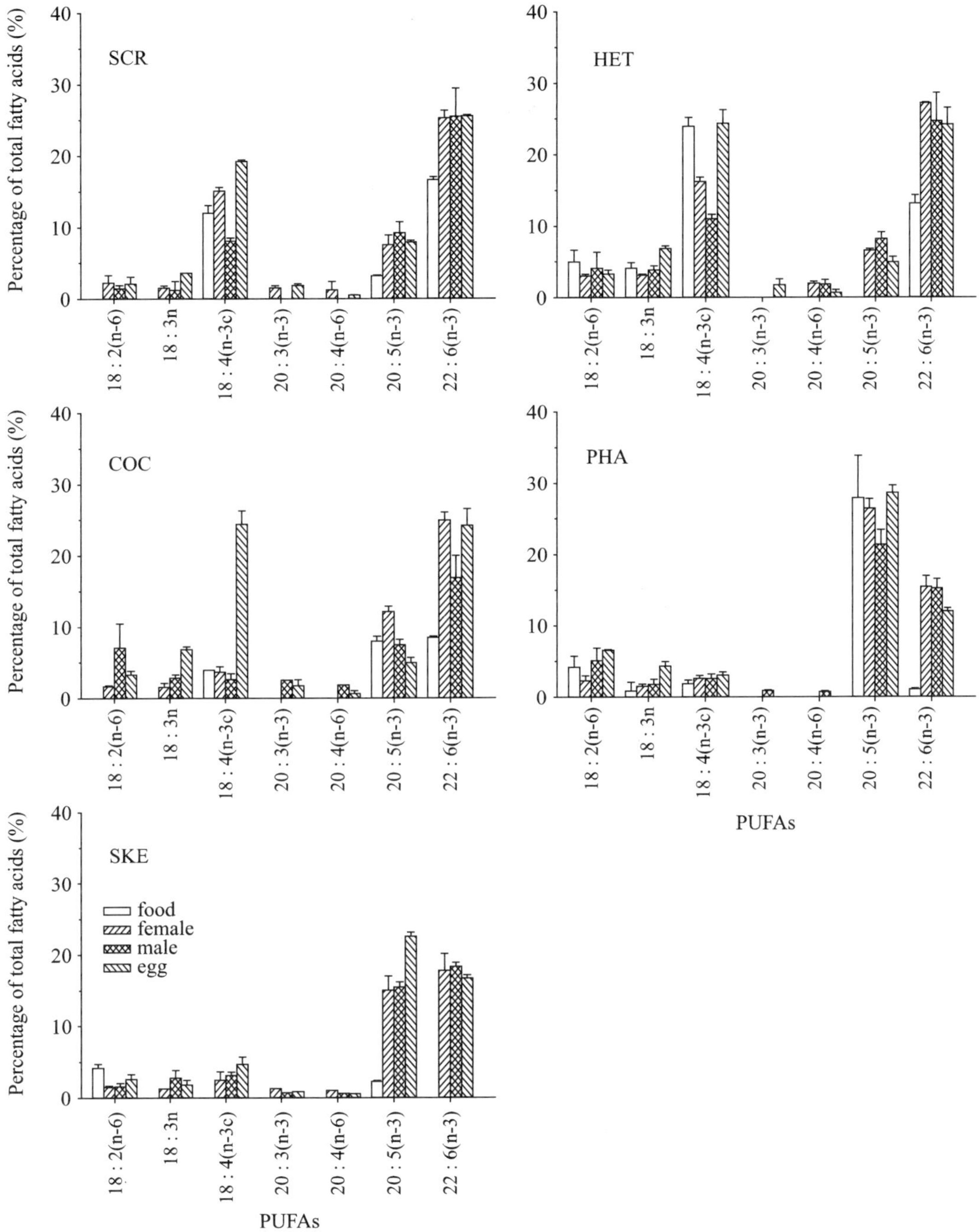

그림 8. 실험에 사용된 먹이, 그 먹이를 먹은 *A. omorii* 암수 그리고 그 암컷에 의해 산란된 알 등에서 측정된 불포화지방산(PUFA)의 백분율 (Bar는 표준편차임)

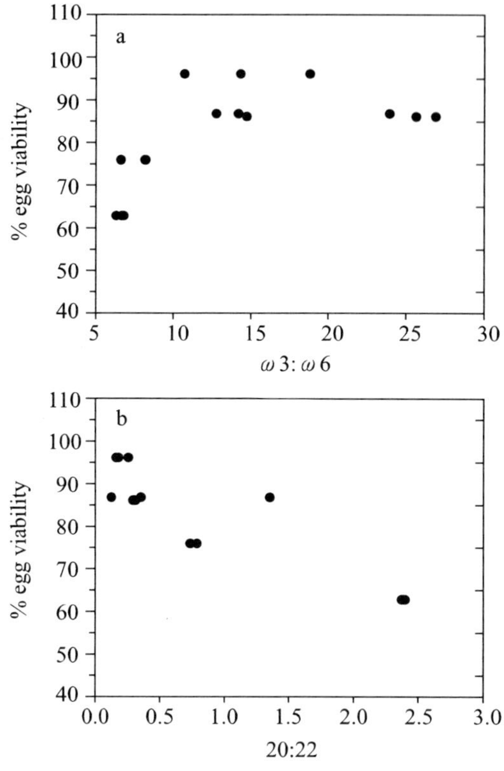

그림 9. *A. omorii* **암컷에 의해 산란된 알의 지방산** $\omega 3 : \omega 6$ **비율(a) 와 20 : 22 (20 : 5(n-3) vs 22 : 6(n-3)) 비율(b) 과 알 부화 성공률(%)과의 상관관계**

4. 토 의

본 연구는 우리나라의 연안에서 계절적으로 대규모 번식을 일으키는 유해성 식물플랑크톤이 요각류 *Acartia omorii*의 번식력에 미치는 영향을 먹이의 질적 관점에서 조사하였다. 실험에 사용된 먹이는 2종의 규조류와 3종의 와편모조류였으며, 규조류 중 *Skeletonema costatum*(SKE)은 우리나라 연안, 특히 부 영양화 지역에서 빈번하게 우점적으로 출현하며, 봄철 대규모 번식을 일으키는 종이다. *Phaeodactylum tricornutum*(PHA)은 성장이 매우 빠르기 때문에 주로 패류 양식장에서 초기 먹이로서 사용되고 있다. 먹이로 사용된 와편모조류는 모두 우리나라 남해안의 적조발생 원인생물 종이다. 특히 *Cochlodinium polykrikoides*(COC)는 1990년 이후부터 매년 매우 큰 적조현상을 발생시켜 일시적인 생태계 혼돈과 양식 어류의 떼죽음을 가져와 사회, 경제적으로 큰 문제를 유발시키고 있다.

Acartia 속(genus)에 대해서 조사된 난 생산량은 10~50 eggs female^{-1} d^{-1} 범위로 나타났다 (Iwasaki 등, 1977; Uye, 1981; Kiørboe 등, 1985a; Saiz 등, 1992a; Jónasdóttir & Kiørboe, 1996). 이러한 범위는 먹이가 부족하지 않았고, *Acartia*가 포화수준에서 먹이를 먹었던 것으로 가정할 수 있는 본 연구의 결과(평균 5~42 eggs female^{-1} d^{-1})와 비교할 만하다. 본 연구에서 난 생산량은 먹이 유형과 매우 관련된 것으로 나타났다(그림 1). 이러한 상관관계에서 지방산 조성으로 측정된 먹이 질의 중요성이 나타났다. HET와 SCR 먹이에서 난 생산율이 높았는데, 이 먹이들에는 필수지방산인 18 : 4(n−3)와 22 : 6(n−3)가 풍부한 반면에 20 : 5(n−3)는 적거나 혹은 존재하지 않았다. 한편 PHA와 SKE 먹이에서 난 생산율은 HET와 SCR 먹이에서 보다 낮았으며, PHA 먹이에는 20 : 5(n−3)가 매우 풍부한 반면 18 : 4(n−3)와 22 : 6(n−3)는 적었고, SKE 먹이에서는 20 : 5(n−3)도 적었으며, 18 : 4(n−3)와 22 : 6(n−3)는 존재하지 않았다. 이와 같이 4종의 먹이들에서 보면 난 생산율은 20 : 22 비율이 낮을 때 높았다. 그러나 난 생산율이 가장 낮았던 COC 먹이는 이러한 지방산 조성비와 다르게 20 : 5(n−3)와 22 : 6(n−3)는 거의 같아서 그 비율이 약 1.0 이였으며, 18 : 4(n−3)는 적었다. 일반적으로 먹이의 화학적 성분은 요각류 번식에 매우 중요한 요소로 인식되어 왔다. 비록 요각류의 지방산 요구에 대해서 알려진 것은 조금밖에 없지만, 난 생산과 발육에 대한 먹이의 불포화지방산(PUFAs, polyunsaturated fatty acids), 특히 20 : 5(n−3)와 22 : 6(n−3)의 조성의 중요성은 강조되어 왔다.

불포화지방산은 다른 갑각류와 연체동물에서 부화율과 태아의 발육을 결정하고(Xu 등, 1994), 세포막 활성에서 중요한 역할을 하며, 무척추동물의 prostaglandines, 호르몬 조절과 관련된 이온 용해, 난세포 성숙, 난 생산 및 부화의 전구체(precursors)로서 알려져 있다 (Stanley-Samuelson, 1987). 난 생산을 위해서 요각류는(n−3) 불포화지방산을 필요로 하며 (Støttrup & Jensen, 1990), 특별히 20 : 5(n−3)와 22 : 6(n−3)의 섭취량과 두드러진 관련성을 보이지만 (Jónasdóttir, 1994; Müller-Navarra, 1995; Müller-Navarra 등, 2000), 요각류들은 불포화지방산을 처음부터 새롭게 합성할 수 없다(Fraser 등, 1989). 그러나 일부 조사에서는 요각류의 생식력과 먹이의 20 : 5(n−3) 혹은 22 : 6(n−3) 농도사이의 중요한 상관관계가 성립되지 않음을 제시하였다(Koski 등, 1998; Lee 등, 1999). 또한 일부 요각류는 자신이 섭취한 녹조식물에 22 : 6(n−3)가 부족할 때, 먹이의 18 : 3(n−3)으로부터 22 : 6(n−3)을 생합성 할 수 있는 것으로 보고되었다 (Desvilettes 등, 1997).

일반적으로 20 : 5(n−3)와 22 : 6(n−3)은 탄소사슬의 연장(elongation)과 불포화 리놀레산 (linolenic acid)에 의해서 합성될 수 있다. 또한 일부 연구에 의하면 C18 지방산들이 22 탄소사슬로 길게 되어질 수 있음이 제시되었다(Pascal and Ackman, 1976; Sargent and Falk-Peterson, 1988). 비슷하게 본 연구에서 20 : 5(n−3)가 없는 HET 먹이와 22 : 6(n−3)가 없는 SKE 먹이 각각을 먹은 *A. omorii*의 암, 수 그리고 난에서 20 : 5(n−3)와 22 : 6(n−3)이 나타났다(그림 8).

최근 필수지방산이 없는 *Dunaliella tertiolecta*를 먹은 *Calanus hegolandicus* 암컷이 낳은 난에서 소량의 20 : 5(n－3)와 22 : 6(n－3)이 발견되었다(Lacoste 등, 2001). 이것은 요각류가 섭취한 먹이에서 22 : 6(n－3) 혹은 20 : 5(n－3)가 부족할 때 전구체로부터 22 : 6(n－3) 혹은 20 : 5(n－3)를 생성할 수 있음을 시사하는 것이다.

난 생산량과 고형의 배설물 생산량은 밀접한 관계가 있는 것으로 보였다(그림 2). 난 생산량에 의해 반영된 것처럼 고형의 배설물량은 먹이생물들 중 어떤 먹이가 신진대사작용에 더 좋은 지를 간접적으로 제시한다. 또한 일부 연구들에서 요각류의 고형의 배설물량은 먹이 섭취율과 직선적인 상관관계를 갖는 것으로 보고되었다(Gamble, 1978; Peterson, 1988; Ayukai, 1990; Tsuda & Nemoto, 1990; Nejstgaard 등, 2001). 결국 난 생산량도 먹이 섭취율과 상관관계가 있을 것으로 판단된다.

*A. omorii*의 난 부화율은 먹이 유형과 난의 지방산조성과 관련된 것으로 나타났다. 특히 부화율은 난 자체의 지방산 중 $\omega3 : \omega6$ 그룹의 비율과 양의 상관관계를 보이며, 20 : 22 비율과는 음의 상관관계를 보였다. 부화율은 COC와 PHA 먹이에서 감소하였다. 이러한 먹이를 섭취한 암컷이 낳은 난의 지방산에서 $\omega3 : \omega6$ 그룹의 비율은 나머지 먹이들의 것보다 낮았으며, 20 : 22 비율은 높은 부화율을 보인 SCR과 HET 먹이의 것보다 높았다.

Jónasdóttir and Kiørboe(1996)는 다양한 먹이들에서 *A. tonsa*의 난 부화율의 감소를 관찰하였으며, 특히 PHA 먹이에서 낮고 빠른 감소를 보였다. Lacoste 등(2001)도 *Calanus helgolandicus* 난의 부화율이 PHA 먹이에서 매우 빠르게 감소함을 보고하였고, 이러한 PHA에 의한 부화율 저하는 Miralto 등(1999)이 제시한 규조류에 있는 aldehyde 물질과 관련된 것으로 추측하였다. 그러나 Jónasdóttir and Kiørboe(1996)는 수컷 없이 암컷만으로 실험하였는데, 계속적인 수정란을 생산하기 위해서는 마지막 교미 후 한정된 수정기간 때문에 부화율이 감소한 것으로 제시하였다.

그러나 본 연구에서 실험동안 항상 암, 수가 같이 있게 했으며, 규조류인 SKE 먹이에서도 부화율의 급격한 저하는 없었다. 본 조사에서 요각류의 부화율의 변화는 오히려 난의 지방산 조성과 더 밀접하게 관계된 것으로 생각된다. 한편 한국 연안에서 매년 대 규모의 적조를 일으키는 COC 먹이에서 난의 20 : 22 비율은 SKE 먹이보다 낮았음에도 불구하고 COC 먹이에서 부화율이 낮았다. 또한 난 생산 및 먹이섭취(고형의 배설물량)도 규조류 먹이들 보다 낮았다. COC는 어류를 질식사시키는 특징을 갖고 있지만 일부에서는 COC의 독성유무에 대해서 논란되어졌다. 이 종의 독성에 대한 정보는 아직까지 정확히 밝혀져 있지 않지만 향후 독성조류가 초식성 동물의 번식에 미치는 영향을 평가해야 할 것이다.

난 생산량과 부화율 사이의 직접적인 상관관계는 보이지 않았다(그림 3). 그러나 난 생산율이 높으면 부화하는 난이 많은 반면에 난 생산율이 낮으면 부화율의 범위(0~100%)가 매우 크게 나타났다. 결국 먹이의 질적 가치가 크면 생존할 수 있는 난의 생산율을 높게 유지하였다. 난 생산량이 적어도 필요한 영양분들의 균형이 잘 이루어져 있으면 부화율이 높지만, 일부 필수 영양분들이 없을 때 난 생산량과 부화율은 낮았다. 이러한 결과는 *C. helgolandicus* (Guisande and Harris, 1995), *A. tonsa* (Jónasdóttir and Kiørboe, 1996) 그리고 *C. finmarchicus* (Jónasdóttir 등, 2002)의 부화율에 대한 실험의 결과와 일치하였다. 더욱이, 본 연구는 먹이 질이 부화율을 결정하는 데 중요함을 제시하였다.

결론적으로 먹이로 사용된 규조류와 와편모조류 혹은 같은 그룹에 속한 종들 사이에서 생리적 상태 혹은 종의 상태와 관련된 먹이의 영양가치 차이는 난의 질적 수준을 조절하는 것으로 보인다. *Acartia omorii*의 많은 증식을 위해 먹이 질은 규조류나 COC를 제외한 와편모조류에서 더 좋았다. 그리고 요각류가 자신의 번식을 위해 필요로 하는 필수아미노산의 합성가능성을 제시하였다.

참고문헌

한국해양연구소, 1999. 진해·마산만 수질환경 관리모델 개발(II). 73-217 pp.

한국해양연구소, 2000. 연안역에서의 육지와 해양 상호작용 연구. 319-361 pp.

Ayukai, T., 1990. Fecal pellet production by two species of planktonic calanoid copepods fed on naturally occurring particles. *Bull. Plankton Soc. Japan*, 37 : 167-169.

Berggreen, U., B. Hansen and T. Kiørboe, 1988. Food size spectra, ingestion and growth of the copepod *Acartia tonsa* during development : implications for determination of copepod production. *Mar. Biol.*, 99 : 341-352.

Brown, M.R., S.W. Jeffrey, J.K. Volkman and G.A. Dunstan, 1997. Nutritional properties of microalgae for mariculture. *Aquaculture*, 151 : 315-331.

Cowie, G.L. and J.I. Hedges, 1996. Digestion and alteration of the biochemical constituents of a diatom (*Thalassiosira weissflogii*) ingested by a herbivorous zooplankton (*Calanus pacificus*). *Limnol. Oceanogr.*, 41 : 581-594.

Dagg, M.J., 1977. Some effects of the patchy food environment on copepods. *Limnol. Oceanogr.*, 22 : 99-107.

Desvilettes, Ch., G. Bourdier and J.Ch. Breton, 1997. On the occurrence of a possible bioconversion of linolenic acid into docosahexaenoic acid by the copepod *Eucylops serrulatus* fed on microalgae. *J. Plankton Res.*, 19 : 273-278.

Donaghay, P.L. and L.F. Small, 1979. Food selection capabilities of the estuarine copepod *Acartia clausi*. *Mar. Biol.*, 52 : 137-146.

Durbin, E.G., A.G. Durbin, T.J. Smayda and P.G. Verity, 1983. Food limitation of production by adult *Acartia tonsa* in Narragansett Bay, Rhode Island. *Limnol. Oceanogr.*, 28 : 1199-1213.

Fraser, A.J., J.R. Sargent, J.C. Gamble and D.D. Seaton, 1989. Formation and transfer of fatty acids in an enclosed marine food chain comprising phytoplankton, zooplankton and herring (*Clupea harengus* L.) larvae. *Mar. Chem.*, 27 : 1-18.

Gamble, J.C., 1978. Copepod grazing during a declining spring phytoplankton bloom in northern North Sea. *Mar. Biol.*, 49 : 303-315.

Guisande, C. and R. Harris, 1995. Effect of total organic content of eggs on hatching success and naupliar survival in the copepod *Calanus helgolandicus*. *Limnol. Oceanogr.*, 40 : 476-482.

Hirche, H.-J., U. Meyer and B. Niehoff, 1997. Egg production of *Calanus finmarchicus* : effect of temperature, food and season. *Mar. Biol.*, 127 : 609-620.

Hirst, A.G. and A.D. McKinnon, 2001. Does egg production represent adult female copepod growth? A call to account for body weight changes. *Mar. Ecol. Prog. Ser.*, 223 : 179-199.

Huntley, M.E., P. Sykes, S. Rohan and V. Marin, 1986. Chemically mediated rejection of dinoflagellate prey by the copepods *Calanus pacificus* and *Paracalanus parvus* : mechanism, occurrence and significance. *Mar. Ecol. Prog. Ser.*, 28 : 105-120.

Ianora, A., S.A. Poulet and A. Miralto, 1995. A comparative study of the inhibitory effect of diatoms on the reproductive biology of the copepod *Temora stylifera*. *Mar. Biol.*, 121 : 533-539.

Infante, A. and S.E.B. Abella, 1985. Inhibition of Daphnia by *Oscillatoria* in Lake Washington. *Limnol. Oceanogr.*, 30 : 1046-1052.

Iwasaki, H., H. Katoh and T. Fujiyama, 1977. Cultivation of marine copepod, *Acartia clausi*, Giesbrecht. I. Factors affecting the generation time and egg production. *Bull. Plankton Soc. Japan*, 24 : 55-61.

Jónasdóttir, S.H., 1994. Effects of food quality on the reproductive success of *Acartia tonsa* and *Acartia hudsonica* : laboratory observations. *Mar. Biol.*, 121 : 67-81.

Jónasdóttir, S.H. and T. Kiørboe, 1996. Copepod recruitment and food composition : do diatoms affect hatching success? *Mar. Biol.*, 125 : 743-750.

Jónasdóttir, S.H., H.G. Gudfinnsson, A. Gislason and O.S. Astthorsson, 2002. Diet composition and quality of *Calanus finmarchicus* egg production and hatching success off south-west Iceland. *Mar. Biol.*, 140 : 1195-1206.

Kiørboe, T., 1989. Phytoplankton growth rate and nitrogen content : implications for feeding and fecundity in a herbivorous copepod. *Mar. Ecol. Prog. Ser.*, 55 : 229-234.

Kiørboe, T., F. Møhlenberg and K. Hamburger, 1985a. Bioenergetics of the planktonic copepod *Acartia tonsa* : relation between feeding, egg production and respiration and composition of specific dynamic action. *Mar. Ecol. Prog. Ser.*, 26 : 85-97.

Kiørboe, T., F. Møhlenberg and H.U. Riisgard, 1985b. In-situ feeding rates of planktonic copepods : a comparison of four methods. *J. Exp. Mar. Bio. Ecol.*, 88 : 67-81

Koski, M., W.C.M. Klein Breteler and N. Schogt, 1998. Effect of food quality on rate of growth and development of the pelagic copepod *Pseudocalanus elongates* (Copepoda, Calanoida). *Mar. Ecol. Prog. Ser.*, 170 : 169-187.

Lacoste, A., S.A. Poulet, A. Cueff, G. Kattner, A. Ianora and M. Laabir, 2001. New evidence of the copepod maternal food effects on reproduction. *J. Exp. Mar. Bio. Ecol.*, 259 : 85-107.

Lee, H.W., S. Ban, Y. Ando, T. Ota, and T. Ikeda, 1999. Deleterious effect of diatom diets on egg production and hatching success in marine copepod *Pseudocalanus newmani*. *Plankton Biol. Ecol.*, 46 : 104-112.

Lee, Y.C., 1989. Ecological study on the copepod community in Masan Bay. M.S. Thesis Hanyang University, Seoul, 60 pp.

Legendre, L., 1990. The significance of microalgal blooms for fisheries and export of particulate organic carbon in oceans. *J. Plankton Res.*, 12 : 681-699.

Miralto, A., G. Barone, G. Romano, S.A. Poulet, A. Ianora, G.L. Russo, I. Buttino, G. Mazzarella, M. Laabir, M. Cabrini and M.G. Giacobbe, 1999. The insidious effect of diatoms on copepod reproduction. *Nature*, 402 : 173-176.

Müller-Navarra, D., 1995. Evidence that a highly unsaturated fatty acid limits *Daphnia* growth in nature. *Arch. Hydrobiol.*, 132 : 297-307.

Müller-Navarra, D.C., M.T. Brett, A.M. Liston and C.R. Goldman, 2000. A highly unsaturated fatty acid predicts carbon transfer between primary producers and consumers. *Nature*, 403 : 74-77.

Nejstgaard, J.C., L.J. Naustvoll, and A. Sazhin, 2001. Correcting for underestimation of microzooplankton grazing in bottle incubation experiments with mesozooplankton. *Mar. Ecol. Prog. Ser.*, 221 : 59-75.

Nizan, S., C. Dimentman and M. Shilo, 1986. Acute toxic effects of cyanobacterium *Microcystis aeruginosa* on *Daphnia magna*. *Limnol. Oceanogr.*, 31 : 497-502.

Paffenhöfer, G.-A., 1984. Food ingestion by the marine planktonic copepod *Paracalanus* in relation to abundance and size distribution of food. *Mar. Biol.*, 80 : 323-333.

Paffenhöfer, G.-A. and D.E. Stearns, 1988. Why is *Acartia tonsa* (Copepoda : Calanoida) restricted to nearshore environments? *Mar. Ecol. Prog. Ser.*, 42 : 33-38.

Pascal, J.C. and R.G. Ackman, 1976. Long chain monoethylenic alcohol and acid isomers in lipids of copepods and capelin. *Chem. Physics Lipids*, 16 : 219-223.

Peterson, W.T., 1988. Rates of egg production by the copepod *Calanus marshallae* in the laboratory and in the sea off Oregon, USA. *Mar. Ecol. Prog. Ser.*, 47 : 229-237.

Peterson, W.T., P. Tiselius and T. Kiørboe, 1991. Copepod egg production, moulting and growth rates and secondary production, in the Skagerrak in August 1988. *J. Plankton Res.*, 13 : 131-154.

Pond, D., R. Harris, R. Head and D. Harbour, 1996. Environmental and nutritional factors determining seasonal variability in the fecundity and egg viability of *Calanus helgolandicus* in coastal waters off Plymouth, UK. *Mar. Ecol. Prog. Ser.*, 143 : 45-63.

Poulet, S.A., A. Ianora, A. Miralto and L. Meijer, 1994. Do diatoms arrest embryonic development in copepods? *Mar. Ecol. Prog. Ser.*, 111 : 79-86.

Poulet, S.A., M. Laabir, A. Ianora and A. Miralto, 1995. Reproductive response of *Calanus helgolandicus*. I. Abnormal embryonic and naupliar development. *Mar. Ecol. Prog. Ser.*, 129 : 85-95.

Runge, J.A. and S. Plourde, 1996. Fecundity characteristics of *Calanus finmarchicus* in coastal waters of eastern Canada. *Ophelia*, 44 : 171-187.

Saiz, E., M. Alcaraz and G.-A. Paffenhöfer, 1992. Effects of small-scale turbulence on feeding rate and gross-growth efficiency of three *Acartia species* (Copepoda : Calanoida). *J. Plankton Res.*, 14 : 1085-1097.

Sargent, J.R. and S. Falk-Peterson, 1988. The lipid biochemistry of calanoid copepods. *Hydrobiol.*, 167/168 : 101-114.

Stanley-Samuelson, D.W., 1987. Physiological roles of prostaglandins and other eicosanoids in invertebrates. *Biol. Bull.*, 173 : 92-109.

Sterner, R.W. and D.O. Hessen, 1994. Algal nutrient limitation and the nutrition of aquatic berbivores. *Annu. Rev. Ecol. Syst.*, 25 : 1-29.

Støttrup, J.G. and J. Jensen, 1990. Influence of algal diet on feeding and egg-production of the calanoid copepod *Acartia tonsa* Dana. *J. Exp. Mar. Biol. Ecol.*, 141 : 87-105.

Strathmann, R.R., 1967. Estimating the organic carbon content of phytoplankton from cell volume or plasma volume. *Limnol. Oceanogr.*, 12 : 411-418.

Tester, P.A. and J.T. Turner, 1990. How long does it take copepods to make eggs? *J. Exp. Mar. Biol. Ecol.*, 141 : 169-182.

Tsuda, A. and T. Nemoto, 1990. The effect of food concentration on the fecal pellet size of the marine copepod *Pseudocalanus newmani* Frost. . *Bull. Plankton Soc. Japan*, 37 : 83-90.

Uye, S., 1981. Fecundity studies of nertic calanoid copepods *Acartia clausi* Giesbrecht and *A. steueri* Smirnov : a simple empirical model of daily egg production. *J. Exp. Mar. Biol. Ecol.*, 50 : 255-271.

Uye, S., 1996. Induction of reproductive failure in the planktonic copepod *Calanus pacificus* by diatoms. *Mar. Ecol. Prog. Ser.*, 133 : 89-97.

Uye, S. and N. Shibuno, 1992. Reproductive biology of the planktonic copepod *Paracalanus* sp. in the Inland Sea of Japan. *J. Plankton Res.*, 14 : 343-358.

White, J.R. and M.R. Roman, 1992. Egg production by the calanoid copepod *Acartia tonsa* in the mesohaline Chesapeake Bay : the importance of food resources and temperature. *Mar. Ecol. Prog. Ser.*, 86 : 239-249.

Whyte, J.N.C., 1988. Fatty acid profiles from direct methanolysis of lipids in tissue of cultured species. *Aquaculture*, Amsterdam, 75 : 193-203.

Xu, X.L., J.D. Castell, and R.K. ODor, 1994. Influence of dietary lipid sources on fecundity, egg hatchability and fatty acid composition of Chinese prawn (*Penaeus chinensis*) broodstock. *Aquaculture*, 119 : 359-370.

우리나라 주변 해역의 어류플랑크톤의 종조성과 섭식형태

차성식 / 전남대학교 해양학과

요 약

우리나라 주변해역에서 이루어진 어류플랑크톤의 종조성과 섭식생태에 대한 연구를 고찰하였다. 멸치(*Engraulis japonicus*)는 여름철에 우리나라 전 해역에서 우점종으로 출현하고 있으며, 전어(*Konosirus punctatus*)는 황해와 남해에서 출현하였다. 황해에서는 밴댕이(*Sardinella zunasi*), 남해에서는 주둥치(*Leiognathus nuchalis*), 제주도 부근에서는 자리돔(*Chromis notatus*), 동해에서는 앨퉁이(*Maurolicus muelleri*)가 특징적인 어종이었다. 부유성 어란과 자치어의 출현종수와 출현량은 여름에 가장 많았다. 황해 연안역에서는 겨울에 흰베도라치(*Enedrias fangi*)의 출현량이 매우 높았다. 남해에서는 대마난류수가 어류플랑크톤의 분포에 영향을 주고 있는 것으로 나타났다.

광양만에서 여름철에 자어의 먹이 생물은 15개 분류군의 소형동물플랑크톤 중에서 4개의 우점종뿐이었다. 이들은 유종섬모충류의 *Tintinnopsis* spp.와 *Codonellopsis* sp., 요각류의 난과 nauplius 유생으로 전체 소형동물플랑크톤의 83.8%를 차지하였다. 자어에 의한 포식은 소형동물플랑크톤의 출현량과 종조성에 영향을 미치는 것으로 나타났다.

1. 서 론

인간은 오래 전부터 해양생물을 식량으로 이용해 왔다. 특히 어류는 여러 가지 수산자원 중에서 다른 생물과 비교할 수 없을 정도로 중요한 자원이다. 어류에 대한 연구는 다른 어떤 해양생물보다 긴 역사를 가지고 있으며, 형태와 분류, 발생과 생활사, 생태, 생리·생화학, 자원량, 양식 및 가공 등 여러 분야에 걸쳐 연구되어 오고 있다.

5억년의 진화역사를 가지고 있으며 2만종 정도가 보고되어 있는 어류는 무척 다양한 생활형태를 보이고 있다. 어류의 번식형태를 보면 태생 또는 난태생을 보이는 종류도 있지만 대부분 난생이다. 난생의 경우 부유성 난이 대부분이며 침성난을 낳거나 난각을 가진 종류도 있다. 난각을 가진 종류는 부화된 자어가 크기 때문에 난황의 흡수가 끝나면 바로 유영생활을 하게 되지만, 부유성 난을 낳는 종류는 물론, 침성난을 낳는 어종과 난태생인 어종도 생활사의 초기에는 부유생활을 한다.

어류의 생활사에 있어서 부유성 난과 아직 유영력이 미약한 자치어로 구성된 어류플랑크톤은 표준네트나 봉고네트와 같은 간단한 장비를 사용하여 정량적 채집이 가능하여 환경의 변화에 따른 어류의 양적 변동을 정확하게 파악할 수 있는 장점을 가지고 있다. 반면에 어란은 식별 형질이 뚜렷한 일부 어종을 제외하고는 동정이 대단히 어렵고, 자치어의 동정도 간단하지 않다. 부유성 어란과 자치어에 대한 동정의 어려움은 초기생태 연구의 어려움으로 남아 있다(Moser and Smith, 1993).

본 연구에서는 그동안 우리나라 주변 해역의 어류플랑크톤의 주요종의 종조성과 출현량에 대하여 고찰하고, 해양 생태계에서 어류플랑크톤의 역할을 이해하기 위하여 어류 초기 섭식생태에 대하여 검토하고자 한다.

2. 어류플랑크톤의 연구 현황

우리나라의 어란·자치어에 대한 초기연구를 보면, 임 등(1970)의 우리나라 근해에서 난 자치어의 분포에 대한 연구를 시작으로 서해안의 어란 자치어의 분포에 관한 연구(김, 1982; 허와 유, 1984)가 이루어졌으며, 멸치(임과 옥, 1977; 김, 1983b), 꽁치(조, 1977) 등의 난과 자치어의 분포에 대한 연구가 진행되었다. 또한 진해만(김 등, 1981), 창선해협(김, 1983a), 광양만(양, 1983), 대한해협(김, 1984) 등에서 치어의 분포가 보고되었다.

어란 자치어의 종조성과 분포에 대한 연구는 1980년대 후반부터 우리나라의 연안역에서 활발하게 이루어졌다. 즉, 황해의 연안역에서는 한강하구(박과 한, 1997), 경기만(유 등, 1987), 아산만 (김 등, 1994a), 천수만에서 금강하구에 이르는 해역(차와 심, 1988; 차 등, 1990), 만경·동진강 하구역(차와 박, 1991) 등에서 어란과 자치어의 분포에 관한 연구가 이루어졌다. 남해의 연안역에 대한 부유성 어란과 자치어의 종조성과 출현량에 대한 연구로는 광양만(유와 차, 1988; 차와 박, 1994), 여수 주변해역(유 등, 1999), 진해만(유 등, 1992), 낙동강하구 부근(차와 허, 1988) 등에서 활발하게 연구되었으며, 제주도 연안역에서도 자치어의 분포에 대한 연구가 진행되었다(유 등, 1990b; 고 등, 1991 : 유 등, 1998). 동해의 경우, 월성(차 등, 1991), 울산(김 등, 1985b) 고리(김, 1991; 김 등, 1994b) 부근 해역에서 부유성 난이나 자치어의 분포에 대한 연구가 이루어졌다.

외해의 경우에는 연구가 많지 않으나, 황해(유, 1988 : Lee 등, 1995)와 남해(유, 1991; 전과 차, 2001; 천, 2002), 대한해협(이, 1996; 김과 유, 1999b)에서 자치어의 종조성과 출현량에 대한 연구가 있었다.

우리나라 주변 해역에서 어류플랑크톤의 분포에 대한 연구가 활발히 진행됨에 따라 연안역에서의 적정 채집방법에 대한 검토가 이루어졌으며(차와 박, 1995), 우리나라 전 연안역에서 주요 어종인 멸치에 대해서는 초기 성장(차, 1990)과 멸치의 출현량과 환경요인과의 관계(김, 1992)를 비롯하여 멸치의 출현량이 어장 가입량이나 사망률에 미치는 영향에 관한 집중적인 연구가 이루어졌다(김과 김, 1991, 1993).

어류플랑크톤에 대한 연구는 수평적 분포뿐만 아니라 자치어의 수직분포에 대한 연구도 진행되었다. 멸치(김과 최, 1988; 이 등, 1996)와 앨퉁이(김과 강, 1995)의 난과 자치어의 수직분포에 대하여 연구되었으며, 제주도 연안역에서 자치어의 일주기 수직이동(유 등, 1990a)에 대하여 연구되었다.

자치어의 분포는 수괴의 분포나 해류에 의하여 영향을 받을 수 있으므로 전선구조에 따른 자치어의 분포 특성(김과 유, 1999b)과, 수온전선에 따른 앨퉁이 난·자치어 분포(김과 유, 1999a; 선, 2002)에 대하여 연구되었다. 대마난류 변동이 멸치 난·자어의 연안역 수송에 미치는 영향(추와 김, 1998)이 연구되었으며, 남해의 수괴분포가 자치어의 분포에 미치는 영향에 관하여 연구되었다(유, 1991; 전과 차, 2001; 천, 2002).

3. 어류플랑크톤의 종조성과 분포

온대해역에 위치하는 우리나라 주변 해역에서 어류의 산란은 크게 겨울 산란군과 여름 산란군으로 나누어지는데, 여름 산란군이 대부분을 차지하고 있다. 봄이나 가을에 산란하는 어종은 드물고 출현량도 매우 적다. 그러므로 어류플랑크톤의 출현량은 초여름에 매우 많고 다른 계절에는 작은 편이다.

우리나라의 외해역을 포함한 전 해역에서 우점하는 종은 멸치이다. 특히 외해역에서는 다른 어종의 출현량이 낮은 편이기 때문에 멸치의 우점도는 매우 높다. 멸치는 수온이 상승함에 따라 월동장인 남해에서부터 북쪽으로 회유하면서 산란하기 때문에 봄철에 남해에서 시작된 멸치 난과 자치어의 출현은 시간이 지남에 따라 황해와 동해로 확장되어 간다. 가을이 되면서 수온이 하강하면 남하하면서 산란이 지속되는데 이때는 북상시보다 출현량이 작다. 그러므로 멸치 난과 자치어의 분포는 수온분포와 관계가 깊다.

표 1. 한국 서해에 출현한 주요 자치어 목록과 출현량

Area	Month	Species	Abundance (ind./1,000m^3)	%	References
Chonsu Bay-Keum Estuary	July, 1985	*Engraulis japonicus*	2,043	58.0	Cha *et al.*, 1990
		Sardinella zunasi	875	24.9	
	Sep., 1985	Callionymidae	180	46.0	
		Engraulis japonicus	173	44.2	
	Jan., 1986	*Enedrias fangi*	2,327	99.5	
	Feb., 1986	*Enedrias fangi*	741	98.3	
	Apr., 1986	*Enedrias fangi*	672	96.9	
Mankyung-Dongjin Estuary	May, 1990	*Konosirus punctatus*	2,058	97.0	Cha and Park, 1991
	July, 1990	*Sardinella zunasi*	464	36.4	
		Gobiidae	344	27.0	
		Thryssa. spp.	158	12.4	
Yellow Sea	Aug., 1982	*Engraulis japonicus*	4,995	93.4	Yoo, 1988
	Aug., 1983	*Engraulis japonicus*	1,710	88.5	

연안역의 경우 여름철의 자치어 출현을 보면, 황해에서는 멸치 이외에 전어(*Konosirus punctatus*), 밴댕이(*Sardinella zunasi*), 망둑어류(Gobiidae), 풀반지류(*Thryssa* spp.), 돛양태류(Callionymidae) 등이 주로 출현하였다(표 1). 멸치는 하구역에서는 낮은 염분의 영향으로 출현이 제한됨에 반하여 전어는 저염의 영향을 받지 않는다(차와 박, 1991). 전어의 출현은 여름 산란군 중에서 다른 어종보다 먼저 시작되며 한달 정도의 시차를 두고 밴댕이의 출현이 시작되었다(차와 심, 1988). 여러 종으로 구성되어 있는 망둑어류는 봄부터 가을까지의 긴 출현기간을 보인다(차 등, 1990). 망둑어류는 부착난을 낳기 때문에 조사정점의 구성에 따라 조성이 차이를 보였다. 연안에 가까운 정점이나 수심이 낮은 정점에서 출현량이 높게 나타나는 현상을 보였다.

남해에서는 멸치, 망둑어류, 전어, 보구치(*Argyrosomus argentatus*), 주둥치(*Leiognathus nuchalis*), 강성돔(*Acanthopagrus schlegeli*), 청보리멸(*Sillago japonica*) 등이 주요 출현종이었다(표 2). 황해에 비하여 보구치, 주둥치, 청보리멸의 조성이 증가하고, 강성돔이 출현하는 특징을 보였다. 제주도 부근에서는 남해 연안역과는 달리 망둑어류와 자리돔(*Chromis notatus*), 멸치가 우점하는 현상을 보였다.

남해의 외해에서는 대마난류 영향을 받아 출현종수가 많고 다양성이 매우 높은 특징을 보이는

데, 멸치, 뭉치다래류(*Auxis* sp.), 미역치(*Erisphex potti*), 자리돔이 우점종이었다. 뭉치다래류와 자리돔은 다른 해역에서는 출현하지 않고 제주도 부근과 남해 외해에서만 출현하는 난류성 어종이다.

표 2. 한국 남해에 출현한 주요 자치어 목록과 출현량

Area	Month	Species	Abundance (ind./1,000m^3)	%	References
Kwangyang Bay	June, 1990	*Engraulis japonicus*	1,108	41.8	Cha and Park, 1994
		Gobiidae	532	20.1	
		Konosirus punctatus	461	17.4	
		Argyrosomus argentatus	215	8.1	
		Leiognathus nuchalis	154	5.8	
		Acanthopagrus schlegeli	127	4.8	
	Aug., 1990	Gobiidae	343	36.8	
		Engraulis japonicus	142	15.2	
		Leiognathus nuchalis	116	12.4	
		Sillago japonica	87	9.3	
		Argyrosomus argentatus	77	8.3	
Nakdong Estuary	May, 1987	*Engraulis japonicus*	97	91.4	Cha and Huh, 1988
	Aug., 1987	*Engraulis japonicus*	72	32.5	
		Callionymidae	61	27.7	
		Coilia spp. (*Thryssa*?)	50	22.4	
Off Cheju Is.	Aug., 1988	Gobiidae	100	24.0	Yoo *et al.*, 1990
		Chromis notatus	94	22.5	
		Engraulis japonicus	88	20.9	
Korea Strait	Apr., 1993	*Engraulis japonicus*	4,725	95.0	Lee, 1996
	July., 1993	*Engraulis japonicus*	5,958	95.2	
	Oct., 1993	*Engraulis japonicus*	620	86.5	
South Sea	Mar., 1990	*Sardinops melanostictus*	97	78.7	Yoo, 1991
	Apr., 1989	*Engraulis japonicus*	61	43.7	
	Aug., 1999	*Engraulis japonicus*	524	67.6	
		Auxis sp.	45	5.8	
		Erisphex potti	41	5.2	
		Chromis notatus	38	4.9	

동해 연안역에서는 멸치, 돛양태류, 앨퉁이(*Maurolicus muelleri*), 앞동갈베도라치(*Omobranchus elegans*) 등이 우점종이었다. 외해에서는 멸치와 앨퉁이가 대부분을 차지하였으며, 다른 어종은 거의 출현하지 않았다(표 3). 동해에서는 황해와 남해 연안역에서 출현하였던 전어가 출현하지 않고, 황해와 남해에서 출현하지 않았던 앨퉁이가 출현하는 특징을 보였다.

표 3. 한국 동해에 출현한 주요 자치어 목록과 출현량

Area	Month	Species	Abundance (ind./1,000m^3)	%	References
Off Wolsong	July, 1990	*Engraulis japonicus*	134	65.4	Cha *et al.*, 1991
		Callionymidae	34	16.8	
		Maurolicus muelleri	23	11.4	
Off Ulsan	Feb., 1984	*Ammodytes personatus*	517	84.0	Kim *et al.*, 1985
		Sebastes inermis	67	10.9	
	Apr., 1984	*Sebastes inermis*	37	47.0	
		Gobiidae	21	27.6	
	July, 1984	*Engraulis japonicus*	2,711	84.7	
		Omobranchus elegans	186	5.8	
	Sep., 1984	*Engraulis japonicus*	191	53.5	
		Callionymidae	77	21.6	
Off Kori	July, 1988	*Engraulis japonicus*	242	77.8	Kim, 1991
East Sea (southern)	Oct., 2000	*Engraulis japonicus*	4,500	95.1	Cha, unpublished
	Nov., 2000	*Maurolicus muelleri*	389	93.6	
	Jan., 2001	*Maurolicus muelleri*	110	95.1	

여름철 우리나라 연안역의 주요 출현종을 종합하여 보면, 멸치가 전 연안역에서 주요어종으로 출현하고 있으며, 전어는 황해와 남해에서 출현하였다. 밴댕이는 황해의 특징적이 어류이었으며, 주둥치는 남해에서, 자리돔은 제주도 부근에서, 앨퉁이는 동해에서 특징적인 어종이었다.

또한 계절에 따라 봄에는 볼락(*Sebastes inermis*)이, 가을에는 농어(*Lateolabrax japonicus*)가, 겨울에는 흰베도라치(*Enedrias fangi*)와 까나리(*Ammodytes personatus*), 쥐노래미(*Hexagrammos otakii*), 꼼치(*Liparis tanakai*) 등이 주요 출현종이었다. 흰베도라치는 황해 연안역에 주로 분포하며, 남해연안역에서도 소량 출현하였다. 황해 연안역에서는 겨울에 흰베도라치의 출현량이 매우 높았다. 일반적으로 우리나라 주변 해역에서 어류플랑크톤은 여름철에 출현종수와 출현량이 가장 많으며 다른 계절에는 작은 특징을 보이는데, 황해 연안역의 경우에는 흰베도라치의 출현으로 겨울에도 출현종수는 작으나 출현량은 여름철과 비슷한 수준을 보인다.

남해에서는 대마난류수가 자치어의 분포에 많은 영향을 주고 있는 것으로 나타났다(유, 1991). 봄철에 자치어의 분포는 황해냉수역과 한국연안수역, 대마난류수역으로 대별되는 특징을 보이고 있으며(천, 2002), 여름에는 난류성 어종이 주로 출현하는 대마난류수역과 양자천퇴역, 그리고 기타지역으로 구분되었다(전과 차, 2001).

4. 섭식생태

어류의 초기 섭식의 성공은 어류의 성장과 생존율에 중요한 영향을 끼치며, 결국 성어 가입량을 결정짓는 중요한 요소가 된다(May, 1974; Lasker, 1975). 초기 섭식생태에 관해서는 흰베도라치(김 등, 1985a), 미끈날망둑(이와 허, 1989), 멸치(박과 차, 1995), 전어(박 등, 1996), 보구치(차와 박, 2001a), 주둥치(차와 박, 2001b)등에 대해 먹이의 조성이나 선택성에 관한 연구가 이루어졌다.

표 4. 1995.5.22-8.3 사이에 광양만에 출현한 소형동물플랑크톤들의 출현량

Taxa	Abundances(ind./L)	Composition
Tintinnids		
Leprotintinnus sp.	14.5	1.9%
Tintinnopsis spp.	299.2	39.2%
Stenosemella spp.	17.7	2.3%
Codonellopsis sp.	126.9	16.6%
Favella sp.	7.2	0.9%
Polychaete larva	3.3	0.4%
Cladocerans		
Evadne sp.	1.9	0.2%
Copepods		
eggs	43.0	5.6%
nauplii	171.4	22.4%
Barnacle nauplii	6.5	0.9%
Decapods		
Crab zoea	0.4	0.1%
Bivalve veliger	32.0	4.2%
Echinoderm larvae	5.9	0.8%
Urochordates		
Oikopleura sp.	24.3	3.2%
Unidentified	8.4	1.1%
Total	762.4	100.0%

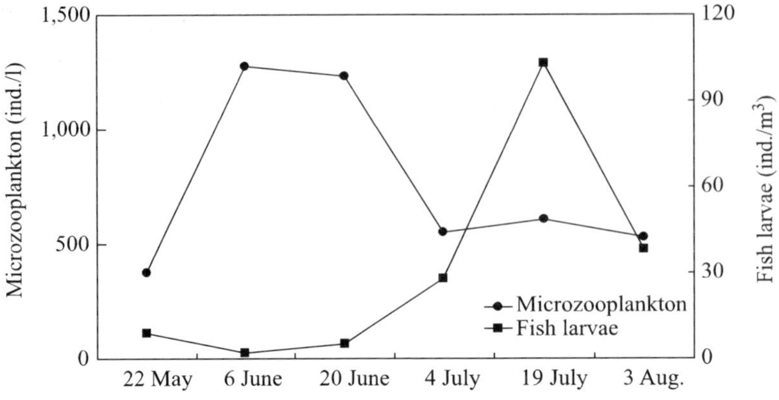

그림 1. 1995년 광양만에 출현한 자치어와 소형동물플랑크톤의 출현량 변화

광양만에서 여름철에 출현한 소형동물플랑크톤은 15개 분류군이었다(표 4). 우점종은 *Tintinnopsis* spp., *Codonellopsis* sp., 요각류 난과 nauplius 유생으로 전체 소형동물플랑크톤의 83.8%를 차지하였다.

소형동물플랑크톤의 출현량은 자어의 출현량과 음의 상관관계를 보였다(그림 1). 자어는 5월 22일부터 6월 20일 사이에 2,141~9,019 ind./1,000m^{3}의 출현량을 보였으며, 7월 4일에는 27,792 ind./1,000m^{3}로 증가하였고, 7월 19일에는 103,038 ind./1,000m^{3}에 이른 후, 8월 3일에는 38,217 ind./1,000m^{3}의 출현량을 보였다. 소형동물플랑크톤은 수온이 20.4℃이었던 5월 22일에는 출현량이 낮았으나, 수온이 상승함에 따라 출현량이 증가하였다. 그러나 자어의 출현량이 증가하면서 소형동물플랑크톤의 출현량이 감소하는 현상을 보였다(차와 박, 2000).

멸치, 전어, 보구치, 주둥치 자어의 장내용물에서 관찰된 소형동물플랑크톤은 *Tintinnopsis* spp., *Codonellopsis* sp., 요각류 난과 nauplius 유생(박과 차, 1995; 박 등, 1996; 차와 박, 2001a, 2001b)으로 소형동물플랑크톤 중에서 우점하는 종류이었다. 이매패류 veliger 유생, *Oikopleura* sp., *Stenosemella* spp., *Leprotintinnus* sp.는 각각 전체 소형동물플랑크톤 중에서 1% 이상의 조성을 보이고 있지만 자어의 장내용물에서 전혀 관찰되지 않았다.

소형동물플랑크톤의 출현량 변동을 우점종별로 살펴보면, *Tintinnopsis* spp.와 *Codonellopsis* sp.는 조사시기에 따라 출현량의 변화가 컸다(그림 2). *Tintinnopsis* spp.는 6월 6일에 절정을 이룬 후 감소하였고, *Codonellopsis* sp.는 6월 20일에 절정을 이룬 후 감소하였다. 반면에 요각류 난과 nauplius 유생은 조사시기에 따른 출현량 변동이 크지 않고, 시간이 경과하여 수온이 상승할수록 출현량이 증가하는 경향을 보였다.

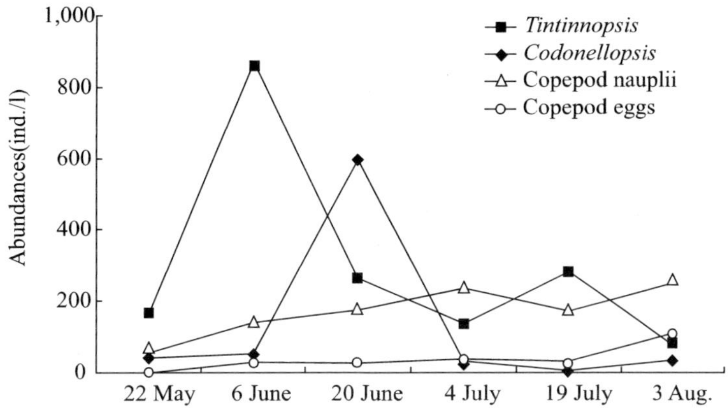

그림 2. 1995년 광양만에 출현한 주요 소형동물플랑크톤의 출현량 변동

요각류 난과 nauplius 유생은 요각류의 산란과 난의 부화에 의하여 나타난다. 요각류의 산란은 수온이 상승함에 따라 증가하기 때문에 요각류 난과 nauplius 유생의 공급은 여름이 되면서 계속 증가할 것이다. 그러나 요각류 난과 nauplius 유생은 멸치와 전어를 비롯한 여러 어류가 초기 먹이 생물로 이용하기 때문에(박과 차, 1995; 박 등, 1996), 자어의 출현량 증가는 요각류 난과 nauplius 유생의 출현량 증가를 제한하는 요인이 될 것이다.

Tintinnopsis spp.와 *Codonellopsis* sp.의 출현량이 급격히 증가하는 것은 유종섬모충류가 이분법으로 번식하기 때문에 번식에 적합한 환경에서는 개체수가 빠른 속도로 증가할 수 있을 것으로 판단된다. 유종섬모충류의 갑작스런 출현량 감소는 포식에 의한 것으로 판단된다. 유종섬모충류의 포식자는 요각류(Robertson, 1983)를 비롯하여 어류의 자어(Arthur, 1976; Govoni *et al.*, 1983; 박과 차, 1995; 박 등, 1996; 차와 박, 2001a, 2001b), 다른 유종섬모충류(Robertson, 1983) 등으로 이들은 유종섬모충류의 출현량과 종조성을 변화시킬 수 있을 것이다.

Tintinnopsis spp.는 6월 6일에 절정을 보인 후 감소하였는데 주둥치 자어의 출현량이 증가하면서 감소하는 현상을 보이고 있다(그림 3). *Tintinnopsis* spp.는 주로 주둥치에 의하여 포식되는데(차와 박, 2001b), *Tintinnopsis* spp.의 감소는 주둥치의 자어가 *Tintinnopsis* spp.를 포식하였기 때문으로 판단된다. *Codonellopsis* sp.의 출현량은 6월 20일에 최대를 보였으나 7월 4일부터는 출현량이 낮았다. *Codonellopsis* sp.는 망둑어류, 전어, 보구치의 자어에 의해 포식되는데, 7월 4일 이후에 망둑어류 자어의 출현량이 10,000 ind./1,000m^3 이상의 높은 출현량을 보이고 있기 때문에, 7월 4일부터는 *Codonellopsis* sp.가 망둑어류 자어의 포식에 의하여 출현량이 낮아진 것으로 판단된다(그림 3).

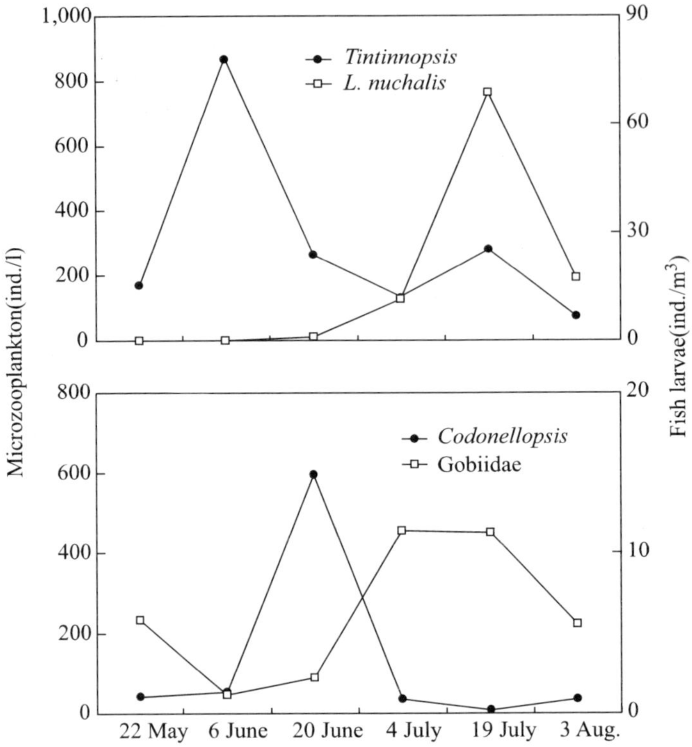

그림 3. 1995년 광양만에 출현한 *Tintinnopsis* spp.와 주둥치(*Leiognathus nuchalis*)와 *Codonellopsis* sp.와 망둑어류(Gobiidae)의 출현량 변동

어류플랑크톤은 종에 따라 먹이생물에 대한 선호도가 다르기 때문에 특정 소형동물플랑크톤을 선택적으로 포식한다. 이에 따라 어류플랑크톤은 소형동물플랑크톤의 출현량에 영향을 미칠 뿐만 아니라 종조성에도 영향을 미치는 것으로 나타났다. 요각류 난과 nauplius 유생은 멸치와 전어를 비롯한 여러 어종의 자어가 선호하는 먹이이지만 자어의 출현량이 증가함에도 불구하고 요각류 난과 nauplius 유생의 출현량이 증가하는 양상을 보였다. 따라서 요각류의 산란량은 포식에 의한 사망량보다 높은 것으로 판단된다. 유종섬모충류는 대부분의 어류가 선호하지 않는 먹이생물이나, 주둥치와 망둑어류가 선호하는 먹이생물이었다. *Tintinnopsis* spp.는 주둥치 자어의 출현량이 증가함에 따라 출현량이 감소하고, *Codonellopsis* sp.는 망둑어류 자어의 출현량이 증가함에 따라 출현량이 감소하는 것으로 나타났다.

참고문헌

고유봉, 고경민, 김종만, 1991. 제주도 북방 함덕 연안역의 자치어 출현. 한어지, 3(1) : 24~35.

김성, 1991. 고리해역 자치어 출현량의 계절변동. 전남대학교 석사학위논문, 41pp.

김성, 유재명, 1999a. 앨퉁이(*Maurolicus muelleri*) 난·자치어 분포와 수온전선. 한어지, 11(1) : 62~71.

김성, 유재명, 1999b. 여름철 대한해협의 전선구조에 따른 자치어의 분포 특성. 한어지, 11(1) : 72~85.

김용억, 1983a. 남해 창선해협의 자치어에 관한 연구. 한수지, 16(3) : 163~180.

김용억, 1984. 대한해협의 자치어 분포상. 한수지, 17(3) : 230~243.

김용억, 진평, 이택렬, 강용주, 1981. 한국 연근해의 치어에 관한 연구. 부산수대해연보, 13 : 1~35.

김용억, 한경호, 강충배, 1994a. 아산만 해역의 부유성 난과 자치어의 분포. 한수지, 27(5) : 620~632.

김용억, 한경호, 강충배, 고정락, 1994b. 고리 주변 해역의 부유성 난과 자치어의 분포. 한수지, 27(5) : 633~642.

김종만, 김동엽, 유재명, 허형택, 1985a. 흰베도라치, *Enedrias fangi*, 치자어기의 식성. 한수지, 18(5) : 484~490.

김종만, 유재명, 허형택, 차성식, 1985b. 울산만 및 그 주변해역의 치자어 분포. 해양연구, 7(2) : 15~22.

김진영, 1982. 춘계 한국서해안에 분포하는 치어에 관한 연구. 수진연구보고, 30 : 65~71.

김진영, 1983b. 한국남해 및 서해 연안해역에서의 멸치 난치어의 분포. 한수지, 16(4) : 401~409.

김진영, 1992. 한국 동해의 멸치 난자어 밀도와 환경요인과의 관계. 한수지 25(6) : 495~500.

김진영, 강영실, 1995. 한국 동해남부 해역 앨퉁이 난·자어의 연직분포. 한어지, 7(1) : 64~70.

김진영, 김주일, 1991. 한국남해안 멸치의 난·자어 밀도와 가입. 수진연구보고, 45 : 101~107.

김진영, 김주일, 1993. 한국 남해 연안의 멸치 난 자어 분포와 사망률의 변동. 한어지, 5(2) : 217~225.

김진영, 최영민, 1988. 멸치, *Engraulis japonica* 난·치어의 연직분포. 한수지, 21(3) : 139~144.

박경수, 한경남, 1997. 한강 하구역 및 경기만에서 어류 자치어의 역학에 관한 연구. 한해지, 32(4) : 202~207.

박광재, 차성식, 1995. 광양만 멸치(*Engraulis japonica*)의 후기자어의 먹이생물. 한수지, 28(3) : 247~252.

박광재, 차성식, 허성회, 1996. 광양만 전어(*Konosirus punctatus*)의 후기자어의 먹이 생물. 한수지, 29(4) : 450~455.

선영란, 2002. 동해 남서부해역 수온전선역 앨퉁이(*Maurolicus muelleri*) 난자치어 수직분포 및 이석의 미세구조를 이용한 나이 추정과 성장 분석. 충남대학교 석사학위논문. 51pp.

양한춘, 1983. 광양만의 어란 및 치자 출현량의 계절적 변화. 한수지, 4 : 33~37.

유재명, 1988. 황해 남동해역의 여름철 치자어 분포. 해양연구, 10(2) : 9~16.

유재명, 1991. 한국 남해 치자어에 관한 생태학적 연구. 한국해양연구소 보고서 BSPE 00190-323-3, 230pp.

유재명, 김성, 이은경, 김용억, 1998. 제주도 주면 해역의 치자어 군집에 관한 연구-가을철. 바다, 3(2) : 71~79.

유재명, 김성, 이은경, 이종수, 1992. 진해만의 부유성 어란과 치자어 분포. 해양연구, 14(2) : 77~87.

유재명, 김용억, 차성식, 1990a. 여름철 제주도 연안역의 치자어 표층출현량의 일주기 변동. 해양연구, 12(2) : 87~96.

유재명, 김종만, 김용억, 차성식, 1990b. 여름철 제주도 연안역의 치자어 분포. 해양연구, 12(2) : 73~85.

유재명, 김종만, 허형택, 차성식, 1987. 경기만에 출현하는 치자어의 분포. 해양연구, 9(1,2) : 15~23.

유재명, 이은경, 김성, 1999. 여수주변해역의 치자어 분포. 한수지, 32(3) : 295~302.

유재명, 차성식, 1988. 광양만 부유성 난 자치어의 출현량 변동. 해양연구, 10(1) : 79~84.

이은경, 1996. 대한해협 치자어의 수직분포. 인하대학교 석사학위논문. 100pp.

이은경, 유재명, 김성, 이영철, 1996. 대한해협 멸치 치자어의 수직분포. 한어지, 8(2) : 47~56.

이태원, 허성회, 1989. 해산동물의 초기생활사에 관한 연구 2. 미끈날망둑, *Chaenogobius laevis* (Steindachner)

의 자치어기의 연령, 성장 및 식성. 한수지, 22(5) : 332~341.

임주열, 옥인숙, 1977. 한국근해에 있어서 멸치 난 치자어의 출현분포에 관한 연구. 수진연구보고, 25 : 73~85.

임주열, 조문규, 이미자, 1970. 한국근해에 있어서 어란 치자어의 출현분포. 수산자원조사보고, 8 : 7~29.

전송미, 차성식, 2001. 여름철 남해의 수괴와 자치어 분포. 2001년도 춘계 수산관련학회 공동 학술대회 발표요지집, pp. 563~564.

조문규, 1977. 한국근해 꽁치 난치자의 분포에 대하여. 수진연구보고, 14 : 87~99.

차성식, 1990. 전남 연안 해역 멸치(*Engraulis japonica*)의 연령과 초기 성장. 한수지, 23(5) : 385~393.

차성식, 박광재, 1991. 만경동진강 하구의 부유성 난 자치어의 분포 양상. 한해지, 26(1) : 47~58.

차성식, 박광재, 1994. 광양만 부유성 난 자치어의 분포. 한어지, 6(1) : 60~70.

차성식, 박광재, 2000. 여름철 광양만 소형 동물플랑크톤의 출현량과 종조성. 한수지, 33(4) : 361~366.

차성식, 박광재, 2001a. 광양만 보구치(*Argyrosomus argentatus*) 후기자어의 먹이 선택성. 한수지, 34(1) : 27~31.

차성식, 박광재, 2001b. 광양만 주둥치(*Leiognathus nuchalis*) 후기자어의 먹이생물과 선택성. 한수지 34(6) : 666~671.

차성식, 박광재, 유재명, 김용억, 1991. 월성 주변 해역 부유성 난 자치어의 분포. 한어지, 3(1) : 11~23

차성식, 박명정, 1995. 서해 연안역에서 자어의 적정 채집방법. 한해지, 30(1) : 64~68.

차성식, 심재형, 1988. 황해 중동부 연안역의 부유성 어란 군집의 계절 변동. 한해지, 23(4) : 184~193

차성식, 유재명, 김종만, 1990. 황해 중동부 연안역의 자치어 군집의 계절 변동. 한해지. 25(2) : 96~105.

차성식, 허성회, 1988. 낙동강 하구부근의 부유성 난 자치어의 출현량 변동. 한국어업기술학회지, 24(4) : 135~143.

천숙진, 2002. 봄철 한국 남해 자치어의 분포. 전남대학교 석사학위논문, 38pp.

추효상, 김동수, 1998. 한국 남해의 대마난류 변동이 멸치 난자어의 연안역 수송에 미치는 영향. 한수지, 31(2) : 226~244.

허성범, 유재명, 1984. 한국 서해안의 난 치어 분포. 한수지, 17(6) : 536~542.

Arthur, D.K, 1976. Food and feeding of larvae of three fishes occurring in the California current, *Sardinops sagax*, *Engraulis mordax*, and *Trachurus symmetricus*. *Fish. Bull., U. S.* 74, 517~530.

Govoni, J. J., Hoss, D. E. Chester, A. J, 1983. Comparative feeding of three species of larval fishes in the northern Gulf of Mexico : *Brevoortia patronus*, *Leiostomus xanthurus*, and *Micropogonias undulatus*. *Mar. Ecol. Prog. Ser.* 13, 189~199.

Lasker, R, 1975. Field criteria for survival of anchovy larvae : the relation between inshore chlorophyll maximum layers and successful first feeding. *Fish. Bull.*, 73 : 453~462.

Lee, Y.C., J.M. Yoo, W.S. Kim and S. Kim, 1995. On the distribution of larval fish in the Yellow Sea. *The Yellow Sea*, 1 : 1~8.

May, R.C., 1974. Larval mortality in marine fishes and the critical period concept. In : *Blaxter, J.H.S.(ed.), The Early Life of History of Fish. Springer-Verlag, Berlin, Heidelberg, New York*, pp. 3~20.

Moser, H.G., and P.E. Smith, 1993. Larval fish assemblages and oceanic boundaries. *Bulletin of Marine Science*, 53(2) : 283~289.

Roberston, J.R., 1983. Predation by estuarine zooplankton on tintinnid ciliates. *Estur. Coast Mar. Sci.*, 16, 27~36.

• The Plankton Ecology of Korean Coastal Waters • The Plankton Ecology of Korean Coastal Waters •

제4부

한국연안해역의 부유미세생물

동해에서 바이러스의 생태연구

황청연·조병철 / 서울대학교 자연과학대학 지구환경과학부

요 약

해양에서 바이러스는 종속영양성 미소편모류(heterotrophic nanoflagellate; HNF)와 더불어 박테리아의 사망 요인으로 여겨지고 있다. 바이러스가 박테리아의 사망에 어느 정도 영향을 주는지에 대한 연구의 한 방법으로 전체 박테리아 시료 중 바이러스에 감염된 박테리아의 비율(frequency of visibly infected bacteria; FVIB)을 투과전자현미경(transmission electron microscope)으로 관찰하는 방법이 이용된다. 1999년 동해에서 수행된 연구에서는 투과전자현미경을 이용한 기존의 바이러스 생산력 추정 방법이 박테리아 군집(서로 다른 성장 속도를 갖는 박테리아들이 존재하며, 바이러스에 감염되는 감수성이 숙주의 대사 활동도에 따라 다른 군집)에 적용될 경우 바이러스 생산력이 과소평가될 수 있음을 모델로 증명하였다. 또한 이의 타당성을 확인하기 위해 동해 현장 시료를 4개의 박테리아 그룹(간균, 굽은 간균, 구균, 나선균)으로 구분하여 분열 중인 박테리아 비율(frequency of dividing cells)과 FVIB를 각각의 그룹에 대하여 측정하였다. 제안된 모델에 따라 바이러스 생산력을 추정한 결과, 기존의 방법에 의한 바이러스 생산력 결과보다 1.2~2.8배 증가된 값을 얻을 수 있었다.

한편 빈영양 해역에서 바이러스가 박테리아 사망을 어느 정도 조절하고 있는지, 또한 HNF와 비교하여 어떠한 중요성을 갖는지에 대한 연구는 세계적으로 거의 알려진 바가 없었다. 2001년 여름 빈영양성인 동해 해역에서 수행된 바이러스 연구 결과, 조사된 모든 시료에서 FVIB를 유의한 수준으로 관찰할 수 있었으며(1.2~2.2%), 이는 박테리아 생산력의 평균 13.1(±3.2)%에 해당하였다. HNF에 의한 박테리아 사망이 평균 9.5(±8.4)%였던 점을 고려하면, 연구 해역에서 바이러스는 HNF와 대체적으로 유사하게 박테리아 사망에 영향을 주고 있음을 알 수 있었다.

위 연구들을 종합해 볼 때, 바이러스는 동해의 미세생물 고리(microbial loop)에서 활동적인 역할을 담당하고 있으며, 바이러스에 의한 박테리아 용균(viral lysis)이 입자성 유기 물질

(particulate organic matter)을 용존성 유기 물질(dissolved organic matter)로 전환하는 기작 중 하나이며 HNF의 박테리아 섭식에 의한 에너지 흐름과는 다르다는 점을 감안하면, 이후 동해의 생지화학적 순환 연구에서 바이러스가 중요하게 고려되어야 할 것으로 여겨진다.

1. 서 론

해양에 바이러스가 높은 개체수로 존재하고 있음이 밝혀진 이후(Bergh 등, 1989), 다양한 수생 환경에서 바이러스에 대한 연구가 진행되었다(Proctor and Fuhrman, 1990; Wommack 등, 1992; Cochlan 등, 1993; Steward 등, 1996). 연안, 외양, 열대, 극지방, 표층 및 심해, 심지어는 빙하에 이르기까지 다양한 환경에서 바이러스 개체수에 대한 연구가 수행되었고, 그 결과 바이러스는 각각의 환경에서 가장 많은 개체수를 차지하고 있는 구성원이라는 사실이 밝혀졌다(Fuhrman, 1999). 일반 해수면에 분포하는 바이러스 개체수는 약 10^{10} viruses/L이며 대체적으로 수심이 깊어짐에 따라 감소하는 경향을 보인다(Fuhrman, 1999). 또한 바이러스 개체수와 다른 생물학적 변수들(예를 들면, 엽록소 *a* 농도, 박테리아 개체수, 생산력) 사이에 유의한 관계가 있음이 보고되었다(Cochlan 등, 1993; Maranger and Bird, 1995).

바이러스는 해양 플랑크톤의 활동적인 구성원으로, 박테리아 사망에 중요한 역할을 담당하는 것으로 알려져 있다(Wommack and Colwell, 2000). 그러나 박테리아 사망에 대한 바이러스의 기여 정도는 연구들에 따라 다르게 평가되었다. 즉, 일부 연구들은 박테리아 사망의 상당 부분이 바이러스에 의한 결과라 보고 하였으며(Proctor and Fuhrman, 1990; Weinbauer and Peduzzi, 1995), 일부 다른 연구들은 바이러스와 종속영양성 미소편모류(heterotrophic nanoflagellate; HNF)가 유사하게 박테리아 사망에 영향을 주고 있다고 보았다(Fuhrman and Noble, 1995; Steward 등, 1996).

해양 미세생물 고리(microbial loop)에서 바이러스는 박테리아를 용균(lysis)시킴으로써, HNF의 섭식에 의해 상위 영양 단계로 전달되는 물질의 양을 줄이고, 용존성 유기 물질(dissolved organic matter; DOM)을 증가시키는 역할을 수행한다(Bratbak 등, 1990). 이렇게 생성된 DOM은 다른 박테리아의 성장에 활발하게 이용되기도 한다(Noble and Fuhrman, 1999). 또한 바이러스에 의한 박테리아 용균은 박테리아 내부에 비교적 높은 농도로 축적된 영양분(nutrients)을 재순환(recycling)시켜, 영양염에 의해 제한되어 있는 식물 플랑크톤의 성장을 촉진시키기도 한다(Fuhrman, 1999). 그러므로 박테리아의 사망이 바이러스와 HNF 중 어느 요인에 의해 조절되고 있는지를 규명하는 것은 생지화학적 순환을 구체적으로 이해하는데 필요하다.

바이러스 생산력은 박테리아 사망률과 바이러스 군집의 회전 속도(turnover rate)를 추정하는 데 이용되는 중요한 생물학적 변수이다. 일반적으로 바이러스 생산력은 다음의 4가지 방법으로 측정된다.

첫째, 시아나이드(cyanide) 화합물을 첨가하여 바이러스 생산을 억제시킨 후 바이러스의 소거율(decay rate)을 측정하는 방법이다(Heldal and Bratbak, 1991).

둘째, 방사성 동위 원소로 표지된 물질(예, ^{32}P-orthophosphate, ^{3}H-thymidine)이 바이러스의 핵산에 고정되는 속도(incorporation rate)를 측정하는 방법이다(Steward 등, 1992; Fuhrman and Noble, 1995).

셋째, 형광 물질로 염색시킨 바이러스(fluorescently labelled viruses)를 추적자(tracer)로 이용하여 바이러스 생산 속도를 측정하는 방법이다(Noble and Fuhrman, 2000).

넷째, 투과전자현미경(transmission electron microscope; TEM)을 이용하여 관찰 가능한 바이러스에 감염된 박테리아의 비율(frequency of visibly infected bacteria; FVIB)을 측정하고, 박테리아 생산력과 burst size(바이러스에 감염된 하나의 숙주가 용균될 때 방출되는 바이러스 수)를 이용하여 바이러스 생산력을 계산하는 방법이다(Guixa-Boixareu 등, 1996; Steward 등, 1996).

본 논문에서는 동해 바이러스 생태에 대한 연구들(Hwang and Cho, 2002a; Hwang and Cho, 2002b)을 토대로 바이러스에 대한 실제적인 연구 방법 및 연구 결과 나타난 동해 바이러스의 생태적 중요성에 대해 소개하고자 한다.

2. 바이러스 개체수와 생산력 측정의 방법론

바이러스 개체 분포에 대한 초기의 연구는 주로 투과전자현미경(TEM)을 이용하여 수행되었다(Bergh 등, 1989; Wommack 등, 1992). 그러나 이 방법은 고가의 장비(초고속원심분리기, TEM)를 필요로 하며 시료 처리에 많은 시간이 소요된다는 단점을 갖고 있다. 또 다른 방법으로는 바이러스를 형광 염료(DAPI, Yo-Pro Ⅰ, SYBR Green Ⅰ)로 염색한 후 에피형광현미경(epifluorescence microscope; EM)으로 관찰하는 방법이 있다(Hara 등, 1991; Hennes and Suttle, 1995; Noble and Fuhrman, 1998).

동일한 시료를 대상으로 TEM과 EM을 이용하여 바이러스 개체수를 측정하여 비교한 결과,

EM을 이용한 방법이 1.5~2.3배(Yo-Pro I ; Hennes and Suttle, 1995; Weinbauer and Suttle, 1997), 1.3배(SYBR Green I ; Noble and Fuhrman, 1998) 높은 개체수를 나타냈다. 이는 TEM에 의한 바이러스 개체수 측정이 과소 평가될 가능성이 있음을 보여주는 연구 결과로, TEM 관찰용 시료를 처리하는 과정(염색시약 제거단계)에서 바이러스가 손실된 경우, grid 상의 입자에 의해 바이러스가 가려진 경우 등의 원인에 의한 것으로 추측된다(Noble and Fuhrman, 1998). 최근 EM을 이용한 바이러스 관찰에는 형광이 충분히 밝지 못한 DAPI나 염분 제거 등의 별도 단계가 요구되는 Yo-Pro I 보다는 SYBR Green I 염색 시약이 주로 이용되고 있다.

SYBR Green I 염색 시약과 EM을 이용한 바이러스 개체수 측정 방법을 소개하면 다음과 같다(Noble and Fuhrman, 1998): 바이러스와 박테리아 개체수 측정을 위한 시료는 0.02 μm 공치수의 여과지로 여과하고 borax로 중성 처리한 포르말린을 첨가하여 시료를 고정한다(최종 농도 2%). 시료는 4℃로 냉장 보관하여 실험실로 운반한다. 형광 염색에 이용할 SYBR Green I (Molecular Probes, Inc.)은 어두운 장소에서 2,500배 희석하여 사용한다. 0.45 μm 공치수의 막 여과지(membrane filter) 위에 0.02 μm 공치수의 Al_2O_3 Anodisc (25 mm 지름) 여과지 (Whatman)를 올려놓은 후, 1~2 mL의 해수 시료를 여과한다. 희석된 SYBR Green I 용액(100 μL) 위에 여과한 Anodisc 여과지를 올려놓고, 15분간 어두운 장소에서 보관한다. 현미경 관찰 시 시료의 형광이 감소하는 것을 방지하기 위한 침적유(immersion oil)는 50% glycerol, 50% phosphate buffered saline (0.05 M Na_2HPO_4, 0.85% NaCl, pH 7.5), 0.1% *p*-phenylenediamine 을 혼합하여 사용한다. 준비된 슬라이드는 EM으로 blue filter set하에서 계수한다. 1,000×배율을 사용하면 박테리아의 바이러스의 구분이 모호한 경우가 있지만, 1,250×배율에서는 박테리아와 바이러스가 상대적인 크기 및 밝기로 쉽게 구별된다.

바이러스 생산력 측정을 위한 시료는 전자현미경급 글루타르알데히드를 최종 농도 2%로 첨가하여 고정한 후, 4℃에 보관한다. Weinbauer and Suttle (1997)의 방법을 변형(원심 분리 조건)하여 TEM 관찰용 grid를 준비한다. grid는 Formvar-coated grid를 사용하며, 1% poly-L-Lysine으로 1분 간 처리하여 친수성을 갖게 한다(Suttle, 1993). 원심 분리 튜브의 바닥에 제작한 adapter를 넣고, 5 mL의 해수 시료를 첨가한다. grid를 adapter 위에 떨어뜨린 후, 초고속원심분리기(ultracentrifuge)를 이용하여 15,000 rpm (30,000× g), 20℃에서 30분간 원심 분리한다. grid를 0.5% uranyl acetate로 20초 간 염색시킨 후, 0.02 μm 공치수의 여과지에 여과한 3차 증류수로 남아 있는 염색 시약을 3차례 씻어낸다. 바이러스에 감염된 박테리아는 100 keV 가속 전압에서 30,000 – 50,000×배율의 TEM으로 관찰하며, 시료 당 300 개체 이상의 박테리아를 관찰하여 형태에 따라 간균(rods), 굽은 간균(curved shapes), 구균(cocci), 나선균 (spirillae)로 나눈다. 또한 관찰 가능한 바이러스에 감염된 박테리아의 비율(FVIB)과 분열 중인 박테리아의 비율(frequency of dividing cells; FDC)을 박테리아의 형태에 따라 구분하여 측정한다(Hwang and Cho, 2002a). 두 가지 원심 분리 조건(30,000×g, 30분 vs 100,000×g, 30분)은 FVIB 값에 통계적으로 유의한 차이를 주지 않는다는 결과가 밝혀졌다(Hwang and Cho, 2002b). 각 시료의 burst size는 바이러스에 감염된 박테리아의 내부에서 관찰되는 평균 바이러스 수로 결정한다(최소 burst size값). HNF가 감염된 박테리아와 감염되지 않은 박테리아를 동일하게 섭식한다는 가정에서 바이러스 용균에 의한 사망(the fraction of mortality due to viral lysis; FMVL)은 아래에 제시된 식 (1)과 (2)에 의해 계산한다(Binder, 1999). HNF 섭식이 있는 조건에서의 바이러스 생산력(VP)은 burst size(Z), 바이러스 용균에 의한 사망(FMVL), 박테리아 생산력(BP)을 곱하여 계산한다(식 3; Noble and Steward, 2001).

$$\mathrm{FIB} = 7.1\ \mathrm{FVIB} - 22.5\ \mathrm{FVIB}^2 \tag{1}$$

$$\mathrm{FMVL} = \frac{\mathrm{FIB} + 0.6\,\mathrm{FIB}^2}{1 - 1.2\,\mathrm{FIB}} \tag{2}$$

$$\mathrm{VP} = \mathrm{Z} \times \mathrm{FMVL} \times \mathrm{BP} \tag{3}$$

박테리아 생산력은 ^{14}C-leucine incorporation을 측정한 Simon and Azam (1989)의 방법에 따라 측정한다. 간단히 기술하자면, 10~30 mL의 해수 시료를 멸균된 배양 용기에 넣은 후, ^{14}C-leucine을 최종 농도 10 nM이 되도록 넣어 현장 온도에서 1시간 정도 배양한다. blank는 미리 포르말린을 첨가한 시료를 이용한다. 배양은 포르말린을 최종 농도 2%로 첨가하여 종결시키고 냉장 보관한다. 냉장시킨 시료는 0.2 μm 공치수의 cellulose nitrate 여과지에 여과하며, 여과지를 5% ice-cold TCA (trichloroacetic acid)로 5 mL씩 3회, 80% ice cold ethanol로 5 mL씩 2회 씻은 후 폴리에틸렌 섬광계수병(scintillation vial)에 넣어 보관한다. 그 후 ethylacetate 1 mL을 넣어 여과지를 녹인 뒤 9 mL의 섬광액(scintillation cocktail)을 넣어 액체 섬광계수기(liquid scintillation counter)로 붕괴된 방사능량(dpm)을 측정한다. 여기에 측정된 분당 붕괴수로부터 단위 시간당 박테리아에 고정된 leucine의 몰 수를 계산하고, 전환 상수 0.18×10^{18} cells/mol leucine (Cho 등, 2000)를 이용하여 단위 시간당 생산된 박테리아 수를 계산한다.

3. 바이러스 생산력 계산에 관한 이론적 고찰

바이러스의 잠복기(latent period)가 박테리아의 성장 시간(generation time)과 유사하며(Proctor 등, 1993; Guixa-Boixareu 등, 1996), 감염된 박테리아는 바이러스 용균에 의해서만 사망한다는 가정에서 TEM을 이용한 바이러스 생산력은 다음과 같이 계산되었다(Guixa-Boixareu 등, 1996; Steward 등, 1996).

$$\mathrm{VP}_{\mathrm{E(1)}} = \mathrm{Z_T} \times \mathrm{FIB_T} \times \mathrm{BP_T} \tag{4}$$

$\mathrm{VP}_{\mathrm{E(1)}}$은 기존의 TEM 관찰에 의한 바이러스 생산력, $\mathrm{Z_T}$는 감염된 박테리아의 평균 burst size, $\mathrm{BP_T}$는 전체 박테리아 생산력을 의미한다. 바이러스의 잠복기 중 73~86%가 경과되어야 숙주 내에서 관찰할 수 있는 바이러스 입자가 형성되기 때문에, 감염된 박테리아 비율(frequency of infected bacteria; FIB)은 FVIB에 5.42의 전환 상수를 곱하여 추정한다(Proctor 등, 1993). 그러나 식 (4)는 한 박테리아 군집 내의 모든 박테리아가 동일한 성장 속도를 가지고 있으며, 동일한 비율로 바이러스에 감염되어 있다는 가정을 내포한다. 이는 한 군집 내에서 특정 박테리아 종이 전체 군집의 성장 속도보다 5배 정도 빠른 성장을 보였다는 연구(Pinhassi 등, 1999)와 자연 상태의 박테리아 군집에서 형태에 따른 박테리아의 성장 속도가 각기 달랐다는 연구(Turley and Lochte, 1986)를 살펴볼 때, 쉽게 받아들여질 수 있는 가정이 아니다. 또한 바이러스의 감염이 숙주의 대사 활동도에 따라 영향을 받는다는 점을 감안하면(Weinbauer and Peduzzi, 1994), 바이러스 생산력은 성장 속도가 다른 박테리아 그룹들마다 다를 가능성이 있다.

이를 확인하기 위해 성장 속도(μ)가 다른 n개의 박테리아 그룹으로 구성된 박테리아 군집을 설정하였다. 각각의 박테리아 그룹을 성장 속도에 따라 빠른 순서에서 느린 순서로 배열한 후(즉, $\mu_i \geq \mu_{i+1}$; μ_1 은 가장 빠르게 성장하는 박테리아 그룹, μ_n은 가장 느리게 성장하는 박테리아 그룹), 박테리아의 성장 속도 및 바이러스에 감염되는 감수성이 박테리아 그룹마다 다르다고 설정한 군집에서의 바이러스 생산력($\mathrm{VP}_{\mathrm{E(K)}}$)을 계산하여, 기존 방법에 의한 바이러스 생산력과 비교하였다(식 5; 식의 도출에 대한 자세한 전개 과정은 “Hwang and Cho, 2002a”를 참고).

$$\frac{\mathrm{VP}_{\mathrm{E(K)}}}{\mathrm{VP}_{\mathrm{E(1)}}} = \frac{1 + \sum_{i=1}^{n-1} \delta_i(\nu_i K_i - 1)}{(1 + \sum_{i=1}^{n-1} \delta_i(\nu_i - 1))\,(1 + \sum_{i=1}^{n-1} \rho_i(K_i - 1))} \tag{5}$$

여기서, δ_i : 감염된 전체 박테리아 중 i – 그룹에 속한 감염된 박테리아의 비율

ν_i : 가장 느리게 성장하는 박테리아에 대한 i – 그룹 박테리아의 burst size 비율

K_i : 가장 느리게 성장하는 박테리아에 대한 i – 그룹 박테리아의 성장 속도 비율

ρ_i : 전체 박테리아 중 i – 그룹에 속한 박테리아의 개체수 비율)

각 그룹의 burst size가 동일하다고 하면 ($\nu_i = 1$), 식 (5)는 다음과 같이 정리된다.

$$\frac{\mathrm{VP}_{\mathrm{E(K)}}}{\mathrm{VP}_{\mathrm{E(1)}}} = \frac{1+\sum_{i=1}^{n-1}\delta_i(K_i-1)}{1+\sum_{i=1}^{n-1}\rho_i(K_i-1)} \tag{6}$$

$n=$ 2, 10, 100인 경우, 식 (6)의 δ_i, ρ_i, K_i 값을 각각 변화시키며 시뮬레이션한 결과(Hwang and Cho, 2002a), 빠른 성장을 나타내는 박테리아 그룹에 바이러스의 감염이 편중될 경우 $\mathrm{VP}_{\mathrm{E(K)}}$와 $\mathrm{VP}_{\mathrm{E(1)}}$의 비율은 1보다 항상 크게 나타났다. 또한 활성은 있지만 분열하지 않는 박테리아 그룹(active but non-dividing bacteria group)이 군집 내에 포함되어 있는 상황에도 $\mathrm{VP}_{\mathrm{E(K)}}$와 $\mathrm{VP}_{\mathrm{E(1)}}$의 비율은 1 보다 항상 크게 나타났다. $\mathrm{VP}_{\mathrm{E(K)}}$와 $\mathrm{VP}_{\mathrm{E(1)}}$의 비율이 1 보다 작게 나타난 경우도 있었는데, 이는 느리게 성장하는 박테리아에 바이러스 감염이 오히려 많이 일어나는 경우에 해당하였다. 그러나 대사 활동이 느린 박테리아 숙주들에 의해 바이러스 생산이 유지된다는 가설은 생태학적 관점에서 이해하기 어려울 것으로 여겨진다.

$\mathrm{VP}_{\mathrm{E(K)}}$와 $\mathrm{VP}_{\mathrm{E(1)}}$의 비율은 burst size가 박테리아의 성장 속도와 양의 관계를 갖는다고 가정한 경우, burst size가 동일하다고 가정했을 때보다 더 증가된 값을 나타냈다(Hwang and Cho, 2002a). Weinbauer and Peduzzi (1994)는 burst size와 박테리아의 크기는 정비례 관계에 있음을 보였고, 활발하게 성장하는 박테리아의 크기가 느리게 성장하는 박테리아보다 크다는 점(Gasol 등, 1995)을 고려할 때, 현장에서의 실제 바이러스 생산력은 기존 방법에 의해 측정된 값보다 클 가능성이 있다.

모델 식을 이용한 이상의 예측은 1999년 수행된 동해의 시료($n=15$)를 대상으로 확인되었다. 형태에 따라 박테리아의 성장 속도는 달랐으며(구균; 0.03~0.3 d^{-1}, 간균; 0.008~0.07 d^{-1}, 굽은 간균; 0.007~0.05 d^{-1}, 나선균; FDC 미검출), 바이러스에 감염된 비율(FVIB)도 박테리아 그룹에 따라 달랐다(구균; 평균 0.7%, 간균; 평균 0.4%, 굽은 간균; 평균 0.1%, 나선균; 평균 0.02%; Hwang and Cho, 2002a). 결과적으로 성장 속도가 빠른 박테리아가 바이러스에 감염된 비율 또한 높았다. 그리고 박테리아의 성장 속도와 바이러스의 감염 감수성이 다른 점을 고려하여 바이러스 생산력을 계산한 결과, 기존의 바이러스 생산력 결과보다 1.2~2.8배 증가된 값

을 얻었다. 이는 바이러스에 의한 박테리아의 실제 사망률도 기존의 방법으로 측정된 값보다 증가될 가능성이 있다는 점을 보여주는 것으로, 바이러스의 생태적 역할이 기존의 TEM 관찰 방법에 의한 결과보다 클 가능성이 있음을 의미한다. 이러한 본 연구의 예측은 거의 동시적인, 독립적인 연구(Weinbauer 등, 2002)에 의해 확인되었다. Weinbauer 등(2002)은 바이러스 희석 방법(virus dilution approach; 바이러스 개체수를 크게 감소시켜, 박테리아와 바이러스가 접촉할 확률을 줄임으로써 추가적인 바이러스 감염이 나타나지 않게 하는 방법. 따라서 증가한 바이러스 개체수는 이미 감염된 박테리아에 의해 생산된 것으로 봄)과 TEM 관찰 방법을 이용하여, FVIB에서 FIB를 추정하는데 이용되는 전환 상수를 현장 시료에서 경험적으로 추정하였다. 그 결과 기존에 이용하던 전환 상수(5.42; Proctor 등, 1993)보다 1.3배 증가된 값(7.11)을 얻었는데, 이는 기존의 방법에 의해 추정된 바이러스 생산력이 현장의 바이러스 생산력을 과소평가했을 가능성이 있음을 의미한다.

4. 동해 빈영양 해역에서의 바이러스 생태 연구

세계적으로 빈영양 해역에서의 바이러스 연구는 거의 드문 편이다. 빈영양 상태의 지중해에서 바이러스에 감염된 박테리아가 검출 수준 미만(0.3%)이었다는 연구(Guixa-Boixareu 등, 1999)와 해수의 영양 상태(trophic status)가 낮아질수록 박테리아에 대한 바이러스의 영향이 작아질 것이라 추측하였던 연구(Weinbauer 등, 1993)를 통해 빈영양 해역에서 바이러스의 생태적 역할은 일반적으로 크지 않을 것이라 생각되었다. 그러나 빈영양 해역에서 보고되었던 박테리아 개체수 및 군집회전 시간(Cho and Azam, 1988; Steward 등, 1992; Kirchman 등, 1993), 바이러스 개체수 및 군집회전 시간(Steward 등, 1992; Guixa-Boixareu 등, 1999) 자료를 식 (1)~(3)에 적용하여 추정한 결과(burst size은 50으로 가정), FVIB는 0.2~1.6%의 범위로 계산되었다. 따라서 박테리아에 대한 바이러스의 영향이 빈영양 해역에서도 유의하게 나타날 가능성이 있을 것이라는 가설을 설정하여, 이를 검증하기 위해 2001년 8월 동해의 빈영양 해역에서 바이러스 생태 연구가 수행되었다. 조사된 동해 정점은 여러 가지 면에서 빈영양 해역의 특성을 뚜렷이 나타냈다(Hwang and Cho, 2002b). 예를 들면, 투명도 수심(Secchi depth)이 16 m 이상이 되는 해역을 빈영양 상태로 규정하는데(Morita, 1997), 조사 정점의 투명도 수심은 25~30 m로 그 기준을 넘어섰다(표 1). 그리고 조사 시기 중 측정된 엽록소 *a*의 농도는 0.09~0.35 μg chl-*a*/L로(표 1), 빈영양 상태의 지중해에서 측정된 농도(0.01~1.5 μg chl-*a*/L ; Guixa-Boixareu 등, 1999) 이내의 범위를 보였다. 끝으로 여름철 동해에서 측정된 sinking carbon flux 양(<30

mg C/m^2· d ; 홍 등, 2001)이 빈영양 해역에서 일반적으로 나타나는 값과 유사했다.

동해의 바이러스 개체수는 0.6~9.2×10^9 viruses/L 로(표 1), 멕시코만과 쿠로시오 해역의 원양 표층대 부근에서 관찰된 개체수(0.2~8.0×10^9 viruses/L; Hara 등, 1991; Weinbauer and Suttle, 1997)와 유사하였으며, 지중해와 산 페드로 해협에서 관찰된 개체수(2.0~18×10^9 viruses/L; Nobel and Fuhrman, 1998; Guixa-Boixareu 등, 1999)보다 다소 적었다. 조사 정점의 박테리아 개체수는 0.3~2.4×10^9 cells/L로 바이러스와 박테리아의 개체수 비율은 0.6에서 7.2의 범위를 보였다(표 1).

바이러스 생산력은 0.4~13.7×10^8 viruses/L·d 였으며, 박테리아 생산력은 0.3~5.8×10^8 cells/L·d 였다(표 1). 개체수와 생산력 자료로부터 바이러스와 박테리아의 군집 회전 시간(turnover time)을 계산할 수 있었는데, 각각 0.9~23.9일, 1.5~28.8일로 나타났다(표 1). 이상의 군집 회전 시간은 다른 빈영양 해역에서 관찰된 값과 유사한 범위를 보이는 결과였으며(Cho and Azam, 1988; Turley 등, 2000; Steward 등, 1992; Wilhelm 등, 1998; Noble and Fuhrman, 2000), 바이러스 군집 회전 시간과 박테리아 군집 회전 시간은 유의한 양의 상관관계를 보였다(Hwang and Cho, 2002b). 이와 같은 상관 관계는 박테리아에 대한 바이러스의 영향이 박테리아의 대사 활동과 밀접하게 연관되어 있는 결과로 해석될 수 있다(Weinbauer and Peduzzi, 1994).

표 1. 2001년 8월 동해* 에서 측정된 투명도(Secchi depth), 엽록소 농도(Chl *a*), 바이러스 개체수(VA), 박테리아 개체수(BA), 박테리아 개체수에 대한 바이러스 개체수의 비율(VBR), 바이러스 생산력(VP), 박테리아 생산력(BP), 바이러스 군집회전 시간(VTT), 박테리아 군집회전 시간(BTT), 관찰 가능한 바이러스에 감염된 박테리아의 비율(FVIB), burst size 값의 범위

Secchi depth (m)	Chl *a* (μg/L)	VA (×10^9/L)	BA (×10^9/L)	VBR	VP (×10^8/L · d)	BP (×10^8/L · d)	VTT (d)	BTT (d)	FVIB (%)	Burst size (viruses)
25~30	0.09~0.35	0.6~9.2	0.3~2.4	0.6~7.2	0.4~13.7	0.3~5.8	0.9~23.5	1.5~28.8	1.2~2.2	12~15

* : 정점 1; 38°21′ N, 128°43′ E, 정점 2: 37°52′ N, 129°58′ E, 정점 3; 37°52′ N, 130°20′ E

가장 중요한 연구 결과는 모든 정점의 시료에서 바이러스에 감염된 박테리아를 유의한 수준(1.2~2.2%; 표 1)으로 관찰할 수 있었다는 점이다. 이는 바이러스가 빈영양 해역에서 박테리아의 중요한 사망원으로 기능하지 못할 것이라는 기존의 연구(Weinbauer 등, 1993; Guixa-Boixareu 등, 1999)와 상반되는 결과라 할 수 있다. 하지만 성장에 필요한 유기물이 상대적으로 결핍되어, 대사 활동이 활발하지 못할 것으로 예측되는 빈영양 해역의 박테리아 중에도 바이러스의 감염이 나타날 가능성은 있을 것으로 여겨진다. 왜냐하면 기아 상태의 박테리아

(starved bacteria)도 바이러스에 감염되며 또한 용균될 수 있기 때문이다(Schrader 등, 1997; Kadavy 등, 2000).

동일하게 빈영양 조건의 해역이라도 연구 지역에 따라 박테리아에 대한 바이러스의 영향(FVIB)이 다르게 나타날 가능성은 있을 것으로 보인다. 최근 Middelboe (2000)는 박테리아의 성장 상태가 박테리아 사망에 있어서의 바이러스 역할을 이해하기 위한 가장 중요한 요인이라고 보고하였다. 흥미롭게도 수층 적분한 박테리아의 성장 속도가 지중해($1.7 \sim 4.3 \times 10^{-20}$ mol Leu $cell^{-1}$ h^{-1}; Gasol 등, 1998)보다 동해($4.5 \sim 9.6 \times 10^{-20}$ mol Leu $cell^{-1}$ h^{-1})에서 높은 값을 보였다. 따라서 두 지역에서 박테리아에 대한 바이러스의 영향(FVIB)이 다르게 나타난 이유는 숙주의 성장 속도 차이에서 기인했을 가능성이 있다. 또한 UV에 손상(damage)된 바이러스는 숙주(박테리아)를 통해 재활성화 될 수 있는데(Weinbauer 등, 1997), 이와 같은 능력은 바이러스와 숙주의 종류에 따라 차이가 있는 것으로 알려져 있다(Schrader 등, 1997; Kadavy 등, 2000). 따라서 빈영양 상태의 동해와 지중해에 분포하는 박테리아와 바이러스 군집의 차이도 FVIB의 차이를 설명할 수 있는 가능성으로 들 수 있다.

해양 박테리아에서 측정된 burst size는 6에서 300으로 그 범위가 넓다(Wommack and Colwell, 2000). 동해 빈영양 해역 박테리아의 burst size는 12~15로(표 1), 빈영양 상태의 멕시코 만에서 측정된 값과 유사하였으나(10~23; Wilhelm 등, 1998), 일반적으로 해양 박테리아에 적용되고 있는 burst size의 값(50; Heldal and Bratbak, 1991; Suttle and Chen, 1992; Steward 등, 1996)보다는 작았다. burst size가 숙주의 성장 상태와 양의 관련성을 나타낸다는 연구들(Webb 등, 1982; Schrader 등, 1997; Middelboe, 2000)을 감안하면, 빈영양 해역에서 나타난 낮은 burst size는 당연한 결과일 가능성이 있다. 따라서 빈영양 환경에서의 바이러스 생태 연구에서는 기존의 문헌값(50)보다 낮은 burst size (15~20)를 적용해야할 것으로 여겨진다.

5. 결 언

외국의 경우 해양 바이러스에 대한 연구가 1990년대 초부터 진행된 점에 비추어 볼 때, 우리나라 해역의 바이러스 연구(Hwang and Cho, 2002a; Hwang and Cho, 2002b; Choi 등, 2003)는 비교적 늦게 시작된 편이다. 하지만 동해에서 연구된 바이러스 생태에 대한 논문들은 박테리아 사망에 대한 바이러스의 영향을 재조명하였고(Hwang and Cho, 2002a), 빈영양 해역의 바이러스 생태 연구는 관련 분야를 재정립하는데 기여했다(Hwang and Cho, 2002b). 앞으로 동해 바이러스의 생태 연구에서 중요하게 규명되어야 할 과제는 '동해의 바이러스가 주로 어떤 방식

(mode)으로 바이러스를 생산(즉, 용균성 바이러스 vs. 용원성 바이러스)해 내는가?'이다. 만일, 동해 바이러스 군집이 용원성 바이러스(lysogenic viruses)에 의해 유지된다면, 용원 상태를 용균 상태로 유도(induction)하는 환경 요인에 대한 규명도 필요할 것으로 보인다.

그리고 바이러스 생태 연구의 보다 큰 발전을 위해서는 분자생물학적 기법을 이용한 바이러스 군집에 대한 연구와 적조 방제를 위한 식물 플랑크톤(특히 와편모조류)의 바이러스에 대한 연구가 진행되어야 할 것으로 여겨진다.

참고문헌

홍기훈, 김석현, 정창수, 김영일, 2001. 동해 남부해역의 침강입자플럭스. 한국해양학회 추계학술발표회 요약집, p. 148.

Bergh, Ø., K.Y. Børsheim, G. Bratbak and M. Heldal, 1989. High abundance of viruses found in aquatic environments. *Nature*, **340**: 467-468.

Binder, B., 1999. Reconsidering the relationship between virally induced bacterial mortality and frequency of infected cells. *Aquat. Microb. Ecol.*, **18**: 207-215.

Bratbak, G., M. Heldal, S. Norland and T.F. Thingstad, 1990. Viruses as partners in spring bloom microbial trophodynamics. *Appl. Environ. Microbiol.*, **56**: 1400-1405.

Cho, B.C. and F. Azam, 1988. Major role of bacteria in biogeochemical fluxes in the ocean's interior. *Nature*, **332**: 441-443.

Cho, B.C., S.C. Na and D.H. Choi, 2000. Active ingestion of fluorescently labeled bacteria by mesopelagic heterotrophic nanoflagellates in the East Sea, Korea. *Mar. Ecol. Prog. Ser.*, **206**: 23-32.

Cochlan, W.P., J. Wikner, G.F. Steward, D.C. Smith and F. Azam, 1993. Spatial distribution of viruses, bacteria and chlorophyll *a* in neritic, oceanic and estuarine environments. *Mar. Ecol. Prog. Ser.*, **92**: 77-87.

Choi, D.H., C.Y. Hwang and B.C. Cho, 2003 Comparison of virus- and bacterivory-induced bacterial mortality in the eutrophic Masan Bay, Korea. *Aquat. Microb. Ecol.*, 30: 117-125.

Fuhrman, J.A., 1999. Marine viruses and their biogeochemical and ecological effects. *Nature*, 399: 541-548.

Fuhrman, J.A. and R.T. Noble, 1995. Viruses and protists cause similar bacterial mortality in coastal seawater. *Limnol. Oceanogr.*, **40**: 1236-1242.

Gasol, J.M., P.A. Del Giorgio, R. Massana and C.M. Duarte, 1995. Active versus inactive bacteria: size-dependence in a coastal marine plankton community. *Mar. Ecol. Prog. Ser.*, **128**: 91-97.

Gasol, J.M., M.D. Doval, J. Pinhassi, J.I. Calderón-Paz, N. Guixa-Boixareu, D. Vaqué and C. Pedrós-Alió, 1998. Diel variations in bacterial heterotrophic activity and growth in the northwestern Mediterranean Sea. *Mar. Ecol. Prog. Ser.*, **164**: 107-124.

Guixa-Boixareu, N., D. Vaqué, J.M. Gasol and C. Pedrós-Alió, 1999. Distribution of viruses and their potential effect on bacterioplankton in an oligotrophic marine system. *Aquat. Microb. Ecol.*, **19**: 205-213.

Guixa-Boixareu, N., J. I. Calderón-Paz, M. Heldal, G. Bratbak and C. Pedrós-Alió, 1996. Viral lysis and bacterivory as prokaryotic loss factors along a salinity gradient. *Aquat. Microb. Ecol.*, **11**: 215-227.

Hara, S., K. Terauchi and I. Koike, 1991. Abundance of viruses in marine waters: assessment by epifluorescence and transmission electron microscopy. *Appl. Environ. Microbiol.*, **57**: 2731-2734.

Heldal, M. and G. Bratbak, 1991. Production and decay of viruses in aquatic environments. *Mar. Ecol. Prog. Ser.*, **72**: 205-212.

Hennes, K.P. and C.A. Suttle, 1995. Direct counts of viruses in natural waters and laboratory cultures by epifluorescence microscopy. *Limnol. Oceanogr.*, **40**: 1050-1055.

Hwang, C.Y. and B.C. Cho, 2002a. Uneven growth and different susceptibility to viruses among bacteria increase estimates of virus production in the East Sea based on TEM observation. *Aquat. Microb. Ecol.*, **27**: 211-218.

Hwang, C.Y. and B.C. Cho, 2002b. Virus-infected bacteria in oligotrophic open waters of the East Sea, Korea. *Aquat. Microb. Ecol.*, 30: 1-9.

Kadavy, D.R., J.J. Shaffer, S.E. Lott, T.A. Wolf, and 5 others, 2000. Influence of infected cell growth state on bacteriophage reactivation levels. *Appl. Environ. Microbiol.*, **66**: 5206-5212.

Kirchman, D.L., R.G. Keil, M. Simon and N.A. Welschmeyer, 1993. Biomass and production of heterotrophic bacterioplankton in the oceanic subarctic Pacific. *Deep-Sea Res.*, **40**: 967-988.

Maranger, R. and D.F. Bird, 1995. Viral abundance in aquatic systems: a comparison between marine and fresh waters. *Mar. Ecol. Prog. Ser.*, **121**: 217-226.

Middelboe, M., 2000. Bacterial growth rates and marine virus-host dynamics. *Microb. Ecol.*, **40**: 114-124.

Morita, R.Y., 1997. Oligotrophic environments-problems and concepts. In: Morita, R.Y. (ed) Bacteria in oligotrophic environments. Chapman and Hall, New York, p 1-35.

Noble, R.T. and J.A. Fuhrman, 2000. Rapid virus production and removal as measured with fluorescently labeled viruses as tracers. *Appl. Environ. Microbiol.*, **66**: 3790-3797.

Noble, R.T. and G.F. Steward, 2001. Estimating viral proliferation in aquatic samples. In: Paul, J.H. (ed) Methods in microbiology, Vol 30: Marine microbiology. Academic press, London, p 67-83.

Noble, R.T. and J.A. Fuhrman, 1998. Use of SYBR Green Ⅰ for rapid epifluorescence counts of marine viruses and bacteria. *Aquat. Microb. Ecol.*, **14**: 113-118.

Noble, R.T. and J.A. Fuhrman, 1999. Breakdown and microbial uptake of marine viruses and other lysis product. *Aquat. Microb. Ecol.*, **20**: 1-11.

Pinhassi, J., F. Azam, J. Hemphälä, R.A. Long, J. Martinez, U.L. Zweifel and Å. Hagström, 1999. Coupling between bacterioplankton species composition, population dynamics, and organic matter degradation. *Aquat. Microb. Ecol.*, **17**: 13-26.

Proctor, L.M., A. Okubo and J.A. Fuhrman, 1993. Calibrating estimates of phage-induced mortality in marine bacteria: ultrastructure studies of marine bacteriophage development from one-step growth experiments. *Microb. Ecol.*, 25: 161-182.

Proctor, L.M. and J.A. Fuhrman, 1990. Viral mortality of marine bacteria and cyanobacteria. *Nature*, **343**: 60-62.

Schrader, H.S., J.O. Schrader, J.J. Walker, T.A. Wolf, K.W. Nickerson and T.A. Kokjohn, 1997. Bacteriophage infection and multiplication occur in *Pseudomonas aeruginosa* starved for 5 years. *Can. J. Microbiol.*, **43**: 1157-1163.

Simon, M. and F. Azam, 1989. Protein content and protein synthesis rates of planktonic marine bacteria. *Mar. Ecol. Prog. Ser.*, **51**: 201-213.

Steward, G.F., D.C. Smith and F. Azam, 1996. Abundance and production of bacteria and viruses in the Bering and Chukchi Seas. *Mar. Ecol. Prog. Ser.*, **131**: 287-300.

Steward, G.F., J. Wikner, W.P. Cochlan, D.C. Smith and F. Azam, 1992. Estimation of virus production in the sea: Ⅱ. Field results. *Mar. Microb. Food Webs*, **6**: 79-90.

Suttle, C.A., 1993. Enumeration and isolation of viruses. In: Kemp, P.F., B.F. Sherr, E.B. Sherr and J.J. Cole. (eds.) Handbook of methods in aquatic microbial ecology. CRC Press, Florida. p 127-129.

Suttle, C.A. and F. Chen, 1992. Mechanisms and rates of decay of marine viruses in seawater. *Appl. Environ. Microbiol.*, **58**: 3721-3729.

Turley, C. and K. Lochte, 1986. Diel changes in the specific growth rate and mean cell volume of natural bacterial communities in two different water masses in the Irish Sea. *Microb. Ecol.*, **12**: 271-282.

Turley, C.M., M. Bianchi, U. Christaki, P. Conan and 6 others, 2000. Relationship between primary producers and bacteria in an oligotrophic sea-the Mediterranean and biogeochemical implications. *Mar. Ecol. Prog. Ser.*, **193**: 11-18.

Webb, V., E. Leduc and G.B. Spiegelman, 1982. Burst size of bacteriophage SP82 as a function of growth rate of its host *Bacillus subtilis*. *Can. J. Microbiol.* **28**: 1277-1280.

Weinbauer, M.G., D. Fuks and P. Peduzzi, 1993. Distribution of viruses and dissolved DNA along a coastal trophic gradient in the Northern Adriatic Sea. *Appl. Environ. Microbiol.*, **59**: 4074-4082.

Weinbauer, M.G. and P. Peduzzi, 1994. Frequency, size and distribution of bacteriophages in different marine bacterial morphotypes. *Mar. Ecol. Prog. Ser.*, **108**: 11-20.

Weinbauer, M.G., C. Winter, M.G. Höfle, 2002. Reconsidering transmission electron microscopy based estimates of viral infection of bacterioplankton using conversion factors derived from natural communities. *Aquat. Microb. Ecol.*, **27**: 103-110.

Weinbauer, M.G. and C.A. Suttle, 1997. Comparison of epifluorescence and transmission electron microscopy for counting viruses in natural marine waters. *Aquat. Microb. Ecol.*, **13**: 225-232.

Weinbauer, M.G. and P. Peduzzi, 1995. Significance of viruses versus heterotrophic nanoflagellate for controlling bacterial abundance in the northern Adriatic Sea. *J. Plankton Res.*, **17**: 1851-1856.

Weinbauer, M.G., S.W. Wilhelm, C.A. Suttle and D.R. Garza, 1997. Photoreactivation compensates for UV damage and restores infectivity to natural marine virus communities. *Appl. Environ. Microbiol.*, **63**: 2200-2205.

Wilhelm, S.W., M.G. Weinbauer, C.A. Suttle and W.H. Jeffrey, 1998. The role of sunlight in the removal and repair of viruses in the sea. *Limnol. Oceanogr.*, **43**: 586-592.

Wommack, K.E. and R.R. Colwell, 2000. Virioplankton: viruses in aquatic ecosystems. *Microbiol. Mol. Biol. Rev.*, **64**: 69-114.

Wommack, K.E., R.T. Hill, M. Kessel, E. Russek-Cohen and R.R. Colwell, 1992. Distribution of viruses in the Chesapeake Bay. *App. Environ. Microbiol.*, **58**: 2965-2970.

한반도 주변해역의 표영환경에서 미생물 생태연구

조병철 / 서울대학교 지구환경과학부

요 약

국내에서 해양 미생물에 대한 생태학적 연구는 약 20년 전에 본격적으로 시작되었다. 국내의 다양한 해양 생태계에서 박테리아의 개체수 및 생산력, 환경 변수 및 일차 생산력의 분포 양상과 상호 관련성에 관해 많은 조사가 이루어졌다. 또한 종속영양성 미소편모류(heterotrophic nanoflagellates, HNF)에 의한 박테리아 섭식에 관련된 조사도 있었다. 이와 함께 국내의 해양환경에서 바이러스 생태학 및 분자·미생물학적 연구들이 보고되었다. 본 논문에서는 국내의 표영환경에서의 미생물(박테리아 및 HNF)의 개체수 및 활동도의 분포와 식물플랑크톤－박테리아 및 박테리아－원생동물의 상호작용의 특성에 대해 개관하고자 한다. 마지막에는 앞으로의 연구방향을 제시하고자 한다.

1. 서 론

약 20년 전만해도 우리나라에서 현대적인 해양 미생물 생태학적 연구는 드물었다. 그때까지 국내의 생물해양학자에게 박테리아 개체수를 측정하기 위한 에피형광현미경 기법(Porter and Feig, 1980)의 사용, 박테리아 활동도를 측정하기 위한 방사성 동위원소의 사용(Fuhrman and Azam, 1982)같은 기본적인 방법들이 잘 알려져 있지 않았다. 그러한 상황에서 선진 각국에서 박사학위를 받은 소수의 젊은 해양미생물 학자가 귀국한 후 해양 환경에서의 미생물 생태학적 연구를 시작하였다. 그러나 상대적으로 새로운 분야인 해양 미생물학 연구는 국내의 학계로부터 큰 관심을 끌지 못하고 어느 정도 초기 상태에 머물렀다.

박테리아 개체수 및 생산력, 그리고 이들 변수와 무생물학적 환경요인 및 식물플랑크톤과의 관계에 대한 초기의 연구들은 국내의 다양한 해양환경에서 미생물 생태학적 특성을 이해하기 위해 수행되어 졌다. 또한 박테리아와 종속영양성 미소편모류(HNF)에 의한 박테리아 섭식에 관한 연구들도 활발하게 행하여졌다. 몇 년 후, 생물막(Choi 등, 1996; 강 등, 1998) 및 요소의 동태(Cho 등, 1996)에 대한 연구도 수행되었다.

또한 해양 환경에서 바이러스의 생태학(Hwang and Cho, 2002)과 분자·미생물 생태학(Choi 등, 2001)에 관한 연구들도 보고되었다. 지금까지, 국내에서 수행된 해양 미생물 생태학적 연구들은 대부분 표영 환경에서 행하여졌다. 본 연구자의 그룹과 동료들이 국내에서 지금까지 수행된 표영계의 미생물 생태에 대한 대부분의 연구에 기여하였다. 그러므로, 본 장에서는 우리나라 해양의 표영 환경에서 미생물(즉, 박테리아 및 HNF)의 개체수 및 그들의 활동도 분포에 대해 요약하고, 우리 연안과 주변 해역에서의 미생물의 상호작용의 특성에 대해 기술하고자 한다.

2. 박테리아 개체수 및 생산력의 분포

상당한 양의 연구들이 국내의 연안과 주변 해역에서 박테리아 개체수 및 생산력의 분포를 이해하기 위하여 수행되었다. 황해의 다섯 지점(인천 해역, 시화호, 만경동진강 염하구, 황해 중동부해역, 목포 연안)과 1997년 7월에 수행된 독도 주변 해역을 포함한 동해에서(그림 1) 자료가 축적되었다. 시료는 황해의 경우 약 50 m 이하의 얕은 수심에서, 동해에서는 유광대 내에서 채수되었다. 또한 동해에서는 원양중층대(mesopelagic) 상부로부터도 시료가 채수되었다.

2.1 박테리아 개체수(bacterial abundance, BA)

다양한 해수로부터 계수된 박테리아 개체수의 범위($0.1 \sim 19.5 \times 10^9$ cells/L)는 매우 넓다. 가장 낮은 개체수($0.1 \sim 0.2 \times 10^9$ cells/L)는 여름 동안 동해의 독도 주변에서 관측되었다. 독도 주변 해역에서는 엽록소 a 농도도 낮아($0.1 \sim 0.5\ \mu g$/L), 빈영양성 특성을 시사하였다. 또한 원양중층대에서도 낮은 박테리아 개체수($0.1 \sim 0.5 \times 10^9$ cells/L)가 관측되었다. 가장 높은 박테리아 개체수(19.5×10^9 cells/L)는 여름 동안 자주 과영양성 환경을 보이는($250\ \mu g$/L까지의 엽록소 a 농도) 시화호에서 관측되었다. 유사하게 매우 높은 박테리아 개체수(16×10^9 cells/L)가 매우 부영양화한 특성을 보이는 마산만에서 여름에 관측되었다(Park and Cho, 2002). 따라서, 박테리아 개체수의 수준은 환경의 영양상태와 관련성이 있는 것 같다(표 1 참조).

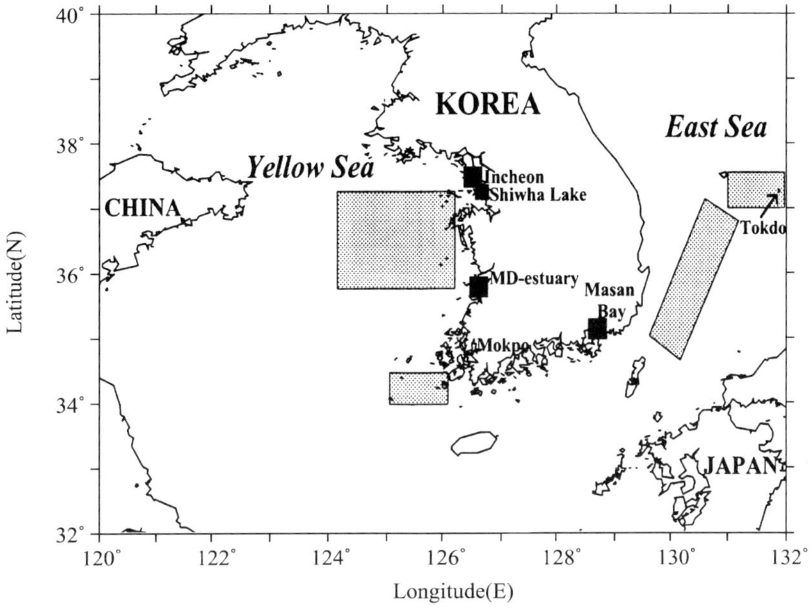

그림 1. 본 연구에서 개관된 연구 해역들의 지도. 황해의 다섯 해역 (인천 연안, 시화호, 만경동진강 하구역, 황해중동부, 목포 연안), 마산만, 독도를 포함한 동해

표 1. 한국의 해양 환경에서 측정된 박테리아 개체수와 생산력

조사해역	박테리아 개체수 (10^9 cells L^{-1})	박테리아 생산력 (10^6 cells L^{-1} h^{-1})	엽록소 a (μg L^{-1})	참고문헌
만경동진강 하구역	0.4~5.8	0.2~46.3	–	Cho and Shim (1992)
인천 연안	0.9~1.7	–	–	Choi *et al.* (1995)
시화호	0.6~4.5	1.0~89.9	0.5~19.4	미발표자료
	1.6~19.5	16~1265	9~250	최 등(1997)
황해 중동부 해역	0.05~1.9	0.1~6.1	1.6~2.8	조 등(1994b)
	0.5~3.0	2.4~31.7	0.1~10.2	
황해 목포연안	0.3~3.2	N.D.*~24.8	0.8~6.0	Cho *et al.* (2001)
동해 유광대	0.2~1.8	0.5~37	–	Cho *et al.* (1994)
원양중층대	0.1~0.5	0.1~4	–	Cho *et al.* (2000)
독도 주변	0.1~0.2	0.8~7.9	0.1~0.5	Cho *et al.* (1998)

* N.D. : 미검출

2.2 박테리아 출현량(개체수)과 엽록소 a의 관계

일반적으로 해양환경에서 박테리아 개체수는 엽록소 a와 높은 상관관계를 나타내어(Bird and

Kalff, 1984), 박테리아가 유기물 원으로서 식물플랑크톤에 의존함을 시사한다. 황해의 중동부 해역에서 박테리아 개체수와 엽록소 *a* 사이에 양의 상관관계가 나타났다(조 등, 1994). 그리고 독도 주변해역에서도 여름에 박테리아 개체수는 엽록소 *a*와 유의한 상관관계를 보였다(Cho 등, 1998). 그러나, 봄에 일차생산자의 대번식시에 목포 연안의 조석 혼합 해역에서 박테리아 개체수는 엽록소 *a*와 유의한 상관관계를 보이지 않았다(Cho 등, 1994). 또한 만경동진강 하구역에서도 박테리아 개체수는 엽록소 *a*와 유의하지 않거나 약한 상관 관계만을 나타내었다(심 등, 1993). 외양의 표영 환경에서 광범위하게 오랫동안 자료가 모아진다면, 박테리아 개체수와 엽록소 *a*는 유의한 상관관계를 나타낼 것으로 보여진다.

2.3 박테리아 생산력

한반도의 연안 및 주변 해역에서 박테리아 생산력은 미검출에서 89.9×10^6 cells L^{-1} h^{-1}의 범위를 보였다. 과영양성 시화호에서는 $16\text{~}1265\times10^6$ cells L^{-1} h^{-1}의 범위가 관측되었다. 여름에 독도 주변의 중영양에서 빈영양의 해역에서 박테리아 생산력은 $0.8\text{~}7.9\times10^6$ cells L^{-1} h^{-1}로 작은 범위의 변이를 나타내었다. 동해의 원양중층대에서 박테리아 생산력은 $0.1\text{~}4\times10^6$ cells L^{-1} h^{-1}의 범위에 분포하였다. 따라서 박테리아 생산력은 해역의 영양상태를 잘 나타내 주는 것 같다. 만경동진강 하구역이나 황해의 조석 혼합 해역에서 박테리아 생산력은 수직적으로 거의 균일한 분포를 보여, 수층의 원활한 혼합이 잘 반영되었다. 일반적으로 성층화된 수층에서 박테리아 생산력의 최대값은 수온약층에서 관측된다. 이는 아마도 수온약층에 입자들이 축적되기 때문인 것 같다.

수온은 박테리아 생산력에 영향을 준다. 따라서 박테리아 생산력은 겨울에 낮고 여름에 높다. 특히, 연안 해역이나 만의 수층에서 박테리아 생산력은 여름에 높아져, 저산소나 무산소 상태를 야기한다. 박테리아 생산력은 또한 기질의 공급량에 의해 제한된다. 황해의 유광대에서 박테리아 군집의 평균 회전시간은 식물플랑크톤 군집의 회전시간과 유의한 상관관계를 보여(Cho 등, 2001), 유기물에 의해 박테리아가 제한됨을 시사하였다.

해양의 유광대 구간에서 적분된 박테리아 생산력은 일차생산력과 유의한 상관관계를 보이는 것으로 알려져 있다(Cole 등, 1988). 그러나 유광대에서 적분된 박테리아 생산력과 일차생산력의 비율은 넓은 범위의 값(0.1~100% 이상)을 보였다(Cho 등, 1994; Ducklow and Carlson, 1992). 혼합해역에서는 유광대에서 적분한 박테리아 생산력이 일차생산력의 작은 비율만 차지하였다(Cho 등, 1994; 심 등, 1993). 황해에서 이러한 비율은 성층해역으로 가면서 증가하는 것 같다(Cho 등, 2001). 따라서, 식물플랑크톤에서 박테리아 및 미세생물 고리를 구성하는 다른 생물로의 에너지 흐름은 해역의 수리학적(hydrographic) 특성과 아주 밀접한 것 같다.

3. 식물플랑크톤-박테리아 상호작용

해양의 생지화학적 순환에서 박테리아가 중요한 역할을 함이 잘 인식되고 있다(Azam 등, 1983; Cho and Azam, 1988). 박테리아 생산력은 면적당으로 볼 때 일차생산력의 약 30% 가량을 차지하며, 일차생산력과 높은 상관관계를 보인다(Cole 등, 1988). 이러한 관측은 현지성(autochthonous) 생산이 일차생산력의 대부분을 차지하는 해역에서 시공간적으로 넓은 범위에 걸쳐 얻어진 자료의 분석을 통해 얻어졌다. 그러나 강한 수층 혼합이 존재하는 염하구나 연안 해역에서는 종종 이러한 관계들이 나타나지 않았는데(Kirchman 등, 1989), 이는 아마도 강물을 통해 타지성(allochthonous) 유기물질이 유입된 데 기인한 것 같다.

황해에서 식물플랑크톤-박테리아의 상호작용이 하구역과 연안 해역, 그리고 중동부해역의 전선을 가로지르는 해역에서 연구되었다. 식물플랑크톤과 박테리아 상호작용의 특성 및 그 의미는 아래에 요약되었다.

3.1 만경동진강의 하구역과 목포 연안 해역

만경동진강 하구역에서는 하구역성(estuarine) 혼합이 매우 활발하다(Cho and Shim, 1992). 단지 박테리아 생산력과 엽록소 a만 일정하게 유의한 상관관계(r^2 : 0.36~0.75, $p<0.02$)로 나타났다. 흥미롭게도 수층에서 박테리아 생산력은 일차생산력의 작은 부분(평균 $<5\%$)만을 차지하였고, 일차생산력과도 상관관계를 보이지 않아, 이 두 과정이 연관되어 있지 않음을 시사하였다(심 등, 1993). 만경동진강 하구역에서 세포의 크기가 큰 또는 군체를 형성(chain-forming)하는 돌말류가 우점한다는 사실은 활발하게 혼합되는 염하구 해역의 특징으로 여겨질 수 있고, 따라서, 하구역 생태계의 먹이망의 동태와 식물플랑크톤에서 박테리아로의 물질 흐름에 영향을 줄 것이다.

조석 혼합이 활발한 목포 연안에서, 박테리아와 식물플랑크톤 사이의 상호관계가 봄에 돌말류의 대번성이 일어났던 4월에 연구되었다(Cho 등, 1994). 연구 당시에 박테리아와 식물플랑크톤의 변수(variables)들은 서로 유의한 상관관계를 보이지 않았다. 유광대에서 적분된 박테리아 생산력은 일차생산력의 4% 미만의 값을 보여, 연구 기간 동안에 박테리아와 식물플랑크톤 사이에 관련성이 없었던 것을 시사하였다. 이는 아마도 강한 조석이 유광대에서 생산된 유기물을 깊은 수심으로 이동시킨 때문으로 여겨진다. 게다가 저층으로의 식물플랑크톤의 대량 침강(mass sinking)과 결합될 때, 이러한 과정들은 유광대에 낮은 기질 수준을 야기하고, 따라서, 관측된 바와 같이 박테리아와 식물플랑크톤 사이의 관련성이 저조하게 된 것으로 보인다.

3.2 황 해

본 연구자의 그룹은 해양의 수리학적 특성(hydrography)에 관련된 정보와 식물플랑크톤에 의한 질소성 영양염의 이용(즉, f-ratio)에 관한 정보가 해양생태계에서 박테리아 생산력(bacterial production, BP)과 일차생산력(primary production, PP)의 비율(BP/PP 비율)의 변동을 설명할 수 있을 것이라는 가설을 세웠다. 이 가설은 다양한 수리역학적(hydrodynamic) 환경(즉, 혼합역, 전선역, 성층역)이 존재하는 황해의 중동부해역의 조석 전선 해역에서 검증되었다(Cho 등, 2001). BP/PP 비율은 다른 수리학적 환경에서 넓게 변화하여, 혼합역에서 0.03 그리고 성층역에서 0.4의 범위의 값을 나타내었다. BP/PP 비율은 유광대의 수층 안정도(stability) 그리고 표층 해수 수온(sea surface temperature, SST)과 매우 유의한 상관 관계를 나타내었다.

BP/PP 비율과 f-ratio 사이에는 역의 관계가 나타났다. 따라서, 높은 BP/PP 비율은 유광대가 성층화되고 식물플랑크톤이 질소원으로써 암모니아에 의존할 때 나타났고, 반면에 낮은 비율은 유광대가 완전히 혼합되고 식물플랑크톤이 질산염에 의존할 때 나타났다. 이러한 결론은 난류(turbulence)에 의한 혼합과 수온이 연구해역에서 BP/PP 비율의 변동을 조절하는 주요한 물리적인 힘으로 작용함을 시사하였다. SST와 해수의 색깔은 인공위성에 의해 원격으로 감지될 수 있기 때문에, 온대 해역에서 박테리아 생산력 및 에너지의 이동 경로에 대한 예측이 가능할 것으로 보여진다. 더욱이, 이러한 접근 방식은 해양의 먹이망의 기본적 구성 성분인 식물플랑크톤과 박테리아에 대한, 즉, 박테리아 – 식물플랑크톤의 상호작용(즉, 생지화학적 순환)에 대한 해양 투기의 영향을 평가하는데 이용될 수 있을 것이다.

4. 종속영양성 미소편모류(HNF) 개체수와 박테리아에 대한 섭식율의 분포

HNF 개체수는 빈영양 해역에서 관측된 0.1×10^6 HNF/L의 값부터 과영양 해역의 10.5×10^6 HNF/L 까지의 값을 나타내었다(표 2). 독도 주변의 빈영양 해역을 제외하면 HNF 개체수의 범위는 동해, 부영양화한 마산만과 만경동진강 하구역에서 서로 크게 다르지 않았다. 주목할만한 점은 과영양, 부영양, 중영양 해역들에서 발견된 최대 HNF 개체수(각각 10.5, 2.2~4.5, 7.5×10^6 HNF/L)들이 크게 다르지 않다는 것이다. 이러한 관측은 더 부영양화한 해역에서 HNF가 상위 단계의 생물의 먹이원으로써의 중요성이 증가됨을 시사한다. HNF의 개체당 여과율(clearance rate)은 영양상태에 상관없이 0.6~11.3 nl HNF^{-1} h^{-1}의 작은 범위의 값을 나타내었다. 따라서, HNF의 개체별 섭식율(ingestion rates)은 수층의 박테리아 개체수에 따라 크게 변화할 것이다.

Choi 등(1999)은 최근에 저산소층에서 HNF가 박테리아를 활발하게 섭식할 수 있음을 제안하였고, 이러한 가능성은 나중에 마산만에서 엄격하게 조사되어 확인되었다(Park and Cho, 2002).

표 2. 한국의 해양 환경에서 측정된 종속영양성 미소편모류(HNF)의 개체수 및 섭식율

조사해역	HNF 개체수 (10^6 cells L^{-1})	HNF 섭식율 (10^6cells $L^{-1}h^{-1}$)	HNF 개체당 여과율 (nl HNF^{-1} h^{-1})	HNF 개체당 섭식율 (cells HNF^{-1} h^{-1})	참고문헌
만경동진강하구역	0.4~4.2	1~30	1.7~8.5	2.2~14.2	심 등(1995a)
인천 연안	1.7~2.2	–	3.6	6	Choi *et al.*(1995)
시화호	1.6~10.5	3~814	0.6~11.3	14~111	Choi *et al.*(1999)
마산만	0.2~4.5	1~322	0.9~11.1	3.3~102.7	Park and Cho(2002)
동해유광대	0.4~7.5	0.8~23.3	1~11	1~8	Choi *et al.*(2000)
중층원양대	0.1~0.4	0.1~1.1	1~16	1~5	–
독도 주변	0.4~0.6	–	–	–	Choi *et al.*(1998)

5. 박테리아-원생동물 상호작용

수생환경에서 박테리아의 사망은 크게 HNF의 섭식과 바이러스에 의한 용균에 의해 야기된다. 한국에서 1990년대에 박테리아의 운명에 관한 대부분의 연구들은 HNF에 의한 박테리아 섭식에 집중되어 왔다. 2000년대에 우리 그룹에서는 바이러스 생태학에 관한 연구를 시작하였다(Hwang and Cho, 2002). 여기에서는 연안해역과 원양중층대에서 측정된 박테리아-원생동물 상호작용의 주요 특성에 대해 기술하고자 한다.

5.1 만경동진강 하구역

박테리아에 대한 종속영양 미소편모류의 섭식율은 형광표지된 박테리아(Sherr 등, 1987)를 사용하여 심 등(1995a)에 의해 측정되었다. HNF와 독립영양성 미소편모류는 박테리아 개체수와 유의한 상관관계를 보였다. 최소한 4~23%의 독립영양성 미소편모류가 혼합영양성(mixotroph)인 것으로 나타났다. HNF의 개체별 섭식율은 2.2~14.2 cells HNF^{-1} h^{-1}의 범위였고, 혼합영양성 미소편모류는 1.6~9.7 cells HNF^{-1} h^{-1}의 범위를 보였다. 혼합영양성 미소편모류에 의한 박테리아의 섭식은 총 미소편모류에 의한 박테리아 섭식의 상당한 비율(30~69%)을 차지하였다. 박테리아에 대한 미소편모류의 총 섭식율은 박테리아 생산력의 6~123%에 해당되었다. 동시에 박테리아에 대한 섬모충류(<40 μm)의 섭식율도 측정되었다(심 등, 1995b). 섬모충류의 섭식율은 박테리아 생산력의 0.1~12.2%에 해당되었다. 만경동진강 하구역에서 미소편모류는 박테리아의 주요 섭식자였으며 상위 영양단계로 박테리아 생산력을 전달하는 것 같다.

5.2 마산만

한국 남쪽 연안에 위치한 약 34 km^2 면적의 반폐쇄성 내만인 마산만은 수심이 얕으며(약 15 m의 평균 수심) 매우 부영양화한 상태이다. 일반적으로 저산소성(hypoxia) 층이 매년 여름에 나타나며, 종종 늦여름에 저층에서 무산소 상태가 발달하기도 한다. HNF의 섭식율에 대한 산소 농도의 영향을 적절하게 평가하기 위해, 저산소 층에서 채수된 시료는 anaerobic chamber와 유사하게 만든 상자 안에서 질소가스로 현장 시료의 pO_2에 맞도록 산소 농도를 조절하여 섭식율을 측정하였다. HNF는 저산소 상태(0.22~3.87 mg O_2/L)에서도 박테리아를 활발하게 섭식하였고, 산소 농도를 포화 수준까지 변화시켜도 영향받지 않았다(Park and Cho, 2002). 따라서, 낮은 산소 농도에 의해 동물의 활동이 영향받는 저산소 층에서도 미생물 고리는 활발하게 작용하는 것 같다.

표층과 저산소층 시료들에서의 Q_{10} 값의 측정은 다른 값들을 보여(각각 3.2와 1.6), 두 층에서 HNF가 수온에 대해 상당히 다르게 반응하였고 다른 HNF 조성을 갖을 가능성을 시사하였다. 저산소층에서 박테리아 개체수와 HNF 섭식율의 양의 상관관계는 HNF가 박테리아의 가용성(availability)에 의해 주로 조절됨을 제시하였다.

5.3 동해의 원양중층대

원양성 중층대에서 박테리아는 유광대에서 기원하는 유기물 플럭스의 조절에 중요한 역할을 한다고 알려져 있다(Cho and Azam, 1988, 1995; Simon 등, 1992). 그러나 HNF 섭식에 의한 원양중층대에 서식하는 박테리아의 운명에 대해서는 명백하게 알려지지 않았었다. Cho 등(2000)은 동해의 중층대에 서식하는 HNF가 박테리아를 섭식하는지를 시험하고, HNF 섭식율을 박테리아 생산력과 비교하였다. 박테리아 개체수와 생산력은 유광대보다 중층대에서 훨씬 낮았다. 그러나 HNF의 여과율과 HNF 체적당 여과율은 일반적으로 두 층에서 유사하였다(각각 1~11 nl HNF^{-1} h^{-1}와 0.1~1.0×10^6 h^{-1}). 중층대에서 활발하게 섭식하는 HNF의 비율도 두 층에서 유사하였다(표층대에서 33~98%, 중층대에서 22~79%).

중층대에서 HNF의 섭식율은 0.1~1.1×10^6 cells L^{-1} h^{-1} 범위의 값을 보였고, 박테리아 생산력의 주요한 부분을 차지하거나 종종 더 컸다. 따라서, 박테리아에 대한 HNF 섭식이 동해에서 중층대 박테리아의 운명을 결정짓는 것 같았다. 중층대에서 HNF는 낮은 박테리아 개체수와 생산력에서도 생존하고, 미세생물 먹이망을 통한 해양의 생지화학적 순환과 에너지 흐름에 중요한 역할을 하는 것 같다. 그러한 역할은 아마 박테리아의 가용성에 의해 제한될 것이다.

6. 결 론

한국 주변 해역의 표영 환경에서 박테리아와 HNF의 분포 그리고 박테리아와 식물플랑크톤 및 HNF의 상호작용에 대한 이해에 많은 발전이 있었다. 그러나 해양 퇴적물에서 미생물 생태학적 연구는 상대적으로 덜 활발하여, 더 많은 관심과 연구들이 요구된다. 게다가 극한환경(예로 염전과 심해)에서의 해양 미생물 생태학적 연구도 활발하게 수행되어야 할 필요가 있다. 한국에서 바이러스 생태학적 연구도 성장하였으나, 생물해양학자의 더 많은 관심을 필요로 한다. 또한 해양환경에서 미생물학적 기작과 과정을 이해하기 위해 분자생물학적 기법과 생물정보학이 한국에서 생물해양학자에 의해 더 많이 이용되어져야 할 것이다.

사사

편집자인 최중기 교수의 적극적인 권유에 힘입어, Ecology of Korea (2002)에 발표된 본인의 논문을 번역하여 본 책자에 수록할 수 있게 되었습니다. 이 번역물이 가능하도록 도와주신 Ecology of Korea의 대표 편집자인 이도원 교수께도 감사를 드립니다. 번역을 도와준 최동한 박사에게도 감사의 뜻을 표합니다.

참고문헌

강정훈, 조병철, 심재형, 최중기. 1998. 해수에 잠긴 인공기질 표면에 먼저 부착된 박테리아가 규조류의 부착에 미치는 영향. 바다, 한국해양학회지 3: 271-275.

심재형, 박수영, 조병철, 이원호. 1995b. 만경동진강 염하구에서 섬모충류에 의한 박테리아 섭식에 관하여. 한국해양학회지. 30: 426-435.

심재형, 신윤근, 조병철. 1993. 만경동진강 염하구에서의 박테리아 및 식물플랑크톤의 역할과 상호관계. 한국해양학회지. 28: 107-113.

심재형, 윤성화, 윤상선, 최동한, 조병철. 1995a. 만경동진강 염하구에서 종속영양성 및 혼합영양성 미소편모류의 수도와 박테리아 섭식. 한국해양학회지. 30:413-425.

조병철, 강연식, 최중기. 1994. 황해 중동부 해역에서의 박테리아의 시공간적 분포의 특징. 한국해양학회지. 29: 145-151.

최동한, 강석원, 송기돈, 허성회, 조병철. 1997. 과영양성 시화호에서 박테리아의 분포 및 성장.바다, 한국해양학회지 2: 92-100.

Azam, F., T. Fenchel, J.G. Field, J.S. Gray, L.A. Meyer-Reil, and F. Thingstad. 1983. The ecological role of water-column microbes in the sea. Mar. Ecol. Prog. Ser. 10: 257-263.

Bird, D.F., and J. Kalff. 1984. Empirical relationships between bacterial abundance and chlorophyll concentration in fresh and marine waters. Can. J. Fish. Aquat. Sci. 41: 1015-1023.

Cho, B.C., and F. Azam. 1988. Major role of bacteria in biogeochemical fluxes in the oceans interior. Nature (London) 332: 441-443.

Cho, B.C., and F. Azam. 1995. Urea decomposition by bacteria in the Southern California Bight and its implications for the mesopelagic nitrogen cycle. Mar. Ecol. Prog. Ser. 122: 21-26.

Cho, B.C., and J.H. Shim. 1992. Significance of estuarine mixing in distribution of bacterial abundance and production in the estuarine system of the Mankyung river and Dongjin river, Korea. J. Oceanogr. Soc. Kor. 27: 154-163.

Cho, B.C., J-K. Choi, C.S. Chung, and G.H. Hong. 1994. Uncoupling of bacteria and phytoplankton during a spring diatom bloom in the mouth of the Yellow sea. Mar. Ecol. Prog. Ser. 115: 181-190.

Cho, B.C., J.H. Shim, and G.H. Hong. 1998. Bacterial abundance and production in July 1997 in the vicinity of Tokdo, East Sea. J. Korean. Soc. Oceanogr. 33: 205-211.

Cho, B.C., M.K. Park, J.H. Shim, and D.H. Choi. 2001. Sea-surface temperature and *f*-ratio explain variability in ratio of bacterial production to primary production in the Yellow Sea. Mar. Ecol. Prog. Ser. 216: 31-41.

Cho, B.C., Park, M.K., Shim, J.H., and F. Azam. 1996. Significance of bacteria in urea dynamics in coastal surface waters. Mar. Ecol. Prog. Ser. 142: 19-26.

Cho, B.C., S.C. Na, and D.H. Choi. 2000. Active ingestion of fluorescently labeled bacteria by mesopelagic heterotrophic nanoflagellates in the East sea, Korea. Mar. Ecol. Prog. Ser. 206:23-32.

Choi, D.H., H.J. Kim, and B.C. Cho. 2001. Spatial variations of bacterial communities in a fish-farm of Tongyeong coastal area. Preceedings of the autumn meeting, 2001 of the Korean Society of Oceanography, p83.

Choi, D.H., J.H. Shim, and B.C. Cho. 1996. Bacterial colonizations of glass and acryl surfaces immersed in coastal seawater. The Yellow Sea, 2: 51-57.

Choi, D.H., S.C. Na, Y.C. Park, S.H. Huh, and B.C. Cho. 1999. Characteristics of microbial abundances in hypoxic water of brackish Lake Shiwa. J. Korean. Soc. Oceanogr. 34(4): 236-240.

Choi, J.K., S.K. Kim, J.H. Noh, and K.C. Park. 1995. The study on the grazing rate of protozooplankton in the microbial food web of Inchon coastal waters. J. Korean Soc. Oceanogr. 30(5) 458-466.

Cole, J.J., S. Findlay, and M.L. Pace. 1988. Bacterial production in fresh and saltwater ecosystems: a cross-system overview. Mar. Ecol. Prog. Ser. 43: 1-10.

Ducklow, H.W., C.A. Carlson. 1992. Oceanic bacterial production. In: Marshall K.C. (ed) Advances in microbial ecology, Vol 12. Plenum Press, New York, p 113-181.

Fuhrman, J.A., and F. Azam. 1982. Bacterioplankton in the coastal euphotic zone: distribution, activity and possible relationship with phytoplankton. Mar. Biol. 60: 201-207.

Hwang, C.Y., and B.C. Cho. 2002. Uneven growth and different susceptibility to viruses among bacteria increase estimates of virus production based on TEM observation in the East Sea, Korea. Aquat.

Microb. Ecol. 27: 211-218.

Kirchman, D.L., Y. Soto, F.V. Wambeck, and M. Bianki. 1989. Bacterial production in the Rhone river plume: effect of mixing on relationships among microbial assemblages. Mar. Ecol. Prog. Ser. 53: 267-275.

Park, J.S., and B.C. Cho. 2002. Active heterotrophic nanoflagellates in hypoxic water-column of the eutrophic Masan Bay, Korea. Mar. Ecol. Prog. Ser. 230: 35-45.

Poter, K.G., and Y.S. Feig. 1980. The use of DAPI for identifying and counting aquatic microflora. Limnol. Oceanogr. 25(5) 943-948.

Sherr, B.F., E.B. Sherr, and R.D. Fallon, 1987. Use of monodispersed, fluorescently labeled bacteria to estimate in situ protozoan bacterivory. Appl Environ Micobiol 53: 958-965.

Simon, M., N.A. Welschmeyer, and D.L. Kirchman. 1992. Bacterial production and the sinking flux of particulate organic matter in the subarctic Pacific. Deep-Sea Res. 39: 1997-2008.

경기만 해역의 미세생물 먹이망 특성

양은진[1], 최중기[2] / [1]극지연구소, [2] 인하대학교 해양학과

해양 표영 생태계의 에너지 흐름에 있어서 식물플랑크톤으로부터 유래된 용존 유기물을 이용하는 박테리아와 이를 섭취하는 원생동물의 관계에 중점을 둔 미세생물 먹이 고리(microbial loop)의 개념은 이 먹이 고리가 중형 동물플랑크톤의 먹이로 연결되면서 상호간에 복잡한 먹이관계를 이루고 있다는 미세생물 먹이망(microbial food web)의 개념으로 발전하였다. 이러한 미세생물 먹이망을 구성하고 있는 미세생물 군집은 세포 크기와 영양방법에 따라 독립영양생물(autotrophs)과 종속영양생물(heterotrophs)로 구분된다. 독립영양 극미소 플랑크톤(autotrophic picoplankton), 독립영양 미소 편모류(autotrophic nanoflagellates), 독립영양 와편모류(autotrophic dinoflagellates) 및 돌말류를 포함하는 독립영양생물과 종속영양 박테리아, 종속영양 미소 편모류(heterotrophic nanoflagellates), 섬모충류(ciliate), 종속영양 와편모류(heterotrophic dinoflagellates), 유공충, 방산충 및 동물플랑크톤 유생을 포함하는 종속영양생물로 구성되어 해양의 표영 생태계에서 복잡한 영양 단계를 형성하고 있다(표 1).

표 1. 크기 및 영양방법에 따른 미세생물 먹이망의 구성자

	독립영양 미세생물	종속영양 미세생물
0.2~2 μm (극미소 플랑크톤)	독립영양 극미소 플랑크톤	종속영양 박테리아
2~20 μm (미소형 플랑크톤)	독립영양 미소 편모류 독립영양 미소 와편모류 미소 돌말류	종속영양 미소 편모류 종속영양 미소 와편모류 미소 섬모충류
20~200 μm (소형 플랑크톤)	독립영양 소형 와편모류 소형 돌말류	종속영양 소형 와편모류 소형 섬모충류 방산충류, 유공충류, 동물플랑크톤 유생

지난 30년 이상 전 세계 해양에서 미세생물 먹이망에 대한 다양한 연구들이 수행되어 왔으며, 미세생물 먹이망 구조와 그 구성원들의 역할은 해역의 환경 및 생태계 특성에 따라 큰 차이를 보이며, 미세생물 먹이망 구조는 시·공간적으로 다양하게 변화한다. 일반적으로 극미소 플랑크톤에 의해 우점하며 성층이 발달된 빈영양 해역의 생태계는 미세생물 먹이망이 발달되어 있으며, 반면에 난류 혼합(turbulent mixing)이 강하고 영양염이 풍부한 연안 환경에서는 규조류가 기본을 이루는 먹이망이 발달되어 있다. 기본적으로 생태계에서 미세생물 먹이망의 구조는 식물플랑크톤 크기 및 우점그룹에 의하여 결정되며, 계절별 크기에 따른 식물 플랑크톤의 분포 현상은 상위단계 포식자들의 크기와 군집 구조를 변화시킨다(Mousseau *et al*., 1996; Tamigneaux *et al*., 1997). 최근 들어 연안해역에서 발생하는 체인형 식물플랑크톤의 대증식을 감소시키는 주요 원인으로 원생동물의 중요성이 인식되었으며, 기존에 생각해 왔던 것보다 연안역에서 원생동물의 역할이 매우 큰 것으로 나타났다(Sherr and Sherr, 1992; Banse, 1992; Levinsen *et al*., 1999; Strom *et al*., 2001; Putland and Iverson, 2007). 특히 원생동물은 식물플랑크톤 처럼 빠르게 성장하며, 식물플랑크톤 생물량의 변화에 빠르게 반응하기 때문에 식물플랑크톤의 대증식을 조절하거나 식물플랑크톤 군집구조를 조절 하는데 있어 포식자로서 큰 잠재성을 갖고 있다(Banse 1992). 다양한 해양환경에서 원생동물의 중요성이 폭넓게 보고되었고, 특히 연안환경에서 원생동물은 기존에 생각했던 것 보다 식물플랑크톤의 중요한 소비자로서 인식되었음에도 불구하고 현재 우리나라 연안역에서 미세생물 먹이망에 대한 연구는 많지 않다(심등, 1995 ; 최등, 1995 ; Lee and Choi, 2000 ; 정등, 2000 ; 이등, 2007). 그러나 경기만 해역에서 미세생물 먹이망에 대한 연구는 다른 해역에 비하여 많이 수행되어졌다. 따라서 이 장에서는 경기만 수역에서 미세생물 먹이망의 구조 및 생태계내에서 각 구성원들의 역할에 관하여 소개하고자 한다.

1. 경기만 해역에서 미세생물 군집의 분포 및 구조

미세생물 먹이망은 종속영양 박테리아, 식물플랑크톤 및 원생동물로 구성되어 있으며, 이중 박테리아와 식물 플랑크톤의 생물량을 조절하고 상위단계로 탄소를 전달하는 가장 중요한 구성인자는 원생동물이다. 여기서는 경기만에서 종속영양 미세생물 군집을 중심으로 그들의 분포 특성과 군집구조에 대하여 설명하고자 한다.

1.1 종속영양 박테리아의 분포

종속영양 박테리아는 용존 유기물, 유기쇄설물과 종속영양 미소편모류 및 미소형 섬모충류 사이의 에너지 연결자로서 해양 생태계의 미세생물 먹이망에 중요하게 기여하며, 해양 환경에서 유기물의 분해, 재생산, 영양염 흡수를 통해 부영양화 과정과 해양의 생지화학적 순환에 중요한 역할을 한다. 특히 연안 환경에서 유기물의 공급과 박테리아에 대한 섭식, 온도, 그리고 바이러스 등은 박테리아의 생물량과 생산력을 조절하는 중요한 요소로 알려져 있다. 이제까지 연안에 서식하는 박테리아 군집에 영향을 미치는 요인에 대해서 많은 연구들이 수행되었으나, 연안 생태계는 수온, 염분, 조석, 조류, 탁도등의 복잡한 환경에 노출되어 있고 이러한 환경에 서식하는 박테리아 군집에 영향을 미치는 요인에 대해 이해하는 것은 아직까지도 어려운 문제로 남아있다.

경기만에서 박테리아 개체수와 이차 생산력은 각각 0.38×10^{9}~ 3.25×10^{9} cells/L(평균 $1.19\pm0.69\times10^{9}$ cells/L)와 10.2~137.3 mgC m^{-2} d^{-1} (평균 39.1 ± 11.5 mgC m^{-2} d^{-1})의 범위에 있으며, 5월과 9월에 가장 높게 분포한다(그림 1). 경기만 해역에서 관찰된 박테리아는 일반적으로 연안수역에 서식하는 박테리아의 생물량 범위에 포함된다. 조석간만의 차이가 극심한 경기만 수역에서 박테리아 생물량과 생산력은 간조·만조에 따른 차이가 없으며 수직분포 특성도 큰 차이를 보이지 않는다. 해양 생태계에서 박테리아의 생물량은 식물플랑크톤의 생물량이나 수온 등에 의해 영향을 받지만, 경기만 수역에서 박테리아의 생물량과 생산력은 용존 유기탄소와 가장 높은 상관성을 갖는다.

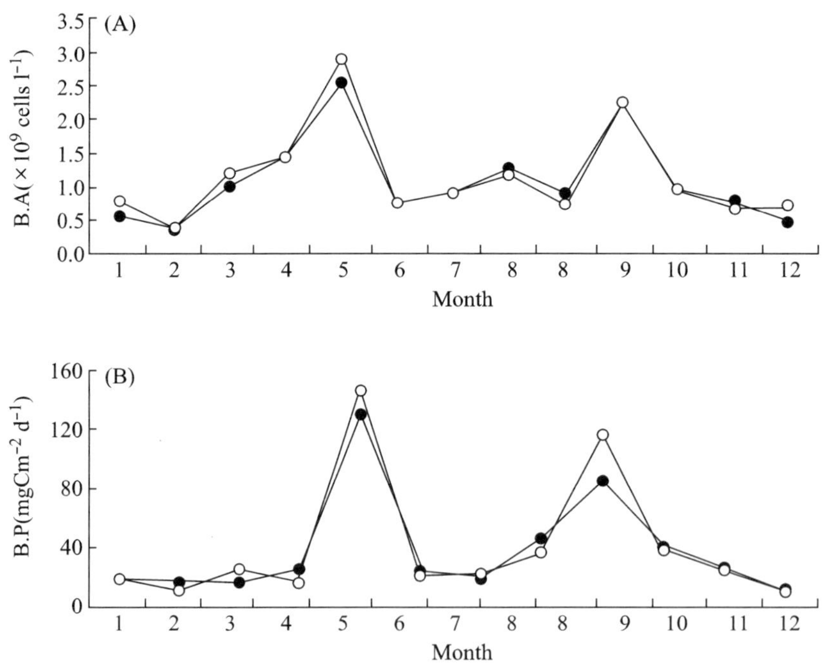

그림 1. 경기만에서 박테리아 개체수(A) 및 박테리아 이차생산력(B)의 계절 변동(양등, 2003).
●: 만조시 ○: 간조시

1.2 미소형 및 소형 동물플랑크톤의 군집구조 및 분포

미소형 및 소형 동물플랑크톤은 박테리아부터 소형 식물플랑크톤까지 다양한 크기의 먹이를 효과적으로 섭식하고, 중형 동물플랑크톤의 좋은 먹이원이 되기 때문에 해양 생태계의 기저부인 미세생물 고리와 중형 동물플랑크톤 먹이망 사이를 연결하여 저차 생산자로부터 생산된 에너지를 상위 먹이망에 효율적으로 전달함으로써 유기물질의 순환과 에너지 흐름에 중요한 역할을 한다. 원생동물은 분류학적으로 다양한 크기 및 분류군으로 구성되어 있으며, 세포 크기에 따라 미소형 원생동물(< 20μm)과 소형 원생동물(> 20μm)로 구분된다. 미소형 원생동물은 종속영양 미소 편모류, 종속영양 미소 와편모류, 미소 섬모충류로 구성되어 있고, 소형 원생동물은 종속영양 소형 와편모류, 소형 섬모충류, 유공충 및 방산충등으로 구성되어 있다. 이중에서 소형 원생동물에 동물플랑크톤 유생을 포함하여 소형 동물플랑크톤(microzooplankton)으로 명명한다. 연안 표영 생태계의 미세생물 먹이망에서 유공충 및 방산충류의 역할은 크지 않은 것으로 보고되었다.

경기만 해역에서 3년동안 조사된 미소형 및 소형 동물플랑크톤은 크게 종속영양 미소 편모류, 종속영양 와편모류, 섬모충류로 구분하여 그림 2에 각 군집들의 계절별 분포를 보여주었다. 그중 섬모충류는 미소형 및 소형 동물플랑크톤의 41.7%로 가장 많은 부분을 차지하였다(그림 3). 빈모섬모충류와 유종섬모충류로 구성된 섬모충류의 현존량과 탄소량은 각각 338~44,571 cells/L와 1.3~119.7 μgC/L로 분포하며, 다른 해양환경에서 보고된 결과와 유사한 범위 내에 포함되어 있다. 이중 피각을 갖고 있지 않은 빈모섬모충류는 485~32,950 cells/L로 분포하며, 대부분이 *Strombidium, Strobilidium, Strombidinopsis, Lohmaniella* 등이 우점한다. 하계부터 추계까지는 주로 크기가 100μm 이상인 *Laboea strobila, Tontonia* spp. 등이 우점하며, 동계에는 *Strombidinopsis* spp. 이 우점한다. 또한 경기만에 출현하는 유종 섬모충류의 대부분은 부유 입자들이 표면에 부착된 피각을 갖고 있는 *Tintinnopsis* 와 *Leprotintinnus* 에 속하는 종들이 크게 우점하고 있다. 유종섬모충류는 60~7,074 cells/L로 분포하며 춘계인 4월에는 *Tintinnopsis rapa,* 5월에는 *Stenosemella* sp., 6월에 *Favella ehrenbergii* 와 *Tintinnopsis baltica*, 8월에는 *Eutintinnus* spp. 9월에는 *Leprotintinnus nordqvisti* 와 *Leprotintinnus bottnicus* 등이 주로 우점한다. 특히 부유물질이 상대적으로 낮은 6월부터 8월까지는 투명한 피각(hyalin lorica)을 갖는 유종섬모충류에 의해 높게 우점된다.

종속영양 와편모류는 박테리아, 미소 편모류, 돌말류, 섬모충류 그리고 후생동물까지 포식하며, 자기 몸체보다 더 큰 입자들을 섭식할 수 있는 특별한 섭식 기작을 갖고 있다. 특히 연안환경에서 종속영양 와편모류의 분포는 전형적으로 식물플랑크톤의 대증식이 발생한 시기 또는 대증식이 끝난 직후에 가장 높게 출현하기 때문에 식물플랑크톤의 섭식자로서 중요한 역할을 하는 것으로 밝혀졌다(Hansen, 1992; Levinsen *et al*., 1999; Sherr and Sherr, 2007). 경기만에서 종

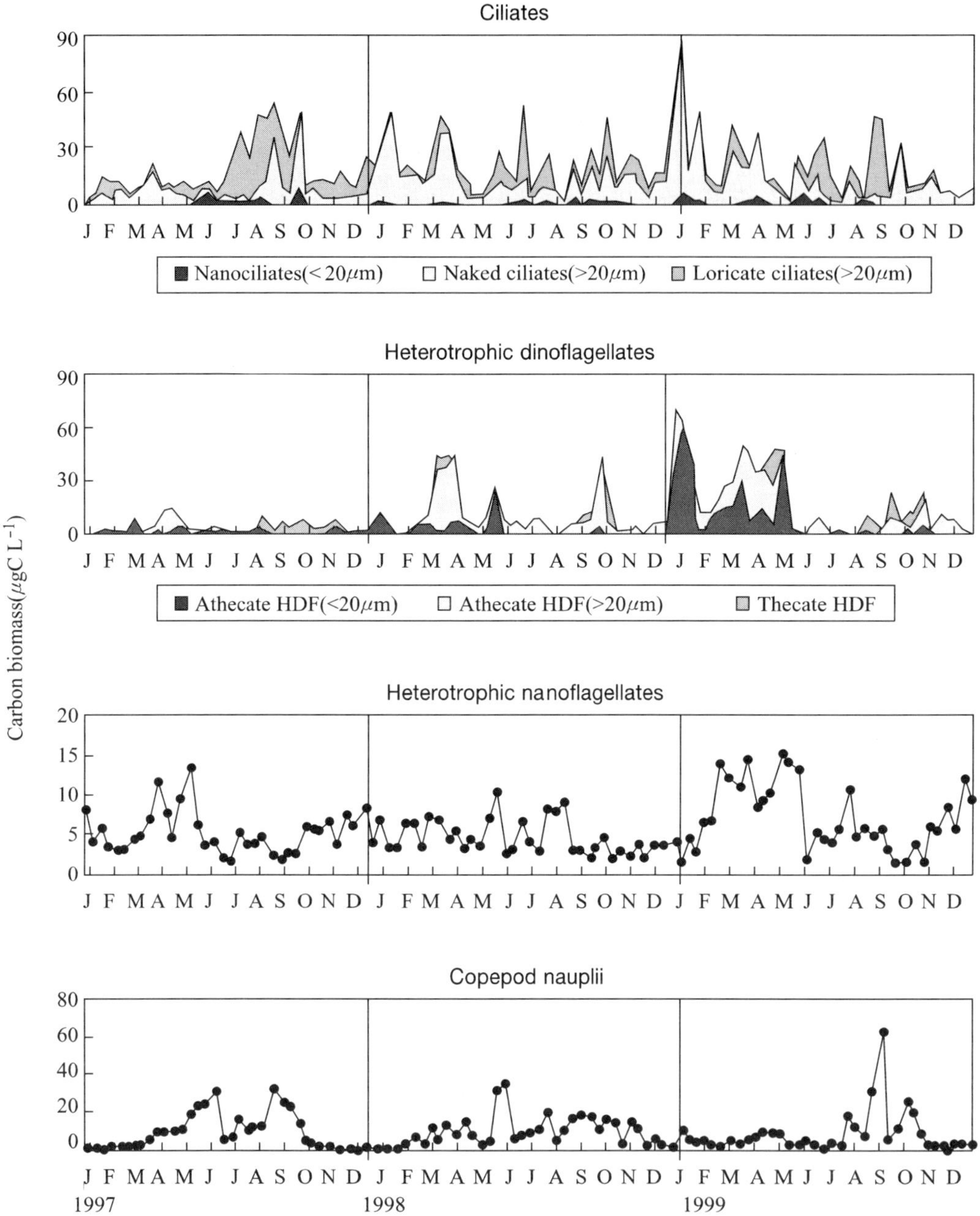

그림 2. 경기만에서 섬모충류(ciliates), 종속영양 와편모류(Heterotrophic dinoflagellate), 종속영양 미소편모류(Heterotrophic nanoflagellate) 및 요각류 유생(copepod nauplii)의 계절 분포(Yang *et al.* 2008)

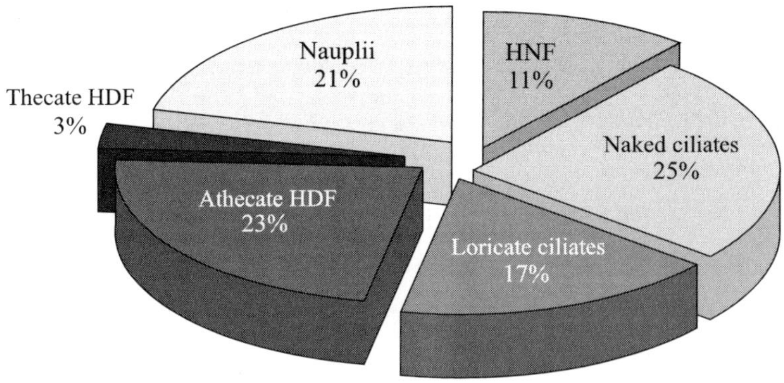

그림 3. 경기만에서 미소형 및 소형 동물플랑크톤 군집의 백분율(Yang *et al.*, 2008)

속영양 와편모류의 현존량과 탄소량은 각각 88~94,580 cells/L, 0.04~71.2 ㎍C/L의 범위에 있다. 이들은 미소형 및 소형 동물플랑크톤 군집에 약 26.1%를 기여하며 식물플랑크톤의 대증식이 발생한 시기에는 최대 70%까지 기여한다. 소형 종속영양 와편모류의 대부분은 피각을 갖고 있는 *Protoperidinium*과 피각이 없는 *Gyrodinium*에 의해 우점하는 반면, 20μm 이하의 미소형 종속영양 와편모류는 피각이 없는 *Gymnodinium* type (6~15μm)에 의해 높게 나타난다. 경기만 수역에서 종속영양 와편모류의 대부분은 초가을 대증식기에 각판성 종속영양 와편모류(thecate heterotrophic dinoflagellate)에 의해 70% 이상 우점한 것을 제외한다면 대부분이 무각판성 종속영양 와편모류(athecate heterotrophic dinoflagellate)에 의해 우점한다. 무각판성 종속영양 와편모류는 고정액으로 인하여 세포가 쉽게 파괴되고, 광학현미경하에서 종속영양성과 독립영양성을 구분하기 어렵기 때문에 그동안 상당히 많은 부분이 종속영양 와편모류 그룹에서 제외되어 왔다. 그러나 형광현미경의 발달로 인하여 그들의 현존량은 해양에서 10^5 cells/L까지 분포함을 보고하였다. 실예로 경기만 해역에서도 무각판성 종속영양 와편모류의 현존량은 각판성 와편모류에 비해 약 10배 정도 더 높은 비율로 나타나며, 이들의 분포는 경기만의 미세생물 먹이망 구조를 결정하는데 중요한 역할을 한다. 경기만에서 종속영양 와편모류의 생물량은 소형 식물플랑크톤과 높은 상관관계를 보이며, 특히 미소형 종속영양 와편모류도 소형 식물플랑크톤과 높은 상관관계를 갖는다. 종속영양 와편모류는 '미세생물 고리'의 개념에서 예견했던 것보다 먹이 섭식에 관하여 생태학적 지위가 섬모충류와는 다르다(Levinsen *et al.*, 1999). 미소형 종속영양 와편모류는 미소형 식물플랑크톤을 두고 섬모충류와 경쟁할 수는 있으나 20μm 이상의 소형 종속영양 와편모류는 섬모충류의 먹이가 될 수 없는 자기의 몸체보다도 더 큰 크기의 플랑크톤을 섭식할 수 있다(Hansen, 1992). 따라서 수괴의 혼합이 강하고 부유물질이 높은 연안 환경에서 제외되어 왔던 종속영양 와편모류에 대한 생태학적 역할과 피식-포식자에 관한 연구는 연안 생태계에서 플랑크톤 군집 변동과 미세생물 먹이망의 구조를 이해하는데 중요한 지표가 될 수 있다.

종속영양 미소 편모류는 박테리아, 남세균과 극미소 식물플랑크톤의 중요한 소비자로서뿐 아니라, 섬모충류의 먹이원으로서 미세생물 먹이망내에서 영양염 재순환과 탄소의 전달자로서 중요한 역할을 한다. 따라서 이들의 분포 양상은 박테리아 생물량과 극미소 식물플랑크톤 및 섬모충류의 현존량에 의해 직접적으로 영향을 받는다(Fenchel, 1988; Fukami *et al*., 1996). 대부분의 수괴에서 종속영양 미소 편모류는 2~5μm 크기로 구성되어 있으며(Geider, 1988), 실제적으로 5μm 이하의 미소 편모류는 1μm 이하의 작은 크기를 섭식하는 것으로 알려져 있다(Sherr and Sherr, 1992). 경기만에서 종속영양 미소편모류의 현존량과 탄소량은 각각 435~4,430 cells/mL, 1.31~15.4 μgC/L로 나타나며 이들의 분포는 극미소 식물플랑크톤의 분포와 높은 상관성을 갖는다. 그러나 경기만에서 종속영양 미소편모류는 전체 원생동물 군집의 평균 11.5% 로 낮게 기여하며, 계절적으로 뚜렷한 분포 특성을 보이지 않는다.

소형 동물플랑크톤의 중요한 구성자인 요각류 유생은 현장에서 약 60μm 이상의 크기로 분포하며, 어류 유생의 먹이로서 제공될뿐 아니라, 미소형 플랑크톤의 소비자로서 중요한 역할을 한다. 경기만에서 요각류 유생의 현존량은 2~338 indiv./L로 분포하며, 미국의 체사픽만에서는 49~180 indiv./L, 중국의 보하이(발해)에서는 0~140 indiv./L로 분포하여 다른 연안 수역에서 보고된 결과에 비하여 경기만의 요각류 유생 현존량은 다소 높다. 요각류 유생은 주로 춘계와 하계에 높게 나타나며, 이들의 분포는 박테리아, 극미소 식물플랑크톤 및 수온과 높은 상관관계를 갖는다. 경기만에서 요각류 유생은 전체 미소형 및 소형 동물플랑크톤의 평균 20.7%를 차지하며, 극미소 플랑크톤에 의해 우점하고 수온이 높은 하계에 미세생물 먹이망에서 크게 기여한다.

경기만 해역에서 다양한 군집으로 구성되어 있는 미소형 및 소형 동물플랑크톤 군집의 총 탄소량은 10.2~168.8 μgC/L의 범위에 있다. 그림 4는 경기만에서 3년 동안 관측된 미소형 및 소형 동물플랑크톤의 생물량과 엽록소-*a* 농도의 계절 변화를 보여준다. 미소형 및 소형 동물플랑크톤은 식물플랑크톤의 대증식이 발생한 시기 또는 대증식이 소멸되면서 바로 다음 시기에 높은 생물량을 보이며 이와 같은 결과는 미소형 및 소형 동물플랑크톤은 경기만에서 대증식의 소멸과 깊은 관계가 있음을 암시한다. 계절적으로 미소형 및 소형 동물플랑크톤 그룹은 동물플랑크톤 유생이 가장 높게 기여하는 하계를 제외한다면, 많은 시기에 섬모충류와 종속영양 와편모류에 의해 우점하며, 이런 군집구조의 특성은 일차적으로 식물플랑크톤의 군집구조와 크기별 생물량에 더욱 크게 영향을 받는다(표 2). 특히 미소형 및 소형 동물플랑크톤과 엽록소 농도 사이의 높은 상관관계는 이전에 다양한 해양 환경에서 많이 보고되었다(Burkill *et al*. 1995; Dolan *et al*. 1995; Garrison *et al*. 1998). 이와 같은 결과는 종속영양 원생생물과 식물플랑크톤 사이에 피식-포식자의 관계가 있음을 암시하며, 이러한 피식-포식자의 관계는 미세생물 먹이망에서 에너지 흐름을 조절하는 중요한 조절 인자가 될 수 있음을 시사한다. 이러한 추론은 다음 장에서 해수 희석법(Dilution method)을 통한 소형 동물플랑크톤의 섭식압을 통해 다시 설명할 것이다.

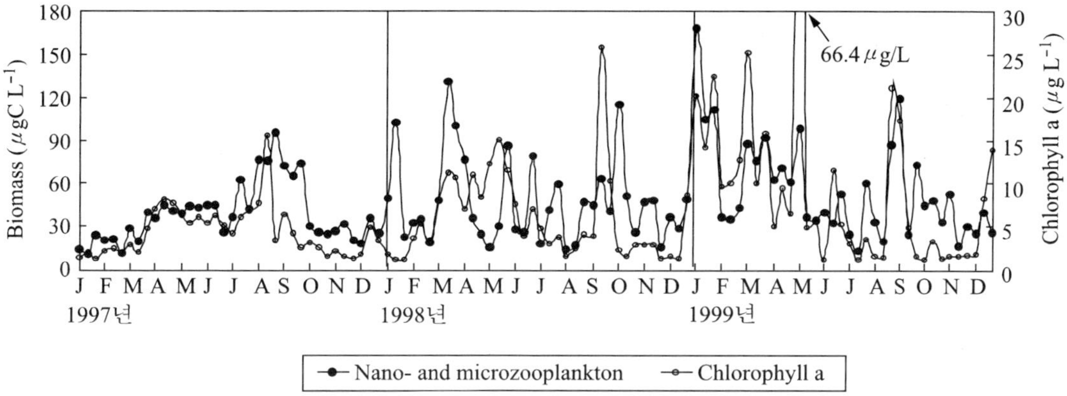

그림 4. 경기만에서 미소형 및 소형 동물플랑크톤 생물량과 엽록소 농도의 계절 변동 (Yang *et al.*, 2008)

표 2. 미소형 및 소형 동물플랑크톤 각 군집의 생물량과 크기별 엽록소 농도와의 상관관계 (Yang *et al.*, 2008). 상관계수(P)는 다음과 같이 정의하였다. ***p 〈 0.0001, **p 〈 0.001,*p 〈 0.01

	종속영양미소 편모류	섬모충류	종속영양 와편모류	요각류유생	미소형 및 소형 동물플랑크톤
수온	0.063	0.008	0.221	0.516***	0.071
염분	−0.104	0.061	0.214	−0.387***	0.031
총엽록소 농도	0.077	0.239*	0.474***	0.242*	0.472***
소형 엽록소 농도	−0.037	0.444***	0.518***	0.178	0.537***
미소형 엽록소 농도	0.063	0.111	0.244*	0.028	0.118
극미소 엽록소 농도	0.031	0.244*	0.151	0.333**	0.253*
독립영양 극미소 플랑크톤	0.408***	0.100	0.167	0.173	0.115
독립영양 미소 편모류	0.181	0.245*	0.526***	0.111	0.510***

2. 원생동물의 먹이 섭식률

다양한 해양환경에서 원생동물은 박테리아와 식물플랑크톤의 생물량을 조절하고, 그들의 성장률은 중형 동물플랑크톤 보다 빠르기 때문에 미세생물 먹이망에서 중요한 역할을 한다. 자연상태에서 미소형 및 소형 동물플랑크톤의 섭식률을 측정하는 방법은 단순하지 않고, 한 가지 방법에 의하여 대표 될 수는 없지만 여기서는 경기만에서 측정된 미소형 및 소형 동물플랑크톤의 박테리아 섭식과 식물플랑크톤의 섭식에 대하여 소개하고자 한다.

2.1 박테리아 식자 (Bacterivory predater)

미세생물 먹이망에서 박테리아에 대한 원생동물의 섭식률은 박테리아의 이차 생산에 대한 탄소의 흐름을 이해하고 박테리아의 소비자로서 원생동물의 중요성을 추정할 수 있다. 표영 생태계에서 종속영양 미소 편모류와 미소 섬모충류는 박테리아의 가장 중요한 소비자로, 특히 $<5\mu m$ 크기의 종속영양 미소 편모류는 자연상태에서 박테리아의 소멸과 가장 관련이 깊다(McManus and Fuhrman, 1988; Sherr *et al*., 1989; Barcina *et al*., 1992). 비록 박테리아에 대한 종속영양 미소편모류의 개체별 섭식률이 섬모충류에 비해 낮다고 할지라도, 종속영양 미소 편모류의 현존량은 미소 섬모충류 현존량의 100~1,000배 이상을 초과하므로 박테리아에 대한 종속영양 미소 편모류의 개체군 섭식률은 미소 섬모충류에 비해 높게 나타난다.

박테리아에 대한 원생동물의 정확한 섭식률을 파악하기 위한 많은 실험 방법이 사용되고 있으며 현재까지 소개된 섭식률 측정방법은 다음과 같다. 섭식률은 자연해수에서 희석방법을 통하여 박테리아 개체수의 증감으로 측정하는 방법(Fuhrman and McManus, 1984; Landry *et al*., 1984), 방사선 동위원소를 이용하는 방법(Lessard and Swift, 1985), 박테리아 크기의 형광입자 및 형광표지 박테리아(Fluorescently Labeled Bacteria, FLB)를 이용하여 측정하는 방법(Børsheim, 1984)등이 있다. 그러나 형광표지 입자를 사용하는 방법은 여러 가지 문제점이 제기되었다. 형광표지 입자는 살아있지 않은 무생물 입자상태이기 때문에 섭식률 측정에 있어 과소평가를 유발하며, 자연상태에서 이들은 특히 다양한 무기입자와 혼동의 가능성이 있고, FLB를 제작하는데 사용되는 그린 형광색을 갖는 DTAF (5-([4,6-dichlorotriazin-2-yl]amino)fluorescein) 염색약의 사용은 형광 현미경하에서 특정 원생동물 세포와 똑같은 색을 나타내므로 여러 가지 문제가 야기될 수 있다. 그래서 시도된 방법들은 FLB 대신에 살아있는 박테리아에 CTC (cyanoditolyl tetrazolium chloride)시약으로 형광 염색을 하여 살아있는 박테리아를 이용한 방법이 사용되었다(Epstein and Rossel, 1995). 이러한 연구들은 미세생물 먹이망에서 박테리아부터 박테리아 섭식자까지의 탄소순환을 정량적으로 생산하는데 유용하게 사용되었으며, 연구 결과들은 대부분 해양환경에서 박테리아 소멸의 중요한 원인으로서 원생동물의 중요성을 확인하였다.

경기만에서 형광표지 박테리아(FLB)를 이용하여 측정한 박테리아에 대한 종속영양 미소편모류의 개체별 섭식률은 1.0×10^6~ 6.3×10^6 bacteria L^{-1} h^{-1}(평균 $3.12\pm0.55\times10^6$ bacteria L^{-1} h^{-1})의 범위에 있으며(그림 5), 만경·동진강 하구역에서 보고된 종속영양 미소 편모류의 개체별 섭식률인 $0.1\times10^7 \sim 3.0\times10^7$ bac. L^{-1} h^{-1} (심등, 1995), 쿠스만에서 보고된 $0.3\times10^7 \sim 0.8\times10^7$ bac. L^{-1} h^{-1} (González *et al*., 1993), 살바제 해안에서 보고된 $0.07\times10^7 \sim 1.6\times10^7$ bac. L^{-1} h^{-1} (Barcina *et al*., 1992)에 비해 개체별 섭식률의 범위에는 차이를 보였지만 평균값에는 차이를 보이지 않았다. 또한 종속영양 미소 편모류의 개체군 섭식은 박테리아 이차생산의 19.4~141.4%를

제거하며, 계절에 따라 크게 변화한다. 계절별로 박테리아에 대한 개체군 섭식률이 박테리아 이차 생산력의 100% 이상을 제거한 시기에는 박테리아에 의해 생산되는 많은 양의 탄소가 종속영양 미소 편모류를 통해 상위단계인 소형 동물플랑크톤에게 전달된 것이다. 반면에 박테리아의 이차 생산력이 가장 높았던 5월과 9월에는 20% 이하의 적은 양이 종속영양 미소 편뮤류의 섭식에 의하여 제거 되었다. 박테리아의 생산력이 가장 높았던 시기에 상대적으로 적은 양의 탄소가 박테리아를 통해 종속영양 미소 편모류로 전달되는 것으로 보아, 이 시기에 박테리아는 바이러스에 의한 사망이나 그 상위단계 다른 미소형 동물플랑크톤에게 섭식 되었을 가능성이 있다. 이를 뒷받침할 만한 증거는 경기만에서 5월과 9월에 박테리아에 대한 다른 미소형 원생동물(미소 섬모충류와 종속영양 미소 와편모류)의 섭식률이 종속영양 미소 편모류보다 높다는 결과로부터 얻을 수 있다(양, 2001).

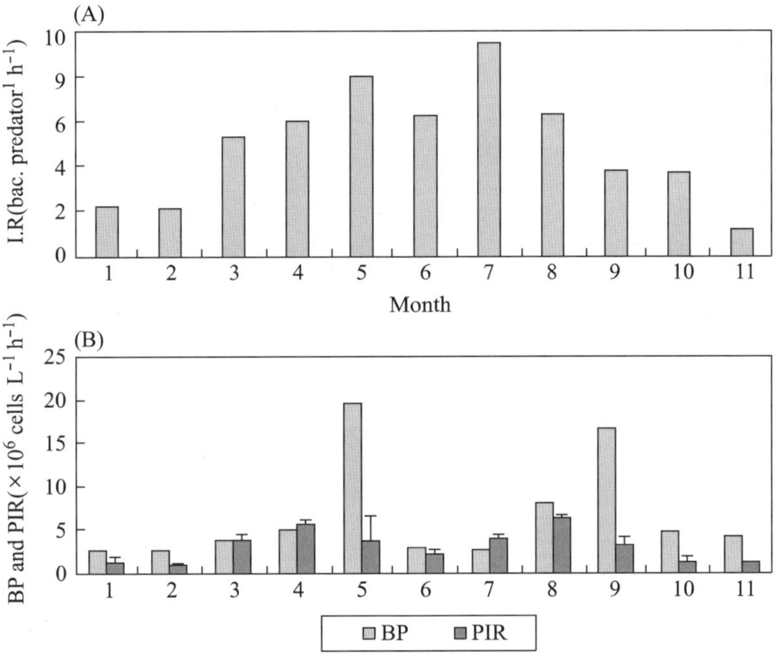

그림 5. 경기만에서 박테리아에 대한 종속영양 미소편모류의 개체별 섭식률(A)과 박테리아에 대한 종속영양 미소편모류의 개체군 섭식률과 박테리아의 이차 생산력(B)의 계절 변동(양 등, 2003). I.R은 개체별 섭식률(ingestion rate), PIR은 개체군 섭식률(population ingestion rate), BP는 박테리아 생산력(bacterial production)을 의미한다.

2.2. 초식성 섭식자 (Herbivorous predator)

미소형 및 소형 동물플랑크톤은 극미소 식물플랑크톤부터 소형 식물플랑크톤 및 체인형 돌말류 까지 다양한 크기의 식물플랑크톤에 대한 주요 소비자로서 연안, 온대, 열대, 아열대 수역 뿐 아니라 극지방에서도 일차생산자의 가장 중요한 섭식자로서 알려져 있다(Calbet and Landry, 2004). 특히 20μm 이상의 섬모충류와 종속영양 와편모류로 구성되어 있는 소형 동물플랑크톤은 연안수역 및 용승해역에서 돌말류에 의해 발생하는 식물플랑크톤의 대증식을 감소시키는 중요한 요인으로 연구되어 지면서, 기존에 생각해 왔던 것보다 연안수역의 플랑크톤 군집에서 소형 동물플랑크톤의 역할이 큰 것으로 보고하였다. 경기만에서도 종속영양 와편모류뿐 아니라 소형 섬모충류들이 돌말류를 섭식한 현상을 현미경하에서 종종 관찰할 수 있으며, 특히 식물플랑크톤의 대증시기에는 종속영양 와편모류들이 자신의 몸체 보다 더 큰 돌말류를 섭식한 현상들이 자주 관찰된다(그림 6).

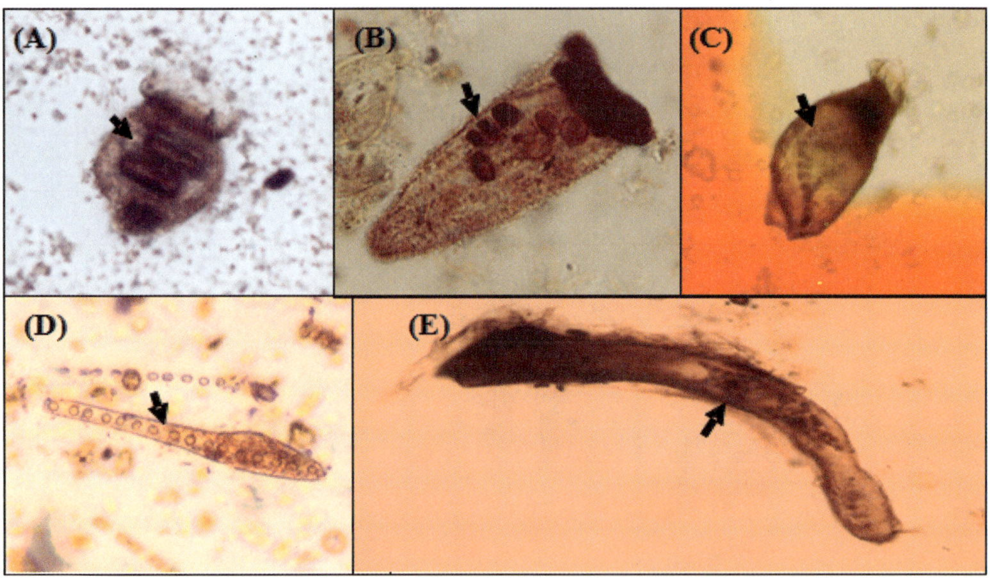

그림 6. 경기만에서 관찰된 섬모충류와 종속영양 와편모류에 의한 돌말류 섭식 관찰 (Yang *et al.*, 2008). (A) *Strombidinopsis* sp.(돌말류 *Thalassiosira* sp.섭식); (B) *Strombidinopsis elongata* (체인형 돌말류인 *Thalassiosira* sp. 섭식); (C) *Strombidinopsis* sp.(체인형 돌말류 섭식); (D) *Gyrodinium* sp. (체인형 돌말류인 *Skeletonema costatum* 를 섭식하여 원래의 몸크기가 확장됨); (E) *Gyrodinium* sp. (체인형 돌말류인 *Eucampia zodiacus*를 섭식하여 자신의 몸크기가 확장됨). 화살표는 먹이인 돌말류를 가르킨다.

전세계 해양에서 일차생산자의 소비자로서 중형 동물플랑크톤 보다 소형 동물플랑크톤의 역할이 훨씬 더 중요한 것으로 보고되고 있다(Calbet and Saiz, 2005; Gismervik, 2006; Fileman *et al*., 2007; Vargas *et al*., 2008). 기존의 전통적인 먹이망에서는 중형동물플랑크톤이 식물플랑크톤의 주요 소비자로서 인식되어 왔고, 특히 돌말류가 우점하는 연안수역에서 중형 동물플랑크톤은 일차생산자의 주섭식자로 중요하게 인식되어 왔다. 그러나 미세생물 먹이망에서 소형 동물플랑크톤의 중요성이 부각되면서 전세계 해양에서 중형 동물플랑크톤은 년간 일차생산량의 5.5 Gton의 탄소를 제거하는 반면에 소형 동물플랑크톤은 년간 일차생산량의 30 Gton의 탄소를 제거하여 소형 동물플랑크톤이 일차 생산자의 섭식자로서 더 중요한 그룹으로 평가되고 있다(Cablet, 2008).

식물플랑크톤에 대한 소형 동물플랑크톤의 섭식에 관한 연구는 Landry and Hasset(1982)에 의해 처음으로 소개된 해수 희석법(Dilution method)를 이용하여 자연상태에서 식물플랑크톤에 대한 소형 동물플랑크톤의 섭식률 및 더 나아가 소형 동물플랑크톤의 생산력을 추정할 수 있게 되었다. 해수 희석법은 식물플랑크톤과 그들의 섭식자 사이에 만날 수 있는 율(encounter rate)을 점진적으로 감소시켜서 희석비율에 따른 식물플랑크톤의 증감으로 섭식율을 추정하는 방법이다. 실험방법을 간단하게 소개하면 다음과 같다(그림 7). 해수 희석법에 사용되는 모든 배양기구들은 실험전에 염산과 3차 증류수로 몇 차례 세척한 후 사용한다. 깨끗하게 세척되어진 채수기를 사용하여 해수를 채수한다. 소형 동물플랑크톤들의 상위단계 포식자들을 제거하기 위하여 일정량의 해수를 200μm로 여과하고, 희석수(dilution water)를 만들기 위하여 일정량의 해수를 0.2μm로 여과하여 입자가 없는 여과해수를 준비한다. 200μm로 여과된 해수와 0.2μm로 걸러진 여과 해수를 일정 비율(예, 0.25, 0.5, 0.75, 1.0)로 혼합하여 약 24시간 동안 현장의 빛과 수온을 유지하면서 배양한다. 해수의 여과시 세포가 파괴되는 것을 방지하기 위하여 여과기는 역여과 시스템(reverse filter system)을 사용하는 것을 권장하며, 여과시 압력은 최소한으로 조작한다. 또한

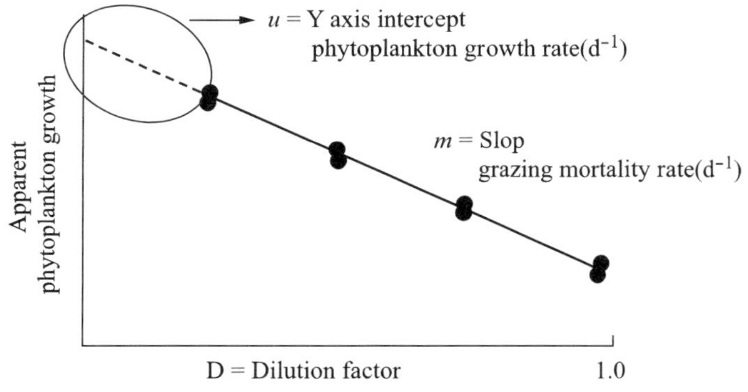

그림 7. 해수 희석법을 이용한 식물플랑크톤 성장률(u)과 식물플랑크톤 사망률(m) 측정방법

해수희석법을 통한 섭식률 추정은 식물플랑크톤의 증감이 가장 중요하게 작용하기 때문에 배양 시 현장의 빛조건을 맞추어주는 것은 매우 중요하다. 약 24시간 후에 측정된 엽록소-*a* 농도 또는 식물플랑크톤의 순성장률과 희석비율로 선회귀방정식을 만들고, *y*축의 절편과 기울기를 이용하여 식물플랑크톤의 성장률 및 소형 동물플랑크톤의 섭식률(또는 식물플랑크톤의 사망률)를 추정한다. 식물플랑크톤의 성장계수와 소형동물플랑크톤의 섭식계수를 통하여 일일 일차생산력(또는 일일 엽록소-*a*의 생산, 식물플랑크톤의 생물량)에 대한 소형 동물플랑크톤의 섭식압을 추정할 수 있다.

경기만에서 해수 희석법에 의하여 측정된 소형 동물플랑크톤은 일일 일차생산력의 60.8~83.5 % 를 제거하며, 엽록소-*a* 농도가 가장 높았던 시기에 가장 높은 섭식압을 보였다(Yang *et al.*, 2008). 이와 같은 결과는 우리나라 마산만에서 일일 일차생산력에 대한 소형 동물플랑크톤의 제거율이 평균 24%인 것에 비하여 높으며, 마산만에 비하여 경기만에서 식물 플랑크톤의 조절자로서 소형 동물플랑크톤이 중요함을 제시한다(이등, 2007). 최근 Calbet and Landry(2004)는 전 세계의 다양한 해양에서 식물플랑크톤에 대한 소형 동물플랑크톤의 섭식압에 대하여 해역별로 분류하였다(그림 8). 전 세계 해양에서 일일 일차생산력의 평균 67%가 소형 동물플랑크톤에 의해 제거되며, 경기만은 연안역에서 보고된 평균 제거율 60%에 비하여 다소 높았다. 물론 해수 희석법으로 얻어진 섭식률은 소형 동물플랑크톤의 섭식률이 과대평가 될 수도 있으며, 또한 희석되어진 용기로부터 일정비율로 플랑크톤의 성장이 발생할 수 없기 때문에 정확한 섭식률을 추정하는 것이 어렵다. 그러나 현장에서 소형 동물플랑크톤 전체 군집의 생산력을 추정하는 방법이 더이상 개발되지 않았기 때문에 이 해수 희석법은 현재까지 제시된 식물 플랑크톤에 대한 소형 동물플랑크톤의 섭식률 측정 방법 중에서 가장 많이 사용되고 있다.

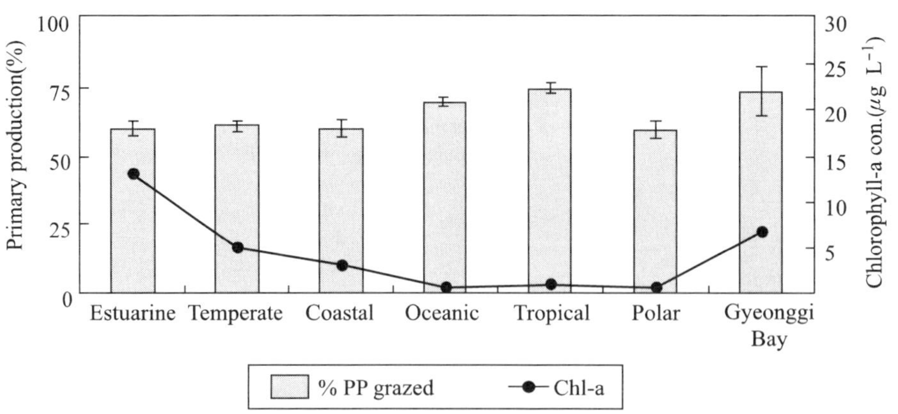

그림 8. 다양한 해양 환경에서 조사된 일일 일차생산력에 대한 소형 동물플랑크톤의 제거율 및 경기만 해역에서 평균 제거율 비교. 오른쪽 축은 해역의 평균 엽록소 농도를 보여주고 있다.

3. 미세생물 먹이망의 구조 및 에너지 흐름

해양의 표영 생태계에서 미세생물 군집 구조와 미세생물 먹이망의 역할을 규명하는 것은 해양의 탄소 순환을 이해하고, 기후 및 환경변화와 관련된 해양 생태계의 역할을 이해하는데 매우 중요하다. 특히 미세생물 먹이망을 구성하는 미세생물 군집들은 전 지구적 기후 변화 및 환경 변화 등에 민감하게 반응함으로써 해양 생태계 변화 및 예측에 대한 중요한 판단 기준이 될 수 있다. 따라서 박테리아, 식물플랑크톤 및 원생생물을 포함하는 미세생물 군집 사이의 영양 관계를 파악하는 것은 미세생물 먹이망을 통한 에너지 흐름을 이해하고 탄소의 순환 경로를 파악하기 위해 필요하다(Chavez *et al.*, 1996).

경기만은 식물플랑크톤 생물량이 높은 부영양화된 해역으로 체인형 돌말류에 의하여 봄, 여름부터 초가을 사이, 그리고 때때로 겨울(1월~2월)에 전형적인 식물플랑크톤의 대증식을 형성한다. 경기만에서 미세생물 군집의 생물량 구조는 그림 9에서 보여주고 있다. 추계-동계에 식물플랑크톤의 생물량에 대한 박테리아 생물량의 상대적인 비율은 20%, 미소형 및 소형 동물플랑크톤은

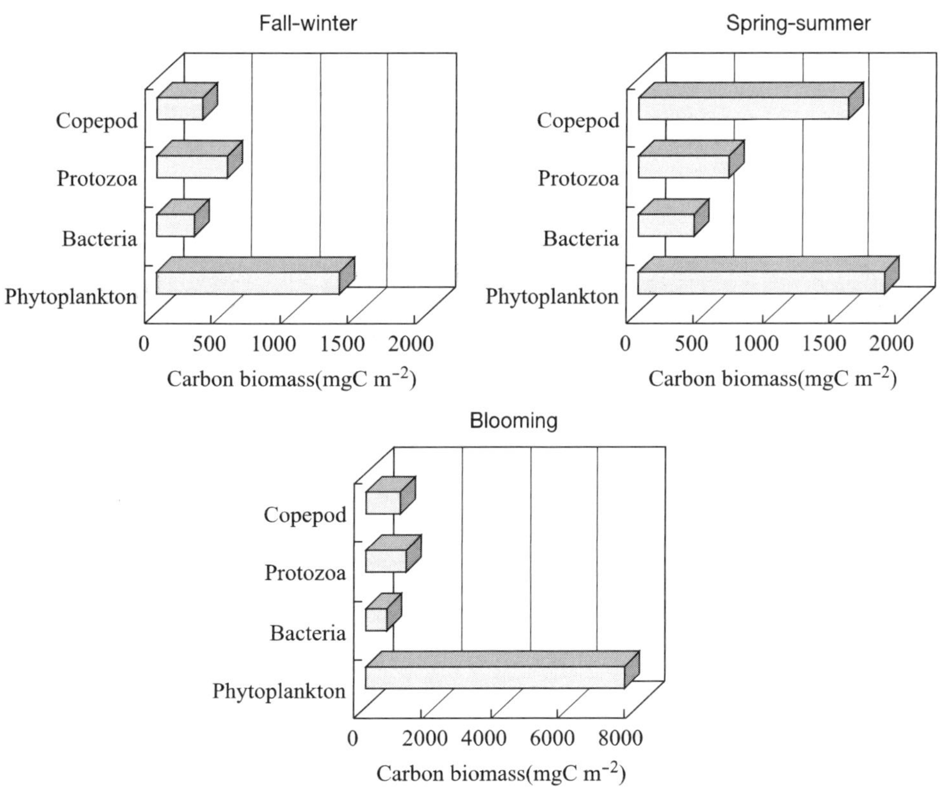

그림 9. 경기만에서 계절별로 측정된 각 미세생물 군집의 생물량 분포(양, 2001)

37.8%, 요각류에 대하여 25.4% 로, 식물플랑크톤 생물량이 가장 낮은 추계-동계에 식물플랑크톤에 대한 미소형 및 소형 동물플랑크톤의 생물량은 가장 높게 기여한다. 춘계-하계에 식물플랑크톤 생물량에 대한 박테리아 생물량의 상대적인 비율은 22.1%, 미소형 및 소형 동물플랑크톤은 36.7%, 요각류는 85.4%를 차지한다. 이 시기에 요각류는 *Acartia hongi*와 *Paracalanus crassirostris* 에 의해 높은 생물량을 보였기 때문에 식물플랑크톤에 대한 상대적인 비율은 요각류의 경우가 가장 높았다. 대증식기에 식물플랑크톤의 생물량에 대한 박테리아 생물량의 상대적인 비율은 7.2%로 다른 시기에 비해 가장 낮으며, 미소형 및 소형 동물플랑크톤은 14.7%, 요각류는 12.9%로 나타났다. 경기만에서 식물플랑크톤 생물량이 가장 높았던 대증식기에 식물플랑크톤에 대한 모든 미세생물 그룹과 요각류의 상대적인 비율이 가장 낮으며, 미소형 및 소형 동물플랑크톤 중 종속영양 와편모류의 비율이 가장 높다. 경기만에서 식물플랑크톤 생물량에 대한 평균 미세생물 그룹들의 상대적인 비율은, 박테리아는 13.5%로 가장 낮고, 미소형 및 소형 동물플랑크톤는 21.4%, 요각류는 26.7% 를 차지하여 생물량만으로 평가했을 때는 식물플랑크톤 생물량에 대한 요각류의 상대적인 비율이 가장 크다. Gasol *et al*.,(1997)에 의해 제시된 전형적인 연안환경의 플랑크톤 군집에서 식물플랑크톤에 대한 미세생물 그룹들의 상대적인 비율을 보면, 식물플랑크톤 생물량에 박테리아의 상대적인 비율은 18%, 미소형 및 소형 동물플랑크톤은 11%, 중형 동물플랑크톤은 37%로 나타났다(표 3). 경기만에서 조사된 미세생물 군집의 생물량 비율과 Gasol *et al*., (1997)에 의한 보고는 큰 차이를 보이지 않으나, 경기만에서는 식물플랑크톤 대 박테리아 생물량의 비율이 다소 낮으며, 식물플랑크톤 대 미소형 및 소형 동물플랑크톤의 생물량 비율은 다소 높다.

표 3. 경기만 수역과 일반적인 연안수역에서 보여주는 미세 생물 각 군집들의 평균 생물량 비교(Gasol et al., 1997; 양, 2001). N은 자료 갯수를 의미하며, Ratio는 식물플랑크톤에 대한 생물량 비율을 의미한다.

Compositions	Coastal area			Gyeonggi Bay		
	N	Average±SE	ratio	N	Average±SE	ratio
Phytoplankton	163	2,921±33.5	1	121	3,338±791	1
Bacteria	82	541±63	0.18	121	451±69	0.13
Nano- and Microzooplankton	86	313±39	0.11	121	713±98	0.21
Copepod	104	1,096±146	0.37	11	892±167	0.27

표영 생태계에서 영양동태(trophic dynamics)와 관련된 중요한 과정중의 하나는 식물플랑크톤과 상위단계 동물 플랑크톤 사이의 섭식관계이다. 미소형 및 소형 동물플랑크톤과 중형 동물플랑크톤에 의해 이용되는 식물플랑크톤의 정량적인 비율은 해양 생태계에서 플랑크톤 먹이망을 이해하는데 중요한 분야이다(Sautour *et al*., 2000). 그림 10은 경기만에서 계절별로 식물플랑크톤

부터 박테리아, 미소형 및 소형 동물플랑크톤으로 이어지는 미세생물 먹이망내에서 미세생물 각 군집들을 통한 탄소의 흐름 보여주고 있다. 미소형 및 소형 동물플랑크톤의 생산력은 각 미세생물 군집의 생물량에 성장률을 곱하여주는 방식으로 생산력을 추정하였고, 일일 탄소의 흐름을 추정하기 위하여 각 미세생물 구릅들의 생산력을 성장효율(gross growth efficiency)로 나누어주는 방식을 사용하여 미소형 및 소형 동물플랑크톤의 탄소 요구량을 측정하였다.

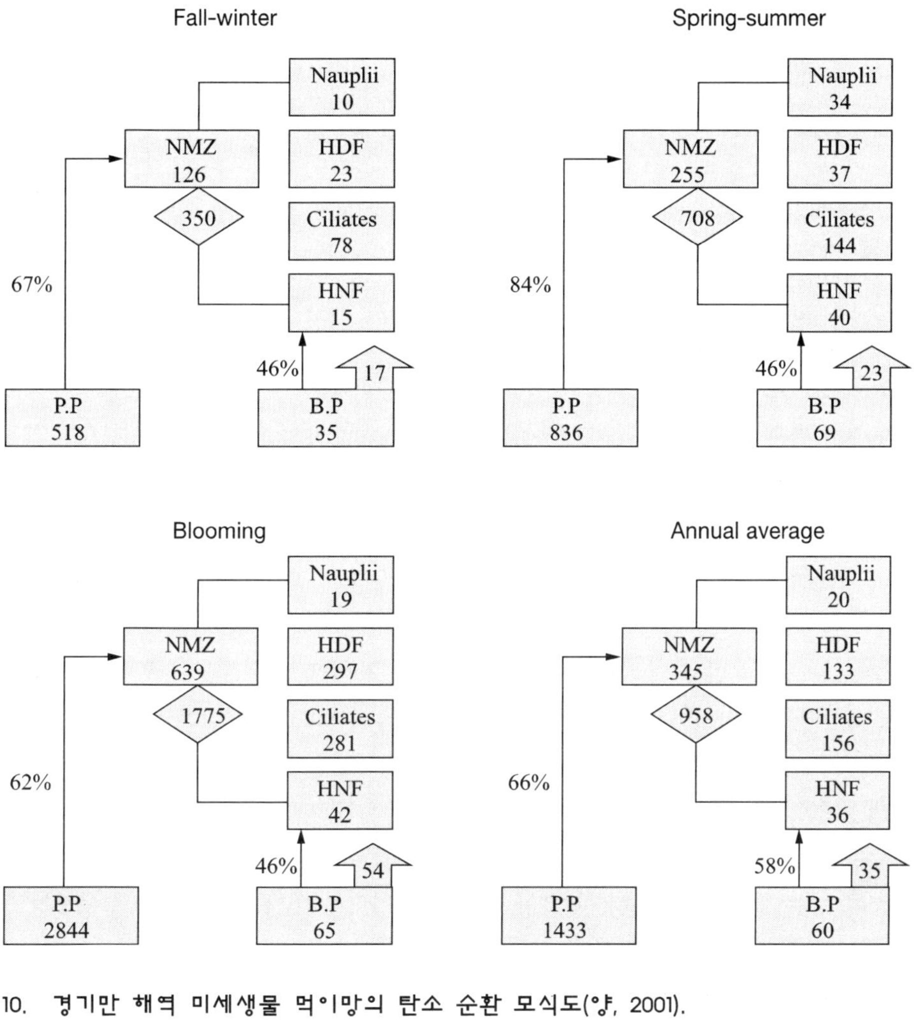

그림 10. 경기만 해역 미세생물 먹이망의 탄소 순환 모식도(양, 2001).
NMZ는 nano-and microzooplankton, 네모박스는 생산력(mgC m^{-2}), 다이아몬드 박스는 탄소 요구량(mgC m^{-2}), 화살표는 소비율(consumption, mgC m^{-2})를 나타낸다. P.P는 일차 생산력(primary production), B.P는 박테리아 생산력(Bacterial production)를 의미한다.

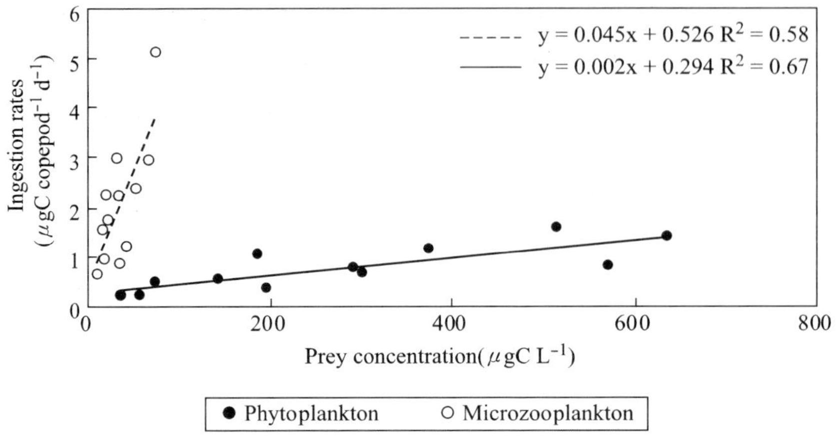

그림 11. *Acartia hongi* 의 먹이생물로서 식물 플랑크톤과 소형 동물플랑크톤의 먹이 농도와 섭식률 사이의 상관관계 (Yang *et al.*, 2010)

경기만에서 박테리아 생산력은 일차 생산력의 평균 4.2%를 차지하며, 추계-동계에 6.7%, 춘계-하계에 8.2%, 대증식 기간에 2.3%로 설명할 수 있다. 따라서 경기만에서 식물플랑크톤에 의해 생산된 탄소의 작은 부분을 박테리아가 이용하며, 특히 대증식 기간에는 박테리아와 식물플랑크톤 생산력간에 크게 연관성이 없음을 보여준다. 이런 원인은 경기만에서 식물플랑크톤의 대증식 기간이 아닌 대증식이 소멸된 바로 직후에 박테리아 생물량이 최대로 나타나는 현상으로 설명될 수 있다. 일차생산력 대 박테리아 생산력의 비율은 우리나라 광양만에서 7% (Jeong, 1996), 만경·동진강 하구역에서 평균 2.6% 를 보여 본 조사와 유사한 비율을 보였다(심등, 1993). 이와 같이 인천연안 해역과 만경·동진강 해역은 하구 혼합에 의한 높은 탁도로 인해 일차생산력 대 박테리아 생산력이 일치되지 않는다(조와 심, 1992; 심등, 1993). 경기만에서 식물플랑크톤에 대한 미소형 및 소형 동물플랑크톤의 탄소 요구량은 년평균 일차생산력에 66% 로 설명할 수 있다. 각 시기별 미소형 및 소형 동물플랑크톤의 탄소 요구량은 추계-동계에 일차생산력의 67%, 춘계-하계에 일차생산력의 84%, 대증식 시기에는 일차생산력의 62%로 나타나며, 식물플랑크톤이 미소형 편모류 또는 극미소 플랑크톤에 의해 우점하는 시기에 일차생산력의 많은 부분이 미소형 및 소형 동물플랑크톤에게로 전달된다. 또한 미소형 및 소형 동물플랑크톤 중 종속영양 미소편모류는 박테리아의 평균 50% 이상을 소비한다. 이와 같은 결과는 기존에 생각했던 것보다 연안 생태계의 미세생물 먹이망에서 미소형 및 소형 동물플랑크톤의 역할이 상당히 중요함을 제시한다. 그러나 실제적으로 해양 생태계에서 소형 동물플랑크톤과 미소형 동물플랑크톤 사이의 피식-포식의 관계가 자연 개체군에서 얼만큼 일 지에 대해서는 정량적으로 파악할 수 없기 때문에 미소형 및 소형 동물 플랑크톤의 탄소 요구량이 모두 식물플랑크톤에서 온 것이라고 볼 수는 없다.

그러나 해수 희석법에 의해 수행된 미소형 및 소형 동물플랑크톤에 의한 일차 생산력의 제거율과 미소형 및 소형 동물플랑크톤의 탄소 요구량에 일차 생산력의 소비율을 비교했을 때, 경기만에서 식물플랑크톤에 의해 생산된 탄소의 60% 이상이 미소형 및 소형 동물플랑크톤을 통해 상위 단계로 이어진다. 그래서 경기만과 같이 주기적으로 돌말류에 의해 대증식을 형성하는 부영양화된 해역이라 할지라도 경기만 표영 생태계에서 식물플랑크톤에 의해 생산된 탄소는 미세생물 고리를 통해 중형 동물플랑크톤에게 전달되는 에너지 흐름을 제시할 수 있다. 반면에 식물플랑크톤에 의해 생산된 탄소의 평균 66%가 미소형 및 소형동물플랑크톤에게 이어진다면, 경기만에서 식물플랑크톤에 의해 생산된 일차생산력만을 갖고 상위 단계 포식자들의 성장을 유지시키기에는 상당히 불충분함을 의미한다. 그러나 경기만 요각류의 평균 44%을 차지하는 최우점종인 *Acartia hongi*는 소형 동물플랑크톤에 비하여 식물플랑크톤이 먹이 농도로서 높게 분포함에도 불구하고 식물 플랑크톤 보다도 소형 동물플랑크톤에 대하여 더 높은 섭식률을 보였으며, 소형 동물플랑크톤에 대한 선택적 섭식을 하는 것으로 나타났다(Yang *et al*., 2010). 또한 이전의 경기만 조사에서 *A. hongi*의 년 평균 난 생산력은 일차생산력의 단지 5% 을 제거한다는 연구는 위와 같은 결과를 잘 뒷받침해주고 있다(Youn, 2004). 그 외에도 우리나라의 일광만에서 요각류의 80%을 차지하고 있는 *Acartia steueri*는 일차생산력의 단지 0.07% (강, 1997), 흑해에서 *Acartia clausi*는 일차생산력의 0.1%(Greze and Baldina, 1964), 부영양화가 크게 발생하는 일본의 오사카만에서 일차생산력에서 동물플랑크톤으로 이어지는 비율은 8.4%로 나타나(Joh and Uno, 1983) 부영양화된 연안 해역에서는 일차생산력이 높은데 비해 중형 동물플랑크톤으로 이어지는 효율은 낮은 것이 특징이라 할수 있다. 따라서 경기만 표영 생태계에서 에너지 흐름은 미세생물 고리를 통해서 중형 동물플랑크톤에게 전달되며, 일차적으로 경기만의 표영 생태계에서 미소형 및 소형 동물플랑크톤은 미세생물 먹이망에서 탄소의 중요한 전달자로서 중추적인 역할을 하는 것으로 보인다.

참고문헌

강형구, 1997. 한국 동해남부연안 일광만의 일차 생산과 요각류 *Acartia steueri* 의 성장 및 생산력. 부산대학교 박사학위 논문 226 pp.

심재형, 신윤근, 조병철, 1993. 만경·동진강 하구에서의 박테리아 및 식물플랑크톤의 역할과 상호관계. 한국해양학회지, 28: 107-113

심재형, 박수영, 조병철, 이원호, 1995. 만경동진강 염하구에서 섬모충류에 의한 박테리아 섭식에 관하여. 한국해양학회지, 30: 426-435

정해진, 박종규, 김재성, 김성택, 윤주이, 김수경, 박용민, 2000. 전남 고흥 해역의 유해성 적조의 발생연구 3. 1997년도 종속영양성 와편모류와 섬모류의 시공간적 변화. 한국해양학회지「바다」, 5: 37-46.

조병철, 심재형, 1992.만경강 및 동경강 하구의 박테리아 개체수와 생산량 분포에 있어서의 하구 혼합(estuarine mixing)의 중요성. 한국해양학회지, 27: 153-163

양은진, 2001. 인천연안수역에서 미소형 및 소형 동물플랑크톤의 생태학적 연구. 인하대학교 박사하위 논문. 285 pp.

양은진, 최중기, 현정호. 2003. 경기만 수역에서 미세생물 군집의 계절절 변동 연구. I. 박테리아와 종속영양 미소편모류. 한국해양학회지 「바다」, 8: 44-57

이원제, 신경순, 이재도, 2007. 마산만에서 부유원생동물의 연구. *Ocean. Pol. Res.,* 29: 401-410.

최중기, 김시균, 노재훈, 박경철, 1995. 인천연안 미세생물 먹이망내에서 부유 원생동물의 포식률에 관한 연구. 한국해양학회지, 30: 458-446.

Banse, K., 1992. Grazing, temporal changes of phytoplankton concentrations, and the microbial loop in the open sea. In: Falkowski, P.G. and Woodhead, A.D. (eds.), Primary Productivity and Biogeochemical Cycles in the Sea. Plenum, New York, pp. 409-440.

Barcina, I., B. Ayo, M. Unanue, L. Egea and J. Iriberri, 1992. Comparison of rates of flagellate bacterivory and bacterial production in a marine coastal system. *Appl. Environ. Microbiol.*, 58: 3850-3856.

Børsheim, K.Y., 1984. Clearance rates of bacteria sized particles by freshwater ciliates, measured with monodisperse fluorescent latex beads. *Oecologia*, 63**:** 286-288.

Burkill P.H., E.S. Edwards, and M.A. Sleigh. 1995, Microzooplankton and their role in controlling phytoplankton growth in the marginal ice zone of the Bellingshausen Sea. *Deep-Sea Res* II, 42: 1277-1290.

Calbet, A. and E. Saiz, 2005. The ciliate-copepod link in marine ecosystems. *Aquat. Microb. Ecol.*, 38: 157-167.

Calbet, 2008. The trophic roles of microzooplankton in marine system. ICES Journal of Marine Science, 65; 325-331.

Calbet, A. and M.R. Landry. 2004. Phytoplankton growth, microzooplankton grazing, and carbon cycling in marine system. *Limnol. Oceanogr.*, 49: 51-57.

Chavez, F.P., K.R. Buck, S.K. Service, J. Newton, and R.T. Barber. 1996. Phytoplankton variability in the central and eastern tropical Pacific. *Deep-Sea Res. II*, 43: 835-870.

Dolan, J.R. and C. Marrase. 1995. Planktonic ciliates distribution relative to a deep chlorophyll maximum: Catalan Sea, N.W. Mediterranean, June 1993. *Deep-Sea Res.*, 42: 1965-1987.

Epstein, S.S. and J. Rossel, 1995. Methodology on *in situ* grazing experiments: evaluation of a new vital dye for preparation of fluorescently labeled bacteria. *Mar. Ecol. Prog. Ser.*, 128: 143-150.

Fenchel, T., 1988. Marine plankton food chains. *A Rev. Syst.*, 19: 19-38.

Fileman, E., T.Smith, and R. Harris, 2007. Grazing by *Calanus helgolandicus* and *Para-Pseudocalanus* spp. on phytoplankton and protozooplankton during spring bloom in the Celtic Sea. *J. Exp. Mar. Biol. Ecol.,* 348: 70-84

Fuhrman, J.A. and G.B. McManus, 1984. Do bacteria sized marine eukaryotics consume significant bacterial production? *Science*, 224: 1257-1260.

Fukami, K., N. Murata, Y. Morio and T. Nishijima, 1996. Distribution of heterotrophic nanoflagellates and their importance as the bacterial consumer in a eutrophic coastal seawater. *J. Oceanogr.*, 52: 399-407.

Garrison, D.L., M.M. Gowing, and M.P. Hughes. 1998. Nano-and microplankton in the northern Arabian sea during the southwest Monsoon, August-September, 1995 A US-JGOFS study. *Deep-Sea Res.* II, 45: 2269-2299.

Gasol, J.M., P.A. del Giorgio and C.M. Duarte, 1997. Biomass distribution in marine planktonic communities. *Limnol. Oceanogr.*, 42: 1353-1363.

Geider, R.J., 1988. Abundance of autotrophic and heterotrophic nanoplankton and the size distribution of microbial biomass in the southwestern North Sea in October 1986, *J. Exp. Mar. Biol. Ecol.*, 123: 127-145.

Gismervik, I., 2006. Top-down impact by copepods on ciliate numbers and persistence depends on copepod and ciliate species composition. *J. Plankton Res.*, 28: 499-507.

Greze, V.N. and E. P. Baldina, 1964. Dynamics of population and annual producton of *Acartia clausi* Giesbr. and *Centropages kroyeri* Giesbr. in neritic zone of the Black Sea. *T. Sevastop. Bio. Stn.*, 17: 249-269.

Hansen, P.J., 1992. Prey size selection, feeding rates and growth dynamics of heterotrophic dinoflagellates with special emphasis on *Gyrodinium spirale*. *Mar. Biol.*, 114: 327-334.

Jeong, K.H., 1996. Determination factors of the marine basal production in the coastal waters of Korea. PhD. thesis, Inha Univ. Korea, 191pp

Joh, H. and S. Uno, 1983. Zooplankton standing stock and their estimated production in Osaka Bay. *Bull. Plankton Soc. Japan*, 30: 41-51.

Landry, M.R. and R.P. Hassett. 1982. Estimating the grazing impact of marine microzooplankton. *Mar. Biol.*, 67: 283-288.

Landry, M.R., L.W. Haas and V.L. Fagerness, 1984. Dynamics of microbial plankton communities: experiments in Kaneohe Bay, Hawaii. *Mar. Ecol. Prog. Ser.*, 16: 127-133.

Lee, W.J. and J.K. Choi, 2000. The roles of heterotrophic protists in the planktonic community of Kyeonggi Bay, Korea. *J. of Kor. Soc. Oceanogr.*, 35: 46-55.

Lessard, E.J. and E. Swift, 1985. Species specific grazing rates of heterotrophic dinoflagellates in oceanic waters measured with a dual-label radioisotope technique. *Mar. Biol.*, 87: 289-296.

Levinsen, H., T.G. Nielsen and B.W. Hansen, 1999. Plankton community structure and carbon cycling on the western coast of Greenland during the stratified summer situation. Ⅱ. Heterotrophic dinoflagellates and ciliates. *Aquat. Microb. Ecol.*, 16: 217-232.

McManus, G.B. and J.A. Fuhrman, 1988. Control of marine bacterioplankton populations: measurement and significance of grazing. *Hydrobiologia*, 159: 51-62.

Mousseau, L., L. Legendre and L. Fortier, 1996. Dynamics of size-fractionated phytoplankton and trophic pathways on the Scotian Shelf and at the shelf break, Northwest Atlantic. *Aquat. Microb. Ecol.*, 10: 149-163.

Park, J.S. and B.C. Cho, 2002. Active heterotrophic nanoflagellates in the hypoxic water-column of the eutrophic Masan Bay, Korea. *Mar. Ecol. Prog. Ser.*, 230: 35-45.

Putland, J.N. and R.L. Iverson, 2007. Microzooplankton: major herbivores in an estuarine planktonic foodweb. *Mar. Ecol. Prog. Ser.*, 345: 63-73

Sautour, B., L.F. Artigas, D. Delmas, A. Herbland and P. Laborde, 2000. Grazing impact of micro- and mesozooplankton during a spring situation in coastal waters off the Gironde estuary. *Limnol. Oceanogr.*, 22: 531-522.

Sherr, B.F., E.B. Sherr and C. Pedros-Alio, 1989. Simultaneous measurement of bacterioplankton production and protozoan bacterivory in estuarine water. *Mar. Ecol. Prog. Ser.*, 54: 209-219.

Sherr, E.B. and B.F. Sherr, 1992. Trophic roles of pelagic protists: phagotrophic flagellates as herbivores. *Arch. Hydrobiol. Suppl.*, 37: 165-172.

Sherr, E.B. and B.F. Sherr, 2007. Heterotrophic dinoflagellates: a significant component of microzooplankton biomass and major grazers of diatoms in the sea. *Mar. Ecol. Prog. Ser.*, 352: 187-197

Strom, S.L., M.A. Brainard, J.L. Holmes and M.B. Olson, 2001. Phytoplankton blooms are strongly impacted by microzooplankton grazing in coastal North Pacific waters. *Mar. Biol.*, 138: 355-368.

Tamigneaux, E., M. Mingelbier, B. Klein and L. Legendre, 1997. Grazing by protists and seasonal changes in the size structure of protozooplankton and phytoplankton in a temperate nearshore environment(western Gulf of St. Lawrence, Canada). *Mar. Ecol. Prog. Ser.*, 146: 231-247.

Vargas, C.A., Martínez, R.A., González, H.E., Silva, N., 2008. Contrasting trophic interactions of microbial and copepod communities in a fjord ecosystem, Chilean Patagonia. *Aquat. Microb. Ecol.*, 53: 227-242.

Yang, E.J., J.K. Choi and J.H. Hyun, 2008. Seasonal variation in the community and size structure of nano-and microzooplankton in Gyeonggi Bay, Yellow Sea. *Estuar. Coast. Shelf Sci.*, 77: 320-330

Yang, E.J., S.J. Ju and J.K. Choi, 2010. Feeding activity of the copepod *Acartia hongi* on phytoplankton and microzooplankton in Gyeonggi Bay, Yellow Sea. *Estuar. Coast. Shelf Sci.*, 88: 291-301

Youn, S.H., 2004 Spatial and temporal distribution of zooplankton community and production of copepod *Acartia hongi* in Kyeonggi Bay, Korea. Ph.D. Thesis, Inha University, 308p

황해 상공을 통과하는 황사 중의 진균 포자

여환구 / 한서대학교 환경공학과

요 약

본 연구는 황해 상공을 통과하는 황사(Asian dust)에 포함된 진균(곰팡이) 포자의 특성을 밝히고자 시도되었다. 진균 포자가 포함된 SPM(Suspended Particulate Matter; 부유분진) 시료는 2000년과 2001년 춘계에 한국 서부 지역인 서산에서 채집하였다. SPM농도는 1차 조사기간(황사기간; 3월 23~24일)에는 199.8 $\mu g/m^3$의 농도를 보였고 2차 조사기간(황사기간; 4월 7~9일)에는 249.4 $\mu g/m^3$의 농도를 보였다. 2001년 황사기간(4월 24일~26일)에는 전년도에 비해 상대적으로 낮은 SPM농도(157.3 $\mu g/m^3$)를 나타내었다. 조사된 3회의 황사기간 마다 총 부유분진의 농도는 다소 차이가 있으나 2년간의 자료 전체적으로 황사시기 부유분진 대부분이 5~6 μm의 조대입자군 이었다. 부유분진 채집시료내의 곰팡이 포자들은 다양한 몰드(사상형 진균)로 배양되었고 그것들은 속(Genus) 수준에서 동정되었다. 출현한 분류군들은 불완전균문, 총생균강(Hyphomycetes) 내의 *Fusarium, Aspergillus, Penicillium, Basipetospora, Epicoccum* 그리고 *Monotospora* 속에 속하는 종들이었다. 특히 2000년 황사에서는 1.1~2.1 μm의 미세분진 시료에서 여타 조대분진 시료들에서보다 형태적으로 더욱 다양한 곰팡이들이 배양되었고, 2001년 황사에서는 더욱이 0.43 μm 이하의 분진이 담기는 최하단의 시료에까지 곰팡이 균사체가 배양되었다. 따라서 한국 서부역 대기 중에는 황사기간 중에 황사바람과 함께 이동되어 오는 매우 작은 크기의 다양한 곰팡이 포자들이 부유하고 있는 것으로 나타났고 이들이 한국 연안 생태계에 부정적 영향을 줄 수도 있을 것이다.

1. 서 론

태양광의 지구복사와 관련한 대기와 해양 및 육지 사이의 에너지 재분배는 여러 기체요인들 뿐 아니라 기중의 에어로졸 또한 상당한 역할을 하게 된다. 이 때 에어로졸이라 함은 대기 중에 고체 혹은 액상으로 부유하고 있는 일종의 콜로이드라고 정의될 수 있으며 분진(dust), 흄(fume), 연기(smoke), 미스트(mist), 안개(fog), 연무(haze), 스모그(smog) 등을 모두 포함한다(Reist, 1992). 이 중 고체형태 에어로졸의 대부분을 차지하고 있는 분진은 대규모 이동에 따라 생태환경과 보건위생 및 여러 산업에 큰 피해를 가져올 수 있다.

한반도에서는 가장 심각한 대규모의 분진이동이 황해상공을 통과하여 우리나라에 상륙하는 황사(Asian dust)현상이다. 황사현상은 자연계의 대규모 모래먼지가 수송되어 이동되는 현상의 하나로 모래먼지에 의해 공급되는 토양입자는 지구대기의 열수지에 영향을 주고 대기 에어로졸의 중요한 성분으로 고려되고 있다(이 등, 1993). 최근 들어 한반도는 중국, 몽골 내륙의 사막화로 황사의 피해가 늘어가고 있는 추세다. 특히 봄철인 3월~5월 사이에 아시아 대륙 내륙의 건조지대인 고비(Gobi), 타클라마칸(Taklamakan) 사막과 황하 상류의 황토(Loess)지역에서 발생하는 모래먼지 바람에 의해 비산되어 황해 상공을 통과하여 한반도에 상륙하는 황사현상이 자주 관측되곤 한다(이 등, 1986; 윤, 1990). 황사현상은 엄밀한 의미에서 주로 무기 성분의 황토가 봄철에 40~50 m/sec의 제트기류를 타고 우리나라에 장거리 이동되어 오는 현상이다(Duce, 1980; Darzi and Winchester, 1982; Tanaka, 1983; Chung, 1986; Braaten and Cahill, 1986). 자연적인 토양 발생원으로서의 황사는 그 입경 분포가 1~2 μm 이상 무기입자이며 그 자체로서는 대기오염물로 언급하기 어렵지만 자연계의 대규모적 토사이동 현상의 하나로 대기 부유분진의 중요한 성분이 된다(Isono, 1971; Shaw, 1980; Carlson and Benjaminn, 1980; Lee and Kim, 1985). 따라서 우리나라 대기 중 부유분진의 증가 현상은 황사기간에 매우 심각하며 최근 중국의 공업화에 따른 화석연료 사용의 급증으로 다량의 오염물질이 편서 기류에 편승하여 우리나라에 영향을 주고 있는 것으로 알려져 있다(정과 김, 1991).

우리나라에서 관측된 황사현상에 관한 연구는 대기 중 부유분진을 포집하여 황사의 입경 분포 비교 및 화학적 특성분석(이 등, 1986; 이 등, 1988; 이 등, 1989)을 효시로 1980년대 후반부터 시작되었다. 그 이후 최근까지 부유분진의 양 및 물리화학적 특성들에 초점 맞추어 대기환경 연구자들에 의해 꾸준히 보고되어 왔다(신과 김, 1992; 이 등, 1993; 김 등, 1995; 전 등, 1999; 신 등, 1999; 전 등, 2000).

부유입자 중 생물기원의 입자인 바이오에어로졸은 (1) 살아있거나 죽은 미생물, (2) 미생물의 포자, (3)미생물 또는 대형 생물의 일부 조각, (4)생명체로부터 기원한 배설물, 독성물질, 알레르기 유발 화학물질 모두를 포함한다(Miller 등, 1999). 국내의 경우 일반적인 대기 부유분진의 대기과학적 연구와 집진 처리 등의 기술적 접근은 상당한 연구가 진행되어 왔으나 대기 부유분진의 생명과학적 연구는 많지 않으며 곰팡이 포자(Fungal spore)와 분진의 관계를 논한 연구 역시 희소하기에 본 연구를 시도하게 되었다. 국외의 경우도 대기 중의 부유분진과 해양생태계의 관계에 대한 연구는 그다지 많지 않으나 미국 항공우주국(NASA)과 지질연구소(USGS)는 아프리카 사하라사막에서 발생하여 대서양을 건너는 흙먼지(African dust) 속의 미생물이 카리브해 연안의 산호초를 파괴한다는 연구결과를 발표한 바 있다(Shinn, 2001). 따라서 국내 연안에서 발생하는 백화현상도 황사먼지가 그 원인일 가능성을 내재하고 있기에 황사는 단지 육상생태계 및 환경보건, 산업 등의 문제뿐 아니라 해양환경에 까지도 문제를 발생시킬 수 있을 것이다.

본 연구는 부유분진의 농도가 연중 최고조에 이르는 황사시기를 중심으로 하여 대기중에 부유하는 진균(곰팡이) 포자들의 특성을 파악하고자 하였다. 연구지는 충남 서산지역으로 지리적 여건에서도 황사의 영향을 심각히 받고 있는 서해안 지역이기에 이 지역 대기 부유분진의 분포와 곰팡이 포자의 연구는 환경 기초자료 및 연안환경생태계의 참고자료로서 의의가 있을 것으로 생각된다.

2. 재료 및 방법

부유분진 시료의 채집은 한국 서해안 중부역인 서산에 위치한 한서대학교의 건물(지상 6층) 옥상에서 실시하였으며 채집시기는 2000년 춘계 황사시기에 2회(3월 23~24일, 4월 7~9일), 비황사시기에 1회(5월 12~16일) 실시하였고 2001년에는 황사시기(4월 24~26일)에 1회 시료를 채집하였다.

일반적으로 싸이클론이나 원심분리기처럼 원심력을 이용한 충돌(impaction), 흡수병의 침지(impingement) 방법 및 여과(filtration) 등의 방법이 부유분진을 포집하는데 적용되어 왔다. 비록 침지 흡수병(impinger)이 분진 포집에 폭넓게 이용되어 왔지만 임팩터(impactor)가 바이오에어로졸 채집에는 더 적절한 것으로 보고되어 왔다(Henningson and Ahlberg, 1994; Eduard and Heederik, 1998). 임팩터는 분진의 농도측정에 직접 시료처리가 가능하고 흡수병이나 여과방법보다 광범위하게 이용되어 왔다(Li and Lin, 1999). 따라서 본 연구에서도 부유분진의 포집은 Cascade impactor를 이용하여 분진을 입경별 9단계로 나누어서 포집하였다. 그림 1은 Cascade impactor의 분진 충돌 포집의 원리와 각 부유분진 입경 구분의 원리가 인체 호흡기관과 관련되어 분할되어 있음을 보여주고 있다(Hinds, 1982). 분진포집 여과지는 직경 80 mm, pore size

0.22 μm 의 Hi-Fil 막여과지를 이용하였으며 분진 포집 후 질량을 측정하여 입경 분포별 부유분진의 농도를 산출하였다.

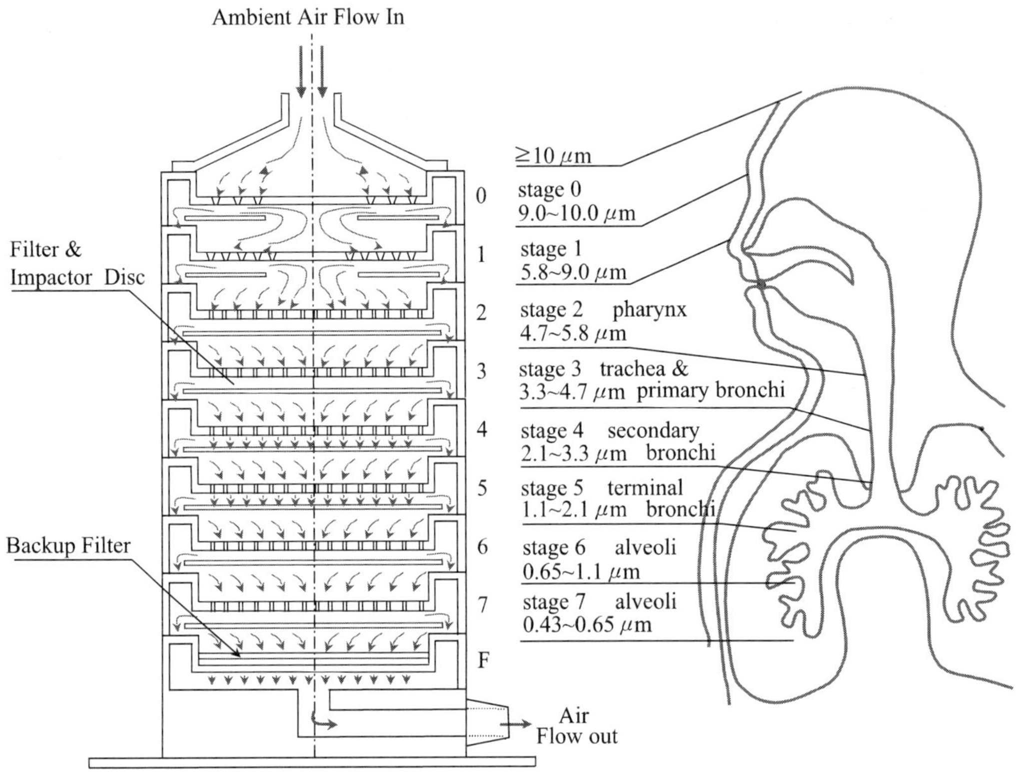

그림 1. Cascade impactor의 형태와 원리

한편 진균 포자를 포함한 바이오에어로졸이 부유분진과 함께 포집된 Cascade impactor속의 여과지를 M-endo Broth에서 25℃로 96시간 동안 배양기에서 암배양하였고, 균은 동정을 위해 agar plate에 접종하여 배양실험을 보완하였다. 곰팡이 포자가 발아하여 여러 균사가 형성된 모습을 Nikon(E-600 type) 광학 현미경으로 최대 400배율까지 확대 검경하여 속(Genus) 수준까지 동정하였다.

3. 결과 및 토의

3.1 황사의 농도 및 입경 분포

우리나라에서 관측된 황사현상에 관한 연구는 대기중 부유분진을 포집하여 황사의 입경분포 비교 및 화학특성분석(이 등, 1986; 이 등, 1988; 이 등, 1989)을 중심으로 시작되었다. 그간의 보고에 따르면 황사 일수는 매년 큰 차이를 보인다. 서울의 경우 최근 21년간의 자료에서 연평균 황사 일수가 약 5일로 보고되었고, 최근 십수년간의 자료에서 전혀 황사가 관측되지 않은 해(1986년, 1989년, 1994년)도 있어서 황사 일수는 연도에 따라 큰 차이를 보인다. 이는 대규모적 대기순환과 관련이 있으며 전반적으로는 최근 들어 황사일수가 약간의 증가추세에 있는 것으로 알려졌다(김 등, 1995; 전 등, 2000). 물론 한반도에서도 황사일수는 지역적인 차이를 보여 전라남·북도와 서울을 비롯한 경기도 및 본 연구지역을 포함하는 충남 서부일원은 한반도의 동쪽 지역에 비해 더욱 많은 황사 일수를 보이고 있다.

부유분진의 농도는 1차 황사기간(2000년 3월 23~24일)에 199.8 $\mu g/m^3$, 2차 황사기간(4월 7~9일)에 249.4 $\mu g/m^3$, 비황사기간(5월 12~16일)에 98.9 $\mu g/m^3$으로 각각 나타났다. 3차 황사기간(2001년 4월 24~26)에는 157.3 $\mu g/m^3$의 농도를 보여 2000년도 황사기간의 농도보다는 낮았다. 총 대기 부유분진 농도의 일평균 환경기준치는 일본 100 $\mu g/m^3$, 미국 150 $\mu g/m^3$이며 한국은 300 $\mu g/m^3$이기에(김 등, 1995) 본 연구 기간 중 3회의 황사시기에서 측정된 분진농도는 일본과 미국의 기준치는 초과하고 있으나 우리나라 기준치에는 미달하였다. 1, 2차 및 3차 황사기간들

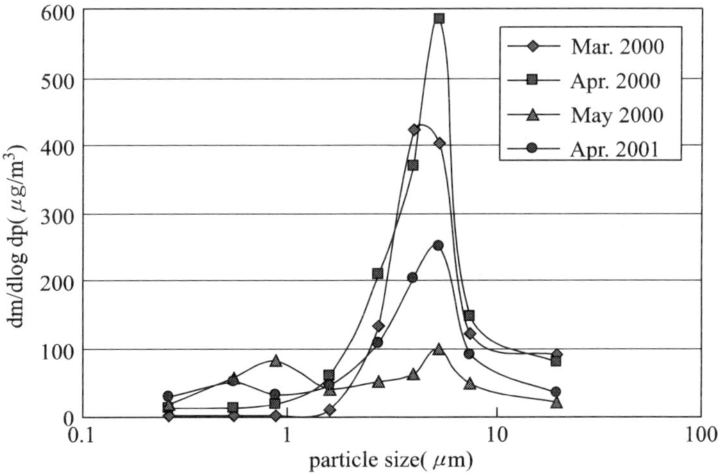

그림 2. 2000년, 2001년 춘계 부유분진 입경분포

간에 총 부유분진 농도는 차이를 보였지만 5 μm 정도의 입경 크기를 가지는 조대분진이 3회의 황사기간 모두에서 총 부유분진 양의 대부분을 차지하였다(그림 2).

이러한 결과는 우리나라에 수송되는 황사입자의 크기는 대체로 상한이 10 μm이고 입자크기 2~6 μm 범위에 집중되는 것으로 보고한 전 등(1999)의 연구결과와 일치한다. 그러나 전 등(2000)은 겨울철 황사의 입경분포에서 1 μm 미만과 1~3 μm에서 최고 농도를 보이는 이산분포 형태를 나타낸 것으로 보고하고 있어 본 연구를 비롯한 일반적 봄철 황사의 조사결과와는 상이하였다. 한편, 본 연구기간 중 비황사기간(2000년 5월)의 부유분진 입경 분포 그래프는 1 μm 정도의 입경 크기를 가지는 미세분진과 5~6 μm 정도의 크기를 가지는 조대분진이 피크를 보이는 전형적인 bimodal 패턴을 나타내었다(그림 2).

3.2 황사 속의 진균(곰팡이) 포자

본 연구기간 동안 포집한 분진을 배양한 결과 성장하는 진균류는 모두 통상적인 곰팡이로 불리는 불완전균류(Fungi imperfecti; Deuteromycota)였다. 불완전균류는 통상적으로 유성세대가 나타나지 않는 하나의 그룹으로 설명되곤 한다. 그러나 이 그룹의 종류들은 대체로 자낭균류(Ascomycetes) 또는 일부 담자균류(Basidiomycetes)에 속하는 유성생식을 하는 진균류의 무성세대(anamorph)를 포함한다(Moore-Landecker, 1996). 분진 등의 연구에서는 계통유연관계의 연관성이 적은 균류 포자들이 뭉쳐져서 이동하는 경우도 있어서 함께 관찰할 경우 전혀 다른 강의 균류가 함께 관찰되기도 한다. Moore-Landecker(1996)는 진균류의 유성세대가 형태적 특징보다는 자연적 유연성에 더욱 의존하여 관찰되는 것으로 언급하고 있으며 따라서 진균류 중 무성세대에 한하여 동정되어 온 불완전균류의 많은 종류는 계통분류학 상의 위치를 단적으로 언급하기 어려운 점이 있다.

불완전균류 중 중요한 군은 총생균강(Hyphomycetes)을 형성한다. 총생균류는 포자낭과(sporocarp)는 없지만 균사체를 형성하고 포자는 포자를 지탱하는 균사(분생자경; conidiophore)에서 형성된다. 총생균류는 또한 molds로 불리며 배양시에 가루 같은 또는 솜털 같은 균사체를 형성하곤 한다. Kendrick(1990)은 대기 중에서 알레르기 유발 성분을 가지거나 출현빈도의 측면에서 중요한 8종류의 불완전균류속을 "Big Eight"이라 칭하였는데 그것들이 *Alternaria, Cladosporium, Curvularia, Drechslera, Epicoccum, Fusarium, Nigrospora, Stemphylium*속 등이다. 일반적으로 대기 중에 포자 형태로 존재하는 흔한 곰팡이 종류로는 *Aspergillus, Penicillum, Cladosporium, Alternaria, Trichoderma* 등의 속들이 알려져 있으며(한국균학회, 1999) 이상의 속들은 모두 불완전균문의 총생균강에 속한다. 본 연구의 배양실험 결과 나타난 곰팡이 분류군은 *Fusarium, Aspergillus, Penicillium, Basipetospora, Epicoccum, Monotospora*

속 등에 속하는 몇몇의 종류들로 구성되어 있었다. 이상의 분류군들 중에서 *Aspergillus, Penicillium, Fusarium*속의 다수 종들은 종에 따라 aflatoxin, citrinin, trichothecenes, zearalenone(ZEA) 등의 균독소를 생산하는 것으로 알려져 있어 환경위생상 문제점이 제기되고 있다(한국균학회, 1999; 이, 1995). 한편 *Basipetospora*속은 건조한 토양에서 빈번한 출현을 보이는 것으로 알려져 있는데 본 연구 기간은 봄철 건조시기였고 따라서 일반적인 불완전균류의 발생과 함께 *Basipetospora* sp. 등이 출현한 것으로 생각된다.

Smith 등(1996)은 카리브해 연안 뿔산호(sea fan)의 치사소멸이 외생부착미생물(Epizoic microorganism)에 의한 것으로 설명하면서 육상근원의 *Aspergillus* 몇 종을 원인생물로 추정하였다. 카리브해 연안에서 보여진 이상의 결과는 사하라사막의 먼지바람(African dust)에 의해 이동되어 온 진균이 원인인 것으로 결론지어지고 있어 우리나라 연안의 경우도 황사에 동행하는 진균 등이 연안 생태계에 부정적 영향을 줄 가능성이 있는 것으로 생각된다.

3.3 진균포자의 크기 특성

대기 중에 부유하는 진균 포자의 크기는 상당히 다양하지만 대부분은 2~50 μm 정도로 알려져 있고 이러한 크기는 방선균이나 기타 세균의 포자들에 비하면 큰 편이고 꽃가루(pollen)에 비하면 작다(Lin and Li, 1998).

본 연구에서 *Fusarium, Epicoccum, Monotospora*의 포자는 상대적으로 큰 분진들(공기역학경 3.3μm 이상)에서 발아하였고 이러한 결과는 아열대인 대만(Taiwan)에서 연구한 Lin and Li(1996)가 대기 중 곰팡이 포자의 크기를 주로 2.1~3.3 μm라고 보고한 바와 유사하다. 그러나 본 연구에서는 2000년도 황사시기의 결과에서 공기역학경 1.1~2.1 μm의 미세 분진입자의 배양 결과에서 가장 다양한 곰팡이 구성을 관찰하였다(Yeo and Kim, 2002). 따라서 황사시기에 장거리 이동되어오는 분진 중 약 5 μm의 크기를 가지는 무기 황사입자(Yellow sand)가 분진의 대부분을 차지하지만 다양한 곰팡이 포자는 일반적인 무기 황사입자에 비해 크기가 작은 것으로 요약된다. 한편 2001년의 분진 배양 결과에서는 분진입자의 공기역학경 0.43 μm 이하의 백업 필터에서도 상당한 곰팡이의 발아가 관찰되어 황사와 동행하는 진균 포자는 일반적으로 알려진 진균포자의 크기보다 훨씬 작을 수 있으며 매년 그 종류가 달라질 수 있음을 시사하였다. 물론 속 수준이 아닌 종 수준의 분류 검증이 완료되고 황사 발원지의 진균 조성 파악이 병행될 때 결론지어지겠지만 현재 단계에서 추정해 본다면 황사발원지의 차이에 따라 매 황사시기마다 다른 종류의 곰팡이 포자가 장거리 이동하는 것이 아닌가 생각된다.

3.4 연안생태환경에 영향 가능성

대기의 바이오에어로졸과 해양환경의 관계를 논한 연구는 찾기 어렵다. 특히 대기 중 부유 곰팡이 포자의 해양환경에 대한 영향은 국내에서는 보고된 자료가 없다. 국외의 경우도 대기 중의 총체적인 부유분진과 해양생태계의 관계에 대한 연구는 많지 않다. Smith 등(1996)은 카리브 연안에서 외부기원 곰팡이류인 *Aspergillus* 종류가 뿔산호에 질병을 일으켜 치사시킨 것으로 보고한 바 있다. 이와는 반대로 대륙 간을 이동하는 대규모의 흙먼지가 생태계에 긍정적 요소로 보고한 예도 있기는 하다. 즉, Swap 등(1992)은 사하라사막의 먼지바람(African Dust 또는 Saharan Dust로 명명됨)이 서남방향으로 이동하여 남미 아마존의 빈영양 열대우림에 영양염을 보급하는 것으로 보고하였다. 특히 인산염의 경우는 아마존 우림에 효과적인 보급경로가 된 것으로 추정하였다. 그러나 서쪽 내지는 서북방향으로 이동하는 African dust는 생태계에 부정적인 결과들만이 보고되어 왔다.

최근 미국 항공우주국(NASA)과 미국지질연구소(USGS)는 아프리카 사하라사막에서 발생하여 대서양을 건너는 흙먼지 속의 미생물이 카리브해 연안의 산호초를 파괴한다는 연구결과를 발표한 바 있다(Shinn, 2001). USGS측에서는 African dust가 특히 많이 날라 왔던 1973년과 1983년, 1987년에는 산호초가 하얗게 변색하는 백화현상이 크게 확산되었음을 보고하였는데 그 원인을 African dust내 130여종의 세균과 곰팡이로 추정하였다. 일반적인 미생물은 태양의 자외선 조사에 의해 살균되는 것으로 알려져 있지만 흙먼지가 자외선을 차단하는 데다 대서양을 건너면서 습기가 공급되기 때문에 쉽게 발아할 수 있는 능력을 가진 상태로 카리브해 연안에 도달하는 것으로 언급하였다.

African dust가 대서양을 건너서 카리브해 연안에 도착하는데 5일정도가 소요되는 것을 감안할 때 한반도의 황사는 그 발원지에서 2~3일이면 도착하기에 황사 중의 미생물은 그 생존능력이 African dust내 미생물 그 이상이 될 수 있다. 황사와 동행하는 미생물이 해양생태계에 끼치는 직간접의 영향이 반드시 존재할 것이다. 국내 연안의 백화현상도 황사먼지가 그 원인일 가능성을 내재하고 있기에 황사는 단지 육상생태계 및 환경보건, 산업 등의 문제뿐 아니라 해양환경에 까지도 문제를 발생시킬 여지가 충분히 있다.

참고문헌

김우규, 전영신, 이원환, 김현미, 1995. 서울 부유분진 농도와 황사 특성에 관한 사례 연구. 한국대기환경학회지, 11: 199-209.

신도식, 김산, 김정식, 차주완, 1999. 안면도에서 1998년 봄철에 관측된 황사의 광학적 특징. 한국대기환경학회지, 15: 739-746.

신은상, 김희강, 1992. 서울시에서의 대기부유먼지에 대한 황사의 영향. 한국대기환경학회지, 8: 52-57.

윤용황, 1990. 한반도에 수송되는 황사시의 특징에 관한 연구. 한국기상학회지, 26: 111-120.

이민희, 한의정, 신찬기, 한진석, 1988. 황사현상시 분진의 입도분포와 화학조성에 관한 연구. 한국대기환경학회지, 4: 57-66.

이민희, 한의정, 신찬기, 한진석, 김상균, 1993. 황사현상시 대기에어로졸 중 무기물질의 동태. 한국대기환경학회지, 9: 230-235.

이민희, 한의정, 원양수, 1986. 황사현상이 우리 나라에 미치는 영향. 대기환경학회지, 2: 34-44.

이민희, 한진석, 한의정, 신찬기, 1989. 황사현상시 강수의 화학적 성분에 관한 연구. 한국대기환경학회지. 5: 1-11.

이인원, 1995. 농산물의 *Fusarium*곰팡이 독소 오염: 식물균병학 연구. pp.95-121.

전영신, 김지영, 부경온, 김남욱, 2000. 겨울철 황사현상의 특징. 한국대기환경학회지, 16: 487-497.

전영신, 김지영, 최재천, 신도식, 1999. 황사시 서울과 안면도의 대기 중 에어로졸 수농도 특성. 한국대기환경학회지, 15: 575-586.

정용승, 김태군, 1991. 한국 서해안에서 관측된 산성비의 발원지 추적 연구. 한국대기환경학회지, 7: 203-207.

한국균학회, 1999. 균학개론. 월드사이언스. 321pp.

Braaten, D.A. and T.A. Cahill, 1986. Size and composition asian dust transported to Hawaii. *Atmospheric Environment*, 20: 1195-1199.

Carlson, T.N. and S.G. Benjaminn, 1980. Radiative heating rate for Sahara dust. *J. Atmos. Sci.*, 37:.193-213.

Chung, Y.S., 1986. The transport and deposition of air pollutants over ocean. *Atmospheric Environment*, 20: 617-630.

Darzi, M.D. and W. Winchester, 1982. Aerosol characteristics at Mauna Loa observatory. *J. Geophysics Res.*, 87: 1251-1258.

Duce, R.A., 1980. Long-range atmospheric transport of soil dust from asia to the tropical north pacific: temporal variability. *Science*, 209: 1522-1524.

Eduard, W. and D. Heederik, 1998. Method for quantitative assessment of airborne levels of noninfectious microorganisms in highly contaminated work environments. *Amer. Ind. Hyg. Assoc. J.*, 59: 123-127.

Henningson, E.W. and M.S. Ahlberg, 1994. Evaulation of microbiological aerosol samplers: a review. *J. Aerosol Sci.*, 25: 1459-1492.

Hinds, W.C., 1982. Aerosol technology. properties, behavior, and measurement of airborne particles. A Wiley-Interscience Pub. New York.

Isono, K., 1971. Concentration and nature of ice nuclei in the rain of the north pacific ocean. *Tellus*, 23: 4-59.

Kendrick, C., 1990. Fungal allergens. *In* Sampling and identifying allergenic pollens and moulds (Smith

EG ed.) Blewstone Press. San Antonio, USA. pp. 41-49.

Lee, Y.J. and H.K. Kim, 1985. A study on the coarse particles burden to aerosol in Seoul area. *J. Korea Air Pollt. Res. Assoc.*, 1: 71-82.

Li, C.S. and Y.C. Lin, 1999. Sampling performance of impactors for fungal spores and yeast cells. *Aerosol Sci. Technol.*, 31: 226-230.

Lin, W.H. and C.S. Li, 1996. Size characteristics of fungus allergens in the subtropical climate. *Aerosol Science Technology*, 25: 93-100.

Lin, W.H. and C.S. Li, 1998. The effect of sampling time and flow rates on the bioefficiency of three fungal spores sampling methods. *Aerosol Science Technology*, 28: 511-522.

Miller, S., Y.S. Cheng and J.M. Macher, 1999. Guest editorial. *Aerosol Science and Technology*, 30: 93-99.

Moore-Landecker, E., 1996. Fundamentals of the fungi, fourth edition Prentice-Hall International (UK) Limited, London.

Reist, P.C., 1992. Aerosol science and technology(2nd ed.) McGraw-Hill, Inc.

Shaw, G.E. 1980. Transport of asian desert aerosol to the Hawaiian Islands. *J. Appl. Met.*, 19: 1254-1259.

Shinn, E.A., 2001. Coral mortality and African dust. Proceedings in "The effects of globslly transported Afircan and Asian dust on coral reef and human health" *U.S. Geological Survey*(USGS)

Smith, G.W., L.D. Ives, I.A. Nagelkerken and K.B. Ritchile, 1996. Caribbean sea-fan mortalities. *Nature*, 383: p.487

Swap, R., M.Garstang, S. Greco, R. Talbot, and P. Kallberg, 1992. Saharan dust in the Amazon basin. *Tellus*, 44B: 133-149.

Tanaka, S. 1983. Long-range transportation of soil dust from asian continent to Japan and its influence to the atmosphere in Japan by result of NASA Data. *J. Japan Soc. Air Pollut.* 18: 262-270.

Yeo, H.G and J.H. Kim, 2002. SPM and fungal spores in the ambient air of west Korea during the Asian dust(Yellow sand) period. *Atmospheric Environment*, 36(35): 5437-5442.

전북 새만금 해역(서해안)과 전남 나로도 해역(남해안)의 종속영양성 와편모류의 분포

정해진·유영두 / 서울대학교 지구환경과학부

요 약

본 연구에서는 전 세계 거의 모든 해역에 존재하고, 가끔 가장 우점하는 동물플랑크톤인 종속영양성 와편모류에 대해 우리나라 남해와 서해 연안에서의 분포를 비교하였다. 전남 고흥 나로도 해역 (남해안)과 전북 새만금 해역(서해안)에서 각각 1997년과 1999년에 조사한 결과 종속영양성 와편모류의 총 출현 종수는 각각 17과 18종으로 비슷하였으나 같은 종은 36%로 종 조성의 차이가 상당히 있었다. 이들 해역 모두 *Protoperidinium* 속에 속하는 종들이 65~72%를 차지하였다. 고흥 해역의 종속영양성 와편모류의 최대 풍도는 45 cells/mL로 새만금 해역에서의 11 cells/mL보다 훨씬 높았다. 종속영양성 와편모류의 풍도는 고흥 해역에서는 규조류의 풍도와, 새만금 해역에서는 독립영양성 및 혼합영양성 와편모류 풍도와 높은 상관관계를 나타냈는데, 이는 우점종인 *Protoperidinium* spp.(고흥 해역)와 *Noctiluca scintillans*(새만금 해역)로 나타난 차이 때문이라고 판단된다.

1. 서 론

종속영양성 원생생물(heterotrophic protists)은 해양생태계 플랑크톤 군집 내 주요 요소 중 하나이다. 이들 중 종속영양성 와편모류(heterotrophic dinoflagellates; 이하 HTD)는 전 세계 거의 모든 해역에 존재하고, 많은 해역에서 가끔 밀도나 생체량에서 가장 우점하는 동물플랑크톤이다 (Lessard, 1991; Jeong, 1995).

이들에 대한 분류학적 연구는 상당히 오래 전부터 실시되어져 왔으나(Allen 1949), 실내 배양의 어려움 때문에 생태, 생리적 연구는 1980년대부터 이루어져 왔고, 1990년대에 들어와 많은 연구결과가 발표되었다(Fenchel and Jonsson, 1988; Jeong and Latz, 1994; Latz and Jeong, 1996; Naustvoll, 1998; Jeong 1999; Jeong 등, 1997, 1999a, 1999b, 2001a, 2001b, 2002).

1990년대에 들어 본격화된 종속영양성 와편모류(heterotrophic dinoflagellates; 이하 HTD)의 새로운 생태학적 역할 발견은 고전적인 먹이망을 더욱 복잡한 먹이망으로 만들고 이 분야의 연구에 박차를 가하게 하였다(Jeong 1999).

우리나라에서도 많은 종속영양성 와편모류가 존재하고 때때로 높은 풍도를 가짐에도 불구하고 이에 대한 체계적인 연구가 많지 않은 편이다(정 등 2000a, 2002). 종속영양성 와편모류는 해양세균과 식물플랑크톤(Fenchel and Jonsson, 1988; Jeong and Latz, 1994; Naustvoll, 1998; Jeong 1999; Jeong 등, 1999a, 1999b, 2001a, 2001b, 2002)의 주요 포식자이고, 후생동물플랑크톤의 알이나 유생(Kimor, 1979; Jeong, 1994b)을 포식함과 동시에 상위영양단계에 있는 후생동물플랑크톤이나 치어의 좋은 먹이가 되므로(Jeong 1994a; Jeong 등, 2001b), 우리나라 해역에서 해양생태계 내 먹이망을 정확히 이해하기 위해서는 이에 대한 체계적인 연구가 필요하다.

본 연구에서는 그 동안 우리나라 남해안에 위치한 전남 고흥 나로도 해역과 서해안에 위치한 전북 새만금 해역에서의 종속영양성 와편모류 분포를 비교하여 이들의 생태적 역할을 추론하고자 하였다.

2. 재료 및 방법

본 연구에서 사용한 자료는 전남 고흥 나로도 해역과 전북 새만금 해역에서 얻은 자료인데 고흥 해역은 해창만, 여자만 등을 통하여 육수가 유입되고 또한 외양수의 유입이 빈번하게 일어나는 곳이다(그림 1A).

이 해역은 1995년 이후 해마다 8월부터 10월까지 남해안에서 대규모로 발생하는 유해성 적조가 가장 먼저 발견되는 곳이다(양 등, 2000; 정 등 2000a). 새만금 해역은 1990년 이래로 새만금 개발 사업이 진행되고 있는 해역으로 2002년 현재 방조제공사가 70%가량 완성된 상태인데 1998년 이후 유해성 적조가 발생되고 있는 해역이다(그림 1B).

A. 고흥

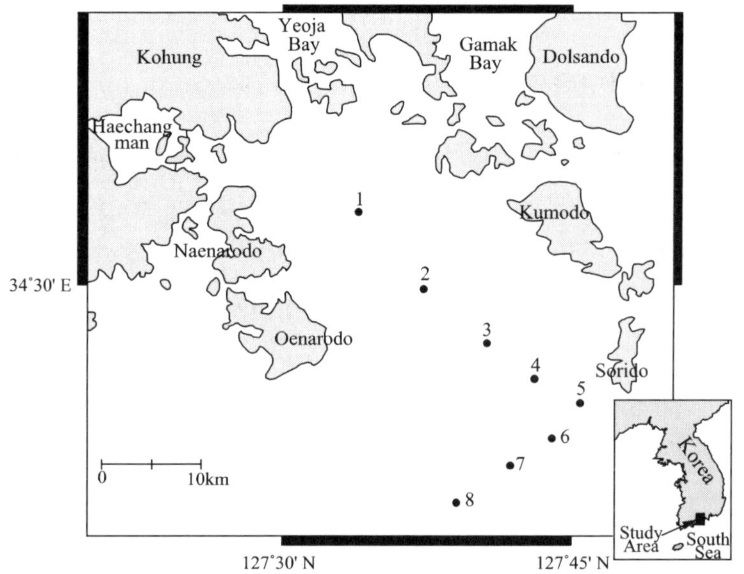

그림 1A. 고흥 나로도 연구해역 지도

B. 새만금

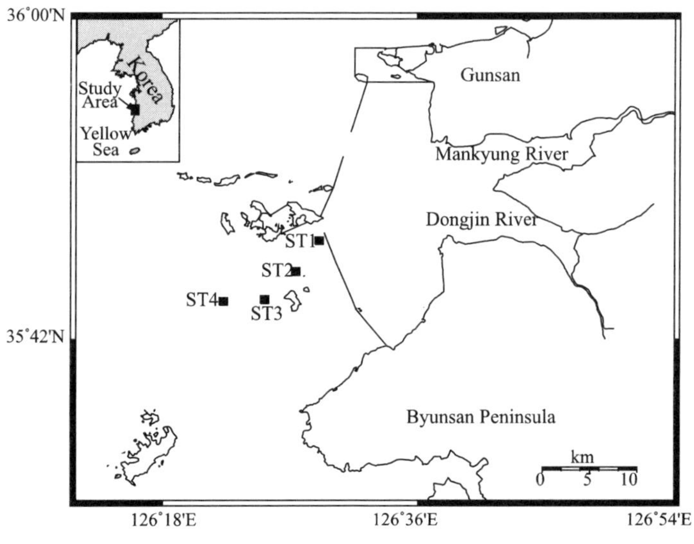

그림 1B. 새만금 연구해역 지도

3. 결과 및 토의

3.1 종속영양성 와편모류의 조사해역 별 출현 종 수

고흥 해역과 새만금 해역에서 출현한 종속영양성 와편모류의 종수를 비교한 결과, 각각 17종과 18종으로 비슷하였다(표 1). 두 해역 모두 *Protoperidinium* 속에 속하는 종들이 11종과 13종으로 전체 종속영양성 와편모류 중 65%와 72%를 차지하였다. 두 해역에서 공통적으로 나타난 종속영양성 와편모류는 36% 정도이고, 이 중 *Protoperidinium* 속에 속하는 종은 36% 정도 비슷하였다.

고흥 해역과 새만금 해역에서 출현한 종수는 유해성 *Cochlodinium polykrikoides*/*Gymnodinium impudicum* 적조가 발생한 전후와 비교하여 뚜렷한 차이를 보였다. 고흥 해역의 출현 종수는 적조 발생 전(6월 중~8월 초)에는 2~4종으로 낮게 나타나다가 적조가 발생한 시기

표 1. 고흥(KH) 연안해역(Jeong 등, 200b)과 새만근(SMK) 해역(Jeong 등, 2002)에 0.1 cells/mL 이상 출현한 종속영양 와편모류의 목록

species name / areas	KH	SMK
Amphidinium crassum		+
Diplopsalis lenticula	+	
Peridiniopsis asymmetrica	+	
Gyrodinium dominans	+	
Gyrodinium spirale	+	+
Gyrodinium sp.		+
Noctiluca scintillans	+	+
Polykrikos kofoidii	+	+
Protoperidinium bipes	+	+
Protoperidinium brevipes	+	+
Protoperidinium cerasus		+
Protoperidinium conicum		+
Protoperidinium crassipes		+
Protoperidinium depressum		+
Protoperidinium diversens	+	
Protoperidinium leonis	+	
Protoperidinium minutum		+
Protoperidinium oblongum	+	
Protoperidinium ovatum	+	+
Protoperidinium ovum		+
Protoperidinium pellucidum	+	+
Protoperidinium pentagonum		+
Protoperidinium quarnerense	+	
Protoperidinium steinii	+	+
Protoperidinium spp.	+	+

(8월 중~8월 말)에는 9~13종으로 급증하였으나 적조가 소멸된 시기(9월말)에는 2종으로 급감하였다. 그러나 새만금 해역에서는 적조 발생 전(8월 중~9월 중)에는 8~9종으로 비교적 높게 나타났으나 적조가 발생한 시기(10월 중)에는 4종으로 급감하였고 적조가 소멸된 시기(11월 중)까지 4종으로 낮게 유지되었다.

3.2 종속영양성 와편모류 출현 종의 시간적 분포

조사기간 동안 두 조사해역에서 출현한 종속영양성 와편모류의 시간적 변화가 뚜렷하였다. 즉 출현 종 수가 6월에 2종으로 낮게 존재하다가 8월에 20종으로 급증하였다가, 9월에는 9종으로 감소하였고 10월에는 8종, 11월에는 4종으로 더욱 감소하였다(표 2). 종속영양성 와편모류 중 *Gyrodinium spirale*는 매월 출현하였고, *Amphidinium crassum*과 *Polykrikos kofoidii*는 6월을 제외하고 매월 출현하였다.

표 2. 6월부터 11월까지 매월 연구해역에서 0.1 cells/mL 이상 출현한 종속영양 와편모류의 목록 (Jeong *et al*., 2000b, 20002)

species name / areas	Jun.	Aug.	Sep.	Oct.	Nov.
Amphidinium crassum		+	+	+	+
Diplopsalis lenticula		+			
Peridiniopsis asymmetrica		+			
Gyrodinium dominans		+	+		
Gyrodinium spirale	+	+	+	+	+
Gyrodinium sp.		+			
Noctiluca scintillans		+	+	+	
Polykrikos kofoidii		+	+	+	+
Protoperidinium bipes		+			
Protoperidinium brevipes		+		+	
Protoperidinium cerasus			+	+	
Protoperidinium conicum			+		
Protoperidinium crassipes				+	+
Protojperidinium depressum				+	
Protoperidinium divergens		+			
Protoperidinium leonis		+			
Protoperidinium minutum			+		
Protoperidinium oblongum		+			
Protoperidinium ovatum		+			
Protoperidinium ovum		+			
Protoperidinium pellucidum	+	+			
Protoperidinium pentagonum		+			
Protoperidinium quarnerense		+			
Protoperidinium steinii		+			
Protoperidinium sp.		+	+		

3.3 종속영양성 와편모류의 풍도 비교

종속영양성 와편모류의 최대 풍도는 새만금 해역에서 11 cells/mL (정 등, 2002), 고흥 해역 45 cells/mL (정 등, 2000b)로 나타났는데, 이들은 Kattegat만 (Denmark)의 200 cells/mL, Seto Inland Sea (Japan)의 90 cells/mL, Northeast Atlantic Ocean의 67 cells/mL 등 보다 낮았으나, Coastal East Antarctica 의 34 cells/mL, Sargasso Sea near Bermuda의 29 cells/mL, Polar Front Region의 11 cells/mL 등과는 비슷하였다 (표 3).

표 3. 여러 해양 환경에 출현한 종속영양 와편모류 풍도

Location	Abundance (cells/L)	Reference
Kohung, Korea	1,100~45,000	Jeong *et al.*(2000b)
Saemankeum, Korea	500~11,600	Jeong *et al.*(2002)
Kettegat, Denmark	200,000[a]	Hansen.(1991)
Seto Inland Sea, Japan	4,000~90,000	Nakamura *et al.*(1995)
Dogger Bank, North Sea	400~27,000	Nielsen *et al.*(1993)
North Atlantic		
(slope)	6,000~9,000	Lessard (1991)
(front)	4,000~22,000	
(Gulf Stream)	500~1,600	
(Sargasso Sea)	100~1,000	
Sargasso Sea near Bermuda	900~28,600	Lessard and Murrell (1996)
Northeast Atlantic Ocean	2,000~67,000	Verity *et al.*(1993)
Northeast Atlantic Ocean	65,000[a]	Verity *et al.*(1993)
Equatorial Pacific	16~19	Stoecker *et al.*(1996)
Igloolik (polar)	660	Bursa (1961)
McMudo Sound (polar)	40~140	Lessard and Rivikin (1986)
McMurdo Soung, Antarctia	28,000[a]	Stoecker *et al.*(1993)
Coastal East Antarctica	4,500~33,600	Archer *et al.*(1996)
Antarctic Circumpolar Current	2,000~5,700	Klass (1997)
Polar Front Region	3,100~11,000	Klass (1997)
Ellis Fjord Eastern Antarctica	100[a]	Grey *et al.*(1997)

[a] Maximum abundance

3.4 종속영양성 와편모류 풍도와 온도, 염분과의 관계

조사기간 동안 종속영양성 와편모류는 15.8~27.1℃의 광범위한 수온에서 나타났는데 24.9℃에서 최대값 45 cells/mL을 나타냈다(그림 2A). 염분 변화는 29.0~33.9 psu에서 출현하였는데 31.3 psu에서 최대값 45 cells/mL을 나타냈다(그림 2B). 다른 연구들에서는 5.0~24.4℃의 수온과 23.0~34.1 psu에서 광범위하게 나타났다(조 등, 1994; 강과 최, 2001).

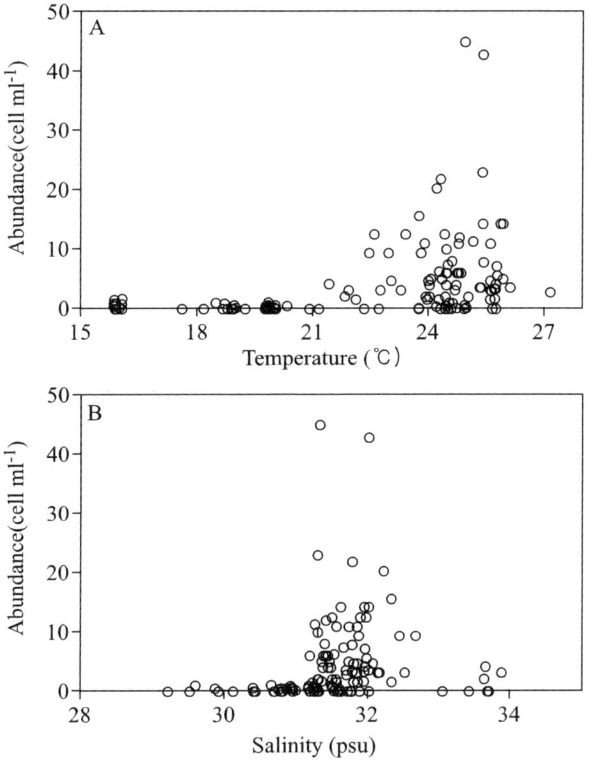

그림 2. 조사해역, 조사기간 중 수온(A)과 염분(B)에 따른 종속영양성 와편모류의 풍도

3.5 종속영양성 와편모류와 주요 식물플랑크톤간의 상관관계

고흥 해역과 새만금 해역에서 측정된 주요 종속영양성 와편모류와 규조류, 독립-혼합영양성 와편모류간의 상관관계를 구한 결과(표 4), 고흥 해역의 경우 종속영양성 와편모류는 규조류, 독립 - 혼합영양성 와편모류(auto-mixotrophic dinoflagellates; 이하 ATD+MTD) 모두와 유의수준 이상의 양의 상관관계를 나타냈다. 특히 종속영양성 와편모류 중 *Polykrikos kofoidii*와 *Protoperidinium steinii*가 규조류와 유의수준 이상의 양의 상관관계를 나타냈다.

표 4. 고흥해역(A)과 새만금해역(B)에서의 규조류, 독립혼합영양성 와편모류(AM), *Gyrodinium spirale* (Gs), *Noctiluca scintillans* (Ns), *Polykrikos kofoidii* (Pk), *Protoperidinium bipes* (Pb), *Protoperidinium brevipes* (Pbr), *Protoperidinium ovatum* (Po), *Protopeirinium pellucidum* (Pp), and *Protoperidinium steinii* (Ps)간의 상관관계. * $p<0.05$, ** $p<0.01$

(A) 고흥

components	diatoms	AM	Gs	Ns	Pk	Pb	Pbr	Po	Pp	Ps
diatoms										
AM	0.327**									
Gs	0.095	0.106								
Ns	0.028	0.369	0.232							
Pk	0.321*	−0.075	−0.202	−0.191						
Pb	0.363	0.054	−0.039							
Pbr		0.309		−0.123						
Po	0.100	0.200	0.742**	0.447	−0.100					
Pp	0.072	0.053	−0.521*			−0.136				
Ps	0.364**	0.420	−0.194			0.185			−0.195	
HTD	0.561**	0.598**								

(B) 새만금

components	diatoms	AM	Gs	Ns	Pk	Pb	Pbr	Po	Pp	Ps
diatoms										
AM	0.334**									
Gs	−0.014	0.105								
Ns	0.304	0.596**	0.072**							
Pk	0.548	0.27	0.014	0.642**						
Pb	0.018	0.186	0.303*	0.495*	0.677**					
Pbr										
Po	0.155	−0.052	−0.131			−0.048				
Pp	0.159	0.126	−0.103	−0.140	0.412	0.195		−0.102		
Ps	0.675**		0.054			−0.132		−0.132	−0.282	
HTD	0.195	0.512**								

새만금 해역의 경우 종속영양성 와편모류는 독립 - 혼합영양성 와편모류와 유의수준 이상의 양의 상관관계를 나타냈다. 종속영양성 와편모류 중 *Protoperidinium steinii*는 규조류와 *Noctiluca scintillans*는 독립 - 혼합영양성 와편모류와 유의수준 이상의 양의 상관관계를 나타냈다. 이 결과로 볼 때 *Protoperidinium steinii*는 규조류의, *Noctiluca scintillans*는 독립-혼합영양성 와편모류의 주요 포식자일 가능성이 높으므로 이에 대한 실내 포식 실험이 필요하다.

참고문헌

강연식, 최중기. 2001. 고리, 월성, 울진 및 영광 연안해역의 식물플랑크톤 군집의 생태학적 특성. I. 종조성 및 분포 (1992년~1996년). Algae,, **16(1):** 85-111.

양재삼, 최현용, 정해진, 정주영, 박종규, 2000. 전남고흥해역의 유해성 적조의 발생연구. 1. 1997년도 물리, 화학적인 특성. 한국해양학회지 '바다', **5:** 16-26.

정해진, 박종규, 최현용, 양재삼, 심재형, 신윤근, 이원호, 김형섭, 조경제. 2000a. 전남고흥해역의 유해성 적조의 발생연구. 2. 1997년도 식물플랑크톤의 시공간적 변화. 한국해양학회지 '바다', **5:** 27-36.

정해진, 박종규, 김재성, 김성택, 윤주이, 김수경, 박용민, 2000b. 전남고흥해역의 유해성 적조의 발생연구. 3. 1997년도 종속영양성 와편모류와 섬모충류의 시공간적 변화. 한국해양학회지 '바다', **5:** 37-46.

정해진, 유영두, 김재성 2002. 전북 새만금 남쪽 해역의 유해성 적조 발생연구. 2. 1999년도 여름-가을 종속영양성 와편모류와 섬모충류의 시간적 변화. 한국해양학회지 '바다', **7:** 140-147.

조기안, 위인선, 최청일. 1994. 광양만 식물플랑크톤의 생태학적 연구. 한국생물학회지, **12(2):** 137-150.

Allen, W.E. 1949. Data files, 1917-1949. Accession No. 81-19. Scripps Institution of Oceanography Archives, University of California, San Diego.

Archer, S.D., Leakey, R. J. G., Burkill, P. H. and Sleigh, M. A. 1996. Microbial dynamics in coastal waters of east Antarctica: hebibory by heterotrophic dinoflagellates. *Mar. Ecol. Prog. Ser.,* **139**: 239-255

Bursa, A. S. 1961. The annual oceanographic cycle at Igloolik in the Canadian Arctic. II. The phytoplankton. *J. Fish. Res. Bd. Can.,* **18**: 563-615

Fenchel, T., and Jonsson, P.R. 1988. The functional biology of *Strombidium sulcatum*, a marine oligotrich ciliate (Ciliophora, Oligotrichina). *Mar. Ecol. Prog. Ser.*, **48:** 1-15

Gray, J., Laybourn-Parry, J., Leakey, R.J.G., and McMinn, A. 1997. Temporal patterns of protozooplankton abundance and their food in Ellis Fjord, Princess Elizabeth Land, eastern Antarctica. *Estuar. Coast. Shelf Sci.*, 45: 17-25

Hansen, P.J. 1991. Quantitative importance and trophic role of heterotrophic dinoflagellates in a ceastal pelagial food web. *Mar. Ecol. Prog. Ser.*, **73**: 253-261

Jeong, H.J. and Latz, M.I. 1994. Growth and grazing rates of the heterotrophic dinoflagellates *Protoperidinium* spp. on red tide dinoflagellates. *Mar. Ecol. Prog. Ser.*, **106:** 173-185.

Jeong, H.J., 1994a. Predation effects of the calanoid copepod *Acartia tonsa* on a population of the heterotrophic dinoflagellate *Protoperidinium* cf. *divergens* in the presence of co-occurring red-tide dinoflagellate prey. *Mar. Ecol. Prog. Ser.*, **111:** 87-97.

Jeong, H.J., 1994b. Predation by the heterotrophic dinoflagellate *Protoperidinium* cf. *divergens* on copepod eggs and early naupliar stages. *Mar. Ecol. Prog. Ser.,* **114:** 203-208.

Jeong, H.J., 1995. The interactions between microzooplanktonic grazers and dinoflagellates causing red tides in the open coastal waters off southern California. Ph. D. Thesis, University of California, San Diego, 139 **pp.**

Jeong, H.J., Lee, C.W., Yih, W.H., and Kim, J.S. 1997. *Fragilidium* cf. *mexicanum*, a thecate mixotrophic dinoflagellate which is prey for and a predator on co-occuring thecate heterotrophic dinoflagellate *Protoperidinium* cf. *divergens*. *Mar. Ecol. Prog. Ser.,* **151:** 299-305.

Jeong, H.J., 1999. The ecological roles of heterotrophic dinoflagellates in marine planktonic community. *J. Euk. Microb.,* **46:** 390-396.

Jeong, H.J., Shim, J.H., Kim, J.S., Park, J.Y., Lee, C.W., and Lee, Y. 1999a. The feeding by the thecate mixotrophic dinoflagellate *Fragilidium* cf. *mexicanum* on red tide and toxic dinoflagellate. *Mar. Ecol. Prog. Ser.*, **176:** 263-277.

Jeong, H.J., Shim, J.H., Lee, C.W., Kim, J.S., and Koh, S.M. 1999b. Growth and grazing rates of the marine planktonic ciliate *Strombidinopsis* sp. on red-tide and toxic dinoflagellate. *J. Euk. Microb.*, **46:** 69-76.

Jeong, H.J., Kim, S.K., Kim, J.S., Kim, S.T., Yoo, Y.D., and Yoon, J.Y. 2001a. Growth and Grazing Rates of The Heterotrophic Dinoflagellate *Polykrikos kofoidii* on Red-Tide and Toxic Dinoflagellates. *J. Euk. Microb.*, **48:** 298-308.

Jeong, H.J., Kang, H.J., Shim, J.H., Park, J.K., Kim, J.S., Song, J.Y., and Choi, H.J. 2001b. The interactions among a toxic dinoflagellate *Amphidinium carterae*, the heterotrophic dinoflagellate *Oxyrrhis marina*, and the calanoid copepods *Acartia* spp. *Mar. Ecol. Prog. Ser.*, **218:** 77-86.

Jeong, H.J., Yoon, J.Y., Kim, J.S., Yoo, Y.D., Seong, K.A. 2002. Growth and grazing rates of the prostomatid ciliate *Tiarina fusus* on red-tide and toxic algae. *Aquat. Microb. Ecol.*, **28:** 289-297.

Kimor, B., 1979. Predation by *Noctiluca miliaris* Souriray on *Acartia tonsa* Dana eggs in the inshore waters of southern California. *Limnol. Oceanogr.*, **24:** 568-572.

Klass, C. 1997. Microprotozooplankton distribution and their potential grazing impact in the Antarctic Circumpolar current. *Deep Sea Res.*, **44:** 375-393.

Latz, M.I. and Jeong, H.J. 1996. Effect of red tide dinoflagellate diet and cannibalism on the bioluminescence of the heterotrophic dinoflagellates *Protoperidinium* spp. *Mar. Ecol. Prog. Ser.*, **132:** 275-285.

Lessard, E.J., and Rivkin, R.B. 1986. Nurtrition of microzooplankton and macrozooplankton from McMurdo Sound. *Antarct. J. U.S.,*. **21:** 187-188.

Lessard, E.J., 1991. The trophic role of heterotrophic dinoflagellates in diverse marine environments. *Mar. Microb. Food. Web*, **5:** 49-58.

Lessard, E.J. and Murrell, M. C. 1996. Distributon, abundance and size composition of heterotrophic dinoflagellates in diverse marine environments. *Mar. Ecol. Prog. Ser.*, **43:** 1045-1065.

Nakamura, Y., S. Suzuki and J. Hiromi, 1995. Population dynamics of heterotiophic dinoflagellates during a *Gymnodinium mikimotoi* red tide in the Seto Inland Sea. *Mar. Ecol. Prog. Ser.*, **125:** 269--277.

Naustvoll, L-J., 1998. Growth and grazing by the thecate heterotrophic dinoflagellate *Diplopsalis lenticula* (Diplopsalidaceae, Dinophyceae). *Phycologia,* **37:** 1-9.

Nielsen, T.G., B. Lokkegaard, K. Richardson, F.B. Pedersen and L. Hansen, 1993. Structure of plankton communities in the Dogger Bank area (North Sea) during a stratified situation. *Mar. Ecol. Prog. Ser.*, **95:** 115-131.

Stoecker, D.K., Buck, K.R., and Putt, M. 1993. Changes in the sea-ice brine community during the spring-summer transition, McMurdo Sound, Antarctica. II. Phagotrophic protists. *Mar. Ecol. Prog. Ser.*, **95**:103-113

Stoecker, D.K., Gustafson, D.E., and Verity, P.G. 1996. Micro-and mesoprotozooplankton at 140°W in the equatorial Pacific: heterotrophs and mixotrophs. *Aguat. Microb. Ecol.*, **10**:273-282

Verity, P.G., Stoecker, D.K., Sieracki, M.E., Burkill, P.H., Edwards E.S., and Tronzo, C.R. 1993. Abundance, biomass and distribution of heterotrophic dinoflagellates during the North Atlantic spring bloom. *Deep Sea Res.* II., **40:** 227-244.

적조원인생물 광합성 섬모충류 *Myrionecta rubra*의 생태·생리적 특성

김형섭·명금옥[1] · 이원호[1]·심재형[2] / 전북수산기술연구소, [1]군산대학교 해양학과, [2]서울대학교 해양연구소

Charles Darwin이 1832년 남미의 칠레 근해에서 광합성능을 갖는 해양섬모충류인 *Myrionecta rubra*의 적조현상을 처음으로 관찰하여 남긴 자세한 기록을 시작으로, 지난 180여 년 간의 연구를 통하여 이 종은 범세계적으로 분포하는 해양의 주요 일차생산자로 평가되고 있다. 자신의 크기에 비해 운동성이 극히 크고 파열되기 쉬운 세포체인 *M. rubra*의 실험실 배양체 확립에 장애가 많았으나, 최근 남극해역 및 온대해역에서 이들 배양체가 확보되어 살아있는 시료를 이용한 연구 성과가 계속적으로 발표되고 있다. 기존의 연구 결과 가운데 논쟁의 대상이 되는 *M. rubra*의 분류학적 위치, "불완전한 내부 공생체"의 기원 및 기능, 섭식능력의 유무 등의 문제를 해결할 필요가 있다. 실험실 배양체를 이용하여 아직 규명되지 않은 세포 분열방식 및 과정, 광합성 색소체 획득 기구, cyst를 포함한 생활사 단계 등에 관한 연구가 요청된다. 또한 해양 기초생산자인 *M. rubra*의 생태학적 기능과 응용 잠재력을 정량적으로 이해하기 위하여, 이들의 영양유형, 적정성장 조건, 해양 미세생물 먹이망 내의 위치, 해양생물공학적 응용 우수성 등을 파악할 필요가 있다. 이를 위해 확립된 배양체를 이용한 실험실 내 배양 연구와 현장의 mesocosm 연구가 요구된다.

1. 서 론

해양생태계에서 섬모충류, 특히 부유성 섬모충류는 영양흐름(trophic flux)과 영양염 순환에 매우 중요한 역할을 담당하고 있다(Fenchel, 1988). 섬모충류 중에는 *Chlorella* 속 녹조류를 공생체로 갖고 있는 담수종이 오래 전부터 알려져 왔으며, 최근에는 많은 종류의 섬모충류가 기능성 색소체를 갖고 있음을 알게 되었다(Taylor, 1982; Stoecker 등, 1987).

광합성 섬모충류인 *Myrionecta rubra* Jankowski 1976(= *Mesodinium rubrum* Lohmann, 1908)은 기능성 색소체를 갖고 있는 섬모충류로서 다양한 해역에서 적조를 일으키며, 은편모조류를 불완전한 공생체로 갖고 있어 생태·생리적으로 매우 독특한 종이다. 이들은 범세계적으로 분포하는 적조원인생물 종의 하나로서, 1832년 칠레 연안에서 Charles Darwin이 항해 중 *M. rubra* 적조현상을 처음 기록한 이후(Lindholm, 1985), 용승역, 연안역, 하구역, 협만(fjords)과 연안석호(Taylor 등, 1971; Lindholm, 1985) 뿐만 아니라, 북극(Putt, 1990) 및 남극(Satoh and Watanabe, 1991; Stoecker 등, 1992; 1993; Perriss 등, 1995)에서도 적조가 보고되고 있다(그림 1).

이와 같이 *M. rubra*의 적조 현상이 보고된 해역의 다양성은 다른 적조원인 생물 종들과는 비교할 수 없을 만큼 매우 크다. 또한, 적조형성 시기에 이들의 해수 단위 부피 당 일차생산량과 엽록소 a 값은 다른 해양 식물플랑크톤 종들에 비해 월등히 높은 것으로 알려져 있다 (Lindholm, 1985; Crawford, 1989; Stoecker 등, 1991).

우리나라에서도 *M. rubra*은 제주도를 포함한 전 연안에 분포하고 있으며(윤, 1991, 柳, 1998), 처음으로 기록된 *M. rubra* 적조현상은 1982년 낙동강 하구에서의 사례이다(국립수산과학원, 2002). 그 이후 서해안의 인천항, 천수만, 대천연안, 금강하구 및 남해안의 광양만, 가막만, 욕지도, 마산만 등의 부영양 하구 및 연안에서 번갈아 가며 매년 적조발생이 보고되었으나(국립수산진흥원, 2000), 실제로는 이보다 더 많은 해역에서 *M. rubra* 적조가 빈번하게 발생했었을

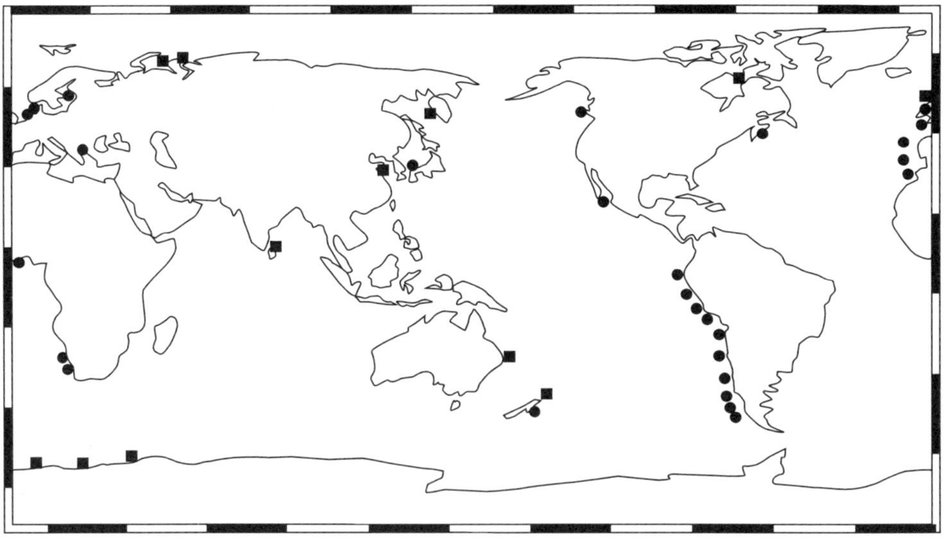

그림 1. *M. rubra*에 의한 적조발생 위치도(● : 1985년까지 보고된 적조, ■ : 1985년 이후 보고된 적조)

것으로 추정된다. 특히, 1988년 8월 인천연안에서 발생한 적조는 51,000 cells/mL의 최고 높은 밀도를 기록하여, 같은 크기의 다른 식물플랑크톤에 의한 단일 종 적조에 비해 매우 높은 밀도를 나타냈다(Park, 1991). 그러나 *M. rubra*은 매우 연약하여 세포가 쉽게 파괴되고, 극도의 이동성을 나타내어 많은 연구자들이 순수배양체 확립에 어려움을 겪고 있을 뿐만 아니라(Crawford and Lindholm, 1997; Yih and Shim, 1997), 부적절한 시료의 고정 방법으로 인해 보존 및 동정이 어려워 생물량이 과소평가될 수도 있다. 이러한 이유로 *M. rubra*에 대해서는 외부형태 및 세포 미세구조, 적조발생에 관련된 현존량의 시·공간적 분포 및 수직 이동 등에 관한 많은 연구가 이루어져 왔으나(Lindholm, 1992), 기본적인 분류 및 생활사를 비롯한 세포학적·생리학적·생화학적 특성 등의 배양체를 활용한 심도있는 연구 자료는 매우 부족한 실정이다.

2. 분류학적 위치

Mesodinium 속은 Stein(1862)에 의해 처음으로 기록되었으나(Lindholm, 1985), 현재까지 분류학적으로 복잡한 논쟁의 대상이 되고 있다. 특히 *Mesodinium* 속은 총모(cirri) 적도환(equatorial ring), 적도섬모대(equatorial ciliary belt), 촉수(oral tentacle) 등의 형태적 특징을 나타내며, 크기가 작고 세포가 연약하여 검색 특징을 자세히 관찰하기가 힘들다. Corliss(1979)는 섬모충 문(Ciliophora), Kinetophragminophorea 강, Haptorida 목, Didiniidae 과에 *Mesodinium* 속을 포함시켰고 Levine 등(1980)도 같은 견해를 보였다. 그러나 Grain 등(1982)은 Didiniidae에서 제외시킬 것을 주장하였으며, 최근에 Lynn and Small(2002)은 이를 Litostomatea 강, Cyclotrichida 목, Mesodiniidae 과에 포함시켰다.

*M. rubra*은 발틱해 시료를 분석한 Lohmann(1908)에 의해 최초로 *Halteria rubra*라는 종으로 기재되었고, Fenchel(1968)과 Taylor 등(1971)은 *Cyclotrichium meunieri* Powers(1932)를 *M. rubra*과 같은 종으로 취급하였다. 그러나 Jankowski(1976)는 촉수가 없는 *Mesodinium* 유형을 *Myrionecta rubra*로 명명하기도 하였으나, Lindholm 등(1988)은 촉수를 갖고 있는 개체가 낮은 비율로 존재하고 촉수가 쉽게 탈락되므로 *Myrionecta rubra*를 의문시하면서 이들이 단일 종(single species)이 아닌 수종의 복합체(species complex)일 것으로 생각하였다. 최 등(1991)도 단세포 분리법(single cell isolation)으로 촉수가 있는 유형을 배양하던 중, 촉수가 없는 유형이 촉수가 있는 유형과 동시에 생성됨을 확인하고, *M. rubra*이 다형체일 가능성을 제시하였다. 특히, Lindholm (1985)은 *M. rubra* 복합체를 형태의 차이, 세포의 크기, 총모의 수, 엽록체의 수, 생육한계 최저 염분의 차이에 따라 4가지 유형으로 구분하면서, 이 유형 각각을 새로운 종으로

독립시키는 것을 고려해야 한다고 제안하였다(그림 19 in Lindholm 1985). 그러나, 김(2002)은 *M. rubra*의 촉수는 생활사 중 은편모조류를 섭식할 필요가 있을 때 생성되고 이후 탈락될 것으로 판단하여, Lindholm(1985)이 제시한 4가지 유형의 종 복합체는 모두 배양 중에 나타나는 동일 종의 다양한 유형이라고 주장하였다. 최종적으로는, QPS(Quantitative Protagol Staining) 연구를 통해 kinetosome의 배열을 관찰함으로써(Lynn and Small, 2000) 보다 정확한 분류학적 기준이 정립될 수 있을 것으로 판단된다.

3. 외부형태 및 내부공생체

*M. rubra*은 보통 길이가 15~70 μm 정도이며(Taylor 등, 1971), 계절에 따라 평균 크기가 다르다(Montagnes and Lynn, 1989). 세포체는 전형적으로 적갈색을 띠고 있지만 색상이 매우 다양하며(Lindholm, 1985), 우리나라 서해의 곰소만에서는 세포 전체가 녹색을 띠거나 또는 녹색과 적갈색이 모자이크 형태로 배열된 세포 등도 발견되었다(김형섭, 미발표 현미경관찰 기록). 이와 관련하여 김 등(2003)은 고광도(100μE m^{-2} sec^{-1})에서 배양하여 색소조성이 변화된 녹색 은편모조류를 공급한 *M. rubra*의 흡광 스펙트럼이 변화되었음을 보고하였으나, 녹색을 띠는 *M. rubra*을 관찰하지는 못하였다. *M. rubra*은 앞쪽의 촉수, 중간 부위의 총모, 아래 쪽의 적도섬모대 등의 세포기관을 갖고 있으며, 외형은 2개의 구체가 서로 만난 모양으로(그림 2A) 위 쪽 구체가 아래 쪽 구체보다 다소 크다. 극 방향에서 보면 원형이며, 최대 100여 개의 총모가 적도환을 둘러싸고 있다(그림 2B).

세포구(cytostome)는 분명한 형태가 확인된 적은 없으나, 위상차 현미경으로 관찰하면 전단부에 투명한 부분이 있어 구분되는 경우도 있다(Lindholm, 1985). 흔히 세포구 끝에는 6~10개의 촉수가 배열되어 있는데(Oakley and Taylor, 1978; Lindholm, 1981), 촉수 끝은 뱀의 혀처럼 두 갈래로 갈라져 있다. 촉수는 세포의 손상이 없이도 쉽게 탈락되며, 모든 개체에서 촉수가 항상 발견되는 것은 아니다. 촉수의 기능에 대해서는 잘 알려져 있지 않았으나(Lindholm, 1992), 김(2002)은 먹이인 은편모조류를 포획할 때 사용된다고 주장하였다. 총모는 섬모의 다발로 몸 주위를 따라 대칭적으로 놓여있는데 세 방향으로 향하고 있고, 총모의 수는 30~112개로 매우 다양하다(Lindholm, 1985). 적도섬모대는 섬모의 다발로 이중의 열로 구성되어 있고, 열당 섬모의 수는 약 10~20개 이상으로 다양하며, 섬모의 내부구조는 9+2구조이다.

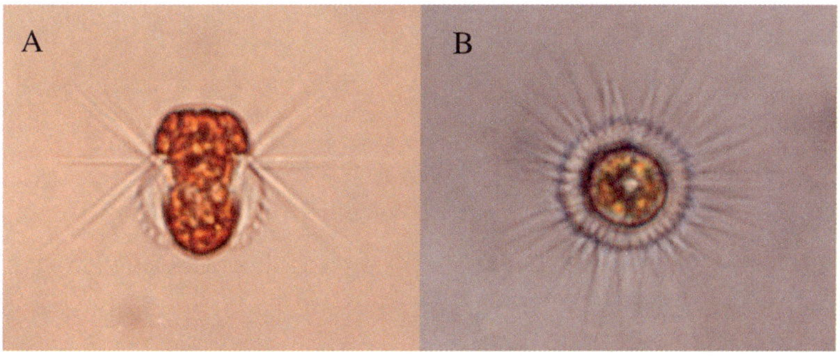

그림 2. 한국 서해 곰소만에서 채집한 *Myrionecta rubra* 세포 (A : 측면, B : 하향면)

*M. rubra*의 표면은 pellicular alveoli가 없고(Tayloer 등, 1971; Hibberd, 1977; Grain 등, 1982) 단지 원형질막으로 덮여있어 매우 연약하기 때문에 고정액 사용시 세포가 쉽게 파괴된다(Lindholm, 1985). 또한 고정액을 이용하면 촉수, 총모 등 모든 기관이 쉽게 변형되기 때문에 동정 및 계수의 오편차가 매우 심하여(Lindhlom, 1992) 생물량이 과소평가 될 수도 있다. Lindholm(1981; 1982)은 살아있는 세포를 관찰하기 위해 EDTA를 사용하여 행동을 둔화시키거나 MS-222로 마취시키기도 하였다.

*M. rubra*의 내부구조 연구 결과, 은편모조류와 관련이 있는 내부공생체가 존재하는 것으로 알려져 있고(Taylor 등, 1971; Hibberd, 1977; Oakley and Taylor, 1978; Grain 등, 1982; Lindholm 등, 1988), 흡광스펙트럼 분석을 통하여(Kyewalyanga 등 2002) 확인된 색소는 chlorophyll *a*와 *c*, α-carotene, alloxanthin, phycoerythrin 등으로 은편모조류의 색소와 매우 밀접한 관계가 있다(Parsons and Blackbourn, 1968; Barber 등, 1969; White 등, 1977, Dikarev, 1985). *M. rubra*의 내부공생체에 대하여는 Lohmann(1908)이 처음으로 남조류인 *Erythromonas haltericola* 라고 보고하였다. 그 후, *M. rubra* 세포 내에는 미세조류의 핵과 관련이 없는 수많은 엽록체－미토콘드리아로 구성된 "불완전한 내부공생체" 가 존재하며(Taylor 등, 1969; 1971), 은편모조류 기원의 엽록체를 가지고 있다고 보고된 바 있다(Barber 등, 1969).

또한 내부공생체는 변화가 매우 심하여 현재까지 알려져 있는 어떠한 미세조류와도 관계가 없다는 연구결과도 있고(Oakley and Taylor, 1978), 은편모조류의 몇 가지 전형적인 특징이(편모구조, 세포모양, periplast) 관찰된 바 없으며 상당히 변형되어 있어 독립적으로 성장할 수 있는 것 같지는 않다는 보고도 있다(Lindholm, 1992). Choi and Noh(1993)는 flowcytometer를 이용하여 한국 경기만에서 분리해낸 *M. rubra* 배양체 내의 공생체가 은편모조류 *Rhodomonas* 속의 특성을 나타낸다고 하였다.

4. 생활사 및 영양특성

4.1 분열 및 생활사

대부분의 섬모충류는 이분법으로 분열하지만(Jones, 1974; Corliss, 1979), *M. rubra*의 경우에는 분열을 포함한 생활사에 대하여 정확히 알려진 바 없다. Lindholm(1985)은 *M. rubra*의 분열과정 중 초기단계는 자주 관찰하였으나 최종적인 딸세포 분리 단계의 관찰에는 실패하였고, Crawford(1993)는 영국 서부 Southampton 하구에서 다양한 형태의 *M. rubra* 세포를 관찰한 결과를 보고하면서 *M. rubra*의 분열은 무성생식으로 출아법 또는 다분열 방식으로도 분열할 수 있을 것으로 추정하였다. 김(2002)은 실험실 배양체를 이용하여 *M. rubra*의 분열과정을 관찰하고 이분법에 의한 횡분열이라고 보고하였으나(그림 3A), 분열과정 중에 수반되는 여러 가지 세포내 변화, 특히 *M. rubra*과 공생체로 여겨지는 은편모조류의 핵의 변화 등에 관하여는 언급하지 않았다. 또한 대부분의 섬모충류는 “mirror image”를 형성하지 않는 것으로 알려져 있으나(Jones, 1974), *M. rubra* 배양 중 소수의 세포 분열과정에서 “mirror image”가 관찰되기도 하였다(그림 3B).

많은 섬모충류는 생활사 중 cyst를 형성하는 것으로 알려져 있는데, Lindholm(1985)은 저온(4℃) 및 낮은 광도 조건에 *M. rubra*을 보관함으로써, 세포의 손상없이 불완전한 총모와 적도섬모대를 갖는 cyst형성 초기단계로 추정되는 세포를 관찰하였다. 그는 이 cyst가 *M. rubra* 세포와 같은 색을 띠고 있으며, 모양이 둥글다고 하였다. 현재까지 정확한 cyst 형성 기작이 규명되지 못하였다. 그러나 cyst는 *M. rubra* 개체군의 중요한 생존 전략의 일환이 될 수 있기 때문에(Lindholm, 1981; Bell and Laybourn- Parry, 1999), cyst 형성기작을 확인하고 발아기작을 규명하는 연구가 요구된다.

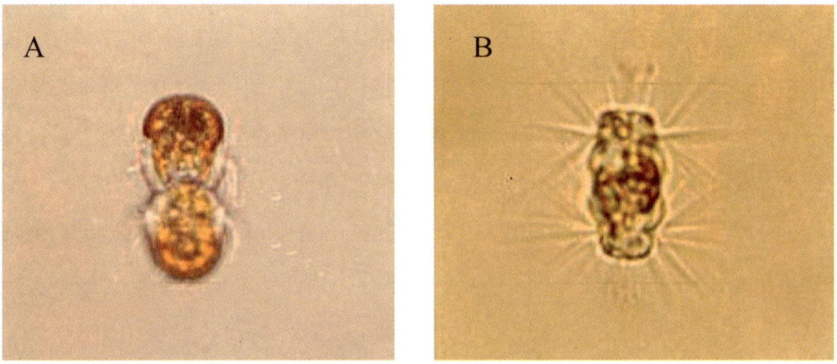

그림 3. 분열중인 *M. rubra*의 두 딸세포 (A : 머리-꼬리부 형성, B : 대칭상)

4.2 영양 유형

*M. rubra*의 독립영양 이외의 다른 영양유형에 대하여 오랜 기간 동안 논쟁이 있었으며, 아직도 확고한 결론에 이르지 못하고 있다. *M. rubra*은 불완전한 내부공생체를 이용해 광합성을 한다는 주장(Parsons and Blackbourn, 1968; Barber 등, 1969; Taylor 등, 1969; 1971)이 지배적이다. 그러나, Sorokin(1979, 1981)과 Tumantseva(1985)는 광영양과 bacterioplankton 섭식을 겸한다고 하였으나 명확한 증거를 제시하지 못하였지만, Myung 등(2006)은 형광표지박테리아(fluorescence labeled bacteria)를 이용하여 박테리아의 섭식량을 측정함으로써(Myung 등, 2006) *M. rubra*가 박테리아를 직접 섭식한다고 확인하였고, Smith and Barber(1979)는 *M. rubra*이 아미노산을 섭취할 수 있음을 입증하였다. 특히 *M. rubra*은 매우 축소된 세포구(cytostome)를 가지고 있고 명확한 소화공(digestive vacuole)이 없어(Lindholm, 1988), 먹이입자를 섭식하지 않는 것으로 보고한 연구결과도 있다(Lindholm and Mörk 1989). 그러나 Hargraves(1991)는 남색의 *Mesodinium* sp.가 은편모조류를 포획하는 것으로 보이는 장면을 찍은 사진 한 장을 제시한 적이 있으며, Gustafson(2000)은 형광염색된 은편모조류(*Teleaulax acuta*) 배양체를 이용한 남극 해역산 *M. rubra* 배양실험을 통해 이들이 은편모조류를 먹이로 섭취한다고 하였다. 김(2002)은 *M. rubra*가 은편모조류를 섭식하는 모든 과정을 현미경 사진을 통해 처음으로 확인하였고, 1회의 섭식에 86~98초가 소요된다고 하였다. 섭식 후 많은 수의 엽록체가 *M. rubra* 세포 속에 남아 있는 점을 감안하면, *M. rubra*은 은편모조류를 섭식하여 완전히 소화시키지 않고, 은편모조류의 세포기관(엽록체)를 이용해 광합성을 하는 색소체보충 섬모충류(Kleptoplastidic ciliate)일 것으로 생각된다. 최근 실험실 배양체를 통해 *M. rubra*가 섭식하는 것으로 확인된 은편모조류로는 온대한 *Teleaulax* 속(Yih 등, 2004; Hansen and Fenchel, 2006)과 남극산 *Geminigera* 속(Johnson, 2005) 등이 있고, 섭식된 은편모조류가 *M. rubra* 세포 안에서 색소체와 핵이 일시적으로 유지되었다가 필요할 경우 재획득되는지(Johnson 등, 2006; 2007),

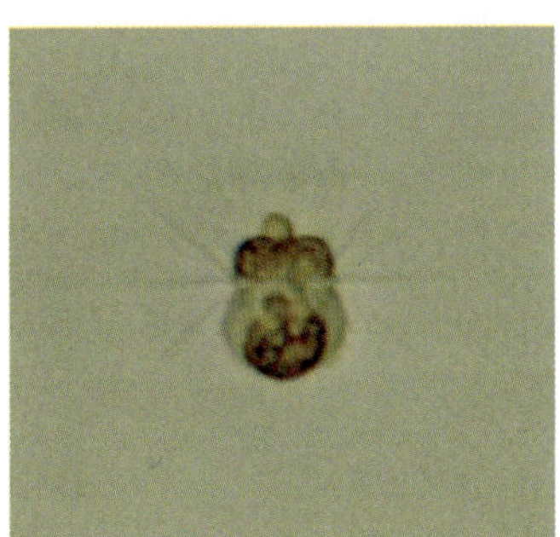

그림 4. 은편모조류를 섭취하는 *M. rubra* (꼭대기 둥근몸체)

아니면 영구적인 내부공생체인지(Hansen and Fenchel, 2006)에 대한 논란이 거듭되고 있으나, 보다 명확한 결론을 위해서는 미세 세포구조학적 연구가 필요하다.

이와 같이 *M. rubra*는 질소, 인 등의 무기영양염을 흡수하고, 박테리아, 은편모조류, 입자성 유기물 등을 섭식하여 광합성을 하는 혼합영양 섬모류이다.

4.3 성장조건

*M. rubra*은 수온과 염분 변화에 대한 내성이 크다. Lindholm(1985)은 수온 0~24℃ 범위에서 적조가 관찰된다고 하였고, 염분 3 psu (Lindholm, 1978)에서 36.9 psu (Sampayo and Cabecadas, 1981)에 이르는 범위에서도 적조를 일으킨 기록이 있다. 더욱이 Satoh and Watanabe(1991)는 남극의 수온 −1.6℃와 염분 7 psu의 극한 환경에서도 적조발생을 관찰하였고, Gibson 등(1997)은 남극에서 염분 2~78 psu에서도 *M. rubra*의 출현을 관찰한 바 있다. 우리나라에서는 금강 하구역과 같이 염분의 변화가 극심한 경우에서도 관찰되었으며, 겨울철의 저온-고염 환경에서도 소량 관찰되었다(김, 2002)

*M. rubra*은 아미노산과 같은 용존 유기물질을 이용할 수 있으며(Smith and Barber, 1979), 암흑상태의 4℃ 조건에서 2~4주간 생존할 수 있는데, 이때 저장물인 전분을 먼저 이용하고 나중에 기타 유기물질을 이용할 수 있을 것으로 추정되었다(Lindholm, 1992). 그러나 이러한 조건이 장기간 지속되면 세포의 크기가 작아지고 엽록체의 수가 감소하면서 결국 사멸하게 된다.

*M. rubra*은 광합성을 하기 때문에 주광성을 보이며(Packard 등, 1978), 한 낮에는 표층 광도의 10~50% 정도를 선호하고(Packard 등, 1978; Cabecadas 등, 1982), 5% 이하에서는 매우 낮은 광합성 능력을 보였으며(Smith and Barber, 1979), Satoh and Watanabe(1991)은 남극의 천연시료에서 160μE m^{-2} sec^{-1}의 광도에서 최대의 광합성율을 나타냈다고 하였다.

특히 한국 서해 연안산 단종배양체를 이용한 실내 광도실험에서 20 μE m^{-2} sec^{-1} 이하의 낮은 광도에서는 거의 성장을 하지 않았고, 60~100 μE m^{-2} sec^{-1}의 광도에서는 활발한 성장을 하였던 반면, 200 μE m^{-2} sec^{-1} 광도에서는 초기 2일간 활발한 성장을 하였으나 그 이후 성장률이 급격히 감소하여 광저해 현상이 나타났다(명, 2004).

M. rubra 대발생은 영양염 농도가 높은 수역에서 주로 발생하였다. 천연집단 시료를 대상으로 배양실험을 통해 무기질소(inorganic N)의 소비량을 측정하였는데, Smith and Barber(1979)는 15.5 μg N L^{-1} h^{-1}, Dugdale 등(1987)은 5.0 μg N L^{-1} h^{-1}, Wilkerson and Grunseich(1990)은 2.1 μg N L^{-1} h^{-1}로 규조류나 와편모조류보다 질소 요구량이 많다고 보고하였다. 또한 인의 동위원소를 이용한 실험에서 *M. rubra*가 인산염을 흡수함이 입증되었고(Barber 등, 1969), 그 속도가 0.016 μg P L^{-1} h^{-1}라는 실측 예가 보고된 바 있다(Friebele, 1975).

또한 식물플랑크톤 배양시 주로 이용되는 f/2 배양액에서 잘 자라며, 최대 3배 농축된 f/2 배양액 농도에서도 성장이 양호하였음을 서해 연안산 단종 배양체로 확인하였다(명, 2004).

*M. rubra*는 광범한 용존산소 및 pH에도 상당한 내성을 가지고 있으며, 이러한 조건은 대발생 시 높은 광합성작용의 결과로서, Bakker(1967)와 Cabecadas 등(1982)은 각각 268%와 215%의 용존산소 포화도를 보고하였다. 높은 광합성능과 더불어 호흡율도 높은데 Smith and Barber(1979)는 광합성으로 고정된 탄소 중 4.6%를 호흡에 이용한다고 하였다.

더욱이 *M. rubra*는 먹이생물인 은편모조류의 상대적인 농도비율(명, 2004)뿐만 아니라 은편모조류의 종류(Park 등, 2007)에 따라서도 성장률이 다르게 나타남으로써, 수온, 염분, 빛, 영양염, 은편모류 등과 같은 물리, 화학, 생물학적 요인이 복합적으로 작용하여 성장을 좌우한다고 생간된다.

5. 생태학적 특성

5.1 광합성 및 일차생산력

*M. rubra*의 일차생산력은 1960년대부터 측정되기 시작하였으나, 대부분 대발생 시 천연시료를 대상으로 짧은 시간동안 측정된 값이다. 가장 높은 일차생산력은 페루의 용승해역에서 Smith and Barber(1979)가 고밀도 적조 띠에서 측정한 값으로 엽록소 a 농도 약 1,000 mg/m^3에서 탄소동화율은 약 2,200 mgC $m^{-3} h^{-1}$, 동화계수는 16.8 mgC mgChl.-$a^{-1} h^{-1}$였다(Table 1). 김(2002)은 *M. rubra* 실험실 배양체의 일별 농도 증가분을 근거로 약 1,200 mgC $m^{-3} h^{-1}$의 탄소동화율 계산치를 보고하였고, 단세포 분리한 *M. rubra* 세포체에 대한 측정을 통해 Stoecker 등(1992)은 8.6 mgC mgChl.-$a^{-1} h^{-1}$이라는 높은 동화계수를 보고하였다. 그러나 일차생산력 측정치는 연구자에 따라 크게 다르다(표 1). 이는 빛, 영양염 농도, 공존하는 식물플랑크톤의 종조성 등의 천연 환경조건이 해역에 따라 서로 다르기 때문이라고 판단된다.

5.2 적조발생

*M. rubra*는 일차생산자로서 고농도의 인산염과 질산염을 선호하기 때문에(Packard 등, 1978; Smith and Barber, 1979; Lindholm, 1985; Dale, 1988; Crawford and Purdie, 1992; Crawford 등, 1997), 부영양 연안역에서는 단독 개체군의 왕성한 성장에 의해 적조가 발생할 수 있으며, 날씨가 맑거나 고요하고, 수괴가 성층화되었을 때 자주 발생한다(Lindholm, 1992). 외양역의 *M.*

표 1. *M. rubra*에 의한 일차생산력과 탄소 동화율

A.N. (mgC mgChl.-a^{-1} h^{-1})	Productivity (mgC m^{-3}h^{-1})	Doubling time (d)	Location	Method	References
16.8	2,187	1.3	Upwelling region, Peru	Natural assemblage	Smith & Barber, 1979
6.0	60	–	Tasman Bay, New Zealand	〃	Mackenzie&Gillespie, 1986
0.7	590	–	Kenepuru sound, New Zealand	〃	Mackenzie *et al*., 1986
1.0	356	2.3	Antarctica	〃	Satoh & Watanabe, 1991
–	–	0.7	Plymouth Sound, U. K.	〃	Leakey *et al*., 1994
8.6	–	1.0	McMurdo Sound, Antarctica	Cultivation experiment	Stoecker *et al*., 1992
–	–	0.7	off Inchon, Korea	〃	Choi & Noh, 1993
–	1,208	0.4	Gomso Bay, Korea	〃	Kim, 2002

A.N. : assimilation number

rubra 적조는 용승과정과 관련이 있으며(Packard 등, 1978; Smith and Barber, 1979; Dugdale 등, 1987), 개체군의 운송과 집적에 의하거나 활발한 유영력과 일간 수직이동에 의해 적조발생이 촉진될 수도 있다(Packard *et al*, 1978; Barber and Smith, 1981; Dugdale 등, 1987; Purdie and Garcia, 1988). 그러나 지금까지 *M. rubra*의 성장과 대발생을 제어하는 무생물적 인자는 인산염(Barber 등, 1969) 및 용존무기질소(Smith and Barber, 1979; Dugdale 등, 1987; Montagnes and Lynn, 1989; Wilkerson and Grunseich, 1990; Kifle and Purdie, 1993)와 같은 용존무기영양염(Holm-Hansen 등, 1970; Packard 등, 1978), 수온과 수괴의 안정(Crawford 등, 1997) 등이라고 보고하였으나, 이는 각각의 해역에 따른 특성차이와 *M. rubra*의 다양한 적응능력에 기인된 것으로 생각된다. 특히 Lindholm(1985)과 김(2002)은 내만에서는 육상기원 영양염과 생물학적 인자가 중요할 수도 있고, Gustafson 등(2000)과 김(2002)은 새로운 세포기관 또는 영양원으로서 은편모조류의 이용력에 따라 부분적으로 좌우될 수 있다고 언급한 바 있다. 따라서 *M. rubra*이 적조를 일으키는 원인은 풍부한 영양염과 박테리아 및 은편모조류와 같은 생물학적 요인과 관련이 있을 것으로 생각된다.

적조발생시 *M. rubra* 개체군의 강한 광합성과 호흡은 용존산소의 수치를 크게 좌우할 수 있는데, 이 영향은 수직이동에 의해 더 확대될 수 있다(Lindholm, 1985). 낮에는 표층에서 용존산소의 과포화를, 밤에는 저층에서 산소결핍을 초래할 수 있고(Soulsby 등, 1984; Hayes 등, 1989), 빛과 열 에너지의 흡수와 투과에 크게 영향을 줄 수도 있다(Dugdale 등, 1987). 또한 *M. rubra* 자체에 독성이 없을 지라도 거대한 적조띠가 소멸되는 과정에서 산소소비를 증가시켜 수질을 악화시킴으로써 광범위한 지역에 걸쳐 다른 생물에 영향을 줄 수도 있다(Horstmann, 1981). 잠재적으로는 독성세균이 *M. rubra* 적조와 관련지어 증식될 수도 있다(Romalde 등, 1990).

*M. rubra*은 매우 빠른 유영능력을 가지고 있는데, 유영속도는 적어도 5 mm/sec 이상이고 순간적으로 이동할 때는 적어도 8 mm/sec 이상이다. 이러한 유영속도는 몸 길이의 100~200배에 해당한다(Lindholm, 1981). 대발생시 낮에는 주로 표층에 밀집되어 있지만 상당한 거리를 수직 이동하여(Sorokin and Kogelschatz, 1979; Smith and Barber, 1979, Crawford and Lindholm, 1997), 적절한 깊이에서 영양염 및 빛을 이용할 수 있다(Lindholm, 1981). 또한 주광성을 가지고 있고(Packard 등, 1978; Cabecadas 등, 1982), 산소, pH, 염분, 수온의 변화에도 강해 무산소 상태에서도 생존할 수 있으므로(Lindholm and Mörk, 1990), 거의 모든 해양에서 존재하는 플랑크톤이다.

5.3 해양 먹이망 내의 생태적 역할

*M. rubra*은 형태적으로는 섬모충류에 속하나, 기능적으로는 광합성을 하는 일차생산자로 다양한 해역에서 흔히 적조를 형성하며, 비교적 낮은 농도로 존재하더라도 중요한 식물플랑크톤의 주요 구성원이고 일차생산자로서 역할을 담당하고 있어(Takahashi and Hoskins, 1978; Grice 등, 1980; Revelante and Gilmartin, 1983; Mackenzie and Gillespie, 1986; Leppänen and Bruun, 1986; Stoecker 등, 1989; Montagnes and Lynn, 1989; Sanders, 1995; Laybourn-Parry and Perriss, 1995) 모든 해역의 먹이망 및 탄소순환의 중요 요소이다.

특히 우리나라의 곰소만과 금강하구역에서 식물플랑크톤 현존량에 대해 최대 13.4%와 9.8%를 점유하고 있고(김, 2002), British Columbia 해역의 수심 10m 이내에서 평균 8%의 점유율(Takahashi and Hoskins, 1978)과 발틱해에서 총 식물플랑크톤 현존량의 7%(Leppänen and Bruun, 1986), 남극해에서 일차생산력의 15~40% (Laybourn-Parry and Perriss, 1995)를 차지하고 있어 대번식기가 아닌 경우에도 일차생산자로서 중요한 구성원임을 알 수 있다.

*M. rubra*은 다양한 해양 동물플랑크톤의 먹이가 될 수 있다(Packard 등, 1978; Jimenez and Intriago, 1987). 보다 정밀한 현장 연구를 통해 Jonsson and Tiselius (1990)은 *M. rubra*의 빠른 운동력 때문에 요각류 *Acartia tonsa*의 포획능력이 다른 섬모충류에 비해 감소되었다고 하였고, 유즐동물의 유생(Sullivan and Gifford, 2004) 및 곤쟁이류(Rassmussen, 1973)는 *M. rubra*를 섭

식하였다.

유영성 어류 치어의 입의 크기를 감안할 때, *M. rubra*은 이들 치어가 직접 섭취할 수 있는 크기에 해당되므로(Jimenez and Intriago, 1987) 입크기가 작은 능성어류, 돔류 등의 종묘 생산 시 유용한 넓이가 될 수 있을 것으로 생각한다. 적조발생 시 넓적굴 *Ostrea edulis*(Kat, 1984), 담치류와 가리비류(Carver 등, 1996) 등 저서 이매패류 생체의 소화관이 붉은색 입자로 가득 채워져 있음이 관찰되어, *M. rubra*가 이들 저서동물에 의해 섭식되었을 것으로 결론지었다. 특히 일일 10m 이상의 수직이동 중에(Smith and Barber, 1979; Sorokin and Kogelschatz, 1979, Passow, 1991), 동물플랑크톤이나 부착성 저서동물의 먹이가 될 가능성도 있다(Lindholm, 1992). 한국 서해연안 *M. rubra*를 대량 배양하여 조개류(비단가리비, 바지락) 성패에 공급하여 섭식률을 측정하였고, 1개월 동안 바지락 치패 성장 실험을 통해 조개류의 먹이생물로서 이용가능함을 언급하였다(김 등, 2004).

최근 설사성 패류독을 일으키는 와편모조류 *Dinophysis* 속(Park 등, 2006) 및 *Fragilidium* 속(Park and Kim, 2010)의 일부 종이 *M. rubra*를 섭식하여 성장한다는 새로운 사실이 확인됨으로써, *M. rubra*가 생태계 먹이망(food web)의 핵심적 주요 중계섬모류(linking ciliate)의 하나로 인식되고 있다.

더욱이 최근 남극의 호수에서 세균식성을 갖는 혼합영양 은편모조류가 발견되고 이들을 섭식하는 해양 섬모충류가 연구 해역의 우점종으로 확인됨으로써(Roberts and Laybourn-Parry, 1999), 경우에 따라 해양생태계 내에서 박테리아와 은편모조류, 은편모조류와 *M. rubra*을 포함한 섬모충류와의 생물학적 상관관계를 포함한 보다 확장된 개념의 microbial loop를 구상할 수 있는 가능성을 제시하였다.

6. 결 론

1) 1832년 처음으로 *M. rubra* 적조가 기록된 이래, 최근 남극해역 및 온대해역에서 배양체가 확보되어 살아있는 시료를 이용한 새로운 연구성과가 지속적으로 발표되고 있다.
2) 적조 원인생물의 일종인 섬모충류 *M. rubra*은 해양생태계의 중요한 일차생산자로서 박테리아와 은편모조류를 섭식하고, 와편모조류, 동물플랑크톤 및 저서동물의 먹이가 되어 중요한 중계섬모충류(linking ciliate)이다.
3) 높은 탄소동화율, 출현밀도, 환경에 대한 적응력 등이 예외적으로 크므로, 대량배양을 통해 다양한 해양생물공학적 기술개발을 위한 좋은 생물재료가 될 수 있다.

4) *M. rubra*의 분류학적 위치, "불완전한 내부 공생체"의 기원 및 기능, 섭식능력의 유무, 세포 분열방식 및 과정, 광합성 색소체 획득 기구, cyst를 포함한 생활사 단계 등을 확실히 규명하기 위한 연구를 수행할 수 있다.

5) *M. rubra*의 생태학적 기능과 응용 잠재력의 정량적인 이해를 위해, 확립된 배양체를 이용한 실험실 내 배양 연구와 현장의 mesocosm 연구가 필요하다.

참고문헌

국립수산진흥원, 2000. 한국연안의 적조. 부산, 280pp.

국립수산과학원, 2002. 한국의 적조. 국립수산과학원 홈페이지 해양환경정보 편.

김형섭, 2002. 서해연안 광영양 섬모류 *Mesodinium rubrum*의 개체군 동태 및 지속성장 조건. 박사학위논문, 군산대학교. 159pp.

김형섭, 명금옥, 조수근, 이원호, 2003. 광적응된 은편모조류를 섭식한 해양광합성 섬모류 *Mesodinium rubrum* MR-MAL이의 흡광 스펙트럼, 한국해양학회지, 바다 8(1):29-34

김형섭, 명금옥, 조수근, 이원호, 2004. 광합성섬모류 *Myrionecta rubrum* MR-MAL01의 응용성. (1) 이매패류 종묘생산을 위한 먹이생물유용성. 한국양식학회지, 17 : 115-121.

명금옥, 2004. 해양 광합성 섬모류 *Mesodimium rubrum* 종주와 먹이생물인 은편모류 종주간의 상호작용을 조절하는 생태학적 요인. 석사학위논문, 군산대학교. 59pp.

명금옥, 김형섭, 장건강, 박종우, 이원호, 2007. 해양 생태계 내에서 혼합영양 섬모류 *Myrionecta rubra*의 중요성. 한국해양학회지 '바다', 12(3) : 178-185.

柳宗秀, 李晋煥, 福代康夫, 1998. 적조원인종 섬모충류 *Mesodinium rubrum*(Lohmann) Hamburger et Buddenbrock에 관하여. 한국조류학회지, 13(1):143-149.

윤양호, 1991. 제주도 연안해역에 출현하는 적조생물. 제주대 해양연보, 15:1-14.

최중기, 노재훈, 신경순, 박경철, 1991. 적조원인 섬모충류 *Myrionecta rubra*에 관한 고찰. 한국해양학회지, 26(4):371 (요약).

Bakker, C., 1967. Massale ontwikkeling van ciliaten met symbiontische algen in het Veerse Meer. *De Levende Natuur*, 70:166-173.

Barber, R. T., A. W. White and H. W. Siegelman, 1969. Evidence for a cryptomonad symbiont in the ciliate *Cyclotrichium meunieri*. *Journal of Phycology*, 5:86-88.

Barber, R. T. and W. O. Jr. Smith, 1981. The role of circulation, sinking and vertical migration in physical sorting of phytoplankton in the upwelling center at 15 S. In: *Coastal Upwelling. Coastal and Estuarine Sciences* 1, pp. 336-371.

Bell, E. M. and J. Laybourn-Parry, 1999. Annual palnkton dynamics in an Antarctic saline lake. *Freshwater Biology*, 41:507-519.

Cabecadas, G., M. E. Cunha, M. T. Moita, J. Pissarra and M. A. Sampayo, 1982. Red tide in Cascais Bay, Portugal. ICES *Biological Oceanography Committee Meeting*, 1982. To appear in Boletino Instituto Nacional de Investigacao das Pescas, 10, 1984.

Carver, C. E., A. L. Mallet, R. Warnock, and D. Douglas, 1996. Red-coloured digestive glands in cultured mussels and scallops : the implication of *Mesodinium rubrum*. *Journal of Shellfish Research*,

15(2):191-201.

Choi, J. K. and J. H. Noh, 1993. The culture and morphogenesis of *Mesodinium rubrum*. *Program and Abstract 9th International Congress of Protozool. Berlin, Germany* p.24.

Corliss, J. O., 1979. The Ciliated Protozoa. *Pergamon, Oxford.*

Crawford, D. W., 1989. *Mesodinium rubrum* : The phytoplankter that wasn't. *Mar. Ecol. Prog. Ser.*, 58:161-174.

Crawford, D. W. and D. A. Purdie, 1992. Evidence for avoidance of flushing from an estuary by a planktonic phototrophic ciliate. *Mar. Ecol. Prog. Ser.*, 79:259-265.

Crawford, D. W., 1993. Some observations on morphological variation in the red-water ciliate *Mesodinium rubrum*. *J. Mar. Bio. Ass. U. K.*, 73:975-978.

Crawford, D. W. and T. Lindholm, 1997. Some observations on vertical distribution and migration of the phototrophic ciliate *Mesodinium rubrum* (*Myrionecta rubra*) in a stratified brackish inlet. *Aquatic Microb. Ecol.*, 13:267-274.

Crawford, D. W., D. A. Purdie, A. P. M. Lockwood and P. Weissman, 1997. Recurrent red-tides in the Southampton water estuary caused by the phototrophic ciliate *Mesodinium rubrum*. *Estuarine, Coastal and Shelf Science*, 45:799-812.

Dale, T., 1988. Oil pollution and plankton dynamics. Ⅵ. Controlled ecosystem experiments in Lindaspollene, Norway, June 1981: Effects on planktonic ciliates following nutrient addition to natural and oil-polluted enclosed water columns. *Sarsia*, 73:179-191.

Dikarev, V. P., 1985. Polar lipids and fatty acids of the infusorian *Mesodinium rubrum* from a "red tide" in Avacha Bay (kamchatka). *Biologia Morya* 1985(3):58-63.

Dugdale, R. C., F. P. Wilkerson, R. T. Barber, D. Blasco and T. T. Packard, 1987. Changes in nutrients, pH, light penetration and heat budget by migrating photosynthetic organisms. Oceanol. Acta, Supplementum 1987. Proceedings of International Symposium on Equatorial Bertical Motion, Paris, 6-10. May 1985, pp.103-107.

Fenchel, T., 1968. On "red water" in the Isefhord (inner Danish waters) caused by the ciliate *Mesodinium rubrum*. *Ophelia*, 5:245-253.

Fenchel, T., 1988. Marine plankton food chains. *Annual Review of Ecology and Systematics*, 19:19-38.

Friebele, E., 1975. Phosphorus metabolism in a brackish water plankton community containing a bloom of the ciliate *Mesodinium rubrum*. *Arts M. Thesis, Johns Hopkins University, Maryland*, 152pp.

Gibson, J. A. E., K. M. Swadling, T. M. Pitman and H. R. Burton, 1997. Overwintering populations of *Mesodinium rubrum*(Ciliophora: Haptorida) in lakes of the Vestfold Hills, East Antarctica. *Polar Biol.*, 17:175-179.

Grain, J., P. Puytorac, C. A. Groliere, 1982. Quelques precisions sur l'ultrastructure et la position systematique du cilie *Mesodinium rubrum*, et sut la constitution de ses symbiontes chloroplastiques. *Protistologica*, 18:7-21.

Grice, G. D., R. P. Harris, M. R. Reeve, J. F. Heinbokel and C. O. Davis, 1980. Large-scale enclosed water-column ecosystems. An overview of foodweb Ⅰ. the final CEPEX experiment. *J. Mar. Biol. Ass. U.K.*, 60:401-414.

Gustafson, D. E., D. K. Stoecker, M. D. Johnson, W. F. Van Heukelem, and K. Sneider, 2000. Cryptophyte algae are robbed of their organelles by the marine ciliate *Mesodinium rubrum*. *Nature*, 405:1049-1052.

Hansen, P.J. and T. Fenchel, 2006. The bloom-forming ciliate *Mesodinium rubrum* harbours a single permanent endosymbiont. Mar. Biol. Res., 2 : 169-177.

Hargraves, P., 1991. Narrow River phytoplankton. *Maritimes* 35, 6-8.

Hayes, G. C., D. A. Purdie and J. A. Williams, 1989. The distribution of ichthyoplankton in Southampton Water in response to low oxygen levels produced by a *Mesodinium rubrum* bloom. *Journal of Fish Biology*, 34:811-813.

Hibberd, D. J., 1977. Ultrasructure of the cryptomonad endosymbiont of the red-water ciliate *Mesodinium rubrum*. J. *Mar. Biol. Assoc. U.K.*, 57:45-61.

Holm-Hansen, O., F. J. R. Taylor and R. J. Barsdate, 1970. A ciliate red tide at Barrow, Alaska. *Mar. Biol.*, 7:7-46.

Horstman, D. A., 1981. Reported red-water outbreaks and their effects on fauna of the west and south coasts of South Africa, 1959-1980. *Fisheries Bulletin, Sea Fisheries Institute, Republic of South Africa*, 15:71-88.

Jankowski, A. W., 1976. Revision of a system of cyrtophorines. In:"Materials of the Ⅱ All-Union Conference of Protozoologists, Part Ⅰ, General Protozoology" (Markevich, A. P., Yu. I. Poljansky *et al.*, eds), pp. 167-168. Naukova Dumka, Kieb, p. 1-176.

Jimenez, R. and P. Intriago, 1987. Observations on blooms of *Mesodinium rubrum* in the upwelling area off Ecuador. Oceanologica Acta, Supplementum 1987. *Proceedings of International Symposium on Equatorial Vertical Motion, Paris*, 6-10. May 1985, pp. 145-154.

Johnson, M. D., 2005. Physiological and molecular aspects of organelle sequestration in the ciliate *Myrionecta rubra*, Ph.D. Thesis, University of Maryland, College Park, USA, 212pp.

Johnson, M. D., D. oldach, C. F. Delwiche and D. K. Stoecker, 2007. Retention of transcriptionally active cryptophyte nuclei by the ciliate *Myrionecta rubra*. Nature, 445 : 426-428.

Johnson, M. D., T. Tengs, D. oldach and D.K. Stoecker, 2006. Sequestraction, performance, and functional control of cryptophyte plastids in the ciliate *Myrionecta rubra*(Ciliophora). J. Phycol., 42 : 1235-1246.

Jones, A. R., 1974. "The ciliates". *Hutchinson University Library, London*.

Jonsson, P. R., and P. Tiselius, 1990. Feeding behaviour, prey detection and capture efficiency of the copepod *Acartia tonsa* feeding on planktonic ciliates. *Mar. Ecol. Prog. Ser.* 60:35-44.

Kat, M., 1984. "Red" oysters(*Ostrea edulis* L.) caused by *Mesodinium rubrum* in Lake Grevelingen. *Aquaculture*, 38:375-377.

Kifle, D. and D. A. Purdie, 1993. The seasonal abundance of the phototrophic ciliate *Mesodinium rubrum* in Southampton Water, England. *Journal of Plankton Research*, 15(7):823-833.

Kyewalyanga, M., S. Sathyendranath and T. Platt, 2002. Effect of *Mesodinium rubrum* (=*Myrionecta rubra*) on the action and absorption spectra of phytoplankton in a coastal marine inlet. *Joural of Plankton Research*, 24(7):687-702.

Laybourn-Parry, J. and S. J. Perriss, 1995. The role and distribution of the autotrophic ciliate *Mesodinium rubrum* (*Myrionecta rubra*) in three Antarctic saline lakes. *Arch. Hydrobio.*, 135(2):179-194.

Leakey, R. J. G., P. H. Burkill and M. A. Sleigh, 1994. Ciliate growth rates from plymouth sound : Comparison of direct and indirect estimates. *Mar. Biol. Ass. U. K.*, 74:849-861.

Leppänen, J. M and J. E. Bruun, 1986. The role of pelagic ciliates including the autotrophic ciliate *Mesodinium rubrum* during the spring bloom of 1982 in the open Northern Baltic proper. *Ophelia, Supplementum*, 4:147-157.

Levine, N. D., J. O. Corliss, F. E. G. Cox, G. Deroux, J. Grain, B. M. Honigberg, G. F. Leedale, A. R. Loeblich, III, J. Lom, D. Lynn, E. G. Merinfeld, F. C. Page, G. Poljansky, V. Sprague, J. Vavra and F. G. Wallace, 1980. A newly revised classification of the Protozoa. *The Journal of*

Protozoology, 27:37-58.

Lindholm, T., 1978. Autumnal mass development of the "red water" ciliate *Mesodinium rubrum* in the Aland archipelago. Memoranda Societatis Fauna et Flora Fennica, 54:1-5.

Lindholm, T., 1981. On the ecology of *Mesodinium rubrum* (Lohmann) (Ciliata) in a stagnant brackish basin on Aland, SW Finland. Kieler Meeresforschungen, *Sonderheft*, 5:117-123.

Lindholm, T., 1982. EDTA and oxalic acid - two useful agents for narcotizing fragile and rapid microzooplankton. *Hydrobiologia*, 86:297-298.

Lindholm, T., 1985. *Mesodinium rubrum* - a unique photosynthetic ciliate. *Advances in Aquatic Microbiology*, 3:1-48.

Lindholm, T., P. Lindroos and A. C. Mörk, 1988. Ultrastructure of the photosynthetic ciliate *Mesodinium rubrum*. *Biosystems*, 21:141-149.

Lindholm, T. and A. C. Mörk, 1989. Symbiotic algae and plastids in planktonic ciliates. *Mem. Soc. Fauna Flora Fennica* 65. 17-22.

Lindholm, T. and A. C. Mörk, 1990. Depth maxima of *Mesodinium rubrum* examples from a stratified Baltic Sea inlet. *Sarsia*, 75:53-64.

Lindholm, T., 1992. *Mesodinium rubrum* - a photosynthetic ciliate. In: Reisser W.(ed), Algae and symbioses: Plants, Animals, Fungi, Virus, Interactions Explored, Biopress Limited, Bristol. pp. 501-514.

Lohmann, H., 1908. Untersuchung zur Feststellung des vollständigen Gehaltes des Meeres an Plankton. Wissenschaftliche Meeresuntersuchungen, Kiel, 10:129-370.

Lynn, D. H. and E. B. Small, 200. Phylum Ciliophora. In: Lee, J. J., P. C. Bradbury and G. F. Leedale (eds.), Illustrated guide to the Protozoa (2nd edition). *Society of Protozoologists, Lawrence, Kansas*, pp. 371-656.

Mackenzie, A. L. and P. A. Gillespie, 1986. Plankton ecology and productivity, nutrient chemistry and hydrography of Tasman Bay, New Zealand. *New Zealand Journal of Marine and Freshwater Research*, 20:365-395.

Mackenzie, A. L., H. F. Kaspar, and P. A. Gillespie, 1986. Some observations on phytoplankton species composition, biomass and productivity in Kenepuru sound, New Zealand, 1982-83. *New Zealand Journal of Marine and Freshwater Research*, 20:397-405.

Montagnes, D. J. S. and D. H. Lynn, 1989. The annual cycle of *Mesodinium rubrum* in the waters surrounding the Isles of Shoals, Gulf of Maine. *Journal of Plankton Research*, 11:193-201.

Myung,G., W.Yih, H.S.Kim, J.S.Park and B.C.Cho, 2006. Ingestion of bacterial cells by the marine photosynthetic ciliate *Myrionecta rubra*. Agust. Microb. Ecol., 44 : 175-180.

Oakley, B. R. and F. J. R. Taylor, 1978. Evidence for a new type of endosymbiotic organization in a population of the ciliate M*esodinium rubrum* from British Columbia. *BioSystems*, 10:361-369.

Packard, T. T., D. Blasco and R. T. Barber, 1978. *Mesodinium rubrum* in the Baja California upwelling system. In: "*Upwelling Ecosystems". Boje R. and M. tomczak (eds), Spring-Verlag, Berlin*, pp. 73-89.

Park, J. S., 1991. Red tide occurrence and countermeasure in Korea. In: Park J. S. and H. G. Kim(eds), Recent Approaches on Red Tides. *National Fisheries Research and Development Agency, Korea*. Pusan. pp. 1-24.

Park, M.G. and M.Kim, 2010. Prey specificity and feeding of the thecate mixotrophic dinoflagellate Fragilidium duplocampanaeforme. J. Phycol., 46 : 424-432.

Park, J. S., G. Myung, H.S. Kim, B.C.Cho, and W. Yih, 2007. Growth responses of 20-day starved marine photosynthetic ciliate *Myrionecta rubra* to different cryptomonad strains. Aquat. Mircob. Ecol. 48 : 83-90.

Park, M.G., S. Kim, H.S. Kim, G. Myung, Y.G. Kang and W.Yih, 2006. First successful culture of the marine dinoflagellate *Dinophysis acuminata*. Aquat. Microb. Ecol., 45 : 101-106.

Parsons, T. R. and D. J. Blackbourn, 1968. Pigments of the ciliate *Mesodinium rubrum* (Lohmann). *Netherlands Journal of Sea Research*, 4:27-31.

Passow, U., 1991. Vertical migration of *Gonyaulax catenata* and *Mesodinium rubrum*. *Mar. Biol.*, 110:455-463.

Perriss, S. J., J. Laybourn-Parry and H. J. Marchant, 1995. Widespread occurrence of populations of the unique autotrophic ciliate *Mesodinium rubrum*(Ciliophora:Haptorida) in brackish and saline lakes of the Vestfold Hills(eastern Antarctica). *Polar Biol.*, 15:423-428.

Purdie, D. A. and C. A. E. Garcia, 1988. The use of airborne thematic mapper data in studying the effect of tidal state on the distribution of phytoplankton blooms in Southampton water. Proceedings of the NERC 1987 Airborne Campaign Workshop, University of Southampton, United Kingdom, 195-203.

Putt, M., 1990. Abundance, chlorophyll content and photosynthetic rates of ciliates in the Nordic Sea during summer. *Deep Sea Res.*, 37(11):1713-1731.

Rassmussen, 1973. Systematics and ecology of the Isefjord marine fauna(Denmark). Opelia, 11 : 1-507.

Revelante, N. and M. Gilmartin, 1983. The microzooplankton distribution in the northern Adriatic Sea with emphasis on the importance of ciliated protozoans. *Oceanol. Acta*, 6:407-417.

Roberts, E. C. and J. Laybourn-Parry, 1999. Mixotrophic cryptophytes and their predators in the Dry Valley lakes of Antarctica. *Freshwater Biology*, 41:737-746.

Romalde, J. L., A. E. Toranzo and J. L. Barja, 1990. Changes in bacterial populations during red tides caused by *Mesodinium rubrum* and *Gymnodinium catenatum* in North West Coast of Spain. *Journal of Applied Bacteriology*, 68:123-132.

Sampayo, M. A., and G. Cabecadas, 1981. Occurrence of red water off Algarve. Boletino Instituto Nacional de Investigacao das Pescas, *Lisboa*, 5:63-87.

Sanders, R. W., 1995. Seasonal distributions of the photosynthesizing ciliates *Laboea strobila* and *Myrionecta rubra*(=*Mesodinium rubrum*) in an estuary of the Gulf of Maine. *Aquatic Microb. Ecol.*, 9:237-242.

Satoh, H. and K. Watanabe, 1991. A red water-bloom caused by the autotrophic ciliate, *Mesodinium rubrum*, in the austral summer in the fast ice area near Syowa Station, Antarctica with note on their photosynthetic rate. *J. Tokyo Univ. Fish.*, 78(1):11-17.

Smith, W. O. Jr. and R. T. Barber, 1979. A carbon budget for the autotrophic ciliate *Mesodinium rubrum*. *Journal of Phycology*., 15:27-33.

Sorokin, Yu. I., 1979. The 'red-tide' in the region of the Peruvian upwelling. Doklady Biol. Sci. 249:253-256. English translation, *Dokl. Akad. Nauk. SSSR, Ser. Biol.*, 1989: 1263-1266.

Sorokin, Yu. I. and J. Kogelschatz, 1979. Analysis of heterotrophic microplankton in an upwelling area. *Hydrobiologia*, 66:195-208.

Sorokin, Yu. I.,1981. Microheterotrophic organisms in marine ecosystems. In: Longhurst, A. R. (Ed.) *Analysis of Marine Ecosystems. Academic Press, London*, p.293-342.

Soulsby, P. G., M. Mollowney, G. Marsh and D. Lowthion, 1984. The role of phytoplankton in the dissolved oxygen budget of a stratified estuary. *Water Science Technology*, 17:145-156.

Stoecker, D. K., A. E. Michaels and L. H. Davis, 1987. Large proportion of marine planktonic ciliates found to contain functional chloroplasts. *Nature*, 326:790-792.

Stoecker, D. K., A. Taniguchi and A. E. Michaels, 1989. Abundance of autotrophic mixotrophic and heterotrophic planktonic ciliates in shelf and slope waters. *Mar. Ecol. Prog. Ser.*, 50:241-254.

Stoecker, D. K., M. Putt, L. H. Dabis and A. E. Michaels, 1991. Photosynthetsis in *Mesodinium rubrum*: species-specific measurements and comparison to community rates. *Mar. Eco. Prog. Ser.*, 73(2-3):245-252.

Stoecker, D. K., K. R. Buck and M. Putt, 1992. Changes in the sea-ice brine community during the spring-summer transition, McMurdo sound, Antarctica. 1. Photosynthetic protists. *Mar. Ecol. Prog. Ser.*, 84(3):265-278.

Stoecker, D. K. K. R. Buck and M. Putt. 1993. Changes in the sea-ice brine community during the spring-summer transition, McMurdo sound, Antarctica. 2. Phagotrophic protists. *Mar. Ecol. Prog. Ser.*, 95(1-2):103-113.

Sullivan L.J. and D.J.Gifford, 2004. Diet of the larval ctenophore *Mnemiopsis leidyi* A. Agassiz(Ctenophore, Lobata). J. Plank. Res. 26(4) : 417-431.

Takahashi, M. and K. D. Hoskins, 1978. Winter condition of marine plankton populations in Saanich Inlet, B. C. Canada. Ⅱ. Microzooplankton. *J. exp. mar.* Biol. Ecol., 32:27-37.

Taylor, F. J. R., D. J. Blackbourn J. Blackbourn, 1969. Ultrastructure of the chloroplasts and associated structures within the marine ciliate *Mesodinium rubrum*(Lohmann). *Nature*, 224:819-821.

Taylor, F. J. R., D. J. Blackbourn and J. Blackbourn, 1971. The red-water ciliate *Mesodinium rubrum* and its "incomplete symbionts": a review including new ultrastructural observations. *J. Fish. Res. Board. Can.*, 28:391-407.

Taylor, F. J. R., 1982. Symbioses in marine microplankton. *Annales de'l Institut Oceanographi- que Paris*, 58:61-90.

Tumantseva, N. I., 1985. Red tide in the Black Sea. *Oceanology, Wash.* 25:99-101

White, A. W., R. G. Sheath and J. A. Hellebust, 1977. A red tide caused by the marine ciliate *Mesodinium rubrum* in Passamaquoddy Bay, including pigment and ultrastructure studies of the endosymbiont. *J. Fish. Res. Board, Can.*, 34:413-416.

Wilkerson, F. R. and G. Grunseich, 1990. Formation of bloom by the symbiotic ciliate *Mesodinium rubrum* : the significance of nitrogen uptake. *Journal of Plankton Research*, 12(5):973-989.

Yih, W. and J. H. Shim, 1997. The planktonic phototrophic ciliate, *Mesodinium rubrum*, as a useful organism for marine biotechnological applications. *J. Mar. Biotechnol.*, 5:82-85.

Yih, W., H.S.Kim, H.J.Jeong, G.Myung and Y.G.Kim, 2004. Ingestion of cryptophyte cells by the marine photosynthetic ciliate *Mesodinium rubrum.* August. Microb. Ecol., 36 : 165-170.

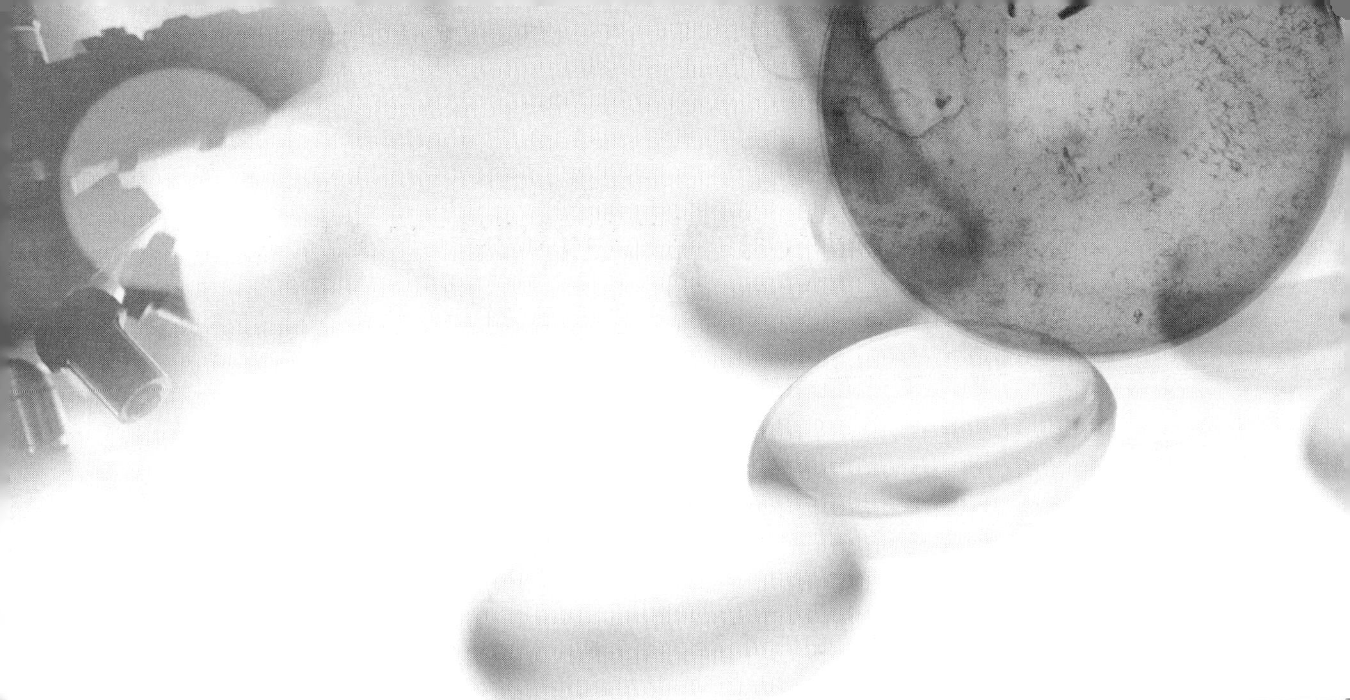

제5부

한국연안플랑크톤과 환경, 자원문제

한국연안해역의 적조원인생물 분포특성

김학균 / 국립수산과학원

1. 한국의 해양 적조발생과 분포 특성

1.1 해역별 분포 특성

우리나라의 연안에서 최초의 적조현상이 언제 어디서 발생하여 기록되었는가에 관한 최근 보고(김, 2005)에 의하면, 李 등(1980)은 이조 태종 3년인 1403년의 경상도와 전라도의 적조기록을, 그리고 金 등(1997)은 이조 정종 1년인 1398년 경상도 고성현의 적조기록이라고 하였다. 한편 삼국사절요와 삼국사기에 있는 적조기록을 조사(한, 1997, Hahn, 1998)한 결과 신라 아달왕 8년인 AD 161년의 "秋 七月新羅 蝗害穀 海魚多出死" 의 기록을 최초의 적조기록으로 보고 있다. 일반적으로 해양에서 부유생활을 하는 플랑크톤은 해역에 관계없이 수온, 염분, 영양염류 등의 환경조건이 알맞으면 빠른 속도로 증식하여 해수 수색을 변색시킬 정도로 고밀도가 되는데 이런 현상을 적조현상(red tide)이라고 불렀다. 그러나 최근에 패류를 독화시키는 *Alexandrium tamarense*와 같은 종은 해수중의 생물밀도가 낮아 해수의 색깔을 변색시키지 않아도 패류를 독화시키는데 이와 같은 것을 적조현상에 포함시키면서 적조현상을 영어로는 harmful algal blooms (HABs))이라고 부르게 되었다. 그러나 우리나라에서 수산생물을 폐사시키는 유해적조는 지금까지의 관찰에 의하면 수색을 변화시키고 있다. 따라서 한의 AD161 기록은 적조의 정의에 필수적인 수색의 변화에 대한 언급이 없어 유해적조가 발생하기 어려울 것으로 보이는 그 당시로서는 적조보다는 해양 이상현상으로 인하여 어류의 폐사가 일어난 것으로 여겨진다. 그러나 신라 선덕왕 8년인 639년의 기록 "秋 七月 新羅 東海 水赤 且熱 魚鼈死" 즉, 동해물이 붉은 색으로 되고 열이 있어 고기와 거북들이 죽었다 라는 기록은 수색의 변화 등을 언급하고 있어 최초의 적조기록으로 여겨진다.

한편, 이조실록에는 비교적 상세한 적조발생이 기록되어 있다. 그 중에 하나가 약 600년 전

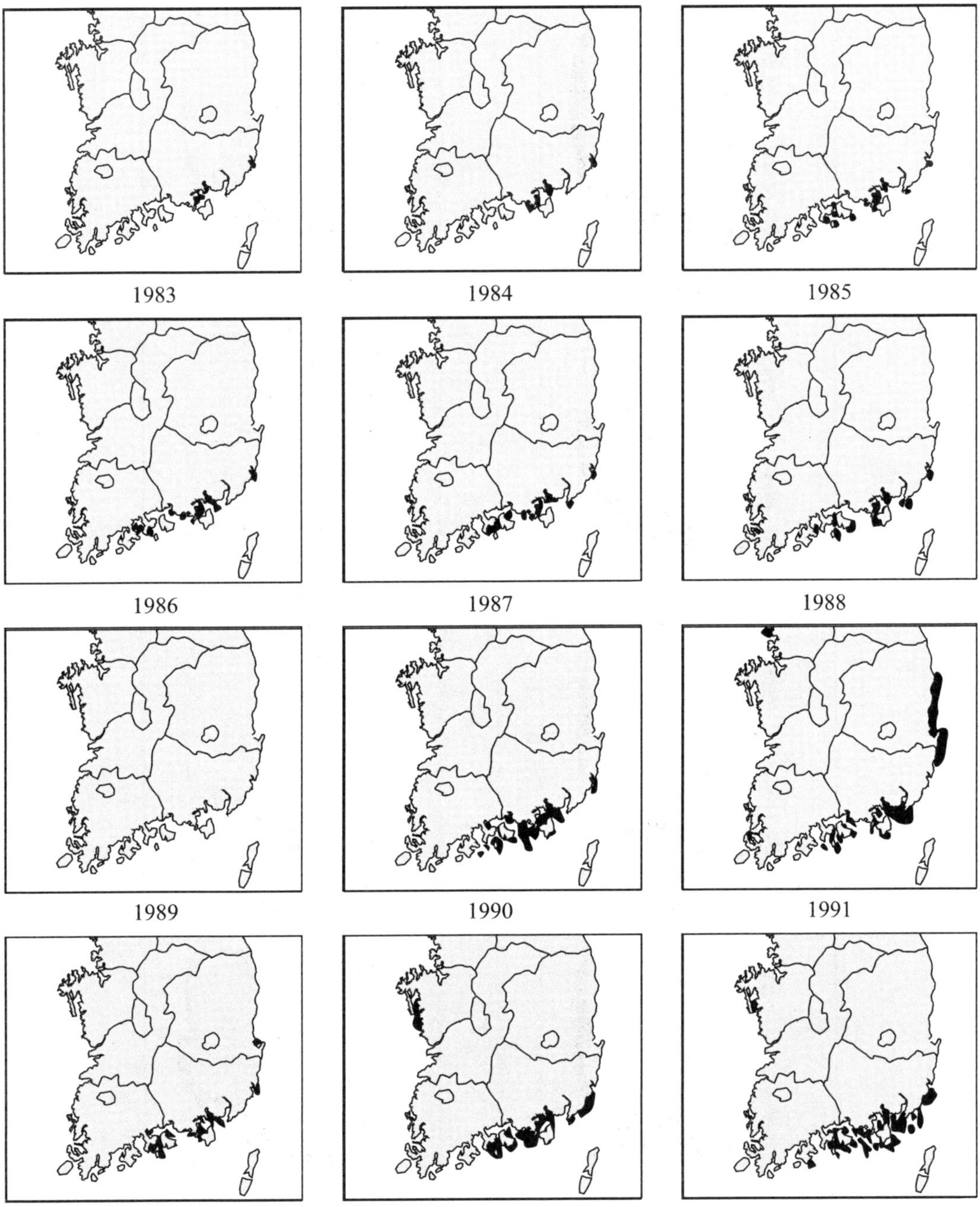

그림 1. 한국연안의 연도별 적조 발생해역의 변천

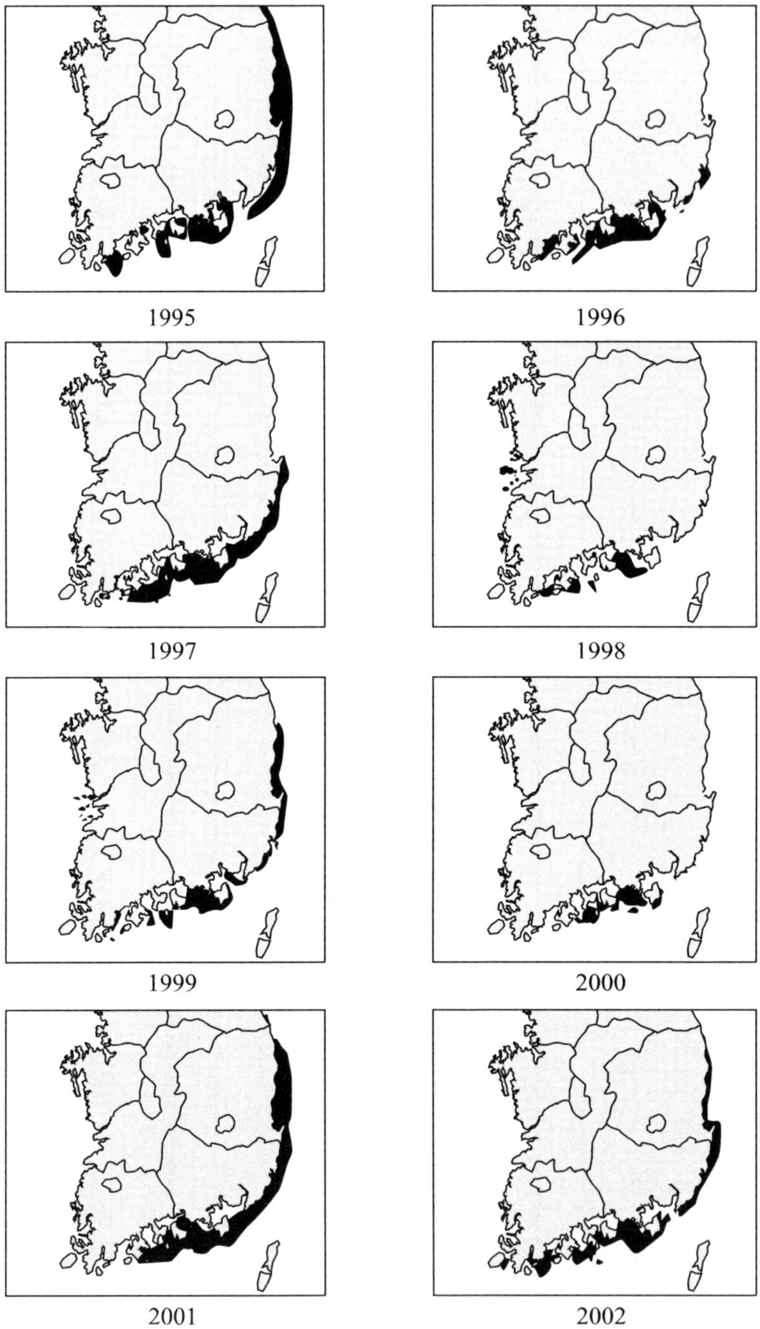

그림 1. (계속) 1995~2002년간의 적조발생 해역도

이조 정종 1년(1398) 5월 20일 "慶尙道 固城縣에 天狗星이 떨어져서 바닷물이 솟아올랐는데 붉기가 피와 같았다" 라고 기록되어 있고, 이후 8월 6일에 "경상도 바닷물이 蔚州에서 東來까지 길이 30리, 너비 20리 피같이 붉었는데 무릇 나흘 동안이나 그러하였다. 水族이 모두 죽었다" 라고 기록되어 있다. 따라서 현존하는 역사서의 기록으로 해역별 분포상황을 보면 옛날의 적조는 주로 남해동부와 동해남부해역에서 발생한 것으로 보인다. 한편 과학적인 적조조사를 실시한 이후의 보고에 의하면 우리나라 연안에서는 1980년 이전에는 남. 서해의 일부 폐쇄성 내만해역에서 규조류에 의한 소규모 적조가 국부적으로 발생하였고 1978년도에 진해만에서 상당히 큰 규모의 *Gonyaulax* 적조가 발생하였다(趙, 1978, 1979).

한편 1981년도에는 *Karenia mikimotoi* (당시는 Gymnodinium type- '65)종에 의한 단독종 적조가 남해안의 전 진해만 일원에 걸쳐 대규모로 발생하였으나(朴, 1982, 金 等, 1997), 1982년부터는 다시 국부적으로 발생하는 추세를 보였으며 그림 1과 같이 연도별로 다소 차이가 있으나 1990년 이 전까지는 주로 남해안의 진해만을 중심으로 발생하였고 1990대 이후에는 남해연안은 물론 동해남부의 온산만과 서해 인천연안의 팔미도 주변에서 적조가 발생하였다.

한편 최근에는 남해안의 여수와 충무연안은 물론 서해와 동해연안에서도 유해성 적조가 발생하고 있다. 따라서 적조현상이 거의 전 연안해역에서 발생하고 여름철에는 유해적조생물이 우점종으로 출현함으로서 사회경제적인 관심을 끌게 되었으며 특히 유해성 와편모조류에 속하는 *Cochlodinium polykrikoides*종이 대규모 적조를 일으켜 많은 수산피해를 일으킨 1995년 이후에는 유해성 적조가 언제 어디서 발생하는가에 대하여 어업인들 뿐만이 아니라 일반 국민들도 많은 관심을 갖게 되었다.

이와 같이 우리나라연안해역의 적조현상은 남해안에서 주로 발생하였으나 최근에는 동서남해의 모든 연안해역에서 발생하고 있으며 상당히 외측해역에서도 발생하고 있다.

1.2 시기별 분포 특성

적조현상을 일으키는 식물플랑크톤은 적당한 일조량, 수온 그리고 영양염류가 풍부하면 발생하는데 일반적으로 온대해역에서는 주로 봄과 가을철에 발생하는 경향을 보였다. 한편 우리나라의 적조현상은 연안해역의 부영양화현상이 심하지 않은 1980년대까지는 주로 해수중의 영양염류가 강우 등으로 인하여 육지로부터 공급이 많아지고 수온이 20℃ 이상인 6~8월 늦봄에서 여름철에 주로 발생하였다(金 등, 1997). 그러나 연안역의 부영양수준이 높아짐으로서 적조현상은 5월에도 발생하고 최근에는 수온이 15℃ 이하로 낮은 4월 초봄과 11월의 늦가을에도 적조현상이 발생함으로써 겨울에서 늦가을철까지 계절변화에 관계없이 발생하는 경향을 나타내고 있다(그림 2).

한편 연안 양식어류 대량폐사를 일으키는 *Cochlodinium polykrikoides* 적조는 1982년에 최초로 낙동강하구에서 9월에 발생하였으나 최근에는 8~9월에 남해와 동해연안에서 적조를 일으키고 있다(김 등, 2001).

이와 같이 적조현상이 발생하는 시기가 연도별로 해역별로 다른 것은 우리나라의 해양환경이 해역별로 계절별로 다르고 또한 같은 해역에서도 수질의 부영양화 진행정도가 해가 갈수록 달라지는 등의 해양환경조건이 다르기 때문이다. 즉 해양 환경 및 기상 조건과 같은 자연적인 요인과 해양오염 진행과 같은 인위적인 요인이 해수중의 플랑크톤 종 조성과 풍도를 달리함으로써 적조 발생규모와 범위가 해역별, 계절별로 다르게 나타나고 있다.

지금까지의 적조 조사결과에 의하면 우리나라의 적조현상은 일반적으로 고수온기인 주로 6~9월에 자주 발생하였으나 최근에는 거의 계절에 관계없이 발생하고 있다. 그리고 적조가 발생하는 해역은 1980년대까지는 1978년을 제외하고는 규조류가 우점한 적조가 남해안의 일부 폐쇄성 내만에서 소규모 국부적으로 발생하였으나 1990년대에는 규조류와 편모조류가 우점한 적조가 서해, 남해, 동해의 전 연안 수역으로 광역화, 외연화되었다. 특히 1995년부터는 와편모조류에 속

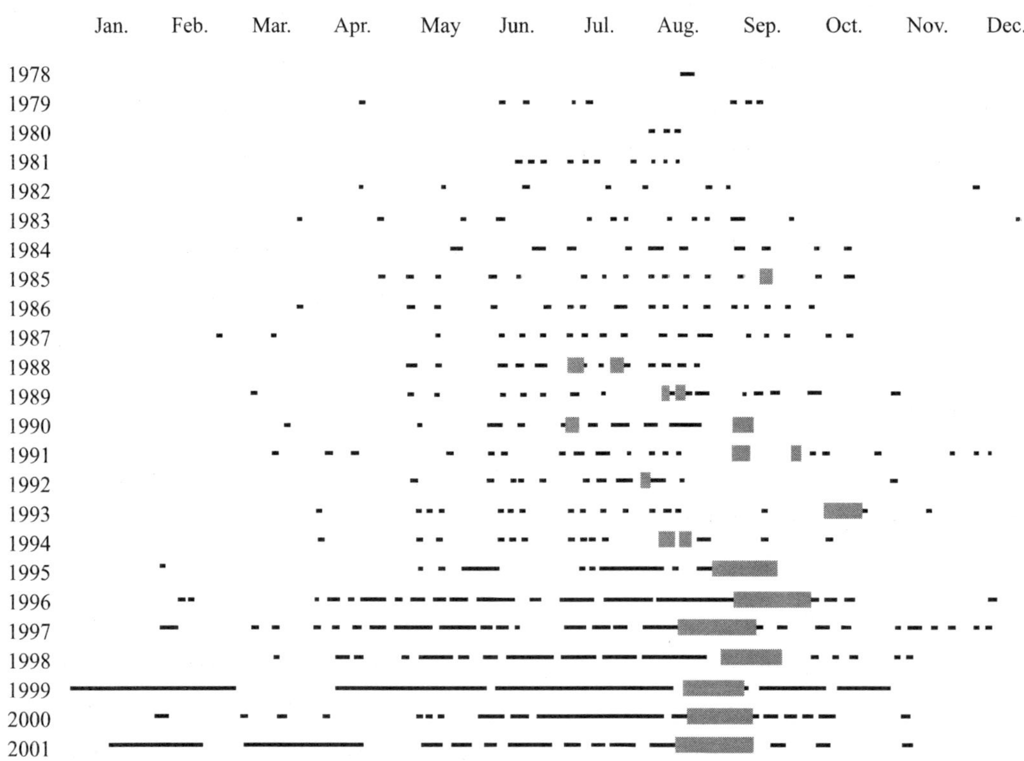

그림 2. 연도별 적조발생 시기의 분포. 굵은선은 유해종인 *Cochlodinium polykrikoides* 적조

한 유해종 적조가 남해안과 동해안까지 발생하는 등 유해성 적조가 광역적으로 장기간동안 발생하여 어패류 양식장에서 수산피해를 일으키고 있다.

2. 적조생물의 출현과 분포 특징

2.1 적조현상을 일으키는 생물

연안해역을 포함한 해양에서 적조현상을 일으키는 해양생물은 동·식물플랑크톤, 원생동물, 세균 등이 있으나 식물플랑크톤이 주류를 이루고 있다. 지금까지 전 세계 해양에서 출현하는 플랑크톤생활을 하는 조류(藻類)는 村上(1982)의 보고에 의하면 와편모조류에서 150속 1,100여종, 황갈조류에서 300속 10,000여종, 유글레나식물문에서 25속 400여종, 남조류에서 160속 1,400여종 및 녹조류에서 500속 5,000여종이 알려졌으며 해양 식물플랑크톤의 종수는 학자들에 따라서 다르나 그 변화범위는 3,365~4,024종으로 보고(Sournia, 1995)되었다.

표 1. 한국과 일본근해역에서 적조를 일으키는 플랑크톤

분 류	세 계[1]	한 국[2]		일 본[3]	
구 분		속수	종수	속수	종수
합 계	3,365~4,024	41	67	91	200
남조강, Cyanophyceae	7~10	2	5	4	8
와편모조강, Dinophyceae	1,514~1,880	17	34	26	70
규조강, Bacillariophyceae	1,170~1,299	15	21	37	85
침편모조강, Raphidophyceae	11~ 12	2	2	4	9
은편모조강, Cryptophyceae	57 ~73	1	1	1	2
착편모조강, Haptophyceae	244~ 303	–	–	4	4
담녹조강, Prasinophyceae	103~ 136	–	–	4	5
황갈조강, Chrysophyceae	97~ 129	2	2	6	6
녹조강, Chlorophyceae	107 ~122	–	–	1	1
유글레나조강, Euglenophyceae	36~ 37	1	1	2	8
섬모충문, Ciliophora	19~ 23	1	1	2	2

1) Sournia, 1995, 2) 金 等, 1993, 3) 福代 等, 1990

그리고 전 연안수역에서 적조현상을 일으킨 적조생물의 종류수도 학자들에 따라 다르나 그 범위는 184~267종(Sournia, 1995)으로 알려졌다. 한편 일본에서는 福代 등(1990)이 일본의 적조생물로서 91속 200종을 보고하였고 한국에서는 金 등(1993)이 41속 67종을 표 1과 같이 보고하였으며 와편모조강에 속하는 종의 종류수가 가장 많았다.

한편 우리나라 연안에서는 앞에서 언급한 역사서의 적조기록을 보면 신라 선덕왕 8년인 639년의 기록 "동해물이 붉은 색으로 되고 열이 있어 고기와 거북들이 죽었다" 라는 기록과 이조 태종 때에는 "경상도 機張의 林乙浦에서부터 加乙浦에 이르기까지 물이 黃·黑·赤色으로 변하였는데 농도가 죽과 같고 복어와 잡어가 모두 죽어서 물위로 떠올랐다" 라는 기록으로 볼 때 수색이 붉고 죽과 같다는 표현은 그 때에도 고밀도의 적조가 발생하였으며 특히 수산생물을 폐사시키는 유해종에 의한 적조도 발생하였음을 알 수 있다.

한편 적조조사(朴과 金, 1967)를 목적으로 최초로 적조연구를 실시한 이후의 지난 반세기동안의 과학적인 적조조사보고에 의하면 주로 식물플랑크톤이 적조현상을 일으키고 그 외 원생동물인 섬모충류 1종이 적조를 일으키고 있다. 그러나 아직까지 다른 나라에서 적조를 일으킨 것으로 보고된 혐기성 박테리아에 의한 적조기록은 아직까지 없다(표 2). 지금까지의 적조관찰에 의하면 이들 식물플랑크톤 중 규조류에 속하는 종은 *Skeletonema*속, *Chaetoceros*속에 속하는 종들이 그리고 편모조류에서는 *Ceratium*속, *Gymnodinium*속, *Prorocentrum*속, *Heterosigma*속, *Noctiluca*속, 그리고 최근에 대규모 적조를 일으키는 *Cochlodinium polykrikoides* 종이 있다. 한편, 적조를 일으키는 생물 중에는 패류를 독화시키는 종이 출현하고 있는데 마비성 패독(PSP ; paralytic shellfish poisoning)을 일으키는 종은 *Alexandrium*속에 그리고 설사성 패독(DSP ; diarrhetic shellfish poisoning)을 일으키는 종은 *Dinophysis*속에 속하는 종이 출현하고 있다.

한편 최근 보고에 의하면 일본에서는 *Heterocapsa circularisquarma*(Horiguchi, 1995), 미국에서는 *Pfiesteria piscicida*(Steidinger 등, 1996) 등 새로운 종이 적조를 일으키고 있으며 와편모조류에 의한 적조가 보다 자주 발생하고 있는 경향을 나타내고 있다.

2.2 주요 적조 우점종과 생태

한국 연안해역에서 적조를 일으키는 생물은 주로 식물플랑크톤에 속하는 규조류, 와편모조류 및 침편모조류이다. 이들 중 최근에 자주 적조를 일으키는 주요 우점종의 생물학적 특성을 알아본다.

표 2. 우리나라 연안해역에서 적조를 일으키는 생물

Division(diviso)	Class(classis)	Order(ordo)	Red tide Organisms (Genus, Species)
Cryptophyta	Cryptophyceae	Cryptomonadales	*Chroomonas salina*
Dinophyta	Dinophyceae	Prorocenrales	*Prorocentrum balticum*
			Prorocentrum dentatum
			Prorocentrum micans
			Prorocentrum minimum
			Prorocentrum triestinum
		Gymnodiniales	*Akashiwo sanguinea (Gymnodinium sanguineum)*
			Cochlodinium polykrikoides
			Gymnodinium impudicum
			Gyrodinium fissum
			Karenia mikimotoi (Gymnodinium mikimotoi, G. nagasakiense)
			Pheopolykrikos hartmannii
		Noctilucales	*Noctiluca scintillans*
		Peridiniales	*Alexandrium affine*
			Alexandrium frateculus
			Alexandrium tamarense
			Ceratium furca
			Ceratium fusus
			Heterocapsa triquetra
			Lingulodinium polyedra(G.polyedra)
			Scrippsiella trochoidea
Heterokontophyta	Bicillariophceae	Centrales	*Chaetoceros curvisetus*
			Leptocylindrus danicus
			Rhizosolenia alata
			Skeletonema costatum
			Thalassiosira allenii
			Thalassiosira conferta
			Thalassiosira lundiana
			Thalassiosira nordenskioeldii
			Thalassiosira rotula
		Pennales	*Asterionella* sp.
			Cylindrotheca closterium
			Pseudonitzschia pungens
			Pseudonitzschia seriata
			Navicula spp.
	Rhaphidophyceae	Raphidomonadales	*Chattonella* sp.
			Fibrocapsa japonica
			Heterosigma akashiwo
Chrysophyta	Chrysophyceae	Dictyochales	*Dictyocha fibula*
Euglenophyta	Euglenophycea	Eutreptiales	*Eutreptiella gymnastica*
Protozoa Ciliophora	Litostomatea	Cyclotrichida	*Mesodinium rubrum*

1) 규조류(Diatoms)

규조류는 해양에서 일차생산자로서 굴 등의 어패류 먹이생물로서 역할을 하고 있으나 최근에 연안해역의 수질이 부영양화됨으로써 수색을 변화시키는 정도의 밀도로 증식함으로서 적조를 일으키고 있다. 규조류는 일반적으로 단세포(單細胞) 형태로 되어 있지만, 군체(群體)를 형성하여 생활하는 경우가 많으며 수중에서 광합성 작용에 의해서 영양분을 축적하거나 다른 유기물을 이용하여 생활하는 종속적 영양형태로 생활하는 종류가 많다. 현재까지 우리나라 연안해역에서 자주 적조를 일으키는 종은 *Chaetoceros curvisetus, Skeletonema costatum, Thalassiosira rotula* 등이 있으며 이들의 특징은 다음과 같다.

*Chaetoceros curvisetus*는 열대 및 아열대성 종으로 알려져 있으며 세포의 폭이 15~50 μm, 보통 나선형태의 군체를 이루며 상각면은 타원형이다. 각(殼) 사이는 넓은 타원형 또는 원형으로서 환각(環殼)의 위와 아래에 있는 가는 부분은 밝다. 이 종은 열대 및 아열대성 종이지만 남해안 주변해역에서도 폭넓게 분포하고 봄가을에 가끔 적조를 일으키고 있다.

*Skeletonema costatum*은 연안 및 기수역에 폭넓게 번식하며 세포의 직경은 6~22 μm 이며 개각은 원형으로 되어 있다. 이 종은 여러 개의 세포가 점액사(粘液絲)에 의해 서로 연결되어 직선형의 군체를 이루고 있으며 환경조건에 따라 나선상으로 꼬여 있기도 한다. 겨울과 봄에 걸쳐 대형의 세포형태를 이루나 고수온기에는 소형화된다. 우리나라의 전 연안해역에서 매년 봄, 가을 그리고 겨울철에 적조를 일으키는 종이다.

*Thalassiosira rotula*는 우리나라 남해안에 폭넓게 분포하며 진해만에서는 하계에 다른 규조류와 함께 혼합적조를 일으키기도 한다. 형태는 원판형이거나 짧은 원통형으로 비교적 두꺼운 점액사에 의해 서로 연결되어 있다. 크기는 10~50 μm 으로 개각의 중심부에는 가는 실들이 많이 방출되어 있다. 이 실들이 모여 두꺼운 실의 형태를 이루며 이들에 의해 각 세포들이 연결되어 있다.

2) 와편모조류(Dinoflagellates)

와편모조류는 단세포 생물로서 담수, 기수, 해수역에 이르기까지 널리 분포하고 있으며 대부분 단독 또는 군체를 이루면서 운동성을 갖고 있다. 기본적 체제로는 1개의 종편모(縱鞭毛)와 1개의 횡편모(橫鞭毛)를 가지고 있으며 색소체는 베타 카로틴, 키산토필 외 여러 색소를 가지고 있다. 또한 광합성 작용으로 전분이라는 동화물질을 체내에 축적하는 종류와 미소동물이나 유기절편을 포식하는 종속영양을 하는 종이 알려져 있다. 세포의 외피가 셀룰로오스 물질로 되어 있는 종을 유각류라 하고, 셀룰로오스질 외피 밑에는 pellicular lay가 연결된 막을 가지고 있다. 그리고 셀룰로오스 외피가 없는 종은 무각류(無殼類)로서 소포(小胞)를 형성하고 있으며, 상호 접합에 의해서 외피를 구성한다. 이러한 외피의 구조는 와편모조류의 분류기준으로 알려져 있다. 특히 와편모조류의 핵(核)은 다른 생물에 비해서 현저히 크고 내부에는 염색체가 농축되어 존재해 있다.

통상적으로 와편모조류의 2분열법에 의해서 무성적(無性的)으로 증식한다. 세포가 분열할 시각은 종에 따라 거의 일정하며 먼저 핵분열이 시작되고 점차 세포질 분열이 되면서 2 개체로 된다. 환경조건이 불량하면 두 세포가 접합하여 핵융합(核融合)이 되는 유성생식을 하게 되는데 이러한 유성생식을 통해 운동성이 상실된 휴면포자를 형성하고, 해저 퇴적물중에 분포하다가 영양상태가 좋으면 다시 발아하여 영양세포로 회복하게 된다. 유성생식시 접합자 형성에는 동형(同形)배우자 접합과 이형(異形)배우자 접합이 알려져 있다.

와편모조류로서 우리나라에서 자주 적조를 일으키는 종은 *Ceratium furca, Cochlodinium polykrikoides, Gymnodinium mikimotoi(Karenia mikimotoi), Gymnodinium sanguineum(Akashiwo sanguinea), Heterocapsa triquetra, Prorocentrum micans, P. minimum*가 있으며 이들의 특징은 다음과 같다.

Ceratium furca 종은 1993년 7월과 8월 남해안의 진해만, 충무 연안수역 및 1992년 8월 진해만내의 고현만과 칠천도 북단에서 장기간에 걸쳐 적조를 일으킨 이 종의 크기는 150~300 μm이며 위쪽에 1개의 긴 뿔이 있고 아래쪽에는 크기가 각기 다른 2개의 뿔이 있다. 세포 내에는 여러 개의 원반상의 황갈색의 색소체를 가지고 있으며 핵은 위쪽에 있으나 뚜렷하지 않다. 이 종은 광온-광염성의 전형적인 연안 표층성 종으로서 전 세계연안에 분포하고 있다. 이 종의 광합성 능력과 영양요구에 관해서는 Meeson(1981)에 의하여 상당한 연구가 이루어졌다. 그녀에 의하면 온도와 빛이 증식과 광합성에 크게 영향을 미치고 세포내의 peridinin의 80~95%가 PCP (Peridinin chl-a protein complex) 로 방출한다고 보고되었다. 한편 이 종은 적조발생시 수직이동을 하는데 평균 이동거리는 5.9m까지 회유하며 평균속도는 0.74 m/h 그리고 내려갈 때보다 떠오르는 속도가 더욱 빠른 것으로 나타났다(Edler and Olsson, 1985).

그러나 우리나라에서는 이 종에 대한 생리실험 결과가 매우 빈약하다. 따라서 이 종의 증식속도 및 질소와 인의 영양요구성을 파악하기 위하여 1993년 7월 진해만에서 채집분리한 종을 배양하면서 영양생리 실험을 실시하였다. 현장해수 중에서의 증식속도는 0.07~0.56 div./day로 추정하였다. 이 종의 증식 호적수온은 12~25℃이나 최적증식수온은 20℃로 나타났다. 따라서 7~8월에 일반적으로 이들 해역에서 적조를 일으킨 *Prorocentrum, Gymnodinium, Gyrodinium* 및 *Pheopolykrikos* 속과 같은 고수온에서 적조를 일으키는 종보다 호적수온이 다소 낮은 *C. furca*가 지속적인 적조를 일으킨 것으로 보인다.

Cochlodinium polykrikoides 종은 와편모조류에 속하는 종으로서 매년 8~9월에 우리나라의 남해안과 동해남부 연안해역에서 적조를 일으켜 어류피해를 일으키는 종이다. 세포는 타원형으로서 크기는 20~40μm이고 편모로서 이동하며 한 개 또는 여러 개의 세포가 체인을 형성하기도 한다. 처음에는 *Cochlodinium* Type ,78 Yatsushiro로서 명명되었다. 이들 속은 1964년 북미 대서양 연안의 Bargat만 및 미국의 캘리포니아 연안 등지에서 적조를 일으켰고, 또한 일본의 Harima nada만과 1983년 일본 구주 Yatsushiro 만에서는 대규모 적조를 일으켜 양식방어와 돔의 대량피해를 일으켰다.

우리나라에서는 1982년 9월 가덕도 동안과 칠천도(박 등, 1987), 1984년 9월 당동만 및 남해군 남면 지선에서 농도 1,000~2,000 cells/mL의 적조를 일으켰으나 큰 피해는 없었다. 그러나 1989년 통영군 산양면 학림도와 연대도, 사량면 읍덕 지선에서 농도 1,400~1,800 cells/mL의 적조가 발생하여 어류폐사 피해를 일으켰고(피해액 8억원), 1995년도에는 남해안과 동해안에서 광역적으로 적조가 발생하여 764억원의 수산피해를 일으켰다(金 등, 1997).

이 종은 어류의 호흡장애를 일으켜 폐사시킨다(Kim 등, 2000). 이 종은 오전(10:00)중에 표층으로 부상하고 patch을 형성하다가 오후 16:00 이후에는 다시 침강 또는 분산하는 종이며 증식은 질소, 인의 영양염류에 영향을 받는 것으로 알려졌다. 1996~1998년까지 적조해역에서 채수한 적조해수를 사용하여 국립수산과학원 산하 시험장에서 넙치, 조피볼락, 쥐치 등을 사용하여 *Cochlodinium*의 단기간동안의 치사율을 측정한 결과 적조밀도 3,000 cells/mL에서 수 시간 경과 후에 어류가 폐사하였다. 폐사율은 용존산소가 부족할 때 높았고, 어종별로는 넙치가 조피볼락보다 다소 높게, 그리고 성어보다는 치어의 폐사율이 높게 나타났다. 그러나 굴, 홍합, 및 피조개는 하루 동안 3,000 cells/mL 이상밀도의 유해적조에 노출되어 있어도 활력이 있었다(李 등, 2002).

*Karenia mikimotoi (Gymnodinium mikimotoi)*는 우리나라 진해만에서 1981년 여름철에 대규모 적조를 일으켜 수산생물에 막대한 피해(당시 18억원)를 일으킨 종이다. 세포의 길이는 22~38μm, 폭은 15~35μm로서 길이가 폭보다 크다. 형태는 편평하게 되어있고 상추(上錐)의 정단(頂端)은 둥그스름하다. 횡구는 세포의 거의 중앙을 일주하며 횡구 끝의 시단(始端)과 종단(縱端)의 단차(端差)는 세포 길이의 1/5 정도이다. 횡구는 상추의 중앙으로부터 하추의 끝에까지 도달하며 뒤로 갈수록 조금씩 넓어진다. 처음에는 이 종을 *Gymnodinium* Type-,65로 가칭되었으나 일본의 Takayama & Adachi(1984)에 의하여 *Gymnodinium nagasakiense*로 불렀다. 그러나 이 종의 형태상 변이폭과 생태학적 특성이 *Gymnodinium mikimotoi*와 크게 다른 점이 없어 *Gymnodinium mikimotoi*와 같은 종으로 취급하고 있다. 이 종은 유럽의 *Gyrodinium aureolum*과 형태가 비슷하고 유전학적인 차이가 있으나 같은 종으로 간주하고 있다(Anderson 등, 1996).

한편 이종의 학명은 최근 *Karenia mikimotoi*로 바뀌어 졌다.

이 종은 1981년 이래 매년 진해만과 그 인접연안에서 적조를 일으키고 있다. 특히 진해만의 서부해역인 진동만, 당동만, 원문만 ,고현만과 여수연안 그리고 1990년도에는 북제주군 곽지리 애월 지선에서도 적조를 일으킨 기록이 있다. 이웃 일본에서는 이 종에 의한 수산피해가 매년 발생하고 있으며 특히 Gokasho 만에서는 거의 격년주기로 여름철 적조를 일으키고 세토나이가이 만에서는 지난 20년간 방어 양식장에서만 약 20억엔의 피해를 일으켰다고 보고되었다.

이 종은 수온 20~25℃ 염분농도 25~26 psu, pH 8.0에서 성장이 빠르고 최대성장은 수온 25℃ 염분 25 psu에서 일어났다. 특히 해수 중에 철, 망간과 비타민이 많으면 증식속도가 매우 빠르다. 어류에 대한 폐사 실험결과 밀도 100~200 cells/mL에서 24시간 이내에, 300~400 cells/mL에서 15시간 이내에 그리고 4,000 cells/mL에서 10시간 이내에 어류가 폐사 되었다.

*Gymnodinium sanguineum(Akashiwo sanguinea)*은 외형이 다소 가늘고 길며 세포의 길이는 55~60μ m이고 폭은 35~58μ m로서 와편모조류에서는 비교적 큰 편에 속한다. 형태는 거의 5 각형으로서 환경의 변화에 따라 형태의 변화가 심하다. 횡구는 세포의 거의 중앙에 있으며 폭은 비교적 좁다. 종구는 상추까지 연결되지 않았으나, 하추의 밑부분까지 연결되어 있다. 핵은 세포의 중앙에 있으며 염색체는 다갈색으로 세포의 주변에 방사상으로 넓게 분포하고 있다. 여름철에 남해연안에서 적조를 자주 일으킨다.

*Prorocentrum micans*의 세포외형은 목련 잎처럼 보이며 2개의 각판으로 되어있고 비교적 형태변화가 많다. 앞쪽에 2개의 편모가 있고 세포의 길이는 35~70 μm 이며 폭은 20~50 μm 이다. 세포의 앞쪽에 정극(頂棘)이 있고, 각판(殼板)의 표면에는 요철이 있어 많은 구멍이 있는 것처럼 보인다. 엽록체는 갈색으로 2개이고, 세포 주변에 위치하고 있다. 본 종의 생식은 거의 무성생식을 하는 것으로 알려졌으며, 이 종에 대해서는 아직까지도 포자발견이 보고되지 않았다. 이 종은 남해안 연안해역에서 6~8월에 적조를 일으키며 특히 최근에 마산만, 진해만과 같은 내만해역에서는 남해연안과 동해남부연안에서 거의 매년 여름철에 상습적으로 적조를 일으키고 있다.

*Prorocentrum minimum*의 세포는 2개의 각판으로 구성되었고, 세포의 길이는 15~23 μm 이다. 세포의 외형은 사람의 심장을 닮았으며, 각판의 표면에는 극상돌기(棘狀突起)가 분포하고 있으며 편모는 앞쪽에 2개가 있다. 2개의 판상(板狀) 엽록체는 황갈색이고 세포주변에 분포하고 있다. 남해안, 동해남부 등의 연안해역에서 여름철에 자주 적조를 일으키는 종이다.

Gyrodiniun impudicum 종은 군체를 형성하는 종으로 1988년과 1992년 스페인의 지중해 연안 발렌시아(Valencia) 연안에서 대규모 적조를 일으켰다(Fraga 등, 1995). 이종의 세포는 점액질로 싸여있고 어패류의 폐사와 같은 피해를 일으키지 않는 종으로 알려졌다. 형태는 *Gymnodinium catenatum*과 닮았으며 세포길이가 14~37 μm, 폭이 16~32 μm 이며 전형적으로 4세포 연쇄체를 형성하고 있다. 배양시 수조 밑바닥에서 마치 살아있다는 신호(signal)만을 보내는 것처럼 편모를 천천히 치는(beat) 특이한 행동을 한다. 그러나 가끔 연쇄체는 빠른 직진운동을 한다. 이 종은 많은 점액질 물질을 생산하는데 배양시 세균이나 미소조류에 의해 오염되면 점액물질을 쉽게 관찰할 수 있다.

이종이 적조를 일으키는 Valencia 환경은 수온 25~28℃ 염분 37.7 psu였으며 이태리에서는 염분농도가 36~38 psu였다. 이종은 비교적 오염된 수역에서 적조를 일으키는 종이다. 최근에 여름철에 남해연안해역에서 *Cochlodinium polykrikoides* 적조 발생시 함께 출현하고 있어 분류에 혼동이 우려되어 두 종의 분류에 필요한 차이점을 기술한다(표 3).

표 3. *Gymnodinium impudium*과 *G. catenatum*종의 차이점

	G. impudicum	*G. catenatum*
세포크기	17μ m	34μ m
연쇄체	4(최대 16)	8～16(최대 64)
acrobase	종구의 연장	종구와 무관
하각 측면관	볼록형(convex)	오목형(concave)
유영력	비유영성	활발한 유영
점액생산	많다.	적다.
유독성 여부	무독성	유독성(PSP)

3) 침편모조류

침편모조류에 속하는 종들 중에서 적조를 일으키는 생물은 *Chattonella* sp., *Heterosigma akashiwo, Fibrocapsa japonica* 등이 있으며 *H. akashiwo* 종의 경우 일본에서는 어류를 폐사시키는 사례가 있으나 우리나라의 종은 아직까지 어류를 폐사시킨 사례는 없다.

Chattonella sp.종은 우리나라에서는 1983년 4.20~4.25일 진동만에서 200~1,100 cells/mL의 적조가 발생한 기록이 있으며(박 등.1987), 일본에서는 1969년 이래 하리마나다(周防灘)와 세또내해에서 수온이 15~20℃에 달하는 6~7월에 자주 발생하여 방어 대량폐사를 일으킨 종이다. 1972, 1977, 1978, 1987년도에 년도 별로 210~710억엔(Okaichi, 1989)의 수산피해를 일으켰다.

이 종은 수온 15~ 30℃ 그리고 염분농도 10~35 psu 에서 잘 자라는 광온. 광염성종이며 특히 최대증식은 *Chattonella antiqua*의 경우 수온 25℃ 염분 25 psu에서 0.97 div./day, 그리고 *C. marina*는 수온 25℃ 염분 25에서 0.81 div./day였다(Yamaguchi 등, 1991). 성장에는 풍부한 영양염류와 비타민 B_{12}가 절대적으로 필요한 것으로 알려졌다(Nishijima & Hata. 1986).

Imai(1989. 1990)의 보고에 의하면 이 종은 cyst를 형성하고 cyst의 크기는 길이가 25~35 μm, 폭이 15~25 μm 며 황녹색이나 갈색을 띠고 규조 껍질 또는 모래 등의 딱딱한 물질 위에 붙어 있다. Cyst는 11℃ 이하에서 성숙(maturation)하고 20℃이상에서는 성숙하지 않으며 15~18℃가 성숙 한계온도이다. 따라서 겨울철 저층 수온이 11℃ 내외일 때 4개월 이상 성숙하여 이듬해 봄에 발아한다. 발아는 6월 이후 수온이 15℃ 이상이 되면 잘 발아하고 20~25℃에서 매우 잘 발아한다. 가을 이후에는 휴면기에 들어가고 당해 년도에 발아하지 못한 것은 다음해에 환경 조건이 맞으면 발아한다.

Okaichi(1989) 등의 보고에 의하면 이 종이 생산하는 독성물질은 불포화지방산(PUFA : free polyunsaturated fatty acid)과 PUFA에서 생성된 Superoxide이고 이것들이 아가미 lamellae를 파괴하여 질식사 시킨다. 방어의 최초 치사밀도는 용존산소가 포화시 수온 23℃에서는 500 cells/mL, 29 ℃에서는 110 cells/mL 밀도에서 2~3시간 경과 후에 치사한다. 전복의 경우도 1,000 cells/mL 밀도에서 17시간 경과 후에 치사하였다. 그러나 우리나라에서 출현하는 이 종은 아직까지 어류를 폐사시키지 않고 있다.

이 종은 Sodium percarbonate($NaCO_3$) 50 ppm에서 1시간이내에 치사되었다. 그리고 저질중의 세균인 *Cytophaga* sp.가 *C. antiqua*를 죽인다는 보고가 있다.

Fibrocapsa japonica 종은 *Chattonella*가 속한 침편모조강에 속하며 편평한 계란형태의 단세포로 황갈색 또는 갈색을 띄고 세포외형은 쉽게 변화한다. 크기는 길이 20~30 μm, 폭 15~17 μm 로 소형 종에 속한다. 이종은 편모를 2개 갖고 있는데 1개는 전방을 향해 뻗어 있으며 체장의 길이와 거의 비슷하고, 다른 1개는 후방을 향하고 있는데 체장보다 약간 길다. 엽록체는 원반형으로 여러개 있으며 세포의 가장자리에 위치하고 있다. 엽록체에는 반돌출형의 피레노이드가 존재한다. 표면에 가까운 세포질에는 가늘고 긴 방추형의 점액포가 산재하고 있으며, 이 점액포는 외부자극에 의해 점액포의 내용물을 세포외부로 사출한다. 이종은 고정하면 형태가 심하게 변하므로 생시료로 관찰할 때 뚜렷하게 동정할 수 있다. 증식은 이분법으로 하며 유성생식을 하고 휴면포자를 생성하는 종이며, 휴면포자를 발아하는 데는 저온에서 상당기간의 휴면기간이 필요한 것으로 알려졌다.

이 종은 전 세계 온대연안은 물론 아한대 연안까지 넓게 분포하고 있으며 지금까지 네덜란드(Vrieling 등., 1995)에서 1991~1992년 *Chattonella marina*종과 함께 유해한 적조를, 또한 프랑스의 노르망디 해협 연안에서도 이종의 출현이 보고된 바 있고(Billard, 1992), 일본에서는 Harima Nada에서 이 종의 휴면포자 분포량을 조사 보고하였다(Yoshimatsu, 1987). 이와 같이 이 종에 의한 적조발생기록은 있으나 대규모로 장기간동안 발생한 기록은 없다. 우리나라에서는 1990년 7월 3일 거제 성포 연안에서 다른 종들과 혼합하여 적조를 일으킨 기록이 있다(金 등, 1997).

Heterosigma akashiwo 종은 등과 배쪽으로 압착한 타원형의 형태로서 황갈색을 나타내고 세포의 길이가 8~25 μm, 폭이 6~15 μm 세포용적이 1,031 μm^3 인 소형 침편모조류에 속하는 종이다(金 등, 1993). 이 종은 표면구조가 미묘하여 *Entomosigma akashiwo. Heterosigma inlandica*와 같은 서로 다른 이름으로 불리기도 하였다. 또한 *Olisthodiscus leteus*와도 여러 나라에서 혼돈을 일으켰다. 이미 Hara와 Chihara(1987)의 연구에서 *E. akashiwo*와 *H. inlandica*는 *H. akashiwo* 와 같은 종이며(synonymous) *O. leteus*가 일으킨 적조는 *H. akashiwo*를 포함한 것으로 보고 있다. 이 종에 관한 국내연구보고는 1983년 마산만에서 적조보고(朴 등,1987) 이후 남해안의 내만에서 늦봄 또는 가을철에 적조를 일으키고 있는 종이며, 특히 봄철 내만에서 규조적조 뒤에 적조 우점종으로 출현하고(金 등, 1997) 또한 휴면포자가 적조를 일으킨다고 보고(Kim, 1990)되었다.

2.3 적조생물의 해역별 분포 특성

1) 동해연안의 적조생물

동해남부연안에서는 옛날부터 적조가 자주 발생하였음을 알 수 있다. 한편 최근에 국립수산과학원에서 조사한 바에 의하면 동해연안에서는 1980년대까지는 적조기록이 거의 없으며 1982년 5월에 울산 장생포항에서 *Prorocentrum micans* 적조가 발생한 이래 거의 매년 소규모의 규조 또는 소형 편모조류에 의한 적조가 발생하였다(박 등, 1987). 1990년대 이후에는 6~9월중에 *Skeletonema, Heterosigma, Prorocentrum* 속에 의한 적조현상이 산발적으로 발생하고 있으며 유해성 *Cochlodinium* 적조는 1995년 경주 양남에서 울진까지 대규모로 발생하여 많은 수산피해를 일으켰다. 이후 이 종에 의한 유해성 적조는 1998년도를 제외하고는 거의 매년 8~9월중에 발생하거나 남해안 동부의 외해에 분포한 것이 동해연안으로 이동하여 일어나고 있다(그림 1).

2) 서해(황해)연안의 적조생물

황해 연안에서의 적조발생기록은 삼국시대인 백제 의자왕 재임시인 660년으로 서해 연안에서 어류가 죽었다는 기록 등 BC 57~1971년까지 약 8건의 기록이 있다는 보고(Hahn. 1998)가 있었으며 이조시대의 역사서에 나타난 적조발생해역은 법성포를 중심으로 한 서해남부연안이었다. 이와 같이 서해연안에서도 오랜 옛날에도 적조현상이 발생했다는 기록이 있으나 과학적인 적조조사는 1970년대 이후부터 이루어졌다.

최근의 서해연안에서 적조조사를 실시한 결과 경기만, 천수만, 군산연안에서 주로 야광충에 의한 적조현상이 발생하여 단기간 동안 지속하였다. 적조 발생시기는 5월부터 10월까지 발생하나 주로 6~10월에 발생하여 1~2주 정도 지속하고 있으며 적조생물의 종수는 현재까지 약 20여종으로 나타났으며 특히 *Noctiluca scintillans, Heterosigma akashiwo, Prorocentrum minimum, Skeletonema* spp. 및 *Mesodinium rubrum* 등이 적조 우점종이었다. 한편 1998~1999년도에 군산연안과 그 주변해역에서 우리나라 남해와 동해연안에서 대규모 적조를 일으켜 어업피해를 주고 있는 *Cochlodinium polykrikoides* 종이 10월에 적조를 일으켰다(김 등, 2001). 그러나 2000년 이후에는 유해적조가 발생하지 않고 있다.

3) 남해연안의 적조생물

남해안에서 발생한 적조발생의 역사적인 기록을 보면 1403년인 이씨조선의 3대왕인 태종 3년 병오년 8월 27일 "경상도 고성(固城)의 박도(樸島), 번계포(樊溪浦), 쌍봉포(雙峰浦), 가배량(加背梁), 양지포(,陽知浦), 오비포(吾非浦), 추포(楸浦)등의 바닷물이 검붉은색으로 변해 고기들이 많이 죽고 냄새가 열흘간 났으며 열흘 후에 그쳤다." 라는 이조실록상의 기록(원전1집 272면)으로 볼 때 남해연안에서 오래 전부터 유해성 적조가 발생하였음을 알 수 있다.

한편 1967년부터 시작된 국립수산진흥원의 적조 조사결과에 의하면 1972년 5월부터 11월까지 진해만, 한산-거제만, 고성만 등에서 주로 규조류인 *Skeletonema* spp. 종에 의한 적조가 발생하였다(朴과 金, 1967). 이후 1978년 진해만에서 *Gonyaulax*와 *Ceratium*등에 의한 적조가 진해만 전역에서 발생하였고, 1981년도에는 당시 *Gymnodinium* type-'65 (현재는 *Karenia mikimotoi*)종으로 분류한 종이 대규모 적조를 일으켰다. 이후 남해안에서는 거의 매년 적조현상이 발생하고 있으며 특히 1992년도에 사량도에서는 *Gyrodinium* sp. nov, 종에 의한 적조가 수산피해를 일으켰다. 최근에 대규모 양식피해를 일으키고 있는 *C. polykrikoides* 적조는 1982년 낙동강 하구에서 최초로 발생한 이래 1995년에 여수에서 남해와 동해남부의 전 연안에서 장기간 발생하였다. 이와 같이 남해연안은 가장 적조가 자주 일어난 곳이며 최근에는 매년 거의 전 연안에서 발생하고 있는 곳으로서 우리나라의 적조에 관한 설명은 남해연안의 적조에 관한 설명이라고 말해도 무리가 없을 정도이다.

2.4 적조생물의 천이와 변천

한국 연근해 수역은 온대기후에 속하므로 수온 변화가 동해연안은 8~25℃, 남해연안은 10~24℃, 서해연안은 6~25℃의 범위로서 최저치는 2월에 그리고 최고치는 8월에 나타나고 있다. 따라서 플랑크톤의 계절별 변화는 겨울~봄철에는 냉수성인 규조류가 우점하고 여름~초가을에는 온난성의 편모조류가 우세하며 출현종은 해역별로 차이가 있으나 남해연안에서 편모조류의 조성이 비교적 타해역보다 높다.

우리나라에서 출현한 규조류와 편모조류의 출현과 조성을 보면 표 4와 같이 해역별 계절별로 차이는 있지만 한국 연안에서 조사한 결과 1960년대는 규조류가 85% 이상이었던 것이 1980년대에 들어서는 75% 수준에 이르렀고 남해안의 진해만에서도 1960년대에 들어서는 60% 수준으로 떨어지는 등 연안해역의 식물플랑크톤 출현종은 규조류는 감소하고 편모조류는 증가하는 것으로 나타났다.

표 4. 우리나라 연근해 해역의 플랑크톤 출현종 비교

조사해역 \ 시기		출현 종수			비 고
		계	규조류	편모조류	
한국연안	1964	101	91	10	崔相, 1967
	1968	169	147	22	崔相, 1969b
	1985	719	539	165	李, 趙, 1985a; 1985b
진 해 만	1961	38	34	4	朴, 金, 1967
	1980	–	–	20	劉光日, 1982
	1982	–	–	29	劉光日, 1984
	1990	107	63	44	李光雨, 南基樹, 許亨澤 等, 1981
낙동강하구	1985	276	233	43	박청길, 조규대, 허성회 등, 1986
한국해협	1965	59	59	–	崔相, 1966
	1967	49	46	3	崔相, 1969a
울 산 만	1979	108	86	22	송재선, 1980
동 해 남 부	1988	190	122	66(기타6)	Shim et.al., 1995
여 수 근 해	1979	49	–	49	沈等, 1981
광 양 만	1982	211	159	46(기타6)	沈等, 1984
군 산 근 해	1980	131	88	40(기타3)	Shim & Yoo. 1985

우리나라 연근해역에서 서해연안과 동해연안의 최근에 적조가 발생하고 플랑크톤의 경년변화도 그렇게 크지 않다. 따라서 적조발생과 관련하여서는 남해연안이 가장 중요하다. 남해안에서도 내만에 속하는 마산만, 쿠로시오 난류의 영향을 먼저 받는 여수연안, 그리고 양식산업이 가장 발

달한 통영연안 등 이 3곳의 적조현상을 일으키는 플랑크톤의 천이를 이해하면 한반도 연근해에서 적조를 일으키는 플랑크톤의 종 천이에 관한 대략적인 경향을 이해할 수 있다.

1) 시기별 적조 원인생물의 천이

지난 20년간(1980~2001)의 적조생물의 천이를 보면 마산만의 경우 1980년대까지는 규조류가 우점하였고 1981년 이후에는 6월까지 규조류인 *Skeletonema, Thalassiosira*속이 우점종하였고, 7~8월에는 편조류인 *Hetersigma*속과 *Prorocentrum*속이 우점함으로써 전형적인 온대해역의 종 천이현상을 나타내고 있다. 그러나 1990년 이후부터는 3~5월에도 *Heterosigma*속, *Eutreptiella*속 및 *Prorocentrum*속의 편모조류가 적조원인 생물로 우점출현하고 있다(그림 3). 한편 외해와 접하고 있는 여수 통영 연안에서는 1990년대 이후부터 적조를 일으키는 플랑크톤은 *Noctiluca*속, *Heterosigma*속, *Prorocentrum*속, *Gymnodinium*속으로 바뀌었고 특히 1995년부터 8월 이후에는 *Cochlodinium*속이 우점하고 이어 *Gymnodinium*속이 그 뒤를 따르고 있는 것으로 나타났다 (그림 4, 5).

Year	Mar.	Apr.	May.	Jun.	Jul.	Aug.	Sep.	Oct.
1980~1988			Skele.	Thala.	Skele. Hetero. Proro.	Proro.		
1989~1992	Skele. Hetero.		Eutrep. Proro.	Hetero. Proro.	Hetero. Proro.	Chaeto. Proro.	Skele.	Gym.
1993~1997		Eutrep.	Eutrep. Hetero. Proro.	Eutrep. Hetero. Proro.	Others Hetero. Proro.	Others Hetero. Proro.	Cera.	
1998~2001	Hetero. Capsa.	Eutrep. Hetero. Proro.	Hetero. Hetero. Gym.	Cera. Hetero. Proro.	Cera. Proro. Proro.	Proro. Gym. Skele.	Skele.	

Skeletonema	*Thalassiosira*	*Chaetoceros*
Eutreptiella	*Heterosigma*	*Prorocentrum*
Gymnodinium	*Ceratium*	*Alexandrium*
Cochlodinium	*Noctiluca*	Others

그림 3. 마산만의 적조발생시의 우점 플랑크톤의 변화

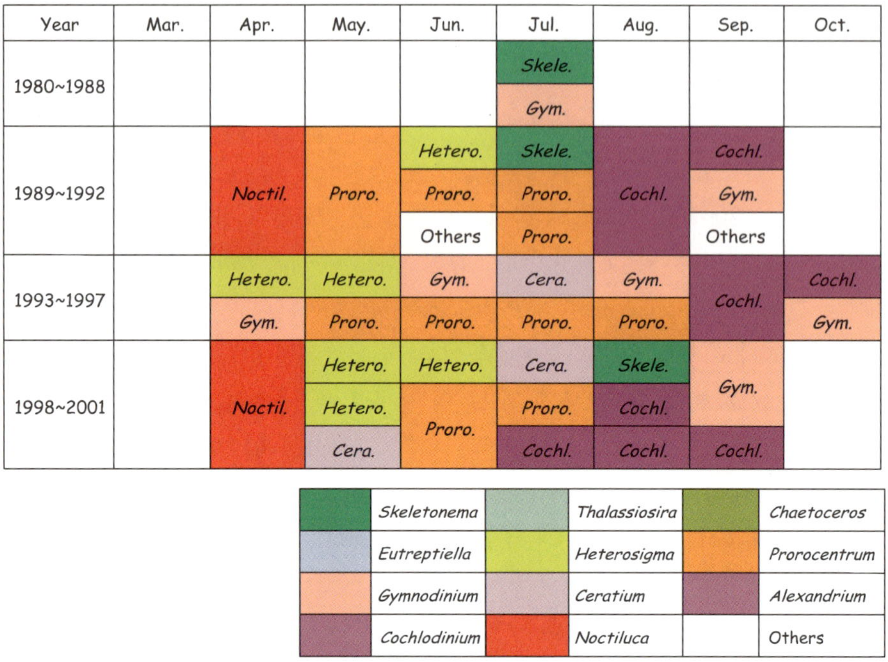

그림 4. 통영연안의 적조발생시의 우점 플랑크톤의 변화

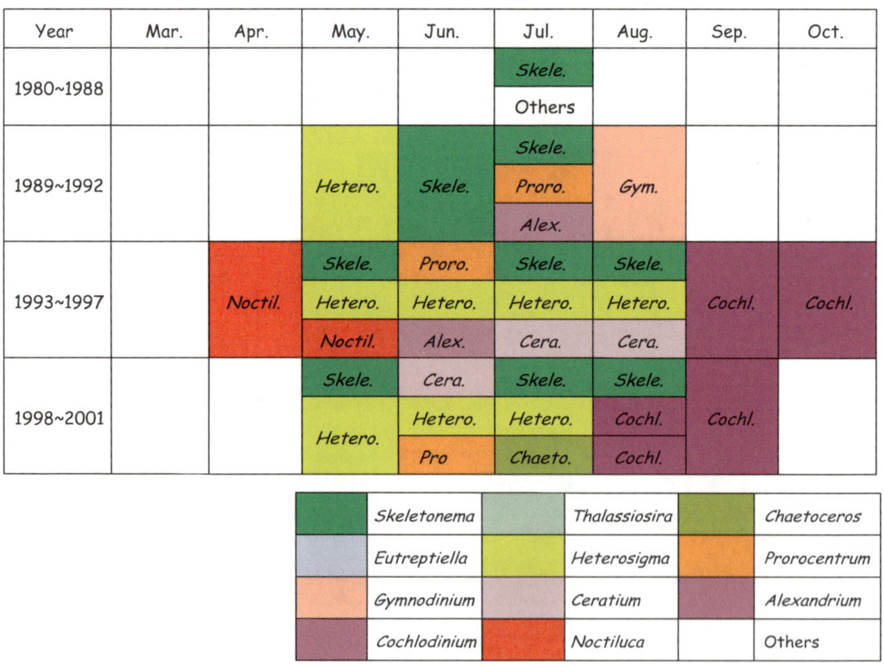

그림 5. 여수연안의 적조발생시의 우점 플랑크톤의 변화

따라서 우리나라의 연근해 수역은 여름철 적조발생시 규조류가 우점한 1980년대와 편모조류와 규조류가 혼합하여 적조를 일으키는 1981~1994년간의 기간, 그리고 와편모조류인 *Cochlodinium*이 우세한 1995년 이후로 대별할 수 있다.

2) 해역별 종 천이

한편 적조발생이 가장 빈번하고 장기간 지속하는 남해안의 해역별 1990년 이후 종 천이를 내만형인 마산만과 외해의 접한 통영, 여수부근 해역을 비교해보면 마산만에서는 3월, *Eucampia* 속, 4~6월 *Heterosigma*속, 7~8월 *Prorocentrum*속, 9~10월 *Gymnodinium*속에 속하는 종들이 적조 원인생물로 나타났고, 가끔 봄철에 *Scrippsiella*속이 그리고 여름철에 *Ceratium*속이 적조를 일으켰으며 가을~겨울철에는 규조류가 우점종으로 나타났다. 통영 여수 연안에서는 마산만과 비슷한 경향을 나타내고 있으나 8~9월에 *Cochlodinium*속이 적조 우점종으로 절대적인 위치를 점유하고 있었다.

따라서 내만해역이고 강한 부영양수역인 마산만과 외해와 접하고 약한 중부영양수역인 통영 여수해역에서 최근 적조를 일으킨 플랑크톤의 천이모식도를 그리면 그림 6과 같다.

마산만(α-mesosaprobic state)의 종 천이

Mar.	Apr.	May.	Jun.	Jul.	Aug.	Sep.	Oct.
Eucampia *Eutreptiella*	→	*Heterosigma*	→	*Prorocentrum* *Ceratium*	→	*Gymnodinium*	

여수연안(β-mesosaprobic state)의 종 천이

Mar.	Apr.	May.	Jun.	Jul.	Aug.	Sep.	Oct.
Skeletonema	→	*Prorocentrum* *Heterosigma*	→	*Ceratium* *Skeletonema*	→	*Cochlodinium*	

그림 6. 마산만과 여수-통영연안해역의 적조생물 천이 모식도

이와 같이 우리나라에서 처음으로 진해만내 진동 앞바다에서 1967년 규조류에 의해서 국부적으로 발생한 이래 연안해역은 경제개발과 도시하수의 연안유입 증가로 부영양화 진행이 가속됨에 따라 적조가 빈번히 발생하게 되고 규모도 해가 지날수록 증대하게 되었으며, 적조생물도 1980년에는 수산생물에 해가 없는 규조류에 의해서만 적조가 발생하였으나 1988년 이후에는 수산생물에 해를 줄 수 있는 편모조류 적조가 70% 이상을 차지하였고, 최근에는 편모조류가 여름철에 발생하는 적조의 90% 이상을 차지하게 되었다. 특히 반폐쇄성 내만인 진해만의 경우 매년

적조가 발생되는 적조상습해역으로 변천되었으며, 원인생물도 다양화되고 어업피해도 심해졌다. 더욱이 1990년대에 들어서는 통영연안과 남해도 주변에서도 유해성 적조가 발생되었으며, 1995년에는 남해안 전역과 동해안의 강원도 연안까지 확산되면서 엄청난 수산피해를 안겨 주었다. 이와 같이 최근의 적조가 대규모화(大規模化), 광역화(廣域化), 만성화(慢性化) 그리고 적조생물의 유해화(有害化)로 특정지우고 있다.

또한 적조발생시의 적조생물의 종조성은 해역별로 다르고 같은 해역에서도 시기별로 다르게 나타났으며 최근 적조원인 생물의 분포특성은 수온이 낮은 겨울-봄철에는 규조류가 적조발생시의 우점종이었으나 수온이 높아지는 늦봄-가을철에는 와편모조류가 우점종으로 나타났다. 천이의 진행 방향은 운동성이 거의 없는 소형 규조류에서 소형편모조류로 그리고 운동성이 강한 대형 편모조류로 바뀜으로써 증식율이 높고 단독 적조를 형성할 수 있는 종으로 바뀌고 있는 것을 알 수 있다.

3. 결 론

우리나라에서 적조현상을 일으키는 해양생물은 주로 현미경적인 미세조류에 속하는 식물플랑크톤으로서 환경에 의존도가 커서 해양환경조건에 따라서 해양생태계내의 종의 다양성과 풍도가 매우 크게 변화하고 있다. 일반적으로 해양에서의 식물플랑크톤은 빛의 침투, 수온과 염분농도의 구배, 해류의 흐름, 영양염류의 존재, 수심 등에 따라서 다르다. 그러나 동일한 해역에서는 수심, 수온과 염분, 해류의 흐름이 비슷함으로서 매년 비슷한 적조생물이 출현하고 가끔 영양염류의 농도가 높아지면 일시에 대량 증식이 일어나서 농밀한 적조를 일으킨다.

전 세계 연안 해역의 일반적인 해양플랑크톤의 분포양상을 보면 추운 한대해역에서는 규조류가 그리고 열대해역에서는 편모조류가 우점하고 온대해역에서는 여름철에는 편모조류가 우세하고 이외의 계절에는 규조류가 우세하거나 또는 두 그룹이 혼합하여 출현한다. 그러나 동일한 해역의 적조생물은 계절에 따라서 다르게 나타나는데 그 원인은 해양환경조건이 계절에 따라서 다르기 때문이다.

한반도를 둘러싸고 있는 동해, 서해 그리고 남해의 해양환경특성이 지형적인 특성과 계절에 따라서도 달라 적조생물도 해역별로 계절별로 다르게 나타나고 있다. 지금까지 적조발생시의 관찰에 의하면 적조를 일으키는 식물플랑크톤의 출현종수와 풍도는 해역별로는 남해연안에서 그리고 계절별로는 여름철에 높게 나타났다. 특히 최근에 우리나라 연안해역에서 발생하는 적조현상이 1990년 이후부터 2000년대 초반까지는 해가 갈수록 발생건수가 증가하고, 발생기간도 길어지고, 발생해역도 점점 넓어짐으로서 적조를 일으키는 식물플랑크톤의 생체량이 많아지고 종류수도 증가하고 있으며 특히 편조류가 여름철의 적조는 물론 봄가을철에 발생한 적조현상의 우점생물로 출현함으로서 종의 천이가 일어나고 있다. 그러나 최근에는 유해 종에 의한 적조발생이 다소 감소하는 경향을 나타내고 있다.

참고문헌

김학균, 2005, 해양적조, 다솜출판사, pp466.

金鶴均, 朴周錫, 李三根, 安京鎬, 1993, 韓國沿岸의 赤潮生物 國立水産振興院, pp. 97

金鶴均, 李三根, 安京鎬, 1997, 韓國沿岸의 赤潮, 最近 赤潮의 發生原因과 對策, 國立水振興學院, 280,pp

김학균, 정창수, 임월애, 김숙양, 윤성화, 조용철, 이삼근, 2001, 한국연안의 적조발생과 변천, 한수지, 34 (6), 691-696.

朴周錫, 1982, 鎭海灣 赤潮의 特性과 環境特性, 국립수산진흥원 연구보고, 28, 55-88.

朴周錫, 金種斗, 1967, 鎭海灣의 赤潮現象에 관한 研究, 국립수산진흥원 연구보고, 1, 63-79.

박주석, 김봉안, 이삼석, 김학균, 1987, 한국연안의 적조발생과 천이에 관한 연구, 국립수산진흥원, 사업보고, 제69호, pp.163

박청길, 조규대, 허성회, 김삼곤, 조창환, 1986, 낙동강 하구 부근의 해양환경 조사 연구, 한국어업기술학회지, 제22권 4호, pp.1-20.

송재선, 1980, 울산만에 있어서 식물성플랑크톤의 출현량 및 조성의 연변화., 국립수산진흥원, 연구보고, 제 23호, pp.159-169.

沈載亨, 辛恩玲, 崔仲基, 1981, 여수근해의 쌍편모조류에 관한 분류학적 연구, 한해지, 16(2), 57~98

沈載亨, 辛允根, 李元鎬, 1984, 光陽湾 植物 플랑크톤 分布에 관한 研究, 韓國海洋學會誌, 19(2), 172-186

劉光日, 1982, 적조의 원인생물에 관한 분류학적 연구, 한양대 환경과학연구소, 제 3집, pp.25-31.

劉光日, 1984, 연안역에 있어서의 적조생물 군집의 동태에 관한 연구, 한양대 환경과학연구소, 제 5집, pp. 57-63.

李光雨, 南基樹, 許亨澤 等, 1980, 鎭海灣의 赤潮 및 汚染모니터링 시스템 開發을 위한 基礎研究, 韓國科學技術研究所 附設 海洋開發研究所報告書, BSPE 00022-43-7.

李光雨, 南基樹, 許亨澤 等, 1981, 鎭海灣의 赤潮 및 汚染모니터링 시스템 開發을 위한 研究, 韓國科學技術研究院 海洋研究所, BSPE 0031-56-7-43-7.

이삼근, 김학균, 배헌민 등, 2002, 한국의 적조연구 편람, 국립수산과학원, pp.172.

李晋煥, 趙昌煥, 1985a, 韓國近海域産 浮游性 藻類의 目錄 Ⅰ, 硅藻類, Ocean Research 7(1), 19-47.

李晋煥, 趙昌煥, 1985b, 韓國近海域産 浮游性 藻類의 目錄 Ⅰ, 渦鞭毛藻類, Ocean Research 7(1), 59-68.

趙昌換, 1978, 鎭海灣의 *Gonyaulax* 赤潮에 關하여, 韓水誌, 11(2), 111-114.

趙昌換, 1979, 1978년 진해만 적조와 양식굴의 대량폐사, 韓水誌, 12(1), 27-33.

崔相, 1966, 韓國海域의 植物플랑크톤의 研究, Ⅰ, 1965年 夏季의 韓國海峽 表層水의 植物 플랑크톤의 量과 分布, 韓國海洋學會誌 Vol.1, No.1-2, pp.14-21.

崔相, 1967, 韓國海域의 植物플랑크톤의 研究, Ⅱ, 韓國沿岸水域의 植物플랑크톤, 韓國海洋 學會誌 Vol.2, No.1-2, pp.1-12.

崔相, 1969a, 韓國海域의 植物플랑크톤의 硏究,Ⅲ, 1967年 5月 北東部 韓國海峽 表層水의 植物 플랑크톤의 量과 分布, 韓國海洋學會誌 Vol.4., No.1, pp.1-8.

崔相, 1969b, 韓國海域의 植物플랑크톤의 硏究,Ⅳ, 東海, 南海 및 西海의 植物 플랑크톤, 韓國海洋學會誌 Vol.4, No.2, pp.49-67.

한상복,1997, 삼국시대(BC 57-935)의 적조현상, 한수당 자연환경연구원, pp.18

福代康夫, 高野秀昭, 千原光雄, 松岡數充, 1990, 日本の赤潮生物, 內田老學圃, pp.407.

村上彰男, 1982, 赤潮と富榮養化, 公害對策技術同友會, pp.207.

Anderson, D.M. A.D. Cembella and G.M. Hallegraeff. 1996. Physiological Ecology of Harmful Algal Blooms. NATO ASI Series G : Ecological Sciences, Vol.41. pp.662.

Billard, C. 1992. *Fibrocapsa japonica* (Raphidophyceae) planktonic marine alga reported for the first time in France. *Cryptogamie Algol*. 13(3), 225-231.

Edler, E., P. Olsson. 1985. Observations on diel migration of *Ceratium furca* and *Prorocentrum micans* in a stratified bay on the Swedish west coast. pp. 195-200, in ; "Toxic Dinoflagellates" (ed.) by Anderson, D.M., White, A.W., Baden, D.G., Elsevier Publishing, New York. 561 p.

Fraga, S., I. Bravo, M. Delgado, J.M. Franco and M. Zapata. 1995. *Gyrodinium impudicum* sp. nov.(Dinophyceae), a non toxic, chain-forming, red tide dinoflagellate. *Phycologia*, 34, 514- 521.

Hahn S.D. 1998. History of algal bloom records in Korean coastal waters. Harmful Algal Blooms in Korea and China. Proceedings of Korea-China Joint Symposium on Harmful Algal Blooms. Pusan, Korea, 5~7 December 1997. 34~43.

Hara. Y., & M.K.E. Chihara, 1987. Morphology. ultrastructure and taxonomy of the Raphi- dophycean alga *Heterosigma akashiwo. Bot. Mag. Tokyo*. 100.151-163.

Horiguchi, T. 1995. *Heterocapsa circularisquama* sp. nov.(Peridiniales, Dinophyceae) : A new marine dinoflagellate causing mass mortality of bivalves in Japan. *Phycol*. Res. 43, 129-136.

Imai. I. 1989. Cyst formation of the noxious red tide flagellate *Chattonella marina* (Raphido- phyceae) in culture. Mar. Biol. 103. 235-239.

Imai. I. 1990. Physiology, morphology. and ecology of *Chattonella*(Raphidophyceae), causative flagellates of noxious red tides in the Inland Sea of Japan. *Bull. Nansei. Natl. Fish. Res. Inst.* No.23; 63-166

Kim. HakGyoon. 1990. Coastal algal blooms caused by the cyst-forming dinoflagellates. *Bull. Korean Fish. Soc*., 23(8), 468-474

Kim, C.S, S.G. Lee and H.G. Kim. 2000. Biochemical responses of fish exposed to a harmful dinoflagellate *Cochlodinium polykrikoides, J. Exp. Mar. Biol. Ecol*. 254, 131-141.

Meeson, B., 1981. Comparative physiology of a typical red tide dinoflagellate, *Gonyaulax polyedra*, with a cosmopolitan species, *Ceratium furca*. ph D. thesis Univ. of California, Santa Barbara.

Nishijima, T. and Y. Hata.1986. Physiological ecology of *Chattonella antiqua*(HADA)ONO on B group vitamin requirements. *Bull. Japan. Soc. Sci. Fish*., 52, 181-186.

Okaichi, T., 1989. Red tide problems in the Seto Inland Sea. In : Red Tides. Biology, Environmental Science, and Toxicology. Proceedings of the First International Sym. on Red Ties. (eds.) Okaichi, T., D.M. Anderson, T. Nemoto, Elsevier, 137-142.

Okaichi *et al*., 1989. Current Topics in Marine Biotechnology. pp.

Shim. J.H. and S.J. Yoo. 1985. Phytoplankton Community off the Coast of Kunsan, *Korea. J. Oceanol. Soc. Kor*., 20(1), 31-42

Sournia, A. 1995. Red tide and toxic marine phytoplankton of the world ocean: an inquiry into biodiversity. *In: Harmful Marine Algal Blooms, eds., P. Lassus, G. Arzul, P. Gentiem, C.*

Marcaillou. Lavoisier, Intercept Ltd. PP. 103-112.

Steidinger, K.A., J.M. Burkholder, H.B. Glasgow Jr., E.W. Truby, J.K. Garrett, E.J. Noga, and S.A. Smith. 1996. *Pfiesteria piscicida* gen. et sp. nov.(Pfiesteriaceae, fam. nov.), a new toxic dinoflagellate genus and species with a complex life cycle and behavior. *J. Phycol*, 32, 157-164.

Takayama. F. and Adachi R. 1984. *Gymnodinium nagasakiense* sp. nov., a red tide forming dinophyte in the adjacent waters of Japan. *Bull. Plankton Soc. Japan*. 34, 7-14

Vrieling, E.G., R.P.T. Koeman, K. Nagasaki, Y. Ishida, L. Peperzak, W.W.C. Gieskes and M. Veenhuis. 1995. *Chattonella* and *Fibrocapsa*(Raphidophyceae): First observation of potentially harmful, red tide organisma in Dutch coastal waters. Neth. *J. Sea Res*. 33(2), 183-191.

Yamaguchi, M., I. Imai and T. Honjo. 1991. Effects of temperature and irradiance on the growth rates of the noxious red tide flagellates *Chattonella antiqua* and *C. marina*(Raphidophyceae). *Nippon Suisan* Gakkaishi, 57(7), 1277-1284.

Yoshimatsu, S., 1987. The cysts of *Fibrocapsa japonica*(Raphidophyceae) found in bottom sediment in Harima-Nada, eastern Inland Sea of Japan. *Bull. Plankton Soc. Japan*. 34(1), 25-31.

적조원인생물 *Prorocentrum minimum*의 활성산소발생과 적응기작

장 만·곽승국·이석찬*·이상섭**·이택견 / 한국해양연구원 *성균관대학교 생물학과 **경기대학교 미생물학과

요 약

*Prorocentrum minimum*은 여름에 우리나라 남해 연안에서 적조를 유발하는 식물플랑크톤이다. 본 연구에서는 고광도(800 μmol $m^{-2}s^{-1}$)에서 배양하였을 때 *P. minimum*의 reactive oxygen species (ROS)의 세포수준에서의 발생과 적응과정 및 세포사멸을 실험하였다. 식물플랑크톤을 고광도에서 배양하였을 때 표준광도(100 μmol $m^{-2}s^{-1}$)에 비해 성장이 감소하였으며, 세포의 운동성이 현저히 감소하였다. Superoxide(O_2^-)는 배양 후 4일 째 검출되었으며 연이어서 hydrogen peroxide(H_2O_2)가 5일째 생성되었다. O_2^-와 H_2O_2를 제거하는 효소인 superoxide dismutase (SOD)와 catalase(CAT)는 각각 5일과 6일 째에 활성화되었다. 세포사멸을 의미하는 lipid peroxidation level은 8일 째 가장 높았다. NAD(P)H oxidase inhibitor인 DPI를 배지에 첨가하였을 때 O_2^- 생성과 lipid peroxidation은 감소하였다. 이와 같은 결과는 고광도에서 식물플랑크톤이 ROS를 생성하고 ROS의 생성은 NAD(P)H oxidase와 밀접하게 연관되어 있음을 보여준다. 결론으로 우리나라에서 적조가 발생하는 여름에는 고광도 상태이며 이때 많은 양의 ROS가 발생되어 해양생태계에 영향을 줄 수 있음을 시사한다.

1. 서 론

식물이 스트레스를 받았을 때에는 superoxide(O_2^-), hydrogen peroxide(H_2O_2), hydroxyl radical($^*OH$), singlet oxygen($^1O_2$)과 같은 잠재적으로 유해한 reactive oxygen species(ROS)의 생성이 촉진된다(Asada and Takahash, 1987). 생성된 ROS는 세포내 구성성분을 변형시킬 뿐만 아니라 생화학적 조성, 물질 대사 및 DNA에 손상을 일으킨다. 식물은 이러한 ROS에 대하여 개

체를 보호하기 위한 제거 시스템을 진화시켜 왔다. Superoxide dismutase(SOD), catalase(CAT), peroxidase(POX)와 같은 산화방지효소 뿐 아니라 ascorbate-glutathione cycle (Halliwell-Asada cycle)에 관련된 효소는 ROS의 유해한 물질의 축척을 내부적으로 방어한다.

식물플랑크톤에서의 ROS 생성에 관한 연구는 최근에 주로 이루어졌다. *Cochlodinium polykrikoides, Chattonella marina, Heterosigma akashiwo*에서 ROS의 생성이 보고되었다. 특히, *C. polykrikoides*의 ROS는 어류독성의 원인물질로 작용하며(Kim 등, 1999), *C. marina*와 *H. akashiwo*의 경우에는 아가미 조직에 손상을 주어 물고기를 죽게 한다(Oda 등, 1992; Ishimatsu 등, 1996; Twiner and Trick, 2000). 이 ROS의 생성에는 NAD(P)H oxidase가 관여한다. 그러나, 식물플랑크톤에서의 외부 환경에 의한 생체 내 ROS 형성과 세포내 제거 기작에 관하여는 아직까지 잘 밝혀지지 않고 있다.

본 연구에서는 *P. minimum*을 고광도(800 μmol $m^{-2}s^{-1}$)에서 배양하였을 때 O_2^-와 H_2O_2의 생성 정도를 측정하고 세포내 제거 기작을 살펴보았다. 또한, ROS의 영향에 의해 *P. minimum*의 세포사멸이 나타나는지 실험하였다.

2. 재료 및 방법

본 실험에 사용된 *Prorocentrum minimum*은 1999년 장목만에서 순수분리 하였다. 세포 배양은 f/2 배지(pH 8.2)를 사용하였으며, 배양기는 온도 20℃, 광도 150 μmol $m^{-2}s^{-1}$, 14/10 시간(명/암)으로 설정하였다(Guillard and Ryther, 1962). 배양 시작은 세포 밀도가 약 10^5 cells/mL일 때 시작하였고, 10일마다 계대배양 하였다. 세포수 측정은 Sedgewick-Rafter chamber를 사용하였다. 세포를 고광도에 노출시킨 실험에서는 배양기의 광도설정을 800 μmol $m^{-2}s^{-1}$로 하였다.

*P. minimum*의 O_2^- 생성은 분광광도계를 사용하였고, O_2^-에 의한 ferricytochrome c의 환원반응을 측정하였다(Johnston 등, 1978). f/2 배지에서 자라는 세포에 cytochrome c (50μM)를 첨가한 후, 540~550 nm에서 SOD가 100 U/mL 있거나 없을 때 흡수율 차이의 증가로 cytochrome c의 환원 정도를 측정하였다. O_2^-의 생성은 흡수계수가 19.1 mM^{-1} cm^{-1}일 때 환원된 cytochrome c의 양을 nanomole로 계산하였다(Kakinuma and Minakami, 1978). *P. minimum* 세포에서 방출된 H_2O_2는 scopoletin의 산화반응을 이용한 형광정량분석(fluorometric assay)으로 정량화 하였는데(Cooper and Zika, 1983; Twiner and Trick, 2000), Turner Designs(TD-700) fluorometer를 사용하였으며 excitation filter 300~400 nm와 emission filter 410~600 nm에서 측정하였다.

McCord and Fridovich(1969)의 방법에 의하여 xanthine/xanthine oxidase 시스템에 따라 superoxide dismutase(SOD)의 활성을 측정하였다. 비색정량분석에 의해 효소의 단위가 50% 억제되었을 때로 정하였다. Catalase(CAT) 분석은 240 nm에서 H_2O_2 소모에 따라 흡광도 감소를 측정하였다. 감광계수가 39.4 $nM^{-1}cm^{-1}$일 때에 활성도를 계산하였다(Nakano and Asada, 1981; Lyons 등, 1999).

Lipid peroxidation은 Heath and Packer(1968)의 방법에 의해 malondialdehyde(MDA)의 수준을 측정하였다.

3. 결과

*Prorocentrum minimum*을 고광도(100 μmol $m^{-2}s^{-1}$)와 표준광도(800 μmol $m^{-2}s^{-1}$)에서 배양하였고, 정해진 시간 간격에서 세포를 채취해 세포수를 측정하였다. 표준광도에서 배양하였을 때, 배양 후 3일에 지수기(exponential phase)를 시작하였고, 10일 후 정상기(stationary phase)에 도달하였다. 고광도에서 *P. minimum*은 7일에 정상기에 도달하였고 전체 세포수도 표준광도에서 배양된 세포에 비해 감소하였다(그림 1). 또한, 정상기에서의 세포는 표준광도에 비해 운동성이 크게 감소하였다(Data not shown).

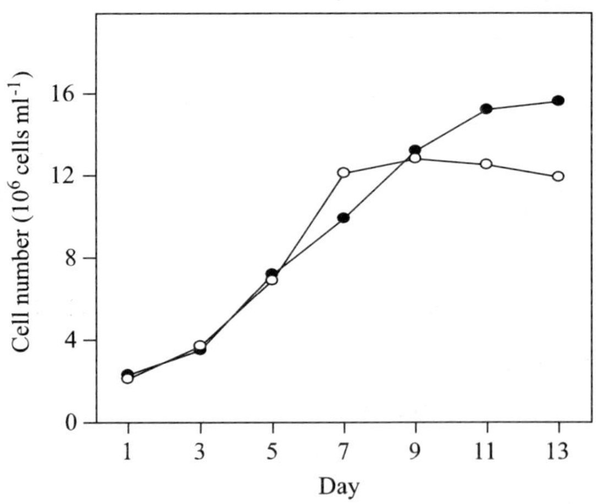

그림 1. 정상광도(●)와 고광도(○)에서 배양된 *P. minimum*의 성장 특징
(실험 값은 세 번의 실험결과의 평균값임)

고광도에서 O_2^-는 4일부터 생성되기 시작하였고 5일에 최고로 나타났으며 7일 이후에는 검출이 되지 않았다. H_2O_2는 5일부터 생성되어 6일에 가장 많이 생성되는 것으로 나타났으며 이후 서서히 감소하였다(그림 2). O_2^-와 H_2O_2 제거효소인 SOD와 CAT 실험을 하였는데, SOD는 5~6일에 가장 활성이 높았으며, CAT는 6~7일에 최고로 나타났다(그림 3). 따라서, *P. minimum*은 고광도에서 배양하였을 때 생성된 ROS를 제거하는 기작을 유도하게 되며, 일시적으로 O_2^-와 H_2O_2가 생성되는 것으로 보아 표준광도에 비해 빠르게 정상기로 들어가게 되는 신호전달물질로 작용가능성을 시사한다.

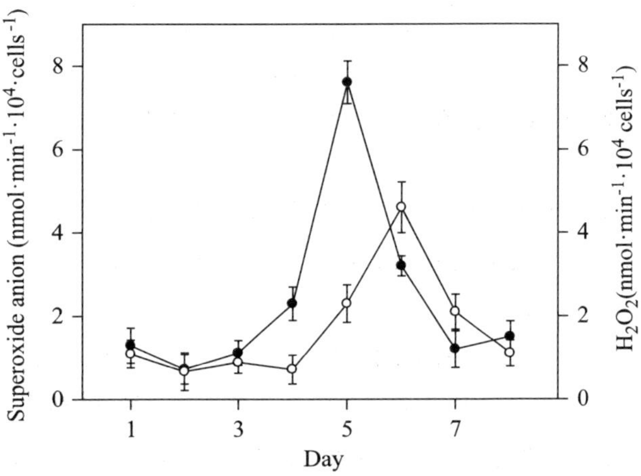

그림 2. 고광도 하에서 성장한 *P. minimum*의 O_2^-(●)와 H_2O_2(○) 생성치
(값은 세 번의 측정치의 평균치와 표준편차임)

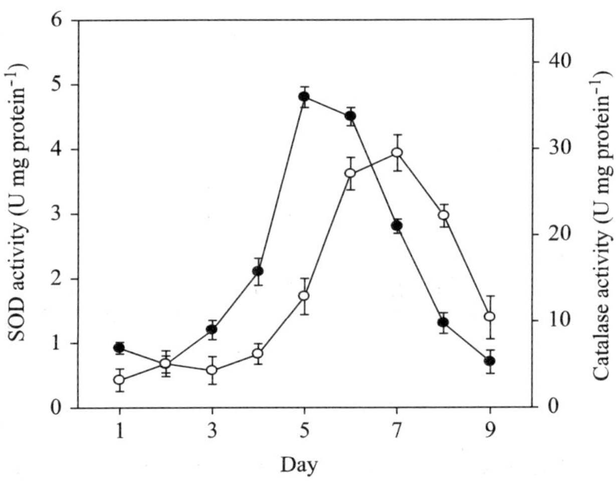

그림 3. 고광도 하의 성장동안 SOD(●)와 CAT(○) 활성도의 변화
(효소활성도는 분광광도계로 측정, Bar는 표준편차임)

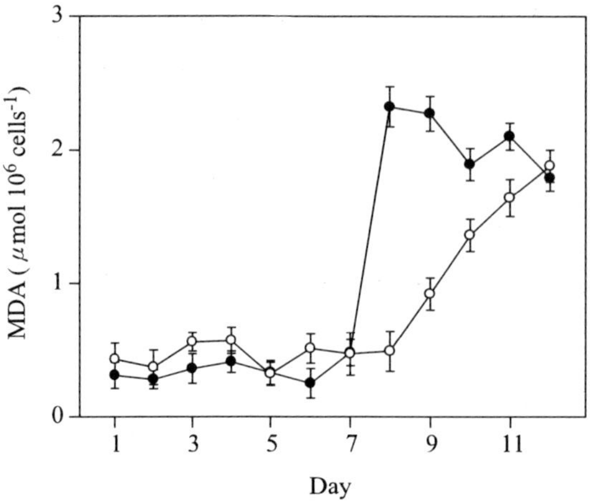

그림 4. 고광도(●)와 정상 광도(○) 하에서 성장한 세포의 lipid peroxidation 활성도

이러한 결과는 급격히 생성된 ROS를 제거함으로써 고광도에서 생존을 위한 적응으로 해석할 수 있으며, DNA의 퇴화, lipid peroxidation 등에 의한 세포사멸을 유도하는 신호전달물질로도 작용할 수 있음을 보여준다.

Lipid peroxidation의 활성은 malondialdehyde(MDA)의 지방산 검출로 측정하였는데, 7일까지 낮은 값을 보였고, 8일 이후부터 증가하였다. 표준광도에서 배양된 세포에서의 MDA 생성은 8일 까지 낮은 값을 보였으며, 9일부터 점진적으로 증가하는 것으로 나타났다. 그러나, 고광도에서는 7일까지는 낮게 나타나다가 8일에 급격히 증가하였다(그림 4).

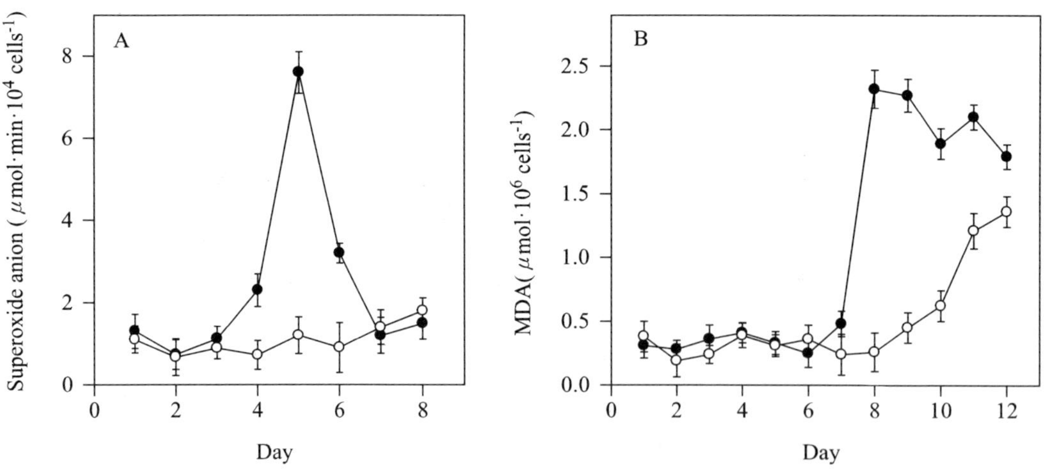

그림 5. Superoxide와 lipid peroxidation 변화에 대한 DPI의 영향

A : DPI의 존재(○)와 없을 때(●) superoxide 생성의 변화

B : DPI의 존재(○)와 없을 때(●) MDA 생성의 변화

고광도에서 *P. minimum*의 O_2^-와 H_2O_2생성이 세포막의 NAD(P)H oxidase와 연관성(Cross and Johnes, 1986) 및 관련성을 알아보기 위해 NAD(P)H oxidase inhibitor인 DPI를 배지에 처리하였다. 고광도에서 배양된 4일째(O_2^- 생성전) 세포에 DPI를 처리하였을 때 O_2^-는 지속적으로 낮게 나타났으며(그림 5A), lipid peroxidation도 표준광도에서와 유사한 경향을 나타내었다(그림 5B).

4. 고 찰

본 연구에서는 *Prorocentrum minimum*을 고광도에서 배양하였을 때, O_2^-와 H_2O_2가 생성되는 것을 발견하였다. 여러 생물학적 시스템에서의 ROS 생성은 살아있는 생물체에 유해한 것으로 알려져 있다(Babior 등, 1978; Johnson 등, 1981; Halliwell and Gutteridge, 1984; Dean, 1987; Oda 등, 1989). 특히, 식물플랑크톤에 의해 생성된 ROS는 주변 생태계에 영향을 미치는데(Palenik 등, 1987; Zepp 등, 1987), 어류나 조개류를 죽게 할 뿐만 아니라(Ishimatsu 등, 1996; Kim 등, 1999; Twiner and Trick, 2000) 해양미생물의 성장도 억제시킨다(Babior 등, 1978).

어떠한 환경요인이 식물플랑크톤의 ROS 형성에 영향을 미치는 지에 대한 연구가 보고되어 왔다. 지금까지는 온도, 철의 이용성, 호흡 억제 등이 ROS 형성에 영향을 미치는 것으로 알려져 있다. 세포를 짧은 기간 배양하는 실험에서, 높은 온도는 *H. akashiwo*의 ROS 형성에 영향을 미치며(Teiner and Trick, 2000), 효소에 의한 ROS 형성에 온도가 영향을 준 것으로 보고되어 있다(Palenik 등, 1987; Kawano 등, 1996). 또한, 철의 이용성이 ROS 형성에 영향을 미친다고 보고하였다(Tanaka 등, 1992; Kawano 등, 1996). 한편, Twiner and Trick(2000)는 광도가 ROS 형성에 영향을 주지 않고 광합성과도 무관한 것으로 보고하여 이번 결과와 다른 결과를 보인다. 아마도 그 연구에서는 짧은 기간 동안 노출시켰고, 이번 실험에 비해 상대적으로 낮은 광도(0~150 μmol $m^{-2}s^{-1}$)로 배양했기 때문인 것으로 판단된다.

Lipid peroxidation의 변화는 식물조직이 노화되는 동안 관찰되며(Kumar and Knowles, 1993), 세포자연사멸(apoptosis)과 연관되어 있다(Sandstorm 등, 1995). 이것은 ROS 생성과 lipid peroxidation이 세포사멸을 유도하는 기작에 참여한다는 것을 보여준다. 특히, 고등식물에서의 oxidative burst는 계획된 세포사멸을 위한 유도자로서 작용한다(Greenberg 등, 1994; Levine 등, 1994). 이번 결과에서 5일과 6일에 O_2^-와 H_2O_2가 높게 증가한 것(그림 2)과 DPI에 의한 lipid peroxidation 저해는 ROS가 *P. minimum*의 세포사멸 위한 신호전달물질로서 작용할 수 있는 가능성을 제시한다.

결론으로 고광도에서 배양된 *P. minimum*은 ROS를 형성하며 세포수준에서의 적응과정을 거치는 것을 보여준다. 그러나 ROS의 높은 증가로 인한 oxidative burst는 *P. minimum*의 세포사멸을 유도하며 이러한 결과는 식물플랑크톤이 다량 존재하는 적조시기에 해양생태계내의 다른 생물체에도 영향을 미칠 수 있음을 시사한다.

참고문헌

Asada, K. and M. Takahashi, 1987. Production and scavenging of active oxygen in photosynthesis. In: Photoinhibition, edited by D. J. Kyle, C. B. Osmond and C. J. Arntzen, Elservier Science Publishers, Amsterdam, The Netherlands, pp. 227-287.

Babior, B. M., 1978. Oxygen-dependent microbial killing by phagocytes. *N. Engl. J. Med.*, **298**: 721-725.

Cooper, W. J. and R. G. Zika, 1983. Photochemical formation of hydrogen peroxide in surface and ground waters exposed to sunlight. *Science*, **220**: 711-712.

Cross, A. R. and O. T. G. Johnes, 1986. The effect of the inhibitor diphenyleneiodonium on the superoxide-generating system of neutrophils. Specific labelling of a component polypeptide of the oxidase. *Biochem. J.*, **237**: 111-116

Dean, R. T., 1987. Free radicals, membrane damage and cell-mediated cytolysis. *Br. J. cancers*, **55**: 39-45.

Greenberg, J. T., A. Guo, D. F. Klessig and F. M. Ausubel, 1994. Programmed cell death in plants a pathogen-triggered response activated coordinately with multiple defense funtions. *Cell*, **77**: 551-563.

Guillard, R. R. L. and J. H. Ryther, 1962. Studies of marine planktonic diatoms I. *Cyclotella nana* Hustedt and *Detonula confervacea* (Cleve) Gran. *Can. J. Microbiol.*, **8**: 229-239.

Halliwell, B. and J. M. C. Gutteridge, 1984. Oxygen toxicity, oxygen radicals, transition metals and disease. *Biochem. J.*, **219**: 1-14.

Heath, R. L. and L. Packer, 1968. Photoperoxidation in isolated chloroplasts. *Arch. Biochem. Biophs.*, **125**: 189-198.

Ishimatsu, A., M. Sameshima, A. Tamura and T. Oda, 1996. Histological analysis of the mechanisms of *Chatonella*-induced hypoxemia in yellowtail. *Fish. Sci.*, **62**: 50-58.

Johnston, R. B., C. A. Jr Godzik and Z. A. Cohn, 1978. Increased superoxide anion production by immunologically activated and chemically elicited macrophages. *J. Exp. Med.*, **148**: 115-127.

Johnston, K. J., J. C. Fantone and P. A. Kaplan, 1981. In vivo damage of rat lungs by oxygen metabolites. *J. Clin. Invest.*, **67**: 983-993.

Kakinuma, K. and S. Minakami, 1978. Effects of fatty acids on superoxide radical generation in leukocytes. *Biochim. Biophys. Acta.*, **538**: 50-59.

Kawano, I., T. Oda, A. Ishimatsu and T. Muramatsu, 1996. Inhibitory effects of the iron chelator Desferroxamine (Desferal) on the generation of activated oxygen species by *Chatonella marina*. *Mar. Biol.*, **126**: 765-771.

Kim, C. S., S. G. Lee, C. K. Lee, H. G. Kim and J. Jung, 1999. Reactive oxygen species as causative agents in the ichthyotoxivity of the red tide dinoflagellate *Cochlodinium polykrikoides*. *J. Plankton Res.*, **21**: 2105-2115.

Kumar, G. N. M. and N. R. Knowles, 1993. Changes in lipid peroxidation and lipolytic and free-radical scavenging enzyme activities during aging and spouting of potato (*Solanum tuberosum*) seed-tubers. *Plant Physiol.*, **102**: 115-124.

Levine, A., R. Tenhaken, R. Dixon and C. Lamb, 1994. H_2O_2 from the oxidative burst orchestrates the plant hypersensitive disease resistance response. *Cell*, **79**: 583-593.

Lyons, T., J. A. Ollerenshaw and J. D. Barnes, 1999. Impacts of ozone on *Plantago makor*: apoplastic and symplastic antioxidant status. *New Phytol.*, **141**: 253-263.

McCord, J. M. and I. Fridovich, 1969. Superoxide dismutase. *J. Biol. Chem.*, **244**: 6049-6055.

Nakano, Y. and K. Asada, 1981. Hydrogen peroxide is scavenged by ascorbate-specific peroxidase in spinach chloroplastes. *Plant and Cell Physiol.*, **22**: 867-880.

Oda, T., A. Ishimatsu, S. M. Shimada, Takeshita and T. Muramatsu, 1992. Oxygen-radical-mediated toxic effects of the red tide flagellate *Chatonella marina* on Vibrio alginolyticus. *Mar. Biol.*, **112**; 505-509.

Oda, T., T. Akaike, T. Hamamoto, F. Suzuki, T. Hirano and H. Maeda, 1989. Oxygen radicals in influenza-induced pathogenesis and treatment with pyran polymer conjugated SOD. *Science* (NY), **244**: 974-976.

Palenik, B., O. C. Zafiriou and F. M. M. Morel, 1987. Hyfrogen peroxide production by a marine phytoplankter. *Limnol. Oceanogr.*, **32**; 1365-1369.

Sandstorm, P. A., D. Pardi, P. W. Tebbey, R. W. Dudek, D. M. Terrian, T. M. Folks and T. M. Buttke, 1995. Lipid hydroperoxide-induced apoptosis: lack of inhibition by bci-2 over-expression. *FEBS Lett.*, **365**: 66-70.

Tanaka, K., S. Yoshimatsu and M. Shimada, 1992. Generation of superoxide anions by Chatonella antiqua: Possible causes for fish death caused by 'Red Tide'. *Experientia*, **48**: 888-890.

Twiner, M. J. and C. G. Trick, 2000. Possible physiological mechanisms for production of hydrogen peroxide by the ichthiotoxic flagellates *Heterosigma akashiwo*. *J. Plankton. Res.*, **22**: 1961-1975.

Zepp, R. G., Y. I. Skurlatov and J. T. Pierce, 1987. Algal-induced decay and formation of hydrogen peroxide in water: Its possible in oxidation of anilines by algae. *ACS Symposium Series*, **327**: 215-224.

광양만내 동물플랑크톤에 축적된 다환방향족탄화수소의 분포 및 특성

임운혁·홍상희·오재룡·심원준·심재형* / 한국해양연구원 *서울대학교

요 약

광양만에서 동물플랑크톤에 축적된 PAHs를 조사하기 위해 2001년 6월부터 2002년 2월까지 4차례에 걸쳐 동물플랑크톤이 채집되었으며, 2001년 8월에 해수시료가 채수되었다. 동물플랑크톤내 총 PAHs의 농도는 18.9~143 ng/g 습중량 범위였으며, 광양만 동편에서 높은 농도를 나타냈다. 해수내 총 PAHs의 농도는 24.3~128 ng/L 범위였으며, 동물플랑크톤과 비슷한 공간적인 분포를 나타냈다. 선박활동이나 도시하수 및 산업하수로 유입된 유류기원 PAHs가 동물플랑크톤에 축적된 주요한 오염원이었으며 계절적으로 연소기원 PAHs의 영향도 일부 관측되었다. 생물농축계수(bioconcentration factor)와 옥탄올/물 분배계수(K_{ow})간의 상관관계는 1 : 1 (기울기 = 0.97)로 직선성을 나타냈다. 그리고 광양만 이매패류내 축적된 총 PAHs의 농도는 지방함량으로 표준화하였을 때 동물플랑크톤에 비해 2배 정도 높은 값을 보였다. 이러한 결과로 동물플랑크톤은 해수내 PAHs 농도를 반영하며, 하위영양단계에서의 생물확대를 추론할 수 있었다.

1. 서 론

현재까지 알려진 지속성유기오염물질(Persistent Organic Pollutants, POPs)은 수 천종으로 환경내에서 지속성, 생물축적 그리고 생물독성의 특성을 가진다. 다환방향족탄화수소(Polycyclic Aromatic Hydrocarbons, PAHs)는 UN-ECE(United Nations Economic Commission for Europe)의 CLRTAP(Convention on Long-Range Transboundary Air Pollution)에서 규정한 POPs의 일종으로 벤젠고리가 결합된 형태이다(Vallack 등, 1998). 해양에서의 유류유출사고나 화석연료 등의 연소과정에 의해 생성된 PAHs가 대기나 하천을 통해 해양환경으로 유입되며, 일

부 자연적인 화재나 퇴적물 속성작용에 의해서도 생성되는 것으로 알려져 있다. 분자량 202 미만의 저분자량 PAHs는 급성독성을 나타내며, 고분자량 PAHs는 발암성 및 돌연변이 유발성이 있는 것으로 알려져 있다(McElroy 등, 1989).

대부분의 POPs 화합물 특히 PCBs나 DDT 같은 유기염소계 화합물의 경우 먹이사슬을 통한 생물확대(biomagnification)가 진행되기 때문에 상위단계 생물들에 치명적인 영향을 미치는 것으로 알려지고 있다. 그러나 PAHs의 경우 수서생태계에서 그러한 생물확대는 보고되지 않고 있으며, 이는 생물내에서 분해효소를 통해 분해되기 때문인 것으로 알려져 있다(McElroy 등, 1989). 복합기능효소계(mixed-function oxidase, MFO) 독성분해 기작이 없거나 미약한 요각류나 이매패류 등은 생물축적(bioaccumulation)을 하므로 모니터링 연구 등에 많이 이용되고 있다. 플랑크톤에 대한 PAHs의 영향은 주로 유류오염사고와 관련해서 연구가 진행되었다. 해양의 표층에 서식하는 플랑크톤은 유류오염사고시 고농도의 용존성 석유계탄화수소에 노출되기 때문에 유해한 영향을 받지만, 저농도(50 ng/g 미만)에서는 광합성이 촉진되는 것으로 알려져 있다(Clark, 1993). 그러나 50 ng/g 이상에서는 조류의 광합성이 점차 약화되며, 250 ng/g 이상의 농도에서는 요각류인 *Acartia*의 섭식이 저해되고 먹이 선택성 또한 바뀌는 것으로 조사되었다.

1977년 스웨덴에서 발생한 유조선 Tsesis 유출사고시 5일 경과 후 동물플랑크톤의 생체량이 급감하였고, 이들 섭식자의 부재로 식물플랑크톤의 생체량 및 생산성이 증가한 것도 보고되었다(Silva 등, 1997).

해양환경으로 유입된 PAHs는 물리·화학적 특성, 특히 낮은 용해도 및 친유성 때문에 입자에 흡착되어 퇴적되게 된다. 수층내에서 우세한 입자 유입원은 플랑크톤과 침식된 토양 및 주변의 퇴적물이다. 생물기원 입자상, 특히 식물플랑크톤, 동물플랑크톤, 배설물, 알, 박테리아 그리고 쇄설물들은 유기탄소 함량이 높아서 오염물질의 이동에 큰 기여를 한다(Ko and Baker, 1995). 또한 동물플랑크톤의 배설물은 수층내 PAHs의 제거에 상당한 기여를 하는 것으로 보고된바 있다(Prahl and Carpenter, 1979).

이상과 같이 동물플랑크톤과 관련된 PAHs의 연구는 주로 유류사고시 독성이나 개체군의 변이, 그리고 지화학적인 관점에서 진행되어왔으며 동물플랑크톤 체내에 축적된 PAHs의 농도나 먹이사슬을 통한 연구성과 등은 거의 전무한 실정이다. 이는 시료채취 및 분석의 어려움 그리고 PAHs 자체적인 제약－상위영양단계에서는 생물분해가 일어남－등에 기인한다. 그러나 남극을 포함한 모든 해양환경에서 PAHs가 보고되고 있으며, POPs의 일종으로 대부분의 해양생물에 대해 독성을 발현함을 감안할 때, 먹이사슬의 주요한 축인 동물플랑크톤내 PAHs 축적에 대한 연구는 필수적인 것으로 판단된다.

본 연구가 수행된 광양만은 북쪽에 광양제철, 컨테이너항구, 초남공단 그리고 남쪽에 여천석유화학단지 등과 같은 PAHs의 오염원이 산재해 있는 해역이다. 또한 1995년 시프린스호, 호남 사파이어호 유류유출사고가 이 해역 및 근해에서 발생하여 주변생태계가 큰 피해를 입었다. 상존하는 오염원과 해양유류오염사고에 대한 우려로 해양수산부에서 특별관리해역으로 지정하였으며, 각종 오염물질에 대한 모니터링 뿐만 아니라 생물정화 등의 연구가 활발히 진행되고 있다(한국해양연구원, 2002).

광양제철 인근 지역의 퇴적물에서는 PAHs가 최고 17 ppm 이상 검출되어 다른 지역에 비해 수십배 이상 높은 것으로 나타났으며, 여천석유화학단지 인근 지역 또한 높은 수준의 오염도를 보였다(해양수산부, 2000). 본 연구에서는 광양만내 동물플랑크톤에 축적된 PAHs의 시·공간적 분포양상을 조사하고 생물농축 및 하위영양단계에서의 생물축적에 대해 논의하고자 한다.

2. 재료 및 방법

2.1 시료채집

동물플랑크톤 시료는 2001년 6월부터 2002년 2월까지 네 차례에 걸쳐 채집되었으며 해수 시료는 2001년 8월에 채취되었다(그림 1). 동물플랑크톤 표본의 채집은 NORPAC net (구경 60 cm, 망목 300 μm)를 이용하여 표층에서 2노트의 속도로 예인하여 분석에 필요한 2~3g의 양을 채집하였다. 채집된 시료는 분석이전까지 냉동보관하였다. 해수내 PAHs 분석을 위한 해수시료는 Infiltrex-100을 이용하여 채수하였다. 현장에서 GF/F 필터와 XAD-2 레진이 장착된 Infiltrex-100을 가동하여 표층 50 cm에서 해수 20 L를 채수하였다. GF/F 필터는 분석이전까지 −20℃에서 보관하였고, XAD-2 레진이 들어있는 칼럼은 냉장보관하였다.

2.2 분석방법

다환방향족탄화수소의 정성·정량분석은 크게 4단계로 용매추출, 실리카·알루미나 크로마토그래피, HPLC 정제, 그리고 기기분석의 과정을 거쳤다. 플랑크톤과 해수 시료의 분석과정을 그림 2에 나타내었다. 막자사발에 담긴 생물시료는 450℃에서 활성화시킨 무수황산나트륨 50g과 혼합하여 수분을 제거한 뒤 추출용기에 담아 내부표준물질을 넣고 200 mL 디클로로메탄으로 8시간동안 속실렛(Soxhlet) 추출을 하였다. 추출액은 농축기로 2~3 mL 수준으로 농축한 뒤 실리카알루미나 칼럼크로마토그래피 정제를 하였다. 칼럼을 통과하여 1차 정제된 용출액을 농축기를 이용하여 1 mL까지 농축한 후 size exclusion column이 장착된 분취용 HPLC를 이용하여 2차 정제를 하였다. 이때 HPLC 검정용액으로 머무름시간을 점검한 뒤 시료주입부에 시료를 주입하여

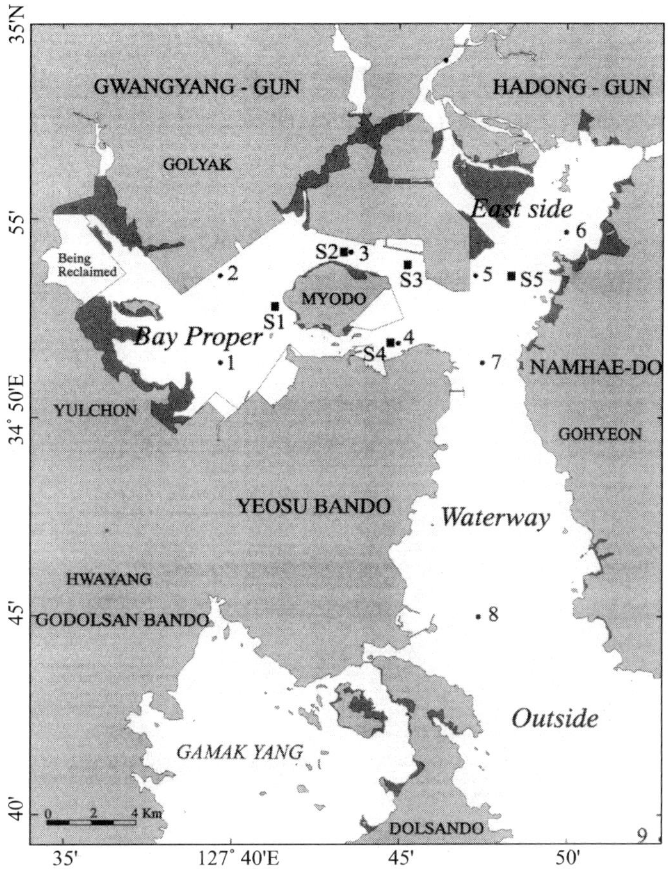

그림 1. 시료채취 정점 위치도. 동물플랑크톤 채취정점을 숫자로, 해수채취지점은 S로 표시.

지정한 시간대의 분액을 받았으며 이동상으로 디클로로메탄을 사용하였다. 2차 정제가 끝난 시료는 1 mL까지 농축한 후 헥산으로 치환하였다.

해수시료의 경우 입자상이 채취된 GF/F 필터는 생물시료와 같은 방법으로 분석하였다. 용존상이 흡착된 XAD-2 컬럼은 먼저 메탄올과 디클로로메탄으로 용출시킨 후 펜탄으로 용출액을 액액추출(liquid-liquid extraction)하였다. 정제는 활성화된 알루미나를 이용했으며, 이후 과정은 생물시료와 동일하게 처리하였다. 정제가 끝나고 용매치환된 시료를 질소가스에서 0.5 mL로 농축시킨 후 기체크로마토그래프 내부 표준용액을 첨가하고 가스크로마토그래프 바이알에 옮겼다. 가스크로마토그래피와 질량분석기는 사용전에 점검을 철저히 하였으며, 시료 분석 전에 튜닝(tunning)을 실시하였다. 가스크로마토그래피와 질량분석기의 분석조건 및 선택적 이온 모니터링에 사용된 이온이 각각 표 1과 2에 제시되어 있다(표 1, 2). 본 연구결과에서 제시되는 동물플랑크톤내 PAHs의 농도는 다른 언급이 없는 이상 습중량 기준이다.

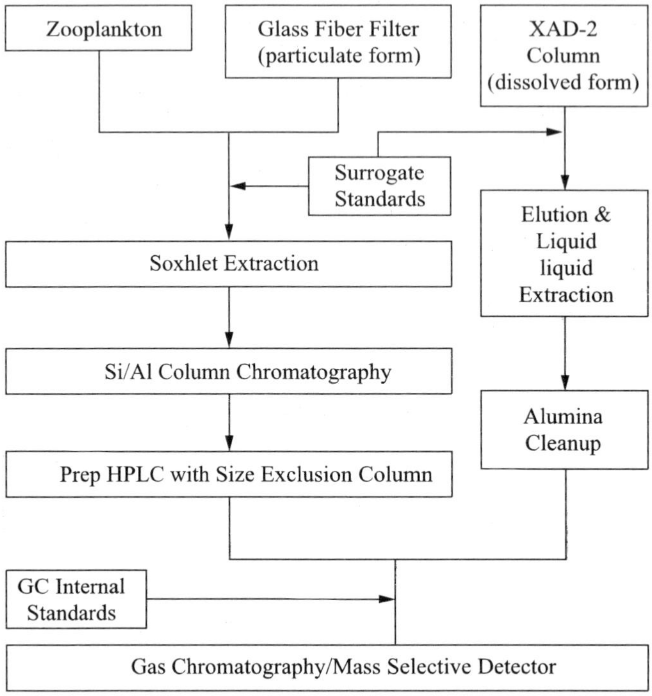

그림 2. 동물플랑크톤과 해수시료 내의 PAHs 분석절차

표 1. 가스크로마토그래피(GC)와 질량분석기(MSD)의 분석조건

GC condition

Column : DB-5MS (30m × 0.25mm × 0.25μ m)
Temperature Program :
Initial @60℃(1.5 min)
Ramp (4℃/min to 300℃)
Final @300℃(10 min)
Carrier gas : He 1.0 mL/min
Injection port Temp : 300℃
Injection mode : splitless
Injection volume : 3 μL

MS condition

Interface Temp : 280℃
Ionization Voltage : 70 eV
Monitoring method : Selected Ion Monitoring

표 2. 분석대상 화합물의 선택적 이온모니터링

Compounds	Target m/z	Confirmation m/z
*Naphthalene-d_8	136	
Naphthalene	128	
2-methyl naphthalene	142	141
1-methyl naphthalene	142	141
Biphenyl	154	152
2,6-dimethyl naphthalene	156	154
Acenaphthylene	152	151
*Acenaphthene-d_{10}	164	162
Acenaphthene	154	153, 152
1,3,5-trimethyl naphthalene	170	
Fluorene	166	
*Phenanthrene-d_{10}	188	
Phenanthrene	178	176
Anthracene	178	176
1-methyl phenanthrene	192	191
Fluoranthene	202	101
Pyrene	202	101
#Terphenyl-d_{14}	244	
*Chrysene-d_{12}	240	
Benzo[a]anthracene	228	226
Chrysene	228	226
Benzo[b]fluoranthene	252	250
Benzo[k]fluoranthene	252	250
Benzo[e]fluoranthene	252	250
Benzo[a]fluoranthene	252	250
*Perylene-d_{12}	264	260
Perylene	252	250
Indeno[1,2,3-cd]pyrene	276	138
Dinbenz[a,h]anthracene	278	139
Benzo[ghi]perylene	276	138

* Surrogate standards

\# GC internal standard

3. 결과 및 토의

3.1 동물플랑크톤의 종조성 및 출현개체수

조사기간 중 출현한 동물플랑크톤은 야광충(*Noctiluca scintillans*), 강장동물(Hydrozoans), 모악동물(Chaetognaths), 지각류(Cladcerans), 요각류(Copepods), 그리고 기타유생(Larvae) 등으로 분류되었다. 분류군의 수는 2001년 6월에 29개군, 8월에 36개군, 10월에 38개군, 그리고 2002년 2월에 22개군으로 2001년 6월과 2002년 2월에 비해 2001년 8월과 10월에 동물플랑크톤 분류군의 수가 많았다(KORDI, 2002). 요각류의 출현종 수는 6월에 11종, 8월과 10월에 16종 그리고 2월에 8종이 출현하여 분류군 가운데 가장 많은 출현종 수를 보였다. 어란을 포함한 유생군의 출현종 수는 6월과 8월에 8종류, 8월에 7종류가 출현하여 요각류 다음으로 높았다. 동물플랑크톤의 개체수는 2월에 평균 8,732 개체/m^3로 가장 많았고, 8월에 평균 1,230 개체/m^3로 가장 낮은 개체수를 보였다. 그리고 6월과 10월에는 각각 2,698, 2,300 개체/m^3 출현하여 비슷한 개체수를 보였다(표 3). 전체적인 정정별 출현양상은 가장 외해역에서 여수수로에 위치한 정점으로 갈수록 개체수가 감소하는 경향을 보였고, 광양만의 입구에 위치한 정점에서 광양만 안쪽으로 갈수록 개체수가 다시 증가하는 양상을 보였다(KORDI, 2002).

표 3. 연구지역 내 동물플랑크톤 우점종과 개체수 및 총 PAHs 농도

Date	Site No.	Dominant Species	Abundance(average) (individuals/m^3)	total PAH (ng/g wet wt.)
Jun.2001	3	*Noctiluca scintillans* *Paracalanus indicus* *Cirripedia larvae*	2,698	27.2 − 143
Aug.2001	4	*Evadne tergestina* *Acartia pacifica*	1,228	18.9 − 86.1
Oct.2001	1	*Noctiluca scintillans* *Podon leuckarti* *Paracalanus indicus*	2,296	51.3
Feb.2002	7	*Acartia omori* *Pracalanus indicus* *Centopages abdomina* *Noctiluca scintillans*	8,732	21.0 − 61.8

3.2 PAHs의 시·공간적 분포

2002년 2월에 채집된 시료에 축적된 총 PAHs의 농도는 21.0~61.8 ng/g 범위에 평균 31.0 ng/g이었다(그림 3). 동물플랑크톤의 출현양상 및 지리적인 차이 그리고 오염원의 분포로 광양만을 크게 세구역 즉, 내만, 만동편, 여수 수로와 외만으로 구분하였다(그림 1). 내만에서 채집된 동물플랑크톤내 총 PAHs의 농도는 21.0~24.2 ng/g (표준편차 : 1.51 ng/g) 범위로 일정하였다.

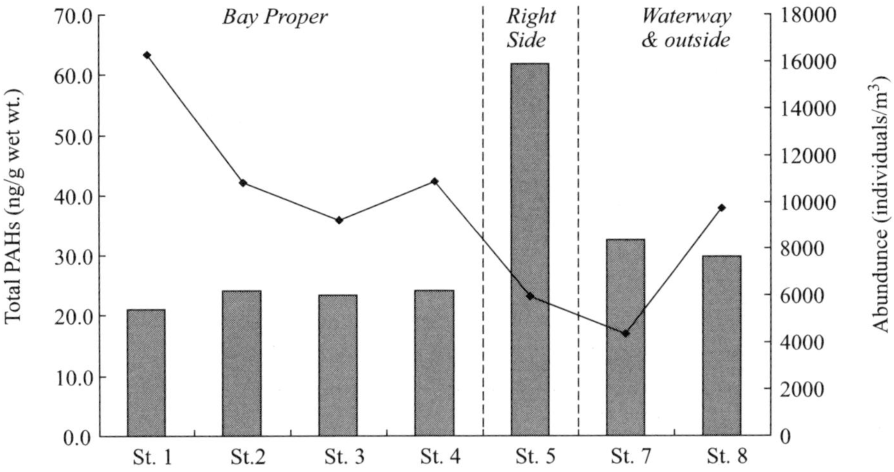

그림 3. 2002년 2월 광양만에서 채집한 동물플랑크톤에 축적된 PAHs의 공간분포. 세로막대는 PAHs 농도, 선은 동물플랑크톤 평균개체수임.

만우측에서 채집된 정점 5에서 가장 높은 농도인 61.8 ng/g, 여수 수로와 외만에서는 내만에 비해 상대적으로 높은 29.9~32.5 ng/g의 총 PAHs가 검출되었다. 계절적인 변화 역시 농도의 차이는 있지만 비슷한 경향을 나타냈다(그림 4A). 2001년 6월에 채집된 시료에서는 27.2~143 ng/g, 2001년 8월에 채집된 시료에서는 18.9~86.1 ng/g 범위의 총 PAHs가 검출되었다. 세 시기 모두 만 우측에서 최고 농도가 검출되었으며, 6월을 제외하고 만내측과 여수 수로 및 외만에서는 비슷한 농도분포를 나타냈다. 내만의 정점 2에서 계절적인 변화를 관찰하였다(그림 4B). 2001년 6월에 최고 110 ng/g까지 검출되었으며 2002년 2월에 최소값인 24.1 ng/g이 검출되었다.

동물플랑크톤에 축적된 PAHs의 농도 수준은 연구성과가 많이 존재하지 않는다. 미국 워싱턴의 Dabob Bay에서 수행된 연구는 플랑크톤에 축적된 PAHs가 315~935 ng/g OC 범위였고, 고분자량 PAHs 6종에 대해서만 논의하고 있다(Prahl and Carpenter, 1979). 최근에 동물플랑크톤에 대한 연구에서는 주로 POPs 화합물중 유기염소계화합물에 대한 연구만이 진행되고 있다

(Hargrave 등, 2000; Fisk 등, 2001). 절지동물 중 게나 새우에 축적된 농도 또한 건중량 기준으로 대부분 4 ng/g 이하로 보고된 바 있다(McElroy 등, 1989).

2001년 8월에 채수된 해수시료의 용존상 PAHs의 농도는 내만에서 24.3~45.8 ng/L, 그리고 만우측에서 128 ng/L의 농도분포를 나타내 동물플랑크톤과 비슷한 공간적 분포를 보였다. 광양만내 해수농도는 영국의 Tarmar강(Readman 등, 1982; nd-50), 미국의 Winyah만(Kucklick and Bidleman, 1994; nd-49), 그리고 발트해(Witt, 1995; 3.8－14.1)와 비슷한 농도 수준이었다.

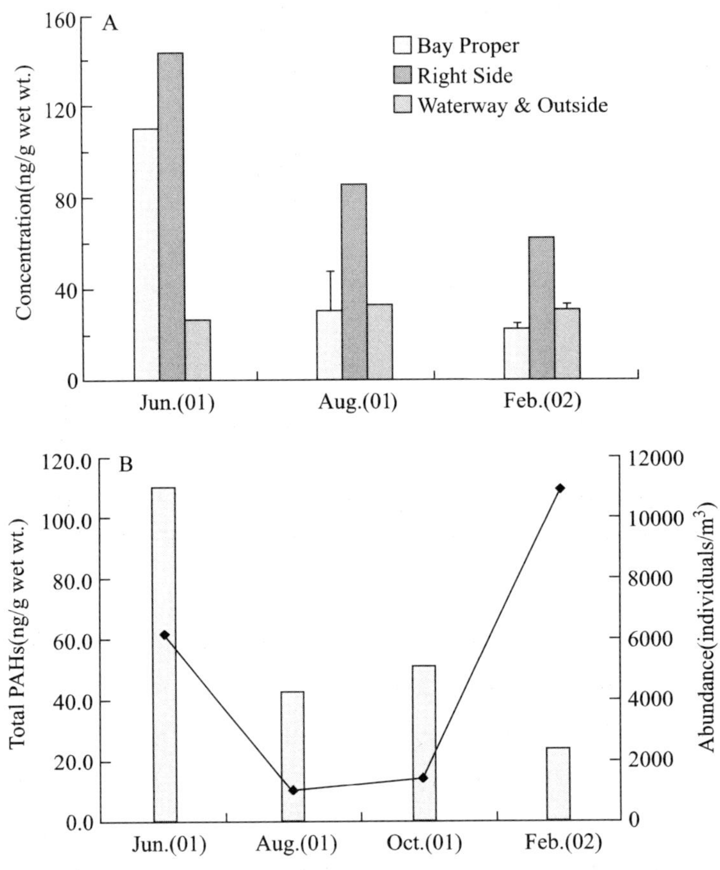

그림 4. 2001년 6월에서 2002년 2월까지 채집한 동물플랑크톤 내 축적된 PAHs의 계절변화
A : 각 지역의 평균농도, B : 내만 정점 2

3.3 PAHs의 조성 및 오염원 추정

동물플랑크톤에 축적된 PAHs는 분석대상 24종 가운데 분자량 228 이하의 저분자량 PAH가 주로 검출되었다(표 4). 나프탈렌 및 알킬화된 나프탈렌, 페난쓰렌, 플루오란센과 피렌 등이 주요한 화합물이었다. 특히 나프탈렌과 알킬화된 나프탈렌은 계절별로 차이가 있긴 하였지만 검출된 총 PAHs의 50% 이상을 차지하였다. 2001년 6월과 8월에 채집된 시료에서는 PAHs의 평균적인 조성이 동일하였으며, 2002년 2월 시료에서도 비슷한 양상을 나타냈다(그림 5). 그러나 2001년 10월 시료에서는 고분자량 PAHs가 우세한 양상이었으며, 특히 다른 계절에서는 검출되지 않았던 분자량 276이상의 인데노(1,2,3-cd)피렌과 벤조(ghi)페릴렌이 검출되었다. 비록 2001년 10월의 경우 1개 정점의 결과를 도시한 것이지만 내만의 경우 앞에서도 언급되었듯이 정점간의 차이가 크지 않기 때문에 대표적인 경향을 반영한다고 말할 수 있다.

표 4. 동물플랑크톤 내 축적된 PAHs의 농도분포

	NOD*	Minimum	Maximum	Average	Stdev
Naphthalene	15	3.17	40.3	10.6	10.4
2-Methylnaphthalene	15	2.93	35.6	9.40	10.0
1-Methylnaphthalene	14	0.0	12.2	3.51	3.66
Biphenyl	15	1.14	12.6	3.82	3.40
2,6-Dimethylnaphthalene	15	1.28	9.86	3.47	2.54
Acenaphthylene	1	0.00	0.22	0.01	0.06
Acenaphthene	5	0.00	0.35	0.08	0.13
2,3,5-Trimethylnaphthalene	13	0.00	10.1	2.25	2.61
Fluorene	12	0.00	4.20	1.21	1.05
Phenanthrene	15	2.25	13.1	5.25	3.06
Anthracene	0	0.00	0.00	0.00	0.00
1-Methylphenanthrene	13	0.00	3.36	0.98	0.84
Fluoranthene	15	1.26	4.86	2.54	1.14
Pyrene	15	0.95	6.21	2.48	1.58
Benz[a]anthracene	15	0.39	6.00	1.63	1.66
Chrysene	9	0.00	4.28	0.60	1.08
Benzo[b]fluoranthene	7	0.00	3.14	0.38	0.80
Benzo[k]fluoranthene	0	0.00	0.00	0.00	0.00
Benzo[e]pyrene	2	0.00	0.35	0.04	0.10
Benzo[a]pyrene	0	0.00	0.00	0.00	0.00
Perylene	5	0.00	2.43	0.30	0.66
Indeno[1,2,3-cd]pyrene	3	0.00	3.05	0.25	0.78
Dibenzo[a,h]anthracene	0	0.00	0.00	0.00	0.00
Benzo[ghi]perylene	1	0.00	0.30	0.02	0.08

*Number of detection

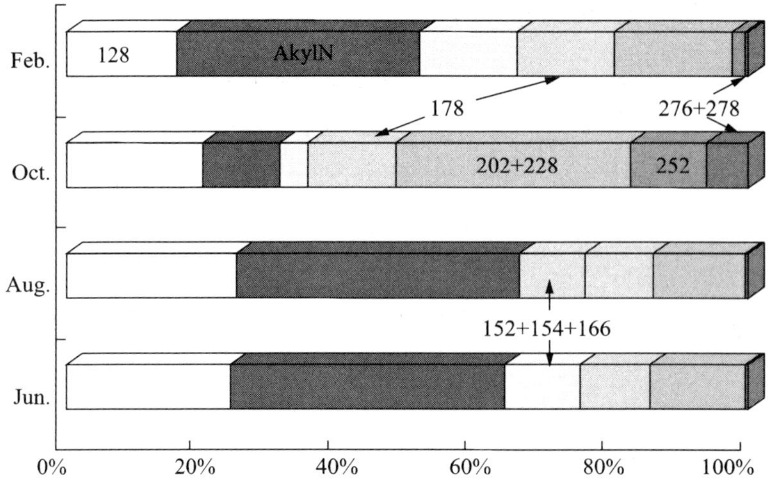

그림 5 2001년 6월에서 2002년 2월까지 채집된 동물플랑크톤 내 축적된 PAHs의 평균적인 조성 계절변화. MW128: naphthalene; alkyl N: sum of C1 napththalene, 2,6 dimethylnaphthalene, 1,3,5 trimethylnaphthalene; 152+154+166: sum of biphenyl, acenaphthene, fluorene; 178: sum of phenanthrene, anthracene; 202+228: sum of fluoranthene, pyrene, benz[a]anthracene, chrysene, 252 : sum of benzo[b]fluoranthene, benzo[k]fluoranthene, benzo[e]pyrene, benzo[a]pyrene, perylene; 276+278: Indeno(1,2,3-cd)pyrene, dibenz[a,h]anthracene, benzo[ghi]perylene.

동물플랑크톤에 반영된 광양만내 PAHs 오염원은 PAHs의 조성으로 추정할 수 있다. 2001년 6월과 8월 그리고 2002년 2월의 경우 알킬화된 나프탈렌이 나프탈렌보다 높은 농도로 검출되고 있으며, 이는 전형적인 유류오염의 증거이다. 일반적인 유류의 조성은 저분자량 PAHs가 우세하며, 알킬화된 성분이 대부분을 차지한다. 광양만내 산업단지에 입출항하는 선박에서 배출되는 냉각수 및 폐수 그리고 하천으로 유입되는 도시하수 및 산업하수가 주요한 오염원으로 추정된다(KORDI, 2002). 그러나 2001년 10월의 경우 고분자량 PAHs가 저분자량에 비해 우세하며, 알킬화된 나프탈렌 또한 나프탈렌에 비해 낮은 농도로 검출되고 있다. 이는 화석연료의 연소에 의해 생성된 PAHs의 특징적인 조성으로 연안의 퇴적물에서 전형적으로 발견된다. 광양만내에는 다량의 PAHs를 방출하는 제철공단, 정유공장 등이 산재해 있으며 이들의 영향이 계절적으로 반영된 것으로 판단된다.

3.4 지방함량과 PAHs의 상관관계

본 연구에서 분석된 동물플랑크톤의 지방함량은 0.55~17.54% 범위였으며, 계절적인 평균값은

2001년 6월에 5.93%, 8월에 9.21% 그리고 2002년 2월에 1.6%였다. 동물플랑크톤의 지방함량과 총 PAHs의 농도는 두 정점을 제외했을 경우 상관성이 높았다($r^2 = 0.85$, $p < 0.01$, 그림 6). 2001년 6월 정점 6에서 채집된 시료는 지방함량이 낮음에도 총 PAHs의 농도가 높았으며, 반대로 2001년 8월 정점 9 시료의 경우 높은 지방함량에도 불구하고 총 PAHs의 농도는 낮았다. 로그 옥탄올/물 분배계수(log K_{ow})가 3.37~6.78의 범위인 PAHs는 대표적인 친유성 오염물질이다. 앞에서 언급되었듯이 내만의 경우 동물플랑크톤에 축적된 PAHs가 정점에 상관없이 일정하였으며, 이는 이 지역 내에서 해수의 혼합이 활발하여 PAHs가 공간적으로 균일하게 분포하고 있음을 나타낸다. 이러한 환경에서는 그림 6과 같이 동물플랑크톤의 지방함량에 따라 축적되는 PAHs의 양이 결정된다. 그러나 만동편의 경우 내만에 비해 계절에 관계없이 동물플랑크톤내 총 PAHs의 농도가 높았으며, 수층 내 PAHs의 농도도 높았다. 그리고 광양만과 섬진강 표층퇴적물내 PAHs의 분포는 섬진강보다는 광양제철 및 광양시를 통과한 직후 PAHs의 농도가 높아졌으며(KORDI, 2002), 이 결과는 오염원이 섬진강에 있지 않고, 광양제철 및 광양시에서 유입되는 도시하수 및 산업하수가 만 우측의 오염원임을 나타낸다. 즉 내만과 만 우측은 다른 오염원을 가지며, 만 우측으로 하천을 통해서 유입되는 PAHs의 양이 많음을 추정할 수 있다. 그러므로 만 우측의 동물플랑크톤은 내만에 비해서 상대적으로 PAHs의 농도가 높은 수층에 노출되어 있으며, 이러한 환경이 내재적인 지방함량의 효과를 상쇄한 것으로 판단할 수 있다. 외만에 위치한 정점 9의 경우 정점 6과는 반대로 수층내 PAHs의 양이 내만이나 만 우측에 비해 상대적으로 낮은 영향을 반영한다.

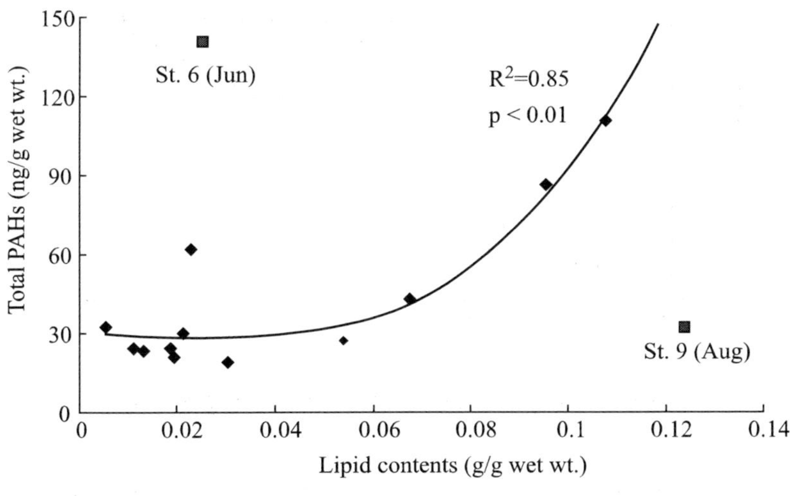

그림 6. 동물플랑크톤 내 PAHs 농도와 지방함량 간의 상관관계 (정점 6과 9는 제외)

3.5 생물농축계수

생물농축계수(Bioconcentration factor, BCF)는 특정 화합물의 생물체내 농도와 주변해수내 농도 비이다. 본 연구에서 BCF는 아래와 같이 정의되었다.

$$\mathrm{BCF} = \frac{C_{zoo}}{C_{water}}$$

여기서 C_{zoo}는 동물플랑크톤에 축적된 PAHs의 농도를 지방함량으로 표준화시킨 것이며, C_{water}는 해수내 PAHs 농도이다. 2001년 8월 정점 6에서 채집한 동물플랑크톤내에 축적된 PAHs의 생물농축계수는 분자량 128의 나프탈렌이 2,010이었으며, 분자량 228인 벤조[a]안트라센은 359,000까지 증가하였다. 이러한 결과와 PAHs의 log K_{ow}값과의 상관성을 검토하였다(그림 7). 동물플랑크톤에 농축된 PAHs는 옥탄올/물 분배계수와 거의 일치하는 결과를 보였다(r^2= 0.97, p < 0.001). 이러한 결과는 동물플랑크톤내 축적된 PAHs와 해수내 PAHs가 평형상태에 도달해 있음을 지시한다. 일반적으로 생물농축계수를 논의할 때는 대상생물이 특정화합물을 물을 통해서만 농축한다는 가정을 전제로 하고 있다(Meador 등, 1995). 먹이생물을 전혀 고려하지 않은 상태에서 K_{ow} 값과 BCF 값의 상관성이 좋은 것은 동물플랑크톤에 축적되는 PAHs의 유입 경로가 오로지 주변해수를 통한 것임을 나타낸다.

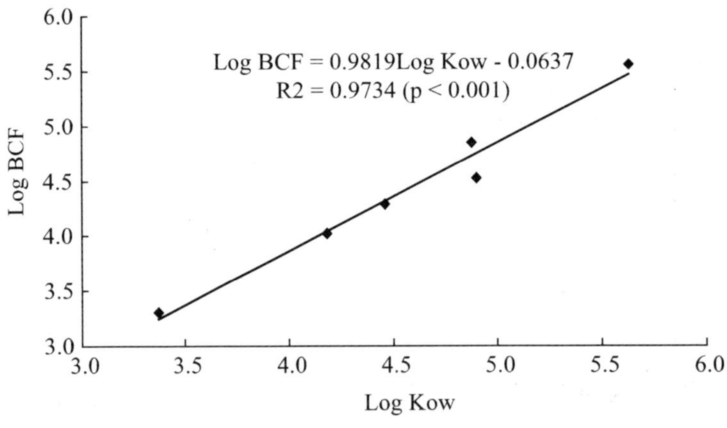

그림 7. 동물플랑크톤 내 개별 PAHs의 생물농축계수

다량의 자료 분석으로 PAHs와 log K_{ow} 값이 비슷한 3~6 범위의 POPs 화합물의 BCF-K_{ow} 관계가 직선성을 보이고, 6이상인 POPs 화합물이 포함되었을 경우 곡선성을 보임이 보고된 바 있다(Devillers 등, 1996). 북극의 동물플랑크톤에 축적된 POPs의 BCF-K_{ow} 역시 K_{ow} 값이

3~6 범위에서는 직선성을 보임을 여러 연구에서 보고하고 있다(Hargrave 등, 2000; Fisk 등, 2001). 이러한 결과는 작은 크기의 초식성 동물플랑크톤이 K_{ow} 3~6 범위의 POPs 화합물을 주변해수를 통해 축적하는 것을 뒷받침하고 있다(Kawano 등, 1986; Hargrave 등, 2000; Fisk 등, 2001).

3.6 다른 매체와의 비교

광양만내에서 조사된 다른 매체의 총 PAHs 농도 및 조성을 동물플랑크톤과 비교하였다(그림 8). 이매패류내 지방함량은 평균 9%였고, 총 PAHs의 농도는 93.0~935 ng/g 범위였다. 그리고 표층퇴적물내 평균 총유기탄소(total organic carbon, TOC) 함량은 1.1%였으며, 총 PAHs의 농도는 87.0~597 ng/g 범위였다(KORDI 2002). 그림 8에 제시된 것은 이들 농도를 이매패류와 동물플랑크톤의 경우 각각의 지방함량으로 표준화한 것이고, 퇴적물의 경우 TOC로 표준화 것이다. 지방함량과 TOC로 표준화된 동물플랑크톤, 이매패류 그리고 퇴적물내 총 PAHs의 중간값은 각각 721 ng/g lipid, 1,460 ng/g lipid, 그리고 22,900 ng/g OC였다.

지방함량으로 표준화했을 때, 동물플랑크톤과 이매패류내 총 PAHs 농도가 2배 정도 차이가 난다. 앞에서 언급되었듯이 동물플랑크톤의 PAHs 축적경로는 주변해수이다. 이매패류의 경우에도 주변해수가 가장 일반적인 축적경로(Gray, 2002)이지만, 먹이생물 섭식을 통한 생물축적이 영향을 미치는 것으로 판단할 수 있다. 생물확대에 관한 논의는 Rachel Carlson의 저서 '침묵의 봄'으로 사회적 반향을 얻은 이후 POPs 화합물에 대해 끊임없이 제기되고 있다. 그러나 Isaacs(1973)은 해양생태계가 육상생태계와 달리 먹이사슬이 개방적이기 때문에 생물확대가 부적절하다고 제안했으며, 이후 생물확대에 대한 정의에서부터 논란이 진행중이다(Gray, 2002). McKay and Fraser(2000)에 의하면 생물확대는 생물축적의 특별한 경우로써 먹이생물에서의 농도보다 체내 농도가 높은 것으로 정의되며 체내 유입경로는 생물농축까지를 고려했다. 즉, 생물확대계수(biomagnification factor, BMF)는 아래와 같이 정의된다.

$$\mathrm{BMF} = \frac{C_B}{C_A}$$

여기서 C_B는 대상생물내의 농도이고, C_A는 먹이생물내의 농도이며 각각의 지방함량으로 표준화된 것이다. 이번 연구에서 논의의 대상인 동물플랑크톤은 담치와 굴과 같은 이매패류의 먹이생물이지만, 이매패류는 그 외에 다양한 먹이생물을 섭식한다. 그러므로 동물플랑크톤과 이매패류내 농도비는 대략적인 생물확대를 표현한다고 볼 수 있다. PAHs에 대해서 먹이사슬의 상위단계 생물이 대사능력을 가지고 있고 해양의 먹이사슬이 복잡하기 때문에 생물확대를 논하기에는 부

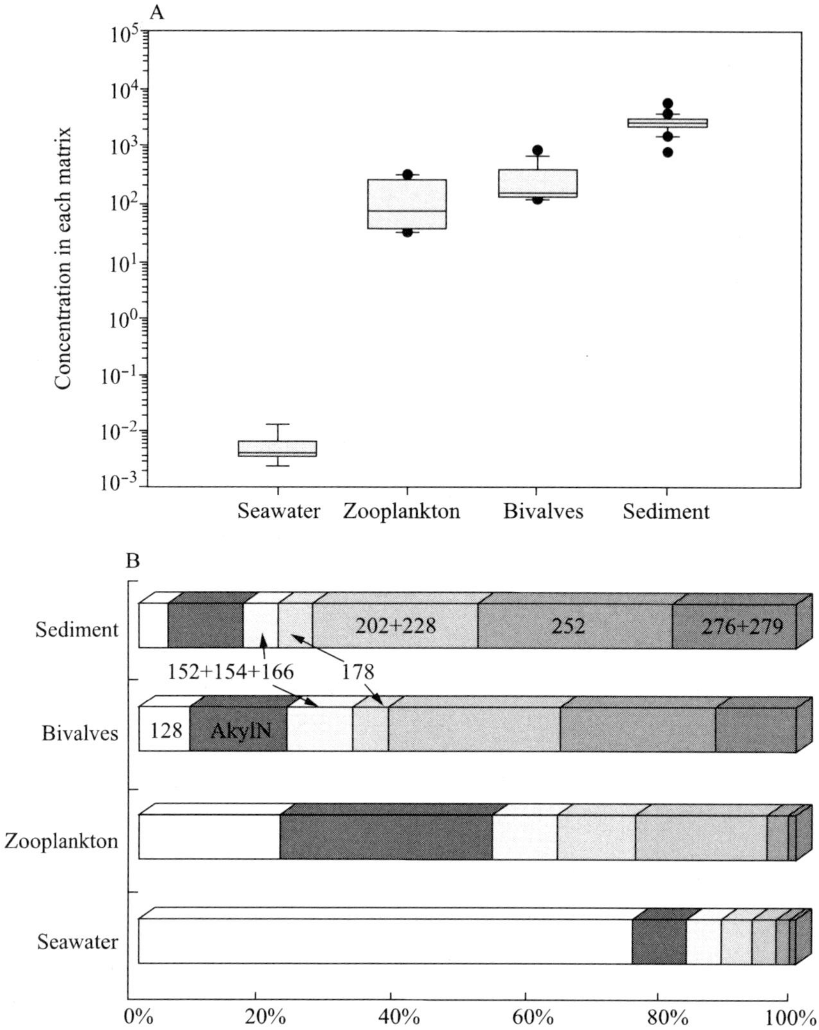

그림 8. 광양만의 해수, 동물플랑크톤, 이매패류, 퇴적물내 PAHs 농도(A), PAHs 조성(B) 비교. 동물플랑크톤과 이매패류내 PAHs는 지방함량으로, 퇴적물은 유기탄소 함량으로 표준화

적절한 것으로 판단되지만(McElroy 등, 1989), 전체 먹이사슬이 아닌 하위단계에서는 PAHs의 대사능력이 없거나 낮기 때문에 생물확대가 일어날 수 있으며(Meador 등, 1995), 위의 결과는 그러한 것을 뒷받침하고 있다.

퇴적물내 서식하는 단각류는 퇴적물보다 높은 농도의 PAHs를 축적하는 것으로 알려져 있지만(McElroy 등, 1989), 부유물식자인 담치와 굴과 같은 이매패류와 퇴적물간에는 뚜렷한 상관관계가 존재하지 않는다(Baumard 등, 1998). 해양으로 유입된 PAHs는 친유성이므로 특히 분자량

202 이상의 고분자량 PAHs는 주로 입자에 흡착된 형태로 존재하며 결국 바닥으로 침전한다. 앞에서 고려된 각각의 매체에서 PAHs의 존재양태는 자체내의 물리·화학적 특성, 특히 용해도와 K_{ow}값에 의해 결정된다. 해수내 용존상에서는 용해도가 가장 높은 나프탈렌의 비율이 가장 높으며, 퇴적물에서는 입자에 흡착된 고분자량 PAHs가 우세하다(그림 8B). 그리고 이번 연구 결과 이매패류와 퇴적물내 PAHs의 상관관계 ($r^2 = 0.52$, $p < 0.001$)가 이매패류와 동물플랑크톤간의 상관관계 ($r^2 = 0.24$, $p > 0.01$)에 비해 좋으며, 이는 앞에서도 언급되었듯이 이매패류내 PAHs 유입경로가 해수뿐만 아니라 입자 및 먹이생물임을 뒷받침하고 있다.

참고문헌

해양수산부, 2001. 전국연안의 지속성 유기오염물질 오염실태 조사 연구. BSPM 00070-00-1336-3, pp. 229-238.

한국해양연구원, 2002. 남해 특별관리해역의 환경오염 관리모델 연구 (1) 광양만 중심 연구. BSPE 819-00-1407-7, pp. 53-75.

Baumard, P., H.Budzinski, P. Garrigues, J.C. Sorbe, T. Burgeot and J. Bellocq, 1998. Concentrations of PAHs in various marine organisms in relation to those in sediments and to trophic level. *Mar. Pollut. Bull.* **36**: 951-960.

Clark, R.B., 1993. Marine pollution. Clarendon Press, Oxford, pp 28-52.

Devillers, J., S. Bintein and D. Domine, 1996. Comparison of BCF models based on log*P*. *Chemosphere*, **33**: 1047-1065.

Fisk, A.T., G.A. Stern, K.A. Hobson, W.J. Strachan, M.D. Loewen and R.J. Norstrom, 2001. Persistent organic pollutants (POPs) in a small, herbivorous, arctic marine zooplankton (*Calanus hyperboreus*): trends from April to July and the influence of lipids and trophic transfer. *Mar. Pollut. Bull.* **43**: 93-101.

Gray, J.S., 2002. Biomagnification in marine systems: the perspective of an ecologist. *Mar. Pollut. Bull.* **45**: 46-52.

Hargrave, B.T., G.A. Phillips, W.P. Vass, P. Bruecker, H.E. Welch and T.D.Siferd, 2000. Seasonality in bioaccumulation of organochlorines in lower trophic level artic marine biota. *Environ. Sci. Technol*. **2000**: 980-987.

Isaacs, J.D., 1973. Potential trophic biomasses and trace-substance concentrations in unstructured marine food webs. *Mar. Biol*. **22**, 97-104.

Kwano, M., S. Matsushita, T. Inoue, H. Tanaka and R. Tatsukawa, 1986. Biological accumulation of chlordane compounds in marine organisms. *Mar. Pollut. Bull*. **17**: 512-516.

Ko, F.-C. and J.E. Baker, 1995. Partitioning of hydrophobic organic contaminants to resuspended sediments and plankton in the mesohaline Chesapeake Bay. *Mar. Chem.* **49**: 171-188.

Kucklick, J. R. and T. F. Bidleman, 1994. Organic contaminants in Winyah Bay, South Carolina I: pesticides and PAHs in subsurface and microlayer waters. *Mar. Environ. Res.* **37**: 63-78.

Mackay, D., and A. Fraser, 2000. Bioaccumulation of persistent organic chemicals: mechanisms and models. *Environ. Pollut.* **110**: 375-391.

McElroy, A.E., J.W. Farrington and J.M. Teal, 1989. Bioavailability of PAHs in the aquatic environment. In: Metabolism of PAHs in the aquatic environment, edited by Varanasi, U. CRC Press, Florida, pp. 1-39.

Meador, J.P., J.E. Stein, W.L. Reichert, and U. Varanisi, 1995. Bioaccumulation of PAHs by marine organisms. *Rev. Environ. Contam. Toxicol.* **143**: 79-148

Prahl, F.G. and R. Carpenter, 1979. The role of zooplankton fecal pellets in the sedimentation of polycyclic aromatic hydrocarbons in Dabob Bay, Washington. *Geochim. Cosmochim. Acta* **43**: 1959-1972.

Readman, J.W., R.F.C. Mantoura, M.M. Rhead, and L. Brown, 1982. Aquatic distribution and heterotrophic degradation of PAHs in the Tamar estuary. *Estuarine, Coastal and Shelf Science*, **14**: 369-389.

Silva, E.M.D., MC.P. Aquiar, M.D.F.T. Navarro, and C.D.B.E.A. Chastinet, 1997. Impact of petroleum pollution on aquatic coastal ecosystems in Brazil. *Environ. Toxicol. Chem.* **16**: 112-118.

Vallack, H.W., D.J. Bakker, I. Brandt, E.Brostrom-Lunden, A. Brouwer, K.R. Bull, C. Gough, R. Guardans, I. Holoubek, B. Jansson, R. Koch, J. Kuylenstierna, A. Lecloux, D. Mackay, P. McCutcheon, P. Mocarelli and R.D.F. Taalman, 1998. Controlling persistent organic pollutants-what next?. *Environ. Toxicol. Pharm.* **6**: 143-175.

Witt, G., 1995. Polycyclic aromatic hydrocarbons in water and sediment of the Baltic Sea. *Mar. Pollut. Bull.* **31**(4-12): 237-248.

기후, 해양생태계, 그리고 GLOBEC 연구

김수암 / 부경대학교 자원생물학과

1. 들어가며 : 기후와 해양

기후변화의 문제는 이미 과학자들만의 관심사항이 아니다. 1997/98년 엘니뇨(El Nino)는 우리 인류가 경험하였던 엘니뇨 중에서 가장 커다란 것이었고, 엄청난 피해가 지구 도처에서 보고되었다. 그리고, 2002년의 봄철에 새로운 강력한 엘니뇨의 조짐이 이미 페루 해역에서 시작되었다는 미국 국립해양대기청(National Oceanic and Atmospheric Administration: NOAA)의 예보는 전 세계를 바짝 긴장시켰다. 이렇게, 비정상적인 자연현상의 발생은 학계뿐만 아니라 전사회적으로 비상한 관심을 받고 있다. 하지만, 아직도 세계 곳곳에서 진행되고 있는 급속한 산업화는 온실가스의 방출을 증가시켜 지구 온난화 현상을 가속시키고 있으며, 환경오염은 매우 빠른 속도로 전 지구적으로 확산되어 지구생태계를 위협하고 있다. 이미 몇몇 선각자들은 향후 발생할 지구기후 변동의 문제가 인류가 직면하고 있는 가장 커다란 위협이라고 경고를 한 바 있었으며, 각 국의 지도자들은 2000년 1월에 개최된 스위스의 다보스 포름에서 새로운 밀레니엄의 첫 시기에 인류가 가장 시급히 취급하여야 할 일은 지구의 기후변화에 대비하는 것이라고 규정하였다.

사실 지구의 역사에서 기후변화는 이상현상이 아니다. 지구의 탄생 이래에 기후는 끊임없이 변화하였으며, 기후가 바뀜에 따라 지구생태계가 개편되곤 하였다. 하지만 대부분의 기후변화는 장기간에 걸쳐 서서히 진행되었기 때문에, 생물들은 비교적 무난하게 바뀐 환경에 적응을 할 수가 있었다. 요즈음 회자되고 있는 기후변화의 문제는 인간의 자연파괴 활동 혹은 과도한 공업활동의 결과로서 지구환경이 너무나도 급격히 변화하고 있으며, 생물체들은 바뀐 환경에 적응할 시간적 여유가 없다는 것이다. 소규모의 진폭은 있으나, 지구의 평균기온은 지난 100년 동안에 약 0.6도 상승한 것으로 관측되었다. 지구의 역사에서, 수만 년 동안 진행된 빙하기와 간빙기 사이의 기온 차이가 5도 미만이었다는 것을 감안한다면, 요즘과 같은 기온의 상승은 매우 급격한 것으로 볼 수 있다.

기후의 변동은 육상환경뿐 만 아니라 지구 표면의 71%를 덮고 있는 해양의 환경도 변화시키고 있다. 그리고, 근년에 이르러 해양환경 변화의 속도가 유난히 빠르게 나타나고 있다. 해양의 변화를 유발하는 것은 분명히 기상 혹은 기후의 변화이다. 기후는 해양을 변화시키며, 또한 바뀐 해양환경은 다시 기후에 영향을 미친다. 정부간 기구인 '기후변화에 관한 정부간 협의회(Intergovernmental Panel of Climate Change : IPCC)'에서는 기후변화의 사회적 영향이 엄청나게 크리라고 예상하여 1990년도부터 매 5년마다 각 분야별 전문가를 초빙하여 기후변동의 현황과 정책수립의 방향을 제시하는 보고서를 발간하고 있다(IPCC, 1996, 2001). IPCC의 제3차 보고서에서는 이산화탄소의 증가율이 현재와 같다면, 2080년에는 지구전체 평균 표면기온이 지금보다 3도 증가할 것으로 예상하였다(IPCC, 2001). 대륙은 해양보다 두 배정도 빠르게 더워질 것이며, 특히 고위도의 겨울이 심한 온난화에 직면할 것이라고 예견하였다. 또한, 지구의 온난화는 기온뿐만 아니라, 강수, 바람, 해빙, 해수면 상승 등에도 영향을 미치고 있다. 해수면 상승은 주로 해수의 열팽창과 빙하의 해빙에 의하여 야기되는데, 1990~2100년 사이에 약 0.5m 해수면이 상승하리라 예상하고 있다. 이러한 상승률은 20세기에 관측된 속도의 2~4배에 해당된다.

지구의 기후는 특히 1990년대에 들어 와 매우 온난해졌다. 북극해는 지구온난화의 영향을 조기에 나타내는 장소로서, 대기중의 이산화탄소가 지금보다 두 배 증가하면 북극해 해빙 면적의 60%가, 얼음의 부피가 25~45% 감소할 것이며, 인근 대륙으로부터의 하천수 유입이 증가할 것으로 예상된다. 이미, 1978~1996년 사이에, 북극해의 얼음 면적이 10년 당 2.9~3.5%씩 감소하는 것으로 관찰되었으며, 향후에는 더욱 빠른 속도로 북극의 얼음이 녹을 것으로 전망된다. 과학자들은 2070년까지 북극권의 기온이 2~6도 상승하리라 예상하지만, 이산화탄소 방출량을 예측할 수 없어 정확한 기온예측은 불가능하다.

한편, 해양이라는 비교적 안정된 환경에 적응하고 있던 해양생물은 급격한 환경 변화에 매우 취약하기 때문에 그 생태계의 구조가 재편된다. 따라서 인간이 주로 활용하고 있는 수산 생물자원의 분포나 양도 과거와는 다른 양상으로 나타날 것이다. 육상에서는 기후 혹은 기상의 변화가 생물체에 직접 영향을 미치게 되므로, 기후변화가 예측된다면 생태계의 변화는 비교적 쉽게 예상할 수 있다. 그러나, 해양에서는 생물체들이 해수 속에서 살아가고 있으므로 상황이 다소 복잡해진다. 기후가 변화하면 해양의 환경(즉, 물리적 현상)이 변화하는데, 첨단의 현대과학으로도 기후의 변동이 야기하는 해양의 물리화학적 변동을 아직 상세히 예측할 수 없기 때문이다. 하지만, 최근에 들어와 컴퓨터 공학의 발전에 힘입은 모델링 기법의 개선과 상당기간 동안에 축적된 기상 및 해양환경 자료, 통계분석 방법의 발전 등은 기후-해양 상호관계 규명에 커다란 실마리를 제공하고 있다. 본 논문은 급변하는 지구환경연구 분야에서 기후가 변동함에 따라 해양생태계 및 해양수산자원이 어떻게 반응하고 있는지 파악하기 위하여 마련되었다. 특히, 우리나라가 위치하고 있는 태평양 해역에서의 해양생태계의 변화를 기후변화의 시각에서 해석한 실례들을 포함하였다. 또한, 우리나라 해양학의 방향과 정부의 정책을 점검해 보는 계기를 마련하기 위해서, 선진국들이 추진하였던 국제적 연구프로그램인 '전지구해양생태계 역학연구(Global Ocean Ecosystem Dynamics: GLOBEC)' 프로그램을 간략하게 소개하였고, 우리가 추진하여야 할 해양연구 방향을 고찰하여 보았다.

2. 기후변동의 지시자

기후변화에서 가장 민감하게 변화하는 요소는 기온이다. 인류는 1800년대 중엽부터 현대적인 기기를 이용하여 지구의 기온을 관측하였는데, 그 동안의 관찰결과로부터 지구가 점차로 온난화되고 있다는 사실이 알려지게 되었다. 그리고 이러한 온난화는 온실효과(greenhouse effect)라는 현상에 의하여 설명할 수 있는데, 대기 중 이산화탄소의 양이 증가하면 기온이 상승하게 된다. 즉, 산업혁명 이전에는 대기중의 이산화탄소의 양이 280 ppm이었으나, 지난 세기에 산업시설이 엄청나게 증설되어 이산화탄소의 양이 370 ppm에 이르렀고, 이 결과 지구의 평균기온이 급격히 증가되었다는 것이다. 현재의 추세로 이산화탄소의 배출이 계속된다면, 21 세기의 중반에 이산화탄소의 농도가 산업혁명 시대의 두 배가 될 것이며, 기온의 상승도 현저할 것이라는 전망이다. 그러나 어떠한 자연의 기작(mechanism)에 의하여, 지구의 기온이 결정되는지 아직 밝혀지지 않았으므로, 이산화탄소의 증가에 따른 기온의 예측은 아직 부정확하다.

인간활동에 의한 기온의 상승요인 이외에도, 지구상에는 자연적 요인에 의하여 기온의 변화가 있었다는 것은 여러 경로로 확인할 수 있다. 지구의 표면에 나타난 빙하의 확장/축소 흔적이라든지, 빙하나 퇴적층에 포함된 안정동위원소의 함량도 기온변동의 좋은 지시자들이다. 또한, 수명이 긴 식물(혹은 동물)의 나이테 성장형태도 시대적으로 바뀐 기후를 나타내는 좋은 증거물인 것이다. 일단의 천문기상학자들은 지구의 자전속도(Klyashtorin, 2001), 성층권 대기의 흐름양상(Klyashtorin, 1998), 태양 흑점의 활동주기(Friis-Christensen and Lassen, 1991)등이 지구의 기온변동과 유사한 형태로 변화하는 것을 관찰하였고, 이들 요소들이 기온변화에 관련이 있을 것이라고 주장하고 있다(그림 1).

지구 전반에 걸쳐 장기간으로 진행되고 있는 기후상태의 교대가 지구생태계에 미치는 영향을 파악하기 위하여 여러 가지의 시계열 자료를 생각할 수 있다. 기온과 같은 직접적인 기상 관측치, 지구의 자전 속도, 빙하의 규모, 혹은 얼음에 포함된 산소안정동위원소의 함량, 나무의 나이테 등의 기온의 간접적인 추정치는 대체로 수백 년 간의 장기간 자료로서, 일정한 주기성을 보이고 있

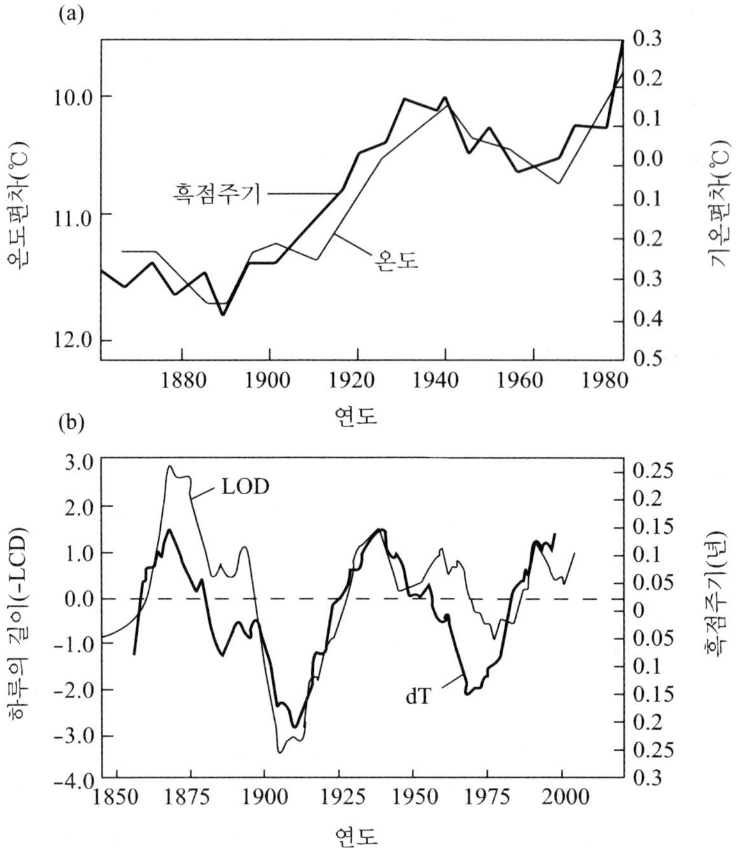

그림 1. 지구표면온도의 시대적 변화와 천문학적 관측치의 변화
(a) 태양흑점의 활동 주기, (b) 지구의 자전속도(LOD)

는 것들이 많다. 또한, 지난 150년 동안의 직접적인 기온 관측으로부터 얻어진 시계열자료에 대한 spectral analysis 결과는 55~65년 주기를 보이고 있으며, 지난 1500년 동안의 합성된 지상표면기온에 대한 통계분석도 이와 유사한 55~60년의 주기를 나타내고 있다.

기후학자들은 장기간 축적되어 있는 기상 및 해양 관측치를 기후변동의 지시자(index)로 활용하고 있다. 북태평양 기후의 지시자로 흔히 이용되는 것에 알류샨저기압지수(Aleutian Low Pressure Index, ALPI), 북태평양지수(North Pacific Index), 태평양순년 진동지수(Pacific Decadal Oscillation Index, PDOI) 등이 있으며, 대체로 이들 지수들은 엘니뇨의 지시자인 남방진동지수(Southern Oscillation Index, SOI)와 음 혹은 양의 상관관계를 보이고 있다. 이러한 수십 년 규모의 기후변동(decadal-scale variability)은 북극해, 대서양에서도 보고되었으며, 특히 북대서양 생태계에서는 북대서양진동지수(North Atlantic Oscillation Index)가 많이 이용되고 있다(표 1).

표 1. 최근 많이 이용되고 있는 기후지수

기후 지수	측정 대상	참고 문헌
(북대서양의) 대기순환지수 (Atmospheric Circulation Index of the North Atlantic : ACI)	북대서양의 편서풍	Beamish *et al.* (1999)
알류샨저기압지수 (Aleutian Low Pressure Index : ALPI)	북태평양의 저기압	Beamish and Boullion(1993) Beamish *et al.* (1997)
하루의 길이 (Length of the Day : LOD)	지구의 자전 속도	IERS (1997)
북대서양진동지수 (North Atlantic Oscillation Index : NAOI)	아이슬랜드 저기압과 아조레스 고기압	Hurrell (1995)
북태평양지수 (North Pacific Index : NPI)	북태평양의 알류샨 저기압	Trenbirth and Hurrell (1995)
태평양순년진동지수 (Pacific Decadal Oscillation Index : PDO)	북태평양의 해양표층수온	Mantua *et al.* (1997)
남방진동지수 (Southern Oscillation Index : SOI)	적도태평양 대기 및 해양 조건(해수면기압)	Walker (1924)

표 1에 설명된 기후지수 이외에도 북동태평양기압지수(Northwest Pacific Pressure Index, NEPPI), 북반구표층기온(Northern Hemisphere Surface Temperature), 태평양순환지수(Pacific Circulation Index) 등이 자주 인용되고 있으며, 지역적인 기후의 변화를 파악하기 위하여 빙하의 길이, 나무 나이테의 성장폭 등이 이용되고 있다. 이러한 지수들을 누적합(Cumulative Summation)의 형태로 그려주면, 시대별 기후의 특징이 비교적 잘 나타난다.

3. 기후 변화에 따른 해양생태계의 변화

비교적 최근까지 보통의 과학자들은 시대가 바뀜에 따라 기후의 체제가 바뀔 것이며, 이 결과로 해양에서의 생산력이 변화할 것이라는 생각까지는 하지 않고 있었다. 더욱이, 해양수산자원의 증감상태와 기후를 연관지려는 시도는 무모한 일이라고 생각하였다. 이 분야의 연구에서 가장 커다란 걸림돌은 우리가 기후라는 환경조건을 예측하기 힘들다는 것이었다. 실제로 현재의 과학수준은 단지 단기간의 기상현상만 예측할 수 있을 뿐이다. 하지만, 기후현상이 주기를 가지고 반복되고 있다는 사실이 밝혀지면서, 과학자들은 해양생태계 및 어류개체군의 풍도 변화가 기후의 주기성과 어떠한 연관을 가지고 있는지 관심을 갖게 되었다.

새로운 기후에 의하여 형성된 새로운 해양환경은 생태계 내의 먹이연쇄 구조를 변형시킬 것이며, 궁극적으로 각 해양에서의 생산력 변화를 유발할 것이다. 이는 해양생태계가 지탱할 수 있는 환경수용력(carrying capacity)이 새로운 환경에 따라 다시 정해짐을 뜻한다. 지난 10년 동안에 기후와 생태계 변동 사이에 존재하는 관계를 규명하기 위한 연구활동이 부쩍 늘었지만, 아직 기후라는 환경요인과 생물개체군이 증감하는 과정에 대해서는 상세히 밝혀지지 않았다. 본 단원에서는, 과거의 역사시대의 자료와 최근의 해양조사 및 어획기록을 통하여 해양생물자원의 양이 항상 변동하고 있다는 사실을 보여 주고, 그러한 변동이 기후의 어떠한 요소들과 커다란 상관관계를 가지고 있는지 살펴볼 것이다.

3.1 자연과 인간의 기록으로 본 해양어류자원의 변동

인류는 상업적 어업 혹은 유희적 낚시활동을 통하여 자연상태에 있는 야생동물을 포획하여 왔으며, 어업활동은 인류가 유일하게 남겨 놓은 사냥행위이다. 그러므로, 어업활동의 강도에 따라 수산자원의 양은 변화하고 있는데, 최근에 수산식품에 대한 수요가 늘고 어로기술이 혁신됨에 따라, 지구상의 곳곳에서 남획에 의한 수산자원의 고갈현상이 발생하고 있다. 하지만, 여러 가지 증거에 의하면, 자연적인 요인에 의해서도 수산자원은 심한 변동을 보여왔다. 인간의 어획통계가 기록된 것은 불과 100년에 지나지 않으므로, 과학자들은 어획자료가 아닌 자연의 기록에서 수산자원의 변동양상을 파악하려고 노력하고 있다.

무산소 환경조건이 형성된 해역에서 퇴적물이 쌓일 때, 그 퇴적물에 생물체의 사체가 함께 묻힌다면, 이는 생물체의 번성에 대한 기록을 보관하는 좋은 창고 구실을 하게 된다. 캘리포니아 앞바다의 퇴적층에는 계절적으로 무산소 조건이 형성되는데, 해양의 소형표층어류로부터 떨어진 비늘이 썩지 않고 퇴적층에 보관되고 있다. Baumgartner 등(1992)은 이 퇴적층에서 정어리의 비늘을 발견하고, 그 수를 헤아림으로써, 어류의 자원량을 유추하였다. 그들의 연구결과에서 나타난 비늘의 수효는 어업의 기록이 있었던 20세기의 초반과 중반의 어업의 성쇠를 그대로 반영하고 있다. 즉, 이 해역에서는 1930년대에는 정어리 어업이 활발하였고, 1950년대에는 정어리 자원이 거의 발견되지 않았는데, 지층에서 발견된 비늘의 수는 이러한 경향을 나타낸다. 또한, 이 해역에서 본격적인 어업활동이 수행된 것은 20세기에 들어 와서이지만, 이미 지난 1700년 동안 정어리 자원은 이 해역에서 성쇠를 반복하고 있었다(그림 2). 이 그림이 제공하는 주요한 결론 중의 하나는, 이 해역에서 남획에 의한 자원 고갈현상이 없었던 1900년대 이전에도 수산자원은 자연적인 현상에 의하여 성쇠를 반복하고 있었다는 것이다.

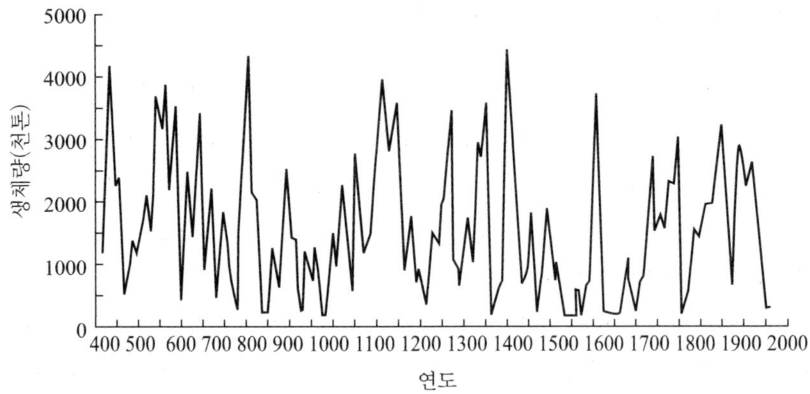

그림 2. 캘리포니아 앞바다 지층에서 발견된 비늘로부터 추정된 정어리 자원량

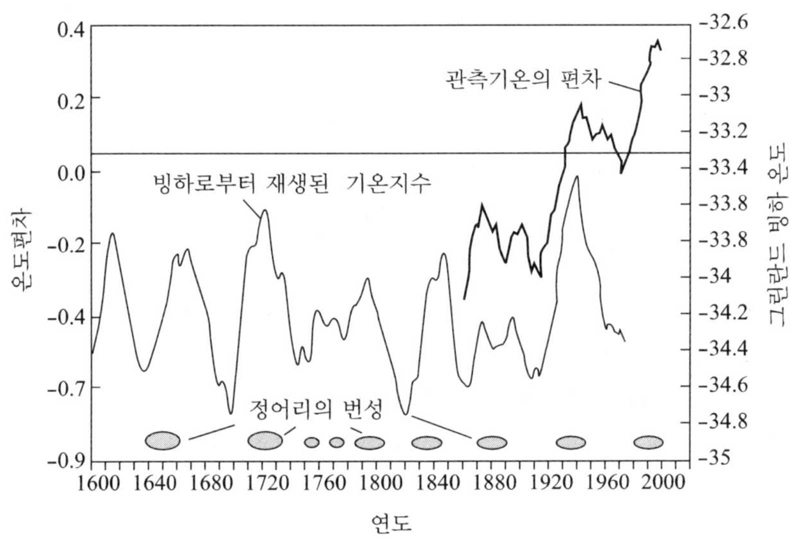

그림 3. 지난 400년간 주기적인 기온변동과 일본정어리의 대번성

일본 연대기는 지난 400년간의 정어리 풍도에 관한 역사적 정보를 포함하고 있는데, 일본 해역에 정어리의 출현 양상이 크고 작음에 따라 해안의 어촌이 생성되었다가 폐허가 되곤 하였다(Kawasaki, 1994). 1800년대부터 관찰된 기온으로부터 계산된 지구의 기온편차는 그린란드 빙하로부터 재생된 기온과 같은 경향을 보이고 있으며(그림 3), 이러한 결과는 빙하 자료로부터 재생된 기온의 경향을 지구 기온의 변화 경향으로 볼 수 있게 한다. 지난 400년 동안의 기온의 편차와 일본 앞바다의 정어리 자원량의 변동을 비교하니, 기온이 비교적 높았던 시기에 정어리 자원이 증가하였으며, 지구가 추었던 기간에는 정어리 자원이 자취를 감추었던 것으로 나타났다. 그리고, 정어리 자원 성쇠는 대략 60년 정도의 주기를 보이고 있다(Klyashtorin, 2001).

3.2 해양조사에서 나타난 해양의 변화

영국 플리머쓰 연안에서 장기간 동안 수행된 플랑크톤 조사로부터 F. Russell은 해양생물의 군집변동에 대한 주요한 변화를 발견하였다. 1920년대 번성하던 모악동물(Chaetognaths) 중에서 대서양 혼합수의 지표종인 *Sagitta elegans*는 사라지고, 1930년대 초반부터는 *S. setosa*가 출현하기 시작하였다. 이와 동시에 겨울철 해수에 녹아 있는 인(phosphorus)의 함량이 그 이전에 비하여 현격히 감소하였으며, 해파리를 비롯한 대형동물플랑크톤의 총량도 그 이전에 출현하던 양의 약 25% 정도로 감소하였다. 어류 치어의 경우, 청어와 대구류가 감소하면서, 대서양 정어리(pilchard)가 증가하였다. 이러한 현상은 급격하게 진행되었으며, 이 상황이 1960년대까지 지속되다가, 1960년대 후반에 이르러 1930년대와 정반대의 과정이 재현되기 시작하였다. 즉, 겨울철의 인 농도와 대형플랑크톤의 출현이 증가하고, *S. elegans*가 다시 *S. setosa*를 대체하기 시작하였다. 또한, 대서양 정어리가 감소하고, 대구류의 출현이 증가하였다. 이 현상은 주기적 모양의 일부분처럼 보이므로, 발견자 Russell의 이름을 따 러셀주기(Russell cycle)라고 부른다.

러셀주기는 대양의 순환과 관련이 있을 것으로 짐작하고 있으나, 아직 왜 이러한 현상이 해양에서 발생하며, 그 정확한 기작이 무엇인지 아직 설명할 수 없다. 또한 이것이 주기적 현상인지, 혹은 우연한 역전현상인지 분명하지 않지만, 해양의 생물군집구조가 안정된 상태로 계속 유지되는 것이 아니라, 항상 변화하고 있다는 것을 보여주는 일례라는 것이다. 기후변화의 관점에서 보면, 러셀주기에 해당되는 기간 동안에 일시적인 온난화 현상이 나타났었다는 점에 주목할 수 있다. 러셀주기의 초기인 1920년대부터 특히 북반구의 평균기온이 급격히 상승하였으며, 이렇게 온난한 기후는 1930~40년대에 최고를 기록하다가 1960년대 후반까지 계속 하강하였다. 아직, 기온의 변화-대기의 순환-생태계의 체제 개편에 대한 인과관계에 대한 설명은 불충분하다.

3.3 어업자료에 의한 어류의 성쇠

어업기록에 의하면, 한 해역에서 어떤 어종이 번성하였을 때, 그 번성이 영구적으로 지속되는 것처럼 보이지는 않는다. 지난 20세기의 후반기 이래 베링해를 포함한 북태평양에서 명태가 많이 어획되고 있지만, 40년 전인 1960년에만 해도 이 해역에 명태가 그렇게 번성하지는 않았었다(김, 1990). 또한, 우점종의 교대현상도 현저한데, 같은 해역 내에서 정어리와 멸치의 교대현상은 세계의 여러 해양에서 보고되었다. 1900년대 이래의 청어와 정어리 어업자료를 분석하면, 매우 재미있는 현상이 발견된다. 우리나라에서는 1930~40년대에 정어리가 많이 어획되었으나, 그 이후에 원인 모르게 자취를 감추었다. 그러나 1970년대 후반부터 다시 정어리가 증가하기 시작하였으며, 세계 곳곳에서도 정어리 자원이 거의 같은 시간에 폭발적으로 증가하는 것을 볼 수 있다

(그림 4). 지리적으로 격리되어 있는 세계의 정어리 자원(즉, 한국과 일본의 정어리, 캘리포니아 정어리, 칠레 정어리, 유럽 정어리)은 모두 거의 같은 시기에 증가하였으며, 그리고 동시에 쇠퇴하는 양상을 보이고 있다. 이러한 현상을 우연의 일치라고만 생각할 수는 없으며, 많은 학자들은 지구 전체를 지배하는 자연현상인 '기후'가 어류자원을 조절하는 기능을 가지고 있는 것으로 추측하고 있다.

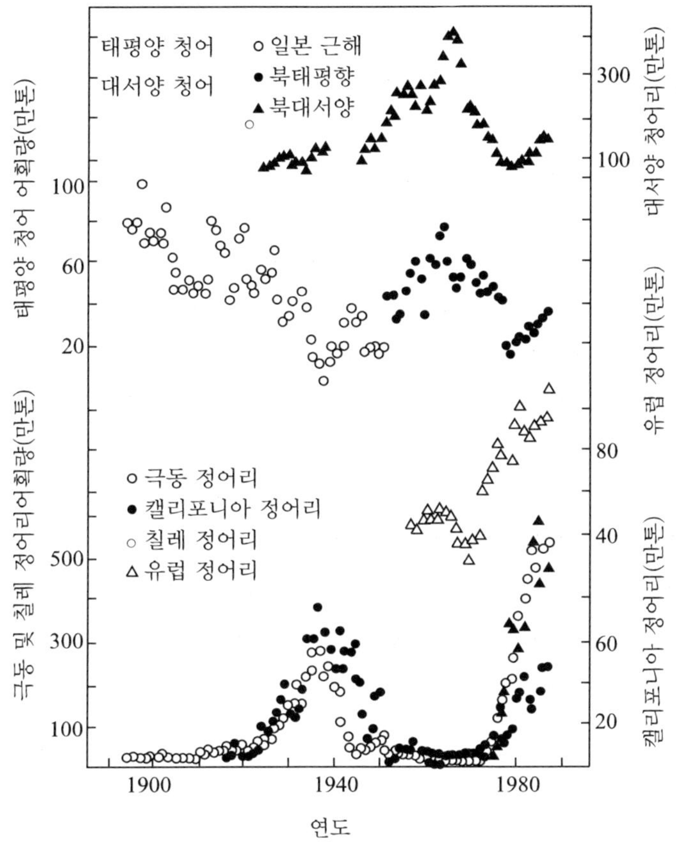

그림 4. 세계의 정어리와 청어의 연도별 어획량

한편, 대서양 청어와 태평양 청어도 거의 같은 시기에 성쇠하고 있었음이 발견되는데, 공교롭게도 청어의 성쇠와 정어리의 성쇠가 정반대임을 알 수 있다(김, 1994). 이러한 수산자원량의 변화는 부분적으로는 어업활동에 기인한 이유도 있지만, 일반적으로는 자연현상이라고 받아들여진다. 아직, 자연의 어떠한 기작이 이렇게 어류의 번성을 좌우하고 있는지 잘 모르지만, 전 지구적인 조절이 생태계에 작용하고 있는 듯이 보인다. 즉, 지구의 평균 기온과 정어리, 청어자원 사이에는 분명한 연관관계가 있는 것 같은데, 지구가 따뜻할 때(1930~40년대, 1980년대 이후, 그림

1 참조)는 온수성 어종인 정어리가 많이 어획되는 대신 냉수성의 청어가 적게 잡히고, 기온이 낮을 때(1950~60년대)에는 그 반대현상이 나타난다.

3.4 북태평양에서의 기후도약과 해양생태계의 변화

기후변화연구가 활발해지면서, 한 지역에서 비슷한 기후가 일정기간동안 지속되다가 다른 기후로 바뀌고, 이러한 교대 현상이 반복된다는 사실은 학계에서 잘 인식되어 있다. 북태평양에서도 십수 년 및 수십 년 동안 지속되던 기후상태가 갑자기 바뀌는 기후체제변화(climate regime shift) 현상이 보고되었다. 알라스카 인근 해역인 북동태평양에서 20세기의 초반부터 기록된 기후에 관한 자료를 분석한 결과, 1940년대 중반부터 갑자기 고기압이 발달하여 비교적 한랭한 기후가 형성되었었고, 변동된 기후가 수십 년 동안 지속되었음이 발견되었다. 그러다가 1976/1977년 겨울에 갑자기 저기압 세력이 확장하여 따뜻한 해역으로 변화하였다(그림 5). 이러한 기단의 변화로 1977년 이후에는 이 해역에서 폭풍의 빈도가 잦아졌으며, 더 나아가 해양의 생산력 및 생태계의 구조 개편이 진행되었다(Hare and Mantua, 2000). 그리고 이러한 변화는 점진적으로 진행된 것이 아니라, 순간적으로 바뀌는 '기후의 체제변화현상' 혹은 '기후의 도약현상' 이라는 것이다.

기후의 체제변화는 당연히 해양생태계의 체제변화(ecological regime shift)를 유발한다. 한 예로, 북태평양에서의 기후체제변화의 양상은 그 해역에서 어획되는 연어 어획량과 같은 형태의 변화를 보이고 있다(Francis and Hare, 1994). 하지만, 기후체제변화에 대한 주장이 대두되기 이전에도, 학자들은 1960년대와 1980년대의 해양의 수온, 플랑크톤의 양, 어획물의 조성변화 등을 비교함으로써 북태평양 생태계에 차이가 있었음을 알 수 있었고, 더 나아가 기후변동과 같은 변화가 있었음을 유추하였다. Brodeur and Ware(1992)는 1950년대부터 1980년대까지 수행된 여러 하계 동물플랑크톤 생물량 조사로부터, 1980년대의 생물량이 1950~1960년대의 생물량보다 훨씬 높은 값을 보이고 있으며, 해양의 소형표층어류와 오징어류도 두 시대 사이에 동물플랑크톤과 마찬가지의 증가 경향이 있었음을 확인하였다. 그리고, 이러한 생물량 변동의 원인에는 바람의 강도에 따른 표층혼합층의 두께 변화, 영양염의 공급 차이와 같은 해양환경의 변동이 작용하고 있음을 주장하였다.

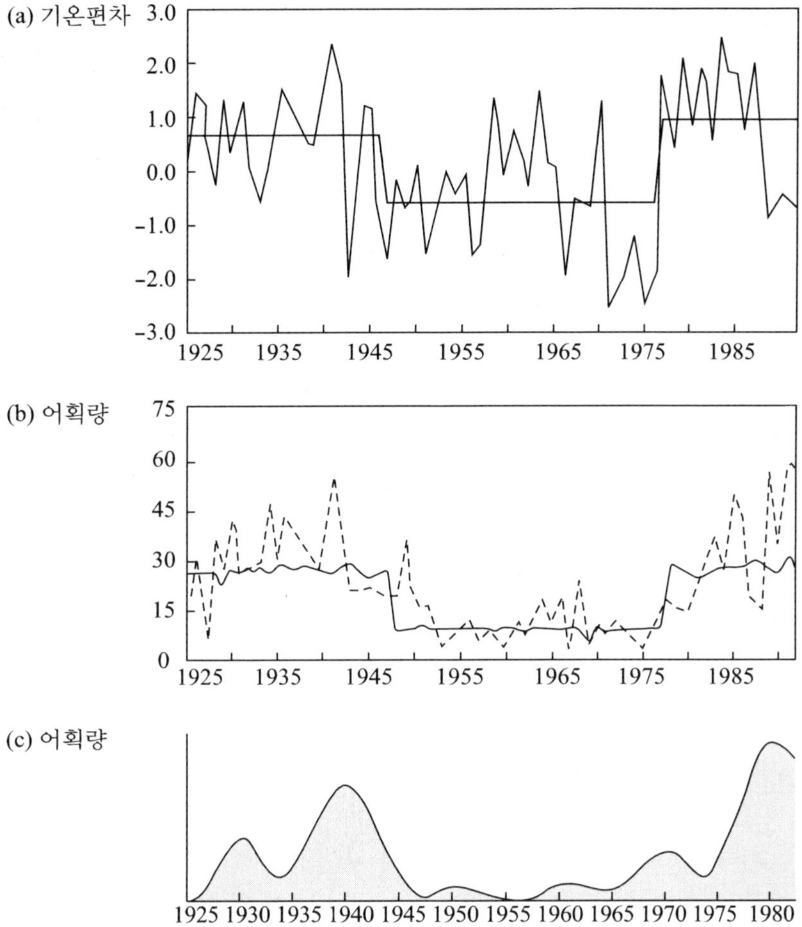

그림 5. 시대별 기온, 연어 어획량 편차
(a) 알라스카만 코디악 섬의 기온, (b) 알라스카의 곱사 연어 어획, (c) 북한의 곱사연어 어획

3.5 엘니뇨와 수산자원의 변동

페루 앞바다에서는 바다 깊은 곳의 해수가 해양의 표면으로 올라오는 현상이 발견된다. 이 현상을 용승(upwelling)이라고 하며, 이 현상이 몇 년에 한 번씩 정지하면서 엘니뇨가 발생된다. 이 결과, 태평양의 동부해역의 표층 수온이 현저히 상승하고 있으며 특히 아메리카 대륙의 서해안을 따라 이상 고온의 해수가 나타난다. 이처럼 엘니뇨는 3~5년의 주기를 가지고 열대동부 태평양 상층부에 평소보다 2~5도 온난한 해수가 세 계절 이상 지속되게 하는 현상을 말한다. 엘니뇨는 용승류의 활동을 억제하여 해양의 일차생산력을 낮추는 원인이 되기도 하며, 이들을 먹이로 하는 생태계의 중위 및 상위 포식자(즉, 동물플랑크톤, 어류, 조류, 포유류 등) 개체군 변동과 성장, 번식, 가입 등에 영향을 미쳐, 심할 경우에는 기아의 요인에 의한 어류와 바닷새의 사망이 초래된다. 특히 대표적인 실례로, 1970년대의 페루 해역에는 멸치자원이 번성하여 전 세계 해양어류 어획량의 20%를 차지할 정도였지만, 몇 번의 강력한 엘니뇨를 겪은 이 해역에서는 멸치자원이 급격하게 감소하였고, 아직도 자원량이 예전의 수준으로 회복되지 않고 있다(Barber and Chavez, 1986).

해양에서는 수온의 변화에 따라서 생물체들의 분포 범위가 달라지는데, 엘니뇨가 발생되는 해에는 열대 생물들이 중위도 및 고위도에까지 분포하게 만든다. 또한, 변화된 환경은 어류의 성장에 영향을 미친다. 환경변화의 영향은 종마다 다르게 나타나기도 하며, 같은 종이라고 하더라도 지역에 따라 긍정적인 혹은 부정적인 효과를 나타내기도 한다. 엘니뇨가 발생하여 표층수온이 증가하면, 수온약층이 깊어지고, 이에 따라 식물플랑크톤도 깊이 분포한다. 이 결과, 연안에 서식하던 어류가 찬물을 찾아 해안을 따라 남북으로 이동하거나, 이동을 할 수 없는 생물들은 높아진 수온과 먹이의 결핍으로 죽게 된다. 남북으로 이동한 어류라고 하더라도 수온의 급격한 차이가 발생될 때에는 어류가 사망할 수 있다. 또한, 엘니뇨에 동반하는 많은 강수량은 해안 가까이에 서식하는 어류들에게 영향을 준다. 호우는 염분을 감소시키며, 탁도(turbidity)를 증가시킴으로써 어류의 생존에 나쁜 영향을 미치게 된다.

3.6 기후의 지수와 수산자원의 변동

기단의 흐름을 나타내는 대기순환의 세기는 방향에 따라서 두 요소(즉, 남북 혹은 동서)로 분할할 수 있다. Klyashtorin(2001)은 대기순환지수(ACI)의 강도를 방향에 따라 두 요소로 구분하고, 이들의 시간적 변화와 해양에서 생산되는 주요 어류의 어획량 변화를 비교하였다. ACI의 방향성은 주요 어종의 장기간 변동과 높은 상관관계를 보이고 있는데(r = 0.7~0.9, 그림 6), 페루 근해의 멸치자원의 변화는 ACI 남북요소의 변화와 유사하며, 같은 생태계 내의 정어리 자원의 변화와 상반된 현상을 보이고 있다. '그림 1'과 비교하여 생각하면, 정어리는 지구 기온이 상승하고, 대기순환의 동서 방향이 우세한 시기에 증가하지만, 멸치의 최대치는 지구기온의 하강기와 대기순환의 남북 방향이 우세한 시기에 나타난다. 이것은 이 두 종이 서로 다른 기후 조건을 좋아하기 때문인 것 같다. 이처럼 ACI의 방향성에 상응하여 변화하는 수산자원이 많은데, 한국과 일본 근해의 정어리 자원, 캘리포니아 앞바다의 정어리 자원, 북태평양 서식 연어자원 등은 ACI의 동서 방향 요소와, 대서양 대구, 대서양과 태평양의 청어 등은 ACI의 남북 요소와 같은 유형으로 변화한다(그림 6).

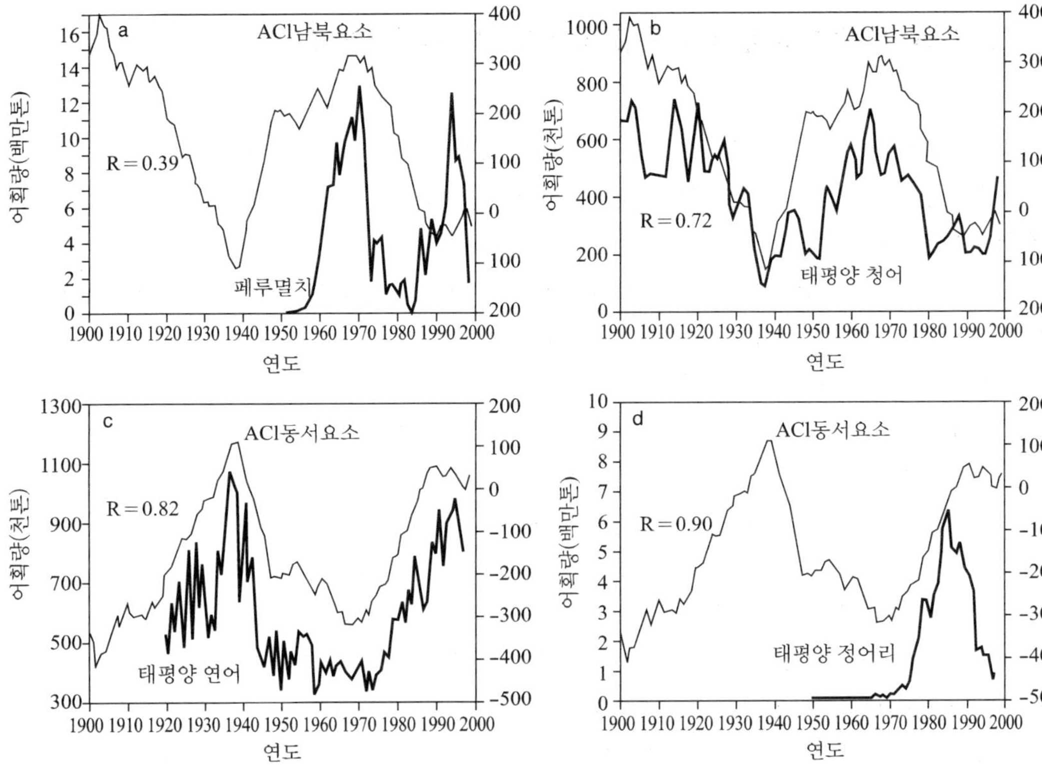

그림 6. 대기 순환지수의 방향과 수산자원의 변동

(a) ACI 남북요소와 페루 멸치 (b) ACI 남북요소와 태평양 청어

(c) ACI 동서요소와 태평양 연어 (d) ACI 동서요소와 페루 정어리

엘니뇨를 나타내는 남방지수(SOI), 북태평양의 변화를 나타내는 북동태평양기압지수(NEPPI) 등과 같은 지역적인 기후의 지수가 지구전체의 지수보다 어획량과의 상관관계가 더욱 높을 것으로 생각되지만, 중요한 태평양 어종들은(연어, 일본 정어리, 캘리포니아 정어리, 페루 정어리, 명태, 칠레 전갱이) 지역적인 지수보다는 지구전체 기온편차 혹은 ACI와 같은 지구의 기후지수와 밀접한 관련이 있는 것처럼 보인다. 하지만, 이것은 지역적인 지수가 덜 중요하게 이용된다는 것은 아니며, 향후 기후와 어획생산간의 관계에 대한 상세한 연구가 필요함을 의미한다. 예를 들면, 최근 80년 동안의 곱사연어 어획은 지구 전체의 기후지수보다는 지역적인 지수인 알류샨저기압지수(ALPI)와 더 상관관계가 좋았으며(Klyashtorin, 1997), 미국 서해안을 따라 서식하는 여러 어종들은 엘니뇨의 영향을 받고 있는 것으로 보인다.

4. 변화될 해양생태계의 모습과 향후의 관리 방향

해양수산자원의 변동을 예측하기 위해서는 기후의 변화가 해수의 성질과 해류의 흐름에 어떻게 작용하는지 먼저 알아야 하지만, 아직 우리의 과학수준으로 기후변화 혹은 그에 따른 해양생태계의 변화를 정확하게 예측하기에는 어려움이 많다. 지구가 온난화 되고 있다는 사실을 가정하였을 때에도, 앞으로 나타날 해양 및 생태계의 반응에 대해서는 여러 가설이 있다. Bakun(1990)은 지구온난화가 대기의 흐름을 강화하여 용승현상이 활발해 질 것이며, 그 결과 해안 가까운 곳의 유광대에 영양염이 많이 유입되어 플랑크톤과 어류의 생물량이 증가할 것이라고 예견하였다. 그러나 Hsien and Boer(1992)는 정반대로 지구온난화는 대기순환을 약화시키고 궁극적으로 해양의 생산력을 감소시킬 것이라고 주장하였다. 기후의 변동은 대양 및 연해생태계에서의 급격한 변화를 유발하는데, 생태계 내의 어류자원의 역학에 대한 변화를 예측하기 위한 여러 시도가 있었으나, 아직 두 요인 사이의 관계를 설명하기에 충분하지 못하다.

태평양 연어는 대양의 섭이장으로부터 그들이 태어난 강으로 모천회유하는 습성을 가진 것으로 알려져 있지만, 산란장으로 가는 길을 찾지 못하고 다른 곳을 헤매는 것도 약 10% 정도 된다고 알려져 있다(Groot and Margolis, 1991). 연어가 이렇게 헤매고 다닌다는 사실은 그들이 새로운 환경에 적응할 수 있는 능력을 갖고 있음도 보여주는 것이기도 하다. 즉, 과거의 빙하기/간빙기와 같은 대규모의 기후변동이 있었을 때, 그들은 서식처를 축소하거나 넓혔을 것이다. 최근 Babaluk 등(2000)은 북극해에 면한 캐나다의 해안에서 홍연어와 곱사연어의 출현을 처음으로 보고하였고, 이 보고는 연어의 세력확장을 보여주고 있다. 그리고, 1987년 Great Bear Lake에서 어획된 은연어에 대한 보고는 그 이전의 Prudhoe Bay (Alaska)에서 포획된 것보다 동쪽으로 1500km 확장된 것을 보이고 있다. 과거에는 북극에서 연어가 잘 발견되지 않았었지만, 북극해의 해양이 온난하여지면서 연어가 갈 곳을 못 찾고 이 곳에서 헤매고 있으며, 이 사실이 연어의 서식처 확장의 한 방법으로 생각되고 있다.

현재, 지구의 대기순환에 대한 양상은 남북방향의 세기가 감소하고 동서방향의 세기가 증가한 상태를 나타내고 있다. 만약, '그림 6'에서 본 것처럼 남북요소와 동서요소의 증감에 따라 번성과 쇠퇴하는 어종이 다르다면, 우리는 55~65년 기후주기를 기본으로 하여 각 대양에서의 어획량을 예측할 수 있다(Klyashtorin, 2001). 북태평양에서는 2020년대까지 계속 어획이 감소할 것이고, 같은 기간에 북대서양에서는 늘어날 것으로 예상되는데, 구체적으로는 2000~2015년 동안의 대서양과 태평양 청어, 대서양 대구, 남아프리카 정어리, 페루와 일본 멸치의 어획량은 약 200만 톤 증가할 것이고, 그 이후는 감소할 것으로 예상된다. 같은 기간 동안에 일본, 페루, 캘리포니아, 유럽 정어리, 태평양 연어, 명태, 칠레 전갱이는 약 400만 톤 감소할 것이고, 그 이후에 늘어날

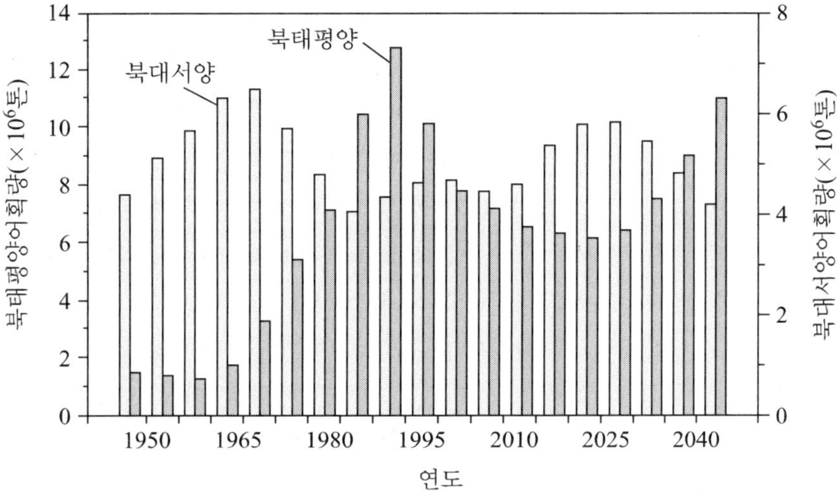

그림 7. 주요 상업어종의 실제 어획량(1950-1998)과 예측 어획량(2000-2040)변화 (Klyashtorin, 2001)

것이다. 이 결과, 북태평양에서의 어획생산은 150-200만 톤 감소하며, 북대서양에서는 170~200만 톤 늘어날 것이다(그림 7).

지구상에서 생물종이나 생태계가 조절되는 과정을 우리는 거의 알지 못하며, 기후변동에 따른 해양생태계의 모습을 예측한다는 것은 더욱 어려운 일이다. 우리가 아는 것은 기후가 먹이피라밋에서의 각 영양단계의 관계와 종별 생산력에 심각한 영향을 미칠 것이라는 점이다. 생태계의 최상위를 차지하는 어류는 생존경쟁이 치열한 환경에 살면서, 그들이 선호하는 서식처를 유지하는 한편, 기후의 임의성(즉, 단기간의 환경변화)에 적응하도록 진화하여 왔다. 어떤 종이 새로운 환경에 적응하기 어려울 때에는 진화를 못하고 절멸하는 경우가 있는데, 이것은 자연의 정상적인 과정이다. 하지만, 어업이 극심한 환경에 처한 개체군의 적응능력을 감소시키는 경우도 있을 것이다. 어업은 생물종을 선택적으로 취하는데, 먹이연쇄의 최상위를 차지하는 종을 어획할 때, 그 영향이 생태계에 어떻게 미치고 있는지 아직 잘 모르고 있다. 또한 인간의 활동이 극심한 기후변화에 대한 개체군의 적응능력을 감소시키거나 혹은 기후변화의 빈도나 강도를 증가시킨다거나 한다면(즉, 우리 인류는 온실기체를 발생시킴으로써 우리의 기후를 바꾸고 있음), 우리 인류의 행위는 현생종의 생존능력에 대한 중요한 요소가 된다.

어류의 분포가 변화하고, 국경을 넘나드는 회유 경로가 더욱 빈번하여 지면서 수산협정이 새로운 국면으로 접어들 것이며, 이 결과 어업은 더욱 불안정해 질 가능성이 있는 것이다. 현재의 어선세력의 규모는 현존하는 자원량을 이용하는데 충분하다고 평가하고 있으므로 미래에는 기후의 변동이 남획 영향보다 더욱 중요하게 인식될 것이라고 예견한다(IPCC, 1996). 이처럼 지구온난화는 수산자원관리를 더욱 복잡하게 만들기 때문에 관심을 기울여야 하며, 그렇기 때문에 더욱 사전예방적(precautionary)으로 수산자원을 관리하는 것이 중요하다. 본 논문에서 제시한, 과거 자료에 대한 통계적인 분석방법은 기후변동과 생태계를 구성하는 각 요소 사이의 상관성을 파악할 수 있는 중요한 첫 걸음이다. 그러나, 이러한 경험적인 접근방법으로는 기후의 변동이 어떠한 과정(process)을 거쳐 얼마나 심각하게 생태계에 영향을 줄 수 있는지 설명할 수 없다는 단점을 가지고 있다. 따라서 향후에는 보다 과정-중심적(process-oriented)인 연구, 혹은 기작규명적인 연구를 추진하여야 할 것이다. 그리고 과정연구로부터 생산된 매개변수를 가지고 생태계의 변화하는 모습을 예측하는 모델링 연구를 활발히 수행함으로써, 생태계와 유용생물자원을 관리하여야 할 것이다. 이러한 자원관리 개념은 과거 단일개체군 관리개념에서 다종관리(multi-species management)개념, 더 나아가 생태계 전체를 건강하게 보전하고 효율적으로 이용하자는 생태계 관리(ecosystem management)개념으로 발전해 가고 있다.

5. 끝내며 : GLOBEC 연구의 활성화

과거에 진행되었던 생태계의 현상을 정밀하게 재진단하고, 과거에 있었던 기후의 변동이 생태계의 재편에 어떻게 영향을 미쳤는가를 파악할 수 있다면, 미래에 닥쳐올 기후의 변동에 따른 생태계의 변동을 예상할 수 있으며, 이러한 결과를 국가의 해양정책의 근간으로 삼을 수 있을 것이다. 이러한 국제해양학계의 분위기는 해양과학위원회(SCOR), 정부간 해양위원회(IOC), 국제생지권프로그램(IGBP)이 지원하는 국제 GLOBEC(Global Ocean Ecosystem Dynamics) 프로그램을 발족시켰으며, 세계 도처에서 기후변동과 해양수산자원의 변동에 대한 연구계획을 활발히 수행하여 왔다(IGBP, 1997; IGBP, 1999, 김, 2000).

GLOBEC 프로그램이 궁극적으로 추구하는 목표는 새로이 탄생될 해양생태계의 모습을 예견하자는 것이다. 아직도 많은 사람들이 GLOBEC을 과거에 존재하였던 여러 수산학 연구와 비슷한 프로그램이라고 생각하고 있지만, GLOBEC은 기존의 수산학 범주를 훨씬 뛰어넘는 포괄적인 프로그램이다. 즉, 어류자원 혹은 동물플랑크톤의 번성에 영향을 미치는 생태계의 각 요소와의 상호작용과, 각 요소들에게 영향을 미치는 외부의 환경요소를 파악하고 그 생태학적 과정을 규명함으로써, 새로운 환경의 변화가 야기될 때에 만들어 질 수 있는 생태계의 모습을 예측하는 것인데, GLOBEC 과학계획(IGBP, 1997)에서는 "전 지구해양생태계 및 주요 해양생태계의 구조와 기능에 대한 이해를 증진시키고, 물리적 요인에 대한 해양생태계의 반응을 더욱 잘 이해함으로써, 지구적 변화에 대한 해양생태계의 반응을 예견할 수 있는 능력을 함양함"이라고 정의하고 있다. 해양생태계가 안정되어 있다는 가정이 더 이상 받아들여지지 않기 때문에 과학자들은 미래의 해양생물자원 관리에 대한 성공여부는 주로 해양생태계 역학에 대한 기후변동의 영향을 예견하는 능력에 달려 있다고 생각하게 되었다. 우리가 왜 태평양 정어리자원이 변동하고, 명태가 어떠한 이유로 북태평양에서 번성하고 있는지 그 기작을 이해할 수 있다면, 우리는 어떻게 수온의 변화가 혹은 해류흐름의 변화가 이들 종과 다른 종의 풍도에 영향을 미치는지 정확하게 예측할 수 있을 것이다.

지구온난화의 가장 중요한 영향중의 하나가 수십 년 규모 변동의 특성을 바꾸는 것이라고 할 수 있다. 더욱 빈번한, 더욱 극단적인 변화는 해양의 생태현상, 수산업, 해양정책방향에 심대한 영향을 미칠 것이다. 만약 지구온난화가 수십 년 규모 변동 유발하는 기작에 영향을 미쳐, 해양환경의 변화가 잦아지고, 변화의 폭이 커지거나 속도가 빨라진다면, 해양수산자원의 규제나 관리에서 중요한 요소가 될 것이다. 이러한 결과는 해양에서의 어업뿐만 아니라, 양식업에 대한 직접적인 우려로 나타날 것이다. 예를 들면, 우리나라처럼 중위도권에 위치한 해역에서는 지역에 따라 냉수성 어종과 온수성 어종을 양식하고 있는데, 연안역 환경이 온난화됨에 따라 냉수성 어종의 양식 및 자원육성 방침에 심각한 문제를 야기시킬 것이다. 이처럼, 우리가 해양-대기간의 상호반응을 예측할 수 있다면, 환경의 변화에 적절하게 대처하는 정책을 수립하여 인류의 활동에 커다란 도움이 될 것이다(그림 8).

지구 표면의 70%를 해양이 차지하고 있기는 하지만, 해양의 대부분은 생산력이 낮은 원양(oceanic area)이다. 육지에 면한 얕은 바다, 특히 수심 200미터의 대륙붕은 해양 전체의 10% 정도에 해당된다. 하지만, 식물플랑크톤에 의한 해양의 생산력은 대륙붕 지역이 훨씬 높기 때문에 연안역에서 생산하는 유기물의 양은 전체 해양의 약 30%를 차지하고, 이를 근간으로 하는

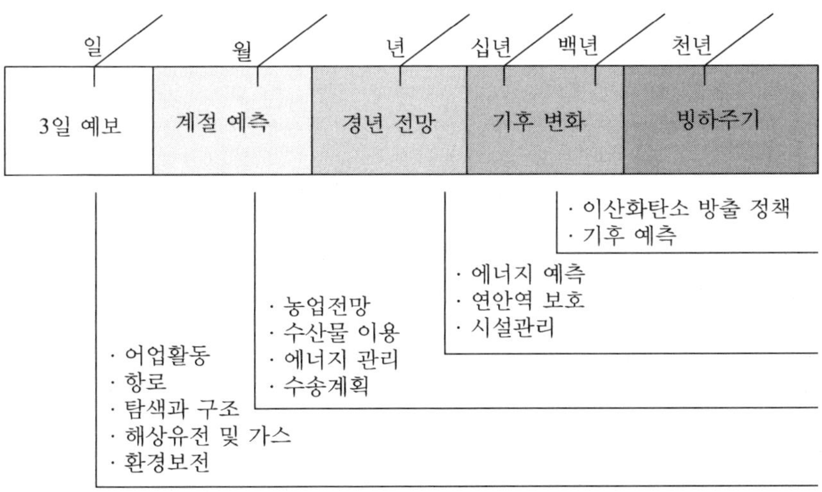

그림 8. 해양-대기 예측능력 향상에 따른 이득

생태계의 먹이망도 대륙붕에서 잘 발달되어 있다. 따라서, 동물플랑크톤 및 어류도 연안역에서 풍부하며, 수산자원의 경우 세계 총 어획량의 90%가 대륙붕 지역에서 어획되기 때문에 해양수산자원 연구는 주로 대륙붕 지역에서 수행되고 있다. 우리나라가 위치한 북서태평양은 대륙붕이 넓게 발달되어 있으며, 세계에서 어류생산량이 가장 많은 해역이다. 해양어류어획의 30% 이상이 이 해역에서 생산되고 있으며, 단위면적당 어획량도 생산력이 비교적 높다고 하는 북대서양 해역보다 두 배 정도 높다. 따라서 기후가 변화함에 따라 우리나라 부근 해역은 어떻게 반응하는지 파악하는 게 중요하며, 우리 해역에서의 변화를 나타내는 지수를 발견하여 기후의 변화가 한반도 부근 어류의 풍도, 분포, 산란, 생존, 성장 등에 미치는 영향을 연구하여야 한다. 기후의 변동이 해양생태계를 변화시키고, 더 나아가 수산생물의 변동을 유발할 수 있다면, 이에 대한 대처방안을 시급히 강구하여야 사회경제적인 손실을 줄일 수 있고, 국민에 대한 영양분 공급 계획에 차질이 없게 된다. 해양학자, 수산업자, 정책결정자 모두가 지혜를 모아 미래를 대비하여야 할 시점인 것이다.

참고문헌

김수암. 1994. 어류생태학. 서울프레스, 서울, 273 pp.

김수암. 1990. 베링해 명태자원의 현황과 연구 방향: (I) 어업의 변천 및 중요 성. 해양연구, 12: 117-128.

김수암. 2000. GLOBEC 프로그램의 목적, 운영체계 및 최근의 동향에 대하여. 바다, 5: 10-15.

Babaluk, J.A., J.D. Reist, J.D. Johnson, L. Johnson. 2000. Fish records of sockeye (*Oncorhynchus nerka*) and pink salmon(*O. gorbuscha*) from banks Island and other records of Pacific salmon in the Northwest Territories, Canada. *Arctic,* 53: 161-164.

Bakun, A., 1990. Global climate change and intensification of coastal ocean upwelling. *Science,* 247: 198-200.

Barber, R.T. and F.P. Chavez. 1986. Ocean variability in relation to living resources during the 1982-83 El Niño. *Nature*, 319: 279-285.

Baumgartner, T.R., A. Soutar, and V. Ferreira-bartrina. 1992. Reconstruction of Pacific sardine and Northern Pacific anchovy populations over the past two millennia from sediments of the Santa Barbara basin. CalCOFI Report, 33: 24-40.

Beamish, R.J. and D.R. Boullion. 1993. Pacific salmon production trends in relation to climate. *Can. J. Fish. Aquat. Sci.*, 50: 1002-1016.

Beamish, R.J. D. Noakes, G. McFarlane, L. Klyashtorin, V.V. Ivanov, and V. Kurashov. 1999. The regime concept and natural trends in the production of Pacific salmon. *Can. J. Fish. Aquat. Sci.*, 56: 516-526.

Beamish, R.J., C.E. Neville, and A.J. Cass. 1997. Production of Fraser River sockeye salmon (*Oncorhynchus nerka*) in relation to decadal-scale changes in the climate and the ocean. *Can. J. Fish. Aquat. Sci.*, 54: 543-554.

Beamish, R.J., G.A. McFarlane, J.R. King. 2000. Fisheries Climatology: Understanding decadal scale processes that naturally regulate British Columbia fish population. In: Harrison, P.J., T.R. Parsons,(eds.) 94-105 pp. Fisheries Oceanography: An integrative approach to fisheries ecology and management. Blackwell Science.

Beamish, R.J. D. Noakes, G. McFarlane, L. Klyashtorin, V.V. Ivanov., and V. Kurashov. 1999. The regime concept and natural trends in the production of Pacific salmon. *Can. J. Fish. Aquat. Sci.*, 56: 516-526.

Brodeur, R.D. and D.M. Ware. 1992. Long-term variability in zooplankton biomass in the subarctic Pacific Ocean. *Fish. Oceanogr.*, 1: 32-38.

Francis, R.C., and S.R. Hare. 1994. Decadal scale regime shifts in the large marine ecosystems of the Northeast Pacific: a case for historical science, *Fish. Oceanogr.*, 3: 279-291.

Friis-Christensen, E., and K. Lassen. 1991. Length of the solar cycle: an indicator of solar activity closely associated with climate. *Science*, 254: 698-700.

Groot, C., and L. Margolis(eds.). 1991. Pacific salmon life histories. UBC Press. Vancouver, B.C., 564 pp.

Hare, S.R., and N.J. Mantua. 2000. Empirical evidence for North Pacific regime shifts in 1977 and 1989. *Prog. Oceanogr.*, 47: 103-145.

Hsien, W.W. and Boer, G.I. 1992. Global climate change and ocean upwelling. *Fish. Oceanogr.*, 1: 333-338.

Hurrell, J.W. 1995. Decadal trends in the North Atlantic Oscillation: regional temperatures and precipitation. *Science,* 269: 676-679.

IGBP. 1997. Global Ocean Ecosystem Dynamics(GLOBEC) Science Plan. IGBP Rep. 40 (GLOBEC Rep. 9), The Int'l Geosphere-Biosphere Programme, Stockholm, Sweden, 82 pp.

IGBP. 1999. Global Ocean Ecosystem Dynamics(GLOBEC) Implementation Plan. IGBP Rep. 47, The Int'l Geosphere-Biosphere Programme, Stockholm, Sweden, 207 pp.

International Earth Rotation Service. 1997. Bulletin A. Nat. Earth Orientation Service. IERS Sub-bureao for rapid service and predictions. U.S. Naval Observatory. Washington, D.C.

IPCC. 1996. Climate Change 1995 - Impacts, Adaptations, and Mitigation of Climate Change: Scientific-Technical Analyses. Contribution of Working Group Ⅱ to the Second Assessment Report of the IPCC., edited by R.T. Watson, M.C. Zinyowera, and R.H. Moss, 879 pp.

IPCC. 2001. Climate change-the scientific basis. Contribution of Working Group I to the Third Assessment Report of the Intergovermental Panel on Climate Change(IPCC). Houghton, J.T., Ding, Y., Griggs, D.J., Noguer, M., van der Linden, P.J., Xiaosu D.(eds.). Cambridge Univ. Press. UK 944 pp.

Kawasaki, T. 1994. A decade of the regime shift of small pelagics. FAO expert consulation(1983) to the PICES III(1994). *Bulletion of the Japanese Society and Fisheries Oceanography,* 58: 321-333.

Klyashtorin, L.B. 1997. Pacific salmon: climate-linked long-term stock fluctuations. PICES Press (Newsletter of Report of Pacific Research Institute of Fisheries and oceanography, TINRO-Centre, Vladivostok, 119: 33-54.(in Russian, English summary).

Klyashtorin, L.B. 1998. Long-term climate change and main commercial fish production in the Atlantic and Pacific. *Fisheries Research*, 37: 115-125.

Klyashtorin, L.B. 2001. Climate change and long term fluctuations of commercial catches: The possibility of forecasting. FAO Fisheries Technical Paper No. 410. Rome, FAO, 86 pp.

Mantua, N.J., S.R. Hare, Y. Zhang, J.M. Wallace, and R.C. Francis. 1997. A Pacific interdecadal climate oscillation with impacts on salmon production. *Bull. Am. Meteorol. Soc.,* 78: 1069-1079.

Trenberth, K.E. and J.W. Hurrell. 1995. Decadal coupled atmosphere-ocean variations in the North Pacific Ocean. In: R.J. Beamish(ed). Climate change and northern fish populations. *Can. Spec. Publ. Fish. Aquat. Sci.*, 121: 141-24.

Walker, G.T. 1924. Correlations in seasonal variations of weather, IX: A further study of world weather. *Mem. Indian Meteor. Dept.*, 24: 275-332.

한국연안 수산자원변동에 미치는 플랑크톤의 영향

김수암 / 부경대학교 자원생물학과

1. 들어가며

수산물은 어류, 갑각류, 연체류, 포유류, 해양식물 등으로 구성되는데, 인류는 필요한 동물단백질 공급량의 약 16%를 해양에서 생산되는 수산물로 충당하고 있으며(McGinn, 1999), 이 중에서 가장 중요한 수산생물인 어류는 세계 해양수산물생산의 80% 이상을 차지하고 있다. 해양 생태계는 광합성을 하는 식물플랑크톤을 기반으로 하고, 수산생물들은 대부분 이들을 직접 혹은 간접으로 포식하는 생태계의 중위 혹은 상위에 위치한 생물들로 구성되어 있다. 해양에서 모든 생물은 먹이망(foodweb)의 한 부분을 차지하고 있으며, 어류는 몇몇 포유류와 더불어 먹이망의 최상위에 위치하고 있다. 그러므로 해양생태계를 유지하는 원동력은 식물플랑크톤의 기초생산력이라고 할 수 있으며, 식물플랑크톤의 생산력 변화가 수산자원을 포함한 생태계 전체의 생산력을 좌우하게 된다.

해양은 물리적 특성과 지리적의 차이에 따라 대양, 연안역, 용승해역으로 구분할 수 있다. Ryther(1969)는 각 해역마다 식물플랑크톤의 광합성 작용으로부터 생산되는 유기물의 양이 다르고, 먹이연쇄를 구성하는 영양단계(trophic level)의 구조와 에너지 전달 효율이 다름을 감안하여 각 해역별 해양어류의 총 잠재자원량을 계산하였다. 즉, 유기물의 양은 각 영양단계를 거치면서 80~90%씩 줄어들게 되며, 먹이연쇄 단계의 수효와 영양단계의 에너지 전달효율에 따라 생태계의 최상위를 차지하고 있는 어류의 잠재생물량을 추정한 것이다. 물론 그의 접근법을 오늘날의 관점으로 평가한다면, 생태계를 너무 단순화하였다던가, 적절하지 못한 에너지 전달효율을 이용하였다던가 하는 문제점을 내포하고 있지만, 해역별 먹이연쇄의 구조와 플랑크톤 생산력으로부터 어류자원의 잠재생물량을 추정하는 기반을 제공하였다는데 의의가 있다.

Ryther(1969)가 간단한 방식으로 제공한 잠재생물량 계산치를 현재 우리가 이용하고 있는 수산물어획량과 비교하여 볼 때, 과히 무리가 없는 추정치라는 사실은 우리를 놀라게 한다.[2] 한편, 그의 가설이 주장될 당시만 해도 해양은 안정한 상태(stable condition)에 있다고 보았으며, 해양생산력의 시대적 변동을 생각하지 못하고 있었다. 하지만, 해양생태학이 발전함에 따라 해양의 물리적 조건은 기후의 변동에 의하여 항상 변화하고 있으며, 생태계 또한 이에 반응하면서 균형을 이루고 있다는 인식이 현재 보편적으로 받아들여지고 있다. 이처럼 기후변동에 의하여 생태계가 변화하면, 생태계 구성원의 종류, 먹이전달체계, 분포, 풍도, 생산력, 생물량, 어업으로의 가입(recruitment) 등이 함께 변화하며, 이 결과는 수산자원의 자원량 변화를 유발하게 된다. 즉, 해양의 환경수용력(carrying capacity)이 변화한다는 것인데,[3] 이러한 증거는 세계의 해양 곳곳에서 보고되고 있다. 과거 수십 년 동안 축적된 해양 및 수산자료를 분석한 결과, 북태평양, 북대서양, 남극해 등에서는 식물플랑크톤 및 동물플랑크톤 생물량, 어류의 자원량이 시대에 따라, 환경의 변화에 따라 현저하게 다르게 나타나고 있음을 알 수 있었다(IGBP, 1999; Brodeur and Ware, 1992). 환경변화에 의한 어류자원의 경년가입변동(interannual recruitment variability) 주제의 연구는 1980년대에 들어와 수산해양학이라는 학문의 개념을 재정립하는 계기를 만들었고, 이를 수산생태학 혹은 해양학의 핵심적인 연구 분야로 떠오르게 하였다(김, 1990).

기후 및 해양환경이 해양생태계의 구조와 기능에 영향을 미쳐, 수산자원의 증감에 매우 중요한 요소가 될 수 있다는 인식은 매우 중요하다. 어류 생산량에 영향을 주는 지구적 변화요인은 해수온도, 강수, 바람, 해류, 해수면, 염분, 용승, 해빙, 자외선 등이 있으며, 이러한 비생물적 요소들은 여러 과정을 거쳐 플랑크톤 생태계에 막대한 영향을 미치고 있다. 몇 가지의 예로, 용승현상은 플랑크톤의 생산력을 높이는 작용(enrichment)을 하며, 해류가 만나는 전선(front)은 어류 치어가 먹을 수 있는 충분한 양의 먹이생물을 농축(concentration)시키고 있다(Bakun, 1993). 이처럼, 수산자원량 변동의 기반에는 항상 플랑크톤의 변화(즉, 종조성 변동 및 번성여부)와 함께, 이들에 영향을 미치는 해양의 물리적 요인이 함께 고려되고 있다. 우리나라에서는 아직 수산해양학이 해양학의 한 분야로 정착되지 못하고, 단순한 수학적 모델에 의한 자원관리방법으로 간주되는 경향이 있다. 하지만, 현재의 수학적 모델들은 해양의 변화무쌍한 여러 환경현상들을 지극히 단순한 가정으로 묶어 놓았기 때문에 수산자원량의 변동을 정확하게 추정하거나 예측하기에는 한

---

2) Ryther(1969)의 논문에서 계산된 전 세계 해양에 서식하는 어류의 잠재자원량은 약 2억4천만톤인데, 최근 해양에서 어획하는 어획량은 연간 약 8천만톤에서 9천만톤 사이이다. Ryther의 추정치가 옳다고 가정한다면 자원량의 약 35% 정도를 우리가 어획하는 셈인데, 어종마다 어획할 수 있는 비율이 다르기는 하지만 이 정도의 이용율은 무리없이 받아들여질 수 있다.

3) 이곳에서는 해양의 환경수용력을 어류의 잠재생물량으로 생각하였다.

계가 있다. 본 논문은 최근까지 보고된 수산자원의 변동에 영향을 미치는 생물학적 혹은 물리학적 환경요인 및 상호작용을 플랑크톤 생태계와 연관하여 설명하고, 우리나라 해역에서의 수산해양학적 연구 현황 및 나아가야 할 방향을 고찰하기 위하여 작성되었다.

2. 플랑크톤 생태계와 어류자원

2.1 해양어류자원의 구분

어류는 매우 오랜 기간 동안 진화를 하였기 때문에, 지구상에서 물이 있는 곳이면 어느 곳이던지 적당한 형태의 적응전략을 보이며 존재하고 있다. 현재, 지구상에는 약 30,000여종의 어류가, 우리나라에도 약 1,000여종의 어류가 서식하고 있는 것으로 알려져 있다. 하지만 우리에게 식량으로 이용되는 수산어류는 우리가 이름을 익히 잘 아는 몇 종에 국한되어 있는데, 그 이유는 수산의 대상이 되기 위해서는 그들 종이 번성상태가 매우 좋아야 하기 때문이다. 국제식량기구(FAO)의 세계수산물 통계에는 약 1000여종의 어류가 등재되어 있고, 우리나라의 통계에도 약 100여 종의 어획량이 매년 보고되고 있다. 본 단원에서는, 해양에 서식하는 어류를 출현하는 깊이에 따라 부어류(혹은 표층어류, pelagic species)와 저어류(demersal species 혹은 groundfishes)로 구분한다.[4)]

부어류는 해양의 표층에 서식하는 어종으로, 상어, 다랑어 등을 제외하면 대부분은 크기가 크지 않은 소형표층어류(small pelagic fish)로서, 멸치, 정어리, 고등어가 이에 해당된다. 이들은 주로 플랑크톤 식성이며, 군집을 이루는 성향이 강하고, 풍도가 높다. 이들이 일생동안 서식하는 해양의 표층은 기상의 영향이 크고, 이에 따라 해양의 생산력 변화가 심하므로 소형표층어류들은 기후의 변동에 매우 민감하게 반응하는 종류로 알려져 있다. 어류가 서식하는 표층의 수온에 따라 냉수성 및 온수성 표층어류로 세분하기도 한다. 한편, 바다의 바닥 가까이 혹은 바다 깊은 곳에 서식하는 어종을 저어류라고 하는데, 명태, 대구, 참조기, 갈치, 가자미류 등이 이에 속한다. 연안역의 얕은 바다에 서식하는 연안 정착성 어류는 이동 범위가 제한되기도 하지만, 원양의 깊은 곳에 서식하는 어종들은 표층어류와 마찬가지로 비교적 넓은 회유 범위를 가지고 있다. 이들

---

4) 해양어류를 구분하는 여러 방법이 있겠으나, 본 논문에서는 플랑크톤 생태학에 관련이 많은 구분법을 선택하였다. 이외에 서식수온의 냉온에 따라 냉수종(cold-water species)과 온수종(warm-water species)으로 구분하거나, 담수어(freshwater species)와 해산어(marine species), 장수어종(long-lived species)과 단명어종(short-lived species) 등으로 구분하기도 한다.

은 주로 깊은 곳에 서식하기 때문에, 표층에서 발생되는 기후의 변동에 덜 민감하다.5) 그러므로, 일정 기간 동안의 어획통계자료를 분석하여 보면, 표층어류는 상당한 진폭을 가지고 어획되는 것에 반하여, 저어류 어업은 남획의 요인만 없다면 비교적 안정된 상태의 어획을 보이고 있다(표 1). 세계 어획량 중에서 가장 어획이 많았던 10 어종을 택하여 10년 동안의 어획량 변동을 비교하면, 명태, 대서양 대구와 같은 저어류는 어획량 차이가 크지 않았지만, 페루 멸치, 칠레 고등어, 우리나라 근해 고등어, 남미 정어리 등의 온수성 소형표층어류의 변동폭은 큰 것으로 나타났다.

표 1. 세계 주요 어종에 대한 10년(1990~2000) 동안의 최소·최대 어획량 비교(단위 : 톤)

1992년의 주요 어획대상 어종	최소	최대	비율(최대/최소)
Alaska pollock	3024796	5736171	1.9
Peruvian anchovy	1276357	8863714	6.9
Atlantic cod	945623	1491462	1.6
Atlantic herring	1404217	2533909	1.8
Capelin	748800	2115140	2.8
Chilean jack mackerel	1423447	4955186	3.5
European pilchard	907348	1522015	1.7
Japanese pilchard	295788	4732154	16.0
Skipjack tuna	1287073	1988276	1.5
South American pilchard	338131	4253718	12.6

2.2 어류의 생활사와 해양환경

해양어류는 산란장(spawning ground), 보육장(nursery ground), 섭이장(feeding ground)을 계절적으로 회유하는 종류가 많다(그림 1). 일반적으로, 성어는 자손의 사망이 가장 적게 발생하며, 태어난 새끼들이 보육장으로 흘러 들어가기 가장 유리한 장소를 산란장으로 택하여 산란을 하게 된다. 해양에 서식하는 어류는 그 크기와 번식전략이 다양하지만, 대부분의 어류는 태어날 때 대개 1~2mm 크기의 작은 알(egg)로서 태어난다.

부화한 자치어(larva)들이 어느 정도 성장하여 유영능력을 지니게 될 때까지는 당분간 해류의 흐름에 의존하면서 생활을 하게 되는데, 이들을 어류플랑크톤(ichthyoplankton)이라고 부르며,

5) 저어류가 낳은 알과 자치어는 대부분 해양의 표층에서 생활하는 표층성이다. 이들은 일정기간 동안 작은 먹이가 풍부한 해양의 표층에서 보낸 후, 어느 정도 커지게 되면 깊은 곳으로 들어가 성어로 된다. 따라서, 표층생활을 하는 비교적 짧은 시기에 발생한 어류의 사망이 저어류의 가입성패 혹은 성어자원량을 결정하는 중요한 요소가 되기도 한다.

어류의 초기생활사(early life history) 시기에 해당된다. 어류플랑크톤은 해류의 흐름에 따라 수동적으로 흘러 보육장에 이르게 된다. 치어는 유영능력이 과히 좋지 못하여 표류하면서 생활하고 있지만, 생존에 적합한 장소라고 판단한 장소에서 해양의 특성을 이용하여 능동적으로 머무를 수 있도록 적응하고 있다. 이렇게 치어가 살기에 좋은 장소에서 머물러 있을 수 있는 현상을 치어의 정체(larval retention)라고 한다. 치어가 머무는 정체지역은 대부분 생산력이 높아, 치어의 성장에 유리한 해역이다. 예를 들면, 해양의 상층과 하층의 해류 방향이 다른 용승해역(upwelling area)이나 하구역(estuary)에서는 치어가 수직운동을 함으로써 정체지역을 벗어나지 않게 된다.

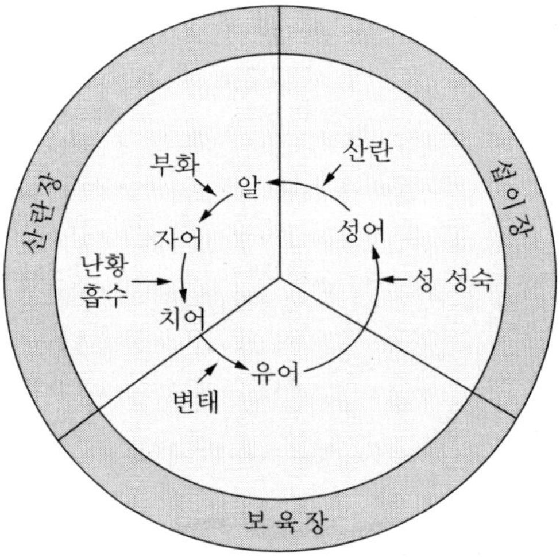

그림 1. 어류의 생활사와 생활장

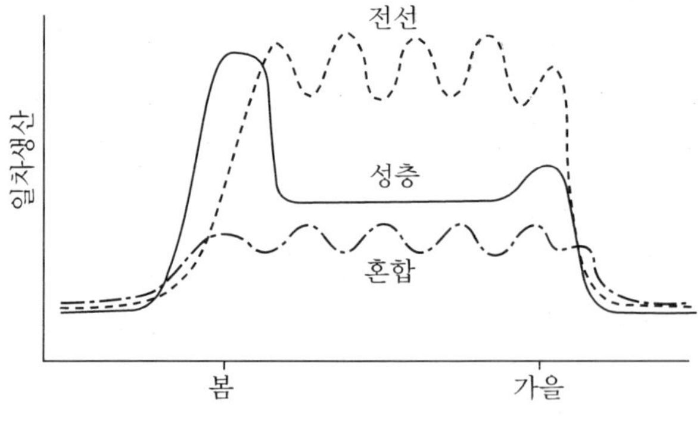

그림 2. 해양의 전선, 혼합, 성층 지역에서 일차생산의 계절적 순환에 대한 모식도 (Sinclair and Trembly, 1984).

어류는 해양의 물리적 현상과 함께 생물학적 현상을 고려하여 산란장소와 시기를 결정한다. 일반적으로 조류가 강하여 수층이 잘 혼합되어 있으면 모든 계절에 걸쳐 생산력이 낮고, 약한 조류현상으로 수층이 층화(stratify)되어 있으면 봄과 가을에 플랑크톤이 번성하고 여름에는 생산력이 낮다(그림 2). 대서양에 서식하는 청어는 늦여름-가을에 산란하는 계군과 봄에 산란하는 계군으로 구분할 수 있는데, 태어난 시기에 관계없이 미성어(juvenile)로 변태(metamorphosis)되는 시기는 항상 봄 – 여름 사이로 정해져 있다. 따라서, 두 계군 사이에 성장기간의 차이가 생기는데, 늦여름 – 가을에 태어나서 긴 성장기간을 갖는 청어는 이른 여름에 변태하며, 그 해 봄에 산란된 청어는 가을이 되기 전에 변태를 한다. Sinclair and Tremblay(1984)는 이러한 현상을 산란장의 해양학적 특성과 연관시켜 설명하였다. 즉, 늦여름-가을 사이에 산란하는 청어는 조류가 강한 곳을 택하여 산란을 하고 있으며, 이곳에서는 해양의 생산력이 낮기 때문에 치어의 성장이 느려지게 된다. 반면, 봄에 산란하는 청어는 주로 조석에너지가 약하고 생산력이 높은 해역을 택하여 산란장을 정하기 때문에 치어의 영양상태가 좋고 개체군의 성장상태가 빠르게 나타난다.

보통의 경우, 보육장은 육지에 면한 해역으로서 해류에 의하여 보육장에 이른 어류의 새끼들이 일정기간 동안 살아가는 장소이다. 그러므로 보육장은 어류가 충분한 섭식활동을 할 수 있을 정도의 비옥한(즉, 플랑크톤의 생산력이 높은) 해역이다. 어류는 많은 알을 낳고, 알에서 부화한 치어는 주위의 동물플랑크톤과 먹이경쟁을 통하여 생존여부가 결정된다. 어류는 발달단계에 따라 동물플랑크톤의 먹이가 되기도 하고, 혹은 포식자가 되기도 한다. 즉, 이들은 알과 자어(yolked larva) 시기에는 동물플랑크톤의 주요한 먹이가 되지만, 성장하면서 동물플랑크톤을 먹이로 삼는다. 이들은 산란장과 보육장에서 보내는 초기생활사 시기에 대부분 사망을 하는데, 유생들은 가능한 빠른 시간 이내에 성장을 하여 다른 생물에게 포식될 위험을 줄여야 한다. 이 시기의 사망률이 크고 작음에 따라 성어로까지 생존하게 되는 개체수가 결정된다. 어류 미성어는 보육장에서 성장을 한 후 성어로 바뀌는데, 수산자원학에서는 성어가 되어 어업의 대상이 되는 상태를 가입된다고 부르고 있으며, 특정한 한 해에 태어난 동일 연령군 가입량의 크고/작음을 연급군의 강도(year-class strength)가 크다(strong)/작다(weak)로 표현하고 있다.

2.3 가입의 변동

어류가 성어가 되어 가입이 되는 수는 해마다 변동이 심하며, 어류의 가입변동을 설명하는 이론은 크게 기작이론(mechanistic theory)과 통합이론(synthesis theory)으로 구분할 수 있다. 기작이론은 생명현상에 영향을 미치는 해양에서의 특별한 과정(process)을 설명하는 것으로서, 모두 플랑크톤에 기반을 둔 생태계의 과정(plankton-based ecosystem process)을 강조하고 있으며(김과 장, 1994), 통합이론은 여러 가지 기작이론들을 혼합하여 수산자원의 가입을 결정하는 여러 유형을 제기하는 것이다.[6)]

대표적인 기작이론은 어류 치어의 먹이생물인 플랑크톤이 출현하는 양상과 치어의 생존문제를 다루는 기아(starvation)가설, 어류의 가입성패가 이들의 알과 자치어를 잡아먹는 포식자와 관련이 있다는 포식(predation)가설, 어류플랑크톤의 운송 경로에 따라 가입정도가 달라진다는 운송(advection)가설의 세 가지이다(Cole and McGlade, 1998).

어느 생태계를 막론하고, 생태계의 영양단계를 구성하는 각 요인들은 외부적인 환경변화에 영향을 받고 있다. 하지만, 내부적으로도 생물체들은 먹이망을 통하여 서로 긴밀하게 연결되어 있다. 이들 구성원의 번성은 먹이생물의 풍도(abundance)에 따라 성쇠여부가 결정되기도 할 것이며, 혹은 이들을 포식하는 포식자의 풍도에 따라 개체군의 크기가 영향을 받기도 할 것이다. 이들 각각의 개념은 상향적 접근법(bottom-up approach)과 하향적 접근법 혹은 폭포가설(top-down approach, 혹은 cascade hypothesis)에 의하여 발전되었는데, 해양생태계의 경우 영양단계 구성원의 풍도나 생물량이 이 두 가설 중에서 어느 하나에 의하여 결정된다고 말하기는 쉽지 않다(김과 강, 1999).[7)]

하지만 해양에서는 생태계의 상위 영양단계를 차지하는 어류와 기초생산력을 담당하고 있는 식물플랑크톤이 서로 연결되어 있으며, 특히 어류의 초기발생시기의 식물플랑크톤 번성 양상이 어류플랑크톤의 사망과 성장에 막대한 영향을 미치고, 더 나아가 해양의 환경수용력을 결정하는 중요한 요소라는 사실은 분명하다. 최근에는 이러한 먹이망의 구조적인 상호작용을 포함하여 기후변동의 영향을 함께 고려하는 가설도 주장되고 있다.[8)]

---

6) 생태학에서 자연현상을 규명하는 방법은 크게 두 가지로 구분된다. 첫 번째의 방법은 대상생물시료를 이용하여 실험을 통하여 파라메터를 추정하고, 그 결과를 자연현상의 특별한 과정(process)으로 이해하는 실험적 접근법(experimental approach)이다. 또 다른 방법은, 여러 군데의 다양한 자연생태계로부터 시료를 채집하고, 장기간 수집된 자료를 총체적으로 비교분석하여 생태계의 공통점, 다양한 발전과정, 생명현상에 미치는 영향을 도출해 내는 비교학적 접근법(comparative approach)이다. 어류자원의 가입이론 중 통합이론은 대부분 후자의 경우로부터 도출되었다.

7) 일부 학자들은, 상하의 일방적인 방향이 아니라, 양 방향에서 생태계의 중간단계에 있는 생물들에게 영향을 주어, 그들의 생물량이 허리가 잘룩한 형태로 줄어드는 wasp-waist 가설을 주장하고 있다.

8) Hunt and Stabeno(2002)는 진동조절가설(oscillating control hypothesis)을 제시하면서, 기후가 추웠던 때부터 따뜻한 시기를 거쳐 다시 추워질 때까지의 먹이생물의 번성, 치어의 생존, 포식자의 자원량, 가입량 등에 대한 변동을 모식적으로 보여주고 있다.

3. 한국 연안의 수산자원과 플랑크톤의 변동

우리나라는 북태평양의 남방한계 부근에 위치하고, 대륙과 대양을 연결하는 반도이므로 기후 및 해양환경이 다소 복잡한 양상을 보인다. 더욱이, 한반도 주변의 동·서·남해는 면적, 수심, 해류, 해저지형 및 지질, 해양에 미치는 육상환경 등이 각기 독특하여, 각 해양의 생태학적 특징도 다르며, 그 해역 내에 서식하고 있는 생물상도 다르다(김, 2002). 수산자원의 경우, 연안 정착성 어류와 회유성 어류가 계절적으로 혼재하여 출현하기도 하며, 서식하는 수괴 및 수층에 따라 온수성과 냉수성이 함께 어획되기도 한다. 대부분의 회유성 어종들은 계절적으로 해역을 넘나들며 회유하고 있으며, 그들의 회유경로는 가장 효율적인 성장과 산란이라는 대명제 하에서 진행이 된다. 우리나라에서 많이 어획되는 어류를 중심으로 생태계 유형을 정리하면, 크게 세 가지로 나눌 수 있다(그림 3) : 황해 저어류와 저층수 생태계, 온수성 소형표층어류와 대마해류 생태계, 동해 냉수성 어류 생태계.

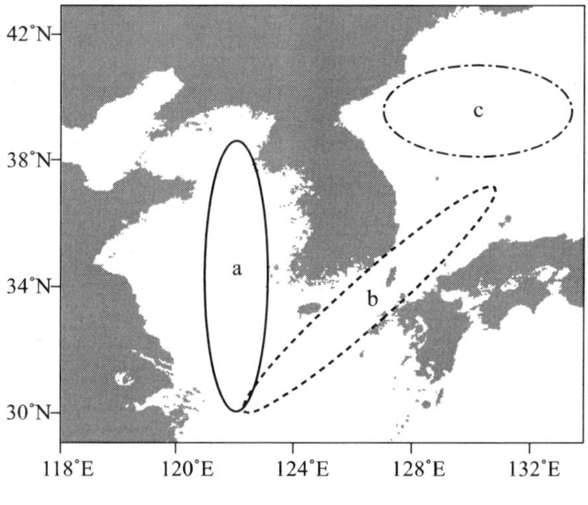

그림 3. 주요 상업어종을 대상으로 한 한국 근해 생태계의 구분

(a) 황해 저어류와 저층수 생태계 : 참조기, 갈치, 갯장어, 병어 등
(b) 온수성 소형표층어류와 대마해류 생태계 : 고등어, 전갱이, 오징어 등
(c) 동해 냉수성 어류 생태계 : 대구, 명태, 도루묵, 청어 등

전 세계의 다른 해역과 마찬가지로, 우리나라에 서식하는 어종들도 그들의 번성이 플랑크톤의 생산력에 의존적일 것으로 생각하고 있다. 1977년부터 1996년까지 조사된 동물플랑크톤의 연평균 생물량 자료를 보면, 우리나라 해역에서 동물플랑크톤의 출현양상에 많은 변화가 있었다. 동

물플랑크톤은 대체로 90년대에 들어와 급격하게 생물량이 증가하였으며, 남서쪽에서 생물량이 가장 높았고, 황해, 남해, 동해의 순서로 낮아졌다(Kang and Kim, 2002). 우리나라 남서부 해역은 동중국해와 면한 해역으로서, 대마해류계에 서식하는 소형표층어류와 황해 저어류가 월동하는 장소이다(Kim and Khang, 2000). 특히, 서해 중앙의 깊은 골을 따라 존재하는 냉수괴에는, 참조기, 대구, 갈치 등의 저어류가 서식하고 있다. Kim 등(1997)은 참조기 자원의 어획량 변동에 영향을 미치는 요인에 대하여 연구하였는데, 따뜻한 산란시기와 환경변화가 적은 치어 성장기를 거친 참조기 연급군은 수온이 차고 변동이 심한 환경 속에서 성장기를 보인 연급군에 비하여 어업에 가입되는 양이 많은 것을 밝혀냈다. 아직, 참조기 자원의 가입을 규명하는 해양에서의 과정에 대하여 밝혀진 바는 없으나, 해수의 온도와 해양의 안정성이 플랑크톤 생태계에 영향을 미치며, 더 나아가 이 해역의 동물플랑크톤 밀도의 변화는 남획과 더불어 참조기 자원의 증감에 결정적인 역할을 할 것이라고 생각한다.

온수성 표층어류는 따뜻한 동중국해에서 겨울을 보낸 다음에, 우리나라, 중국, 일본의 연안역으로 계절적 회유를 하면서 산란 및 성장을 한다. 이 해역에 서식하는 주요 온수성 소형표층어류의 어획량을 비교분석하면, 우리나라 해역에서 소형표층어류의 어획량 비중이 점점 증가하는 경향을 볼 수 있다(그림 4). 과거, 우리나라 전체 어획량의 40%대에 머물던 주요 10종의 온수성 소형표층어류의 어획량은 1990년대 중반부터는 60%를 상회하였으며, 점차 증가하는 추세를 보이고 있다.[9] 한편, 1965~1998년까지의 겨울철 표층수온 자료로부터 1980년대 후반에 남해와

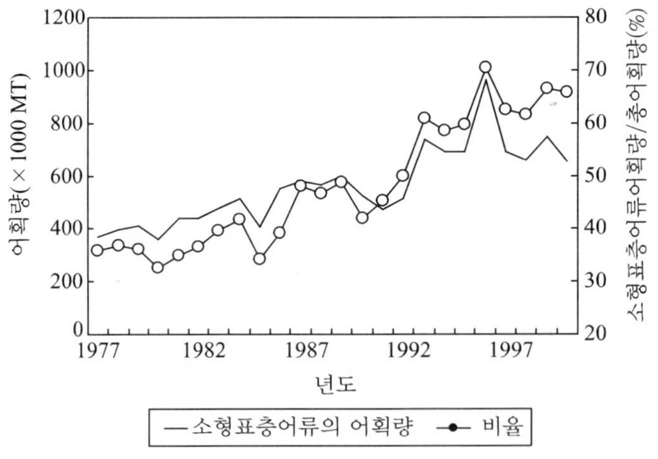

그림 4. 우리나라 주요 소형표층어류의 어획량 및 전체 수산자원 어획에 대한 비율 변화

---

9) 주요한 10종의 소형표층어류는 1992년 어획량 자료에서 선택한 고등어류, 꽁치, 농어, 멸치류, 방어, 삼치류, 숭어류, 오징어, 전갱이류, 정어리이다.

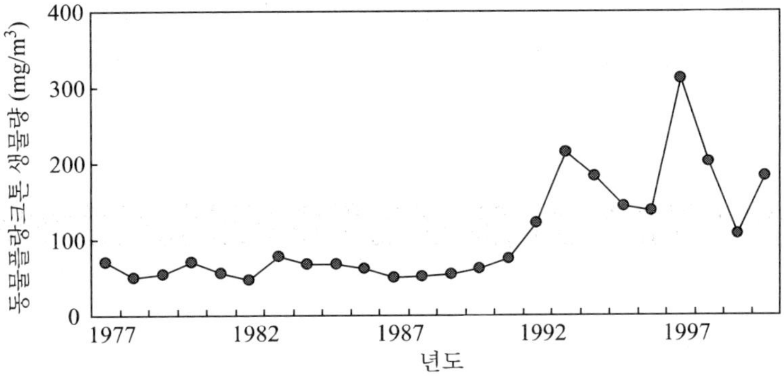

그림 5. 남해 및 동해에서 출현한 동물플랑크톤 생물량의 변동

동해에서 수온이 상승하였다는 것을 알 수 있는데, 이 시기에 동물플랑크톤의 생물량이 함께 증가하는 경향으로 나타났다(그림 5). 또한, 대마난류 생태계권에 해당되는 동해 남부와 남해의 동물플랑크톤의 종조성에도 변화가 있었는데, 1990년대 초반까지 우세하던 요각류는 점차 감소를 보이고 있으며, 단각류, 난바다 곤쟁이류, 모악류와 같은 대형동물플랑크톤이 증가하였다. 그러므로, 온수성 어류가 서식하는 표층에 출현하는 동물플랑크톤의 종조성과 밀도가 이들 어류의 번성 및 어획과 관계가 밀접할 것이다.

일례로, 남해에 서식하는 멸치와 고등어는 대표적 온수성 소형표층어류로서, 봄에 태어나 여름과 가을에 걸쳐 빠르게 성장을 한다. 이들은 가을이 되면 어획의 대상이 되며, 수온과 먹이생물의 풍도가 이들의 성장에 중요한 요인으로 작용을 하고 있다. 엘니뇨가 발생하는 해에는 가을에서 초겨울에 걸쳐 남해 전역에 따뜻한 수온이 나타나고, 멸치와 고등어의 성장시기에 이들의 먹이생물인 요각류, 난바다곤쟁이류, 단각류의 생물량이 높게 나타나 어획이 좋아지게 된다(표 2; Kim and Kang, 2000). 이 결과는 적도지방에서 발생한 엘니뇨가 시간이 지남에 따라 우리나라 남해해역의 수온에도 영향을 미치고 있으며, 상승된 수온은 동물플랑크톤의 번성에 긍정적으로 작용하여, 결과적으로 어류의 성장과 어업에 도움을 줄 수 있다는 논리를 가능하게 한다.

북태평양에서 1970년대 후반에 발생하였던 기후의 체제변환(climate regime shift)현상이 동해의 해양생태계에도 상당한 영향을 미쳤던 것으로 나타났다(Zhang 등, 2000). 즉, 1970년대 중반을 분기점으로 하여, 동해의 봄철 표층혼합수심(mixed layer depth: MLD)은 1961~1975년 동안(평균 18.2m)이 그 이후의 1976~1990년(평균 26.1m)에 비하여 얕고 변화가 적었다. MLD의 차이는 해양의 생산력에 영향을 미쳐, 60년대의 기초 및 이차생산력이 80년대의 생산력보다 높았지만, 어류의 경우에는 그 결과가 다양하게 나타났다: 꽁치 자원량과 어획량은 기후체제변환 동안에 감소하였지만, 정어리, 쥐치의 경우는 증가하였다. 특히, 기후체제변환의 한 지수인 북동태평양기압지수와 명태 자원의 유의한 양의 상관관계를 보이고 있다(Kang 등, 2000). 어류자원의 경우, 자원량이 별로 크지 않을 때에는 해양환경조건이 자원변동에 큰 영향을 주고 있지 않으나, 어느 정도 이상의 자원량을 보일 때에는 해양의 환경조건이 그 어종의 성쇠에 주요한 요인으로 작용하는 것처럼 보인다.

표 2. 우리나라 소형표층어류 어획량과 플랑크톤 생물량 사이의 상관계수

	멸 치	고등어
엽록소 *a*(4월)	0.186	0.019
엽록소 *a*(6월)	0.635**	0.523**
엽록소 *a*(8월)	0.442*	0.377
요각류 (4월)	0.563*	0.434*
요각류 (6월)	0.121	0.571
요각류 (10월)	0.635*	0.477
난바다곤쟁이류 (6월)	0.349	0.356
난바다곤쟁이류 (12월)	0.768**	0.603*
단각류 (4월)	0.713**	0.504*
단각류 (12월)	0.712**	0.616*
모악동물류 (4월)	0.647**	0.307
모악동물류 (10월)	0.728**	0.512*
모악동물류 (12월)	0.558**	0.129

*는 상관관계가 0.05 수준

**는 0.01 수준에서 유의함을 의미함(Kim and Kang, 2000)

6. 나가며

해양환경의 변화는 플랑크톤의 번성시기, 출현종, 분포 등과 관계가 있으며, 이에 관련한 제반 현상과 어류자원의 증감 및 가입은 필연적으로 연결되어 있다. 그러나, 우리나라 해역에서는 플랑크톤 생태계와 연관하여 어류의 가입현상을 규명하는 과정규명적(process-oriented) 연구와, 이들 요인 사이의 변화를 정량화하고 미래의 모습을 예측하는 모델링(modelling) 연구는 아직 본격적으로 수행되지 않고 있다. 지구의 기후변동에 의한 영향은 어업종의 구성을 변화시키고 있으며, 해양 및 수산학자들은 생태계의 변화를 정확하게 예측하려고 한다. 그리고 미래의 해양자원 관리는 적절한 양의 생산과 함께 생태계를 건강하게 유지하려는 생태계관리(ecosystem management)가 강조되는 방향으로 발전할 것이다.

우리나라의 세 해역에서 공통적으로 나타나는 해양의 물리현상 중에, 전선의 형성은 수산자원의 변동에 매우 중요할 것이다. 두 개의 상이한 수괴가 만나는 전선을 경계로 하여 해양의 생산력이 달라지는데, 동해에는 한류와 난류가 만나 북위 약 40도와 평행한 극전선이 형성되고 많은 와류(eddy)가 그 부근에서 생성된다. 남해에는 해안과 도서 부근을 흐르는 연안류와 외양의 대마 난류 사이에 강한 수온 전선이 형성되고 있으며, 서해에는 연안역과 외양역 사이에 조류의 차이로 인하여 형성되는 전선이 있다. 남해와 서해에서는 이들 전선이 대체로 해안선과 평행을 이루고 있다. 아직, 우리나라 해역에서 전선의 형성과 해양 생산력의 관계에 대해서 구체적으로 연구된 바 없으나, 전선 부근에서 생물학적 활동이 매우 왕성하고(그림 2 참조), 동물플랑크톤의 출현량이 높게 나타나는 것으로 보아(Kang and Kim, 2002), 어류자원의 가입도 전선의 형성과 밀접한 영향이 있으리라 생각된다.

우리나라의 해양환경도 급격히 변화하고 있는데, 바다의 환경변화에 매우 빠르게 반응하는 소형표층어류의 급격한 증가와 냉수 어종의 감소는 우리가 피부로 느낄 수 있는 현상들이다. 더욱이, 최근에 들어와 육지에서는 양식업이 급성장을 하고 있지만, 아직 기후변동에 대비하는 양식 정책은 고려되지 않고 있다. 한반도 주변 해역에서의 전선 형성, 용승류 변화 등의 물리적 현상이 좀 더 자세히 밝혀져야 하며, 이러한 환경 현상이 지역 생태계 및 수산생물과 어떻게 관련이 있는지 규명하여야 수산자원이 효율적으로 관리될 수 있다. 해양의 제반 물리화학적 현상, 생태계 변동, 수산자원의 관리 등이 종합적으로 연구되어야 할 시점이다.

참고문헌

김수암, 1990. 수산자원평가론. 우성출판사. 서울. 175쪽.

김수암, 2002. 기후변동에 대비한 해양환경연구의 방향. 환경정책연구. 1: 1-22.

김수암, 강수경. 1999. 해양생태계의 환경수용력과 관련한 최근의 연구경향. 한국수산자원학회지. 2: 101-110.

김수암, 장창익. 1994. 어류생태학: 산란 및 초기생활사를 중심으로. 서울프레스. 서울. 273쪽.

Bakun, A. 1996. Patterns in the oceans: ocean processes and marine populations dynamics. California Sea Grant La Jolla, CA, and Centro de Invesigaciones Biologicas del Noroeste, La Paz, BCS, Mexico, 323 pp.

Brodeur, R.D. and D.M. Ware. 1992. Long-term variability in zooplankton biomass in the subarctic Pacific Ocean. *Fish. Oceanogr.* 1: 32-39.

Cole, J. and J. McGlade. 1998. Clupeoid population variability, the environment and satellite imagery in coastal upwelling systems. *Reviews in Fish Biology and Fisheries*. 8: 445-471.

Hunt, G.L. and P.J. Stabeno. 2002. Climate change and the control of energy flow in the southeastern Bering Sea. *Prog. in Oceanogr.* 55: 5-22.

IGBP. 1999. Global Ocean Ecosystem Dynamics (GLOBEC) Implementation Plan. IGBP Rep. 47, The Int'l Geosphere-Biosphere Programme, Stockholm, Sweden, 207 pp.

Kang, Y.S. and S. Kim. 2002. Zooplankton in Korean waters. In: D. Lee, V. Jin, J.C. Choe, Y. Son, S. Yoo, H.-Y. Lee, S.-K. Hong, B.-S. Ihm (eds.), Ecology of Korea, Bumwoo Publishing Company.

Seoul. 331-343.

Kang, S., S. Kim, and S.W. Bae. 2000. Changes in ecosystem components induced by climate variability off the eastern coast of the Korean Peninsula during 1960-1990. *Prog. in Oceanogr.*, 47: 205-222.

Kim, S., S. Jung, and C.I. Zhang. 1997. The effect of seasonal anomalies of sea water temperature and salinity on the yields of small yellow croaker, *Pseudosciaena polyactis*, in the Yellow Sea. *Fish.. Oceanogr*. 6: 1-9.

Kim, S. and S. Kang, 2000. Ecological variations and El Niño effects off the southern coast of the Korean Peninsula during the last three decades. *Fish. Oceanogr*. 9: 239-247.

Kim, S. and S.H. Khang. 2000. The Yellow Sea. In: C. Sheppard (ed.), Seas at Millennium, Elsvier. 487-498.

McGinn, A.P. 1999. Charting a new course for oceans. In: L. Starke (ed.), State of the world. 259 pp.

Ryther, J.H. 1969. Photosynthesis and fish production in the sea. The production of organic matter and its conversion to higher forms of life vary throughout the world ocean. *Science.* 166: 72-76.

Sinclair, M. and J.J. Tremblay. 1984. Time of spawning of Atlantic herrings (*Clupea harengus*) populations and the match-mismatch theory. *Can. J. Fish. Aquat. Sci*. 41: 1055-1065.

Zhang, C.I., J.B. Lee, S. Kim, and J.-H. Oh. 2000. Climatic regime shifts and their impacts on marine ecosystem and fisheries resources in Korean waters. *Prog. in Oceanogr*. 47: 171-190.

한국연안해역의 **플랑크톤생태학** 정가 30,000원

인 쇄 2011년 10월 5일 초판 1쇄
발 행 2011년 10월 10일 초판 1쇄
편 저 최중기
발행인 정우용
발행처 도서출판 **동화기술**
경기도 파주시 교하읍 문발리 파주출판도시 500-13
Tel (031)955-4211~6 donghwae@kornet.net
Fax (031)955-4217 www.donghwapub.co.kr
(등록) 1977년 12월 19일/9-16호

Printed in Korea
ISBN 978-89-425-1655-1